2022
공무원 시험대비
완·벽·서

7·9급 공무원 | 군무원 | 교육청 | 공사 시험대비

건설기준표준코드
KDS 2021 반영

건설표준시방서코드
KCS 2021 반영

2021 건축기본법 및
건축법 시행령 반영

김창훈

건축구조
13개년 기출문제집

김창훈 저

1위
수강생 누적
합격자 수 누적
교재 판매

동영상강의 | 강의질의응답
www.zianedu.com

예문사

01 건축직 공무원

시험개요

○ **7 · 9급 공무원이란**

국가, 공공단체와 공법상의 근무관계를 맺고 공공적 업무를 담당하고 있는, 국가나 지방자치단체의 기관을 구성하고 있는 자를 통칭한다.

○ **시행처에 따른 분류**

구분	국가직 공무원	지방직 공무원
임용기관	행정안전부	각 시 · 도 자치단체
개요	행정안전부 주관 국가직 시험에 임용되어 국가 중앙기관에서 근무하는 공무원	지방자치단체, 즉 특별시 · 광역시 및 도에서 주관하는 시험에 임용된 자로 지방 사무를 담당하는 공무원
시험일	• 공고 : 정규적으로 연초에 공고 • 시험일 　－9급 : 매년 상반기 시행 　－7급 : 매년 하반기 시행	• 공고 : 결원 충원 시 공고하므로 공고일이 불규칙하나 대략 2~3월에 공고 • 시험일 : 해당 지방 공고 확인 • 서울시는 제외
시험방법	• 1 · 2차 시험 : 선택형 필기시험 • 3차 시험 : 면접시험	
합격자 결정	• 1 · 2차 시험 : 매 과목 과락 점수 이상 득점자 중 고득점자 순으로 선발예정인원의 일정 범위 안에서 결정 • 3차 시험 : 3등급으로 평가하여 선발예정인원 내에서 합격 · 불합격만을 결정	
출제유형	• 9급 : 4지선다 20문제 • 7급 　－(국가직) 1차 : 영역별 25문제 / 2차 : 4지선다 25문제 　－(지방직) 4지선다 20문제	

◯ 채용제도에 따른 분류

1. 공개경쟁채용시험

공무원 신규채용 시 불특정 다수인을 대상으로 경쟁시험을 실시하여 공무원으로 채용하는 제도로서, 공무원 채용의 균등한 기회 보장과 보다 우수한 인력의 공무원 채용을 목적으로 한다.

[공채시험의 종류]
- 5급 공채(행정직 · 기술직), 외교관후보자 선발시험
- 7급 공채(행정직 · 기술직)
- 9급 공채(행정직 · 기술직)

[공채시험의 실시기관]
- 5급 공채 : 행정안전부
- 7 · 9급 공채 : 행정안전부
- 행정안전부가 실시하는 시험을 제외한 기타 채용시험 : 소속 장관

[공채시험의 채용절차]
- 7 · 9급 공채

| 시험 공고 → 응시원서 접수 → 시험 실시 → 합격자 발표 → 채용후보자 등록 → 임용추천/배치 → 임용 |

2. 특별채용시험

공개경쟁채용시험에 의하여 충원이 곤란한 분야의 공무원을 채용하는 제도로서, 특정한 개인을 대상으로 일정한 직위에 대한 적격성을 구비하였는지 판정하여 관련 직위의 우수 전문인력 및 유경험자를 채용하는 시험

3. 제한경쟁특별채용시험

동일한 특별채용요건에 해당하는 다수인을 대상으로 시험공고를 하여 제한된 범위 내에서 필기시험을 거쳐 경쟁의 방법으로 채용하는 시험

◯ 7 · 9급 공무원 시험과목

직종	9급	7급
시설직 (건축)	국어, 영어, 한국사, 건축계획, 건축구조	국어(지방직), PSAT[언어논리영역/자료해석영역/상황판단영역, (국가직)], 영어(영어능력검정시험으로 대체), 한국사(한국사능력검정시험으로 대체), 물리학개론, 건축계획학, 건축구조학, 건축시공학

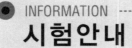
○ 영어능력검정시험 기준점수(7급 공개경쟁채용시험에 한함)

시험명	TOEFL		TOEIC	TEOS ('18.5.12. 전 시험)	TEPS ('18.5.12. 이후 시험)	G-TELP	FLEX
	PBL	IBT					
7급공채 (외무영사직렬 제외)	530	71	700	625	340	65(level 2)	625

○ 한국사능력검정시험 기준등급(7급 공개경쟁채용시험에 한함)

2등급 이상

○ 7 · 9급 공무원 근무처 및 업무내용

직종	근무처	업무내용
건축직	행정안전부, 국토교통부, 교육부, KORAIL, 감사원, 문화체육관광부, 경찰청 소속기관	건축시공, 감독 등 건축행정의 지원 · 감독을 담당하는 공무원

응시자격

공무원 시험의 가장 큰 장점은 응시기회가 모든 국민에게 개방되어 있고, 선발과정에서 객관성/공정성이 철저히 보장되고 있다는 점이다. 다만, 공무원의 종류가 워낙 다양해서 시험을 실시하는 시행처에 따라 응시자격이 조금씩 다르므로 응시하는 시험요강을 사전에 확인해두고 준비하는 것이 바람직하다.

○ 학력 및 경력

제한 없음

○ 성별 및 응시연령

제한 없음(7급 20세 이상, 9급 18세 이상)

○ 장애인 응시자

• 장애인복지법시행령 제2조에 따른 장애인 및 국가유공자 등 예우 및 지원에 관한 법률 시행령 제14조

제3항에 따른 상이등급기준에 해당하는 자

- 장애인 구분모집에 응시하고자 하는 자는 응시원서 접수마감일 현재까지 장애인으로 유효하게 등록되어 있거나, 상이등급기준에 해당하는 자로서 유효하게 등록·결정되어 있어야 한다.
- 장애인은 장애인 구분모집 직렬(직류) 외의 다른 직렬(직류)에도 비장애인과 동일한 조건으로 응시할 수 있다.
- 장애인 구분모집 응시자격 확인은 필기시험(7급 제1차시험, 9급 제1·2차시험(병합실시)) 합격자를 대상으로 실시한다.

◯ 결격사유

해당 시험의 최종시험 시행예정일(면접시험 최종예정일) 현재를 기준으로 「국가공무원법」 제33조(외무공무원은 「외무공무원법」 제9조, 검찰직공무원은 「검찰청법」 제50조)의 결격사유에 해당하거나, 「국가공무원법」 제74조(정년)·「외무공무원법」 제27조(정년)에 해당하는 자 또는 「공무원임용시험령」 등 관계법령에 따라 응시자격이 정지된 자는 응시할 수 없음

「국가공무원법」 제33조(결격사유)

- 피성년후견인 또는 피한정후견인
- 파산선고를 받고 복권되지 아니한 자
- 금고 이상의 실형을 선고받고 그 집행이 종료되거나 집행을 받지 아니하기로 확정된 후 5년이 지나지 아니한 자
- 금고 이상의 형을 선고받고 그 집행유예 기간이 끝난 날부터 2년이 지나지 아니한 자
- 금고 이상의 형의 선고유예를 받은 경우에 그 선고유예 기간 중에 있는 자
- 법원의 판결 또는 다른 법률에 따라 자격이 상실되거나 정지된 자
- 공무원으로 재직기간 중 직무와 관련하여 「형법」 제355조 및 제356조에 규정된 죄를 범한 자로서 300만 원 이상의 벌금형을 선고받고 그 형이 확정된 후 2년이 지나지 아니한 자
- 「형법」 제303조 또는 「성폭력범죄의 처벌 등에 관한 특례법」 제10조에 규정된 죄를 범한 사람으로서 300만 원 이상의 벌금형을 선고받고 그 형이 확정된 후 2년이 지나지 아니한 사람(~2019.4.16.까지 적용)
- 「성폭력범죄의 처벌 등에 관한 특례법」 제2조에 규정된 죄를 범한 사람으로서 100만 원 이상의 벌금형을 선고받고 그 형이 확정된 후 3년이 지나지 아니한 사람(2019.4.17. 시행)
- 미성년자에 대하여 「성폭력범죄의 처벌 등에 관한 특례법」 제2조에 따른 성폭력범죄, 「아동·청소년의 성보호에 관한 법률」 제2조제2호에 따른 아동·청소년 대상 성범죄를 저질러 파면·해임되거

나 형 또는 치료감호를 선고받아 그 형 또는 치료감호가 확정된 사람(집행유예를 선고받은 후 그 집행 유예기간이 경과한 사람을 포함 : 2019.4.17. 시행)

- 징계로 파면처분을 받은 때부터 5년이 지나지 아니한 자
- 징계로 해임처분을 받은 때부터 3년이 지나지 아니한 자

「국가공무원법」 제74조(정년)

- 공무원의 정년은 다른 법률에 특별한 규정이 있는 경우를 제외하고는 60세로 한다.
- 공무원은 그 정년에 이른 날이 1월부터 6월 사이에 있으면 6월 30일에, 7월부터 12월 사이에 있으면 12월 31일에 각각 당연히 퇴직된다.

◯ 거주지 제한

1. 국가직(행정안전부 주관)

거주지 제한이 없음

2. 지방직

각 시·도별로 요강 확인 필요(지역별 예외 조항 있음)

구분	지방직(시·도 주관)	교육청 주관
서울	거주지 제한 없음	시험에 응시하고자 하는 자는 아래의 2가지 요건 중 하나를 충족하여야 함 ※ 단, 경력경쟁임용시험 응시자는 거주지제한을 두지 않음 • 2022년 1월 1일 이전부터 최종시험일(면접시험일)까지 계속하여 본인의 주민등록상 주소지가 서울특별시, 인천광역시, 경기도로 되어 있는 자로서 동 기간 중 주민등록의 말소 및 거주 불명으로 등록된 사실이 없어야 함 • 2022년 1월 1일 이전까지 서울특별시, 인천광역시, 경기도로 주민등록상 주소지를 두고 있었던 기간을 모두 합산하여 총 3년 이상인 자 ※ 행정구역의 통·폐합 등으로 주민등록상 시·도의 변경이 있는 경우 현재 행정구역을 기준으로 하며, 과거 거주 사실의 합산은 연속하지 않더라도 총 거주한 기간을 월(月) 단위로 계산하여 36개월 이상이면 충족함 ※ 거주지 요건의 확인은 "개인별 주민등록표"를 기준으로 함 ※ 재외국민(해외영주권자)의 경우 위 요건과 같고 주민등록 또는 국내거소신고 사실증명으로 거주한 사실을 증명함 ※ 거주기간 합산요건(3년) 계산 방법은 민법 제160조 제1항에 따름

구분	지방직(시·도 주관)	교육청 주관
경기	2022년 경기도 지방공무원 임용시험에 응시하고자 하는 자는 아래의 2가지 요건 중 하나를 충족하여야 함 • 2022년 1월 1일 이전부터(2021년 12월 31일까지 주민등록상 전입처리가 완료되어야 함) 최종 시험시행예정일(면접시험 최종예정일)까지 계속하여 경기도에 주민등록상 주소지를 두고 있는 자로서 동 기간 중 주민등록의 말소 및 거주불명으로 등록된 사실이 없어야 함 • 2022년 1월 1일 이전까지 경기도에 주민등록상 주소지를 두고 있었던 기간을 모두 합산하여 총 3년 이상인 자 단, 군(郡)지역(양평군, 가평군, 연천군)「행정 9급 일반행정」에 응시하고자 하는 자는 아래의 요건 중 하나를 충족하여야 함 ※ 장애인 · 저소득층 구분모집은 해당 없음 • 2022년 1월 1일 이전부터(2021년 12월 31일까지 주민등록상 전입처리가 완료되어야 함) 최종시험 시행예정일(면접시험 최종예정일)까지 계속하여 응시하고자 하는 군(郡)지역에 주민등록상 주소지를 두고 있는 자로서 동 기간 중 주민등록의 말소 및 거주불명으로 등록된 사실이 없어야 함 • 2022년 1월 1일 이전까지 응시하고자 하는 군(郡)지역에 주민등록상 주소지를 두고 있었던 기간을 모두 합산하여 총 3년 이상인 자	전산, 사서, 공업(일반기계, 일반전기), 보건, 식품위생, 간호, 시설(일반토목, 건축) 직렬 • 당해연도 1월 1일 이전부터 최종(면접)시험일까지 계속하여 본인의 주민등록상 주소지가 경기도내로 되어 있는 사람

가산점

구분	가산비율	비고
취업지원대상자	과목별 만점의 10% 또는 5%	• 취업지원대상자 가점과 의사상자 등 가점은 1개만 적용 • 취업지원대상자/의사상자 등 가점과 자격증 가산점은 각각 적용
의사상자 등 (의사자 유족, 의사자 본인 및 가족)	과목별 만점의 5% 또는 3%	
직렬별 가산대상 자격증 소지자	과목별 만점의 3~5% (1개의 자격증만 인정)	

○ 기술직

국가기술자격법령 또는 그 밖의 법령에서 정한 자격증 소지자가 해당 분야(전산직은 제외)에 응시할 경우 각 과목 만점의 40% 이상 득점한 자에 한하여 각 과목별 득점에 각 과목별 만점의 일정비율(아래 표에서 정한 가산비율)에 해당하는 점수를 가산(채용분야별 가산대상 자격증의 종류는 「공무원임용시험령」 별표 12를 참조)

구분	7급		9급	
	기술사, 기능장, 기사 [시설직(건축)의 건축사 포함]	산업 기사	기술사, 기능장, 기사, 산업기사 [시설직(건축)의 건축사 포함]	기능사 [농업직(일반농업)의 농산물품질관리사 포함]
가산비율	5%	3%	5%	3%

※ 7·9급 국가공무원 공개경쟁채용시험에서 가산점을 받고자 하는 자는 해당 공고에서 정한 기간에 사이버국가고시센터(www.gosi.kr)에 접속하여 자격증의 종류 및 가산비율을 입력하여야 함

※ 자격증 종류 및 가산비율을 잘못 기재하는 경우에는 응시자 본인이 불이익을 받을 수 있습니다.

지방인재채용목표제(7급 공개경쟁채용시험에 한함)

○ 대상시험

7급 공개경쟁채용시험에서 선발예정인원이 10명 이상인 모집단위

○ 적용대상

서울특별시를 제외한 지역에 소재하는 대학의 졸업(예정)자 또는 서울특별시를 제외한 지역에 소재한 학교를 최종적으로 졸업(예정)·중퇴하거나 재학·휴학 중인 자(응시원서 접수마감일 기준)

※ 서울 소재 대학 졸업 또는 중퇴 후 지방대학에 편·입학하여 재학 중인 경우는 해당되지 않으며, 지방대학 졸업 후는 해당

○ 채용목표인원 및 추가합격상한(인원 계산 시 소수점 이하는 반올림)

- 시험실시단계별 지방인재 채용목표 인원은 당초 합격예정인원의 30%
- 채용목표인원에 미달되더라도 지방인재의 추가합격은 당초 합격예정인원의 5% 이내로 제한

◌ 증빙서류제출

응시원서에 지방인재로 표기한 응시대상자는 증빙서류(졸업증명서, 재학증명서 등)를 필기시험 합격자 발표일에 안내하는 기간 내에 제출

양성평등 채용목표제

◌ 대상시험

선발예정인원이 5명 이상인 모집단위(교정직렬 · 보호직렬은 적용 제외)

◌ 채용목표 30%(검찰직렬의 경우 20%)

시험실시 단계별로 합격예정인원에 대한 채용목표 비율이며, 인원수 계산 시 선발예정인원이 10명 이상인 경우에는 소수점 이하를 반올림하며, 5명 이상 10명 미만일 경우에는 소수점 이하는 버림

· NOTICE · 위 내용은 변경될 수 있으니 정확한 일정과 내용은 반드시 해당 시험공고를 통해 확인하기 바랍니다.

02 건축직 군무원

시험개요

○ **군무원이란**
- 군부대에서 군인과 함께 근무하는 공무원으로 신분은 국가공무원법상 특정직 공무원으로 분류
- 국토를 방위하고 국권을 수호하며 국민의 생명과 재산을 지켜야 할 의무가 부여된 국군에 있어서도 그 주어진 임무 수행을 위해서는 각 분야의 전문가를 필요로 하는데 군무원이 이 역할을 담당한다. 군무원은 군과 관련된 제 분야에서 전문직으로 활동하는데, 이에 대한 대우는 군인에 준하되 계급별 기준(1~9급)에 따라 차등이 있다. 또한 군무원의 보수나 사회적 신분은 국가공무원과 같으며 시험방법, 형태, 가산점 등 채용방법에 있어서는 국가공무원 임용시험에 준하여 실시된다.

○ **일반군무원**
- 기술 · 연구 또는 행정일반에 대한 업무 담당
- 직급구조 : 1~9급
- 일반군무원 계급 명칭

계급	9급	8급	7급	6급	5급	4급	3급	2급	1급
명칭	서기보	서기	주사보	주사	사무관	서기관	부이사관	이사관	군무관리관

○ **기능군무원**
- 기능적인 업무 담당
- 직급구조 : 기능 1급~기능 10급

업무내용

○ 근무처

국방부 직할부대(정보사, 기무사, 통신사, 의무사 등), 육군 · 해군 · 공군본부 및 예하부대

○ 주요 업무내용

직군	직렬	업무내용
시설	건축	건축공사에 대한 계획, 설계, 시공 및 감독업무

시험제도

○ 시험일정

전반기 공채로 국방부, 육군, 공군, 해군 등에서 모집하고 있으나, 시험일자가 동일함. 연 1회(원서 접수 4월). 단, 제한경쟁, 특별채용의 경우는 수요 발생 시 수시 시행

○ 시험방법

- 1차 시험 : 객관식 필기시험
- 2차 시험 : 면접시험

○ 시험출제유형

객관식 25문항 4지선다형 / 각 과목당 25분

○ 시험과목

직렬	계급	시험과목
건축	5급	국어, 건축계획학, 건축구조학, 구조역학, 건축시공학
	7급	국어, 건축계획학, 건축구조학, 건축시공학
	9급	국어, 건축계획학, 건축구조학

※ 공통과목은 영어 및 한국사이며 '영어' 과목은 영어능력검정시험으로 대체, '한국사' 과목은 한국사능력검정시험으로 대체

○ 영어능력검정시험

시험종류 및 응시계급별 기준점수

시험의 종류		응시계급별 기준점수		
		5급	7급	9급
토익 (TOEIC)	기준점수	700점 이상	570점 이상	470점 이상
	청각장애(2,3급)	350점 이상	285점 이상	235점 이상
토플 (TOEFL)	기준점수	PBT : 530점 이상 CBT : 197점 이상 IBT : 71점 이상	PBT : 480점 이상 CBT : 157점 이상 IBT : 54점 이상	PBT : 440점 이상 CBT : 123점 이상 IBT : 41점 이상
	청각장애(2,3급)	PBT : 352점 이상 CBT : 131점 이상	PBT : 319점 이상 CBT : 104점 이상	PBT : 292점 이상 CBT : 82점 이상
펠트 (PELT)	기준점수	PELT MAIN 303점 이상	PELT MAIN 224점 이상	PELT MAIN 171점 이상
	청각장애(2,3급)	PELT MAIN 152점 이상	PELT MAIN 112점 이상	PELT MAIN 86점 이상
텝스 (TEPS) (2018.5.12.전에 실시된 시험)	기준점수	625점 이상	500점 이상	400점 이상
	청각장애(2,3급)	375점 이상	300점 이상	240점 이상
新텝스 (TEPS) (2018.5.12.이후 에 실시된 시험)	기준점수	340점 이상	268점 이상	211점 이상
	청각장애(2,3급)	204점 이상	161점 이상	127점 이상
지텔프 (G-TELP)	기준점수	Level 2 65점 이상	Level 2 47점 이상	Level 2 32점 이상
플렉스 (FLEX)	기준점수	625점 이상	500점 이상	400점 이상
	청각장애(2,3급)	375점 이상	300점 이상	240점 이상

※ 공개경쟁채용 필기시험 시행예정일부터 역산하여 2년이 되는 해의 1월 1일 이후에 실시된 시험으로서 원서접수 마감일까지 점수(등급)가 발표된 시험으로 한정하며, 기준점수가 확인된 시험만 인정함

※ 청각장애 2 · 3급 응시자의 경우, 해당 영어능력검정시험에서 듣기부분을 제외한 점수가 위 표의 청각장애 2 · 3급 기준점수 이상이면 응시 가능(단, 원서접수 마감일까지 청각장애 2 · 3급으로 유효하게 등록되어 있어야 함)

◯ 한국사능력검정시험(국사편찬위원회 주관)

시험종류 및 응시계급별 기준점수

시험의 종류	응급계급별 기준등급		
	5급	7급	9급
한국사능력검정시험	2급 이상	3급 이상	4급 이상

※ 공개경쟁채용 필기시험 시행예정일부터 역산하여 3년이 되는 해의 1월 1일 이후에 실시된 시험으로서 원서접수 마감일까지 점수(등급)가 발표된 시험으로 한정하며, 기준점수가 확인된 시험만 인정

◯ 공통 필수자격

국방부 주관 일반군무원 채용시험의 최종시험 예정일 현재를 기준으로「군무원인사법」제10조의 결격사유 및 제31조의 정년에 해당하거나,「군무원인사법 시행령」제24조 또는「공무원임용시험령」등 관계 법령에 따라 응시자격이 정지된 자는 응시할 수 없음

○ 군무원인사법 제10조(결격사유)

- 대한민국의 국적을 가지지 아니한 사람
- 대한민국 국적과 외국 국적을 함께 가지고 있는 사람
- 「국가공무원법」제33조 각 호의 어느 하나에 해당하는 사람

○ 국가공무원법 제33조(결격사유)

- 피성년후견인 또는 피한정후견인
- 파산선고를 받고 복권되지 아니한 자
- 금고 이상의 실형을 선고받고 그 집행이 종료되거나 집행을 받지 아니하기로 확정된 후 5년이 지나지 아니한 자
- 금고 이상의 형을 선고받고 그 집행유예 기간이 끝난 날부터 2년이 지나지 아니한 자
- 금고 이상의 형의 선고유예를 받은 경우에 그 선고유예 기간 중에 있는 자
- 법원의 판결 또는 다른 법률에 따라 자격이 상실되거나 정지된 자
- 공무원으로 재직기간 중 직무와 관련하여「형법」제355조 및 제356조에 규정된 죄를 범한 자로서 300만 원 이상의 벌금형을 선고받고 그 형이 확정된 후 2년이 지나지 아니한 자
- 「성폭력범죄의 처벌 등에 관한 특례법」제2조에 규정된 죄를 범한 사람으로서 100만 원 이상의 벌금형을 선고받고 그 형이 확정된 후 3년이 지나지 아니한 사람
- 미성년자에 대한 다음 각 목의 어느 하나에 해당하는 죄를 저질러 파면 · 해임되거나 형 또는 치료감호를 선고받아 그 형 또는 치료감호가 확정된 사람(집행유예를 선고받은 후 그 집행유예기간이

경과한 사람을 포함한다)

   – 「성폭력범죄의 처벌 등에 관한 특례법」 제2조에 따른 성폭력범죄

   – 「아동·청소년의 성보호에 관한 법률」 제2조제2호에 따른 아동·청소년 대상 성범죄

- 징계로 파면처분을 받은 때부터 5년이 지나지 아니한 자
- 징계로 해임처분을 받은 때부터 3년이 지나지 아니한 자

○ 군무원인사법 제31조(정년)

- 군무원의 정년은 60세로 한다. 다만, 전시·사변 등의 국가비상 시에는 예외로 한다.

※ 장애인은 장애인 구분모집 직위 외 다른 직위에도 비장애인과 동일한 조건으로 응시할 수 있음(단, 국방부 주관 시험 내 다른 직위에 중복하여 응시할 수 없음)

○ 응시연령

응시계급	응시연령
7급 이상	20세 이상
9급 이하	18세 이상

○ 필기합격자 결정

- 선발예정인원의 1.3배수(130%) 범위 내(단, 선발예정인원이 6명 이하인 경우, 선발예정인원에 2명을 합한 인원의 범위)
- 합격기준에 해당하는 동점자는 합격 처리함

○ 최종합격자 결정

- 필기시험 합격자에 한해 면접시험 응시기회 부여
- 면접시험 평가요소
  ① 군무원으로서의 정신자세
  ② 전문지식과 그 응용능력
  ③ 의사표현의 정확성·논리성
  ④ 창의력·의지력·발전가능성
  ⑤ 예의·품행·성실성
  ※ 7급 공개경쟁채용시험 응시자는 개인발표 후 개별면접 순으로 진행
- 면접시험 성적순으로 합격자 결정(필기시험 성적은 합격자 결정 시 반영하지 않음)
- '신원조사'와 '공무원채용신체검사'에서 모두 '적격' 판정을 받은 사람을 최종합격자로 확정

가산점

◐ **취업지원 대상자**

「독립유공자 예우에 관한 법률」 제16조, 「국가유공자 등 예우 및 지원에 관한 법률」 제29조, 「보훈보상대상자 지원에 관한 법률」 제33조, 「5 · 18 민주유공자 예우에 관한 법률」 제20조, 「특수임무유공자 예우 및 단체 설립에 관한 법률」 제19조에 의한 취업지원대상자 그리고 「고엽제후유의증 등 환자지원 및 단체설립에 관한 법률」 제7조에 의한 고엽제후유의증 환자와 그 가족으로서 각 과목 만점의 40% 이상 득점한 자

※ 취업지원대상자 여부와 가점비율은 본인이 사전에 직접 국가보훈처 및 지방보훈청 등에 확인하여야 함(보훈상담센터 ☎ 1577-0606)

◐ **군무원 공개경쟁채용 시험 응시 및 가산 자격증 · 면허증 소지자**

- 가산점은 6급~9급 공개경쟁채용 시험 응시자에 한해 적용함
- 가산비율 : 과목별 만점의 3% 또는 5%

7급		9급	
기술사, 기능장, 기사	산업기사	기술사, 기능장, 기사, 산업기사	기능사
5%	3%	5%	3%

◐ **유의사항**

- 필기시험 시행 전일까지 취업지원대상자에 해당하거나, 군무원 공개경쟁 채용 응시/가산 자격증 또는 면허증을 소지할 경우 가(산)점 부여

  ※ 취업지원대상자 가점과 공개경쟁채용시험 응시 가산 자격증 · 면허증의 가산점은 각각 적용함
- 가(산)점을 받고자 하는 자는 원서접수 기간 또는 자격증 · 면허증 수정입력 기간에 국방부 군무원채용관리 홈페이지(http://recruit.mnd.go.kr)를 방문하여 취업지원대상 가점비율, 가산 자격증 종류 및 가산비율 등을 입력하여야 함
- 필기시험 매 과목 만점의 40% 이상 득점한 자에 한하여 각 과목별 득점에 각 과목별 만점의 일정 비율에 해당하는 점수를 가산
- 취업지원대상 여부 및 가점비율과 가산 자격증 · 면허증 종류 및 가산비율을 잘못 기재하여 발생하는 불이익은 응시자 본인의 귀책사유임

○ 군무원 공개경쟁채용 시험 응시 및 가산 자격증

자격 / 직렬	기술사		기능장	기사	산업기사
건 축	건축구조, 건축기계설비, 건축시공, 건설안전, 건축품질시험, 소방, 건축사		건축일반시공, 건축목재시공	건축설비, 건축, 실내건축, 건설안전, 소방설비(기계 분야), 소방설비(전기 분야)	건축설비, 건축, 건축일반시공, 건축목공, 실내건축, 건설안전, 소방설비(기계 분야), 소방설비(전기 분야)

※ 폐지된 자격증으로서 국가기술자격법령 등에 의해 그 자격이 계속 인정되는 경우에는 응시 및 가산 자격증으로 인정한다.
※ 응시계급별 자격등급 적용기준은 다음과 같으며, 응시 자격증은 필기시험 전일까지 취득하여야 한다.
  - 5급 및 7급 : 기사 이상, 9급 : 산업기사 이상
  - 단, 9급에 기능사 자격증을 적용하는 경우에 7급을 산업기사 자격증 이상으로 적용 가능

• NOTICE • 위 내용은 변경될 수 있으니 정확한 일정과 내용은 반드시 해당 시험공고를 통해 확인하기 바랍니다.

03 출제경향

◯ 최근 6년간 9급 공무원 출제경향 분석표

내용		국가직						출제비율	지방직						출제비율
		2016	2017	2018	2019	2020	2021		2016	2017	2018	2019	2020	2021	
제1편 일반 구조	1. 구조개념	0	1	1	0	0	0	2%	0	1	2	2	1	2	7%
	2. 기초구조	1	2	2	2	2	1	8%	2	2	1	2	2	2	9%
	3. 목구조	2	2	2	1	1	1	8%	2	2	2	1	1	1	8%
	4. 조적구조	2	2	2	1	1	1	8%	2	1	2	1	1	1	7%
	5. 기타구조	0	0	0	0	0	0	0%	0	0	0	0	0	0	0%
제2편 구체 구조	1. 구조계획	4	1	1	3	4	3	13%	2	3	2	2	3	2	12%
	2. RC구조	6	6	5	6	5	6	28%	6	6	5	5	5	5	27%
	3. 철골구조	4	4	4	4	3	5	20%	5	4	5	4	3	4	21%
제3편 구조역학		1	2	3	3	4	3	13%	1	1	1	3	4	3	11%
합 계(문항수)		20	20	20	20	20	20	100	20	20	20	20	20	20	100%

◯ 최근 6년간 7급 공무원 출제경향 분석표

내용		국가직						출제비율	지방직 및 서울시						출제비율
		2016	2017	2018	2019	2020	2021		2015	2016	2017	2018	2019	2020	
제1편 일반 구조	1. 구조개념	0	0	1	0	0	1	2%	0	0	1	0	0	0	1%
	2. 기초구조	2	2	3	1	0	0	7%	1	1	0	2	1	0	4%
	3. 목구조	1	1	1	1	1	1	5%	1	0	0	0	1	1	3%
	4. 조적구조	0	1	1	1	1	1	4%	1	1	1	0	0	1	3%
	5. 기타구조	0	0	0	0	0	0	0%	0	0	0	0	0	0	0%
제2편 구체 구조	1. 구조계획	3	2	1	4	4	4	14%	1	5	6	2	3	4	18%
	2. RC구조	6	6	7	6	6	8	31%	7	7	6	6	4	7	31%
	3. 철골구조	2	5	5	4	6	6	22%	4	2	2	6	5	4	19%
제3편 구조역학		6	3	1	3	2	4	15%	5	4	4	4	6	3	22%
합 계(문항수)		20	20	20	20	20	25	100%	20	20	20	20	20	20	100%

기출모의고사

새로 개정된 내용을 반영한 최근 10년간의 기출 문제를 수록하여 공무원시험을 보다 완벽하게 준비할 수 있도록 하였다.

시험별로 구분

국가직, 지방직, 서울직으로 나누어 수록함으로써 수험생들이 응시하는 시험별로 능동적으로 학습할 수 있게 하였다.

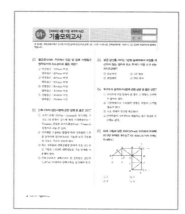

모의고사 풀기

모의고사 형태로 구성하여 실제 시험과 같은 조건에서 학습이 이루어지도록 하였으며, 결과를 기록할 수 있게 각 시험별로 소요시간과 점수 기입란을 두었다.

기출문제 및 해설

앞서 풀어본 모의고사에서 나아가 한 번 더 기출문제를 풀어보면서 복습이 이루어질 수 있도록 구성하였다. 기존 기출문제는 새로 개정된 사항에 맞게 수정하였다.

시험별로 구분

국가직, 지방직, 서울직으로 나누어 수록함으로써 수험생들이 응시하는 시험별로 능동적으로 학습할 수 있게 하였다.

문제를 풀고 해설 확인하기

기출문제를 상세한 해설과 함께 수록하여 효율적인 학습이 이루어지도록 하였으며, 어려운 시험은 여러 번 풀이해 볼 수 있게 각 시험별로 풀이 횟수 체크란을 두었다.

제 **1**편 기출모의고사

CHAPTER
01
국가직
기출모의고사

제2편 | 기출문제 및 해설

CHAPTER 01
국가직
기출문제 및
해설

PART

01

기출
모의고사

기출모의고사의 정답 및 해설은 2편에 수록

본 문제는 국토교통부에서 고시한 국가건설기준코드(구조설계기준 : KDS 14 00 00, 건축설계기준 : KDS 41 00 00)에 부합하도록 출제되었습니다.

01 철근콘크리트 구조에서 인장 및 압축 이형철근 정착길이의 최소값으로 옳은 것은?

① 인장철근 : 200mm 이상,
　압축철근 : 300mm 이상
② 인장철근 : 300mm 이상,
　압축철근 : 200mm 이상
③ 인장철근 : 300mm 이상,
　압축철근 : 400mm 이상
④ 인장철근 : 400mm 이상,
　압축철근 : 300mm 이상

02 건축구조의 일반사항에 관한 설명 중 옳은 것은?

① 프리스트레스트(Pre-Stressed) 콘크리트 구조는 PS 강재의 강도에 따라 프리텐션(Pre-Tension) 공법과 포스트텐션(Post-Tension) 공법으로 나눌 수 있다.
② 구조체를 구성하는 방법에 따라 건축물의 구조를 분류하면 철근콘크리트 기둥과 보가 강접합된 구조는 가구식 구조라 한다.
③ 목조 건축물의 내화설계에 있어서 주요 구조부인 기둥은 1시간의 내화성능을 가진 부재를 사용해야 한다.
④ 주요구조부가 내화구조로 된 건축물은 연면적 2,000m² 이내마다 방화구획을 설치해야 한다.

03 같은 경간을 가지는 1방향 슬래브에서 처짐을 계산하지 않는 경우의 최소 두께가 가장 크게 되는 지지조건은?

① 단순지지
② 1단 연속
③ 캔틸레버
④ 양단 연속

04 목구조의 설계요구사항에 관한 설명 중 옳은 것은?

① 크리프에 의한 변형이 클 경우 그 영향은 고려하지 않아도 된다.
② 시공방법이나 구조물의 변형은 특별히 고려할 필요가 없다.
③ 구조 전체의 인성을 확보한다.
④ 수직하중이 국부적으로 작용하는 경우 편심은 무시해도 된다.

05 아래 그림과 같은 트러스(Truss) 구조에서 부재력이 0인 부재의 개수는? (단, 트러스의 자체 무게는 무시한다.)

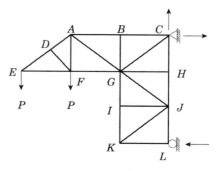

① 2
② 3
③ 4
④ 5

06 철근콘크리트 복근보(Doubly Reinforced Beam)에서 압축철근을 배근하는 이유로 옳지 않은 것은?

① 파괴 시까지 인장철근의 변형률이 증가하여 보의 연성을 증가시킨다.
② 장기하중에 의한 처짐을 감소시킨다.
③ 파괴모드를 인장파괴에서 압축파괴로 전환시킨다.
④ 철근의 배치가 용이해진다.

07 철근콘크리트 구조에서 현장치기 콘크리트의 경우 각 부재의 최소 피복두께의 값으로 옳지 않은 것은?

① 옥외의 공기나 흙에 직접 접하지 않는 슬래브나 장선에 D35 철근을 사용한 경우 : 40mm
② 흙에 접하거나 옥외의 공기에 직접 노출되는 콘크리트에 D25 철근을 사용한 경우 : 50mm
③ 흙에 접하여 콘크리트를 친 후 영구히 흙에 묻혀 있는 콘크리트 : 75mm
④ 수중에서 타설하는 콘크리트 : 100mm

08 목구조 지붕틀에 사용되지 않는 부재는?

① 마룻대   ② 중도리
③ 서까래   ④ 인방

09 목재의 기건재, 섬유포화점, 전건재의 함수율을 옳게 나타낸 것은?

① 기건재 : 0%, 섬유포화점 : 15%, 전건재 : 30%
② 기건재 : 30%, 섬유포화점 : 0%, 전건재 : 15%
③ 기건재 : 15%, 섬유포화점 : 0%, 전건재 : 30%
④ 기건재 : 15%, 섬유포화점 : 30%, 전건재 : 0%

10 강구조의 플레이트 거더에 관한 설명 중 옳지 않은 것은?

① 플레이트 거더는 보의 일종으로 볼 수 없다.
② 웨브는 전단력을 지지하며 전단응력은 균등하다고 가정한다.
③ 플레이트 거더의 전단강도는 웨브의 폭두께비에 의해 좌우된다.
④ 플레이트 거더의 설계 핵심은 웨브와 플랜지의 치수(Size)를 결정하는 것이다.

11 그림과 같은 원통형 부재에 P = 10kN의 하중이 작용하여 하중작용 방향으로 0.03cm 줄었고, 하중작용 직각방향으로 0.0015cm가 늘어났다면 이 부재의 푸아송 비(ν)는?

① 1/5
② 1/10
③ 1/20
④ 1/40

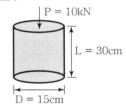

12 건물 높이가 11m(2층)이고 벽의 길이가 8m인 조적조 건물의 각층별 내력벽의 두께는? (단, 조적조의 종류에 따른 당해 벽높이의 규정은 무시한다. 단위 : cm)

구 분	1층 두께	2층 두께
①	19	15
②	19	19
③	29	19
④	39	29

13 두께가 150mm인 철근콘크리트 슬래브의 단위면적당 고정하중은?

① 120kgf/m²   ② 240kgf/m²
③ 360kgf/m²   ④ 480kgf/m²

14 목조지붕 구조물에서 눈(Snow)에 의한 하중이 그림과 같이 집중하중으로 작용할 때, A와 B지점의 수직 및 수평반력의 값은?

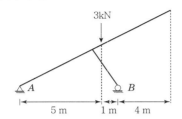

① $R_a = 0.5\text{kN}$, $R_b = 2.5\text{kN}$, $H_a = 0.0\text{kN}$

② $R_a = 0.7\text{kN}$, $R_b = 5.0\text{kN}$, $H_a = 0.5\text{kN}$

③ $R_a = 0.5\text{kN}$, $R_b = 5.0\text{kN}$, $H_a = 0.0\text{kN}$

④ $R_a = 0.7\text{kN}$, $R_b = 2.5\text{kN}$, $H_a = 0.5\text{kN}$

15 사질토(모래)와 점토의 비교 설명 중 옳지 않은 것은?

구 분	흙의 성질	사질토(모래)	점토
①	압밀속도	느리다.	빠르다.
②	내부마찰각	크다.	작다.
③	투수계수	크다.	작다.
④	압밀성	작다.	크다.

16 강재의 탄소량을 0.2%에서 0.8%로 증가시켰을 경우 나타나는 강재의 기계적 성질 중 옳지 않은 것은?

① 강재의 항복강도가 증가한다.

② 강재의 탄성한계가 증가한다.

③ 강재의 극한인장강도가 증가한다.

④ 강재의 탄성계수가 증가한다.

17 지반의 종류와 장기응력에 관한 허용응력도가 옳은 것은?

① 화성암의 암반 : $2,000\text{kN/m}^2$

② 수성암의 암반 : $1,000\text{kN/m}^2$

③ 자갈 : 200kN/m^2

④ 모래 : 100kN/m^2

18 조적조의 모르타르와 그라우트에 관한 설명으로 옳지 않은 것은?

① 모르타르는 물의 양을 현장에서 적절한 시공연도를 얻을 수 있도록 조절할 수 있다.

② 사춤용 모르타르의 배합비는 시멘트 : 석회 : 모래=1 : 1 : 3으로 한다.

③ 그라우트는 재료의 분리가 없을 정도의 유동성을 갖도록 물이 첨가되어야 하고, 그라우트의 압축강도는 조적개체 강도의 1.3배 이상으로 한다.

④ 사춤용 그라우트의 배합비는 시멘트 : 모래 : 자갈=1 : 2 : 3으로 한다.

19 그림과 같은 필릿용접에서 유효용접면적의 값은? (단, 이음면이 직각인 경우)

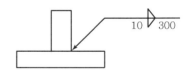

① $1,960\text{mm}^2$ ② $3,920\text{mm}^2$

③ $5,600\text{mm}^2$ ④ $6,000\text{mm}^2$

20 구조설계에 사용되는 강도설계법에 관한 설명으로 옳은 것은?

① 구조재의 강도를 안전율로 나눈 허용응력으로 설계하여 구조물의 안전성을 확보한다.

② 부재의 종류에 관계없이 강도감소계수는 일정한 값이 적용된다.

③ 지진하중을 포함하는 하중조합의 지진하중계수는 1.0으로 한다.

④ 하중계수를 적용하는 경우 강도감소계수는 적용하지 않는다.

본 문제는 국토교통부에서 고시한 국가건설기준코드(구조설계기준 : KDS 14 00 00, 건축설계기준 : KDS 41 00 00)에 부합하도록 출제되었습니다.

01 조적조에서 하나의 개구부와 그 직상에 있는 개구부 사이에 필요한 최소한의 수직거리[mm]로 옳은 것은?

① 300 ② 400
③ 500 ④ 600

02 슬래브시스템을 설계할 때 직접설계법을 사용할 수 있는 제한사항으로 옳지 않은 것은?

① 연속한 기둥중심선으로부터 기둥의 이탈은 이탈방향 경간의 최대 30%까지 허용할 수 있다.
② 각 방향으로 연속한 받침부 중심 간 경간길이의 차이는 긴 경간의 1/3 이하이어야 한다.
③ 활하중은 고정하중의 2배 이하이어야 한다.
④ 각 방향으로 3경간 이상이 연속되어야 한다.

03 프리스트레스트콘크리트구조에 관한 설명으로 옳지 않은 것은?

① 일반적으로 철근콘크리트 부재에 비해 처짐 제어에 유리하다.
② 포스트텐션 방식은 연속경간에는 적용이 불리하다.
③ 부분 프리스트레싱은 설계하중이 작용할 때 부재 단면의 일부에 인장응력이 발생하는 경우를 의미한다.
④ 포스트텐션 방식에서는 단부 정착장치가 중요하다.

04 철근콘크리트보 설계에 관한 설명으로 옳지 않은 것은?

① 강도감소계수를 고려한 설계강도가 하중계수를 고려한 소요강도 이상이 되도록 설계한다.
② 보의 장기처짐은 압축철근비가 클수록 감소하며 또한 시간경과계수 값이 작을수록 감소한다.
③ 보의 휨에 대한 최소인장철근비는 철근의 항복강도에 반비례한다.
④ 강도감소 계수값은 휨 인장지배단면의 경우가 전단의 경우보다 작다.

05 단근장방형 보를 극한강도법에 의해 설계할 때 철근비를 균형철근비 이하로 규제하는 이유로 옳은 것은?

① 보의 처짐 감소 ② 보의 균열폭 감소
③ 보의 연성파괴 유도 ④ 보의 강성유지

06 다음 그림과 같은 철골보의 전단 중심 O점의 위치가 옳은 것은?

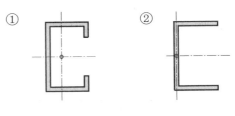

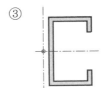

07 필릿용접의 총 길이가 120mm, 필릿치수가 10mm인 경우 필릿용접의 유효단면적[mm²]으로 옳은 것은? (단, 이음면이 직각인 경우)

① 600 　　　　② 700
③ 800 　　　　④ 1,200

08 기둥의 상단부와 하단부의 회전과 이동이 모두 구속되어 있을 경우 유효좌굴길이계수(K)의 이론값으로 옳은 것은?

① 0.5 　　　　② 0.7
③ 1.0 　　　　④ 2.0

09 철골 모멘트저항 골조형식인 10층 사무용 건물에서 각 층의 층고가 3.5m일 경우 근사 기본진동주기[sec]로 옳은 것은?

① 1.0 　　　　② 1.2
③ 1.5 　　　　④ 2.0

10 프리스트레스트 콘크리트구조의 특징으로 옳지 않은 것은?

① 일반상태에서는 균열이 생기지 않는다.
② 프리스트레스를 준 강재는 고응력 상태이므로 부식되기 어렵고 열에 강하다.
③ 콘크리트의 수축 및 크리프와 PC강재의 릴랙세이션에 의해 콘크리트의 프리스트레스력이 저하된다.
④ 고강도 강재와 고강도 콘크리트를 사용함으로써 부재가 슬림해질 수 있다.

11 지름이 500mm인 PHC 말뚝기초의 경우, 기초판의 연단에서 말뚝 중심까지의 간격[mm]으로 옳은 것은?

① 500 이상 　　　② 625 이상
③ 750 이상 　　　④ 1,000 이상

12 기초 터파기 시 흙막이벽에 발생하는 현상으로 옳지 않은 것은?

① 히빙(Heaving)
② 사운딩(Sounding)
③ 보일링(Boiling)
④ 파이핑(Piping)

13 목구조에서 큰보와 작은보를 연결하는 데 주로 사용되는 철물은?

① 안장쇠
② 주걱볼트
③ 양나사볼트
④ 감잡이쇠

14 건축물의 내진구조계획 시 고려해야 할 사항으로 옳지 않은 것은?

① 연성 재료의 사용
② 가볍고 강한 재료의 사용
③ 약한 기둥－강한 보 시스템의 적용
④ 단순하고 대칭적인 구조물의 형태

15 목재의 보강철물에 관한 설명으로 옳지 않은 것은?

① 못은 경미한 곳 외에는 1개소에서 4개 이상을 15° 정도 기울여 박는다.
② 듀벨은 볼트와 같이 사용하며 듀벨에는 인장력을 부담시키고, 볼트에는 전단력을 부담시킨다.
③ 목재 볼트구멍은 볼트지름보다 2mm 이상 커서는 안 된다.
④ 꺾쇠의 갈고리는 끝 쪽에서 갈고리 길이의 1/3 이상의 부분을 네모뿔형으로 만든다.

16 20mm 두께의 널을 박는 못의 최대 직경[mm] 및 적절한 길이[mm]로 옳은 것은?

	최대 직경[mm]	적절한 길이[mm]
①	4.0 이하	40
②	3.3 이하	40
③	4.0 이하	50
④	3.3 이하	50

17 목조 2층 마루의 종류에 해당되지 않는 것은?

① 납작마루 　② 홑마루
③ 보마루 　④ 짠마루

18 보강콘크리트 블록조에 관한 설명으로 옳지 않은 것은?

① 통줄눈으로 시공하는 것이 좋다.
② 굵은 철근을 조금 넣는 것보다 가는 철근을 많이 넣는 것이 좋다.
③ 벽의 세로근은 구부리지 않고 설치하도록 한다.
④ 블록의 모든 구멍은 콘크리트로 메워야 한다.

19 벽돌조에 관한 설명으로 옳은 것은?

① 내력벽의 길이는 15m 이하로 한다.
② 내력벽 두께는 벽 높이의 1/30 이상으로 한다.
③ 개구부 상호 간 또는 개구부와 대린벽의 중심과의 거리는 벽두께의 2배 이상으로 한다.
④ 개구부 폭이 2.4m 이상인 경우에는 철근콘크리트 인방보를 설치한다.

20 조적조의 내진설계에 관한 설명으로 옳지 않은 것은?

① 비보강 조적조는 지진에 대한 저항능력을 기대할 수 없으므로 내진성능을 확보하기 위해서는 보강 조적조로 설계해야 한다.
② 조적조의 지진하중 산정은 철근콘크리트구조 및 철골구조와 동일한 방법을 따른다.
③ 바닥 슬래브와 벽체 간의 접합부는 최대 1.2m 간격의 적절한 정착기구로 연결되어야 한다.
④ 보강 조적조의 전단벽은 벽체 하부와 기초의 상단에 장부철근으로 연결 배근한다.

본 문제는 국토교통부에서 고시한 국가건설기준코드(구조설계기준 : KDS 14 00 00, 건축설계기준 : KDS 41 00 00)에 부합하도록 출제되었습니다.

01 목구조의 구조적 특성으로 옳은 것은?

① 육안등급구조재의 섬유방향압축응력은 인장응력보다 크다.

② 육안등급구조재의 설계허용응력은 기준허용응력에 부피계수를 곱하여 보정한다.

③ 목재는 생재에서 완전건조상태까지의 섬유직각방향수축률이 약 12~15%를 나타낸다.

④ 응력과 변형의 산정은 탄소성변형을 기본적으로 고려해야 한다.

02 슬럼프시험에 대한 설명으로 옳은 것은?

① 비빈 콘크리트를 3회로 나누어 넣고 매회 다짐막대로 20회 다진다.

② 상부직경 150mm, 하부직경 250mm, 높이 300mm의 철제형틀을 평평한 수밀판 위에 놓고 측정한다.

③ 콘크리트의 반죽질기를 측정하고 워커빌리티를 비교하는데 이용된다.

④ 콘크리트의 성형성이나 마무리의 용이성 판단에 이용하지 않는다.

03 인장력을 받는 이형철근의 A급 겹침이음길이에 대한 설명으로 옳은 것은?

① 인장 이형철근 정착길이 이상으로 한다.

② 인장 이형철근 정착길이의 1.3배 이상으로 한다.

③ 인장 이형철근 정착길이의 1.5배 이상으로 한다.

④ 인장 이형철근 정착길이의 2.0배 이상으로 한다.

04 조적식 구조에서 테두리보에 대한 설명으로 옳지 않은 것은?

① 벽체를 일체화 시킨다.

② 벽면의 수평균열을 방지한다.

③ 건물 전체의 강성을 높이는 역할을 한다.

④ 지붕이나 바닥의 하중을 균등하게 벽체에 전달한다.

05 철근콘크리트 구조에서 전단철근의 형태로 옳지 않은 것은?

① 주인장철근에 38° 각도로 설치되는 스터럽

② 주인장철근에 32° 각도로 구부린 굽힘철근

③ 스터럽과 굽힘철근의 조합

④ 부재축에 직각으로 배치된 용접철망

06 지진하중 산정 및 내진설계에 대한 설명으로 옳지 않은 것은?

① 반응수정계수가 클수록, 유효 건물 중량이 작을수록 밑면전단력은 감소한다.

② 임의층의 층전단력은 그 층 하부의 층지진력의 누적합계이다.

③ 지반의 주기와 구조물의 기본 진동주기가 비슷할 경우 공진현상이 발생될 수 있다.

④ 고차진동모드의 영향이 클수록 등가정적해석법보다는 동적해석법을 적용하여야 한다.

07 철근콘크리트 보의 설계에서 인장철근에 대한 설명으로 옳지 않은 것은?

① 최소철근비 이상에서 인장철근비를 작게 하고 단면을 크게 하는 것은 처짐 제한에 유리하다.

② 인장철근비가 증가하면 할수록 보의 연성도 증가한다.

③ 균열방지를 위해서는 최소한의 인장철근 보강이 필요하다.

④ 인장철근비가 감소하면 취성균열파괴가 발생할 수 있다.

08 서울시에 20층 아파트를 설계하려고 한다. 대상 건물의 내진등급과 중요도계수로 옳은 것은?

① 특등급, 1.5
② 특등급, 1.2
③ 1등급, 1.5
④ 1등급, 1.2

09 철근콘크리트 슬래브의 두께 및 철근배근에 대한 설명으로 옳은 것은?

① 1방향 슬래브의 두께는 최소 120mm 이상으로 하여야 한다.

② 동일 평면에서 평행하는 철근 사이의 수평 순간격은 철근의 공칭지름 이상, 또한 22mm 이상, 또한 굵은 골재 최대 치수의 5/3 이상으로 한다.

③ 2방향슬래브의 위험단면에서 철근 간격은 슬래브두께의 2배 이하 또한 300mm 이하로 하여야 한다. 단, 와플구조나 리브구조로 된 부분은 예외로 한다.

④ 슬래브 철근의 피복 두께는 10mm 이상으로 한다.

10 지반조사에 대한 설명으로 옳지 않은 것은?

① 예비조사는 기초형식을 구상하고 본조사의 계획을 수립하기 위한 것으로 개략적인 지반구성 등을 파악하는 것이다.

② 본조사는 기초설계 및 시공에 필요한 제반자료를 확보하기 위한 것으로 기초의 지지력 및 부근 건축물 등의 기초에 관한 제조사를 시행하는 것이다.

③ 평판재하시험의 재하판은 지름 300mm를 표준으로 하고 최대재하하중은 지반의 극한지지력 또는 예상 장기 설계하중의 3배로 하며 재하는 5단계 이상으로 나누어 시행한다.

④ 말뚝박기 시험은 필요한 깊이에서 매회 말뚝의 관입량과 리바운드량 측정을 원칙으로 한다.

11 건축물에 대한 한계상태설계법에서 사용성 한계상태의 검토 대상으로 옳은 것은?

① 기둥의 좌굴
② 접합부의 파괴
③ 바닥재의 진동
④ 피로 파괴

12 보에서 생기는 부재력에 대한 설명으로 옳지 않은 것은?

① 전단력은 수직전단력과 수평전단력이 있다.

② 등분포하중이 작용하는 구간에서의 전단력의 분포형태는 1차직선이 된다.

③ 휨모멘트는 전단력이 0인 곳 중에서 최대값을 나타낸다.

④ 지점 전단력의 크기는 지점반력보다 항상 크다.

13 조적식 구조에서 사용되는 벽체용 붙임 모르타르의 용적배합비(세골재/결합재)로 옳은 것은? (단, 세골재는 표면건조 내부포수상태이고 결합재는 주로 시멘트를 사용한다.)

① 0.5~1.5
② 1.5~2.5
③ 2.5~3.0
④ 3.0~3.5

14 단면의 높이 h, 폭이 b인 직사각형 부재의 강축에 대한 단면 2차모멘트(I), 단면계수(Z), 단면 2차 반경(i)으로 옳은 것은?

① $I = \dfrac{bh^2}{12}$, $Z = \dfrac{bh}{6}$, $i = \dfrac{h^2}{12}$

② $I = \dfrac{bh^3}{12}$, $Z = \dfrac{bh^2}{6}$, $i = \dfrac{h^2}{12}$

③ $I = \dfrac{bh^2}{12}$, $Z = \dfrac{bh}{6}$, $i = \dfrac{h}{2\sqrt{3}}$

④ $I = \dfrac{bh^3}{12}$, $Z = \dfrac{bh^2}{6}$, $i = \dfrac{h}{2\sqrt{3}}$

15 조적식 구조에서 그라우트 또는 모르타르가 포함된 단위조적의 개체로 조적조의 성질을 규정하기 위해 사용하는 시험체로 옳은 것은?

① 면살
② 아이바
③ 프리즘
④ 겹

16 강재의 응력 – 변형도 곡선에서 변형도가 커짐에 따라 다음의 각 점들이 나타나는 순서를 바르게 나열한 것은?

ㄱ. 상위항복점	ㄴ. 하위항복점
ㄷ. 비례한계점	ㄹ. 탄성한계점
ㅁ. 파괴강도점	

① ㄹ – ㄴ – ㄷ – ㄱ – ㅁ
② ㄷ – ㄹ – ㄱ – ㄴ – ㅁ
③ ㄹ – ㄱ – ㄷ – ㄴ – ㅁ
④ ㄷ – ㄱ – ㄴ – ㄹ – ㅁ

17 강구조의 고장력볼트 접합에 대한 설명으로 옳지 않은 것은?

① 마찰접합은 고장력볼트의 체결력에 의한 마찰력으로 응력을 전달한다.
② 인장접합의 응력전달에 있어서 부재 간의 마찰력은 전혀 관여하지 않는다.
③ 지압접합은 부재 간의 지압력만으로 응력을 부담한다.
④ 마찰접합 시에도 지압강도는 검토해야 한다.

18 목구조에서 가새에 대한 설명으로 옳지 않은 것은?

① 가새는 단부를 기둥과 보, 기타 구조내력상 중요한 가로재와 접합한다.
② 가새에는 내력 저하를 초래하는 따냄을 피한다.
③ 가새가 있는 골조에서 기둥과 보, 도리, 토대와의 맞춤은 압축력, 인장력 및 전단력에 대하여 철물류 또는 구조내력상 안전한 방법으로 긴결한다.
④ 가새는 일반적으로 구조 내에서 압축강도에 의하여 수평하중을 지지하는 역할을 갖는다.

19 강구조 인장재의 설계인장강도 결정에 대한 설명으로 옳지 않은 것은?

① 인장재의 세장비는 가급적 300을 넘지 않도록 한다.
② 인장재 설계 시 고려하는 대표적 한계상태는 총단면의 항복한계상태와 유효순단면적의 파단한계상태로 구성된다.
③ 유효순단면적은 볼트구멍에 의한 단면 손실을 고려한 총단면적으로 한다.
④ 끼움판을 사용한 2개 이상의 형강으로 구성된 조립인장재는 개재의 세장비가 가급적 300을 넘지 않도록 한다.

20 말뚝의 재료에 따른 구조세칙에 대한 설명으로 옳은 것은?

① 나무말뚝을 타설할 때 그 중심간격은 말뚝머리지름의 2.0배 이상 또한 600mm 이상으로 한다.

② 기성콘크리트말뚝을 타설할 때 그 중심간격은 말뚝머리지름의 3.0배 이상 또한 650mm 이상으로 한다.

③ 강재말뚝을 타설할 때 그 중심간격은 말뚝머리의 지름 또는 폭의 2.5배 이상 또한 750mm 이상으로 한다.

④ 매입말뚝을 배치할 때 그 중심간격은 말뚝머리지름의 2.0배 이상으로 한다.

본 문제는 국토교통부에서 고시한 국가건설기준코드(구조설계기준 : KDS 14 00 00, 건축설계기준 : KDS 41 00 00)에 부합하도록 출제되었습니다.

---

01 건축구조기준(KDS)에 따른 철근콘크리트 구조물의 처짐검토를 위해 적용하는 하중은?

① 계수하중(Factored Load)
② 설계하중(Design Load)
③ 사용하중(Service Load)
④ 극한하중(Ultimate Load)

02 건축물의 중요도 분류 중 중요도(1)에 해당하지 않는 건축물은?

① 아동관련시설, 노인복지시설, 사회복지시설, 근로복지시설
② 5층 이상인 숙박시설, 오피스텔, 기숙사, 아파트
③ 종합병원, 수술시설이나 응급시설이 있는 병원
④ 연면적 1,000m² 미만인 위험물 저장 및 처리시설

03 고장력볼트의 미끄럼강도 산정식과 관계없는 것은?

① 피접합재의 공칭인장강도
② 전단면의 수
③ 미끄럼계수
④ 설계볼트장력

04 4층 이하 목구조 주거용 건축물 주요구조부의 내화성능기준에 대한 설명으로 옳지 않은 것은?

① 바닥－2시간   ② 지붕틀－1시간
③ 내력벽－0.5시간   ④ 기둥－2시간

05 처짐을 계산하지 않는 경우, 큰 처짐에 의하여 손상되기 쉬운 칸막이벽이나 기타 구조물을 지지하지 않는 1방향 슬래브의 최소두께로 옳지 않은 것은? (단, l 은 중심선 기준 슬래브의 길이이고, 기건단위질량이 2,300kg/m³인 콘크리트와 설계기준항복강도가 400MPa인 철근을 사용한다)

① 캔틸레버 슬래브 : $l/16$
② 단순지지 슬래브 : $l/20$
③ 1단 연속 슬래브 : $l/24$
④ 양단 연속 슬래브 : $l/28$

06 50층 건물의 10m 높이에서의 설계풍속(m/s)으로 적절한 것은? (단, 기본풍속 V0는 40m/s, 풍속고도분포계수 Kzr은 1.0, 지형계수 Kzt는 1.00이다)

① 36   ② 38
③ 40   ④ 42

07 강구조 용어에 대한 설명으로 옳지 않은 것은?

① 부식방지를 위한 도막 없이 대기에 노출되어 사용하는 강재를 내후성강이라고 한다.
② 비가새골조는 부재 및 접합부의 휨저항으로 수평하중에 저항하는 골조를 말한다.
③ 필릿용접은 용접되는 부재의 교차되는 면 사이에 일반적으로 삼각형의 단면이 만들어지는 용접을 말한다.
④ 용접접합부에 있어서 용접이음새나 받침쇠의 관통을 위해 또는 용접이음새끼리의 교차를 피하기 위해 설치한 원호상의 구멍을 그루브(Groove)라고 한다.

08 세장비를 고려한 말뚝의 허용압축응력을 계산할 때, 재료의 허용압축응력을 저감하지 않아도 되는 세장비의 한계값이 가장 큰 것은?

① 강관말뚝
② RC 말뚝
③ PC 말뚝
④ 현장타설콘크리트말뚝

09 건축구조기준(KDS)에서 규정된 일반 조적식 구조의 설계법이 아닌 것은?

① 허용응력설계법
② 한계상태설계법
③ 경험적 설계법
④ 강도설계법

10 철근콘크리트 압축부재에 대한 설명으로 옳은 것은?

① 세장비가 커지면 좌굴의 영향이 감소하여 압축하중 지지능력이 증가한다.
② 높이가 단면 최소 치수의 2배 이상인 압축재를 기둥이라 한다.
③ 골조구조에서 각 압축부재의 세장비가 100을 초과하는 경우에는 2계 비선형해석을 수행하여야 한다.
④ 압축부재의 철근량 제한에서 축방향 주철근이 겹침 이음되는 경우의 철근비는 0.05를 초과하지 않도록 하여야 한다.

11 강구조 기둥의 주각부와 관계없는 것은?

① 앵커볼트
② 턴버클
③ 베이스플레이트
④ 윙플레이트

12 철근콘크리트구조의 철근가공에서 표준갈고리에 대한 설명으로 옳지 않은 것은?

① 180° 표준갈고리는 구부린 반원 끝에서 $4d_b$ 이상, 또한 60mm 이상 더 연장되어야 한다.
② D19, D22와 D25인 스터럽과 띠철근의 90° 표준갈고리는 구부린 끝에서 $12d_b$ 이상 더 연장하여야 한다.
③ D16 이하인 스터럽과 띠철근의 90° 표준갈고리는 구부린 끝에서 $6d_b$ 이상 더 연장하여야 한다.
④ D25 이하인 스터럽과 띠철근의 135° 표준갈고리는 구부린 끝에서 $4d_b$ 이상 더 연장하여야 한다.

13 탄성계수가 200GPa, 길이가 5m, 단면적이 100 mm^2인 직선부재에 10kN의 축방향 인장력이 작용할 때, 부재의 늘어난 길이(mm)는?

① 1   ② 2
③ 2.5   ④ 4

14 강구조설계 시 기둥과 보의 전단접합(단순접합) 설계에서 검토할 사항으로 옳지 않은 것은?

① 고력볼트 설계강도
② 용접부의 설계강도
③ 이음판의 블록전단강도
④ 패널존의 전단강도

15 현장치기콘크리트 철근의 최소피복두께(mm)로 옳지 않은 것은?

① 옥외의 공기나 흙에 직접 접하지 않는 D22 철근을 사용한 벽체 : 20
② 흙에 접하거나 옥외의 공기에 직접 노출되는 D22 철근을 사용한 기둥 : 60
③ 옥외의 공기나 흙에 직접 접하지 않는 D13 철근을 사용한 절판부재 : 20
④ 흙에 접하거나 옥외의 공기에 직접 노출되는 D13 철근을 사용한 슬래브 : 40

16 조적조가 허용응력도를 초과하지 않기 위해 확보해야 하는 인방보의 최소 지지길이(mm)는?

① 75 　　　　　② 100
③ 125 　　　　　④ 150

17 등가정적해석법을 사용하여 고유주기가 1초 이상인 구조물의 밑면전단력을 산정할 때, 밑면전단력이 가장 큰 구조물은?

① 중량이 작고 고유주기가 짧은 구조물
② 중량이 작고 고유주기가 긴 구조물
③ 중량이 크고 고유주기가 짧은 구조물
④ 중량이 크고 고유주기가 긴 구조물

18 침엽수 육안등급구조재의 기준허용휨응력이 가장 큰 것은? (단, 모든 목재는 1등급이다)

① 낙엽송류 　　　　　② 소나무류
③ 잣나무류 　　　　　④ 삼나무류

19 현장타설콘크리트말뚝에 대한 설명으로 옳지 않은 것은?

① 현장타설콘크리트말뚝의 선단부는 지지층에 확실히 도달시켜야 한다.
② 저부의 단면을 확대한 현장타설콘크리트말뚝의 측면 경사가 수직면과 이루는 각은 30° 이하로 하고 전단력에 대해 검토하여야 한다.
③ 현장타설콘크리트말뚝을 배치할 때 그 중심간격은 말뚝머리지름의 2.0배 이상 또한 말뚝머리지름에 1,000mm를 더한 값 이상으로 한다.
④ 특별한 경우를 제외하고 주근은 4개 이상 또한 설계단면적의 0.2% 이상으로 한다.

20 구조물 A, B, C의 고유주기 T_A, T_B, T_C를 큰 순서대로 바르게 나열한 것은? (단, m은 질량이고 모든 보는 강체이며, 모든 기둥의 재료와 단면은 동일하다)

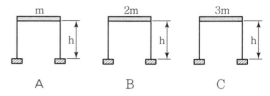

① $T_A = T_B = T_C$ 　　② $T_A > T_B > T_C$
③ $T_B > T_A > T_C$ 　　④ $T_C > T_B > T_A$

본 문제는 국토교통부에서 고시한 국가건설기준코드(구조설계기준 : KDS 14 00 00, 건축설계기준 : KDS 41 00 00)에 부합하도록 출제되었습니다.

01 목구조의 맞춤 및 이음 접합부 설계의 일반사항으로 옳지 않은 것은?

① 인장을 받는 부재에 덧댐판을 대고 길이이음을 하는 경우에 덧댐판의 면적은 요구되는 접합면적 이상이어야 한다.

② 접합부에서 만나는 모든 부재를 통하여 전달되는 하중의 작용선은 접합부의 중심 또는 도심을 통과하여야 하며, 그렇지 않은 경우에는 편심의 영향을 설계에 고려한다.

③ 구조물의 변형으로 인하여 접합부에 2차 응력이 발생할 가능성이 있는 경우에는 이를 설계에서 고려한다.

④ 맞춤부위의 보강을 위하여 접착제 또는 파스너를 사용할 수 있으며, 이 경우에는 사용하는 재료에 적합한 설계기준을 적용한다.

02 말뚝기초의 설계 시 기본사항에 대한 설명으로 옳지 않은 것은?

① 말뚝기초의 허용지지력은 말뚝의 지지력에 의한 것으로만 하고, 특별히 검토한 사항 이외는 기초판저면에 대한 지지력은 가산하지 않는 것으로 한다.

② 말뚝기초의 설계에 있어서 1본의 말뚝에 의해 기둥을 지지하는 경우에는 하중의 편심을 고려하지 않아도 된다.

③ 말뚝머리부분, 이음부, 선단부는 충분히 응력을 전달할 수 있는 것으로 하여야 한다.

④ 동일 구조물에서는 지지말뚝과 마찰말뚝을 혼용해서는 안 된다.

03 다음 그림과 같은 직사각형 단면에서 x축과 y축이 도심을 지날 때, x축에 대한 단면2차모멘트 I_x와 y축에 대한 단면2차모멘트 I_y의 비($I_x : I_y$)는?

① 2 : 1
② 1 : 2
③ 4 : 1
④ 1 : 4

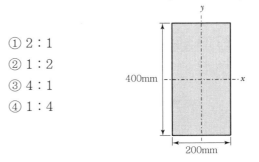

04 철근콘크리트구조에서 콘크리트의 품질시험에 대한 설명으로 옳지 않은 것은? (단, f_{ck}는 콘크리트의 설계기준압축강도를 의미한다.)

① 특별한 다른 규정이 없을 경우 f_{ck}는 재령 28일 강도를 기준으로 해야 한다. 다른 재령에 시험을 했다면, f_{ck}의 시험일자를 설계도나 시방서에 명시해야 한다.

② 콘크리트는 내구성 규정을 만족시키도록 배합해야 할 뿐만 아니라 평균 소요배합강도가 확보되도록 배합하여야 한다. 콘크리트를 생산할 때 시험실 공시체에 대해 규정한 바와 같이 f_{ck} 미만의 강도가 나오는 빈도를 최소화하여야 한다.

③ 사용 콘크리트의 전체량이 40m³보다 적을 경우 책임기술자의 판단으로 만족할 만한 강도라고 인정될 때는 강도시험을 생략할 수 있다.

④ 쪼갬인장강도 시험결과를 현장 콘크리트의 적합성 판단기준으로 사용할 수 있다.

05 철근콘크리트 부재의 설계강도를 계산할 때 가장 작은 강도감소계수를 사용하는 경우는?

① 나선철근으로 보강되지 않은 부재의 압축지배 단면
② 전단력과 비틀림모멘트를 받는 부재
③ 포스트텐션 정착구역
④ 인장지배 단면

06 그림과 같이 절점 B 에 내부 힌지가 설치되어 있는 구조물에서 지점 A 의 수평반력의 크기와 방향은? (단, 모든 부재는 좌굴이 일어나지 않는 것으로 가정한다.)

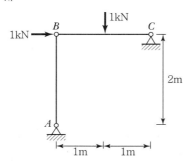

① 0.5kN ($\rightarrow$)　　② 0
③ 0.5kN ($\leftarrow$)　　④ 1kN ($\leftarrow$)

07 구조용 강재의 접합 시 두 모재의 접합부에 입상의 용제, 즉 플럭스를 놓고 그 플럭스 속에서 용접봉과 모재 사이에 아크를 발생시켜 그 열로 용접하는 방법은?

① 피복아크용접(Shielded Metal Arc Welding)
② 서브머지드아크용접(Submerged Arc Welding)
③ 가스실드아크용접(Gas Shield Arc Welding)
④ 금속아크용접(Metal Arc Welding)

08 그림과 같이 압축력을 받는 기둥의 오일러 좌굴하중에 가장 가까운 값[MN]은? (단, 압축부재의 휨강성 EI 는 1MN · m²으로 한다.)

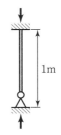

① $4\pi^2$
② $3\pi^2$
③ $2\pi^2$
④ $1\pi^2$

09 철근콘크리트구조에서 철근의 정착 및 이음에 대한 설명으로 옳지 않은 것은?

① 인장이형철근의 기본정착길이는 철근의 공칭지름과 철근의 설계기준항복강도에 비례한다.
② 압축이형철근의 정착길이는 기본정착길이에 적용 가능한 모든 보정계수를 곱하여 구하여야 한다. 다만, 이때 구한 압축이형철근의 정착길이는 항상 200mm 이상이어야 한다.
③ 휨부재에서 서로 직접 접촉되지 않게 겹침이음된 철근은 횡방향으로 소요 겹침이음길이의 1/5 또는 150mm 중 작은 값 이상 떨어지지 않아야 한다.
④ 인장이형철근의 B급 겹침이음길이는 인장이형철근 정착길이의 1.3배 이상으로 하여야 한다. 그러나 150mm 이상이어야 한다.

10 건축구조기준에서 규정된 철근콘크리트구조의 전단철근의 형태와 간격제한에 대한 설명으로 옳지 않은 것은? (단, d는 부재의 유효깊이(mm), f_{ck}는 콘크리트의 설계기준압축강도(MPa), b_w는 플랜지가 있는 부재의 복부 폭(mm), h는 부재전체의 두께 또는 깊이(mm)를 의미한다.)

① 프리스트레스트 콘크리트 부재의 전단보강에서 부재축에 직각으로 배치된 전단철근의 간격은 0.75h 이하이어야 하고, 또한 600mm 이하로 하여야 한다.

② 전단철근의 설계기준항복강도는 500MPa를 초과해서는 안 된다. 다만, 용접형 철망을 사용할 경우 전단철근의 설계기준항복강도는 600MPa를 초과해서는 안 된다.

③ 전단철근에 의한 공칭전단강도(V_s)가 $\frac{1}{3}\lambda\sqrt{f_{ck}}\,b_w d$를 초과하는 철근콘크리트부재의 경우에는 스터럽의 최대간격을 $d/2$ 이하로 하여야 한다.

④ 철근콘크리트부재의 경우 주인장철근에 30° 이상의 각도로 구부린 굽힘철근을 전단철근으로 사용할 수 있다.

11 독립기초에 발생할 수 있는 부동침하를 방지하고, 주각의 회전을 방지하여 구조물 전체의 내력 향상에 가장 적합한 부재는?

① 아웃리거(Outrigger)
② 어스앵커(Earthanchor)
③ 옹벽
④ 기초보

12 목구조의 보강철물에 대한 설명으로 옳지 않은 것은?

① 띠쇠는 띠형 철판에 못구멍을 뚫은 보강 철물이다.
② 띠쇠는 기둥과 층도리, ㅅ자보와 왕대공 사이에 주로 사용된다.

③ 볼트의 머리와 와셔는 서로 밀착되게 충분히 조여야 하며, 구조상 중요한 곳에는 공사시방서에 따라 2중 너트로 조인다.

④ 꺾쇠는 전단력을 받아 접합재 상호 간의 변위를 방지하는 강한 이음을 얻는 데 쓰이는 철물이며 압입식과 파넣기식이 있다.

13 다음 구조물의 부정정차수는?

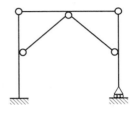

① 1차
② 2차
③ 3차
④ 4차

14 다음 그림과 같이 트러스에 하중 P가 작용할 때, A 부재와 B 부재에 대한 설명으로 옳은 것은? (단, 하중 P는 0보다 큰 값으로 한다.)

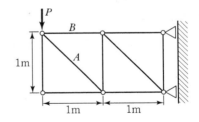

	A	B
①	압축부재	압축부재
②	인장부재	인장부재
③	압축부재	인장부재
④	인장부재	압축부재

15 지진하중의 산정에서 건물형상의 평면비정형성 또는 수직비정형성에 대한 설명으로 옳지 않은 것은?

① 어떤 축에 직교하는 구조물의 한 단부에서 우발 편심을 고려한 최대 층변위가 그 구조물 양단부 층변위평균값의 1.2배보다 클 때 비틀림비정형 인 것으로 간주한다.

② 격막에서 잘려나간 부분이나 뚫린 부분이 전체 격막면적의 50%를 초과하거나 인접한 층간 격막강성의 변화가 50%를 초과하는 급격한 불연속이나 강성의 변화가 있는 격막을 격막의 불연속이라고 한다.

③ 임의 층의 횡강도가 직상층 횡강도의 80% 미만인 약층이 존재하는 경우에는 강도의 불연속에 의한 비정형이 존재하는 것으로 간주한다.

④ 횡력저항수직요소의 면 내 어긋남이 그 요소의 길이보다 작을 때 수직저항요소의 면 내 불연속에 의한 비정형이 있는 것으로 간주한다.

16 건축구조기준(KDS)에서 규정된 조적조의 구조계획에 대한 설명으로 옳지 않은 것은?

① 조적벽이 횡력에 저항하는 경우에는 전체높이가 13m, 처마높이가 9m 이하이어야 경험적 설계법을 적용할 수 있다.

② 경험적 설계법을 사용하는 경우, 조적벽이 구조물의 횡안정성 확보를 위해 사용될 때는 전단벽들이 횡력과 평행한 방향으로 배치되어야 한다.

③ 경험적 설계법을 사용하는 경우, 2층 이상의 건물에서 조적내력벽의 공칭두께는 200mm 이상이어야 한다.

④ 경험적 설계법을 사용하지 않는 경우, 바닥슬래브와 벽체간의 접합부는 최소 3.0kN/m의 하중에 저항할 수 있도록 최대 2.5m 간격의 적절한 정착기구로 정착력을 발휘하여야 한다.

17 조적조 테두리보에 대한 설명으로 옳은 것만을 모두 고른 것은?

> ㄱ. 춤은 내력벽 두께의 1.5배 이상으로 하여야 하며, 단층건물에서는 150mm 이상으로 하고 2층 및 3층 건물에서는 300mm 이상으로 한다.
> ㄴ. 원형철근을 주근으로 사용할 경우, ϕ9mm 또는 12의 단배근이 가능하지만 중요한 보는 ϕ 12mm 이상의 복근으로 배근한다.
> ㄷ. 보의 너비는 일반적으로 대린벽 간 중심거리 간격의 1/20 이상으로 한다.
> ㄹ. 창문의 상부를 가로질러 설치하여 상부의 수직 및 집중하중을 좌우벽체로 분산시켜 전달하는 데 사용되는 부재이다.

① ㄱ, ㄷ
② ㄱ, ㄴ, ㄷ
③ ㄴ, ㄷ
④ ㄴ, ㄷ, ㄹ

18 건축구조기준(KDS)의 한계상태설계법에 따른 강구조 이음부의 설계세칙으로 옳지 않은 것은?

① 응력을 전달하는 단속필릿용접이음부의 길이는 필릿사이즈의 5배 이상 또한 30mm 이상을 원칙으로 한다.

② 응력을 전달하는 겹침이음은 2열 이상의 필릿용접을 원칙으로 하고, 겹침길이는 얇은쪽 판두께의 5배 이상 또한 25mm 이상 겹치게 해야 한다.

③ 고장력볼트의 구멍중심간의 거리는 공칭직경의 2.5배 이상으로 한다.

④ 고장력볼트의 구멍중심에서 볼트머리 또는 너트가 접하는 재의 연단까지의 최대거리는 판두께의 12배 이하 또한 150mm 이하로 한다.

19 철근콘크리트조에서 철근의 가공과 배치에 대한 설명으로 옳지 않은 것은? (단, d_b는 철근, 철선 또는 프리스트레싱 강연선의 공칭지름(mm)을 의미한다.)

① 철근조립을 위해 교차되는 철근은 용접하지 않아야 한다. 다만, 책임기술자가 승인한 경우에는 용접할 수 있다.

② 스터럽 또는 띠철근으로 사용되는 용접철망(원형 또는 이형)에 대한 표준갈고리의 구부림 내면반지름은 지름이 7mm 이상인 이형철선은 d_b, 그 밖의 철선은 $2d_b$ 이상으로 하여야 한다.

③ 부재단에서 프리텐셔닝 긴장재의 중심간격은 강선에서 $5d_b$, 강연선에서 $4d_b$ 이상이어야 한다.

④ 동일 평면에서 평행하는 철근 사이의 수평 순간격은 25mm 이상, 또한 철근의 공칭지름 이상으로 하여야 하며, 또한 굵은골재의 공칭 최대치수에 대한 제한규정도 만족하여야 한다.

20 다음과 같은 조건의 구조물에서 등가정적해석법에 따른 지진응답계수 C_s의 값은?

- 건축물의 중요도계수 $I_E = 1.0$
- 반응수정계수 $R = 8$
- 단주기 설계스펙트럼가속도 $S_{DS} = 0.2$
- 주기 1초에서의 설계스펙트럼가속도 $S_{D1} = 0.1$
- 건축물의 고유주기 $T = 2.5$초

① 0.005   ② 0.01
③ 0.015   ④ 0.025

본 문제는 국토교통부에서 고시한 국가건설기준코드(구조설계기준 : KDS 14 00 00, 건축설계기준 : KDS 41 00 00)에 부합하도록 출제되었습니다.

01 철근콘크리트 휨 및 압축 부재의 설계를 위한 가정으로 옳지 않은 것은?

① 프리스트레스트 콘크리트의 일부 경우를 제외하면 콘크리트의 인장강도는 무시할 수 있다.

② 휨모멘트 또는 휨모멘트와 축력을 동시에 받는 부재의 콘크리트 압축연단의 극한변형률은 콘크리트 설계기준강도가 40MPa 이하인 경우에는 0.0033으로 가정한다.

③ 철근에 생기는 변형률은 철근의 항복변형률과 같은 것으로 가정하여야 한다.

④ 콘크리트의 압축응력−변형률 관계는 광범위한 실험의 결과와 실질적으로 일치하는 어떠한 형상으로도 가정할 수 있다.

02 콘크리트의 균열모멘트(M_{cr})를 계산하기 위한 콘크리트 파괴계수 f_r[MPa]은? (단, 일반콘크리트이며, 콘크리트 설계기준압축강도(f_{ck})는 25MPa이다.)

① 3.15 　　　　② 4.15
③ 5.15 　　　　④ 6.15

03 주요구조부가 공칭두께 50mm(실제두께 38mm)의 규격재로 건축된 목구조는?

① 전통목구조
② 경골목구조
③ 대형목구조
④ 중량목구조

04 건축구조기준에 따른 활하중의 저감에 대한 설명으로 옳은 것은?

① 지붕활하중을 제외한 등분포활하중은 부재의 영향면적이 26m² 이상인 경우 기본등분포활하중에 활하중저감계수 C를 곱하여 저감할 수 있다.

② 영향면적은 기둥 및 기초에서는 부하면적의 4배, 보에서는 부하면적의 2배, 슬래브에서는 부하면적을 적용한다. 단, 부하면적 중 캔틸레버 부분은 4배 또는 2배를 적용하지 않고 영향면적에 단순 합산한다.

③ 활하중 3kN/m² 이하의 공중집회 용도에 대해서는 활하중을 저감할 수 없다.

④ 승용차 전용 주차장의 활하중은 저감할 수 없으나 2개 층 이상을 지지하는 부재의 저감계수 C는 0.7까지 적용할 수 있다.

05 건축구조기준에 따른 지진력저항시스템에 대한 설명으로 옳지 않은 것은?

① 모멘트골조와 전단벽 또는 가새골조로 이루어진 이중골조시스템에 있어서 전체 지진력은 각 골조의 횡강성비에 비례하여 분배하되 모멘트골조가 설계지진력의 최소한 25%를 부담하여야 한다.

② 전단벽−골조 상호작용 시스템에서 전단벽의 전단강도는 각 층에서 최소한 설계층전단력의 75% 이상이어야 하고, 골조는 각 층에서 최소한 설계층전단력의 25%에 대하여 저항할 수 있어야 한다.

③ 임의층에서 해석방향의 반응수정계수 R은 옥상층을 제외하고, 상부층들의 동일방향 지진력저항시스템에 대한 R값 중 최댓값을 사용해야 한다.

④ 임의층에서 해석방향에서의 시스템초과강도계수 Ω_0는 상부층들의 동일방향 지진력저항시스템에 대한 Ω_0값 중 가장 큰 값 이상이어야 한다.

06 건축구조기준에 따른 흙막이 및 흙파기에 대한 설명으로 옳지 않은 것은?

① 구조물이나 기타 재하물 등에 근접하여 굴토를 하는 경우는 배면측압에 구조물의 기초하중 혹은 재하물 등에 의한 지중응력의 수평성분을 가산한다.

② 흙막이 구조물은 땅파기에 있어 지반의 붕괴 및 주변의 침하, 위험 등을 방지하기 위하여 설치하는 구조물을 말한다.

③ 흙막이의 설계에서는 벽의 배면에 작용하는 측압을 깊이에 비례하여 증대하는 것으로 한다.

④ 흙막이 구조물에 작용하는 토압계수는 토질 및 지하수위에 따라 같게 적용해야 한다.

07 KDS 건축구조기준에 따른 충전형 합성부재에 대한 설명으로 옳지 않은 것은?

① 강관의 단면적은 합성기둥 총단면적의 1% 이상으로 한다.

② 충전형 합성기둥의 가용전단강도는 강재단면 전단강도와 철근콘크리트 전단강도의 합으로 구해진다.

③ 하중도입부의 길이는 하중작용방향으로 합성부재단면의 최소폭의 2배와 부재길이의 1/3 중 작은 값 이하로 한다.

④ 길이방향전단력을 전달하기 위한 강재앵커는 하중도입부의 길이 안에 배치한다.

08 다음 그림과 같은 인장재의 순단면적[mm²]은? (단, 사용된 볼트의 구멍직경은 18mm이고 판의 두께는 5mm이다.)

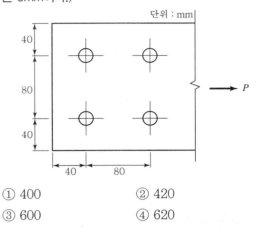

① 400
② 420
③ 600
④ 620

09 KDS 목구조의 구조설계에 대한 설명으로 옳지 않은 것은?

① 목구조설계 하중조합에서 지진하중을 고려할 때, 지진하중의 계수는 1.4이다.

② 건물외주벽체 및 주요 칸막이벽 등 구조내력상 중요한 부분의 기초는 가능한 한 연속기초로 한다.

③ 침엽수구조재의 건조상태 구분에서 함수율이 19%를 초과하는 경우는 생재로 분류한다.

④ 목구조 기둥의 세장비는 50을 초과하지 않도록 하며, 시공 중에는 75를 초과하지 않도록 한다.

10 건축구조기준에 따른 강재의 인장재 설계에 대한 설명으로 옳은 것은?

① 유효순단면의 파단한계상태에 대해 설계인장강도 계산시 인장저항계수(ϕ_t)는 0.90을 사용한다.

② 부재의 유효순단면적은 총단면적에 전단지연계수를 곱해 산정한다.

③ 단일ㄱ형강, 쌍ㄱ형강, T형강부재의 접합부는 전단지연계수가 0.6 이상이어야 한다.

④ 인장력이 용접이나 파스너를 통해 각각의 단면요소에 직접적으로 전달되는 모든 인장재의 전단지연계수는 0.8을 사용한다.

11 기초와 토질에 대한 설명으로 옳지 않은 것은?

① 흙의 예민비는 $\dfrac{\text{교란시료(이긴시료)의 강도}}{\text{불교란시료(자연시료)의 강도}}$ 이다.

② 웰포인트(Well Point) 공법은 강제식 배수공법의 일종으로 모래지반에 효과적인 배수공법이다.

③ 히빙(Heaving)은 연약 점토지반에서 흙막이 바깥에 있는 흙의 중량과 지표적재하중으로 인해 땅파기된 저면이 부풀어 오르는 현상이다.

④ 보일링(Boiling)은 점토지반보다 모래지반에서 발생 가능성이 높다.

12 다음 그림과 같은 하중을 받는 정정 트러스에서 부재 1, 2, 3, 4에 발생하는 부재력의 종류로 옳은 것은? (단, 하중 P는 0보다 큰 정적하중이다.)

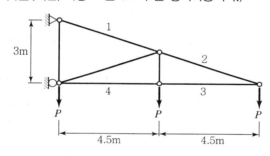

	부재 1	부재 2	부재 3	부재 4
①	인장력	인장력	인장력	인장력
②	인장력	인장력	압축력	압축력
③	인장력	인장력	인장력	압축력
④	압축력	인장력	압축력	인장력

13 조적조에서 묻힌 앵커볼트의 설치에 대한 설명으로 옳지 않은 것은?

① 앵커볼트의 최소 묻힘길이는 볼트직경의 2배 이상 또는 30mm 이상이어야 한다.

② 앵커볼트와 평행한 조적조의 연단으로부터 앵커볼트의 표면까지 측정되는 최소연단거리는 40mm 이상이 되어야 한다.

③ 앵커볼트의 최소 중심간격은 볼트직경의 4배 이상이어야 한다.

④ 후크형 앵커볼트의 훅의 안지름은 볼트지름의 3배이고, 볼트지름의 1.5배만큼 연장되어야 한다.

14 철근콘크리트구조에서 철근배근에 대한 설명으로 옳지 않은 것은?

① 동일 평면에서 평행하는 철근 사이의 수평 순간격은 25mm 이상, 또한 철근의 공칭지름 이상으로 하며, 굵은골재 공칭최대치수 규정도 만족해야 한다.

② 1방향 철근콘크리트 슬래브에서 수축·온도철근은 설계기준항복강도를 발휘할 수 있도록 정착되어야 한다.

③ 나선철근과 띠철근 기둥에서 종방향철근의 순간격은 40mm 이상, 또한 철근공칭지름의 1.5배 이상으로 하며, 굵은골재 공칭최대치수 규정도 만족해야 한다.

④ 흙에 접하는 현장치기 콘크리트에 배근되는 D25 철근의 최소피복두께는 40mm이다.

15 조적조의 구조설계에 대한 설명으로 옳지 않은 것은?

① 조적조를 지지하는 요소들은 총 하중하에서 그 수직변형이 순스팬의 1/600을 넘지 않도록 설계되어야 한다.

② 내진설계를 위해서 바닥 슬래브와 벽체의 접합부는 최소 3.0kN/m의 하중에 저항할 수 있도록 최대 1.2m 간격의 적절한 정착기구로 정착력을 발휘하여야 한다.

③ 조적조구조의 설계는 허용응력설계법, 강도설계법, 경험적설계법 중 1가지 방법에 따라야 한다.

④ 인방보는 조적조가 허용응력을 초과하지 않도록 최소한 50mm의 지지길이는 확보되어야 한다.

16 표준갈고리를 갖는 인장이형철근의 기본정착길이 [mm]는? (단, 사용 철근의 공칭지름(d_b)은 22mm이고, 철근의 설계기준항복강도(f_y)는 500MPa이며, 보통콘크리트의 설계기준압축강도(f_{ck})는 25MPa이다. 철근은 도막되지 않은 철근으로 본다.)

① 355   ② 400
③ 444   ④ 528

17 KDS 건축구조기준에 따른 강구조의 인장재에 대한 구조제한 사항으로 옳지 않은 것은?

① 중심축 인장력을 받는 강봉의 설계시 최대세장비의 제한은 없다.
② 판재, 형강 등으로 조립인장재를 구성하는 경우, 띠판에서의 단속용접 또는 파스너의 재축방향 간격은 250mm 이하로 한다.
③ 핀접합부재의 경우 핀이 전하중상태에서 접합재들 간의 상대변위를 제어하기 위해 사용될 때, 핀구멍의 직경은 핀직경보다 1mm를 초과할 수 없다.
④ 아이바의 경우 핀직경은 아이바 몸체폭의 7/8배보다 커야 한다.

18 철근콘크리트 단근직사각형보를 강도설계법으로 설계할 때, 콘크리트의 압축력[kN]에 가장 가까운 것은? (단, 보의 폭(b)은 300mm, 콘크리트 설계기준압축강도(f_{ck})는 30MPa, 압축연단에서 중립축까지의 거리(c)는 100mm이다.)

① 612   ② 640
③ 650   ④ 760

19 건축구조기준에 따른 적설하중에 대한 설명으로 옳지 않은 것은?

① 지상적설하중의 기본값은 재현기간 100년에 대한 수직 최심적설깊이를 기준으로 한다.
② 최소 지상적설하중은 0.5kN/m²로 한다.
③ 지상적설하중이 1.0kN/m² 이하인 곳에서 평지붕적설하중은 지상적설하중에 중요도계수를 곱한 값 이상으로 한다.
④ 곡면지붕에서의 불균형적설하중 계산 시, 곡면지붕 내에서 접선경사도가 수평면과 60° 이상의 각도를 이루는 부분은 적설하중을 고려하지 않는다.

20 내진설계시 등가정적해석법과 관련 없는 것은?

① 모드 층지진력
② 반응수정계수
③ 전도모멘트
④ 밑면전단력을 수직 분포시킨 층별 횡하중

본 문제는 국토교통부에서 고시한 국가건설기준코드(구조설계기준 : KDS 14 00 00, 건축설계기준 : KDS 41 00 00)에 부합하도록 출제되었습니다.

01 흙막이의 설계에서 벽의 배면에 작용하는 측압은 깊이에 비례하여 ( )하는 것으로 하고, 측압계수는 토질 및 지하수위에 따라 다르게 규정하고 있다. ( ) 안에 들어갈 알맞은 단어는 무엇인가?

① 증가 ② 감소
③ 일정 ④ 변화 없음

02 목재의 기준허용응력 보정을 위한 하중기간계수 C_D 가 1.25인 하중은?

① 풍하중 ② 시공하중
③ 적설하중 ④ 충격하중

03 경간 l 인 단순보가 등분포하중을 받는 경우, 경간 중앙 위치에서의 휨모멘트 M 과 전단력 V 는?

	휨모멘트 M	전단력 V
①	$\dfrac{wl^2}{8}$	$\dfrac{wl}{2}$
②	$\dfrac{wl^2}{8}$	0
③	$\dfrac{wl^2}{12}$	$\dfrac{wl}{2}$
④	$\dfrac{wl^2}{12}$	0

04 강도설계법을 적용한 보강콘크리트블록조적조로 구성된 모멘트저항벽체골조의 치수제한에 대한 설명으로 옳지 않은 것은?

① 피어의 공칭깊이는 2,400mm를 넘을 수 없다.
② 보의 순경간은 보깊이의 2배 이상이어야 한다.
③ 피어의 깊이에 대한 높이의 비는 3을 넘을 수 없다.
④ 보의 폭에 대한 보깊이의 비는 6을 넘을 수 없다.

05 철근콘크리트 부재에서 전단보강철근으로 사용할 수 있는 형태로 옳지 않은 것은?

① 주인장철근에 30°로 설치된 스터럽
② 부재축에 직각으로 배치된 용접 철망
③ 주인장철근에 45°로 구부린 굽힘철근
④ 나선철근, 원형 띠철근 또는 후프철근

06 그림과 같이 철근콘크리트 캔틸레버보에서 등분포하중 w 가 작용할 때 인장 주철근의 배근 위치로 옳은 것은? (단, 굵은 실선은 인장 주철근을 나타낸다.)

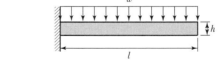

①

②

③

④

07 저온의 동절기 공사, 도로 및 수중공사 등 긴급공사에 사용되며, 뛰어난 단기강도 때문에 PC제품 제조 시 생산성을 높일 수 있는 시멘트는?

① 고로시멘트
② 조강포틀랜드시멘트
③ 중용열포틀랜드시멘트
④ 내황산염포틀랜드시멘트

08 초고층 건축물이 비틀리거나 기울어지면 기존의 수직기둥과 보로 구성된 구조형식으로는 구조물을 지지하는 데 한계가 있다. 이를 극복하기 위해서 수직기둥을 대신하여 경사각을 가진 대형가새로 횡력에 저항하는 구조시스템은?

① 아웃리거 구조시스템
② 묶음튜브 구조시스템
③ 골조 − 전단벽 구조시스템
④ 다이아그리드 구조시스템

09 철근콘크리트구조의 내진설계 시 특별 고려사항 중 경간 중앙에 대해 묶음철근이 대각형태로 보강된 연결보에 대한 설명으로 옳지 않은 것은? (단, A_{vd}는 대각선 철근의 각 무리별 전체 단면적, f_y는 철근의 설계기준항복강도, α는 대각철근과 부재축 사이의 각, f_{ck}는 콘크리트의 설계기준압축강도, A_{cp}는 콘크리트 단면에서 외부 둘레로 둘러싸인 면적, b_w는 복부 폭을 각각 의미한다.)

① 대각선 철근은 벽체 안으로 인장에 대해 정착시켜야 한다.

② 대각선 철근은 연결보의 공칭휨강도에 기여하는 것으로 볼 수 있다.
③ 공칭전단강도(V_n) 결정 시 $V_n = 2A_{vd}f_y\sin\alpha$ $\geq (5\sqrt{f_{ck}}/6)A_{cp}$의 조건을 만족하여야 한다.
④ 대각선 다발철근은 최소한 4개의 철근으로 이루어져야 하며, 이때 횡철근의 외단에서 외단까지 거리는 보의 면에 수직한 방향으로 $b_w/2$ 이상이어야 하고, 보의 면내에서는 대각선 철근에 대한 수직방향으로 $b_w/5$ 이상이어야 한다.

10 단순보형 아치가 중앙부에 수직력 P를 받을 때, 축방향 응력도(Axial Force Diagram)의 형태로 옳은 것은? (단, 아치의 자중은 무시하며, r은 반경, − 기호는 압축력, + 기호는 인장력을 나타낸다.)

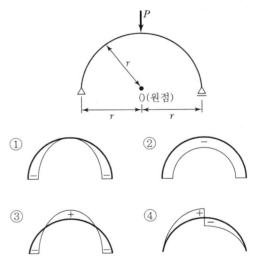

11 말뚝재료의 허용압축응력을 저감하지 않아도 되는 세장비의 한계값[n]으로 옳은 것은?

① 기성 RC 말뚝: 75
② PHC 말뚝: 80
③ 강관 말뚝: 110
④ 현장타설 콘크리트말뚝: 60

12 강도설계법을 적용한 보강조적조의 설계가정으로 옳지 않은 것은?

① 조적조는 파괴계수 이상의 인장응력을 받지 못한다.
② 휨강도 계산에서는 조적조벽의 인장강도를 고려한다.
③ 조적조의 응력은 단면에서 등가압축영역에 균일하게 분포한다고 가정한다.
④ 보강근과 조적조의 변형률은 중립축으로부터의 거리에 비례한다고 가정한다.

13 그림과 같이 등분포 하중(w)을 받는 철근콘크리트 단순보에서 균열 발생 전의 최대 처짐 양을 줄이기 위한 방법으로 다음 중 가장 효과적인 것은?

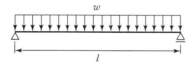

① 단면의 깊이를 2배 높인다.
② 주철근 양을 2배 많게 한다.
③ 단면의 폭을 2배 증가시킨다.
④ 전단철근 양을 2배 많게 한다.

14 용접의 결함에 대한 설명으로 옳지 않은 것은?

① 피시아이 : 용접 표면에 생기는 작은 구멍
② 블로홀 : 용접금속 중 가스에 의해 생긴 구형의 공동
③ 언더컷 : 용접부의 끝부분에서 모재가 패여 도랑처럼 된 부분
④ 오버랩 : 용착금속이 끝부분에서 모재와 융합하지 않고 겹쳐있는 현상

15 밑변이 b이고 높이가 h인 직사각형 단면의 수평 도심축에 대한 단면 2차 모멘트를 I_1이라 하고, 밑변이 b이고 높이가 h인 삼각형 단면의 수평 도심축에 대한 단면 2차 모멘트를 I_2라고 할 때, I_1 / I_2의 값은?

① 1
② 2
③ 3
④ 4

16 철골구조에서 사용하는 용어에 대한 설명으로 옳지 않은 것은?

① 필러 : 요소의 두께를 증가시키는 데 사용하는 플레이트
② 거싯플레이트 : 트러스의 부재, 스트럿 또는 가새재를 보 또는 기둥에 연결하는 판 요소
③ 스티프너 : 하중을 분배하거나, 전단력을 전달하거나, 좌굴을 방지하기 위해 부재에 부착하는 구조요소
④ 비콤팩트 단면 : 완전소성 응력분포가 발생할 수 있고, 국부좌굴이 발생하기 전에 약 3의 곡률연성비를 발휘할 수 있는 능력을 지닌 단면

17 철근콘크리트구조에서 휨모멘트나 축력 또는 휨모멘트와 축력을 동시에 받는 단면 설계 시 적용하는 일반원칙에 대한 설명으로 옳지 않은 것은?

① 인장지배변형률한계는 균형변형률상태에서 인장철근의 순인장 변형률과 같다.
② 압축콘크리트가 가정된 극한변형률에 도달할 때, 최외단 인장철근의 순인장변형률이 압축지배변형률한계 이하인 단면을 압축지배단면이라고 한다.
③ 휨부재의 강도를 증가시키기 위하여 추가 인장철근과 이에 대응하는 압축철근을 사용할 수 있다.
④ 인장철근이 설계기준항복강도에 대응하는 변형률에 도달하고 동시에 압축콘크리트가 극한변형률에 도달할 때, 그 단면이 균형변형률상태에 있다고 본다.

18 두께가 15mm, 20mm인 2장의 강구조용 판재를 필릿용접할 때, 필릿용접의 최소 사이즈[mm]는?

① 3 ② 5
③ 6 ④ 8

19 고장력볼트에 대한 설명으로 옳지 않은 것은?

① 고장력볼트의 유효단면적은 공칭단면적의 0.75배로 한다.
② 고장력볼트의 구멍 중심 간 거리는 공칭직경의 2.5배 이상으로 한다.
③ 마찰접합은 사용성한계상태의 미끄럼방지를 위해 사용되거나 강도한계상태에서 사용된다.
④ 밀착조임은 진동이나 하중변화에 따른 고력볼트의 풀림이나 피로가 설계에 고려되는 경우 사용된다.

20 목구조의 토대에 대한 설명으로 옳은 것은?

① 기초에 긴결하는 토대의 긴결철물은 약 5m 간격으로 설치한다.
② 기둥과 기초가 긴결되지 않은 구조내력상 중요한 기둥의 하부에는 외벽뿐만 아니라 내벽에도 토대를 설치한다.
③ 토대 하단은 방습상 유효한 조치를 강구하지 않을 경우 지면에서 100mm 이상 높게 한다.
④ 토대와 기둥의 맞춤은 기둥으로부터의 인장력에 대해서 지압력이 충분하도록 통맞춤 면적을 정한다.

08회 기출모의고사

소요시간 :

점 수 :

본 문제는 국토교통부에서 고시한 국가건설기준코드(구조설계기준 : KDS 14 00 00, 건축설계기준 : KDS 41 00 00)에 부합하도록 출제되었습니다.

01 직접기초의 접지압에 대한 설명으로 옳지 않은 것은?

① 독립기초의 기초판 저면의 도심에 수직하중의 합력이 작용할 때에는 접지압이 균등하게 분포된 것으로 가정하여 산정할 수 있다.

② 복합기초의 접지압은 직선분포로 가정하고 하중의 편심을 고려하여 산정할 수 있다.

③ 연속기초의 접지압은 각 기둥의 지배면적 범위 안에서 균등하게 분포되는 것으로 가정하여 산정할 수 있다.

④ 온통기초는 그 강성이 충분할 때 독립기초와 동일하게 취급할 수 있다.

02 목구조의 방부공법 설계에서 주의할 내용으로 옳지 않은 것은?

① 비(雨)처리가 불량한 설계를 피한다.

② 외벽에는 포수성 재료를 사용한다.

③ 지붕모양을 복잡하게 하지 않는다.

④ 지붕처마와 차양은 채광 및 구조상 지장이 없는 한 길게 한다.

03 인장을 받는 철근의 정착길이 산정에 대한 설명으로 옳지 않은 것은?

① 정착길이는 철근의 설계기준항복강도(f_y)에 비례한다.

② 정착길이 산정 시 사용되는 $\sqrt{f_{ck}}$ 값은 70MPa를 초과할 수 없다.(f_{ck} : 콘크리트의 설계기준압축강도)

③ 정착길이는 철근의 지름에 비례한다.

④ 인장이형철근의 정착길이 l_d는 항상 300mm 이상이어야 한다.

04 조적식 구조 용어의 정의로 옳지 않은 것은?

① 대린벽은 두께방향으로 단위 조적개체로 구성된 벽체이다.

② 세로줄눈은 수직으로 평면을 교차하는 모르타르 접합부이다.

③ 테두리보는 조적조에 보강근으로 보강된 수평부재이다.

④ 프리즘은 그라우트 또는 모르타르가 포함된 단위조적의 개체로 조적조의 성질을 규정하기 위해 사용하는 시험체이다.

05 강재의 고장력볼트에 의한 마찰접합 특성에 대한 설명으로 옳은 것은?

① 일반볼트접합과 비교하여 응력방향이 바뀌더라도 혼란이 일어나지 않는다.

② 일반볼트접합과 비교하여 응력집중이 크므로 반복응력에 대하여 약하다.

③ 설계미끄럼강도는 구멍의 종류와 무관하게 결정된다.

④ 설계미끄럼강도는 전단면의 수와 무관하게 결정된다.

06 다음 그림과 같은 경간 2m인 단순보에 중력방향으로 등분포하중 $w = 10kN/m$가 작용할 때, 경간 중앙에서 휨모멘트가 0(영)이 되기 위한 상향 집중하중 P의 크기[kN]는?

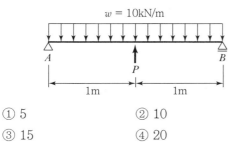

① 5
② 10
③ 15
④ 20

07 건축물 및 공작물의 유지 · 관리 중 구조안전을 확인하기 위하여 책임구조기술자가 수행해야 하는 업무의 종류에 해당하지 않는 것은?

① 증축을 위한 구조검토
② 리모델링을 위한 구조검토
③ 용도변경을 위한 구조검토
④ 설계변경에 관한 사항의 구조검토 · 확인(정밀안전진단이 들어가야 함)

08 합성부재에 대한 설명으로 옳지 않은 것은?

① 합성보 설계 시 동바리를 사용하지 않는 경우, 콘크리트의 강도가 설계기준강도의 75%에 도달하기 전에 작용하는 모든 시공하중은 강재단면 만에 의해 지지될 수 있어야 한다.
② 강재보와 데크플레이트 슬래브로 이루어진 합성부재에서 데크플레이트의 공칭골깊이는 75mm 이하이어야 한다.
③ 충전형 합성기둥에서 강관의 단면적은 합성기둥 총단면적의 5% 이상으로 한다.
④ 합성단면의 공칭강도를 결정하는 데에는 소성응력분포법과 변형률적합법의 2방법이 사용될 수 있다.

09 옥외의 공기나 흙에 직접 접하지 않는 프리캐스트콘크리트 보에 배근되는 스터럽의 최소피복두께[mm]는?

① 10
② 20
③ 30
④ 40

10 한 변의 길이가 600mm인 정사각형 기둥이 고정하중 1,700kN과 활하중 1,300kN을 지지할 때 이 기둥에 대한 정사각형 독립기초의 최소 크기 [m²]는? (단, 기초 무게 및 상재하중은 고정하중과 활하중의 10%로 가정하며 허용지내력 q_a는 300kN/m²이다.)

① 9
② 11
③ 13
④ 15

11 건축구조기준의 용어에 대한 설명으로 옳지 않은 것은?

① 층간변위각 : 층간변위를 층 높이로 나눈 값
② 지진구역 : 동일한 지진위험도에 따라 분류한 지역
③ 형상비 : 건축물 높이 H를 바닥면 평균길이 $\sqrt{BD}$로 나눈 비율(B : 건물폭, D : 건물깊이)
④ 가스트영향계수 : 언덕 및 산 경사지의 정점 부근에서 풍속이 증가하므로 이에 따른 정점 부근의 풍속을 증가시키는 계수

12 철근콘크리트 보의 처짐에 대한 설명으로 옳지 않은 것은?

① 균일단면을 가지는 탄성보의 처짐은 보 단면의 이차모멘트에 반비례한다.

② 장기처짐은 압축철근비가 증가함에 따라 증가한다.

③ 하중작용에 의한 순간처짐은 부재강성에 대한 균열과 철근의 영향을 고려하여 탄성처짐공식을 사용하여 산정하여야 한다.

④ 과도한 처짐에 의해 손상되기 쉬운 비구조 요소를 지지 또는 부착하지 않은 평지붕구조의 활하중 L에 의한 순간처짐한계는 $l/180$이다. (l : 보의 경간)

13 콘크리트구조에 사용되는 강재 및 철근배치에 대한 설명으로 옳지 않은 것은?

① 철근조립을 위해 교차되는 철근은 용접하지 않아야 한다. 다만, 책임기술자가 승인한 경우에는 용접할 수 있다.

② 보강용 철근은 이형철근을 사용하여야 한다. 다만, 나선철근이나 강선으로 원형철근을 사용할 수 있다.

③ 항복점이 뚜렷하게 나타나지 않는 경우에는 0.003의 변형률에서 강재의 탄성계수와 같은 기울기로 직선을 그은 후 응력–변형률 곡선과 만나는 점의 응력을 항복강도(f_y)로 결정하여야 한다.

④ 상단과 하단에 2단 이상으로 철근이 배치된 경우 상하철근은 동일 연직면 내에 배치되어야 하고, 이 때 상하철근의 순간격은 25mm 이상으로 하여야 한다.

14 조적식 구조의 경험적 설계방법에 대한 설명으로 옳지 않은 것은?

① 횡안정성을 위해 전단벽이 요구되는 각 방향에 대하여 해당 방향으로 배치된 전단벽길이의 합

계가 건물의 장변길이의 50% 이상이어야 한다. (이때 개구부는 전단벽의 길이 합계산정에서 제외한다.)

② 조적벽이 횡력에 저항하는 경우에는 전체높이가 13m, 처마 높이가 9m 이하이어야 경험적 설계법을 적용할 수 있다.

③ 횡안정성 확보를 위한 조적전단벽의 공칭두께는 최소 200mm 이상이어야 한다.

④ 횡안정성 확보를 위해 사용된 전단벽들은 횡력과 수직한 방향으로 배치되어야 한다.

15 강재에 대한 설명으로 옳지 않은 것은?

① 강재의 용접성은 탄소량에 의해서 큰 영향을 받는다.

② 강재의 인장시험 시 네킹현상으로 인해 변형도는 증가하지만 응력은 오히려 줄어든다.

③ 푸아송비는 인장이나 압축을 받는 부재의 하중 작용방향의 변형도에 대한 직교방향 변형도 비의 절댓값으로 정의되며, 강재의 경우 0.3이다.

④ 인성은 항복점 이상의 응력을 받는 금속재료가 소성변형을 일으켜 파괴되지 않고 변형을 계속하는 성질이다.

16 시간이력해석에서 설계지진파 선정에 대한 설명으로 옳지 않은 것은?

① 시간이력해석은 지반조건에 상응하는 지반운동 기록을 최소한 2개 이상 이용하여 수행한다.

② 3차원해석을 수행하는 경우에는, 각각의 지반운동은 평면상에서 서로 직교하는 2성분의 쌍으로 구성된다.

③ 계측된 지반운동을 구할 수 없는 경우에는 필요한 수만큼 적절한 모의 지반운동의 쌍을 생성하여 사용할 수 있다.

④ 지반운동의 크기를 조정하는 경우에는 직교하는 2성분에 대해서 동일한 배율을 적용하여야 한다.

17 강구조 용접에 대한 설명으로 옳지 않은 것은?

① 플러그 슬롯 용접에서 유효단면에 평행한 전단응력이 작용하는 경우, 용접재의 공칭강도는 용접재 공칭강도의 0.6배를 사용한다.

② 필릿 용접에서 용접선에 평행한 전단응력이 작용하는 경우, 용접재의 공칭강도는 용접재 공칭강도의 0.6배를 사용한다.

③ 완전용입 그루브 용접에서 유효단면에 직교압축응력이 작용하는 경우, 용접조인트 강도는 모재에 의해 제한된다.

④ 부분용입 그루브 용접에서 유효단면에 직교인장응력이 작용하는 경우, 용접재의 공칭강도는 용접재 공칭강도를 사용한다.

18 철근콘크리트옹벽의 안정 확보를 위한 검토 항목이 아닌 것은?

① 전도에 대한 안정
② 진동에 대한 안정
③ 지지력에 대한 안정
④ 사면활동에 대한 안정

19 내진설계를 위한 등가정적해석법에 대한 설명으로 옳지 않은 것은?

① 밑면전단력을 결정하기 위해서는 지진응답계수를 계산해야 한다.

② 반응수정계수는 건축물의 구조시스템별로 내구성을 고려하기 위한 계수이다.

③ 건축물의 고유주기는 건축물의 전체 높이가 증가할수록 증가한다.

④ 밑면전단력은 유효 건물 중량이 증가할수록 증가한다.

20 목구조 휨부재의 설계에 대한 설명으로 옳지 않은 것은?

① 휨부재의 따냄은 가능한 한 피하며, 특히 부재의 인장측에서의 따냄을 피한다.

② 따냄깊이가 보 춤의 1/6 그리고 따냄길이가 보 춤의 1/3 이하인 경우, 휨부재의 강성에는 영향이 없는 것으로 한다.

③ 단순보의 경간은 양지점의 안쪽측면거리에 각 지점에서 필요한 지압길이의 1/3을 더한 값으로 한다.

④ 보안정계수는 휨하중을 받는 보가 횡방향변위를 일으킬 가능성을 고려한 보정계수이다.

본 문제는 국토교통부에서 고시한 국가건설기준코드(구조설계기준 : KDS 14 00 00, 건축설계기준 : KDS 41 00 00)에 부합하도록 출제되었습니다.

01 공업화 건축 중에서 모듈러 공법의 특징으로 옳지 않은 것은?

① 건물의 해체 및 재설치가 용이하다.
② 기존 공법보다 공기를 단축할 수 있다.
③ 주요 구성 재료의 현장생산과 현장조립에 의한 고품질 확보가 가능하다.
④ 현장인력을 줄일 수 있어 현장 통제가 용이해진다.

02 건축구조기준의 설계하중 용어에 대한 설명으로 옳지 않은 것은?

① 경량칸막이벽 : 자중이 $1kN/m^2$ 이하인 가동식 벽체
② 풍상측 : 바람이 불어와서 맞닿는 쪽
③ 이중골조방식 : 횡력의 25% 이상을 부담하는 연성모멘트골조가 전단벽이나 가새골조와 조합되어 있는 구조방식
④ 중간모멘트골조 : 연성거동을 확보하기 위한 특별한 상세를 사용하지 않은 모멘트골조

03 강구조에서 단면적, 단면계수, 단면2차모멘트를 증가시키기 위하여 휨부재의 플랜지에 용접이나 볼트로 연결되는 플레이트는?

① 커버플레이트(Cover Plate)
② 베이스플레이트(Base Plate)
③ 윙플레이트(Wing Plate)
④ 거셋플레이트(Gusset Plate)

04 목구조의 왕대공지붕틀을 구성하는 부재가 아닌 것은?

① 종보   ② 평보
③ 왕대공   ④ ㅅ자보

05 프리스트레스트 콘크리트의 부재 설계에 대한 설명으로 옳지 않은 것은?

① 부분균열등급 휨부재의 처짐은 균열환산단면해석에 기초하여 2개의 직선으로 구성되는 모멘트－처짐 관계나 유효단면2차모멘트를 적용하여 계산하여야 한다.
② 구조설계에서는 프리스트레스에 의해 발생되는 응력집중을 고려하여야 한다.
③ 휨부재는 미리 압축을 가한 인장구역에서 사용하중에 의한 인장연단응력에 따라 비균열등급과 부분균열등급의 두 가지로 구분된다.
④ 부분균열등급 휨부재의 사용하중에 의한 응력은 비균열단면을 사용하여 계산하여야 한다.

06 강구조의 접합에 대한 설명으로 옳지 않은 것은?

① 고장력볼트의 구멍 중심에서 볼트머리 또는 너트가 접하는 재의 연단까지의 최대거리는 판두께의 12배 이하 또한 150mm 이하로 한다.
② 접합부의 설계강도는 45kN 이상이어야 한다. 다만, 연결재, 새그로드 또는 띠장은 제외한다.
③ 전단접합 시에 용접과 볼트의 병용이 허용되지 않는다.
④ 일반볼트는 영구적인 구조물에는 사용하지 못하고 가체결용으로만 사용한다.

07 목구조에서 부재 접합 시의 유의사항으로 옳지 않은 것은?

① 이음·맞춤 부위는 가능한 한 응력이 작은 곳으로 한다.

② 맞춤면은 정확히 가공하여 빈틈없이 서로 밀착되도록 한다.

③ 이음·맞춤의 단면은 작용하는 외력의 방향에 직각으로 한다.

④ 경사못박기에서 못은 부재와 약 45°의 경사각을 갖도록 한다.

08 그림과 같이 평판두께가 13mm인 2개의 강판을 하중(P)방향과 평행하게 필릿용접으로 겹침이음하고자 한다. 용접부의 설계강도를 산정하는 데 필요한 용접재의 유효면적과 가장 가까운 값(mm²)은? (단, 필릿용접부에 작용하는 하중은 단부하중이 아니며, 이음면은 직각이다.)

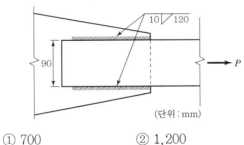

(단위 : mm)

① 700 ② 1,200
③ 1,400 ④ 2,400

09 강구조의 휨부재에 대한 설명으로 옳지 않은 것은?

① 강축휨을 받는 2축대칭 H형강의 콤팩트 부재에서 비지지길이가 소성한계비지지길이 이하인 경우에는 횡좌굴강도를 고려하지 않아도 된다.

② 속이 꽉 찬 직사각형 단면의 경우 강축에 대한 소성단면계수는 탄성단면계수의 1.25배이다.

③ 동일 조건에서 휨부재의 비지지길이가 길수록 탄성횡좌굴강도는 감소한다.

④ 압연 H형강 H-150×150×7×10 휨부재에서 플랜지의 판폭두께비는 7.5이다.

10 길이 L인 봉에 축하중 P가 작용할 때 봉의 늘어난 길이 ΔL은? (단, 봉의 단면적은 A이며, 하중 P는 단면의 도심에 가해지고 자중은 무시한다. 봉을 구성하는 재료의 응력(σ)-변형도(ε) 관계가 $\sigma = E\sqrt{\varepsilon}$이며, E는 봉의 탄성계수이다.)

① $\dfrac{PL}{AE}$

② $\dfrac{P^2 L^2}{A^2 E^2}$

③ $\dfrac{P^2 L}{A^2 E^2}$

④ $\dfrac{PL}{A^2 E^2}$

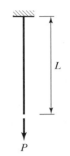

11 철근콘크리트구조에서 부재축에 직각인 전단철근을 사용하는 경우, 전단철근에 의한 전단강도의 크기에 영향을 미치는 요인이 아닌 것은?

① 전단철근의 설계기준항복강도

② 인장철근의 중심에서 압축콘크리트 연단까지의 거리

③ 전단철근의 간격

④ 부재의 폭

12 철근콘크리트구조에서 철근의 정착에 대한 설명으로 옳지 않은 것은?

① 인장 이형철근의 정착길이는 항상 300mm 이상이어야 한다.

② 갈고리는 압축을 받는 경우 철근정착에 유효하지 않은 것으로 보아야 한다.

③ 정착길이 산정에 사용하는 $\sqrt{f_{ck}}$(f_{ck} : 콘크리트의 설계기준압축강도) 값은 10.0MPa을 초과할 수 없다.

④ 확대머리 이형철근은 압축을 받는 경우에 유효하지 않다.

13 철근콘크리트구조에서 휨부재와 압축부재의 제한사항으로 옳지 않은 것은?

① 보의 횡지지 간격은 압축 플랜지 또는 압축면의 최소 폭의 75배를 초과하지 않아야 한다.

② 두께가 균일한 구조용 슬래브와 기초판에서 경간방향으로 보강되는 휨철근의 최대 간격은 위험단면이 아닌 경우에 슬래브 또는 기초판 두께의 3배와 450mm 중 작은 값을 초과하지 않아야 한다.

③ 비합성 압축부재의 축방향 주철근 단면적은 전체 단면적의 0.01배 이상, 0.08배 이하로 하여야 한다. 축방향 주철근이 겹칩이음되는 경우의 철근비는 0.04를 초과하지 않아야 한다.

④ 압축부재의 축방향 주철근의 최소 개수는 사각형이나 원형 띠철근으로 둘러싸인 경우 4개로 하여야 한다.

14 지반조사에서 본조사의 조사항목이 아닌 것은?

① 원위치시험
② 토질시험
③ 지지력 및 침하량 계산
④ 부근 건축구조물 등의 기초에 관한 제조사

15 콘크리트의 크리프 및 건조수축에 대한 설명으로 옳지 않은 것은?

① 콘크리트 강도가 증가하면 크리프는 감소한다.
② 단위골재량이 증가하면 크리프는 증가한다.
③ 대기 중의 습도가 증가하면 건조수축은 감소한다.
④ 물-시멘트비가 증가하면 건조수축은 증가한다.

16 그림과 같은 단순보의 C점에서 발생하는 휨모멘트의 크기(kN · m)는? (단, 보의 자중은 무시한다.)

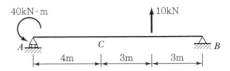

① -36
② -38
③ -40
④ -42

17 조적식 구조의 설계일반사항에 대한 설명으로 옳지 않은 것은?

① 공간쌓기벽의 개구부 주위에는 개구부의 가장자리에서 300mm 이내에 최대 간격 900mm인 연결철물을 추가로 설치해야 한다.

② 공간쌓기벽의 벽체연결철물 단부는 90°로 구부려 길이가 최소 30mm 이상이어야 한다.

③ 하중시험이 필요한 경우에는 해당 부재나 구조체의 해당 부위에 설계활하중의 2배에 고정하중의 0.5배를 합한 하중을 24시간 동안 작용시킨 후 하중을 제거한다.

④ 다중겹벽에서 줄눈보강철물의 수직간격은 400mm 이하로 한다.

18 철근콘크리트구조의 내진설계 시 특별 고려사항에서 지진력에 저항하는 부재의 콘크리트와 철근에 대한 설명으로 옳지 않은 것은?

① 콘크리트의 설계기준압축강도는 21MPa 이상이어야 한다.

② 경량콘크리트의 설계기준압축강도는 35MPa을 초과할 수 없다. 만약 실험에 의하여 경량콘크리트를 사용한 부재가 같은 강도의 보통중량콘크리트를 사용한 부재의 강도 및 인성 이상을 갖는 것이 확인된다면, 이보다 큰 압축강도를 사용할 수 있다.

③ 일반구조용 철근이 실제 항복강도에 대한 실제 인장강도의 비가 1.25 이상인 경우, 골조, 구조벽체의 소성영역 및 연결보의 주철근으로 사용할 수 있다.

④ 일반구조용 철근이 실제 항복강도가 공칭항복강도를 200MPa 이상 초과하지 않을 경우, 골조, 구조벽체의 소성영역 및 연결보의 주철근으로 사용할 수 있다.

19 말뚝재료의 허용응력에 대한 설명으로 옳지 않은 것은? (단, 이음말뚝 및 세장비가 큰 말뚝에 대한 허용응력 저감은 고려하지 않는다.)

① 나무말뚝의 허용지지력은 나무말뚝의 최소단면에 대해 구하는 것으로 한다.

② 기성콘크리트말뚝의 허용압축응력은 콘크리트 설계기준강도의 최대 1/3까지를 말뚝재료의 허용압축응력으로 한다.

③ 강재말뚝의 허용압축력은 일반의 경우 부식부분을 제외한 단면에 대해 재료의 항복응력과 국부좌굴응력을 고려하여 결정한다.

④ 현장타설말뚝의 보강재의 장기허용압축응력은 항복강도의 40% 이하로 한다.

20 보강조적조의 구조세칙에 대한 설명으로 옳지 않은 것은?

① 6mm 이상의 원형 철근의 사용은 금지한다.

② 기둥에서 띠철근과 길이방향 철근은 기둥 표면으로부터 38mm 이상에서 150mm 이하로 배근되어야 한다.

③ 평행한 길이방향 철근의 순간격은 기둥단면을 제외하고, 철근의 공칭직경이나 25mm보다 작아서는 안 되지만 이음철근은 예외로 한다.

④ 휨부재에서의 압축철근은 지름 6mm 이하인 띠철근이나 전단보강근으로 보강되어야 한다.

본 문제는 국토교통부에서 고시한 국가건설기준코드(구조설계기준 : KDS 14 00 00, 건축설계기준 : KDS 41 00 00)에 부합하도록 출제되었습니다.

01 토질 및 기초에 대한 설명으로 옳지 않은 것은?

① 물에 포화된 느슨한 모래가 진동, 충격 등에 의하여 간극수압이 급격히 상승하기 때문에 전단저항을 잃어버리는 현상을 액상화 현상이라 한다.

② 온통기초는 상부구조의 광범위한 면적 내의 응력을 단일 기초판으로 연결하여 지반 또는 지정에 전달하도록 하는 기초이다.

③ 사질토 지반의 기초하부 토압분포는 기초 중앙부 토압이 기초 주변부보다 작은 형태이다.

④ 연약한 점성토 지반에서 땅파기 외측의 흙의 중량으로 인하여 땅파기 된 저면이 부풀어 오르는 현상을 히빙(Heaving)이라 한다.

02 목재에 대한 설명으로 옳지 않은 것은?

① 목재 단면의 수심에 가까운 중앙부를 심재, 수피에 가까운 부분을 변재라 한다.

② 목재의 단면에서 볼트 등의 철물을 위한 구멍이나 홈의 면적을 포함한 단면적을 순단면적이라 한다.

③ 기계등급구조재는 기계적으로 목재의 강도 및 강성을 측정하여 등급을 구분한 목재이다.

④ 육안등급구조재는 육안으로 목재의 표면결점을 검사하여 등급을 구분한 목재이다.

03 프리스트레스하지 않는 부재의 현장치기콘크리트의 최소피복두께에 대한 설명으로 옳지 않은 것은?

① 수중에서 타설하는 콘크리트 : 80mm

② 옥외의 공기나 흙에 직접 접하지 않는 콘크리트 절판부재 : 20mm

③ 흙에 접하여 콘크리트를 친 후 영구히 흙에 묻혀 있는 콘크리트 : 75mm

④ 옥외의 공기나 흙에 직접 접하지 않는 콘크리트로 D35 이하의 철근을 사용한 슬래브 : 20mm

04 강구조의 용접접합에 대한 설명으로 옳지 않은 것은?

① 플러그 및 슬롯용접의 유효전단면적은 접합면 내에서 구멍 또는 슬롯의 공칭단면적으로 한다.

② 그루브용접의 유효길이는 접합되는 부분의 폭으로 한다.

③ 그루브용접의 유효면적은 용접의 유효길이에 유효목두께를 곱한 것으로 한다.

④ 필릿용접의 유효길이는 필릿용접의 총길이에서 4배의 필릿사이즈를 공제한 값으로 한다.

05 현장 말뚝재하실험에 대한 설명으로 옳지 않은 것은?

① 말뚝재하실험은 지지력 확인, 변위량 추정, 시공방법과 장비의 적합성 확인 등을 위해 수행한다.

② 말뚝재하실험에는 압축재하, 인발재하, 횡방향 재하실험이 있다.

③ 말뚝재하실험을 실시하는 방법으로 정재하실험 방법은 고려할 수 있으나, 동재하실험방법을 사용해서는 안 된다.

④ 압축정재하실험의 수량은 지반조건에 큰 변화가 없는 경우 구조물별로 1회 실시한다.

06 다음 미소 응력 요소의 평면 응력 상태($\sigma_x = 4$MPa, $\sigma_y = 0$MPa, $\tau = 2$MPa)에서 최대 주응력의 크기는?

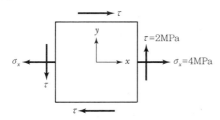

① $4 + 2\sqrt{2}$ MPa   ② $2 + 2\sqrt{2}$ MPa

③ $4 + \sqrt{2}$ MPa   ④ $2 + \sqrt{2}$ MPa

07 다음 단순보에 등변분포하중이 작용할 때, 각 지점의 수직반력의 크기는? (단, 부재의 자중은 무시한다.)

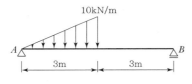

	A지점	B지점
①	20kN	10kN
②	15kN	10kN
③	10kN	5kN
④	12kN	3kN

08 목재의 기준 허용휨응력 F_b로부터 설계 허용휨응력 $F_b{'}$을 결정하기 위해서 적용되는 보정계수에 해당하지 않는 것은?

① 좌굴강성계수 C_T ② 습윤계수 C_M

③ 온도계수 C_t ④ 형상계수 C_f

09 F10T 고장력볼트의 나사부가 전단면에 포함되지 않을 경우, 지압접합의 공칭전단강도(F_{nv})는?

① 300MPa   ② 400MPa

③ 500MPa   ④ 600MPa

10 콘크리트구조의 내진설계 시 고려사항에 대한 설명으로 옳지 않은 것은?

① 지진력에 의한 휨모멘트 및 축력을 받는 특수모멘트 골조에 사용하는 철근은 일반구조용 철근이 실제 항복강도에 대한 실제 인장강도의 비가 1.25 이상인 경우, 골조, 구조벽체의 소성영역 및 연결보의 주철근으로 사용할 수 있다.

② 프리캐스트 및 프리스트레스트 콘크리트 구조물은 일체식 구조물에서 요구되는 안전성 및 사용성에 관한 조건을 갖추고 있지 않더라도 내진구조로 다룰 수 있다.

③ 지진력에 의한 휨모멘트 및 축력을 받는 중간모멘트골조와 특수모멘트골조, 그리고 특수철근 콘크리트 구조벽체 소성영역과 연결보에 사용하는 철근은 설계기준항복강도(f_y)가 600MPa 이하이어야 한다.

④ 구조물의 진동을 감소시키기 위하여 관련 구조 전문가에 의해 설계되고 그 성능이 실험에 의해 검증된 진동감쇠장치를 사용할 수 있다.

11 그림과 같이 트러스구조의 상단에 10kN의 수평하중이 작용할 때, 옳지 않은 것은? (단, 부재의 자중은 무시한다.)

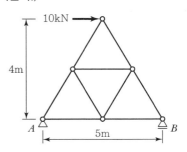

① 트러스의 모든 절점은 활절점이다.

② A지점의 수직반력은 하향으로 8kN이다.

③ B지점의 수평반력은 0이다.

④ 1차 부정정구조물이다.

12 조적구조의 벽체를 보강하기 위한 테두리보의 역할에 대한 설명으로 옳지 않은 것은?

① 기초판 위에 설치하여 조적벽체의 부동침하를 방지한다.
② 조적벽체에 작용하는 하중에 의한 수직 균열을 방지한다.
③ 조적벽체 상부의 하중을 균등하게 분산시킨다.
④ 조적벽체를 일체화하여 벽체의 강성을 증대시킨다.

13 조적구조에 대한 설명으로 옳지 않은 것은?

① 조적구조에서 기초의 부동침하는 조적 벽체 균열의 발생 원인이 될 수 있다.
② 보강조적이란 보강근이 조적체와 결합하여 외력에 저항하는 조적시공 형태이다.
③ 조적구조에 사용되는 그라우트의 압축강도는 조적개체의 압축강도의 1.3배 이상으로 한다.
④ 통줄눈으로 시공한 벽체는 막힌줄눈으로 시공한 벽체보다 수직하중에 대한 균열 저항성이 크다.

14 철근과 콘크리트의 재료특성과 휨 및 압축을 받는 철근콘크리트 부재의 설계가정에 대한 설명으로 옳지 않은 것은? (단, $f_{ck} \leq 90\text{MPa}$)

① 철근은 설계기준항복강도가 높아지면 탄성계수도 증가한다.
② 콘크리트 압축응력 분포와 콘크리트변형률 사이의 관계는 직사각형, 사다리꼴, 포물선형 또는 강도의 예측에서 광범위한 실험의 결과와 실질적으로 일치하는 어떤 형상으로도 가정할 수 있다.
③ 등가직사각형 응력블록계수 β_1의 범위는 $0.70 \leq \beta_1 \leq 0.80$이다.
④ 철근의 변형률이 f_y에 대응하는 변형률보다 큰 경우 철근의 응력은 변형률에 관계없이 f_y로 하여야 한다.

15 강구조의 국부좌굴에 대한 단면의 분류에서 구속판요소에 해당하지 않는 것은?

① 압연 H형강 휨재의 플랜지
② 압축을 받는 원형강관
③ 휨을 받는 원형강관
④ 휨을 받는 ㄷ형강의 웨브

16 막구조 및 케이블 구조의 허용응력 설계법에 따른 하중조합으로 옳지 않은 것은?

① 고정하중+활하중+초기장력
② 고정하중+활하중+강우하중+초기장력
③ 고정하중+활하중+풍하중+초기장력
④ 고정하중+활하중+적설하중+초기장력

17 휨모멘트와 축력을 받는 특수모멘트골조의 부재에 대한 설명으로 옳지 않은 것은?

① 단면의 도심을 지나는 직선상에서 잰 최소단면치수는 300mm 이상이어야 한다.
② 횡방향철근의 연결철근이나 겹침후프철근은 부재의 단면 내에서 중심간격이 350mm 이내가 되도록 배치하여야 한다.
③ 축방향철근의 철근비는 0.01 이상, 0.08 이하이어야 한다.
④ 최소단면치수의 직각방향 치수에 대한 길이비는 0.4 이상이어야 한다.

18 내진설계 시 반응수정계수(R)가 가장 작은 구조형식은?

① 모멘트－저항골조 시스템에서의 철근콘크리트 보통모멘트 골조
② 내력벽시스템에서의 철근콘크리트 보통전단벽
③ 건물골조시스템에서의 철근콘크리트 보통전단벽
④ 철근콘크리트 보통 전단벽－골조 상호작용 시스템

19 다음 그림은 휨모멘트만을 받는 철근콘크리트 보의 극한상태에서 변형률 분포를 나타낸 것이다. 휨모멘트에 대한 설계강도를 산정할 때 적용되는 강도감소계수는? (단, $f_y = 400\text{MPa}$, $f_{ck} = 24\text{MPa}$ 이다.)

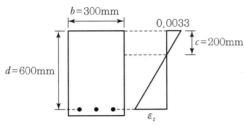

① 0.95
② 0.85
③ 0.75
④ 0.65

20 강구조에서 조립인장재에 대한 설명으로 옳지 않은 것은?

① 판재와 형강 또는 2개의 판재로 구성되어 연속적으로 접촉되어 있는 조립인장재의 재축방향 긴결간격은 대기 중 부식에 노출된 도장되지 않은 내후성강재의 경우 얇은 판두께의 24배 또는 280mm 이하로 해야 한다.

② 판재와 형강 또는 2개의 판재로 구성되어 연속적으로 접촉되어 있는 조립인장재의 재축방향 긴결간격은 도장된 부재 또는 부식의 우려가 없어 도장되지 않은 부재의 경우 얇은 판두께의 24배 또는 300mm 이하로 해야 한다.

③ 띠판은 조립인장재의 비충복면에 사용할 수 있으며, 띠판에서의 단속용접 또는 파스너의 재축방향 간격은 150mm 이하로 한다.

④ 끼움판을 사용한 2개 이상의 형강으로 구성된 조립인장재는 개재의 세장비가 가급적 300을 넘지 않도록 한다.

본 문제는 국토교통부에서 고시한 국가건설기준코드(구조설계기준 : KDS 14 00 00, 건축설계기준 : KDS 41 00 00)에 부합하도록 출제되었습니다.

01 건축물 구조설계법에 대한 설명으로 옳지 않은 것은?

① 허용응력설계법은 탄성이론에 의한 구조해석으로 산정한 부재단면의 응력이 허용응력을 초과하도록 구조부재를 설계하는 방법이다.

② 강도설계법은 구조부재를 구성하는 재료의 비탄성거동을 고려하여 산정한 부재단면의 공칭강도에 강도감소계수를 곱한 설계강도가 계수하중에 의한 소요강도 이상이 되도록 구조부재를 설계하는 방법이다.

③ 성능설계법은 건축설계기준에서 규정한 목표성능을 만족하면서 건축구조물을 건축주가 선택한 성능지표에 만족하도록 설계하는 방법이다.

④ 한계상태설계법은 한계상태를 명확히 정의하여 하중 및 내력의 평가에 준해서 한계상태에 도달하지 않는 것을 확률통계적 계수를 이용하여 설정하는 설계법이다.

02 콘크리트구조 현장재하실험에 대한 설명으로 옳지 않은 것은?

① 재하할 보나 슬래브 수와 하중배치는 강도가 의심스러운 구조부재의 위험단면에서 최대응력과 처짐이 발생하도록 결정하여야 한다.

② 재하할 실험하중은 해당 구조 부분에 작용하고 있는 고정하중을 포함하여 설계하중의 75% 이상이어야 한다.

③ 실험하중은 4회 이상 균등하게 나누어 증가시켜야 한다.

④ 측정된 최대처짐과 잔류처짐이 허용기준을 만족하지 않을 때 재하실험을 반복할 수 있다.

03 건축구조물에서 각 날짜에 타설한 각 등급의 콘크리트 강도시험용 시료를 채취하는 기준으로 옳지 않은 것은?

① 하루에 1회 이상

② 150m³당 1회 이상

③ 슬래브나 벽체의 표면적 500m²마다 1회 이상

④ 배합이 변경될 때마다 1회 이상

04 조적조 기준압축강도 확인에 대한 설명으로 옳지 않은 것은?

① 시공 전에는 규정에 따라 5개의 프리즘을 제작하여 시험한다.

② 구조설계에 규정된 허용응력의 $\frac{1}{2}$을 적용한 경우, 시공 중 시험을 반드시 시행해야 한다.

③ 구조설계에 규정된 허용응력을 모두 적용한 경우, 벽면적 500m²당 3개의 프리즘을 규정에 따라 제작하여 시험한다.

④ 기시공된 조적조의 프리즘시험은 벽면적 500m²마다 품질을 확인하지 않은 부분에서 재령 28일이 지난 3개의 프리즘을 채취한다.

05 목구조 바닥에 대한 설명으로 옳지 않은 것은?

① 바닥구조는 수직하중에 대하여 충분한 강도와 강성을 가져야 한다.

② 바닥구조는 바닥구조에 전달되는 수평하중을 안전하게 골조와 벽체에 전달할 수 있는 강도와 강성을 지녀야 한다.

③ 구조용 바닥판재로 구성된 플랜지재는 수평하중에 의해 발생하는 면내전단력에 대해 충분한 강도와 강성을 지녀야 한다.

④ 바닥격막구조의 구조형식에는 수평격막구조, 수평트러스 등이 있다.

06 보통모멘트골조에서 압축을 받는 철근콘크리트 기둥의 띠철근에 대한 설명으로 옳지 않은 것은? (단, 전단이나 비틀림 보강철근 등이 요구되는 경우, 실험 또는 구조해석 검토에 의한 예외사항 등과 같은 추가 규정은 고려하지 않는다.)

① 모든 모서리 축방향철근은 135°이하로 구부린 띠철근의 모서리에 의해 횡지지되어야 한다.

② 띠철근의 수직간격은 축방향 철근지름의 16배 이하, 띠철근이나 철선지름의 48배 이하, 또한 기둥단면의 최소 치수 이하로 하여야 한다.

③ D35 이상의 축방향 철근은 D10 이상의 띠철근으로 둘러싸야 하며, 이 경우 띠철근 대신 용접철망을 사용할 수 없다.

④ 기초판 또는 슬래브의 윗면에 연결되는 기둥의 첫 번째 띠철근 간격은 다른 띠철근 간격의 $\frac{1}{2}$ 이하로 하여야 한다.

07 건축물 강구조 설계기준에서 SS275 강종의 압연H형강 H−400×200×8×13의 강도 및 재료정수로 옳은 것은?

① 인장강도(F_u)는 410MPa이다.
② 항복강도(F_y)는 265MPa이다.
③ 탄성계수(E)는 205,000MPa이다.
④ 전단탄성계수(G)는 79,000MPa이다.

08 강구조 고장력볼트 접합의 일반사항에 대한 설명으로 옳은 것은?

① 고장력볼트 구멍중심 간 거리는 공칭직경의 2.0배 이상으로 한다.

② 고장력볼트 전인장조임은 임팩트렌치로 수 회 또는 일반렌치로 최대한 조이는 조임법이다.

③ 고장력볼트는 용접과 조합하여 하중을 부담시킬 수 없고, 고장력볼트와 용접을 병용할 경우 고장력볼트에 전체하중을 부담시킨다.

④ 고장력볼트 마찰접합에서 하중이 접합부의 단부를 향할 때는 적절한 설계지압강도를 갖도록 검토하여야 한다.

09 길이가 L이고 변형이 구속되지 않은 트러스 부재가 온도변화 ΔT에 의해 일어나는 축방향 변형률(ε)은? (단, 트러스 부재의 재료는 열팽창계수 α인 등방성 균질재료로 온도변화에 따라 선형변형한다.)

① $\varepsilon = \alpha(\Delta T)$
② $\varepsilon = \alpha(\Delta T)\sqrt{L}$
③ $\varepsilon = \alpha(\Delta T)L$
④ $\varepsilon = \alpha(\Delta T)L^2$

10 그림과 같이 AB구간과 BC구간의 단면이 상이한 캔틸레버 보에서 B점에 집중하중 P가 작용할 때, 자유단인 C점의 처짐은? (단, AB구간과 BC구간의 휨강성은 각각 2EI와 EI이며 자중을 포함한 기타 하중의 영향은 무시한다.)

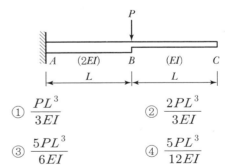

① $\dfrac{PL^3}{3EI}$
② $\dfrac{2PL^3}{3EI}$
③ $\dfrac{5PL^3}{6EI}$
④ $\dfrac{5PL^3}{12EI}$

11 항복점 이상의 응력을 받는 금속재료가 소성변형을 일으켜 파괴되지 않고 변형을 계속하는 성질은?

① 연성　　　　　② 취성
③ 탄성　　　　　④ 강성

12 등가정적해석법에 의한 내진설계에서 밑면전단력 산정에 대한 설명으로 옳지 않은 것은?

① 반응수정계수가 클수록 밑면전단력은 감소한다.
② 건축물 중요도계수가 클수록 밑면전단력은 감소한다.
③ 건축물 고유주기가 클수록 밑면전단력은 감소한다.
④ 유효건물중량이 작을수록 밑면전단력은 감소한다.

13 설계지진 시 큰 횡변위가 발생되도록 상부구조와 하부구조 사이에 설치하는 수평적으로 유연하고 수직적으로 강한 구조요소는?

① 능동질량감쇠기　　② 동조질량감쇠기
③ 점탄성감쇠기　　　④ 면진장치

14 보통모멘트골조에서 철근콘크리트 보의 전단철근 설계에 대한 설명으로 옳지 않은 것은? (단, 스트럿－타이모델에 따라 설계하지 않은 일반적인 보 부재로, 전단철근에 의한 전단강도는 콘크리트에 의한 전단강도의 2배 이하이며, d는 보의 유효깊이이다.)

① 용접이형철망을 사용한 전단철근의 설계기준항복강도는 600MPa를 초과할 수 없다.
② 부재축에 직각으로 배치된 전단철근의 간격은 철근콘크리트 부재인 경우 $\dfrac{d}{2}$ 이하 또한 600 mm 이하로 하여야 한다.

③ 종방향 철근을 구부려 전단철근으로 사용할 때는 그 경사길이의 중앙 $\dfrac{3}{4}$ 만이 전단철근으로서 유효하다.
④ 경사스터럽과 굽힘철근은 부재의 중간 높이에서 반력점 방향으로 주인장철근까지 연장된 30° 선과 한 번 이상 교차되도록 배치하여야 한다.

15 현장타설콘크리트말뚝 구조세칙으로 옳지 않은 것은?

① 현장타설콘크리트말뚝의 선단부는 지지층에 확실히 도달시켜야 한다.
② 현장타설콘크리트말뚝은 특별한 경우를 제외하고 주근은 4개 이상 또한 설계단면적의 0.25% 이상으로 하고 띠철근 또는 나선철근으로 보강하여야 한다.
③ 저부의 단면을 확대한 현장타설콘크리트말뚝의 측면경사가 수직면과 이루는 각이 30°를 초과할 경우, 전단력에 대해 검토하여 사용하도록 한다.
④ 현장타설콘크리트말뚝을 배치할 때 그 중심간격은 말뚝머리지름의 2.0배 이상 또한 말뚝머리지름에 1,000mm를 더한 값 이상으로 한다.

16 강구조 H형단면 부재에서 플랜지에 수직이며 웨브에 대하여 대칭인 집중하중을 받는 경우, 플랜지와 웨브에 대하여 검토하는 항목이 아닌 것은? (단, 한쪽의 플랜지에 집중하중을 받는 경우이다.)

① 웨브크리플링강도　　② 웨브횡좌굴강도
③ 블록전단강도　　　　④ 플랜지국부휨강도

17 기초구조 및 지반에 대한 설명으로 옳은 것은?

① 2개의 기둥으로부터의 응력을 하나의 기초판을 통해 지반 또는 지정에 전달하도록 하는 기초는 연속기초이다.

② 구조물을 지지할 수 있는 지반의 최대저항력은 지반의 허용지지력이다.

③ 직접기초에 따른 기초판 또는 말뚝기초에서 선단과 지반 간에 작용하는 압력은 지내력이다.

④ 지지층에 근입된 말뚝의 주위 지반이 침하하는 경우 말뚝 주면에 하향으로 작용하는 마찰력은 부마찰력이다.

18 그림과 같은 철근콘크리트 보에서 인장을 받는 6가닥의 D25 주철근이 모두 한곳에서 정착된다고 가정할 때, 주철근의 직선 정착길이 산정을 위한 c값(철근간격 또는 피복두께에 관련된 치수)은? (단, D25 주철근은 최대 등간격으로 배치되어 있고, D10 스터럽의 굽힘부 내면반지름과 마디는 고려하지 않으며, D10, D25 철근 직경은 각각 10mm, 25mm로 계산한다.)

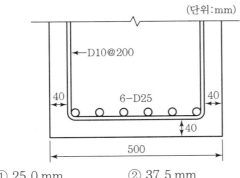

(단위:mm)

① 25.0 mm ② 37.5 mm

③ 50.0 mm ④ 62.5 mm

19 콘크리트구조에서 용접철망에 대한 설명으로 옳은 것은?

① 냉간신선 공정을 통하여 가공되므로 연신율이 감소되어 큰 연성이 필요한 부위에 사용할 경우 주의가 필요하다.

② 인장을 받는 용접이형철망은 정착길이 내에 교차철선이 없을 경우 철망계수를 1.5로 한다.

③ 겹침이음길이 사이에 교차철선이 없는 인장을 받는 용접이형철망의 겹침이음은 이형철선 겹침이음길이의 1.3배로 한다.

④ 뚜렷한 항복점이 없는 경우, 인장변형률 0.003일 때의 응력을 항복강도로 사용한다.

20 그림과 같이 양단고정보에 등분포하중(w)과 집중하중(P)이 작용할 때, 고정단 휨모멘트(M_A, M_B)와 중앙부 휨모멘트(M_C)의 절댓값 비는? (단, 부재의 휨강성은 티로 동일하며, 자중을 포함한 기타 하중의 영향은 무시한다.)

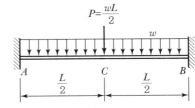

① $|M_A| : |M_C| : |M_B| = 1.2 : 1.0 : 1.2$

② $|M_A| : |M_C| : |M_B| = 1.4 : 1.0 : 1.4$

③ $|M_A| : |M_C| : |M_B| = 1.6 : 1.0 : 1.6$

④ $|M_A| : |M_C| : |M_B| = 2.0 : 1.0 : 2.0$

본 문제는 국토교통부에서 고시한 국가건설기준코드(구조설계기준 : KDS 14 00 00, 건축설계기준 : KDS 41 00 00)에 부합하도록 출제되었습니다.

01 건축구조물의 구조설계 원칙으로 규정되어 있지 않은 것은?

① 친환경성　　　② 경제성
③ 사용성　　　　④ 내구성

02 기초구조 설계 시 고려해야 할 사항으로 옳지 않은 것은?

① 기초의 침하가 허용침하량 이내이고, 가능하면 균등해야 한다.
② 장래 인접대지에 건설되는 구조물과 그 시공에 따른 영향까지도 함께 고려하는 것이 바람직하다.
③ 동일 구조물의 기초에서는 가능한 한 이종형식 기초의 병용을 피해야 한다.
④ 기초형식은 지반조사 전에 확정되어야 한다.

03 철근콘크리트 기둥의 배근 방법에 대한 설명으로 옳지 않은 것은?

① 주철근의 위치를 확보하고 전단력에 저항하도록 띠철근을 배치한다.
② 사각형띠철근 기둥은 4개 이상, 나선철근 기둥은 6개 이상의 주철근을 배근한다.
③ 전체 단면적에 대한 주철근 단면적의 비율은 0.4% 이상 8% 이하로 한다.
④ 하중에 의해 요구되는 단면보다 큰 단면으로 설계된 기둥의 경우, 감소된 유효단면적을 사용하여 최소 철근량을 결정할 수 있다.

04 그림은 휨모멘트와 축력을 동시에 받는 철근콘크리트 기둥의 공칭강도 상호작용곡선이다. 이에 대한 설명으로 옳지 않은 것은?

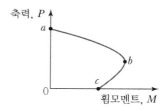

① 휨성능은 압축력의 크기에 따라서 달라진다.
② 구간 $a-b$에서 최외단 인장철근의 순인장변형률은 설계기준항복강도에 대응하는 변형률 이하이다.
③ 구간 $b-c$에서 압축연단 콘크리트는 극한변형률에 도달하지 않는다.
④ 점 b는 균형변형률 상태에 있다.

05 목구조의 설계허용응력 산정 시 적용하는 하중기간계수(C_D) 값이 큰 설계하중부터 순서대로 바르게 나열한 것은?

① 지진하중 > 적설하중 > 활하중 > 고정하중
② 지진하중 > 활하중 > 고정하중 > 적설하중
③ 활하중 > 지진하중 > 적설하중 > 고정하중
④ 활하중 > 고정하중 > 지진하중 > 적설하중

06 건축물의 지진력저항시스템에 대한 설명으로 옳지 않은 것은?

① 이중골조방식은 지진력의 25% 이상을 부담하는 연성모멘트골조가 전단벽이나 가새골조와 조합되어 있는 구조방식이다.

② 연성모멘트골조방식은 횡력에 대한 저항능력을 증가시키기 위하여 부재와 접합부의 연성을 증가시킨 모멘트골조방식이다.

③ 내력벽방식은 수직하중과 횡력을 모두 전단벽이 부담하는 구조방식이다.

④ 모멘트골조방식은 보와 기둥이 각각 횡력과 수직하중에 독립적으로 저항하는 구조방식이다.

07 기둥 (가)와 (나)의 탄성좌굴하중을 각각 $P_{(가)}$와 $P_{(나)}$라 할 때, 두 탄성좌굴하중의 비$\left(\dfrac{P_{(가)}}{P_{(나)}}\right)$는?

(단, 기둥의 길이는 모두 같고, 휨강성은 각각의 기둥 옆에 표시한 값이며, 자중의 효과는 무시한다.)

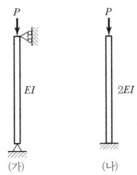

① 0.5   ② 1

③ 2   ④ 4

08 그림 (가)와 (나)의 캔틸레버 보 자유단 처짐이 각각 $\delta_{(가)} = \dfrac{wL^4}{8EI}$과 $\delta_{(나)} = \dfrac{PL^3}{3EI}$일 때, 그림 (다) 보의 B 지점 수직반력의 크기[kN]는? (단, 그림의 모든 보의 길이가 $L = 1\text{m}$이고, 전 길이에 걸쳐 탄성계수는 E, 단면2차모멘트는 I이며, 보의 자중은 무시한다.)

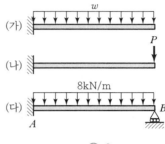

① 1   ② 3

③ 4   ④ 5

09 길이가 2m이고 단면이 50mm×50mm인 단순보에 10kN/m의 등분포하중이 부재 전 길이에 작용할 때, 탄성상태에서 보 단면에 발생하는 최대 휨응력의 크기[MPa]는? (단, 등분포하중은 보의 자중을 포함한다.)

① 240   ② 270

③ 300   ④ 320

10 그림과 같은 필릿용접부의 공칭강도[kN]는? (단, 용접재의 인장강도 F_w는 400MPa이며, 모재의 파단은 없다.)

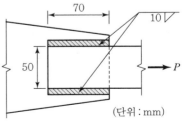

(단위 : mm)

① 168   ② 210

③ 240   ④ 280

11 프리스트레스하지 않는 부재의 현장치기콘크리트에서, 흙에 접하여 콘크리트를 친 후 영구히 흙에 묻혀 있는 콘크리트의 최소 피복 두께[mm]는?

① 100 ② 75
③ 60 ④ 40

12 조적식 구조에 대한 설명으로 옳지 않은 것은?

① 전단면적에서 채워지지 않은 빈 공간을 뺀 면적을 순단면적이라 한다.
② 한 내력벽에 직각으로 교차하는 벽을 대린벽이라 한다.
③ 가로줄눈에서 모르타르와 접한 조적단위의 표면적을 가로줄눈면적이라 한다.
④ 기준 물질과의 탄성비의 비례에 근거한 등가면적을 전단면적이라 한다.

13 기초구조에 대한 설명으로 옳지 않은 것은?

① 독립기초는 기둥으로부터 축력을 독립으로 지반 또는 지정에 전달하도록 하는 기초이다.
② 부마찰력은 지지층에 근입된 말뚝의 주위 지반이 침하하는 경우 말뚝 주면에 하향으로 작용하는 마찰력이다.
③ 온통기초는 상부구조의 광범위한 면적 내의 응력을 단일 기초판으로 연결하여 지반 또는 지정에 전달하도록 하는 기초이다.
④ 지반의 허용지지력은 구조물을 지지할 수 있는 지반의 최대저항력이다.

14 건축물의 중요도 분류에 대한 설명으로 옳지 않은 것은?

① 15층 아파트는 연면적에 관계없이 중요도(1)에 해당한다.
② 아동관련시설은 연면적에 관계없이 중요도(1)에 해당한다.
③ 응급시설이 있는 병원은 연면적에 관계없이 중요도(1)에 해당한다.
④ 가설구조물은 연면적에 관계없이 중요도(3)에 해당한다.

15 그림과 같은 2축대칭 H형강 단면의 x 축에 대한 단면2차모멘트[mm⁴]는?

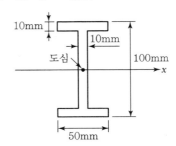

① 3.75×10^8 ② 5.75×10^6
③ 3.75×10^6 ④ 2.46×10^6

16 다음과 같은 전단력과 휨모멘트만을 받는 철근콘크리트 보에서 콘크리트에 의한 공칭전단강도[kN]는? (단, 계수전단력과 계수휨모멘트는 고려하지 않는다)

- 보통중량콘크리트
- 콘크리트의 설계기준압축강도 : 25MPa
- 보의 복부 폭 : 300mm
- 인장철근의 중심에서 압축콘크리트 연단까지의 거리 : 500mm

① 100 ② 125
③ 150 ④ 175

17 그림과 같은 강구조 휨재의 횡틀림좌굴거동에 대한 설명으로 옳은 것은?

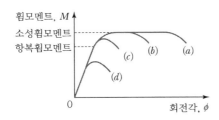

① 곡선 (a)는 보의 횡지지가 충분하고 단면도 콤팩트하여 보의 전소성모멘트를 발휘함은 물론 뛰어난 소성회전능력을 보이는 경우이다.

② 곡선 (b)는 (a)의 경우보다 보의 횡지지 길이가 작은 경우로서 보가 항복휨모멘트보다는 크지만 소성휨모멘트보다는 작은 휨강도를 보이는 경우이다.

③ 곡선 (c)는 탄성횡좌굴이 발생하여 항복휨모멘트보다 작은 휨강도를 보이는 경우이다.

④ 곡선 (d)는 보의 비탄성횡좌굴에 의해 한계상태에 도달하는 경우이다.

18 다음은 지진하중 산정 시 성능기반설계법의 최소강도규정이다. (   ) 안에 들어갈 내용은?

> 구조체의 설계에 사용되는 밑면전단력의 크기는 등가정적해석법에 의한 밑면전단력의 (   ) 이상이어야 한다.

① 70%　　　　② 75%

③ 80%　　　　④ 85%

19 스터럽으로 보강된 철근콘크리트 보를 설계기준 항복강도 400MPa인 인장철근을 사용하여 설계하고자 한다. 공칭강도 상태에서 최외단 인장철근의 순인장변형률이 휨부재의 최소허용변형률과 같을 때, 휨모멘트에 대한 강도감소계수에 가장 가까운 값은?

① 0.73　　　　② 0.75

③ 0.78　　　　④ 0.85

20 길이 1m, 지름 60mm(단면적 2,827mm²)인 봉에 200kN의 순인장력이 작용하여 탄성상태에서 길이방향으로 0.5mm 늘어나고, 지름방향으로 0.015mm 줄어들었다. 이때, 봉 재료의 푸아송비 ν와 탄성계수 E에 가장 가까운 값은?

	ν	$E[\mathrm{MPa}]$
①	0.03	1.4×10^2
②	0.5	1.4×10^2
③	0.03	1.4×10^5
④	0.5	1.4×10^5

본 문제는 국토교통부에서 고시한 국가건설기준코드(구조설계기준 : KDS 14 00 00, 건축설계기준 : KDS 41 00 00)에 부합하도록 출제되었습니다.

01 건축구조기준에서 설계하중에 대한 설명으로 옳지 않은 것은?

① 집중활하중에서 작용점은 각 구조부재에 가장 큰 하중효과를 일으키는 위치에 작용하도록 하여야 한다.

② 고정하중은 건축구조물 자체의 무게와 구조물의 생애주기 중 지속적으로 작용하는 수평하중을 말한다.

③ 풍하중은 각각의 설계풍압에 유효수압면적을 곱하여 산정한다.

④ 지진하중은 지진에 의한 지반운동으로 구조물에 작용하는 하중을 말한다.

02 강구조 용접접합부에서 용접 후 검사 시에 발생될 수 있는 결함의 유형으로 옳지 않은 것은?

① 비드

② 블로홀

③ 언더컷

④ 오버랩

03 철근콘크리트 기둥의 축방향 주철근이 겹침이음되어 있지 않을 경우, 주철근의 최대 철근비는?

① 1%

② 4%

③ 6%

④ 8%

04 보통중량콘크리트를 사용하고 설계기준항복강도가 400MPa인 철근을 사용할 경우, 처짐을 계산하지 않아도 되는 1방향 슬래브(슬래브 길이 l)의 최소 두께를 지지조건에 따라 나타낸 것으로 옳지 않은 것은? (단, 해당부재는 큰 처짐에 의해 손상되기 쉬운 칸막이벽이나 기타 구조물을 지지 또는 부착하지 않은 부재이다.)

① 단순 지지 : $l/18$

② 1단 연속 : $l/24$

③ 양단 연속 : $l/28$

④ 캔틸레버 : $l/10$

05 우리나라 건축물 내진설계기준의 일반사항에 대한 설명으로 옳지 않은 것은?

① 내진성능수준 – 설계지진에 대해 시설물에 요구되는 성능수준, 기능수행수준, 즉시복구수준, 장기복구/인명보호수준과 붕괴방지수준으로 구분

② 변위의존형 감쇠장치 – 하중응답이 주로 장치 양단부 사이의 상대속도에 의해 결정되는 감쇠장치로서, 추가로 상대변위의 함수에 종속될 수도 있음

③ 성능기반 내진설계 – 엄격한 규정 및 절차에 따라 설계하는 사양기반 설계에서 벗어나서 목표로 하는 내진성능수준을 달성할 수 있는 다양한 설계기법의 적용을 허용하는 설계

④ 응답스펙트럼 – 지반운동에 대한 단자유도 시스템의 최대 응답을 고유주기 또는 고유진동수의 함수로 표현한 스펙트럼

06 철근콘크리트 기초판 설계에 대한 설명으로 옳지 않은 것은?

① 조적조 벽체를 지지하는 기초판의 최대 계수휨모멘트를 계산할 때 위험단면은 벽체 중심과 단부 사이의 1/4 지점으로 한다.

② 휨모멘트에 대한 설계 시 1방향 기초판 또는 2방향 정사각형 기초판에서 철근은 기초판 전체 폭에 걸쳐 균등하게 배치하여야 한다.

③ 말뚝기초의 기초판 설계에서 말뚝의 반력은 각 말뚝의 중심에 집중된다고 가정하여 휨모멘트와 전단력을 계산할 수 있다.

④ 기초판 윗면부터 하부 철근까지 깊이는 직접기초의 경우는 150mm 이상, 말뚝기초의 경우는 300mm 이상으로 하여야 한다.

07 조적식 구조의 재료 및 강도설계법에 대한 설명으로 옳지 않은 것은?

① 시멘트성분을 지닌 재료 또는 첨가제들은 에폭시 수지와 그 부가물이나 페놀, 석면섬유 또는 내화점토를 포함할 수 없다.

② 모멘트 저항 벽체 골조의 설계전단강도는 공칭강도에 강도감소계수 0.8을 곱하여 산정한다.

③ 그라우트의 압축강도는 조적 개체 강도의 1.3배 이상으로 한다.

④ 보강근의 최소 휨직경은 직경 10mm에서 25mm까지는 보강근의 8배이고, 직경 29mm부터 35mm까지는 6배로 한다.

08 프리스트레스트 콘크리트 부재의 설계에 대한 설명으로 옳지 않은 것은?

① 프리스트레스트 콘크리트 휨부재는 미리 압축을 가한 인장구역에서 계수하중에 의한 인장연단응력의 크기에 따라 비균열등급, 부분균열등급, 완전균열등급으로 구분된다.

② 프리스트레스를 도입할 때의 응력 계산 시 균열단면에서 콘크리트는 인장력에 저항할 수 없는 것으로 가정한다.

③ 비균열등급과 부분균열등급 휨부재의 사용하중에 의한 응력은 비균열단면을 사용하여 계산한다.

④ 완전균열단면 휨부재의 사용하중에 의한 응력은 균열환산단면을 사용하여 계산한다.

09 과도한 처짐에 의해 손상되기 쉬운 비구조요소를 지지 또는 부착하지 않은 1방향 바닥구조의 최대 허용처짐 조건으로 옳은 것은?

① 활하중에 의한 순간처짐이 부재 길이의 1/180 이하

② 활하중에 의한 순간처짐이 부재 길이의 1/360 이하

③ 전체 처짐 중에서 비구조 요소가 부착된 후에 발생하는 처짐 부분이 부재 길이의 1/480 이하

④ 전체 처짐 중에서 비구조 요소가 부착된 후에 발생하는 처짐 부분이 부재 길이의 1/240 이하

10 비구조요소의 내진설계에 대한 설명으로 옳지 않은 것은?

① 파라펫, 건물 외부의 치장벽돌 및 외부치장마감 석재는 내진설계가 수행되어야 한다.

② 비구조요소의 내진설계는 구조체의 내진설계와 분리하여 수행할 수 없다.

③ 건축비구조요소는 캔틸레버 형식의 구조요소에서 발생하는 지점회전에 의한 수직방향 변위를 고려하여 설계되어야 한다.

④ 설계하중에 의한 비구조요소의 횡방향 혹은 면외방향의 휨이나 변형이 비구조요소의 변형한계를 초과하지 않아야 한다.

11 목구조에 사용되는 구조용 합판의 품질기준으로 옳지 않은 것은?

① 접착성으로 내수인장전단접착력이 0.7MPa 이상인 것

② 함수율이 13% 이하인 것

③ 못접합부의 최대 전단내력의 40%에 해당하는 값이 700N 이상인 것

④ 못접합부의 최대 못뽑기강도가 60N 이상인 것

12 용접 H형강(H$-500 \times 200 \times 10 \times 16$) 보 웨브의 판폭두께비는?

① 42.0

② 46.8

③ 54.8

④ 56.0

13 말뚝재료의 허용응력에 대한 설명으로 옳지 않은 것은?

① 기성 콘크리트말뚝의 허용압축응력은 콘크리트 설계기준강도의 최대 1/4까지를 말뚝재료의 허용압축응력으로 한다.

② 기성 콘크리트말뚝에 사용하는 콘크리트의 설계기준강도는 30MPa 이상으로 하고, 허용지지력은 말뚝의 최소단면에 대하여 구하는 것으로 한다.

③ 현장타설 콘크리트말뚝의 최대 허용압축하중은 각 구성요소의 재료에 해당하는 허용압축응력을 각 구성요소의 유효단면적에 곱한 각 요소의 허용압축하중을 합한 값으로 한다.

④ 강재말뚝의 허용압축응력은 일반의 경우 부식 부분을 제외한 단면에 대해 재료의 항복응력과 국부좌굴응력을 고려하여 결정한다.

14 강구조 내화설계에 대한 용어의 설명으로 옳지 않은 것은?

① 내화강 – 크롬, 몰리브덴 등의 원소를 첨가한 것으로서 600℃의 고온에서도 항복점이 상온의 2/3 이상 성능이 유지되는 강재

② 설계화재 – 건축물에 실제로 발생하는 내화설계의 대상이 되는 화재의 크기

③ 구조적합시간 – 합리적이고 공학적인 해석방법에 의하여 화재발생으로부터 건축물의 주요 구조부가 단속 및 연속적인 붕괴에 도달하는 시간

④ 사양적 내화설계 – 건축물에 실제로 발생되는 화재를 대상으로 합리적이고 공학적인 해석방법을 사용하여 화재크기, 부재의 온도상승, 고온환경에서 부재의 내력 및 변형 등을 예측하여 건축물의 내화성능을 평가하는 내화설계방법

15 그림과 같은 두 단순지지보에서 중앙부 처짐량이 동일할 때, P_2 / P_1의 값은? (단, 보의 자중은 무시하고, 재질과 단면의 성질은 동일하며, 하중 P_1과 P_2는 보의 중앙에 작용한다.)

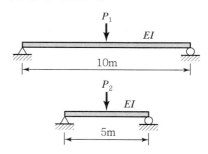

① 2

② 4

③ 6

④ 8

16 그림과 같이 단순지지보에 삼각형 분포하중이 작용 시, 지점 A로부터 최대 휨모멘트가 발생하는 점과의 거리는? (단, 보의 자중은 무시한다.)

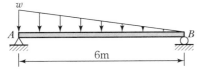

① $2\sqrt{3}\,\text{m}$　　② $3\sqrt{2}\,\text{m}$

③ $6-2\sqrt{3}\,\text{m}$　④ $6-3\sqrt{2}\,\text{m}$

17 강구조 모멘트 골조의 내진설계기준에 대한 설명으로 옳은 것은?

① 특수 모멘트 골조의 접합부는 최소 0.03rad의 층간변위각을 발휘할 수 있어야 한다.
② 특수 모멘트 골조의 경우, 기둥외주면에서 접합부의 계측휨강도는 0.04rad의 층간변위에서 적어도 보 공칭소성모멘트의 70% 이상을 유지해야 한다.
③ 중간 모멘트 골조의 접합부는 최소 0.02rad의 층간변위각을 발휘할 수 있어야 한다.
④ 보통 모멘트 골조의 반응수정계수는 3이다.

18 그림과 같은 캔틸레버형 구조물의 부재 AB에서 지점 A로부터 휨모멘트가 0이 되는 점과의 거리는? (단, 부재의 자중은 무시한다.)

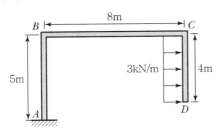

① 1m　　② 2m

③ 3m　　④ 5m

19 그림과 같은 길이가 L인 압축재가 부재의 중앙에서 횡방향 지지되어 있을 경우, 이 부재의 면내방향 탄성좌굴하중(P_{cr})은? (단, 부재의 자중은 무시하고, 면외방향 좌굴은 발생하지 않는다고 가정하며, 부재 단면의 휨강성은 EI이다.)

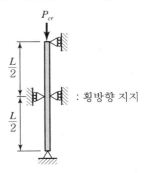

① $\dfrac{\pi^2 EI}{L^2}$　　② $2\dfrac{\pi^2 EI}{L^2}$

③ $4\dfrac{\pi^2 EI}{L^2}$　　④ $8\dfrac{\pi^2 EI}{L^2}$

20 콘크리트 구조의 설계원칙과 기준에 대한 설명으로 옳지 않은 것은?

① 벽체의 전단철근 또는 용접 이형 철망을 제외한 전단철근의 설계기준항복강도는 500MPa을 초과할 수 없다.
② 철근콘크리트 부재축에 직각으로 배치된 전단철근의 간격은 600mm를 초과할 수 없다.
③ 콘크리트 구조물의 탄산화 내구성 평가에서 탄산화에 대한 허용 성능저하 한도는 탄산화 침투 깊이가 철근의 깊이까지 도달한 상태를 탄산화에 대한 허용 성능저하 한계상태로 정한다.
④ 크리프 계산에 사용되는 콘크리트의 초기접선탄성계수는 할선탄성계수의 0.9배로 한다.

본 문제는 국토교통부에서 고시한 국가건설기준코드(구조설계기준 : KDS 14 00 00, 건축설계기준 : KDS 41 00 00)에 부합하도록 출제되었습니다.

01 플레이트거더에 대한 설명 중 옳지 않은 것은?

① 장경간인 경우 층고를 낮출 수 있는 장점이 있다.
② 일반적으로 플랜지는 휨에 의한 인장 및 압축력을 지지하고 웨브는 전단력을 지지한다.
③ 전단강도는 웨브의 폭두께비 및 중간 스티프너의 간격에 좌우된다.
④ 같은 경간 및 하중상태에서 트러스보다 강재량이 적게 소요되는 장점이 있다.

02 압축부재의 탄성좌굴하중 값에 영향을 미치는 요소가 아닌 것은?

① 부재의 길이
② 부재의 탄성계수
③ 부재의 단면적
④ 부재의 단면2차모멘트

03 건축물의 창호에 대한 설명 중 옳지 않은 것은?

① 강재 창호는 목재 및 알루미늄 창호에 비해 용융점이 높아 내화성이 있고 강도가 높다.
② 창의 면적이 클 경우나 개폐 시 진동이 생길 경우 강재 새시(Steel Sash)를 멀리온(Mullion)으로 보강하기도 한다.
③ 합성수지 창호는 다른 창호에 비해 보온성이 높고 방음성 및 기밀성이 우수하다.
④ 알루미늄 창호는 비중이 적어 공작이 쉽고 콘크리트에도 잘 부식되지 않으며 내구연한이 길다.

04 철근콘크리트 구조의 내구성 및 사용성에 대한 설명으로 옳지 않은 것은?

① 처짐은 고강도 콘크리트와 철근을 사용할 때보다 저강도의 재료를 사용할 때 주의하여야 한다.
② 내구성에 있어서 균열은 환경조건, 피복두께, 사용기간 등에 따라 정해지는 허용균열폭 이하로 제어하는 것을 원칙으로 한다.
③ 보의 처짐은 칸막이벽에 균열을 일으키거나 문, 창문 등의 개구부를 변형시켜 기능을 저하시킨다.
④ 보의 처짐 계산 시 즉시 처짐뿐만 아니라 크리프와 건조수축에 의한 장기처짐을 고려하여야 한다.

05 건축구조기준(KDS)에 따른 프리캐스트 콘크리트 건축물의 일체성 확보 요건에 대한 설명으로 옳지 않은 것은?

① 프리캐스트 콘크리트 구조물의 종방향과 횡방향 연결철근은 횡하중 저항구조에 연결되도록 설치하여야 한다.
② 프리캐스트 부재가 바닥 또는 지붕층 격막구조일 때, 격막구조와 횡력을 부담하는 구조의 접합부는 최소한 4,400N/m의 공칭인장강도를 가져야 한다.
③ 프리캐스트 벽 패널은 벽 패널당 최소한 2개의 수직 연결철근을 사용하여야 하며 연결철근 하나당 공칭인장강도는 4,500N 이상이어야 한다.
④ 일체성 확보를 위한 접합부는 콘크리트의 파괴에 앞서 강재의 항복이 먼저 이루어지도록 설계하여야 한다.

06 한계상태설계법에 의하여 강구조 접합부를 설계할 경우 용접부의 공칭강도가 나머지 셋과 다른 것은?

① 부분용입 그루브 용접에서 용접재 용접선에 직교인장응력이 발생할 경우
② 부분용입 그루브 용접에서 용접재에 지압응력을 전달할 수 있도록 마감되지 않은 접합부의 압축응력이 발생할 경우
③ 필릿용접에서 용접재에 전단응력이 발생할 경우
④ 플러그 용접에서 용접재 유효면적의 접합면에 평행한 전단응력이 발생할 경우

07 다음 그림에서 빗금친 부분의 콘크리트 바닥판과 보 단면에 작용하는 전체하중을 등분포하중[kN/m]으로 산정하면? (단, 콘크리트 단위중량은 24kN/m³, 작용하는 활하중은 2kN/m²으로 가정하며, 하중계수는 적용하지 아니한다.)

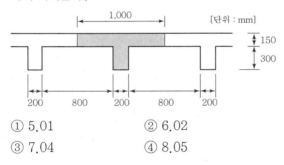

① 5.01
② 6.02
③ 7.04
④ 8.05

08 조적조 아치 및 돔구조에 관한 설명 중 옳지 않은 것은?

① 조적조 아치는 개구부 상부의 하중을 아치 축을 따라 압축력으로 양단부의 지점에 전달한다.
② 아치에 발생된 추력(Thrust)을 부축벽(Buttress)을 설치하여 부담시키면 수평의 보에 비해 더 넓은 개구부를 만들 수 있다.
③ 추력에 저항하는 방법에는 벽체를 두껍게 하여 이중벽으로 하거나 벽체와 기둥의 무게를 증가시키는 방법 등이 있다.

④ 조적조 아치구조에는 추력이 생기지만 돔(Dome) 구조에는 추력이 생기지 않는다.

09 내진설계에서 동적해석법에 대한 설명으로 옳지 않은 것은?

① 높이 70m 이상 또는 21층 이상의 정형 구조물은 반드시 동적해석법을 사용하여야 한다.
② 높이 20m 이상 또는 6층 이상의 비정형 구조물은 반드시 동적해석법을 사용하여야 한다.
③ 동적해석법에는 응답스펙트럼 해석법, 선형 시간이력 해석법, 비선형 시간이력 해석법이 있다.
④ 모드해석을 사용하는 응답스펙트럼 해석법의 경우 해석에 사용할 모드 수는 질량 참여율이 80% 이상 되도록 결정한다.

10 철근콘크리트 벽체에 관한 설명 중 옳지 않은 것은?

① 지하실 벽체를 제외한 두께 250mm 이상의 벽체에서는 수직 및 수평철근을 벽면에 평행하게 양면으로 배치하여야 한다.
② 내력벽에서 수평철근의 최소철근비는 설계기준항복강도 400MPa 이상으로서 D16 이하의 이형철근인 경우 벽체 단면적에 대해 0.12% 이상으로 한다.
③ 실용설계법에 의해 벽체를 설계할 경우 벽체의 두께는 수직 또는 수평 지점 간 거리 중 작은 값의 1/25 이상, 또한 100mm 이상이어야 한다.
④ 벽체는 계수연직축력이 $0.4A_g f_{ck}$ 이하이고, 총 수직철근량이 $0.01A_g$ 이하인 부재를 말한다. (A_g = 벽체의 전체 단면적, f_{ck} = 콘크리트 설계기준강도)

11 보에 대한 설명 중 옳지 않은 것은?

① 조적 벽체 사이에 얹히어 있는 보는 단순보로 볼 수 있다.

② 갤버보는 부정정인 연속보 혹은 고정단보에 적절히 힌지(Hinge)를 넣어 만든 정정보이다.

③ 등분포하중을 받는 단순보에서 전단력과 휨모멘트의 최대값이 생기는 위치는 같다.

④ 휨모멘트가 일정한 구간에는 전단력은 생기지 않는다.

12 강구조의 한계상태설계법에서 강도한계상태와 관계없는 것은?

① 부재의 과다한 잔류변형

② 골조의 불안정

③ 접합부 파괴

④ 피로파괴

13 목구조에서 버팀대를 사용하는 이유로 적절한 것은?

① 보수를 용이하게 하기 위해

② 모양을 좋게 하기 위해

③ 절점을 강접합으로 하기 위해

④ 이음이 잘 되도록 하기 위해

14 매입형 합성기둥의 구조설계 시 고려사항으로 옳지 않은 것은?

① 강재코어의 단면적은 합성기둥 총단면적의 1% 이상으로 한다.

② 연속된 길이방향철근의 최소철근비는 0.004로 한다.

③ 플랜지에 대한 콘크리트 순피복두께는 플랜지폭의 1/6 이상으로 한다.

④ 횡방향 철근의 중심간 간격은 직경 D10의 철근을 사용할 경우에는 200mm 이하로 한다.

15 부동침하와 부동침하로 인한 균열에 관한 설명으로 옳지 않은 것은?

① 부동침하에 의한 균열은 인장응력 방향으로 발생한다.

② 부동침하에 의한 균열은 침하가 적은 부분의 밑면에서 침하가 많은 부분의 상부 방향으로 발생하는 대각선 균열이 일반적이다.

③ 부동침하가 일어나면 상부구조에 일종의 강제변형과 균열을 일으키게 되므로 주의하여야 한다.

④ 하나의 건물에 이질지정을 할 경우 부동침하가 발생할 수 있다.

16 철근콘크리트 구조에 사용되는 골재에 대한 설명 중 옳지 않은 것은?

① 굵은 골재는 콘크리트 체규격 5mm 체를 거의 다 통과하고 0.08mm 체에 남는 골재이다.

② 골재의 입도를 나타내는 조립률은 0.15, 0.3, 0.6, 1.2, 2.5, 5, 10, 20, 40 및 80mm의 9개 체의 누계 잔류율의 합계를 100으로 나눈 값이다.

③ 굵은 골재의 공칭 최대치수는 거푸집 양 측면 사이의 최소 거리의 1/5, 슬래브 두께의 1/3, 개별 철근 또는 다발철근 사이 최소 순간격의 3/4을 초과하지 않아야 한다.

④ 콘크리트용 골재는 보통 중량콘크리트에 사용되는 천연골재와 경량콘크리트에 사용되는 플라이 애시, 점토 등을 소성 팽창시킨 인공경량골재로 구분된다.

17 토질 및 기초에 대한 설명 중 옳지 않은 것은?

① 내부 마찰각은 점토층보다 사질층이 크다.

② 점토지반의 경우 기초 하부의 토압분포는 기초 중앙부가 주변부보다 크다.

③ 지지말뚝의 경우 말뚝저항의 중심은 말뚝의 선단에 있다.

④ 샌드드레인 공법은 점토질 지반을 개량하는 공법이다.

18 면진구조에 대한 설명 중 옳지 않은 것은?

① 면진구조는 수동적(Passive) 지진 진동 제어수법이다.

② 면진부재는 분리장치(Isolator)와 감쇠장치(Damper)로 구성된다.

③ 면진부재는 건축물의 기초뿐만 아니라 중간층에도 둘 수 있다.

④ 면진구조를 적용한 구조물은 면진구조를 적용하지 않은 구조물에 비해 고유주기가 짧다.

19 다음은 슬래브 두께가 150mm인 일반적인 사무소 건물에 대한 보 일람표이다. 그림에서 알 수 있는 사항을 바르게 설명한 것은?

부 호	$3B_1$, $2B_2$	
	[단부]	[중앙부]
형 태	700 / 400	700 / 400
상부근	3-HD22	3-HD22
하부근	4-HD22	7-HD22
스터럽	HD10@150	HD10@200

① 캔틸레버보에 대한 단면 설계이다.

② 중앙부보다 단부의 전단내력이 더 높게 설계되어 있다.

③ 바닥구조의 높이는 슬래브 두께를 포함하여 850mm이다.

④ 인장강도가 400N/mm²인 철근으로 설계되어 있다.

20 설계풍압에 관한 설명으로 옳지 않은 것은?

① 밀폐형 건축물의 설계풍압을 산정함에 있어 건물 내부에서 발생하는 내압의 영향은 고려하지 않는다.

② 밀폐형 건축물의 지붕골조에 가해지는 설계풍압을 산정함에 있어 지붕의 내부공간에 작용하는 내압은 고려하지 않는다.

③ 밀폐형 건축물의 설계풍압을 산정함에 있어 풍상측 설계 속도압은 높이에 따라 증가한다.

④ 개방형 건축물의 설계풍압은 골조의 한쪽에 작용하는 정압과 다른 한쪽에 작용하는 부압을 동시에 고려한 풍압계수의 합을 적용한다.

본 문제는 국토교통부에서 고시한 국가건설기준코드(구조설계기준 : KDS 14 00 00, 건축설계기준 : KDS 41 00 00)에 부합하도록 출제되었습니다.

01 철근콘크리트 독립기초의 설계에 대한 설명으로 옳지 않은 것은?

① 기초판의 크기는 허용지내력에 반비례한다.
② 기초판의 크기는 사용하중을 이용하여 산정한다.
③ 지반 위에 설치되는 직접기초이므로 설계 시 뚫림전단은 고려하지 않는다.
④ 철근배근 시 정착길이를 확보하기 위하여 표준갈고리를 설치할 수 있다.

02 외단열에 대한 설명으로 옳지 않은 것은?

① 구조체의 열응력을 감소시킨다.
② 내부결로가 발생하기 쉽다.
③ 단열의 불연속성 때문에 생기는 열교현상을 방지하는 데 효과적이다.
④ 고층건물의 경우 시공이 어렵다.

03 목재의 특성에 대한 설명으로 옳지 않은 것은?

① 목재의 함수율과 강도는 상관성이 없다.
② 목재의 강도는 섬유방향에 따라 다르다.
③ 목재는 열전도율이 작으므로 방한·방서성이 뛰어나다.
④ 목재의 비중과 강도는 밀접한 관계가 있다.

04 인장이형철근의 정착길이를 줄이기 위한 방법으로 옳지 않은 것은?

① 압축강도가 큰 콘크리트를 사용한다.
② 공칭지름이 큰 철근을 사용한다.
③ 항복강도가 작은 철근을 사용한다.
④ 에폭시 도막이 되지 않은 철근을 사용한다.

05 철근콘크리트구조에서 골재크기 및 철근간격의 제한규정에 대한 설명으로 옳지 않은 것은?

① 동일 평면에서 평행한 철근 사이의 수평 순간격은 25mm 이상, 또한 철근의 공칭지름 이상으로 하여야 한다.
② 상단과 하단에 2단 이상으로 배치된 경우 상하철근은 동일 연직면 내에 배치되어야 하고, 이때 상하철근의 순간격은 25mm 이상으로 하여야 한다.
③ 굵은 골재의 공칭 최대치수는 개별철근 사이의 최소 순간격을 초과하지 않아야 한다.
④ 벽체 또는 슬래브에서 휨주철근의 간격은 벽체나 슬래브두께의 3배 이하로 하여야 하고, 또한 450mm 이하로 하여야 한다.

06 보강 블록조에서 사용하는 테두리 보의 특징으로 옳지 않은 것은?

① 벽체를 일체화시키고 하중을 균등하게 분포시킨다.
② 세로철근을 정착시킨다.
③ 벽면의 수평균열을 방지한다.
④ 개구부의 상부와 같이 하중을 집중적으로 받는 부분을 보강한다.

07 다음 구조적 개념 중에서 옳지 않은 것은?

① 직경이 D인 원형 단면의 단면2차반경은 $\frac{D}{4}$ 이다.

② 푸아송 비가 0.2일 때 푸아송 수는 5이다.

③ 인장력을 받는 강봉의 지름을 3배로 하면 응력 도는 $\frac{1}{9}$ 배가 된다.

④ 인장력을 받을 때 변형량은 하중과 단면적에 비례한다.

08 합성부재에 대한 설명으로 옳지 않은 것은?

① 합성보에서 강재앵커(전단연결재)의 피복 두께는 25mm 이상으로 하고, 스터드의 중심 간 간격은 합성보의 길이방향으로는 스터드 직경의 6배 이상, 직각방향으로는 직경의 4배 이상으로 한다.

② 충전형 합성부재에서 강관의 단면적은 합성부재 총단면적의 1% 이상으로 한다.

③ 매입형 합성부재에서 횡방향철근의 중심 간 간격은 직경 D10의 철근을 사용할 경우에는 400mm 이하로 한다.

④ 축하중을 받는 매입형 합성부재의 설계압축강도를 계산할 때 강도감소계수는 0.75이고, 충전형 합성기둥의 설계인장강도를 계산할 때 강도감소계수는 0.90이다.

09 내진설계 시 시간이력해석에 대한 설명으로 옳지 않은 것은?

① 지반조건에 상응하는 3개 이상의 지반운동기록을 바탕으로 구성한 시간이력성분들을 사용한다.

② 3차원 해석을 수행하는 경우에는 각각의 지반운동은 평면상에서 서로 평행한 2성분의 쌍으로 구성된다.

③ 3개의 지반운동을 이용하여 해석할 경우에는 최대응답을 사용해 설계한다.

④ 7개 이상의 지반운동을 이용하여 해석할 경우에는 평균응답을 사용해 설계할 수 있다.

10 보 경간이 16m이고 보 중심선에서 좌우 인접보 중심선까지의 거리가 각각 6m인 합성보가 사용된 콘크리트 슬래브의 유효폭[m]은? (단, 합성보의 양쪽에 연속슬래브가 있는 경우로 본다.)

① 4   ② 3
③ 2   ④ 1

11 철골구조의 볼트접합에서 볼트 표면을 모두 연마하여 마무리 한 것으로 핀 접합부에 많이 사용되는 것은?

① 흑볼트   ② 중볼트
③ 상볼트   ④ 와셔

12 건물 내외부에서 발생한 우수, 오수 및 지하수 등을 차단하기 위한 멤브레인 방수에 해당하지 않는 것은?

① 시멘트 모르타르 방수
② 아스팔트 방수
③ 시트 방수
④ 도막 방수

13 다음 중 철골구조에서 기둥 부재길이와 단부 지지조건에 의한 유효좌굴길이가 가장 작은 것은?

① 부재길이 : L, 단부 지지조건 : 일단고정, 타단 힌지

② 부재길이 : L, 단부 지지조건 : 일단고정, 타단 자유

③ 부재길이 : L, 단부 지지조건 : 양단힌지

④ 부재길이 : 2L, 단부 지지조건 : 양단고정

14 그림과 같은 보 단면 (a)와 (b)에 X축에 대한 휨모멘트가 각각 40kN · m씩 작용할 때, 최대휨응력비(a : b)는?

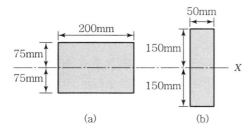

(a)   (b)

① 1 : 3   ② 2 : 3

③ 1 : 2   ④ 1 : 1

15 셸구조에 대한 설명으로 옳지 않은 것은?

① 곡면판 구조이다.
② 일반적으로 하중을 면내 응력으로 지지하기 때문에 얇은 두께로 대경간의 지붕을 만들 수 있다.
③ 상향의 포물선이 하향의 포물선을 따라 평행 이동하였을 때 생기는 곡면을 가진 셸을 HP 셸이라 한다.
④ 구형 및 원통형 셸은 추동형 셸이다.

16 두 부재로 이루어진 트러스 구조시스템에서 그림과 같이 연직방향으로 6kN의 하중이 작용할 때, 부재 AB에 필요한 최소 단면적[mm²]은? (단, 트러스 구조의 각 절점은 핀 접합으로 계획하며, 사용 강재의 허용인장응력은 125MPa이다.)

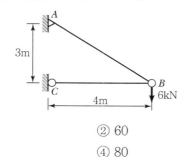

① 50   ② 60

③ 70   ④ 80

17 지진에 효율적으로 저항하기 위한 구조시스템은 상대적으로 반응수정계수(R)가 크다. 다음 중 지진에 대해 가장 비효율적인 구조시스템은?

① 건물골조 시스템의 철골 보통중심가새골조
② 모멘트 – 저항골조 시스템의 철골 보통모멘트골조
③ 모멘트 – 저항골조 시스템의 철근콘크리트 중간모멘트골조
④ 내력벽 시스템의 철근콘크리트 보통전단벽

18 건축물 및 공작물의 구조설계 시 용도 및 규모에 따라 중요도(특), 중요도(1), 중요도(2) 및 중요도(3)으로 분류한다. 다음 중 중요도(특)에 해당하지 않는 것은?

① 연면적 1,000m²인 위험물 저장 및 처리시설
② 연면적 1,000m²인 공연장 · 집회장 · 관람장
③ 연면적 1,000m²인 지방자치단체의 청사 · 방송국 · 전신전화국
④ 종합병원, 수술시설이나 응급시설이 있는 병원

19 직접기초의 접지압에 대한 설명으로 옳지 않은 것은?

① 독립기초의 기초판 저면의 도심에 수직하중의 합력이 작용할 때에는 접지압이 균등하게 분포된 것으로 가정하여 설계용 접지압을 구할 수 있다.
② 복합기초의 접지압은 직선분포로 가정하고 하중의 편심을 고려하여 설계용 접지압을 구할 수 있다.
③ 연속기초의 접지압은 각 기둥의 지배면적 범위 안에서 균등하게 분포되는 것으로 가정하여 설계용 접지압을 구할 수 있다.
④ 온통기초는 그 강성이 충분할 때 연속기초와 동일하게 취급할 수 있고 접지압은 연속기초의 설계용 접지압 식에 의하여 구할 수 있다.

20 그림과 같은 하중이 작용하는 단순보에서 C점의 전단력[kN]은?

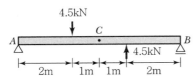

① 4
② 3
③ 2
④ 1

본 문제는 국토교통부에서 고시한 국가건설기준코드(구조설계기준 : KDS 14 00 00, 건축설계기준 : KDS 41 00 00)에 부합하도록 출제되었습니다.

01 기초구조에 대한 설명으로 옳지 않은 것은?

① 지름이 400mm인 기성콘크리트말뚝을 박을 때 말뚝의 최소중심간격은 1m이다.

② 연약지반에서 부동침하를 줄이기 위해서는 독립기초, 복합기초, 연속기초, 온통기초 중에서 온통기초가 가장 적합하다.

③ 독립기초의 기초판은 1방향 전단과 2방향 전단에 의한 파괴가 모두 발생하지 않도록 설계하여야 한다.

④ 3m×3m인 정방형 독립기초판에서 축하중의 편심거리가 0.6m 이하일 경우 인장력이 발생하지 않는다.

02 다음은 휨모멘트를 받는 철근콘크리트 단근보의 실제 압축응력분포를 등가응력블록으로 단순화한 그림이다. 이때 등가응력블록의 크기 A 및 깊이 B의 크기로 옳은 것은? (단, 콘크리트의 압축강도 f_{ck} = 38MPa이다.)

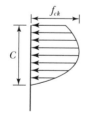
<실제 압축응력 분포>

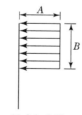
<등가응력 분포>

	A	B
①	$0.85 f_{ck}$	$0.84c$
②	$0.85 f_{ck}$	$0.80c$
③	$0.85 f_{ck}$	$0.78c$
④	$0.85 f_{ck}$	$0.76c$

03 인장 이형철근의 정착길이에 대한 설명으로 옳지 않은 것은?

① 에폭시 피복철근의 경우에는 부착력이 감소하므로 정착길이가 길어진다.

② 동일한 조건에서 표준갈고리철근의 정착길이는 직선철근의 정착길이보다 짧아진다.

③ 동일한 콘크리트 강도일 경우 경량콘크리트는 보통중량콘크리트보다 부착강도가 작으므로 정착길이가 길어진다.

④ 한 번에 타설하는 콘크리트의 깊이가 깊을수록 철근의 부착력이 증가하므로 정착길이가 짧아진다.

04 그림과 같은 하중을 받는 단순보에서 경간의 중앙부에 발생하는 휨모멘트로 옳은 것은?

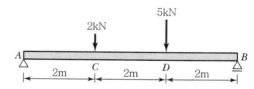

① 5kN · m

② 6kN · m

③ 7kN · m

④ 8kN · m

05 극한강도설계법에서 철근콘크리트 휨부재의 단면에 대한 설명으로 옳지 않은 것은?

① 균형변형률 상태에서 철근과 콘크리트의 응력은 중립축에서부터의 거리에 비례한다.

② 압축 측 연단의 콘크리트 최대변형률은 콘크리트 설계기준강도가 40MPa 이하인 경우에는 0.0033으로 가정한다.

③ 부재의 휨강도 계산에서 콘크리트의 인장강도는 무시한다.

④ 압축연단의 콘크리트 변형률에 도달함과 동시에 인장철근의 변형률이 항복변형률에 도달하는 경우의 철근비를 균형철근비라 한다.

06 건물의 방수에 대한 설명으로 옳지 않은 것은?

① 누름콘크리트에 조절줄눈(Control Joint)을 설치하면 빗물이 스며들고, 방수층이 쉽게 파손되므로 조절줄눈을 두지 않는다.

② 지하실 외벽은 안방수보다 바깥방수로 시공하는 것이 방수성능측면에서 유리하다.

③ 아스팔트방수의 치켜올림부는 보호누름으로 할 경우 파라펫에 홈을 파서 고정하고, 노출로 할 경우에는 누름철물로 고정하여 고무아스팔트계 실링재로 처리한다.

④ 본드 브레이커(Bond Breaker)는 실링재를 접착시키지 않기 위해 줄눈바닥에 붙이는 테이프형의 재료이다.

07 목구조에 대한 설명으로 옳지 않은 것은?

① 토대와 기초 사이에 나타날 수 있는 수평변형은 감잡이쇠와 띠쇠의 설치에 의해 방지할 수 있다.

② 버팀대는 가새를 댈 수 없는 곳에 설치하는 대각선 부재이며 접합부분의 강성을 높이기 위해 설치한다.

③ 귀잡이는 토대, 보, 도리 등의 가로재가 서로 수평으로 맞추어지는 귀를 안정된 세모구조로 하기 위하여 빗방향으로 설치하는 부재이다.

④ 오버행(Overhang)은 경골목구조에서 바닥구조 상부의 외벽이 바닥구조 하부의 외벽 위치보다 바닥장선 간격(Depth, Length) 이상 실외측으로 나온 것을 뜻한다.

08 조적식 구조의 공간쌓기 시공에서 벽체 연결철물에 대한 설명으로 옳지 않은 것은?

① 개구부 주위에는 개구부 가장자리에서 300mm 이내에 최대간격 900mm인 연결철물을 추가로 설치해야 한다.

② 벽체면적 $0.4m^2$당 적어도 직경 9mm의 연결철물 1개 이상 설치되어야 한다.

③ 벽체의 연결철물은 단부를 90°로 구부리고, 길이는 최소 50mm 이상으로 한다.

④ 연결철물은 교대로 배치해야 하며, 연결철물 간의 수직과 수평간격은 각각 800mm와 1,000mm를 초과할 수 없다.

09 수평이동이 제한된 기둥에서 양단부가 모두 고정단으로 되어 있고, 길이가 2m인 경우의 세장비(KL/r) 값은? (단, 유효좌굴길이계수 K는 이론값을 사용하고, 단면적 A = 100mm², 단면 2차 모멘트 I = 10,000mm⁴ 이다)

① 50   ② 100

③ 150   ④ 200

10 대각가새(Diagrid) 구조시스템에 대한 설명으로 옳지 않은 것은?

① 기둥과 가새의 역할을 동시에 수행한다.

② 부재의 기본모듈은 정사각형으로 구성된다.

③ 대각가새가 연쇄적으로 작용하기 때문에 초고층 건물의 수직하중에 의한 부등침하가 적다.

④ 뉴욕의 Hearst Tower와 런던 30St. Mary Axe 건물은 대각가새 구조시스템을 사용하였다.

11 강구조물의 필릿용접부를 용접이음 도시법에 따라 다음 그림과 같이 표기하는 경우 필릿사이즈가 6mm, 용접목두께가 4.2mm, 용접길이가 60mm, 용접간격이 150mm일 때, 가, 나, 다에 표기해야 할 내용으로 옳은 것은?

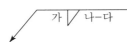

	가	나	다
①	4.2	60	150
②	4.2	150	60
③	6	60	150
④	6	150	60

12 구조부재의 단면특성을 나타내는 계수에 대한 설명으로 옳지 않은 것은?

① 직경이 D인 원형단면의 도심축에 대한 단면계수는 $\dfrac{\pi D^3}{32}$이다.

② 밑변이 b이고 높이가 h인 직사각형 단면의 도심축(가로)에 대한 단면 2차 반경은 $\dfrac{h}{3\sqrt{3}}$이다.

③ 직경이 D인 원형단면의 도심축에 대한 단면 2차 반경은 $\dfrac{D}{4}$이다.

④ 밑변이 b이고 높이가 h인 직사각형 단면의 도심축(가로)에 대한 단면계수는 $\dfrac{bh^2}{6}$이다.

13 휨모멘트를 받는 철근콘크리트 부재의 인장철근비를 최대철근비 이상으로 배근할 경우 극한상태에서 나타나는 파괴양상으로 옳은 것은?

① 압축콘크리트가 인장철근보다 먼저 파괴에 이르러 취성파괴가 발생한다.

② 압축콘크리트가 인장철근보다 먼저 파괴에 이르러 연성파괴가 발생한다.

③ 인장철근이 압축콘크리트 파괴보다 먼저 항복하여 취성파괴가 발생한다.

④ 인장철근이 압축콘크리트 파괴보다 먼저 항복하여 연성파괴가 발생한다.

14 합성보에 대한 설명으로 옳지 않은 것은?

① 강재앵커(Shear Connector)는 콘크리트 바닥슬래브와 철골보를 일체화시켜 접합부에 발생하는 수평전단력에 저항한다.

② 불완전 합성보는 합성단면이 충분한 내력을 발휘하기 전에 콘크리트가 먼저 파괴된다.

③ 합성보의 설계전단강도는 강재보의 웨브에만 의존하고 콘크리트슬래브의 역할은 무시한다.

④ 스터드앵커(Stud Connector)의 중심간 간격은 슬래브 총두께의 8배 또는 900mm를 초과할 수 없다.

15 셸(Shell) 구조에 대한 설명으로 옳지 않은 것은?

① 라이즈(Rise)가 클수록 부재에 생기는 휨응력이 작아져 유리하다.

② 단부에서는 외력에 의한 추력(Thrust)이 작용하므로 이 응력에 저항할 수 있는 지지력을 주어야 한다.

③ 철근콘크리트 HP 셸의 형틀은 포물선 형태로 구성되기 때문에 형틀제작이 어렵다.

④ 돔은 안정된 구조물로 재료비가 적게 들지만, 형틀공사비가 많이 드는 단점이 있다.

16 신소재강에 대한 설명으로 옳은 것은?

① 내부식성강은 내식성과 내구성이 우수하고 표면의 광택을 살려서 내외부 마감재 등에 사용되는 강재이다.

② 내강도강은 보통의 구조용 강재보다 항복강도가 낮고 연성이 높기 때문에 소성변형능력에 의해 지진에너지를 흡수하는 역할을 하는 부재에 사용한다.

③ 저항복강은 크롬, 몰리브덴 등의 원소를 첨가한 것으로 600℃의 고온에서도 상온 항복강도의 2/3 이상 유지할 수 있는 성능을 갖는 강재이다.

④ 내후성강은 대기나 해양 등의 자연 부식환경에 대한 저항력을 높인 강재이다.

17 다음과 같은 등변분포하중을 받는 캔틸레버보의 고정단에 작용하는 휨모멘트 크기의 비율(A : B : C)로 옳은 것은?

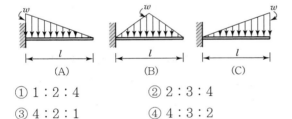

(A)   (B)   (C)

① 1 : 2 : 4   ② 2 : 3 : 4

③ 4 : 2 : 1   ④ 4 : 3 : 2

18 프리스트레스트 콘크리트구조에 대한 설명으로 옳지 않은 것은?

① 유효프리스트레스를 결정하는 과정에는 정착장치의 활동, 콘크리트 탄성수축, 크리프, 건조수축을 모두 고려하여야 한다.

② 긴장재의 릴랙세이션(응력이완)에 의한 긴장력의 손실은 시간 종속적이다.

③ 포스트텐션(Post-tension) 방식은 대형 부재의 제작 및 부재의 연결시공이 유리하다.

④ 프리텐션(Pre-tension) 방식에서 비부착식 긴장재를 사용하면 부재의 재긴장작업이 가능하다.

19 철골중간모멘트골조의 내진설계에서 접합부에 대한 설명으로 옳지 않은 것은?

① 보-기둥 접합부는 최소 0.02rad의 층간변위각을 발휘할 수 있어야 한다.

② 보-기둥 접합부의 기둥 외주면 접합부 휨강도는 0.02rad의 층간변위각에서 적어도 보의 공칭소성모멘트 값의 80% 이상 되어야 한다.

③ 연속판의 두께는 편측접합부에서는 접합된 보 플랜지 두께 이상, 양측접합부에서는 접합된 보 플랜지 두께의 1/2 이상으로 한다.

④ 기둥의 이음에 그루브 용접을 사용하는 경우 완전용입용접으로 해야 한다.

20 다음과 같은 구조평면도에서 G_2 보의 슬래브 유효폭(b_e)으로 옳은 것은?

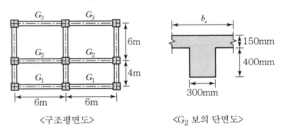

<구조평면도>   <G_2 보의 단면도>

① 1,000mm   ② 1,500mm

③ 2,000mm   ④ 5,000mm

본 문제는 국토교통부에서 고시한 국가건설기준코드(구조설계기준 : KDS 14 00 00, 건축설계기준 : KDS 41 00 00)에 부합하도록 출제되었습니다.

01 풍하중 산정 시 고려해야 할 요소에 해당하지 않는 것은?

① 건물의 용도　　② 건물의 중량
③ 건물의 깊이　　④ 건물의 폭

02 휨모멘트와 축력을 받는 철근콘크리트 기둥의 축력(P)－모멘트(M) 상관도를 설명한 것으로 옳지 않은 것은?

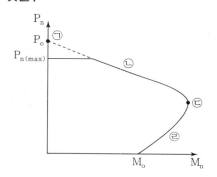

① 점 ㉠은 순수압축을 받는 경우로 중립축은 부재단면 내부에 존재한다.
② ㉡ 구간은 압축파괴구역으로 인장측 철근의 변형도는 항복변형도에 미치지 않는다.
③ 점 ㉢은 균형파괴점으로 인장측 철근의 변형도는 항복변형도에 도달한다.
④ ㉣ 구간은 인장파괴구역으로 인장측 철근의 변형도는 항복변형도를 초과한다.

03 철근콘크리트구조에 대한 설명으로 옳지 않은 것은?

① 흙에 접하여 콘크리트를 친 후 영구히 흙에 묻혀 있는 콘크리트의 피복두께는 75mm 이상으로 해야 한다.
② 크리프변형을 계산할 때 콘크리트의 탄성계수는 초기접선탄성계수를 사용한다.
③ 콘크리트의 압축강도와 철근의 항복강도가 증가함에 따라 콘크리트 및 철근의 탄성계수는 증가한다.
④ 보통골재를 사용한 콘크리트의 할선탄성계수는 초기접선탄성계수의 85%로 한다.

04 철근콘크리트 보에서 전단경간이 보의 유효깊이보다 작고, 단부 콘크리트의 마찰저항이 작은 경우에 발생할 수 있는 파괴형태는?

① 쪼갬파괴
② 인장파괴
③ 휨파괴
④ 사인장파괴

05 직사각형 철근콘크리트 기둥의 단면이 250mm×400mm이고, 주근은 D22, 띠철근은 D10을 사용했을 때, 띠철근 간격의 최댓값[mm]은?

① 250　　　　② 352
③ 400　　　　④ 480

06 강구조의 휨부재를 설계할 때, 강축휨을 받는 2축 대칭 H형강 콤팩트부재의 횡지지길이(L_b)가 소성한계비지지길이(L_p)보다 작은 경우, 공칭휨모멘트(M_n)에 대한 설명으로 옳은 것은?

① 공칭휨모멘트(M_n)가 소성휨모멘트(M_p)보다 크다.
② 공칭휨모멘트(M_n)가 소성휨모멘트(M_p)와 같다.
③ 공칭휨모멘트(M_n)가 소성휨모멘트(M_p)보다 작고, 소요휨모멘트(M_r)보다 크다.
④ 공칭휨모멘트(M_n)가 소요휨모멘트(M_r)보다 작다.

07 강구조의 국부좌굴에 대한 판폭두께비 제한값을 산정하는 경우, 비구속판요소의 폭으로 옳은 것은?

① T형강 플랜지에 대한 폭 b는 전체공칭플랜지폭으로 한다.
② Z형강 다리에 대한 폭 b는 전체공칭치수의 1/2로 한다.
③ 플레이트의 폭 b는 자유단으로부터 파스너의 첫 번째 줄 혹은 용접선까지의 길이이다.
④ T형강의 스템 d는 전체공칭춤의 2/3로 한다.

08 합성구조 휨재의 설계에 대한 설명으로 옳지 않은 것은?

① 데크플레이트 상단 위의 콘크리트두께는 40mm 이상이어야 한다.
② 콘크리트슬래브와 강재보를 연결하는 스터드는 직경이 19mm 이하이어야 한다.
③ 데크플레이트의 공칭골깊이는 75mm 이하이어야 한다.
④ 동바리를 사용하지 않는 경우, 콘크리트의 강도가 설계기준강도의 75%에 도달하기 전에 작용하는 모든 시공하중은 강재단면 만에 의해 지지될 수 있어야 한다.

09 단면의 성질과 처짐에 대한 설명으로 옳지 않은 것은?

① 직사각형 단면의 보에서 폭이 일정할 때 춤이 2배로 증가하면 휨응력도는 1/4로 감소한다.
② 중앙 집중하중을 받는 양단 고정보의 최대 처짐은 중앙 집중하중을 받는 단순보 최대 처짐의 1/4이다.
③ 등분포하중을 받는 양단 고정보의 최대 처짐은 등분포하중을 받는 단순보 최대 처짐의 1/5이다.
④ 직사각형 단면의 보에서 폭이 일정할 때 춤이 2배로 증가하면 단면2차반경은 1/2로 감소한다.

10 건물의 내진설계 시 수직비정형성의 유형에 해당하지 않는 것은?

① 어떤 층의 횡강성이 인접한 상부층 횡강성의 70% 미만인 건물
② 상부 3개층 평균강성의 80% 미만인 연층이 존재하는 건물
③ 어떤 층의 유효중량이 인접층 유효중량의 150%를 초과하고, 지붕층이 하부층보다 가벼운 건물
④ 횡력저항시스템의 수평치수가 인접층치수의 130%를 초과하는 건물

11 처마홈통공사에 대한 설명으로 옳지 않은 것은?

① 처마홈통의 양 갓은 둥글게 감되, 바깥감기를 원칙으로 한다.
② 건물의 처마 끝부분에 수평으로 댄 홈통을 처마홈통이라 한다.
③ 처마홈통의 길이가 길어질 경우, 낙수구와 낙수구 중간에 Expansion Joint를 설치한다.
④ 처마홈통에서 예상물높이가 최대가 되는 곳에 Expansion Joint를 설치한다.

12 초고층구조시스템 중 내부의 전단벽 코어와 외각의 기둥 및 벨트트러스를 강성이 큰 부재로 연결하여 주변구조와 코어를 엮어 횡하중에 저항하는 구조형식은?

① 가새구조　　　　② 튜브구조
③ 아웃리거구조　　④ 골조구조

13 다음과 같은 단부조건을 갖는 강구조 압축재에서 유효좌굴길이(KL)가 가장 긴 부재는?

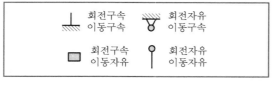

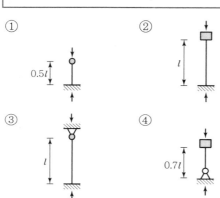

14 강구조의 주각부 마감에 대한 설명으로 옳지 않은 것은?

① 베이스플레이트 하부와 콘크리트기초 사이에는 무수축그라우트로 충전한다.
② 베이스플레이트와 강재기둥을 완전용입용접할 경우, 접합면을 밀처리하여야 한다.
③ 베이스플레이트두께가 100mm를 초과하는 경우, 접합면을 밀처리하여야 한다.
④ 베이스플레이트두께가 50mm 이하이고, 충분한 지압력을 전달할 수 있는 경우, 접합면을 밀처리하지 않을 수 있다.

15 강구조의 이음부 설계에 대한 설명으로 옳지 않은 것은?

① 고장력볼트의 구멍중심에서 볼트머리 또는 너트가 접하는 재의 연단까지 최대거리는 판두께의 12배 이하 또한 150mm 이하로 한다.
② 전단접합 시에는 용접과 볼트의 병용이 허용된다.
③ 고장력볼트의 구멍중심 간 거리는 구멍직경의 2배 이상으로 한다.
④ 높이가 38m 이상 되는 다층구조물의 기둥이음부는 용접 또는 마찰접합을 사용하여야 한다.

16 목구조 설계원칙에 대한 설명으로 옳지 않은 것은?

① 토대하단은 지면에서 200mm 이상 높게 한다.
② 건물외주벽체 및 주요칸막이벽 등 구조내력상 중요한 부분의 기초는 가능한 한 연속기초로 한다.
③ 토대를 기초에 긴밀하게 결속시키기 위해서 긴 결속철물을 약 2m 간격으로 설치한다.
④ 수평트러스가 설치된 바닥틀면에 주요한 두 개의 내력벽 교차부가 발생하면 귀잡이재를 두어야 한다.

17 말뚝기초에 대한 설명으로 옳지 않은 것은?

① 동일 건축물에서는 지지말뚝과 마찰말뚝을 혼용할 수 없다.
② 나무말뚝의 끝마구리 직경은 120mm 이상이어야 한다.
③ 기성콘크리트말뚝에서 주근은 6개 이상이고, 주근의 피복두께는 30mm 이상이어야 한다.
④ 매입말뚝을 배치할 때, 그 중심간격은 말뚝머리 지름의 1.5배 이상으로 한다.

18 철근콘크리트 기초판의 휨모멘트 계산을 위한 위험단면으로 옳지 않은 것은?

① 콘크리트 기둥을 지지하는 기초판에서는 기둥의 외면

② 조적조 벽체를 지지하는 기초판에서는 벽체의 외면

③ 콘크리트 벽체를 지지하는 기초판에서는 벽체의 외면

④ 강재 베이스플레이트를 갖는 기둥을 지지하는 기초판에서는 기둥 외면과 강재 베이스플레이트 연단과의 중간

19 조적조의 프리즘시험에 대한 설명으로 옳지 않은 것은?

① 시공 전에는 5개의 프리즘을 제작·시험한다.

② 프리즘시험성적에 따라 압축강도를 검증할 때, 프리즘의 기준압축강도는 평균압축강도 이상이어야 한다.

③ 구조설계에 규정된 허용응력의 1/2을 적용한 경우에는 시공 중 시험이 필요하지 않다.

④ 구조설계에 규정된 허용응력을 모두 적용한 경우에는 벽면적 500m²당 3개의 프리즘을 제작·시험한다.

20 건축구조기준(KDS)에 따른 3층 이상 프리캐스트 콘크리트 내력벽구조의 설계규정에 대한 설명으로 옳지 않은 것은?

① 종방향 또는 횡방향 연결철근은 바닥과 지붕에 22,000N/m의 공칭강도를 가지도록 설계하여야 한다.

② 종방향 연결철근은 바닥슬래브 또는 지붕바닥과 평행되며, 중심 간격이 4m 이내이어야 한다.

③ 바닥슬래브 또는 지붕바닥의 경간방향에 직각인 횡방향 연결철근은 내력벽의 간격 이하로 배치하여야 한다.

④ 수직연결철근은 모든 벽체에 배치하여야 하며, 건물 전체 높이에 연속되도록 하여야 한다.

본 문제는 국토교통부에서 고시한 국가건설기준코드(구조설계기준 : KDS 14 00 00, 건축설계기준 : KDS 41 00 00)에 부합하도록 출제되었습니다.

---

01 다음 중 최대모멘트의 크기가 가장 큰 것은? (단, 보의 자중은 무시한다.)

①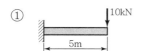

②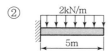

③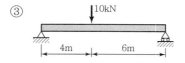

④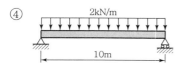

02 보 구조물의 휨에 대한 설명으로 옳지 않은 것은?

① 보에 휨이 작용할 때 인장도 압축도 되지 않고 원래의 길이를 유지하는 부재 단면의 축을 중립축이라 한다.

② 휨 변형을 하기 전 보의 중립축에 수직한 단면은 휨 변형 후에도 수직한 면을 그대로 유지한다.

③ 보에 휨이 작용할 때 발생하는 부재의 곡률은 작용시킨 휨모멘트에 반비례한다.

④ 보에 휨이 작용할 때 발생하는 부재의 곡률 반지름은 휨 강성에 비례한다.

03 말뚝기초의 설계에 대한 설명으로 옳지 않은 것은?

① 하중의 편심에 대해 검토하여야 한다.

② 말뚝기초판 저면에 있는 지반지지력은 통상 무시한다.

③ 지반침하, 액상화, 경사지에서 지반의 활동 등 부지 지반의 안전성에 유의하여야 한다.

④ 동일 구조물에서는 지지말뚝과 마찰말뚝을 혼용하여 사용할 수 있다.

04 조적조에서 테두리보의 역할로 옳지 않은 것은?

① 벽체의 수평균열을 방지한다.

② 수직하중을 분산시킨다.

③ 세로근의 정착자리를 제공한다.

④ 집중하중에 대해 보강한다.

05 철근콘크리트 구조에서 슬래브와 보가 일체로 타설된 T형보(보의 양쪽에 슬래브가 있는 경우)의 유효 폭을 결정하기 위한 값이 아닌 것은?

① 보 경간의 1/12에 보의 복부 폭을 더한 값

② 보 경간의 1/4

③ 양쪽으로 각각 내민 플랜지 두께의 8배씩에 보의 복부 폭을 더한 값

④ 양쪽 슬래브의 중심 간 거리

06 강도설계법에 기반한 보강조적조의 구조설계에 대한 설명으로 옳지 않은 것은?

① 벽체나 벽체 골조의 공동 안에는 최대 4개까지의 보강근이 허용된다.

② 처짐을 구할 때를 제외하고는 휨강도의 계산에서 조적조벽의 인장강도를 무시한다.

③ 보강근은 모르타르나 그라우트에 완전 매입되어야 하고, 40mm 또는 철근 직경의 2.5배 이상의 피복을 유지해야 한다.

④ 90° 표준 갈고리의 내민길이는 보강근 직경의 최소 12배 이상으로 한다.

07 철근콘크리트 기둥 설계에 대한 설명으로 옳지 않은 것은?

① 띠철근의 수직 간격은 축방향 철근 지름의 16배, 띠철근 지름의 48배, 기둥 단면의 최소 치수 중 가장 작은 값 이하로 한다.

② 나선철근 기둥은 최소 6개의 축방향 철근을 가지도록 한다.

③ 콘크리트 벽체와 일체로 시공되는 기둥의 유효단면 한계는 나선철근이나 띠철근 외측에서 40mm보다 크지 않게 취하여야 한다.

④ 나선철근으로 보강된 프리스트레스트 콘크리트 기둥의 설계축강도는 편심이 없는 경우의 설계축강도의 0.8배를 초과하지 않아야 한다.

08 원형단면을 가지는 철근콘크리트 부재의 전단강도를 산정하기 위해 필요한 단면의 유효깊이는?

① 압축측 연단에서 최외단 인장철근 중심까지의 거리

② 압축측 연단에서 인장철근군 전체의 단면 중심까지의 거리

③ 부재단면지름의 0.8배

④ 부재단면지름의 0.7배

09 KDS 기준에서 건축물의 폭이 80m, 깊이가 20m일 때, 풍동실험에 의하여 풍하중을 산정해야 하는 건축물의 최소 높이는?

① 100m

② 120m

③ 160m

④ 200m

10 KDS 매입형 합성부재의 구조설계시 고려사항으로 옳지 않은 것은?

① 강재 코어의 단면적은 합성부재 총단면적의 1% 이상으로 한다.

② 연속된 길이방향 철근의 최소철근비는 0.4%로 한다.

③ 강재단면과 길이방향 철근 사이의 순간격은 철근직경의 1.5배 이상 또는 25mm 중 큰 값 이상으로 한다.

④ 플랜지에 대한 콘크리트 순피복두께는 플랜지폭의 1/6 이상으로 한다.

11 그림과 같은 베이스플레이트를 갖는 기둥의 기초판에서, 최대계수휨모멘트 계산을 위한 기둥 외측면부터 위험단면까지의 거리(d)는? (단, s는 기둥 외측면과 베이스플레이트 연단과의 거리이다.)

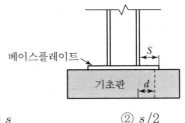

① s ② $s/2$

③ $s/3$ ④ $s/4$

12 항복강도 400MPa인 D19 이형철근을 사용하는 철근콘크리트구조 내력벽의 최소 수직철근비와 최소 수평철근비는?

① 최소 수직철근비 0.0012
　 최소 수평철근비 0.0020
② 최소 수직철근비 0.0012
　 최소 수평철근비 0.0025
③ 최소 수직철근비 0.0015
　 최소 수평철근비 0.0020
④ 최소 수직철근비 0.0015
　 최소 수평철근비 0.0025

13 건축물의 내진설계에 등가정적해석법을 사용할 때, 밑면전단력에 대한 설명으로 옳지 않은 것은?

① 건축물의 유효 중량이 증가할수록 밑면전단력이 증가한다.
② 반응수정계수가 증가할수록 밑면전단력이 감소한다.
③ 건축물의 고유주기가 증가할수록 밑면전단력이 증가한다.
④ 건축물의 중요도계수가 증가할수록 밑면전단력이 증가한다.

14 그림과 같은 트러스 구조시스템에 하중이 작용할 때, 부재 *CD*에 작용하는 부재력에 대한 설명으로 옳은 것은? (단, 트러스의 자중은 무시하고, 각 절점은 핀 접합, *A*점은 힌지, *B*점은 롤러로 가정한다.)

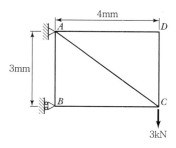

① 4kN의 압축력이 작용한다.
② 4kN의 인장력이 작용한다.
③ 5kN의 인장력이 작용한다.
④ 부재력이 작용하지 않는다.

15 건축구조기준 강재앵커의 구조제한으로 옳지 않은 것은?

① 강재앵커는 용접 후 밑면에서 머리 최상단까지의 스터드앵커 길이는 몸체직경의 4배 이상인 머리가 있는 스터드이거나 압연ㄷ형강으로 하여야 한다.
② 데크플레이트의 골에 설치되는 강재앵커를 제외하고, 강재앵커의 측면 피복은 25mm 이상이 되어야 한다.
③ 강재앵커의 직경은 플랜지 두께의 2.5배 이상으로 하여야 한다.
④ 강재앵커의 중심간 간격은 슬래브 총두께의 8배 또는 900mm를 초과할 수 없다.

16 PHC말뚝(프리텐션방식 원심력 고강도콘크리트 말뚝)에 대한 설명으로 옳지 않은 것은?

① 허용압축하중은 콘크리트의 허용압축응력에 콘크리트의 단면적을 곱한 값이다.
② 말뚝머리를 절단하면 프리스트레스가 감소되어 보강할 필요가 있다.
③ 직경 800mm 이상인 대구경 말뚝의 시공이 가능하다.
④ 설계기준강도 80MPa 이상의 콘크리트를 사용하고, 프리스트레스에 의해 보강되었기 때문에 내충격력이 강하다.

17 압축재 H형강 H−250×250×9×14의 유효좌굴 길이가 가장 긴 것은? (단, 단면2차반경 r_x = 10.8cm, r_y = 6.29cm로 가정한다.)

① 길이가 5m이고 양단 단순지지이며, 부재의 중간에서 약축에 대해 측면지지되어 있는 압축재

② 길이가 10m이고 양단고정이며, 부재의 중간에서 약축에 대해 측면지지되어 있는 압축재

③ 길이가 4m이고 캔틸레버이며, 캔틸레버 선단부에서 강축에 대해 측면지지되어 있는 압축재

④ 길이가 12m이고 양단고정이며, 부재의 중간에서 강축에 대해 측면지지되어 있는 압축재

18 그림과 같은 강구조 접합부를 필릿용접 최소사이즈로 접합하려고 할 때, 유효목두께의 값은? (단, 이음면에 직각인 경우)

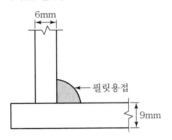

① 2.1mm ② 3.0mm
③ 4.2mm ④ 6.0mm

19 합성보에 대한 설명으로 옳지 않은 것은?

① 완전합성보는 강재보와 철근콘크리트 슬래브가 일체로서 거동할 수 있도록 충분한 수의 강재앵커가 사용된 합성보이다.

② 불완전합성보는 완전합성보로 작용하기에는 불충분한 양의 전단연결재를 사용한 합성보이다.

③ 정(+)모멘트가 최대가 되는 위치와 모멘트가 0이 되는 위치사이의 총수평전단력은 콘크리트 슬래브의 압괴, 강재보의 인장항복, 강재앵커의 강도 등의 3가지 한계상태로부터 구한 값 중에서 가장 작은 값으로 한다.

④ 부(−)모멘트가 최대가 되는 위치와 모멘트가 0이 되는 위치사이의 총수평전단력은 강재보의 인장항복 상태로 산정한다.

20 그림과 같은 두께 10mm인 인장재 볼트접합부에서 블록전단파단을 지배하는 한계상태로 옳은 것은? (단, 볼트구멍의 직경은 20mm로 가정한다.)

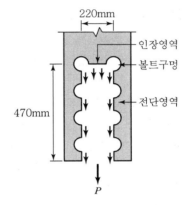

① 인장영역의 항복과 전단영역의 항복
② 인장영역의 항복과 전단영역의 파단
③ 인장영역의 파단과 전단영역의 항복
④ 인장영역의 항복과 전단영역의 항복 합의 2배

본 문제는 국토교통부에서 고시한 국가건설기준코드(구조설계기준 : KDS 14 00 00, 건축설계기준 : KDS 41 00 00)에 부합하도록 출제되었습니다.

01 건축구조기준에서 사용하는 강구조 용어에 대한 설명으로 옳지 않은 것은?

① 다이어프램플레이트 : 지지요소에 힘을 전달하도록 이용된 면내 휨강성과 휨강도를 갖고 있는 플레이트

② 서브머지드아크용접 : 두 모재의 접합부에 입상의 용제, 즉 플럭스를 놓고 그 속에서 용접봉과 모재 사이에 아크를 발생시켜 그 열로 용접하는 방법

③ 구속판요소 : 하중의 방향과 평행하게 양면이 직각방향의 판요소에 의해 연속된 압축을 받는 평판요소

④ 패널존 : 접합부를 관통하는 보와 기둥의 플랜지의 연장에 의해 구성되는 보ー기둥 접합부의 웨브영역

02 조적벽이 구조물의 횡안전성 확보를 위해서 사용될 때는 전단벽들이 횡력과 평행한 방향으로 배치되어야 한다. 바닥판이 콘크리트 타설 철재 데크일 때, 건축구조기준의 경험적 설계법으로 조적벽을 설계하기 위한 전단벽체 간 최대간격과 전단벽 길이의 비율은?

① 5 : 1 　　　　② 4 : 1
③ 3 : 1 　　　　④ 2 : 1

03 건축구조물의 내진설계 시 내진설계범주에 따라 높이와 비정형성에 대한 제한, 내진설계 대상 부재, 구조해석 방법 등이 다르다. 건축구조기준의 내진설계범주에 영향을 미치지 않는 것은?

① 건축물의 중요도
② 건축물의 구조시스템
③ 내진등급
④ 단주기 및 주기 1초에서의 설계스펙트럼가속도

04 강재 단면에서 형상계수(k)는 소성단면계수(Z)를 탄성단면계수(S)로 나눈 값으로 정의한다. 다음 단면 중 형상계수가 가장 작은 것은?

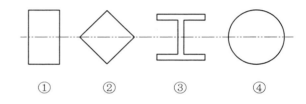

①　　　　②　　　　③　　　　④

05 건축구조기준에서 규정하는 시간이력해석에 대한 설명으로 옳지 않은 것은?

① 시간이력해석은 지반조건에 상응하는 지반운동기록을 최소한 3개 이상 이용하여 수행한다.

② 3개의 지반운동을 이용하여 해석할 경우 최대응답을 사용하고, 7개 이상의 지반운동을 이용하여 해석할 경우 평균응답을 사용하여 설계할 수 있다.

③ 선형시간이력해석을 수행하는 경우 층전단력, 층전도모멘트, 부재력 등의 설계값은 해석값에 중요도계수를 곱하고 반응수정계수로 나누어 구한다.

④ 비선형시간이력해석으로 구한 층전단력, 층전도모멘트, 부재력 등 응답은 반응수정계수로 나누어 설계값으로 사용한다.

06 건축구조기준에서 규정하는 기본등분포활하중을 큰 것에서 작은 순서대로 바르게 나열한 것은?

① 경량품 저장창고 → 백화점(2층 이상 부분) → 주택의 거실

② 체육시설(고정식 스탠드) → 병원의 병실 → 학교의 교실

③ 학교의 교실 → 주택의 거실 → 일반 사무실

④ 백화점(2층 이상 부분) → 주택의 거실 → 학교의 교실

07 건축구조기준을 적용하여 합성보를 설계할 때, 보중심을 기준으로 정의하는 좌우 각 방향에 대한 콘크리트 슬래브의 유효폭으로 적합한 것은? (단, 바닥판 슬래브에 개구부가 없는 것으로 가정한다.)

① 내부 합성보의 경우, 보스팬(지지점의 중심간)의 1/6과 보중심선에서 인접보 중심선까지 거리의 1/2 중 작은 값

② 내부 합성보의 경우, 보스팬(지지점의 중심간)의 1/8과 보중심선에서 인접보 중심선까지 거리의 1/2 중 작은 값

③ 외부 합성보의 경우, 보스팬(지지점의 중심간)의 1/6과 보중심선에서 슬래브 가장자리까지의 거리 중 작은 값

④ 외부 합성보의 경우, 보스팬(지지점의 중심간)의 1/8과 보중심선에서 슬래브 가장자리까지의 거리 중 작은 값

08 다음은 프리캐스트콘크리트(PC)부재의 제작, 운반, 설계, 시공에 대한 설명이다. 옳은 것만을 모두 고르면?

ㄱ. PC부재를 설계할 때에는 제작, 운반, 조립 과정에서 발생할 수 있는 충격하중과 구속조건을 고려해야 한다.

ㄴ. PC부재의 콘크리트 설계기준강도는 21MPa 이상으로 하여야 한다.

ㄷ. PC벽판을 기둥의 수평연결부재로 설계하는 경우 PC벽판의 높이와 두께의 비는 제한하지 않아도 된다.

ㄹ. 경간이 20m인 보의 경우, 단일보로 설계하고 제작한 PC보를 차량으로 운반하여 시공할 수 있다.

① ㄱ, ㄹ

② ㄴ, ㄷ

③ ㄱ, ㄴ, ㄷ

④ ㄱ, ㄴ, ㄷ, ㄹ

09 두께 12mm의 강판 두 장을 겹쳐 필릿용접으로 이음하였다. 다음 그림에서 용접기호를 바탕으로 계산한 용접부의 용접유효면적(A_w)은? (단, 이음이 직각인 경우)

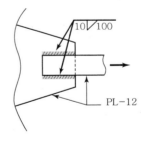

① 1,020mm²

② 1,120mm²

③ 1,220mm²

④ 1,320mm²

10 건축구조기준에서 규정하는 등가정적해석을 사용한 건축구조물의 내진설계에 대한 설명으로 옳지 않은 것은?

① 층간변위는 각 층의 상·하단 질량 중심의 횡변위 차이로서 내진등급에 따른 허용층간변위는 층고의 0.01~0.02배이다.

② 철근콘크리트와 철골모멘트저항골조에서 12층을 넘지 않고 층의 최소높이가 3m 이상일 때, 건축물의 근사고유주기는 층수를 10으로 나눈 값으로 구할 수 있다.(단, 단위는 초이다.)

③ 구조물의 중심과 강심 간의 편심에 의한 비틀림모멘트는 편심거리에 층전단력을 곱하여 산정하고, 우발비틀림모멘트는 지진력 작용 방향에 직각인 평면치수의 5%에 해당하는 우발 편심에 그 층전단력을 곱하여 산정한 모멘트이다.

④ 공용차고의 경우 밑면전단력 산정에 사용하는 유효 건물 중량은 설계 활하중의 최소 25%를 포함하여야 한다.

11 건축구조기준의 내진설계 시 특별 고려사항에서 규정하는 특수모멘트 골조의 휨부재에 대한 요구사항을 만족하지 않는 것은?

① 부재의 계수 축력은 $\dfrac{A_g f_{ck}}{10}$ 를 초과하지 않아야 한다.(단, A_g는 콘크리트 부재의 전체단면적, f_{ck}는 콘크리트의 설계기준압축강도를 나타낸다.)

② 부재의 폭은 200mm 이상이어야 한다.

③ 깊이에 대한 폭의 비가 0.3 이상이어야 한다.

④ 부재의 순경간이 유효깊이의 4배 이상이어야 한다.

12 건축물은 하중조합에 의한 하중효과에 저항하도록 설계하여야 한다. 다음 그림에 제시된 건축물의 기둥, 벽체 등 수직부재에 인장력을 발생시킬 가능성이 가장 큰 하중조합은? (단, 하중조합에서 고정하중(D), 활하중(L), 지진하중(E)만 고려하며,

모든 층의 경간에 작용하는 고정하중과 활하중의 크기는 동일하다고 가정한다.)

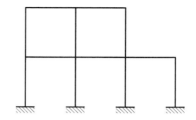

① 0.9D + 1.0E

② 1.2D + 1.6L

③ 1.2D + 1.0E + 1.0L

④ 1.4D

13 KDS 건축구조기준에서 규정하는 목구조에 대한 설명으로 옳지 않은 것은?

① 경골목구조는 주요 구조부가 공칭두께 50mm (실제두께 38mm)의 규격재로 건축된 목구조를 뜻한다.

② 건조사용조건이란 목구조물의 사용 중에 평형함수율이 19% 이하로 유지될 수 있는 온도 및 습도 조건을 뜻한다.

③ 섬유판으로 덮은 목재전단벽의 설계 시 높이 - 너비의 최대비율은 1.5 : 1을 사용한다.

④ 지진력 저항을 위한 건물골조시스템으로 경골목조전단벽을 사용할 때, 변위증폭계수는 4.0으로 한다.

14 건축구조기준을 적용하여 철근콘크리트 구조를 설계할 때, 인장이형철근의 기본정착길이를 결정하는 인자와 가장 거리가 먼 것은?

① 철근의 공칭지름

② 철근의 설계기준항복강도

③ 인장철근비

④ 콘크리트의 설계기준압축강도

15 기둥에 사용한 콘크리트의 설계기준압축강도(이하 '콘크리트강도')가 바닥판구조의 콘크리트강도보다 클 경우, 건축구조기준을 적용하여 바닥판구조를 통한 기둥하중의 전달을 위한 조치로 옳지 않은 것은?

① 기둥 및 바닥판의 콘크리트강도가 각각 27 및 21MPa인 경우, 기둥 주변 바닥판의 콘크리트강도는 21MPa를 사용한다.

② 기둥 및 바닥판의 콘크리트강도가 각각 40 및 24MPa인 경우, 기둥 주변 바닥판의 콘크리트강도는 24MPa를 사용하고 바닥판을 통과하는 기둥의 강도는 소요 연직다월철근과 나선 철근을 가진 콘크리트강도의 하한값을 기준으로 평가한다.

③ 기둥 및 바닥판의 콘크리트강도가 각각 40 및 27MPa이고 슬래브에 의해 기둥(또는 접합부)의 4면이 횡방향으로 구속된 경우, 기둥 콘크리트강도의 75%와 바닥판 콘크리트강도의 25%를 합한 값을 콘크리트의 설계기준압축강도로 가정하여 접합부 및 기둥의 강도를 계산할 수 있다.

④ 기둥 및 바닥판의 콘크리트강도가 각각 40 및 27MPa인 경우, 기둥 주변 바닥판의 콘크리트강도는 40MPa를 사용하고 기둥콘크리트 상면은 슬래브 내로 600mm 확대하며 기둥 콘크리트가 굳지 않은 상태에서 바닥판 콘크리트를 시공한다.

16 건축구조기준을 적용할 때, 중심축 압축력을 받는 강구조 압축재의 설계에 대한 설명으로 옳지 않은 것은?

① 공칭압축강도는 휨좌굴, 비틀림좌굴, 휨−비틀림좌굴의 한계상태 중에서 가장 작은 값으로 한다.

② 얇은 판으로 된 십자형 또는 조립기둥과 같은 2축대칭 압축재는 휨−비틀림과 비틀림좌굴에 의한 한계상태를 고려하여 공칭압축강도를 계산해야 한다.

③ 적합한 구조해석에 의하여 검증된 경우, 가새골조와 트러스의 압축부재는 1.0 보다 작은 유효좌굴길이계수(K)를 사용할 수 있다.

④ 휨좌굴에 대한 압축강도 산정 시, 한계세장비$(=4.71\sqrt{E/F_y})$ 이상의 세장비를 갖는 압축재의 경우 휨좌굴응력은 탄성좌굴응력과 동일한 값을 사용한다.

17 건축구조기준을 적용할 때, 기초구조에 대한 설명으로 옳은 것만을 모두 고르면?

> ㄱ. 기초는 상부구조를 안전하게 지지하고, 유해한 침하 및 경사 등을 일으키지 않도록 해야 한다.
> ㄴ. 나무말뚝의 허용지지력은 나무말뚝의 최대단면에 대해 구하는 것으로 한다.
> ㄷ. 흙막이 구조물의 설계에서는 벽의 배면에 작용하는 측압을 깊이에 반비례하여 증대하는 것으로 한다.
> ㄹ. 현장타설 콘크리트말뚝의 최대 허용압축하중은 각 구성 요소의 재료에 해당하는 허용압축응력을 각 구성 요소의 유효단면적에 곱한 각 요소의 허용압축하중을 합한 값으로 한다.

① ㄱ, ㄹ 　　　　② ㄴ, ㄷ
③ ㄴ, ㄹ 　　　　④ ㄱ, ㄴ, ㄷ, ㄹ

18 다음 그림의 골조에서 절점 B와 C에 각각 5kN의 수평력이 작용할 때 지점 D에서의 수평 반력(H_D)과 수직 반력(V_D)은? (단, 골조의 자중은 고려하지 않는다.)

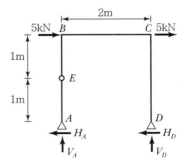

① $H_D = 5$kN, $V_D = 5$kN
② $H_D = 0$kN, $V_D = 10$kN
③ $H_D = 5$kN, $V_D = 10$kN
④ $H_D = 10$kN, $V_D = 10$kN

19 콘크리트의 설계기준압축강도는 25MPa이고 철근의 설계기준인장강도는 500MPa인 직사각형 단면의 철근콘크리트보를 건축구조기준의 강도설계법으로 설계하고자 한다. 압축지배단면 중에서 최소 압축대 깊이와 인장지배단면 중에서 최대 압축대 깊이에 각각 가장 가까운 값은? (단, d는 보의 유효깊이를 나타내며, 인장철근은 1열로 배치된다.)

① $0.65d$, $0.4d$　　② $0.57d$, $0.35d$

③ $0.45d$, $0.25d$　　④ $0.35d$, $0.2d$

20 건축구조기준을 적용할 때, 기초지반과 말뚝의 설계에 대한 설명으로 옳지 않은 것은?

① 지반의 허용지지력을 산정할 때, 정방형 기초저면의 형상계수는 점토지반과 사질지반의 경우 각각 1.3과 0.4를 사용한다.

② 타입말뚝의 허용지지력은 장기허용압축응력에 최소단면적을 곱한 값 이하로, 재하시험을 할 경우에는 극한하중 값의 1/3 이하로 한다.

③ PHC말뚝의 허용압축응력 산정 시, 재료의 허용압축응력을 저감하지 않아도 되는 세장비의 한계값(n)과 상한값은 각각 85와 110이다.

④ 타격력을 전혀 사용하지 않고 시공하는 말뚝의 이음에 대해서는 타입말뚝의 이음저감률의 1/2을 택하여 말뚝재료의 허용압축응력을 저감할 수 있다.

본 문제는 국토교통부에서 고시한 국가건설기준코드(구조설계기준 : KDS 14 00 00, 건축설계기준 : KDS 41 00 00)에 부합하도록 출제되었습니다.

01 현장타설콘크리트말뚝 기초의 KDS 구조세칙에 대한 내용으로 옳지 않은 것은?

① 말뚝의 중심간격은 말뚝머리지름의 2.0배 이상 또한 말뚝머리지름에 1,000mm를 더한 값 이상으로 한다.

② 저부의 단면을 확대한 말뚝의 측면경사와 수직면이 이루는 각은 30° 이하로 한다.

③ 특별한 경우를 제외하고 주근은 4개 이상 또한 설계단면적의 0.25% 이상으로 하고, 띠철근 또는 나선철근으로 보강한다.

④ 철근의 피복두께는 30mm 이상으로 한다.

02 옹벽 설계에 대한 설명으로 옳지 않은 것은?

① 활동에 대한 저항력은 옹벽에 작용하는 수평력의 1.5배 이상으로 한다.

② 전도에 대한 저항모멘트는 횡토압에 의한 전도휨모멘트의 2.0배 이상으로 한다.

③ 부벽식 옹벽의 전면벽은 3변 지지된 2방향 슬래브로 설계할 수 있다.

④ 뒷부벽은 직사각형보로 설계하며, 앞부벽은 T형보로 설계한다.

03 지진력저항시스템에 대한 설명으로 옳지 않은 것은?

① 보통모멘트골조 : 연성거동을 확보하기 위한 특별한 상세를 사용하지 않은 모멘트골조

② 중심가새골조 : 부재들에 주로 축력이 작용하는 가새골조

③ 편심가새골조 : 가새부재 양단부의 한쪽 이상이 보-기둥 접합부로부터 약간의 거리만큼 떨어져 보에 연결된 가새골조

④ 건물골조 : 모든 지진하중과 수직하중을 보와 기둥으로 구성된 라멘이 저항하는 골조

04 중심축 압축력을 받는 강구조 압축부재의 공칭압축강도 산정 시 고려하는 한계상태가 아닌 것은?

① 휨좌굴

② 비틀림좌굴

③ 휨-비틀림좌굴

④ 횡좌굴

05 휨모멘트와 축력을 받는 특수모멘트골조 부재의 설계에 대한 설명으로 옳지 않은 것은?

① 접합부의 접합면에서 그 접합부에 연결된 기둥들의 설계휨강도 합은 그 접합부에 연결된 보의 설계휨강도 합의 1.2배 이상으로 한다.

② 축방향 철근비는 0.01 이상, 0.10 이하로 한다.

③ 축방향 철근의 겹침이음은 부재의 중앙부에서 부재길이의 1/2 구역 내에서만 한다.

④ 횡방향철근으로 구속되지 않은 외부 콘크리트의 두께가 100mm를 초과하면 부가적으로 횡방향철근을 300mm를 넘지 않는 간격으로 배치한다.

06 내진설계 특별 고려사항 중에서 중간모멘트골조의 보에 대한 요구사항으로 옳지 않은 것은?

① 접합면에서 정모멘트휨강도는 부모멘트휨강도의 1/6 이상으로 한다.
② 부재의 어느 위치에서나 정모멘트 또는 부모멘트휨강도는 양측 접합부의 접합면 최대휨강도의 1/5 이상으로 한다.
③ 양단에서 받침부재의 내측면부터 경간 중앙 쪽으로 부재깊이의 2배 길이 부분에는 후프철근을 배치한다.
④ 첫 번째 후프철근은 지지 부재면으로부터 50mm 이내의 구간에 배치한다.

07 판재, 형강 등으로 구성되는 조립인장재의 설계요건으로 옳지 않은 것은?

① 끼움판을 사용한 2개 이상의 형강으로 구성된 조립인장재는 개재의 세장비가 가급적 300을 넘지 않도록 한다.
② 띠판의 재축방향 길이는 조립부재 개재를 연결시키는 용접이나 파스너 사이거리의 2/3 이상으로 하고, 띠판두께는 이 열 사이거리의 1/50 이상으로 한다.
③ 띠판에서의 단속용접 또는 파스너의 재축방향 간격은 300mm 이하로 한다.
④ 띠판간격을 결정할 때, 조립부재 개재의 세장비는 가급적 300을 넘지 않도록 한다.

08 프리캐스트 벽판을 사용한 3층 이상의 내력벽 구조에 대한 최소 규정으로 옳지 않은 것은?

① 종방향 또는 횡방향 연결철근은 바닥슬래브와 지붕구조 평면에서 600mm 이내에 설치한다.
② 종방향 연결철근은 바닥슬래브 또는 지붕바닥과 평행하며, 중심간격이 3.0m 이내로 한다.
③ 각 층 바닥 또는 지붕층 바닥 주위의 둘레 연결철근은 모서리에서 1.5m 이내에 설치한다.
④ 수직연결철근은 각 프리캐스트벽 패널당 2개 이상 설치하고, 그 중심간격은 3.6m 이하로 한다.

09 정착길이 산정조건이 다음과 같을 때, KDS에 따른 압축 이형철근의 기본정착길이(l_{db}), 표준갈고리를 갖는 인장이형철근의 기본정착길이(l_{hb}) 및 확대머리 이형철근의 인장에 대한 정착길이(l_{dt})의 크기를 바르게 비교한 것은?

- 공칭지름 25mm 및 설계기준항복강도 400MPa의 에폭시 도막 철근(에폭시 도막계수는 1.2로 가정함)
- 설계기준압축강도 25MPa의 보통중량 콘크리트
- 확대머리 이형철근의 인장에 대한 정착길이 산정식을 적용하기 위한 모든 조건을 만족함(최상층을 제외한 부재 접합부에 정착된 경우, $\psi = 1$)

① $l_{db} > l_{hb} > l_{dt}$
② $l_{hb} > l_{db} > l_{dt}$
③ $l_{hb} > l_{dt} > l_{db}$
④ $l_{dt} > l_{db} > l_{hb}$

10 비보강조적조의 강도설계법에 대한 설명으로 옳지 않은 것은?

① 비보강조적조의 저항강도는 단위조적조, 모르타르, 충전재의 압축강도를 사용하여 설계한다.
② 보강철근은 설계강도에 기여하지 않는 것으로 간주한다.
③ 비보강조적조는 균열이 발생하지 않도록 설계한다.
④ 휨강도 산정을 위해서 축압축응력과 함께 발생하는 휨압축응력은 변형률에 비례하는 것으로 보며, 최대 압축응력은 조적조 28일 압축강도의 85%를 넘지 않도록 한다.

11 콘크리트 AE혼화제의 사용효과에 대한 설명으로 옳지 않은 것은?

① 물시멘트비가 일정한 경우 증가된 간극비 때문에 강도가 증가한다.
② 콘크리트의 동결융해에 대한 저항성이 증가한다.
③ 타설하는 동안 재료분리 현상이 감소한다.
④ 콘크리트 내에 공기를 연행시킴으로써 작업성(Workability)이 향상된다.

12 용접접합에 대한 설명으로 옳지 않은 것은?

① 필릿용접의 유효길이는 용접 총길이에서 유효목두께의 2배를 공제한 값으로 한다.
② 필릿용접의 유효면적은 유효길이에 유효목두께를 곱한 것으로 한다.
③ 완전용입된 그루브용접의 유효목두께는 접합판 중 얇은 쪽 판두께로 한다.
④ 양 끝에 엔드탭을 사용하지 않은 그루브용접의 유효길이는 용접 총길이에서 용접모재두께의 2배를 공제한 값으로 한다.

13 프리스트레스트 콘크리트(PSC)에 대한 설명으로 옳지 않은 것은?

① 철근콘크리트에 비해 탄성과 복원성이 더 크다.
② 철근콘크리트에 비해 단면을 더 유효하게 이용한다.
③ 철근콘크리트에 비해 일반적으로 고강도의 콘크리트와 강재를 사용한다.
④ 긴장재를 곡선으로 배치한 보는 긴장재 인장력의 연직분력만큼 부재에 작용하는 전단력이 증가한다.

14 강재 플레이트 거더에 대한 설명으로 옳지 않은 것은?

① 플레이트 거더의 춤을 높이면 휨모멘트 지지능력이 커져서 효율적이지만, 웨브는 불안정해지므로 스티프너로 보강한다.
② 중간 스티프너는 웨브의 전단강도를 증가시키기 위해 보의 중간에 적당한 간격으로 수평으로 설치하는 보강재이다.
③ 하중점 스티프너는 집중하중으로 인해 웨브에 국부좌굴의 우려가 있는 경우 집중하중이 작용하는 곳의 웨브 양쪽에 수직으로 설치하는 보강재이다.
④ 수평 스티프너는 휨모멘트에 의해 재축방향 압축력을 받는 웨브의 좌굴을 방지하는 역할을 한다.

15 지반을 탄성체로 보고 탄성이론을 적용하여 기초지반의 즉시침하량을 산정하고자 할 때, 계산과정에 포함되지 않는 항목은?

① 기초에 작용하는 단위면적당의 하중
② 기초의 단변 및 장변길이
③ 기초의 푸아송비
④ 지반의 탄성계수

16 그림과 같은 내민보에서 A 점의 수직 반력(R_A)의 크기가 0인 경우, B점의 수직 반력(R_B)의 크기는? (단, 보의 자중은 무시하며 w 는 등변분포하중의 최대 크기를 나타낸다.)

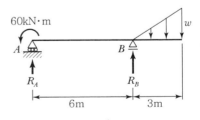

① 10kN ② 20kN
③ 30kN ④ 60kN

17 목구조에 대한 설명으로 옳지 않은 것은?

① 구조용 집성재는 규정된 강도등급에 따라 선정된 제재목 또는 목재 층재를 섬유방향이 서로 평행하게 집성·접착하여 생산한 제품이다.

② 목재전단벽의 덮개재료는 기계적인 파스너 대신 접착제로 부착할 수 있으며, 파스너와 함께 사용하는 경우에는 두 내력 중에서 큰 값으로 전단성능을 산정한다.

③ 목재의 섬유방향으로 상처를 내어 방부제를 처리하는 인사이징의 주요 목적은 방부제를 깊고 균일하게 침투시키기 위한 것이다.

④ 토대 하단은 지면에서 200mm 이상 높게 하되 방습상 유효한 조치를 강구한 경우에는 이를 감해도 된다.

18 그림과 같은 철근콘크리트 보에서 인장측 철근 단면적(A_s)의 값은? (단, 압축 측 연단에서 중립축까지의 거리 c=200mm이고, 콘크리트의 설계기준압축강도 f_{ck}=20MPa, 인장철근의 설계기준항복강도 f_y=400MPa이다.)

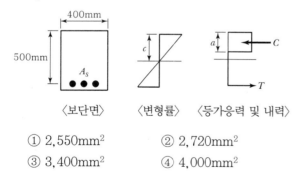

〈보단면〉 〈변형률〉 〈등가응력 및 내력〉

① 2,550mm²   ② 2,720mm²

③ 3,400mm²   ④ 4,000mm²

19 적설하중 산정에 대한 내용으로 옳지 않은 것은?

① 기본지상적설하중(S_g)은 눈의 평균 단위중량과 수직최심적설깊이의 곱으로 계산된다.

② 최소 지상적설하중은 0.5kN/m²으로 한다.

③ 평지붕적설하중 산정 시 사용되는 기본지붕적설하중계수(C_b)는 일반적으로 0.7로 한다.

④ 경사지붕적설하중은 평지붕적설하중에 지붕경사도계수(C_s)를 곱하여 산정하며, 지붕 경사도가 60°를 초과하면 지붕경사도계수는 0으로 한다.

20 KDS 기초구조에 대한 설명으로 옳지 않은 것은?

① 지반침하가 구조물에 손상을 야기할 가능성이 있는 경우, 지반침하에 의해 발생하는 응력에 대해 기초가 충분한 강도를 갖거나, 지반침하에 따라 기초도 변형하도록 하는 등의 대책을 세워야 한다.

② 지반침하의 우려가 있는 지역에서 15m 이상에 걸쳐 압밀층 및 그 영향을 받는 층을 관통하여 타설된 말뚝을 장기하중에 대해 설계할 때 말뚝에 작용하는 부마찰력을 검토해야 한다.

③ 말뚝재하시험에서 최대하중은 말뚝의 극한지지력 또는 예상되는 설계하중의 3배를 원칙으로 한다.

④ 재하시험을 하지 않는 경우, 타입말뚝의 허용지지력은 허용압축응력에 최소단면적을 곱한 값과 지지력 산정식에 의해 구한 극한지지력의 1/2 중에서 작은 값으로 한다.

본 문제는 국토교통부에서 고시한 국가건설기준코드(구조설계기준 : KDS 14 00 00, 건축설계기준 : KDS 41 00 00)에 부합하도록 출제되었습니다.

01 구조용 강재의 재질규격 명칭에 대한 설명으로 옳지 않은 것은?

① SS : 일반구조용 압연강재
② SN : 건축구조용 압연강재
③ SMA : 용접구조용 내후성 열간 압연강재
④ SHN : 일반구조용 탄소강관

02 슬래브와 보가 일체로 현장타설된 철근콘크리트 T형 보(G1)의 유효폭으로 옳은 것은? (단, 슬래브의 두께는 100mm, 보의 폭은 300mm이다.)

① 1,900mm
② 2,200mm
③ 2,500mm
④ 5,000mm

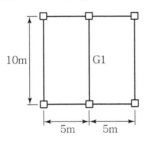

03 KDS 건축구조기준에서 말뚝설계에 대한 설명으로 옳은 것은? (단, 이음말뚝과 세장비가 큰 말뚝은 제외한다.)

① 기성 콘크리트 말뚝의 허용압축응력은 콘크리트설계기준압축강도의 최대 1/4까지를 말뚝재료의 허용압축응력으로 한다.
② 기성 콘크리트 말뚝에 사용하는 콘크리트의 설계기준강도는 30MPa 이상으로 하고 허용지지력은 말뚝의 최소단면에 대하여 구하는 것으로 한다.
③ 나무말뚝을 타설할 때, 그 중심 간격은 말뚝머리지름의 2.5배 이하 그리고 600mm 이하로 한다.

④ 매입말뚝 및 현장타설 콘크리트 말뚝의 허용지지력은 재하시험 결과에 따른 항복하중의 1/3 및 극한하중의 1/2 중 작은 값으로 한다.

04 횡방향으로 구속되지 않는 1층 철골모멘트골조에 3m 길이의 일정한 원형 단면의 강재기둥이 있다. 기둥하단의 지지조건이 회전구속 – 이동구속이고 기둥상단의 지지조건이 회전구속 – 이동자유인 경우, 기둥의 탄성좌굴하중을 산정하기 위한 유효좌굴길이는?

① 1.5m
② 2.1m
③ 3m
④ 7m

05 건축구조기준에서 기초 및 말뚝설계에 대한 설명으로 옳지 않은 것은?

① 면적이 큰 건축물의 경우 지반의 종류와 지층의 구성 상황에 맞게 지지말뚝과 마찰말뚝을 혼용하여 기초구조의 안전성을 높여야 한다.
② 기초판 윗면부터 하부 철근까지의 깊이는 흙에 놓이는 기초의 경우는 150mm 이상, 말뚝기초의 경우는 300mm 이상으로 하여야 한다.
③ 폐단강관말뚝을 타설할 때 그 중심 간격은 말뚝머리의 지름 또는 폭의 2.5배 이상 또한 750mm 이상으로 한다.
④ 침하검토가 중요시되지 않는 말뚝기초에서는 말뚝하중이 설계용 한계값인 극한지지력의 1/3 이하인 경우에 한해 침하검토를 생략할 수 있다.

06 다음 그림은 지붕이 아닌 층의 구조평면도이다. 건축구조기준에 따라 등분포활하중을 저감시키기 위하여 기둥(A, C)과 보(B, D)의 영향면적을 계산할 때, 영향면적이 가장 큰 부재는?

① A
② B
③ C
④ D

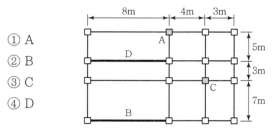

07 건축구조기준에서 목구조에 대한 설명으로 옳지 않은 것은?

① 목구조의 가새에는 내력저하를 초래하는 따냄을 피한다.
② 목구조의 토대는 기초에 긴결한다. 긴결철물은 약 2m 간격으로 설치하고, 가새단부와 토대의 이음 등의 응력집중이 예상되는 부근에는 별도의 긴결철물을 설치한다.
③ 바닥틀은 수직하중에 대해서 충분한 강도 및 강성을 가져야 하며, 수평하중에 의해서 생기는 전단력을 안전하게 내력벽에 전달할 수 있는 강도 및 강성을 갖는 구조로 한다.
④ 단일기둥은 원칙적으로 이음을 피하며, 부득이 이음을 할 경우는 접합부에 주의하고 또한 부재의 중앙부분에서 이음을 한다.

08 다음 골조에서 G점의 휨모멘트는?

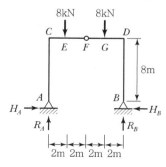

① $-10\text{kN} \cdot \text{m}$
② $-5\text{kN} \cdot \text{m}$
③ $5\text{kN} \cdot \text{m}$
④ $0\text{kN} \cdot \text{m}$

09 다음 구조물의 판별로 옳은 것은?

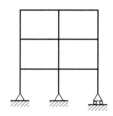

① 불안정
② 안정, 2차 부정정
③ 안정, 14차 부정정
④ 안정, 20차 부정정

10 그림과 같이 2개의 요소로 구성된 강구조 부재가 있다. 요소1과 요소2의 접합부 C에 축하중(P)이 작용할 때, 지지점 A에서 발생하는 지점반력의 크기는? (단, 축하중(P)이 작용할 때, 강구조는 탄성거동함을 가정한다.)

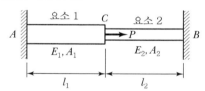

요소 1	요소 2
E_1 : 요소1 탄성계수	E_2 : 요소2 탄성계수
A_1 : 요소1 단면적	A_2 : 요소2 단면적
l_1 : 요소1 길이	l_2 : 요소2 길이

① $\dfrac{E_1A_1/l_2}{E_1A_1/l_2 + E_2A_2/l_1}P$

② $\dfrac{E_1A_1/l_1}{E_1A_1/l_1 + E_2A_2/l_2}P$

③ $\dfrac{E_1A_1}{E_1A_1 + E_2A_2}P$

④ $\dfrac{E_2A_2}{E_1A_1 + E_2A_2}P$

11 양단부 단순지지 보의 중앙부에 집중하중을 재하하여 최대탄성 휨처짐이 10mm 발생하였다. 보의 길이를 절반으로 줄일 경우, 양단부 단순지지 보에 10mm의 최대탄성 휨처짐을 발생시키기 위해서는 보 중앙부에 몇 배의 집중하중을 재하해야 하는가? (단, 보 전체 길이에 걸쳐 탄성계수와 단면이차모멘트는 일정하다.)

① 0.5배   ② 2배

③ 4배   ④ 8배

12 건축구조기준에서 철근콘크리트 1방향구조의 처짐에 관한 설명으로 옳지 않은 것은?

① 보행자 및 차량하중 등 동하중을 주로 받는 구조물의 허용처짐 중에서 활하중과 충격으로 인한 캔틸레버의 처짐은 캔틸레버 길이의 1/300 이하이어야 한다. 다만, 보행자의 이용이 고려된 경우 처짐은 캔틸레버 길이의 1/375까지 허용된다.

② 과도한 처짐에 의해 손상되기 쉬운 비구조 요소를 지지 또는 부착하지 않은 바닥구조는 활하중에 의한 순간처짐을 l/180 까지 허용한다. (단, l은 골조에서 절점중심을 기준으로 측정된 부재의 길이이다.)

③ 처짐을 계산할 때 하중작용에 의한 순간처짐은 부재강성에 대한 균열과 철근의 영향을 고려하여 탄성처짐공식을 사용하여 산정하여야 한다.

④ 일반 콘크리트 휨부재의 장기처짐은 크리프와 건조수축의 영향을 고려하여 산정한다.

13 건축구조기준에 따른 건축물의 내진설계에서 반응수정계수가 가장 큰 시스템은?

① 내력벽 시스템 중 철근콘크리트 보통전단벽

② 내력벽 시스템 중 철근콘크리트 특수전단벽

③ 모멘트-저항골조 시스템 중 철근콘크리트 보통모멘트골조

④ 모멘트-저항골조 시스템 중 철근콘크리트 특수모멘트골조

14 다음 그림의 보에 대한 설명으로 옳지 않은 것은?

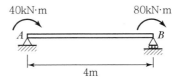

① 보의 중앙지점에서 휨모멘트의 절대치는 25kN·m이다.

② 보에서 휨모멘트가 0이 되는 지점은 A지점으로부터 4/3m되는 곳이다.

③ 보의 중앙지점에서 전단력의 절대치는 30kN이다.

④ A지점의 수직반력과 B지점의 수직반력의 크기(절대치)는 같다.

15 프리스트레스트 콘크리트에서는 긴장력의 손실이 발생한다. 긴장력 손실의 요인 중에서 시간이 경과되면서 발생하는 시간 의존적 손실(또는 시간적 손실)에 해당하는 것을 모두 고르면?

> ㄱ. 긴장재와 쉬스 사이의 마찰에 의한 손실
> ㄴ. 콘크리트의 탄성수축에 의한 손실
> ㄷ. 정착장치의 활동에 의한 손실
> ㄹ. 콘크리트의 크리프에 의한 손실

① ㄹ   ② ㄴ, ㄷ

③ ㄷ, ㄹ   ④ ㄱ, ㄴ, ㄷ, ㄹ

16 건축구조기준에 따라 나선철근으로 보강된 철근콘크리트 기둥의 설계에서 종국상태 시 최외단 인장철근의 순인장변형률이 0.003일 때, 기둥의 축력과 휨모멘트에 대한 강도감소계수(ϕ)의 값은? (단, 철근의 항복강도는 400MPa, 탄성계수는 2.0×10^5MPa라고 한다.)

① 0.70   ② 0.75

③ 0.80   ④ 0.85

17 건축구조기준에 따른 건축구조물의 내진설계에 대한 설명으로 옳지 않은 것은?

① 등가정적해석법에서 층간변위 산정시 동적해석법과 달리, 변위증폭계수를 고려할 필요는 없다.

② 모멘트 골조와 전단벽으로 이루어진 시스템에 있어서 전체 지진력을 각 골조의 횡강성비에 비례하여 분배했을 때, 모멘트골조가 설계지진력의 30%를 부담하는 경우 이중골조시스템으로 볼 수 있다.

③ 내진등급 I에 해당하는 건축물의 허용층간변위는 해당 층고의 1.5%이다.

④ 응답스펙트럼해석법에서 해석에 사용하는 모드수는 직교하는 각 방향에 대하여 질량참여율이 90% 이상이 되도록 결정한다.

18 구조물 A와 B가 탄성거동할 때 두 구조물의 휨 처짐량의 비를 구하면? (단, 구조물 B를 구성하는 5개의 각 보는 동일한 두께를 가지며 서로 분리되어 있고 상호간 접촉표면에서 수평마찰이 발생하지 않는다고 가정한다.)

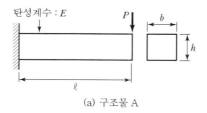

(a) 구조물 A

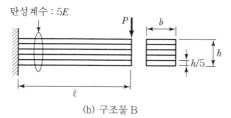

(b) 구조물 B

① A 휨처짐량 : B 휨처짐량 = 5 : 1
② A 휨처짐량 : B 휨처짐량 = 1 : 5
③ A 휨처짐량 : B 휨처짐량 = 1 : 25
④ A 휨처짐량 : B 휨처짐량 = 1 : 125

19 건축구조기준에서 프리캐스트 콘크리트 부재설계의 일반적인 설계원칙에 대한 설명으로 옳은 것은?

① 프리캐스트 콘크리트 부재의 설계기준강도는 18MPa 이상으로 하여야 한다.

② 설계할 때 사용된 제작과 조립에 대한 허용오차는 관련 도서에 표시하여야 하며, 부재를 설계할 때 일시적 조립 응력은 고려하지 않는다.

③ 프리캐스트 벽판을 사용하는 3층 이상의 내력벽구조에서 횡방향 연결철근은 바닥슬래브 또는 지붕바닥과 수직되며 내력벽 간격의 두 배 이하로 배치하여야 한다.

④ 프리캐스트 콘크리트 부재는 인접 부재와 하나의 구조시스템으로서 역할을 하기 위하여 모든 접합부와 그 주위에서 발생할 수 있는 단면력과 변형을 고려하여 설계하여야 한다.

20 건축구조기준에서 철근콘크리트 특수구조벽체와 특수구조벽체의 연결보에 대한 설명으로 옳지 않은 것은?

① 특수구조벽체에서 특수경계요소를 설계해야 할 경우, 경계요소의 범위는 압축단부에서 $c - 0.1l_w$와 $c/2$ 중 큰 값 이상이어야 한다. (단, c는 압축단부에서 중립축까지의 거리이고 l_w는 벽체의 수평 길이이다.)

② 특수구조벽체에서 특수경계요소를 설계해야 할 경우, 플랜지를 가진 벽체의 경계요소는 압축을 받는 유효플랜지 부분뿐만 아니라 복부 쪽으로 적어도 300mm 이상 포함하여야 한다.

③ 연결보에 대각선 묶음철근을 배치해야 할 경우, 대각선 묶음철근은 최소한 4개의 철근으로 이루어져야 한다.

④ 대각선철근이 배근된 연결보의 공칭전단강도는 대각선철근과 수평철근 및 수직철근에 의한 전단강도의 합으로 설계한다.

본 문제는 국토교통부에서 고시한 국가건설기준코드(구조설계기준 : KDS 14 00 00, 건축설계기준 : KDS 41 00 00)에 부합하도록 출제되었습니다.

01 내진설계 시 동적해석을 수행해야 하는 경우 선택할 수 있는 해석법이 아닌 것은?

① 응답스펙트럼해석법
② 비탄성시간이력해석법
③ 탄성시간이력해석법
④ 등가골조해석법

02 그림과 같은 조건을 갖는 두 보에 동일한 크기의 최대 처짐이 발생하려면 등분포하중 w_2의 크기는 등분포하중 w_1 크기의 몇 배가 되어야 하는가? (단, 두 보의 타는 동일하다.)

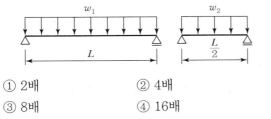

① 2배
② 4배
③ 8배
④ 16배

03 철근콘크리트구조에 사용되는 인장 이형철근의 정착길이에 대한 설명으로 옳지 않은 것은?

① 철근의 설계기준항복강도 및 공칭지름에 비례하고 콘크리트설계기준압축강도의 제곱근에 반비례한다.
② 에폭시 도막이 되어 있는 철근은 도막되어 있지 않은 철근보다 정착길이가 감소한다.
③ D22 이상의 철근은 D19 이하의 철근보다 정착길이를 크게 해야 한다.
④ 경량콘크리트를 사용하는 경우 일반적인 중량의 보통콘크리트보다 정착길이가 증가한다.

04 그림과 같은 트러스 구조를 구성하는 부재 ㉠~㉣의 각 부재력 절댓값의 총합은? (단, 부재의 자중은 무시한다.)

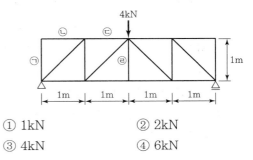

① 1kN
② 2kN
③ 4kN
④ 6kN

05 휨을 받는 합성부재에 대한 설명으로 옳지 않은 것은?

① 골데크플레이트를 사용한 합성보에서 스터드앵커의 상단 위로 10mm 이상의 콘크리트피복이 있어야 한다.
② 정모멘트 및 부모멘트에 대한 설계휨강도를 구하기 위한 휨저항계수(ϕ_b)는 모두 0.9를 사용한다.
③ 콘크리트슬래브의 유효폭은 보중심을 기준으로 좌우 각 방향에 대한 유효폭의 합으로 구한다.
④ 동바리를 사용하지 않는 경우, 콘크리트의 강도가 설계기준강도의 75%에 도달되기 전에 작용하는 모든 시공하중은 강재단면만으로 지지할 수 있어야 한다.

06 내진설계 시 반응수정계수 산정방식으로 옳지 않은 것은?

① 임의 층에서 해석방향의 반응수정계수는 옥상층을 제외하고, 상부층들의 동일 방향 지진력저항시스템에 대한 반응수정계수 중 최솟값을 사용하여야 한다.

② 구조물의 직교하는 2축을 따라 서로 다른 지진력저항시스템을 사용하는 경우에는 각 시스템에 해당하는 반응수정계수를 사용하여야 한다.

③ 반응수정계수가 서로 다른 시스템들에 의하여 공유되는 구조부재의 경우에는 그중 큰 반응수정계수에 상응하는 상세를 갖도록 설계하여야 한다.

④ 서로 다른 구조시스템의 조합이 같은 방향으로 작용하는 횡력에 저항하도록 사용한 경우에는 각 시스템의 반응수정계수 중 최댓값을 적용한다.

07 기초의 침하량 산정 시 평판재하시험에 따른 즉시침하량 추정에 사용되는 계수가 아닌 것은?

① 기초의 침하계수
② 기초의 폭
③ 지반의 탄성계수
④ 평판의 침하량

08 그림과 같은 조건의 단순보에 선형적으로 증가하는 분포하중 w가 작용할 경우 내부 휨모멘트가 최대가 되는 위치의 좌측 단부로부터의 거리는?

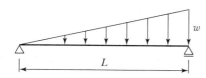

① $\dfrac{2}{3}L$ 　　② $\sqrt{\dfrac{2}{3}}L$

③ $\dfrac{1}{3}L$ 　　④ $\sqrt{\dfrac{1}{3}}L$

09 강구조의 부분용입그루브용접에서 계산에 의한 응력전달에 필요한 값 이상을 만족하는 경우의 최소유효목두께로 옳은 것은? (단, t[mm]는 접합부의 얇은 쪽 소재두께이다.)

① $t \leq 6$인 경우, 최소유효목두께 3mm
② $6 < t \leq 13$인 경우, 최소유효목두께 4mm
③ $13 < t \leq 19$인 경우, 최소유효목두께 5mm
④ $19 < t \leq 38$인 경우, 최소유효목두께 6mm

10 강구조 접합설계 시 용접접합, 마찰접합 또는 전인장조임을 적용하지 않아도 되는 접합부는?

① 높이가 40m인 다층구조물의 기둥이음부
② 높이가 50m인 구조물에서, 모든 보와 기둥의 접합부 그리고 기둥에 횡지지를 제공하는 기타의 모든 보의 접합부
③ 용량 40kN의 크레인구조물 중 지붕트러스이음, 기둥과 트러스접합, 기둥이음, 기둥횡지지가새, 크레인지지부
④ 기계류 지지부 접합부 또는 충격이나 하중의 반전을 일으키는 활하중을 지지하는 접합부

11 강구조 인장재 설계에 대한 설명으로 옳지 않은 것은?

① 인장재의 중심과 접합의 중심이 일치하지 않을 경우 전단지연현상이 발생한다.
② 인장재의 유효순단면적이란 단면의 순단면적에 전단지연의 영향을 고려한 것이다.
③ 인장재는 순단면에 대한 항복과 유효순단면에 대한 파단이라는 두 가지 한계상태에 대해 검토하여야 한다.
④ 순단면적 산정 시 파단선이 불규칙배치인 경우 동일 조건의 정렬배치와 비교하여 약간 더 큰 단면적으로 계산한다.

12 높이가 4m인 H형강 기둥의 이론적인 유효좌굴길이가 2.8m일 때, 지지상태로 옳은 것은?

① 양단 고정
② 양단 핀
③ 1단 자유, 타단 고정
④ 1단 핀, 타단 고정

13 옹벽의 안정에 대한 설명으로 옳지 않은 것은?

① 옹벽은 전도, 활동지지력, 사면활동에 대한 안정에 대하여 모두 만족하도록 검토하여야 한다.
② 옹벽의 전도에 대한 안전율은 2.0 이상이어야 한다.
③ 기초지반에 작용하는 최대압축응력은 기초지반의 허용지지력보다 커야 한다.
④ 옹벽 저판의 깊이는 동결심도보다 깊어야 하며 최소한 1.0m 이상으로 한다.

14 말뚝머리 지름이 500mm인 현장타설콘크리트말뚝 4개를 정사각형으로 배치한 정방형 독립기초의 최소치수는? (단, 말뚝머리에 작용하는 수평하중이 큰 것으로 가정한다.)

① 2,250mm × 2,250mm
② 2,500mm × 2,500mm
③ 2,750mm × 2,750mm
④ 3,000mm × 3,000mm

15 조적식 구조의 경험적 설계법에서 조적내력벽 최소두께에 대한 설명으로 옳지 않은 것은?

① 2층 이상의 건물에서 조적내력벽의 공칭두께는 200mm 이상이어야 한다.
② 최소두께 규정으로 인하여 층간에 두께변화가 발생한 경우에는 평균 두께값을 상층에 적용하여야 한다.
③ 층고가 2,700mm를 넘지 않는 1층 건물의 속찬조적벽의 공칭두께는 150mm 이상으로 할 수 있다.

④ 파라펫벽의 두께는 200mm 이상이어야 하며, 높이는 두께의 3배를 넘을 수 없다.

16 프리캐스트콘크리트 벽판을 사용한 구조물에 대한 설명으로 옳은 것은?

① 3층 이상의 프리캐스트콘크리트 내력벽구조의 경우, 종방향 또는 횡방향 연결철근은 바닥과 지붕에 22,000N/m의 공칭강도를 가지도록 설계하여야 한다.
② 프리캐스트콘크리트 벽판은 최소한 한 개의 연결철근을 서로 연결하여야 하며, 연결철근 하나가 받을 수 있는 인장력은 45,000N 이상이어야 한다.
③ 프리캐스트콘크리트 구조물의 횡방향, 종방향, 수직방향 및 구조물 둘레는 부재의 효과적인 결속을 위하여 압축연결철근으로 일체화하여야 한다.
④ 3층 이상의 프리캐스트콘크리트 내력벽구조의 경우, 각 층 바닥 또는 지붕층 바닥 주위의 둘레 연결철근은 모서리에서 1.5m 이내에 있어야 하며, 71,000N 이상의 공칭인장강도를 가져야 한다.

17 그림과 같은 프리스트레스를 가하지 않은 압축부재 단면 A와 B에 대하여 최대 설계축강도($\phi P_{n(\max)}$)의 비를 비교한 것으로 옳은 것은? (단, 단면 A 및 B는 모두 관련 횡철근 상세규정을 만족하고 있으며, 두 단면의 전체단면적 A_g, 종방향 철근의 전체단면적 A_{st}, 콘크리트 설계기준압축강도 f_{ck}, 철근의 설계기준항복강도 f_y는 전부 서로 동일하다.)

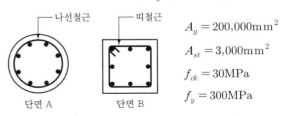

① A : B = 135 : 104
② A : B = 119 : 104
③ A : B = 135 : 100
④ A : B = 119 : 100

18 프리캐스트콘크리트 벽판을 사용한 구조물의 지압부에서 해석이나 실험을 통해 성능이 규명되지 않을 경우, 받침부재의 모서리면으로부터 경간방향 프리캐스트 부재 끝까지의 거리에 대한 최소 규정에 해당하지 않는 것은? (단, 경간의 1/180 이상인 조건은 만족한다.)

① 속 찬 슬래브의 경우 최소 50mm 이상
② 속 빈 슬래브의 경우 최소 50mm 이상
③ 보 부재의 경우 최소 75mm 이상
④ 복부를 가진 부재의 경우 최소 50mm 이상

19 목구조에 대한 설명으로 옳지 않은 것은?

① 건축용으로 사용되는 구조용 OSB는 건축시공 중에 외기에 노출되어 비나 눈의 영향을 받는 환경에서 사용되기 때문에 내수성 접착제로 제조되는 노출 1등급에 적합하여야 한다.
② 구조용 목재의 재종은 육안등급구조재와 기계등급구조재의 2가지로 구분되는데, 육안등급구조재는 다시 1종 구조재(규격재), 2종 구조재(보재) 및 3종 구조재(기둥재)로 구분된다.
③ 육안등급구조재와 기계등급구조재에 대한 기준허용응력은 건조사용조건 이하의 사용함수율에서 기준하중기간일 때 적용한다.
④ 단판적층재는 단판의 섬유방향이 서로 직각이 되도록 배열하여 접착한 구조용 목질재료이다.

20 철근콘크리트 보 부재의 순간처짐을 계산하기 위한 유효단면2차모멘트(I_e)를 산정하는 식으로 옳은 것은? (단, $I_e \leq I_g$, M_{cr} = 외력에 의해 단면에서 휨균열을 일으키는 모멘트, M_a = 처짐을 계산할 때 부재의 최대 휨모멘트, I_g = 철근을 무시한 콘크리트 전체 단면의 중심축에 대한 단면2차모멘트, I_{cr} = 균열단면의 단면2차모멘트이다.)

① $I_e = \left(\dfrac{M_a}{M_{cr}}\right)^3 I_g + \left[1 - \left(\dfrac{M_a}{M_{cr}}\right)^3\right] I_{cr}$

② $I_e = \left(\dfrac{M_{cr}}{M_a}\right)^3 I_g + \left[1 - \left(\dfrac{M_{cr}}{M_a}\right)^3\right] I_{cr}$

③ $I_e = \left(\dfrac{M_{cr}}{M_a}\right)^3 I_{cr} + \left[1 - \left(\dfrac{M_{cr}}{M_a}\right)^3\right] I_g$

④ $I_e = \left(\dfrac{M_a}{M_{cr}}\right)^3 I_{cr} + \left[1 - \left(\dfrac{M_a}{M_{cr}}\right)^3\right] I_g$

본 문제는 국토교통부에서 고시한 국가건설기준코드(구조설계기준 : KDS 14 00 00, 건축설계기준 : KDS 41 00 00)에 부합하도록 출제되었습니다.

01 강구조 용접에 대한 설명으로 옳지 않은 것은?

① 그루브용접의 유효길이는 그루브용접 총길이에서 2배의 유효목두께를 공제한 값으로 한다.
② 필릿용접의 유효면적은 용접의 유효길이에 유효목두께를 곱한 값으로 한다.
③ 그루브용접의 유효면적은 용접의 유효길이에 유효목두께를 곱한 값으로 한다.
④ 이음면이 직각인 필릿용접의 유효목두께는 필릿사이즈의 0.7배로 한다.

02 그림 (가)와 같은 직사각형 보의 항복모멘트(M_y)에 대한 소성모멘트(M_p)의 비($\frac{M_p}{M_y}$)는? (단, 보는 그림 (나)와 같이 이상적인 탄성 – 완전소성 재료로 가정하고, F_y는 재료의 항복강도이다.)

중립축

(가) 보의 단면형상

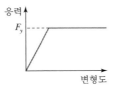

응력

F_y

변형도

(나) 재료의 응력 – 변형도 관계

① 0.5 ② 1.0
③ 1.2 ④ 1.5

03 막구조 및 케이블구조의 허용응력설계법에서 장기하중에 대한 하중조합에 포함되지 않는 것은?

① 고정하중 ② 활하중
③ 풍하중 ④ 초기장력

04 기초구조의 하중에 대한 설명으로 옳지 않은 것은?

① 진동 또는 반복하중을 받는 기초의 설계는 상부구조의 사용상 지장이 없도록 하여 하중을 결정해야 한다.
② 지하구조부에서 흙과 접하는 벽에 대해서는 토압과 수압을 고려해야 한다.
③ 지하구조부에서 기초판에 대해서는 상부에서 오는 하중에 대응하는 접지압을 고려해야 한다.
④ 구조체와 흙의 상태가 같다면 기초 및 지하구조물에 작용하는 정지토압, 수동토압 및 주동토압의 크기가 동일하다.

05 프리스트레스트 콘크리트 휨부재의 사용성에 대한 설명으로 옳지 않은 것은?

① 프리스트레스 도입 직후의 콘크리트 허용응력에 대한 제한은 사용성을 위한 것으로 극한하중에 대한 강도검토는 별도로 수행해야 한다.
② 프리스트레스 도입 직후 콘크리트의 응력검토는 콘크리트 설계기준압축강도를 기준으로 해야 한다.
③ 프리스트레스 도입 직후의 콘크리트 응력은 콘크리트 탄성수축, 긴장재 릴랙세이션, 정착장치의 활동에 의한 손실과 부재의 자중에 의한 응력에 따라 감소한다.
④ 프리스트레스에 의한 휨모멘트는 사용하중 시의 휨모멘트와 반대방향으로 작용한다.

06 기초지반의 지지력 및 침하에 대한 설명으로 옳지 않은 것은?

① 기초는 상부구조를 안전하게 지지하고, 유해한 침하 및 경사 등을 일으키지 않도록 해야 한다.

② 기초는 접지압이 지반의 허용지지력을 초과하지 않아야 한다.

③ 기초지반의 허용지지력 산정 시 기초폭은 기초 저면의 최대폭을 사용해야 한다.

④ 기초의 침하는 허용침하량 이내이고, 가능하면 균등해야 한다.

07 철근콘크리트 압축부재의 장주설계에 대한 설명으로 옳지 않은 것은?

① 비횡구속 골조 내 압축부재의 세장비가 22 이하인 경우에는 압축부재의 장주효과를 무시할 수 있다.

② 비횡구속 골조 내 압축부재의 유효길이계수 k는 1.0보다 작아야 한다.

③ 장주효과에 의한 압축부재의 휨모멘트 증대는 압축부재 단부 사이의 모든 위치에서 고려해야 한다.

④ 두 주축에 대해 휨모멘트를 받는 압축부재에서 각 축에 대한 휨모멘트는 해당 축의 구속조건을 기초로 하여 각각 증대시켜야 한다.

08 그림과 같이 압연 H형강 H−248×124×5×8 (필릿반경 $r = 12mm$) 단순보의 단부에 집중하중 P가 작용할 경우 웨브의 국부항복설계강도는? (단, F_{yw}는 웨브의 항복강도(N/mm²)이다.)

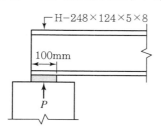

① $750 F_{yw}$

② $1,000 F_{yw}$

③ $1,140 F_{yw}$

④ $1,480 F_{yw}$

09 내진설계 시 철근콘크리트 중간모멘트골조에 대한 요구사항으로 옳지 않은 것은?

① 보의 첫 번째 후프철근은 지지부재면으로부터 50mm 이내의 구간에 배치해야 한다.

② 보의 스터럽 간격은 부재 전길이에 걸쳐서 유효 깊이(d)의 1/2 이하이어야 한다.

③ 기둥의 휨항복 발생구간 내 첫 번째 후프철근은 접합면으로부터 횡방향 철근의 최대간격(s_o) 이내에 있어야 한다.

④ 보의 접합면에서 정휨강도는 부휨강도의 1/3 이상이 되어야 한다.

10 철근콘크리트 휨부재 복부철근의 정착에 대한 설명으로 옳지 않은 것은?

① 복부철근은 피복두께 요구조건과 다른 철근과의 간격이 허용하는 한 부재의 압축면과 인장면 가까이까지 연장해야 한다.

② U형 스터럽을 구성하는 용접원형철망의 종방향 철선 하나는 압축면에서 유효깊이 d 이하에 배치해야 한다.

③ 전단철근으로 사용하기 위해 굽힌 종방향 주철근이 인장구역으로 연장되는 경우에 종방향 주철근과 연속되어야 한다.

④ 단일 U형 또는 다중 U형 스터럽의 양 정착단 사이의 연속구간 내 굽혀진 부분은 종방향철근을 둘러싸야 한다.

11 강구조 국부좌굴 거동을 결정하는 강재단면의 요소에 대한 설명으로 옳지 않은 것은?

① 콤팩트(조밀)단면은 완전소성 응력분포가 발생할 수 있고, 국부좌굴 발생 전에 약 3의 곡률연성비를 발휘할 수 있다.

② 세장판단면은 소성범위에서 국부좌굴이 발생할 수 있다.

③ 콤팩트(조밀)단면에서의 모든 압축요소는 콤팩트(조밀)요소의 판폭두께비 제한값 λ_p 이하의 판폭두께비를 가져야 한다.

④ 비콤팩트(비조밀)단면은 국부좌굴이 발생하기 전에 압축요소에 항복응력이 발생할 수 있다.

12 프리캐스트 콘크리트구조에 대한 설명으로 옳지 않은 것은?

① 프리캐스트 콘크리트 부재의 설계기준압축강도는 21MPa 이상으로 해야 한다.

② 프리캐스트 콘크리트 벽판 구조물에서 프리캐스트 콘크리트 부재가 바닥격막구조일 때, 격막구조와 횡력을 부담하는 구조를 연결하는 접합부는 최소한 4,400N/m의 공칭인장강도를 가져야 한다.

③ 프리캐스트 콘크리트 벽판 구조물의 일체성 확보를 위해 접합부는 강재의 항복에 앞서 콘크리트의 파괴가 먼저 이루어지도록 설계해야 한다.

④ 프리캐스트 콘크리트 접합부에서는 그라우트 연결, 전단키, 기계적이음장치, 철근, 보강채움 또는 이들의 조합 등을 통해 힘이 전달되도록 해야 한다.

13 목구조 용어에 대한 설명으로 옳지 않은 것은?

① 목구조에서 목재부재 사이의 접합을 보강하기 위하여 사용되는 못, 볼트, 래그나사못 등의 조임용 철물을 파스너라 한다.

② 주요구조부가 공칭두께 50mm(실제두께 38mm)의 규격재로 건축된 목구조를 경골목구조라 한다.

③ 경골목구조에서 벽체의 뼈대를 구성하는 수직부재를 스터드라 한다.

④ 수직하중을 골조 또는 벽체 등의 수직재에 전달하기 위한 구조를 바닥격막구조라 한다.

14 철근콘크리트구조 슬래브와 기초판의 전단설계에 대한 설명으로 옳지 않은 것은?

① 2방향으로 하중을 전달하는 슬래브와 기초판은 뚫림전단에 대하여 설계해야 한다.

② 슬래브의 전단보강용으로 I형강 및 ㄷ형강을 사용할 수 있다.

③ 확대머리 전단스터드는 슬래브 또는 기초판 부재면에 수평으로 배치하여 전단보강용으로 사용해야 한다.

④ 슬래브 전단철근은 충분히 정착되어야 하며 길이방향 휨철근을 둘러싸야 한다.

15 보강조적조 강도설계법의 설계가정으로 옳지 않은 것은?

① 휨강도의 계산에서 보강근과 조적조벽의 인장강도를 고려해야 한다.

② 보강근은 조적재료와 완전히 부착되어야만 하나의 재료로 거동하는 것으로 가정한다.

③ 단근보강 조적조벽단면의 휨과 압축하중 조합에 대한 공칭강도 계산 시 보강근과 조적조의 변형률은 중립축으로부터의 거리에 비례하는 것으로 가정한다.

④ 조적조의 압축강도와 변형률은 직사각형으로 가정한다.

16 건축물 내진설계 시 내진설계범주 'D'에 해당하는 구조물에 적용할 수 없는 기본 지진력저항시스템은?

① 철근콘크리트 특수전단벽의 내력벽시스템
② 철근콘크리트 중간모멘트골조의 모멘트 – 저항골조 시스템
③ 철골 보통중심가새골조의 건물골조시스템
④ 철골 보통모멘트골조의 역추형 시스템

17 마찰접합 또는 전인장조임되는 고장력볼트접합에서 설계볼트장력 이상의 장력을 도입하기 위한 조임방법이 아닌 것은?

① 간접인장측정법
② 토크관리법
③ 토크쉬어볼트법
④ 너트회전법

18 흙막이구조물에 대한 설명으로 옳지 않은 것은?

① 흙막이벽의 지지구조형식은 벽의 안전성, 시공성, 민원발생 가능성, 인접건물과의 이격거리 등을 검토하여 선정한다.
② 흙막이구조물의 설계에서는 벽의 배면에 작용하는 측압을 깊이에 반비례하여 증대하는 것으로 한다.
③ 지하굴착공사 중 및 굴착완료 후 주변지반의 침하 및 함몰 등에 대한 지하 공극조사 계획을 수립해야 한다.
④ 구조물 등에 근접하여 굴토하는 경우 벽의 배면 측압에 구조물의 기초하중 등에 따른 지중응력의 수평성분을 가산한다.

19 철근콘크리트 아치구조에 대한 설명으로 옳지 않은 것은?

① 아치의 축선이 고정하중에 의한 압축력선 또는 고정하중과 등분포활하중의 1/2이 재하된 상태에 대한 압축력선과 일치하도록 설계해야 한다.
② 아치 리브의 세장비(λ)가 20 이하인 경우 좌굴 검토는 필요하지 않다.
③ 아치 리브가 박스 단면인 경우에는 연직재가 붙는 곳에 격벽을 설치해야 한다.
④ 아치 리브의 세장비(λ)가 35를 초과하는 경우에는 아치 축선 이동의 영향을 고려하지 않는다.

20 그림과 같은 트러스구조에서 인장력을 받는 부재의 개수는? (단, 부재의 자중은 무시한다.)

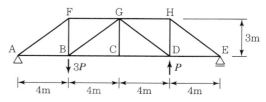

① 3개   ② 4개
③ 5개   ④ 6개

본 문제는 국토교통부에서 고시한 국가건설기준코드(구조설계기준 : KDS 14 00 00, 건축설계기준 : KDS 41 00 00)에 부합하도록 출제되었습니다.

01 설계용 지붕적설하중 산정 시 고려하지 않는 것은?

① 건축물의 용도 　② 건축물의 난방 상태
③ 지붕의 경사 　　④ 건축물의 중량

02 건축물의 중요도 분류에서 중요도(1)에 해당하는 것은?

① 연면적 1,000m²인 위험물 저장 및 처리 시설
② 연면적 100m²인 긴급대피수용시설로 지정된 건축물
③ 연면적 3,000m²인 전시장
④ 연면적 500m²인 소방서

03 조적구조에 대한 설명으로 옳지 않은 것은?

① 공간쌓기벽에서 홑겹벽에 걸친 벽체연결철물 부분은 모르타르나 그라우트 내부에 완전히 매립되어야 한다.
② 공간쌓기벽의 벽체연결철물 간의 수직간격과 수평간격이 각각 600mm와 900mm를 초과할 수 없다.
③ 그라우트의 압축강도는 조적개체 압축강도의 1.2배 이상으로 한다.
④ 조적구조를 위한 모르타르 또는 그라우트에는 동결방지용액을 사용할 수 없다.

04 기초구조에 관한 설명으로 옳지 않은 것은?

① 지정(base)은 기초판을 지지하기 위하여 기초판 하부에 제공되는 자갈, 잡석 및 말뚝 등의 부분을 의미한다.
② 액상화(liquefaction)는 물에 포화된 느슨한 모래가 진동, 충격 등에 의하여 간극수압이 급격히 상승하기 때문에 전단저항을 잃어버리는 현상을 의미한다.
③ 융기현상(heaving)은 모래층에서 수압 차로 인하여 모래입자가 부풀어 오르는 현상을 의미한다.
④ 흙막이구조물(earth retaining structure)은 지반굴착 공사 중 지반의 붕괴와 주변의 침하, 위험 등을 방지하기 위하여 설치하는 구조물을 의미한다.

05 강재보와 골데크플레이트 슬래브로 이루어진 노출형 합성보에 대한 설명으로 옳지 않은 것은?

① 데크플레이트 상단 위의 콘크리트 두께는 최소 40mm이어야 한다.
② 실험과 해석을 통하여 정당성을 증명하지 않는 한 데크플레이트의 공칭골깊이는 75mm 이하이어야 한다.
③ 데크플레이트는 강재보에 450mm 이하의 간격으로 고정되어야 한다.
④ 콘크리트슬래브와 강재보를 연결하는 스터드앵커의 직경은 19mm 이하이어야 한다.

06 폭 200mm, 높이 300mm인 직사각형 단면의 단순보 중앙에 그림과 같이 20kN의 집중하중이 작용할 때, 보 단면 중심에 발생하는 최대 전단응력은? (단, 자중은 무시한다.)

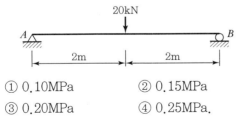

20kN

A B

2m   2m

① 0.10MPa   ② 0.15MPa
③ 0.20MPa   ④ 0.25MPa.

07 철근콘크리트 깊은보 설계에 대한 설명으로 옳지 않은 것은?

① 깊은보는 순경간이 부재 깊이의 4배 이하이거나 하중이 받침부로부터 부재 깊이의 2배 거리 이내에 작용하는 보이다.
② 깊은보는 단면의 변형률이 선형분포로 나타나므로 스트럿-타이모델을 적용하여 설계할 수 있다.
③ 스트럿-타이모델에서 스트럿과 타이의 강도감소계수는 동일하지 않다.
④ 스트럿-타이모델에서 콘크리트 스트럿의 강도 산정 시 균열과 구속철근의 영향을 고려한 유효압축강도를 적용한다.

08 목구조에 대한 설명으로 옳지 않은 것은?

① 층도리는 평기둥 및 통재기둥 위에 설치하여 위·아래층 중간에 대는 수평재이다.
② 버팀대는 가새를 댈 수 없는 곳에서 수평력에 저항하도록 모서리에 짧게 보강하는 부재이다.
③ 샛기둥은 본기둥 사이에 세워 벽체를 구성하며 가새의 휨을 방지하는 역할을 한다.
④ 인방은 기둥과 기둥 사이에 가로로 설치하여 창문틀의 상·하부 하중을 기둥에 전달한다.

09 그림과 같이 길이가 2.0m인 강봉의 온도가 50℃만큼 상승할 때, 강봉에 발생하는 길이방향 응력(σ)은? (단, 강봉의 선팽창계수는 $\alpha = 1.2 \times 10^{-5}$ /℃이고, 탄성계수는 $E = 2.0 \times 10^{5}$ MPa로 하며, 자중은 무시한다.)

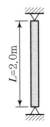

$L = 2.0m$

① 60MPa   ② 120MPa
③ 180MPa   ④ 240MPa

10 단순지지된 노출형 합성보에서 강재보와 콘크리트 슬래브 사이 접합면에 설치하는 강재앵커(전단연결재)의 설계에 대한 설명으로 옳지 않은 것은?

① 스터드앵커, ㄷ형강 또는 ㄱ형강을 강재앵커로 사용한다.
② 강재보와 콘크리트슬래브 접합면에 작용하는 수평전단력은 강재앵커에 의해서만 전달된다고 가정한다.
③ 정모멘트가 최대가 되는 위치와 모멘트가 0인 위치 사이 구간에 배치되는 강재앵커 소요개수는 해당 구간에 작용하는 총 수평전단력(V')을 강재앵커 1개의 공칭전단강도(Q_n)로 나누어 결정한다.
④ 별도의 시방이 없는 한 강재앵커는 정모멘트가 최대인 위치와 모멘트가 0인 위치 사이 구간에 일정한 간격으로 배치한다.

11 건축물의 내진구조계획에 대한 설명으로 적절하지 않은 것은?

① 각 방향의 지진하중에 대하여 충분한 여유도를 갖도록 횡력저항시스템을 배치한다.

② 한 층의 유효질량이 인접 층의 유효질량보다 과도하게 크지 않도록 계획한다.

③ 긴 장방형 평면의 건축물에서는 평면의 중앙에 지진력저항시스템을 배치한다.

④ 증축 계획이 있는 경우 내진구조계획에 증축의 영향을 반영한다.

12 철근콘크리트구조의 철근상세에 대한 설명으로 옳은 것은?

① 기둥의 나선철근 순간격은 20mm 이상이어야 한다.

② D25 축방향 철근으로 배근된 기둥에 사용되는 띠철근은 D10 이상이어야 한다.

③ 단부에 표준갈고리가 있는 인장 이형철근에 대한 정착길이는 135mm 이상이어야 한다.

④ 인장 용접이형철망의 겹침이음길이는 150mm 이상이어야 한다.

13 길이 8m인 단순보의 전단력도가 다음과 같을 때 최대 휨모멘트의 크기는? (단, 외력으로 가해지는 휨모멘트는 없다.)

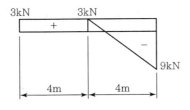

① 12.0kN·m
② 13.5kN·m
③ 15.5kN·m
④ 18.0kN·m

14 그림과 같은 인장재의 순단면적은? (단, 인장재의 두께는 10 mm이고, 모든 볼트 구멍은 M20 볼트의 표준구멍이다.)

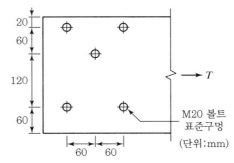

① 1,940 mm^2
② 2,160 mm^2
③ 2,165 mm^2
④ 2,200 mm^2

15 철근콘크리트 2방향 슬래브의 해석 및 설계에 대한 설명으로 옳지 않은 것은?

① 슬래브 시스템은 평형조건과 기하학적 적합조건을 만족한다면 어떠한 방법으로도 설계할 수 있다.

② 중력하중에 저항하는 슬래브 시스템은 유한요소법, 직접설계법 또는 등가골조법으로 설계할 수 있다.

③ 슬래브 시스템이 횡하중을 받는 경우, 횡하중 해석 결과와 중력하중 해석 결과에 대하여 독립적인 설계가 가능하다.

④ 횡하중에 대한 골조해석을 위하여 슬래브를 일정한 유효폭을 갖는 보로 치환할 수 있다.

16 그림과 같은 2차원 평면골조에서 〈조건〉에 따른 기둥 탄성좌굴하중(P_{cr})의 크기가 큰 순서대로 바르게 나열한 것은?

> ㄱ. 기둥과 보의 휨변형은 면내방향으로만 발생하며, 면외방향의 변형은 발생하지 않는다.
> ㄴ. 원형, 삼각형 및 사각형 표식은 각각 이동단, 회전단 및 고정단의 지점조건을 나타낸다.
> ㄷ. 모든 부재에서 탄성계수(E)와 단면2차모멘트(I)는 동일하며, 축방향 변형은 발생하지 않는 것으로 가정한다.
> ㄹ. 자중이 기둥 탄성좌굴에 미치는 영향은 무시한다.

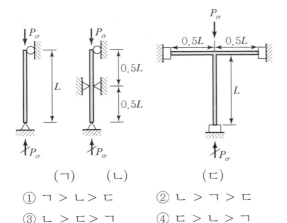

(ㄱ)　　(ㄴ)　　　(ㄷ)

① ㄱ > ㄴ > ㄷ　　　② ㄴ > ㄱ > ㄷ
③ ㄴ > ㄷ > ㄱ　　　④ ㄷ > ㄴ > ㄱ

17 지진력에 저항하는 철근콘크리트 특수모멘트골조 부재의 철근이음에 대한 설명으로 옳지 않은 것은?

① 용접이음에는 용접용 철근을 사용하여야 하며 철근 설계기준항복강도의 125 % 이상을 발휘할 수 있는 완전용접이어야 한다.

② 기둥이나 보 단부로부터 부재 단면깊이의 2배만큼 떨어진 거리 안에서는 용접이음을 사용할 수 없다.

③ 기계적 이음을 사용하는 경우 철근 설계기준항복강도의 125% 이상을 발휘할 수 있는 완전 기계적 이음이어야 한다.

④ 기둥이나 보 단부로부터 부재 단면깊이의 2배만큼 떨어진 거리 안에서는 기계적 이음을 사용할 수 없다.

18 프리스트레스트 콘크리트 슬래브 설계에서 긴장재와 철근의 배치에 대한 설명으로 옳지 않은 것은?

① 기둥 위치에 배치된 비부착긴장재는 기둥 주철근으로 둘러싸인 구역을 지나거나 그 구역에 정착되어야 한다.

② 비부착긴장재가 배치된 슬래브에는 최소 부착철근을 배치하여야 한다.

③ 경간 내에서 단면 두께가 변하는 경우 유효프리스트레스에 의한 콘크리트의 평균압축응력이 모든 단면에서 0.7MPa 이상이 되도록 긴장재의 간격을 정하여야 한다.

④ 등분포하중에 대하여 배치하는 긴장재의 간격은 최소한 1방향으로는 슬래브 두께의 8배 또는 1.5m 이하로 해야 한다.

19 다음은 중력하중에 저항하는 철근콘크리트 보에 대한 〈전단강도 검토 결과〉이다. 이에 대하여 설계기준에 따라 수립한 〈조치 계획〉 중 옳은 것만을 모두 고르면?

〈전단강도 검토 결과〉

ㄱ. 단면의 계수전단력(V_u) : 400kN

ㄴ. 단면 유효깊이(d) : 500mm

ㄷ. 부재축에 직각으로 배치된 전단철근의 간격(s) : 300mm

ㄹ. 콘크리트에 의한 전단강도
$(V_c = \dfrac{1}{6}\sqrt{f_{ck}}b_w d)$: 150kN

ㅁ. 전단철근에 의한 전단강도(V_s) : 350kN

〈조치 계획〉

ㄱ. 전단철근에 의한 전단강도를 400kN으로 증가시켜 강도요구조건 ($\phi V_n \geq V_u$)을 만족시킨다.

ㄴ. 전단철근을 200mm 간격으로 배근하여 간격 제한조건을 만족시킨다.

ㄷ. 전단철근에 의한 전단강도가 설계기준의 제한값을 초과하므로, 보 단면 유효깊이를 600mm로 증가시킨다.

① ㄱ　　　　② ㄱ, ㄴ
③ ㄴ, ㄷ　　　④ ㄱ, ㄴ, ㄷ

20 상부 콘크리트 내력벽구조와 하부 필로티 기둥으로 구성된 3층 이상의 수직비정형 골조에서 필로티층의 벽체와 기둥에 대한 설계 고려사항으로 옳지 않은 것은?

① 필로티층에서 코어벽구조를 1개소 이상 설치하거나, 평면상 두 직각방향의 각 방향에 2개소 이상의 내력벽을 설치하여야 한다.

② 지진하중 산정 시 반응수정계수 등 지진력저항시스템의 내진설계계수는 내력벽구조에 해당하는 값을 사용한다.

③ 필로티 기둥과 상부 내력벽이 연결되는 층 바닥에서는 필로티 기둥과 내력벽을 연결하는 전이슬래브 또는 전이보를 설치하여야 한다.

④ 필로티 기둥의 전 길이에 걸쳐서 후프와 크로스타이로 구성되는 횡보강근의 수직간격은 단면 최소폭의 1/2 이하이어야 한다.

본 문제는 국토교통부에서 고시한 국가건설기준코드(구조설계기준 : KDS 14 00 00, 건축설계기준 : KDS 41 00 00)에 부합하도록 출제되었습니다.

---

01 높이 50m의 다층구조물을 강구조로 설계할 때, 기둥이음부에 적용할 수 없는 접합방법은?

① 고장력볼트 마찰접합 ② 고장력볼트 지압접합
③ 그루브 용접접합 ④ 필릿 용접접합

02 그림의 빗금 친 부분과 같은 양면 필릿 용접부의 유효면적의 크기(mm²)는?

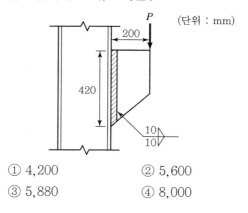

(단위 : mm)

① 4,200
② 5,600
③ 5,880
④ 8,000

03 경골목구조 내력벽의 배치에 대한 설명으로 옳지 않은 것은?

① 건축물에 작용하는 수직하중 및 수평하중을 안전하게 지지할 수 있도록 내력벽을 균형 있게 배치한다.
② 외벽 사이의 교차부에는 길이 900mm 이상의 내력벽을 하나 이상 설치한다.
③ 높이 3층 경골목조건축물의 1층 내력벽면적은 실내벽을 포함한 전체 벽면적의 30% 이상으로 한다.
④ 내력벽 사이의 거리는 12m 이하로 한다.

04 인장력을 받는 확대머리 이형철근의 정착에 대한 설명으로 옳지 않은 것은?

① 확대머리의 순지압면적(A_{brg})은 $2A_b$ 이상이어야 한다.
② 정착길이는 철근 공칭지름의 8배 또한 150mm 이상이어야 한다.
③ 압축력을 받는 경우에 확대머리의 영향을 고려할 수 없다.
④ 확대머리 이형철근은 경량콘크리트에는 적용할 수 없다.

05 건축물 및 건물 외 구조물을 성능기반설계법으로 설계하고자 할 때, 재현주기별 설계지진의 정의로 옳지 않은 것은?

① 2,400년 재현주기지진은 최대고려지진으로 정의한다.
② 1,000년 재현주기지진은 기본설계지진으로 정의한다.
③ 1,400년 재현주기지진은 기본설계지진의 1.5배에 해당하는 지진을 의미한다.
④ 50년과 100년 재현주기지진은 기본설계지진에 각각 0.30과 0.43을 곱하여 구한다.

06 강구조에서 전단력을 받는 부재의 설계에 대한 설명으로 옳지 않은 것은?

① 비구속 또는 구속 웨브를 갖는 부재에서 수직 스티프너에 단속필릿용접을 사용하면 용접 간 순간격은 웨브 두께의 16배 또는 250mm 이하이어야 한다.

② 비구속 또는 구속 웨브를 갖는 부재에서 거더웨브에 수직 스티프너를 접합시키는 볼트의 중심간격은 300mm 이하로 한다.

③ 인장역작용을 사용하기 위해서는 웨브의 3면이 플랜지나 스티프너에 의해 지지되어 있어야 한다.

④ 웨브에 구멍이 있는 부분에 계수하중이나 구조해석으로 결정된 소요전단력이 설계전단강도를 초과하는 경우 이를 적절히 보강하여야 한다.

07 그림과 같이 B점에 힌지(회전절점)가 있는 겔버보에서 D점에 집중하중 35kN이 작용할 때, 고정단 A에 발생하는 수직반력의 크기(kN)는? (단, 부재의 휨강성은 EI로 동일하며, 자중을 포함한 기타 하중의 영향은 무시한다.)

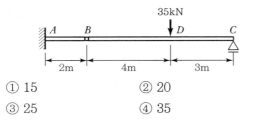

① 15   ② 20
③ 25   ④ 35

08 하중저항계수설계법에 따른 강구조 골조의 안정성 설계 시 직접해석법에 대한 설명으로 옳지 않은 것은?

① 휨, 전단 및 축부재의 변형과 구조물의 변위에 영향을 유발하는 모든 구성요소 및 접합부의 변형을 고려하여 해석한다.

② 구조물의 안정성에 영향을 주는 모든 중력과 외력을 고려하여 해석한다.

③ 개별부재의 비지지길이를 결정하는 가새는 가새절점에서의 부재이동을 제어할 수 있도록 충분한 강성과 강도를 가져야 한다.

④ 부재와 연결재의 설계강도는 전체 구조물의 안정성을 고려하여 산정한다.

09 건축구조물의 내진설계에서 등가정적해석법에 대한 설명으로 옳지 않은 것은?

① 철근콘크리트와 철골모멘트저항골조에서 12층을 넘지 않고 층의 최소높이가 3m 이상일 때 근사고유주기는 층수에 0.1을 곱하여 산정할 수 있다.

② 지진응답계수는 건축물의 중요도계수에 비례하고 반응수정계수에 반비례한다.

③ 밑면전단력을 수직분포시킨 층별 횡하중은 밑면전단력과 수직분포계수의 곱으로 산정한다.

④ 층간변위 결정을 위한 각 층의 층변위는 건축물의 중요도계수에 비례한다.

10 콘크리트구조 사용성 설계 시 1방향 구조의 처짐에 대한 설명으로 옳지 않은 것은?

① 장기처짐 효과를 고려 시 과도한 처짐에 의해 손상되기 쉬운 비구조 요소를 지지 또는 부착하지 않은 바닥구조인 경우, 활하중에 의한 순간처짐의 허용한계는 부재 길이의 $\frac{1}{180}$ 이하이어야 한다.

② 처짐을 계산할 때 하중의 작용에 의한 순간처짐은 탄성처짐 공식을 사용하여 계산한다.

③ 처짐 계산에 의하여 최대 허용처짐규정을 만족하는 경우, 처짐을 계산하지 않는 1방향 슬래브 최소 두께 규정을 적용할 필요가 없다.

④ 연속부재인 경우에 정모멘트 및 부모멘트에 대한 위험단면의 유효단면2차모멘트를 구하고 그 평균값을 사용할 수 있다.

11 프리스트레스트 콘크리트구조에서 유효프리스트레스를 결정하기 위하여 고려해야 할 프리스트레스 손실의 원인이 아닌 것은?

① 정착장치의 활동
② 콘크리트의 균열
③ 긴장재 응력의 릴랙세이션
④ 포스트텐션 긴장재와 덕트 사이의 마찰

12 그림과 같은 두 캔틸레버보에서 B점과 D점의 처짐이 같게 하기 위한 $w1$과 $w2$의 비($w1 : w2$)는? (단, 두 부재의 휨강성은 EI로 동일하며, 자중을 포함한 기타 하중의 영향은 무시한다.)

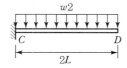

① 16 : 1
② 8 : 1
③ 4 : 1
④ 2 : 1

13 철근콘크리트구조의 철근 배치에서 간격 제한에 대한 설명으로 옳지 않은 것은?

① 동일 평면에서 평행한 철근 사이의 수평 순간격은 25mm 미만 또한 철근의 공칭지름 미만으로 하여야 한다.

② 상단과 하단에 2단 이상으로 배치된 경우 상·하 철근은 동일 연직면 내에 배치되어야 하고, 이때 상·하 철근의 순간격은 25mm 이상으로 하여야 한다.

③ 벽체 또는 슬래브에서 휨 주철근의 간격은 벽체나 슬래브 두께의 3배 이하 또한 450mm 이하로 하여야 한다.

④ 2개 이상의 철근을 묶어서 사용하는 다발철근은 이형철근으로, 그 개수는 4개 이하이어야 한다.

14 콘크리트 내진 설계기준에서 중간모멘트골조에 대한 요구 사항으로 옳지 않은 것은?

① 보 부재에서 스터럽의 간격은 부재 전 길이에 걸쳐서 단면 유효깊이의 $\frac{1}{2}$ 이하이어야 한다.

② 설계전단강도는 내진설계기준의 설계용 하중조합에서 지진하중을 2배로 하여 계산한 최대 전단력 이상이어야 한다.

③ 기둥 부재의 첫 번째 후프철근은 접합면으로부터 횡방향 철근 최대 간격의 $\frac{1}{2}$ 이내에 있어야 한다.

④ 보가 없는 2방향 슬래브에서 주열대 내 받침부의 상부철근 중 $\frac{1}{5}$ 이상은 전체 경간에 걸쳐서 연속되어야 한다.

15 강성이 72kN/m이고 무게가 20kN인 구조물의 주기(초)는? (단, 중력가속도는 10m/sec^2, π는 3으로 한다.)

① 0.5
② 1.0
③ 2.0
④ 4.0

16 건축구조기준 설계하중에서 규정하고 있는 하중 산정에 대한 설명으로 옳지 않은 것은?

① 승용차용 방호하중은 방호시스템 임의의 수평방향으로 30kN의 집중하중을 바닥면으로부터 0.4m와 0.8m 사이에서 가장 큰 하중효과를 일으키는 높이에 적용한다.

② 중량차량의 주차장 활하중을 산정할 때 차량의 실제하중 크기와 배치를 합리적으로 고려하여 활하중을 산정한다면 이를 적용할 수 있으나, 그 값은 5kN/m^2 이상이어야 하고 활하중 저감규정을 적용할 수 없다.

③ 활하중 5kN/m^2 이하의 공중집회 용도에 대해서는 활하중을 저감할 수 없다.

④ 건축물 내부에 설치되는 이동성 경량칸막이벽 및 이와 유사한 것을 제외한 높이 1.8m 이상의 각종 내벽은 벽면에 직각방향으로 작용하는 0.25kN/m^2 이상의 등분포하중에 대하여 안전하도록 설계한다.

17 강구조 내진설계 시 특수모멘트골조에 대한 설명으로 옳지 않은 것은?

① 보−기둥 접합부의 기둥 외주면에서 접합부의 계측 휨강도는 0.04rad의 층간변위에서 적어도 보 공칭소성모멘트(M_p)의 80% 이상이 유지되어야 한다.

② 특수모멘트골조의 보 소성힌지영역은 보호영역으로 고려해야 하고, 접합부 성능인증요소의 하나로서 제시되어야 한다.

③ 보−기둥 접합부의 소요전단강도 산정을 위한 지진하중효과(E)는 보 소성힌지 사이의 거리에 비례한다.

④ 보−기둥 접합부의 성능입증은 연구논문 또는 신뢰할 만한 연구보고서의 실험결과에 근거를 둘 수 있고, 이때 최소 2개의 반복재하 실험결과를 제시하여야 한다.

18 조적조에서 내진설계 적용대상 전단벽의 부재설계에 대한 설명으로 옳지 않은 것은?

① 최소단면적 130mm²의 수직벽체철근을 각 모서리와 벽의 단부, 각 개구부의 각 면 테두리에 연속적으로 배근해야 한다.

② 수직벽체철근의 수평배근 최대간격은 1.5m 이내로 한다.

③ 수평벽체철근은 벽체 개구부의 하단과 상단에서는 600mm 또는 철근직경의 40배 이상 연장하여 배근한다.

④ 수평벽체철근은 균일하게 분포된 접합부철근이 있는 경우를 제외하고는 3m의 최대간격을 유지한다.

19 말뚝기초의 내진상세에 대한 설명으로 옳은 것은?

① 내진설계범주 'C'로 분류된 구조물의 현장타설말뚝에서 종방향 주철근은 4개 이상 또한 설계단면적의 0.2% 이상으로 하고, 말뚝머리로부터 말뚝길이의 $\frac{1}{2}$ 구간에 배근하여야 한다.

② 현장타설말뚝의 횡방향 철근은 직경 10mm 이상의 폐쇄띠철근이나 나선철근을 사용하고, 간격은 말뚝머리부터 말뚝직경의 3배 구간에는 주철근직경의 8배와 150mm 중 작은 값 이하로 한다.

③ 내진설계범주 'D'로 분류된 구조물의 현장타설말뚝의 종방향 주철근은 4개 이상 또한 설계단면적의 0.25% 이상으로 하고, 말뚝머리로부터 말뚝길이의 $\frac{1}{3}$ 구간에 배근하여야 한다.

④ 내진설계범주 'C' 또는 'D'로 분류된 구조물의 프리텐션이 사용되지 않은 기성 콘크리트말뚝의 종방향 주철근비는 전체 길이에 대해 0.5% 이상으로 하고, 횡방향 철근은 직경 9mm 이상의 폐쇄띠철근이나 나선철근을 사용하여야 한다.

20 기초구조에 대한 설명으로 옳지 않은 것은?

① 평판재하시험의 재하판은 지름 300mm를 표준으로 하고, 최대 재하하중은 지반의 극한지지력 또는 예상되는 설계하중의 3배로 한다.

② 양호한 지반이란 상부구조물의 하중에 대하여 지반의 전단파괴나 과도한 침하 없이 충분히 지지할 수 있는 특성을 지닌 압밀된 세립토층이나 상대밀도가 큰 조립토층 또는 암반층을 말한다.

③ 기초는 접지압이 지반의 허용지지력을 초과하지 않아야 하며, 또한 기초의 침하가 허용침하량 이내이고, 가능하면 균등해야 한다.

④ 압밀침하량은 지반을 탄성체로 보고 탄성이론에 기초한 지반의 탄성계수와 푸아송비를 적절히 설정하여 산정한다.

본 문제는 국토교통부에서 고시한 국가건설기준코드(구조설계기준 : KDS 14 00 00, 건축설계기준 : KDS 41 00 00)에 부합하도록 출제되었습니다.

01 건축구조기준에서 풍하중에 대한 설명으로 옳지 않은 것은?

① 거주성을 검토하기 위하여 필요한 응답가속도는 재현기간 10년 풍속을 이용하여 산정할 수 있다.

② 풍하중을 산정할 때에는 각 건물표면의 양면에 작용하는 풍압의 대수합을 고려해야 한다.

③ 풍동실험의 실험조건으로 풍동 내 대상건축물 및 주변 모형에 의한 단면폐쇄율은 풍동의 실험단면에 대하여 8% 미만이 되도록 하여야 한다.

④ 건축물의 풍방향·풍직각방향 진동으로 인한 최대응답가속도에 대하여 거주자가 불안과 불쾌감을 느끼지 않고 건축물이 피해를 입지 않도록 설계하여야 한다.

02 그림과 같이 직사각형 단면보의 중앙에 집중하중 12kN이 작용할 때, 이 집중하중에 의한 최대휨모멘트를 지지할 수 있는 단순보의 최대길이[m]는? (단, 탄성상태에서 보의 허용 휨응력은 12MPa이고, 보의 자중은 무시한다.)

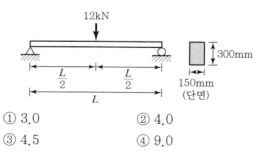

① 3.0 ② 4.0
③ 4.5 ④ 9.0

03 건축물 강구조 설계기준에서 인장재 설계 시 유효순단면적(A_e)을 산정할 때, 계수(U)를 사용하는 이유는?

① 전단지연 영향을 고려하기 위하여

② 파단면의 삼축응력효과를 고려하기 위하여

③ 잔류응력집중 현상을 고려하기 위하여

④ 면외좌굴의 영향을 고려하기 위하여

04 건축물 내진설계기준에서 지진하중의 계산 및 구조해석 시 동적해석법에 대한 설명으로 옳지 않은 것은?

① 동적해석법의 해석방법에는 응답스펙트럼해석법, 선형시간이력해석법 및 비선형시간이력해석법이 있다.

② 응답스펙트럼해석법에서 밑면전단력, 층전단력 등의 설곗값은 각 모드의 영향을 제곱합제곱근법(SRSS) 또는 완전2차조합법(CQC)으로 조합하여 구한다. 단, 일련된 각 모드의 주기차이가 25% 이내일 때에는 제곱합제곱근법(SRSS)을 사용하여야 한다.

③ 응답스펙트럼해석법의 모드특성에서 해석에 포함되는 모드개수는 직교하는 각 방향에 대해서 질량참여율이 90% 이상이 되도록 결정한다.

④ 시간이력해석법에서 지반운동의 영향을 직접적으로 고려하기 위하여 구조물 인접지반을 포함하여 해석을 수행할 수 있다.

05 그림과 같은 트러스에서 부재력이 '0'인 부재의 개수는? (단, 모든 부재의 강성은 같고 자중은 무시하며, 하중 P_1, P_2, P_3는 0보다 크다.)

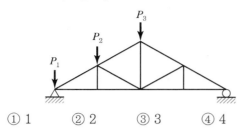

① 1   ② 2   ③ 3   ④ 4

06 목구조 방화설계에서 내화설계 시 주요 구조부의 내화성능기준으로 옳지 않은 것은?

① 외벽의 비내력벽 중 연소 우려가 없는 부분 : 0.5시간
② 내벽 : 1~3시간
③ 보 · 기둥 : 0.5~2시간
④ 지붕틀 : 0.5~1시간

07 그림과 같은 지지조건과 단면을 갖는 기둥 (가)와 기둥 (나)의 면내탄성좌굴하중의 비[P_{cr}(가)/P_{cr}(나)]는? (단, 기둥의 길이와 재질은 모두 같고 자중은 무시하며, 유효좌굴길이계수는 이론값을 사용하고 면외방향좌굴은 발생하지 않는다.)

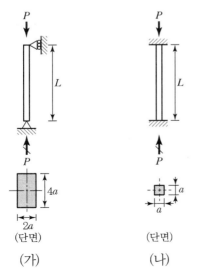

① 2   ② 8
③ 32   ④ 64

08 건축물 강구조 설계기준에서 강축휨을 받는 2축 대칭 H형강 또는 ㄷ형강 콤팩트(조밀)단면 부재의 설계에 대한 설명으로 옳지 않은 것은?

① 소성휨모멘트(M_p)는 강재의 항복강도(F_y)에 강축(x축)에 대한 소성단면계수(Z_x)를 곱하여 산정한다.
② 보의 비지지길이(L_b)가 소성한계비지지길이(L_p) 이하인 경우 부재의 공칭모멘트(M_n)는 소성휨모멘트(M_p)가 된다.
③ 보의 비지지길이(L_b) 내에서 휨모멘트의 분포형태가 횡좌굴모멘트에 미치는 영향을 고려하기 위해 횡좌굴모멘트수정계수(C_b)를 적용한다.
④ 보의 비지지길이(L_b)가 탄성한계비지지길이(L_r)를 초과하는 경우 부재단면이 항복상태에 도달한 후 탄성횡좌굴이 발생한다.

09 다음은 조적식 구조 설계일반사항에서 재하시험을 설명한 것이다. (가)~(다)에 들어갈 수치를 바르게 연결한 것은?

> 하중시험이 필요한 경우에는 해당부재나 구조체의 해당 부위에 설계활하중의 (가)배에 고정하중의 (나)배를 합한 하중을 (다)시간 동안 작용시킨 후 하중을 제거한다. 시험 도중이나 하중의 제거 후에 부재나 구조체 해당 부위에 파괴현상이 생기면 파괴현상 발생 시의 하중까지 지지할 수 있는 것으로 등급을 매기거나 그보다 하향조정한다.

	(가)	(나)	(다)
①	0.5	2	12
②	2	0.5	12
③	0.5	2	24
④	2	0.5	24

10 건축물 내진설계기준에서 지하구조물의 내진설계에 대한 설명으로 옳지 않은 것은?

① 지하구조 강성이 지상구조의 강성보다 매우 큰 경우 지상구조와 지하구조를 분리하여 해석할 수 있다.

② 지하구조와 지상구조로 구성된 건축물에서 지상구조물의 지진력저항시스템의 설계계수는 지상구조물의 구조형식에 따라 결정하고 높이제한규정 적용 시 지하구조물의 높이를 산입한다.

③ 지진하중과 설계지진토압에 대하여 지상구조와 지하구조가 안전하도록 설계해야 한다.

④ 지하구조에 대한 근사적인 설계방법으로 설계지진토압을 포함하는 모든 횡하중을 횡하중에 평행한 외벽이 지지하도록 설계할 수 있다.

11 건축물 기초구조 설계기준에서 건축구조물 등의 부지에 사용되는 철근콘크리트옹벽에 대한 설명으로 옳지 않은 것은?

① 옹벽에 대한 전도모멘트값은 안전율을 고려한 안정모멘트값을 초과하지 않아야 한다.

② 옹벽에 작용하는 토압의 수평성분에 따른 수평방향의 활동에 대하여 안전하여야 한다.

③ 옹벽이 수평방향으로 긴 경우 신축이음을 설치하지 않는다.

④ 옹벽 주변지반에 액상화의 가능성이 있는 경우 그 영향을 고려한다.

12 콘크리트 벽체 설계기준에서 축하중을 받는 벽체의 최소철근비에 대한 설명으로 옳지 않은 것은? (단, 정밀한 구조해석을 수행하지 않는다.)

① 설계기준항복강도 400MPa 이상으로서 D19 이상의 이형철근을 사용할 때 벽체의 전체 단면적에 대한 최소수직철근비는 0.0012이다.

② 설계기준항복강도 400MPa 이상으로서 D16 이하의 이형철근을 사용할 때 벽체의 전체 단면적에 대한 최소수평철근비는 $0.0020 \times 400/f_y$이다. 다만, 이 철근비의 계산에서 f_y는 500MPa을 초과할 수 없다.

③ 지하실 벽체를 제외한 두께 250mm 이상의 벽체의 외측면 철근은 각 방향에 대하여 전체 소요철근량의 1/2 이상, 2/3 이하로 배치하여야 한다.

④ 수직 및 수평철근의 간격은 벽두께의 3배 이하 또한 450mm 이하로 하여야 한다.

13 콘크리트구조 철근상세 설계기준에서 압축부재의 횡철근에 대한 설명으로 옳지 않은 것은?

① 나선철근의 순간격은 25mm 이상, 75mm 이하이어야 한다.

② 나선철근의 정착은 나선철근의 끝에서 추가로 1.0 회전만큼 더 확보하여야 한다.

③ 띠철근 중 D35 이상의 축방향 철근과 다발철근은 D13 이상의 띠철근으로 둘러싸야 하며, 띠철근 대신 등가단면적의 이형철선 또는 용접철망을 사용할 수 있다.

④ 띠철근 중 기초판 또는 슬래브의 윗면에 연결되는 압축부재의 첫 번째 띠철근 간격은 다른 띠철근 간격의 1/2 이하로 하여야 한다.

14 콘크리트구조의 정착 및 이음 설계기준에서 철근의 정착에 대한 설명으로 옳지 않은 것은?

① 인장 이형철근의 정착길이(l_d)는 항상 300mm 이상이어야 하고, 압축 이형철근의 정착길이(l_d)는 항상 200mm 이상이어야 한다.

② 철근의 정착은 묻힘길이, 갈고리, 기계적 정착 또는 이들의 조합에 의한다. 이때 갈고리는 압축철근의 정착에 유효하지 않은 것으로 본다.

③ 인장 또는 압축을 받는 하나의 다발철근 내의 개개 철근의 정착길이(l_d)는 다발철근이 아닌 경우의 각 철근의 정착길이보다 3개의 철근으로 구성된 다발철근에 대해서는 20%, 4개의 철근으로 구성된 다발철근에 대해서는 30%를 증가시켜야 한다.

④ 확대머리 이형철근 및 기계적 인장 정착에서 압축력을 받는 경우 확대머리의 영향을 고려할 수 없다.

15 그림과 같이 하중이 작용하는 캔틸레버보의 고정단에 작용하는 휨모멘트의 절댓값[kN·m]은? (단, 자중은 무시한다.)

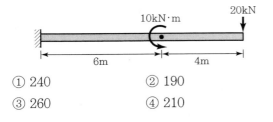

① 240
② 190
③ 260
④ 210

16 건축물 강구조 설계기준에서 볼트 접합 시 볼트구멍의 지압강도와 블록전단파단(Block Shear Rupture)에 대한 설명으로 옳은 것은?

① 표준구멍을 갖는 볼트구멍의 지압강도는 사용하중상태에서 볼트구멍의 변형이 설계에 고려되는지 여부에 따라 달라진다.

② 총단면 인장파단과 순단면 전단항복의 조합으로 접합부재의 블록전단파단 설계강도를 산정한다.

③ 한계상태설계법에서 블록전단파단 설계강도 산정 시 강도감소계수는 0.6이다.

④ 인장저항 강도산정 시 인장응력이 일정한 경우 계수(U_{bs})는 0.5이고, 인장응력이 일정하지 않는 경우에는 계수(U_{bs})는 1.0이다.

17 건축구조기준에서 구조설계의 단계에 대한 설명으로 옳지 않은 것은?

① 건축구조물의 구조계획에는 건축구조물의 용도, 사용재료 및 강도, 지반특성, 하중조건, 구조형식, 장래의 증축 여부, 용도변경이나 리모델링 가능성 등을 고려한다.

② 기둥과 보의 배치는 건축평면계획과 잘 조화되도록 하며, 보 춤을 결정할 때는 기둥 간격 외에 층고와 설비계획도 함께 고려한다.

③ 지진하중이나 풍하중 등 수평하중에 저항하는 구조요소는 평면상의 균형뿐만 아니라 입면상 균형도 고려한다.

④ 골조해석은 비선형해석을 원칙으로 한다.

18 막과 케이블구조의 해석에 대한 설명으로 옳지 않은 것은?

① 공기막구조 해석에서 최대내부압은 정상적인 기후와 서비스 상태에서 구조 안전성을 확보하기 위한 것이다.

② 막구조의 해석에서 기하학적 비선형을 고려하여야 한다.

③ 막구조의 구조해석에는 유한요소법, 동적이완법, 내력밀도법 등이 있다.

④ 케이블 부재는 원칙적으로 인장력에만 저항하는 선형 탄성부재로 가정한다.

19 건축물 콘크리트구조 설계기준에서 소요강도 산정에 대한 설명으로 옳지 않은 것은?

① 철근콘크리트 구조물을 설계할 때는 건축구조기준 설계하중에 제시된 하중조합을 고려하여 해당 구조물에 작용하는 최대소요강도에 대하여 만족하도록 설계하여야 한다.

② 부등침하, 크리프, 건조수축, 팽창콘크리트의 팽창량 및 온도변화는 사용구조물의 실제적 상황을 고려하여 계산하여야 한다.

③ 건축구조기준 설계하중에서 지진하중 E에 대하여 사용수준 지진력을 사용하는 경우에는 1.0E를 사용한다.

④ 포스트텐션 정착부 설계에 대하여 최대 프리스트레싱 강재 긴장력에 하중계수 1.2를 적용하여야 한다.

20 기존 콘크리트 구조물의 안전성평가기준에서 내하력이 의심스러운 기존 콘크리트 구조물의 안정성평가에 대한 설명으로 옳은 것은?

① 구조해석, 강도 및 하중의 계산에 사용하는 구조물의 제원, 부재치수 등 치수의 평가 입력값은 설곗값을 사용하여야만 한다.

② 건물에서 부재의 안전성을 재하시험 결과에 근거하여 직접 평가할 경우에는 기둥, 벽체 등과 같은 압축부재의 안전성 검토에만 적용할 수 있다.

③ 안전성평가를 위한 강도감소계수 항목에서 전단력 및 비틀림모멘트의 강도감소계수는 0.80을 초과할 수 없다.

④ 구조물의 안전성평가를 위한 하중의 크기를 정밀 현장 조사에 의하여 확인하는 경우에는, 구조물의 소요강도를 구하기 위한 하중조합에서 고정하중과 활하중의 하중계수는 10%만큼 감소시킬 수 있다.

21 건축물 강구조 설계기준에서 압축력을 받는 합성기둥의 하중전달에 대한 설명으로 옳지 않은 것은?

① 강재와 콘크리트 간의 길이방향 전단력을 전달할 수 있도록 설계되어야 한다.

② 힘전달기구는 직접부착작용, 전단접합, 직접지압이다.

③ 힘이 직접부착작용에 의해 콘크리트 충전 사각형강관단면 합성부재에 전달되는 경우 강재와 콘크리트 간의 공칭부착응력은 0.4MPa이다. 단, 강재단면 표면에 도장, 윤활유, 녹 등이 없다고 가정한 값이다.

④ 힘전달기구 중 가장 작은 공칭강도를 사용하며 힘전달기구들을 중첩하여 사용할 수 있다.

22 구조용 무근콘크리트 설계기준에 대한 설명으로 옳지 않은 것은?

① 기둥에는 구조용 무근콘크리트를 사용할 수 없다.

② 구조용 무근콘크리트 벽체는 벽체가 받고 있는 연직하중, 횡하중 그리고 다른 모든 하중을 고려하여 설계하여야 한다.

③ 말뚝 위의 기초판에는 구조용 무근콘크리트를 사용할 수 있으며, 구조용 무근콘크리트 기초판의 두께는 200mm 이상으로 하여야 한다.

④ 휨모멘트, 휨모멘트와 축력의 조합, 전단력에 대한 강도를 계산할 때 부재의 전체 단면을 설계에 고려한다. 다만, 지반에 콘크리트를 치는 경우에 전체 두께는 실제 두께보다 50mm 작은 값을 사용하여야 한다.

23 그림과 같은 인장지배를 받는 단철근 직사각형 보를 등가 직사각형 압축응력블록을 이용하여 해석할 경우, 공칭휨강도(M_n)로 가장 가까운 값[kN · m]은? (단, 콘크리트의 설계기준압축강도(f_{ck})는 20MPa, 인장철근의 설계기준항복강도(f_y)는 400 MPa, 인장철근량(A_s)은 850mm²이다.)

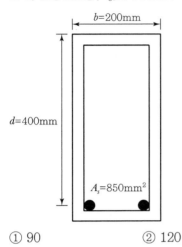

① 90   ② 120

③ 150   ④ 180

24 그림 (가)와 그림 (나)의 주어진 조건에서 두 보가 최대처짐이 같을 때, 단순보에 작용하는 등분포하중(ω_A)과 캔틸레버보에 작용하는 등분포하중(ω_B)의 관계식으로 옳은 것은? (단, 두 보의 탄성계수는 같고, 자중은 무시한다.)

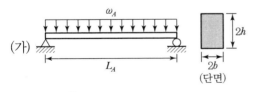

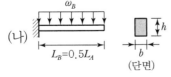

① $\omega_A = \dfrac{12}{5}\omega_B$ ② $\omega_A = \dfrac{24}{5}\omega_B$

③ $\omega_A = \dfrac{36}{5}\omega_B$ ④ $\omega_A = \dfrac{48}{5}\omega_B$

25 건축물 강구조 설계기준에서 용어의 정의로 옳지 않은 것은?

① 다이아프램(Diaphragm Plate) : 지지요소에 힘을 전달하도록 이용된 면내 전단강성과 전단강도를 갖고 있는 플레이트

② 밀스케일(Mill Scale) : 열간압연과정에서 생성되는 강재의 산화피막

③ 엔드탭(End Tab) : 용접선의 단부에 붙인 보조판

④ 필러(Filler) : 접촉면이나 지압면 사이에 두께 차이 시 공간을 메우기 위해 사용되는 얇은 판재

CHAPTER

02

지방직
기출모의고사

CONTENTS

본 문제는 국토교통부에서 고시한 국가건설기준코드(구조설계기준 : KDS 14 00 00, 건축설계기준 : KDS 41 00 00)에 부합하도록 출제되었습니다.

01 건축구조설계법으로 적절하지 않은 것은?

① 강도설계법
② 하중설계법
③ 한계상태설계법
④ 허용응력도설계법

02 옹벽의 설계에 대한 설명으로 옳지 않은 것은?

① 옹벽에 대한 전도 모멘트는 안전 모멘트를 초과하지 않아야 한다.
② 옹벽에 작용하는 토압의 수평성분에 의한 수평방향의 활동에 대하여 안전하여야 한다.
③ 옹벽기초 아래에 있는 기초지반은 충분한 지지력과 허용침하량 이내이어야 한다.
④ 옹벽이 길게 연속될 때에는 붕괴의 위험이 있으므로 신축이음을 설치하면 안 된다.

03 철근콘크리트구조에서 복철근보에 대한 설명으로 옳지 않은 것은?

① 장기처짐이 감소한다.
② 연성이 증진된다.
③ 철근조립이 불편하다.
④ 설계강도가 증대된다.

04 건축물의 기초에 대한 설명으로 옳지 않은 것은?

① 온통기초는 건축물 바닥 전체가 기초판으로 된 것으로 하중에 비해 지내력이 약한 경우에 사용된다.

② 기초는 지정형식에 따라 직접기초, 말뚝기초, 피어기초, 잠함기초로 구분할 수 있다.
③ 매입말뚝을 배치할 때 그 중심간격은 말뚝머리 지름의 2배 이상으로 한다.
④ 말뚝기초 설계시 동일 건축물에서는 지지말뚝과 마찰말뚝을 혼용해서 사용해야 한다.

05 철골보의 처짐한계에 대한 설명으로 옳지 않은 것은?

① 자동 크레인보의 처짐한계는 스팬의 $\frac{1}{800} \sim \frac{1}{1,200}$ 이다.

② 수동 크레인보의 처짐한계는 스팬의 $\frac{1}{500}$ 이다.

③ 단순보의 처짐한계는 스팬의 $\frac{1}{400}$ 이다.

④ 캔틸레버보의 처짐한계는 스팬의 $\frac{1}{250}$ 이다.

06 구조용 합판에 대한 설명으로 옳지 않은 것은?

① 구조용 합판은 합판의 강도에 따라 1등급, 2등급 및 3등급으로 구분된다.
② 구조용 합판의 기준 허용응력은 하중계수와 함수율에 따라 보정한다.
③ 구조용 합판의 기준 허용응력은 건조사용조건에 근거한 값이다.
④ 구조용 합판의 종류는 단판의 구성에 따라 1급 및 2급으로 구분된다.

07 벽돌구조의 구조제한에 대한 설명으로 옳지 않은 것은?

① 내력벽의 길이는 12m를 넘을 수 없다.
② 내력벽의 두께는 바로 위층의 내력벽 두께 이상이어야 한다.
③ 내력벽으로 토압을 받는 부분의 높이가 2.5m를 넘지 아니하는 경우에는 벽돌구조로 할 수 있다.
④ 테두리보의 춤은 벽두께의 1.5배 이상으로 한다.

08 조적구조물의 경험적 설계법에 대한 설명으로 옳지 않은 것은?

① 2층 이상의 건물에서 조적내력벽의 공칭두께는 200mm 이상이어야 한다.
② 충고가 2.7m를 넘지 않는 1층 건물의 속찬 조적벽의 공칭두께는 150mm 이상으로 할 수 있다.
③ 조적벽이 횡력에 저항하는 경우에는 전체 높이가 13m, 처마높이가 9m 이하이어야 한다.
④ 패러핏벽의 두께는 200mm 이상이어야 하며, 높이는 두께의 5배를 넘을 수 없다.

09 철근콘크리트 띠철근 기둥에 대한 설명으로 옳지 않은 것은?

① 기둥단면의 최소치수는 200mm 이상이고, 최소단면적은 50,000mm² 이상이다.
② 종방향 철근의 순간격은 40mm, 철근 공칭지름의 1.5배 및 굵은 골재 공칭최대치수 규정 중 큰 값 이상으로 한다.
③ D32 이하의 종방향 철근은 D10 이상의 띠철근으로 한다.
④ 띠철근의 수직간격은 종방향 철근 지름의 16배 이하, 띠철근 지름의 48배 이하, 기둥단면의 최소치수 이하로 하여야 한다.

10 옥내에 시공되는 철근콘크리트 보가 주근은 D22, 스터럽은 D13을 사용할 때, 보의 콘크리트표면에서 첫 번째 주근 중심까지의 최소거리(mm)는? (단, 콘크리트 설계기준강도 $f_{ck} = 24\,\mathrm{MPa}$이고 최소 피복두께는 건축구조기준(KDS)에 따른다.)

① 54　　　　　② 59
③ 64　　　　　④ 69

11 강구조의 설계 요구사항에 대한 설명으로 옳지 않은 것은?

① 파스너로 보에 접합되는 덧판의 단면적은 전체 플랜지 단면적의 70%를 넘어야 한다.
② 압연형강을 사용한 보는 일반적으로 총단면적의 휨강도에 의해 단면을 산정해야 한다.
③ 압축재의 세장비는 가급적 200을 넘지 않도록 한다.
④ 압축재의 판폭두께비에 따라 단면을 콤팩트 단면, 비콤팩트 단면, 세장판 단면으로 분류한다.

12 지진력저항시스템에 대한 설계계수 중에서 반응수정계수(R) 값이 가장 큰 것은?

① 내력벽시스템의 무보강 조적전단벽
② 건물 골조시스템의 철골 특수강판전단벽
③ 중간 모멘트골조를 가진 이중골조시스템의 철근보강 조적전단벽
④ 모멘트 - 저항골조시스템의 철근콘크리트 중간 모멘트골조

13 목조 지붕틀에 대한 설명으로 옳지 않은 것은?

① 왕대공지붕틀에서 평보는 휨과 인장을 받는다.
② 왕대공지붕틀에서 압축력과 휨모멘트를 동시에 받는 부재는 왕대공이다.
③ 왕대공지붕틀에서 평보를 이을 때는 왕대공 근처에서 잇는 것이 좋다.
④ 귀잡이보는 지붕틀과 도리를 잡아주어 변형을 방지한다.

14 보강블록조에서 철근보강 방법에 대한 설명으로 옳지 않은 것은?

① 철근은 굵은 것을 조금 넣는 것보다 가는 것을 많이 넣는 것이 좋다.

② 세로철근의 정착길이는 철근지름의 40배 이상으로 한다.

③ 세로철근의 정착이음은 보강블록 속에 둔다.

④ 철근을 배치한 곳에는 모르타르 또는 콘크리트로 채워 넣어 철근피복이 충분히 되고 빈틈이 없게 한다.

15 목구조의 목재접합에 대한 설명으로 옳지 않은 것은?

① 산지는 부재 이음의 모서리가 벌어지지 않도록 보강하는 얇은 철물이다.

② 쪽매는 마루널과 같이 길고 얇은 나무판을 옆으로 넓게 이어대는 이음이다.

③ 듀벨은 목재의 전단변형을 억제하여 접합하는 보강철물이다.

④ 연귀맞춤은 모서리 등에서 맞춤할 때 부재의 마구리가 보이지 않게 45° 접어서 맞추는 방식이다.

16 철근콘크리트구조에 사용되는 표준갈고리에 대한 설명으로 옳지 않은 것은? (단, d_b는 철근의 공칭지름이다.)

① 주철근의 180° 표준갈고리는 180° 구부린 반원 끝에서 $4d_b$ 이상, 또한 60mm 이상 더 연장되어야 한다.

② 주철근의 90° 표준갈고리는 90° 구부린 끝에서 $6d_b$ 이상 더 연장되어야 한다.

③ 스터럽과 띠철근의 90° 표준갈고리에서 D16 이하의 철근은 90° 구부린 끝에서 $6d_b$ 이상 더 연장하여야 한다.

④ 스터럽과 띠철근의 135° 표준갈고리에서 D25 이하의 철근은 135° 구부린 끝에서 $6d_b$ 이상 더 연장하여야 한다.

17 아래 그림과 같은 골조구조물의 부정정 차수는?

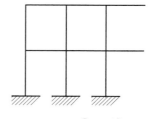

① 9차 ② 10차
③ 11차 ④ 12차

18 그림과 같은 기둥 A, B, C의 탄성좌굴하중의 비 $P_A : P_B : P_C$는? (단, 기둥 단면은 동일하며, 동일재료로 구성되고 유효좌굴길이 계수는 이론값으로 한다.)

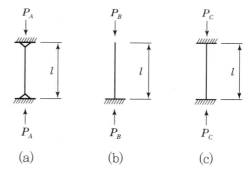

① $1 : 2 : 0.5$
② $1 : 0.25 : 2$
③ $1 : 0.25 : 4$
④ $1 : 0.25 : 16$

19 조적식 구조인 벽에 있는 개구부에 대한 설명으로 옳지 않은 것은?

① 각층의 대린벽으로 구획된 각 벽에 있어서 개구부의 폭의 합계는 그 벽의 길이의 $\frac{1}{2}$ 이하로 하여야 한다.

② 하나의 층에 있어서의 개구부와 그 바로 위층에 있는 개구부와의 수직거리는 300mm 이상으로 하여야 한다.

③ 조적식구조인 벽에 설치하는 개구부에 있어서는 각층마다 그 개구부 상호간 또는 개구부와 대린벽의 중심과의 수평거리는 그 벽의 두께의 2배 이상으로 하여야 한다. 다만, 개구부의 상부가 아치구조인 경우에는 그러하지 아니하다.

④ 폭이 1.8m를 넘는 개구부의 상부에는 철근콘크리트구조의 윗인방을 설치하여야 한다.

20 목구조 건축물에서 인장력을 받는 가새의 두께와 폭으로 적합한 것은?

① 두께 15mm 이상, 폭 60mm 이상
② 두께 20mm 이상, 폭 60mm 이상
③ 두께 15mm 이상, 폭 90mm 이상
④ 두께 25mm 이상, 폭 80mm 이상

본 문제는 국토교통부에서 고시한 국가건설기준코드(구조설계기준 : KDS 14 00 00, 건축설계기준 : KDS 41 00 00)에 부합하도록 출제되었습니다.

01 등가정적해석법에 의한 내진설계에서 밑면전단력의 결정에 필요한 요소로 옳지 않은 것은?

① 반응수정계수   ② 건물 밑면 너비

③ 건물 고유주기   ④ 건물 중량

02 중심축하중을 받는 강재기둥의 탄성좌굴하중 산정을 위해 필요한 사항으로 옳지 않은 것은?

① 유효좌굴길이   ② 단면계수

③ 탄성계수   ④ 단면2차모멘트

03 조적조 건물에서의 벽량은?

① 바닥면적에 대한 내력벽 총 길이의 비

② 바닥면적에 대한 내력벽 총 두께의 비

③ 바닥면적에 대한 내력벽 총 단면적의 비

④ 바닥면적에 대한 내력벽 총 높이의 비

04 해안지역 건물 설계 시 염분에 대한 대책으로 옳지 않은 것은?

① 피복두께를 증가시킨다.

② 콘크리트의 강도를 증가시킨다.

③ 별도의 표면처리공사를 시행한다.

④ 물−시멘트비가 큰 콘크리트를 사용한다.

05 판보(Plate Girder)의 웨브(Web) 국부좌굴을 방지하기에 가장 적합한 방법은?

① 웨브의 판폭 두께비를 크게 한다.

② 커버플레이트(Cover Plate)를 사용한다.

③ 웨브에 사용하는 강재의 강도를 높인다.

④ 스티프너(Stiffener)를 사용한다.

06 조적조 건물에서 발생하는 백화현상의 방지대책으로 옳지 않은 것은?

① 벽돌과 벽돌 사이를 모르타르로 빈틈없이 채운다.

② 해사를 사용하지 않는 것이 좋다.

③ 흡수율이 높은 벽돌을 사용하여 탄산칼슘의 발생을 억제한다.

④ 파라핀 에멀션 등의 방수제를 사용한다.

07 콘크리트의 크리프(Creep)에 대한 설명으로 옳지 않은 것은?

① 재하 시간이 길어질수록 증가한다.

② 초기 재령 시 재하하면 증가한다.

③ 휨 부재의 경우 압축철근이 많을수록 감소한다.

④ 건조상태일 때보다 습윤상태일 때 증가한다.

08 지하연속벽 또는 슬러리월(Slurry Wall) 공법에 관한 설명으로 옳지 않은 것은?

① 흙막이벽의 기능뿐만 아니라 영구적인 구조벽체 기능을 겸한다.

② 대지 경계선에 근접시켜 설치할 수 있으므로 대지 면적을 최대한 활용할 수 있다.

③ 안정액은 조립된 철근의 형태를 유지하고, 연속벽의 구조체를 형성한다.

④ 차수효과가 우수하여 지하수가 많은 지반의 흙막이공법으로 적합하다.

09 필릿용접에 대한 설명으로 옳지 않은 것은?

① 필릿용접의 유효면적은 유효길이에 유효목두께를 곱한 값으로 한다.

② 구멍필릿용접의 유효길이는 목두께의 중심을 잇는 용접중심선의 길이로 한다.

③ 필릿용접의 유효목두께는 필릿사이즈의 0.7배로 한다.(단, 이음면이 직각인 경우)

④ 필릿용접의 유효길이는 필릿용접의 총길이에서 유효목두께의 2배를 공제한 값으로 한다.

10 철근콘크리트부재 설계 시 철근의 항복강도가 400MPa일 때 가장 작은 값은?

① 슬래브의 건조수축 및 온도철근비

② D19 이형철근 사용 시 내력벽의 최소 수직철근비

③ D16 이형철근 사용 시 내력벽의 최소 수평철근비

④ 기둥의 최소 압축철근비

11 큰 휨강성이 요구되는 장경간 보에 적합하지 않은 것은?

① 커버플레이트보   ② 허니컴보

③ 트러스보   ④ 하이브리드보

12 목조건물의 마루틀 구성에 사용되지 않는 것은?

① 깔도리   ② 멍에

③ 장선   ④ 동바리

13 연약지반에 건물을 시공할 경우, 건물의 부동침하를 방지하기 위한 대책으로 적당하지 않은 것은?

① 건물의 길이 증대

② 건물의 강성 증대

③ 건물의 경량화

④ 온통기초 사용

14 철근콘크리트 구조에서 피복두께에 대한 설명으로 옳지 않은 것은?

① 콘크리트 표면으로부터 최외단 철근 중심까지의 거리로 정의된다.

② 철근콘크리트 구조물의 내구성 및 철근과 콘크리트의 부착력 확보 관점에서 규정된 것이다.

③ 기초판과 같이 흙에 접하여 콘크리트가 타설되고 영구히 흙에 묻혀 있는 부재의 피복두께는 75mm 이상이어야 한다.

④ 옥외 공기나 흙에 노출되지 않는 보와 기둥의 최소피복두께는 40mm이지만 콘크리트 압축강도가 40MPa 이상인 경우 10mm를 저감할 수 있다.

15 단부 갈고리를 사용하지 않은 인장철근의 정착길이에 대한 설명으로 옳지 않은 것은?

① 상부철근은 하부철근보다 부착성능이 떨어지므로 정착길이를 증가시켜야 한다.

② 평균 쪼갬 인장강도가 주어지지 않은 경량콘크리트를 사용할 경우 정착길이를 증가시켜야 한다.

③ 에폭시 도막철근을 사용할 경우 정착길이를 감소시킬 수 있다.

④ 인장철근의 정착길이는 300mm 이상이어야 한다.

16 커튼월(Curtain Wall)에 대한 설명으로 옳지 않은 것은?

① 대부분 공장에서 생산되므로 현장인력이 절감되는 이점이 있다.

② 자중과 상부 커튼월의 하중을 지지하여야 한다.

③ 패스너(Fastener)는 고정방식, 회전방식, 슬라이드방식 등이 있다.

④ 고층건물을 경량화하는 이점이 있다.

17 목구조 접합에 대한 설명으로 옳지 않은 것은?

① 목재를 길이방향으로 접합하는 방법을 이음이라 하고, 두 부재를 직각 또는 경사지게 접합하는 방법을 맞춤이라 한다.

② 이음에는 맞댐이음, 겹침이음, 따낸이음 등이 있다.

③ 듀벨은 볼트와 함께 사용됨으로써 인장과 휨에 대한 강성을 제공한다.

④ 평보를 대공에 달아맬 때 사용하는 ㄷ자형 접합 철물을 감잡이쇠라 한다.

18 건물 구조시스템에 대한 설명으로 옳지 않은 것은?

① 연성모멘트골조방식은 횡력에 대한 저항능력을 증가시키기 위하여 부재와 접합부의 연성을 증가시킨 구조이다.

② 공동주택의 층간소음 저감을 위한 표준바닥구조 시스템에서 슬래브의 최소 두께는 벽식구조가 라멘구조보다 두껍다.

③ 튜브를 여러 개 겹친 묶음튜브(Bundled Tube) 구조를 사용하면 전단지연(Shear Lag) 현상이 증가될 수 있으므로 주의해야 한다.

④ 아웃리거는 건물의 내부 코어와 외부 기둥을 연결하는 트러스 시스템이다.

19 구조물의 고유진동수를 감소시키기 위한 방법으로 옳지 않은 것은?

① 탄성계수를 감소시킨다.

② 구조물의 무게를 감소시킨다.

③ 단면2차모멘트를 감소시킨다.

④ 단면적을 감소시킨다.

20 건축구조물의 구조설계 시 하중산정에 대한 설명으로 옳지 않은 것은?

① 지붕 활하중을 제외한 등분포 활하중은 부재의 영향면적이 $40m^2$ 이상인 경우 최소기본등분포 활하중에 활하중저감계수를 곱하여 저감할 수 있다.

② 적설하중 산정에는 노출계수, 온도계수, 경사계수 등이 영향을 미친다.

③ 풍하중 산정에는 가스트영향계수, 고도분포계수, 중요도계수 등이 영향을 미친다.

④ 지진하중 산정 시 연성이 큰 구조시스템일수록 반응수정계수가 크다.

본 문제는 국토교통부에서 고시한 국가건설기준코드(구조설계기준 : KDS 14 00 00, 건축설계기준 : KDS 41 00 00)에 부합하도록 출제되었습니다.

01 건축물의 구조설계도서에 포함되어야 하는 항목으로 옳지 않은 것은?

① 구조설계서
② 구조설계도
③ 구조체 공사 시방서
④ 견적서

02 토질 및 기초에 대한 설명으로 옳지 않은 것은?

① 점토질 지반에서는 지진시 액상화 현상이 일어나기 쉽다.
② 점토지반 위에 수평으로 긴 건물이 있는 경우에는 건물의 중앙이 침하하기 쉽다.
③ 내부 마찰각은 점토층보다 사질층이 크다.
④ 지지말뚝의 경우 말뚝저항의 중심은 말뚝의 끝에 있다.

03 그림과 같이 길이가 1.0m, 단면적이 500mm²인 탄성 재질의 강봉을 50kN의 힘으로 당겼을 때 강봉의 변형률은? (단, 강봉의 탄성계수는 $E = 2.0 \times 10^5$MPa이다.)

① 1.0×10^{-4}
② 2.0×10^{-4}
③ 2.5×10^{-4}
④ 5.0×10^{-4}

50kN

1.0m

50kN

04 보폭(b)이 400mm인 직사각형 단근보에서 인장철근이 항복할 때 등가직사각형 응력블록의 깊이 (a)는? (단, 인장철근량 $A_s = 2,700$mm², 콘크리트 설계기준압축강도 $f_{ck} = 27$MPa, 철근 설계기준항복강도 $f_y = 400$MPa이다.)

① 100.0mm
② 117.6mm
③ 133.3mm
④ 153.8mm

05 강구조에서 강에 포함된 화학성분에 의한 성질변화 내용으로 옳지 않은 것은?

① 탄소(C)량이 증가할수록 강도는 증가한다.
② 인(P)은 취성을 증가시킨다.
③ 황(S)은 연성을 증가시킨다.
④ 니켈(Ni)은 내식성을 증가시킨다.

06 건축구조에 대한 설명으로 옳지 않은 것은?

① 우발비틀림모멘트는 지진력 작용방향에 직각인 평면치수의 5%에 해당되는 우발편심과 층전단력을 곱하여 산정한다.
② 통상적인 건축물에서는 지붕의 최대높이에서의 속도압을 기준으로 풍하중을 산정한다.
③ 플랫 플레이트(Flat Plate)의 뚫림전단 보강법으로 스터럽(Stirrup) 또는 전단머리(Shear Head) 보강법 등이 있다.
④ 플랫(Flat) 슬래브는 지판(Drop Panel)으로 보강하여 뚫림전단에 대한 안전성을 높인다.

07 경골 목구조에 대한 설명으로 옳지 않은 것은?

① 지붕구조는 활하중에 의한 최대처짐이 경간의 1/360, 총하중에 의한 최대처짐이 경간의 1/240 의 값을 초과할 수 없다.

② 보와 같이 구조내력상 휨에 저항하는 주요부재의 품질은 침엽수 구조용재의 2등급 이상, 구조용 집성재 및 목재단판 적층재의 1급에 적합하거나 이와 동등 이상이어야 한다.

③ 토대는 최소직경 12mm 및 길이 230mm 이상의 앵커볼트 등으로 기초에 고정되어야 하며, 앵커볼트의 머리부분은 기초에 180mm 이상 매립되어야 한다.

④ 내력벽에 설치되는 개구부의 폭은 4m 이하로 하여야 한다.

08 조적조에 사용되는 기둥과 벽체에서 하단은 부재 축에 직각방향으로 횡지지되고 상단은 횡지지되지 않은 경우 부재의 유효높이는?

① 부재 높이의 0.5배 ② 부재 높이의 1.0배
③ 부재 높이의 1.5배 ④ 부재 높이의 2.0배

09 철근콘크리트구조 벽체의 설계제한 규정에 대한 설명으로 옳지 않은 것은?

① 벽체의 수직 및 수평철근의 간격은 벽두께의 5배 이하, 또한 500mm 이하로 하여야 한다.

② 지하실 벽체를 제외한 두께 250mm 이상의 벽체에 대해서는 수직 및 수평철근을 벽면에 평행하게 양면으로 배치하여야 한다.

③ 설계기준 항복강도 400MPa 이상으로서 D16 이하의 이형철근을 사용하는 벽체의 최소 수직철근비는 0.0012이다.

④ 설계기준 항복강도 400MPa 이상으로서 D16 이하의 이형철근을 사용하는 벽체의 최소 수평철근비는 $0.0020 \times \dfrac{400}{f_y}$ 이다.

10 철골부재의 접합부 설계에 대한 설명으로 옳지 않은 것은?

① 설계도서에서 별도로 지정이 없는 한 작은보 및 트러스의 단부접합은 일반적으로 전단력에 대해서만 설계한다.

② 연결재, 새그로드, 띠장 등을 제외한 철골부재 접합부의 설계강도는 45kN 이상이어야 한다.

③ 용접 후 고력볼트를 체결한 모멘트 접합부에 작용되는 하중은 고력볼트와 용접에 분담시킬 수 있다.

④ 기둥의 이음부에서 단면에 인장력이 발생할 우려가 없고, 접합부 단부의 면이 절삭마감에 의하여 밀착된 경우에는 소요압축력 및 소요휨모멘트 각각의 1/2은 접촉면에 의해 직접 응력을 전달시킬 수 있다.

11 목구조의 보강철물에 대한 설명으로 옳지 않은 것은?

① 볼트는 전단력에 저항하고, 듀벨은 인장력에 저항하는 보강철물이다.

② 빗대공과 ㅅ자보의 맞춤부 보강철물로는 꺾쇠를 사용한다.

③ 왕대공과 평보의 접합은 감잡이쇠를 이용한다.

④ 큰보와 작은보는 안장쇠로 접합한다.

12 다음은 돌 표면 마무리에 대한 설명이다. 돌 가공 순서를 바르게 나열한 것은?

> ㄱ. 정으로 쪼아 평탄하고 거친 면으로 다듬는다.
> ㄴ. 철사, 금강사, 카보런덤, 모래, 숫돌 등을 넣어 물을 주어가며 갈아서 광택이 나게 한다.
> ㄷ. 날망치로 평탄하고 균일하게 다듬는다.
> ㄹ. 마름돌의 돌출부를 쇠메로 다듬는다.
> ㅁ. 도드락망치로 더욱 평탄하게 다듬는다.

① ㄱ－ㄹ－ㄴ－ㄷ－ㅁ
② ㄱ－ㅁ－ㄹ－ㄷ－ㄴ
③ ㄹ－ㄱ－ㅁ－ㄷ－ㄴ
④ ㄹ－ㄱ－ㄷ－ㅁ－ㄴ

13 강도설계법에서 양단 연속 1방향 콘크리트 슬래브의 경간(L)이 4.2m일 때, 처짐을 계산하지 않아도 되는 경우 슬래브의 최소두께는? (단, 슬래브는 보통콘크리트와 설계기준항복강도 400MPa의 철근을 사용한다.)

① 13cm   ② 15cm

③ 17cm   ④ 20cm

14 철골구조의 용접접합에 대한 설명으로 옳지 않은 것은?

① 개열(Lamellar Tearing)이란 용접금속의 수축에 의한 국부변형으로 발생되는 층상균열이다.

② 완전용입 그루브용접의 유효목두께는 접합판 중 얇은쪽 판두께로 하며, 필릿용접의 유효목두께는 모살사이즈의 0.7배로 한다.(단, 이음면이 직각인 경우)

③ 그루브용접을 할 때는 개선 부분을 먼저 용접하고, 백가우징을 한 후 뒤쪽을 용접하거나 백가우징이 어려울 때는 뒷댐재를 대고 용접한다.

④ 용접기호표기는 용접하는 쪽이 화살표가 있는 쪽 또는 앞쪽인 경우 기선의 위쪽에 기재한다.

15 트러스 구조형식 중 경사부재를 삭제하는 대신 절점을 강절점화하여 정적 안정성을 확보한 것은?

① 하우트러스(Howe Truss)

② 와렌트러스(Warren Truss)

③ 비렌딜트러스(Vierendeel Truss)

④ 프랫트러스(Pratt Truss)

16 기초 및 지반에 대한 설명으로 옳지 않은 것은?

① 지하연속벽(Slurry Wall) 공법은 가설 흙막이벽을 건물 본체의 구조벽체로 사용할 수 있는 공법이다.

② 샌드드레인공법은 점토질 지반에 사용하는 지반개량공법으로 압밀침하현상을 이용하여 물을 제거하는 공법이다.

③ 현장타설 콘크리트말뚝을 배치할 때 그 중심간격은 말뚝머리직경의 2.0배 이상 또한 말뚝머리직경에 1,000mm를 더한 값 이상으로 한다.

④ 마찰말뚝군의 지지력은 개개의 마찰말뚝 지지력을 합하여 산정한다.

17 철근콘크리트조에서 철근의 피복두께에 관한 기술 중 틀린 것은?

① 철근의 피복두께는 주근의 표면부터 콘크리트의 표면까지의 최단거리를 말한다.

② 현장치기 콘크리트 중 흙에 접하거나 옥외의 공기에 직접 노출되는 콘크리트에 사용되는 D19 이상 철근의 최소피복두께는 50mm이다.

③ 내화를 필요로 하는 구조물의 피복두께는 화열의 온도, 지속시간, 사용골재의 성질 등을 고려하여 정하여야 한다.

④ 다발철근의 피복두께는 다발의 등가지름 이상으로 하여야 한다.

18 다음 그림에서 보와 슬래브가 일체로 타설된 T형보(G_1)의 유효폭(b)은? (단, 슬래브의 두께는 100 mm, 보의 폭은 500mm이다.)

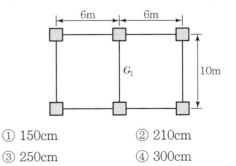

① 150cm   ② 210cm

③ 250cm   ④ 300cm

19 강구조 설계에서 합성기둥의 구조제한에 대한 설명으로 옳지 않은 것은?

① 매입형 합성기둥에서 강재코어의 단면적은 합성기둥 총단면적의 4% 이상으로 한다.

② 매입형 합성기둥에서 연속된 길이방향철근의 최소철근비는 0.004%이다.

③ 매입형 합성기둥에서 강재단면과 길이방향 철근 사이의 순간격은 철근직경의 1.5배 이상 또는 40mm 중 큰 값 이상으로 한다.

④ 충전형 합성기둥에 사용되는 조밀한 원형강관의 판폭두께비는 $0.15E/F_y$ 이하로 한다.(E : 강관의 탄성계수, F_y : 강관의 항복강도)

20 지진력 저항시스템에 대한 설명으로 옳지 않은 것은?

① 모멘트골조와 전단벽 또는 가새골조로 이루어진 이중골조시스템에서 모멘트골조는 설계지진력의 최소 25%를 부담하여야 한다.

② 구조물의 직교하는 2축을 따라 서로 다른 지진력 저항시스템을 사용할 경우, 반응수정계수는 각 시스템에 해당하는 값을 사용하여야 한다.

③ 서로 다른 구조시스템을 조합하여 같은 방향으로 작용하는 횡력에 저항하도록 사용한 경우, 반응수정계수 값은 각 시스템의 최대값을 사용하여야 한다.

④ 반응수정계수가 서로 다른 시스템에 의하여 공유되는 구조부재의 경우, 그 중 큰 반응수정계수에 상응하는 상세를 갖도록 설계하여야 한다.

04회 기출모의고사

소요시간 :

점 수 :

본 문제는 국토교통부에서 고시한 국가건설기준코드(구조설계기준 : KDS 14 00 00, 건축설계기준 : KDS 41 00 00)에 부합하도록 출제되었습니다.

01 철근콘크리트 구조에서 내진보강대책으로 옳지 않은 것은?

① 강도를 증가시킨다.
② 연성을 증가시킨다.
③ 강성을 증가시킨다.
④ 중량을 증가시킨다.

02 최근 건축되고 있는 주상복합건물은 거주공간을 구성하는 상층부의 벽식구조 시스템과 하부의 상업 및 편의시설을 위한 골조구조 시스템으로 구성되는 것이 일반적이다. 이때, 건물 상층부의 골조를 어떤 층의 하부에서 별개의 구조형식으로 전이하는 구조 시스템은?

① 아웃리거(Outrigger)
② 벨트트러스(Belt Truss)
③ 트랜스퍼거더(Transfer Girder)
④ 시어커넥터(Shear Connector)

03 보강조적조 전단벽 내진설계에서 최소단면적 130mm²인 수평벽체의 철근배근에 대한 설명으로 옳지 않은 것은?

① 벽체개구부의 하단과 상단에서는 400mm 또한 철근직경의 20배 이상 연장하여 배근해야 한다.
② 구조적으로 연결된 지붕과 바닥층, 벽체의 상부에 연속적으로 배근한다.
③ 벽체의 하부와 기초의 상단에 장부철근으로 연결 배근한다.
④ 균일하게 분포된 접합부철근이 있는 경우를 제외하고는 3m의 최대 간격을 유지한다.

04 다음 내민보의 B점에 작용하는 반력[kN]과 모멘트 [kN · m]는? (단, 시계방향 모멘트를 정모멘트로 한다)

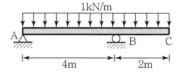

① 상향반력 4.5, 모멘트 0
② 상향반력 4.5, 부모멘트 2
③ 하향반력 4.5, 정모멘트 2
④ 하향반력 4.5, 모멘트 0

05 프리스트레스트 콘크리트구조에서 프리스트레스의 손실원인으로 옳지 않은 것은?

① 프리스트레싱 긴장시 발생한 콘크리트의 팽창
② 포스트텐셔닝 긴장재와 덕트 사이의 마찰
③ 콘크리트의 건조수축과 크리프
④ 긴장재 응력의 릴랙세이션

06 건축구조기준(KDS)에 따른 직사각형 철근콘크리트 보의 폭 b_w가 400mm, 유효깊이 d는 600mm, 콘크리트의 설계기준압축강도 f_{ck}는 25 MPa일 때, 콘크리트에 의한 설계 전단강도[kN]는? (단, 이 보는 전단력과 휨모멘트만을 받는다고 가정하며, 이때 전단경간비(Vud/Mu)와 인장철근비(ρ_w)는 고려하지 않는다)

① 100   ② 150
③ 200   ④ 250

07 철근의 이음에 대한 설명으로 옳지 않은 것은? (단, l_d는 정착길이를 의미한다)

① 압축이형철근의 겹침이음길이는 300mm 이상이어야 하고, 콘크리트의 설계기준강도가 21MPa 미만인 경우는 겹침이음 길이를 $\frac{1}{3}$ 증가시켜야 한다.

② 크기가 다른 이형철근을 압축부에서 겹침이음하는 경우, 이음길이는 크기가 큰 철근의 정착길이와 크기가 작은 철근의 겹침이음길이 중 큰 값 이상이어야 한다.

③ 인장용접이형철망을 겹침이음하는 최소 길이는 2장의 철망이 겹쳐진 길이가 $1.3l_d$ 이상 또한 150mm 이상이어야 한다.

④ 인장용접원형철망의 이음의 경우, 이음위치에서 배치된 철근량이 해석결과 요구되는 소요철근량의 2배 미만인 경우 각 철망의 가장 바깥 교차철선 사이를 잰 겹침길이는 교차철선 한 마디 간격에 50mm를 더한 길이 $1.5l_d$ 또는 150mm 중 가장 큰 값 이상이어야 한다.

08 플랫슬래브의 지판에 대한 설명으로 옳지 않은 것은?

① 플랫슬래브에서 기둥 상부의 부모멘트에 대한 철근을 줄이기 위해 지판을 사용할 수 있다.

② 지판은 받침부 중심선에서 각 방향 받침부 중심 간 경간의 $\frac{1}{6}$ 이상을 각 방향으로 연장시켜야 한다.

③ 지판 부위의 슬래브철근량 계산시 슬래브 아래로 돌출한 지판의 두께는 지판의 외단부에서 기둥이나 기둥머리면까지 거리의 $\frac{1}{4}$ 이하로 취하여야 한다.

④ 지판의 슬래브 아래로 돌출한 두께는 돌출부를 제외한 슬래브 두께의 $\frac{1}{6}$ 이상으로 하여야 한다.

09 철근콘크리트 기초판 설계에 대한 설명으로 옳지 않은 것은?

① 기초판에서 휨모멘트, 전단력 및 철근정착에 대한 위험단면의 위치를 정할 경우, 원형 또는 정다각형인 콘크리트 기둥이나 받침대는 같은 면적의 정사각형 부재로 취급할 수 있다.

② 기초판 상연에서부터 하부 철근까지의 깊이는 흙에 놓이는 기초의 경우는 150mm 이상, 말뚝 기초의 경우는 300mm 이상으로 하여야 한다.

③ 기초판 각 단면에서의 휨모멘트는 기초판을 자른 수직면에서 그 수직면의 $\frac{1}{4}$ 면적에 작용하는 힘에 대해 계산한다.

④ 기초판철근은 각 단면에서 계산된 철근의 인장력 또는 압축력을 기준으로 묻힘길이, 인장갈고리, 기계적 장치 또는 이들의 조합에 의하여 그 단면의 양방향으로 정착하여야 한다.

10 철근콘크리트구조의 슬래브 설계에 대한 설명으로 옳지 않은 것은?

① 1방향슬래브의 두께는 최소 100mm 이상으로 하여야 한다.

② 1방향슬래브의 정모멘트철근 및 부모멘트철근의 중심간격은 위험단면에서는 슬래브두께의 2배 이하이어야 하고, 또한 300mm 이하로 하여야 한다.

③ 등가골조법에서 직접응력에 의한 기둥과 슬래브의 길이변화와 전단력에 의한 처짐은 무시할 수 있다.

④ 직접설계법을 사용하여 슬래브 시스템을 설계하기 위해서는 각 방향으로 연속한 받침부 중심간 경간길이의 차이는 긴 경간의 $\frac{1}{2}$ 이하이어야 한다.

11 연약지반의 기초에서 부등침하의 가능성이 가장 낮은 것은?

① 건축물의 기초를 일체식 기초로 하는 경우
② 건축물이 이질 지층에 있는 경우
③ 지하수위가 변경되는 경우
④ 한 건축물에 서로 다른 지정을 사용한 경우

12 조적식 구조의 구조제한사항에 대한 설명으로 옳지 않은 것은?

① 하나의 층에 있어서 개구부와 그 바로 위층에 있는 개구부와의 수직거리는 60cm 이상으로 해야 한다.
② 토압을 받는 내력벽은 조적식구조로 하여서는 안 된다. 다만, 토압을 받는 부분의 높이가 2.5m를 넘지 아니하는 경우에는 조적식 구조인 벽돌구조로 할 수 있다.
③ 조적식 구조의 담의 높이는 4m 이하로 하며, 일정길이마다 버팀벽을 설치해야 한다.
④ 각층의 대린벽으로 구획된 각 벽에 있어서 개구부의 폭의 합계는 그 벽 길이의 $\frac{1}{2}$ 이하로 해야 한다.

13 다음과 같은 하중을 받는 트러스에서 응력이 없는 부재의 수[개]는? (단, 트러스 부재의 자중은 무시한다)

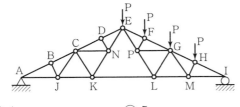

① 4 　　　　　　② 5
③ 6 　　　　　　④ 7

14 목재를 섬유방향과 평행하게 가력할 경우 가장 낮은 강도는?

① 압축강도
② 전단강도
③ 인장강도
④ 휨강도

15 기성콘크리트말뚝에 대한 설명으로 옳지 않은 것은?

① 기성콘크리트말뚝의 허용압축응력은 콘크리트 설계기준강도의 최대 $\frac{1}{3}$ 까지로 한다.
② 사용하는 콘크리트의 설계기준강도는 35MPa 이상으로 한다.
③ 주근의 피복두께는 300mm 이상으로 한다.
④ 허용지지력은 말뚝의 최소단면에 대하여 구하는 것으로 한다.

16 조적조에 사용되는 모르타르와 그라우트에 대한 설명으로 옳지 않은 것은? (단, 시멘트의 단위용적 중량은 1.2kg/L 정도이고, 세골재는 표면건조 내부포수 상태이며, 결합재는 주로 시멘트를 사용한다)

① 시멘트성분을 지닌 재료 또는 첨가제들은 에폭시수지와 그 부가물이나 페놀, 석면섬유 또는 내화점토를 포함할 수 없다.
② 2층 건물 벽돌 조적조의 충전 모르타르 배합의 용적비(시멘트 : 세골재)는 1 : 2.5이다.
③ 바닥용 깔 모르타르의 용적배합비(세골재/결합재)는 3.0~6.0이다.
④ 그라우트의 압축강도는 조적 개체 강도의 1.3배 이상으로 한다.

17 다음과 같은 조건의 강구조 인장재설계에서 중심축 인장력을 받는 인장재의 설계인장강도[kN]는?

- 강재의 항복강도 : 235MPa
- 강재의 인장강도 : 400MPa
- 부재의 총단면적 : 1,000mm^2
- 부재의 순단면적 : 900mm^2
- 전단지연계수 : 0.8

① 211.5   ② 216.0

③ 235.0   ④ 288.0

18 목구조의 못접합부에 대한 설명으로 옳지 않은 것은?

① 접합부위에 결점이 있는 경우에는 결점 주변의 섬유주행경사가 접합부의 내력에 미치는 영향을 고려한다.

② 접합부위에 못으로 인한 현저한 할렬이 발생해서는 안 되며, 할렬이 발생할 가능성이 있는 경우에는 못지름의 80%를 초과하지 않는 지름의 구멍을 미리 뚫고 못을 박는다.

③ 경사못박기는 부재와 약 30도의 경사각을 갖도록 하고 부재의 끝면으로부터 못길이의 약 $\frac{1}{3}$ 되는 지점에서 박기 시작한다.

④ 목재의 끝면에 못이 설치된 경우의 못뽑기하중은 목재의 측면에 설치된 못에 대한 못뽑기하중의 $\frac{1}{2}$ 로 한다.

19 철골구조의 고장력볼트에 대한 설명으로 옳지 않은 것은?

① 고장력볼트의 구멍중심 간의 거리는 공칭직경의 2.5배 이상으로 한다.

② 고장력볼트의 구멍중심에서 볼트머리 또는 너트가 접하는 재의 연단까지의 최대거리는 판두께의 12배 이하 또한 150mm 이하로 한다.

③ M22 고장력볼트를 사용할 경우 고장력볼트의 대형구멍의 직경은 26mm로 한다.

④ 고장력볼트의 설계볼트장력은 볼트의 인장강도의 0.7배에 볼트의 공칭단면적의 0.75배를 곱한 값이다.

20 철근콘크리트 슬래브설계에서 처짐을 계산하지 않는 경우, 다음과 같은 조건을 가진 리브가 있는 1방향슬래브의 최소 두께[mm]는?

- 지지조건 : 양단연속
- 골조에서 절점 중심을 기준으로 측정된 슬래브의 길이(l) : 4,200mm
- 콘크리트의 단위질량(W_c) : 2,300kg/m^3
- 철근의 설계기준항복강도(f_y) : 350MPa

① 139.5   ② 150.0

③ 186.0   ④ 200.0

05회 기출모의고사

소요시간:

점　수:

본 문제는 국토교통부에서 고시한 국가건설기준코드(구조설계기준 : KDS 14 00 00, 건축설계기준 : KDS 41 00 00)에 부합하도록 출제되었습니다.

01 건축구조기준(KDS)에서 규정한 기본등분포활하중이 가장 큰 부분은?

① 기계실(공조실, 전기실, 기계실 등)
② 주차장 중 총중량 30kN 이하의 차량(옥내)
③ 판매장 중 창고형 매장
④ 체육시설 중 체육관 바닥, 옥외 경기장

02 균형철근비를 초과하는 주인장철근이 배근된 철근콘크리트 보에 나타나는 특징으로 옳지 않은 것은?

① 극한상태에서는 취성적인 파괴가 나타난다.
② 중립축의 위치는 균형철근비 이하로 보강된 경우보다 주인장철근 방향으로 내려간다.
③ 사용하중에 대한 처짐은 균형철근비 이하로 보강된 경우보다 작게 나타난다.
④ 극한상태의 휨강도는 균형철근비 이하로 보강된 경우보다 작게 나타난다.

03 목구조 접합부에 대한 설명으로 옳은 것은?

① 길이를 늘이기 위하여 길이 방향으로 접합하는 것을 맞춤이라하고 경사지게 만나는 부재 사이에서 양 부재를 가공하여 끼워 맞추는 접합을 이음이라 한다.
② 맞춤부위에서 만나는 부재는 서로 밀착되지 않도록 공간을 두어 접합한다.
③ 인장을 받는 부재에 덧댐판을 대고 길이이음을 하는 경우 덧댐판의 면적은 요구되는 접합면적의 1.0배 이상이어야 한다.

④ 못 접합부에서 경사못박기는 부재와 약 30도의 경사각을 갖도록 한다.

04 콘크리트구조기준을 적용하여 철근콘크리트 휨부재를 설계 및 해석할 때 옳지 않은 것은?

① 연속 휨부재에서 휨모멘트의 재분배는 휨모멘트를 감소시킬 단면에서 최외단 인장철근의 순인장변형률이 0.0075 이상인 경우에만 가능하다.
② 휨철근의 응력이 설계기준항복강도 이하일 때, 철근의 응력은 그 변형률에 철근의 단면적을 곱한 값으로 한다.
③ 긴장재를 제외한 철근의 설계기준항복강도는 600MPa를 초과하지 않아야 한다.
④ 포스트텐션 정착부 설계에서, 최대 프리스트레싱 강재의 긴장력에 대하여 하중계수 1.2를 적용하여야 한다.

05 KDS에서 구조용 목재에 대한 설명으로 옳지 않은 것은?

① 기계등급구조재는 휨탄성계수를 측정하는 기계장치에 의하여 등급 구분한 구조재이다.
② 건조재는 침엽수구조재의 건조상태 구분에 따라 KD15와 KD19로 구분한다.
③ 육안등급구조재는 침엽수구조재의 각 재종별로 규정된 등급별 품질기준에 따라서 5가지 등급으로 구분한다.
④ 침엽수구조재의 수종구분은 낙엽송류, 소나무류, 잣나무류, 삼나무류로 구분한다.

06 수동크레인을 설계할 경우 철골 보의 처짐 한계로 옳은 것은?

① 스팬의 1/200
② 스팬의 1/250
③ 스팬의 1/300
④ 스팬의 1/500

07 옹벽의 안정조건에 대한 설명으로 옳지 않은 것은?

① 활동에 대한 저항력은 옹벽에 작용하는 수평력의 1.5배 이상이어야 한다.
② 전도에 대한 저항모멘트는 횡토압에 의한 전도 휨모멘트의 2.0배 이상이어야 한다.
③ 지반에 유발되는 최대 지반반력이 지반의 극한 지지력을 초과하지 않아야 한다.
④ 활동에 대한 안정조건만을 만족하지 못한 경우에는 활동방지벽을 설치하여 활동저항력을 증대시킬 수 있다.

08 다음 캔틸레버 보에 대하여 경간(L)의 1/2지점에 집중하중(P)이 작용한다. 이때 자유단(a점)의 처짐은? (단, 부재 경간 전체에 대하여 탄성계수(E)와 단면2차모멘트(I)는 동일하다.)

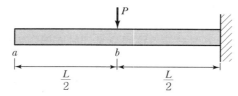

① $\dfrac{PL^3}{3EI}$

② $\dfrac{PL^3}{48EI}$

③ $\dfrac{5PL^3}{48EI}$

④ $\dfrac{5PL^3}{384EI}$

09 KDS 말뚝재료의 허용응력에 대한 설명으로 옳지 않은 것은?

① 기성콘크리트말뚝의 허용압축응력은 콘크리트 설계기준강도의 최대 1/4까지로 한다.
② 나무말뚝의 허용압축응력은 소나무, 낙엽송, 미송에 있어서는 6MPa로 한다.
③ 강재말뚝의 허용압축력은 일반의 경우 부식부분을 제외한 단면에 대해 재료의 항복응력과 국부좌굴응력을 고려하여 결정한다.
④ 영구케이싱이 없는 현장타설콘크리트말뚝의 최대허용압축하중은 콘크리트설계기준강도의 0.3 이하로 한다.

10 철골구조에서 병용접합에 대한 설명으로 옳지 않은 것은?

① 전단접합에서 볼트접합은 용접과 조합해서 하중을 부담시킬 수 없다.
② 1개소의 이음 또는 접합부에 고력장볼트와 볼트를 겸용하는 경우에 강성이 큰 고장력볼트에 전내력을 부담시켜야 한다.
③ 내진성능요구도가 낮은 접합부를 제외한 기둥-보 모멘트 접합부에서 용접과 볼트가 병용될 경우에 볼트는 마찰접합을 사용한다.
④ 마찰볼트접합으로 기 시공된 구조물을 개축할 경우 병용되는 용접은 추가된 소요강도를 받는 것으로 용접설계를 병용할 수 있다.

11 조적벽이 구조물의 횡안정성 확보를 위해 사용될 때 경험적 설계를 위한 전단벽간의 최대 간격 비율(벽체 간 간격 : 전단벽길이)이 가장 큰 바닥판 또는 지붕 유형은?

① 콘크리트타설 철재 데크
② 현장타설 콘크리트
③ 무타설 철재 데크
④ 프리캐스트 콘크리트

12 휨모멘트와 축력을 받는 철근콘크리트 부재가 인장지배단면이 되기 위한 최외단 인장철근의 인장지배 변형률 한계는? (단, 인장철근의 설계기준 항복강도는 500MPa이다.)

① 0.004 ② 0.005
③ 0.00625 ④ 0.0075

13 그림과 같은 구조물의 판별 결과로 옳은 것은?

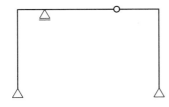

① 불안정 구조물
② 정정 구조물
③ 1차 부정정 구조물
④ 2차 부정정 구조물

14 강재의 용접성을 나타내는 지표의 하나로 탄소와 탄소 이외의 원소를 탄소의 상당량으로 환산하여 산정한 탄소당량(Ceq)이라는 값이 쓰이는데, 건축구조용 강재의 탄소당량을 산정하는 구성성분으로 옳지 않은 것은?

① Cr(크롬) ② Mn(망간)
③ V(바나듐) ④ Na(나트륨)

15 단면의 성질에 관한 설명으로 옳지 않은 것은?

① 단면의 도심을 지나는 축에 대한 단면1차모멘트는 0이다.
② 단면상의 서로 평행한 축에 대한 단면2차모멘트 중 도심축에 대한 단면2차모멘트가 최대이다.
③ 단면의 주축에 대한 단면상승모멘트는 0이다.
④ 동일 원점에 대한 단면극2차모멘트 값은 직교좌표축의 회전에 관계없이 일정하다.

16 건축구조기준(KDS)에서 최상층을 제외한 보통 중량 콘크리트인 부재 접합부에 정착되고 에폭시를 도막하지 않은 확대머리 이형철근의 인장에 대한 기본정착길이(l_{dt})는? (단, f_y는 철근의 설계기준항복강도, f_{ck}는 콘크리트의 설계기준압축강도, d_b는 철근직경이며, 확대머리 이형철근의 정착길이 설계를 위한 모든 제한 사항은 만족하는 것으로 가정한다.)

① $0.22\dfrac{f_y d_b}{\psi\sqrt{f_{ck}}}$ ② $0.24\dfrac{f_y d_b}{\psi\sqrt{f_{ck}}}$

③ $0.25\dfrac{f_y d_b}{\psi\sqrt{f_{ck}}}$ ④ $0.60\dfrac{f_y d_b}{\psi\sqrt{f_{ck}}}$

17 풍하중 산정방법에 대한 설명으로 옳은 것은?

① 풍하중은 주골조설계용 수평풍하중, 지붕풍하중 및 외장재 설계용 풍하중으로 구분한다.
② 주골조설계용 지붕풍하중을 산정할 때 내압의 영향은 고려하지 않는다.
③ 설계속도압은 수압면적과 설계풍속을 곱하여 산정한다.
④ 통상적인 건축물에서는 가장 높은 지붕의 높이를 기준높이로 하며, 그 기준높이에서의 속도압을 기준으로 풍하중을 산정한다.

18 래티스형식 조립압축재에 대한 설명으로 옳은 것은?

① 조립부재의 재축방향의 접합간격은 소재세장비가 조립압축재의 최대세장비를 초과하도록 한다.
② 단일래티스부재의 세장비는 140 이하로 한다.
③ 압축력을 받는 래티스의 길이는 단일래티스의 경우 주부재와 접합되는 비지지된 대각선의 길이이며, 복래티스의 경우 이 길이의 50%로 한다.
④ 단일래티스의 경우 부재축에 대한 래티스부재의 기울기는 50° 이상으로 한다.

19 허용응력설계법을 적용한 보강조적조의 철근배근에 대한 설명으로 옳지 않은 것은?

① 최대철근 치수는 35mm로 한다.

② 최대철근 면적은 겹침이 없는 경우 공동면적의 5%, 겹침이 있는 경우 공동면적의 10%가 되어야 한다.

③ 줄눈보강근 이외 철근의 최소피복은 외부에 노출되어 있을 때는 40mm, 흙에 노출되어 있을 때는 50mm이다.

④ 원형철근에 대한 정착길이는 인장력을 받는 경우 이형철근이나 이형철선에 요구되는 정착길이의 2배로 한다.

20 직사각형 단면을 가지는 철근콘크리트 단근보의 계수휨모멘트(M_u)가 850×10^6N · mm이고, 공칭강도저항계수(R_n)가 4N/mm²이다. 보 유효깊이의 제곱(d^2)이 500,000mm²이고 최외단 인장철근의 순인장변형률이 0.01일 때, 계수휨모멘트를 만족하기 위한 보의 최소폭은? (단, $R_n = \rho f_y \left(1 - \dfrac{\rho f_y}{1.7 f_{ck}}\right)$이며, ρ는 인장철근비, f_{ck}는 콘크리트의 설계기준압축강도, f_y는 철근의 설계기준항복강도이다.)

① 500mm ② 550mm

③ 600mm ④ 650mm

본 문제는 국토교통부에서 고시한 국가건설기준코드(구조설계기준 : KDS 14 00 00, 건축설계기준 : KDS 41 00 00)에 부합하도록 출제되었습니다.

01 일반적인 현장타설콘크리트를 이용한 보 슬래브 (Beam Slab) 구조 시스템에 비하여 플랫 슬래브 (Flat Slab) 구조 시스템이 가지는 특성 중 옳지 않은 것은?

① 거푸집 제작이 용이하여 공기를 단축할 수 있다.
② 기둥 지판의 철근 배근이 복잡해지고 바닥판이 무거워진다.
③ 층고를 낮출 수 있어 실내이용률이 높다.
④ 골조의 강성이 높아서 고층 건물에 유리하다.

02 그림과 같은 철근콘크리트 기둥 단면에서 건축구조기준(KDS)에 따른 띠철근의 최대 수직간격에 가장 근접한 값은? (단, 다른 부재 및 앵커볼트와 접합되는 부위가 아니며, 전단이나 비틀림 보강철근, 내진설계 특별 고려사항 등이 요구되지 않는다.)

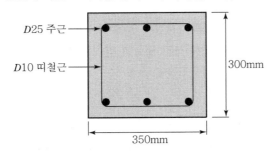

$D25$ 주근
$D10$ 띠철근
300mm
350mm

① 250mm   ② 300mm
③ 350mm   ④ 480mm

03 소규모 건축물의 조적식 구조에 대한 설명으로 옳은 것은?

① 높이 4m를 초과하는 내력벽의 벽길이는 10m 이하로 하고 내력벽으로 둘러싸인 부분의 바닥 면적은 70m²를 넘을 수 없다.
② 폭이 1.6m를 넘는 개구부의 상부에는 철근콘크리트조의 윗인방을 설치해야 한다.
③ 상부 하중을 받는 내력벽은 통줄눈으로 벽돌을 쌓아야 한다.
④ 각층의 대린벽으로 구획된 각 내력벽에 있어서 개구부의 폭의 합계는 그 벽의 길이의 2분의 1 이하로 하여야 한다.

04 다음 그림과 같이 면적이 같은 (A), (B) 단면이 있다. 각 단면의 X 축에 대한 탄성단면계수의 비[(A) 단면 : (B) 단면]와 소성단면계수의 비 [(A) 단면 : (B) 단면]가 모두 옳은 것은?

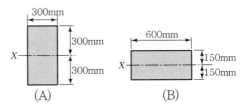

300mm
300mm
300mm
X
(A)

600mm
150mm
150mm
X
(B)

① 탄성단면계수의 비 4 : 1,
   소성단면계수의 비 4 : 1
② 탄성단면계수의 비 4 : 1,
   소성단면계수의 비 2 : 1
③ 탄성단면계수의 비 2 : 1,
   소성단면계수의 비 4 : 1
④ 탄성단면계수의 비 2 : 1,
   소성단면계수의 비 2 : 1

05 건축구조기준(KDS)에 따라 목구조의 접합부를 설계할 때, 목재의 갈라짐을 방지하기 위해 요구되는 못의 최소 연단거리는? (단, 미리 구멍을 뚫지 않는 경우이며, 못의 지름(D)은 3mm이다.)

① 9mm   ② 15mm

③ 30mm   ④ 60mm

06 압연 H형강(H-300×300×10×15, r=18mm)에서 웨브의 판폭두께비는?

① 23.4   ② 25.2

③ 27.0   ④ 28.8

07 건축구조기준(KDS)에 따라 철근콘크리트 벽체를 설계할 경우 이에 대한 설명으로 옳지 않은 것은?

① 지름 10mm 용접철망의 벽체의 전체 단면적에 대한 최소 수평철근비는 0.0012이다.

② 두께 250mm 이상인 지상 벽체에서 외측면 철근은 외측면으로부터 50mm 이상, 벽두께의 1/3 이내에 배치하여야 한다.

③ 정밀한 구조해석에 의하지 않는 한, 각 집중하중에 대한 벽체의 유효 수평길이는 하중 사이의 중심거리 그리고 하중 지지폭에 벽체 두께의 4배를 더한 길이 중 작은 값을 초과하지 않도록 하여야 한다.

④ 수직 및 수평철근의 간격은 벽두께의 3배 이하, 또한 450 mm 이하로 하여야 한다.

08 건축구조기준(KDS)에 따라 목구조를 설계할 때, 옳은 것은?

① 휨부재의 처짐 산정 시 보의 최대처짐은 활하중만 고려할 때에는 부재길이의 1/240, 활하중과 고정하중을 함께 고려할 때에는 1/360보다 작아야 한다.

② 모든 목재가 1등급인 침엽수 육안등급구조재의 기준허용휨응력의 크기는 낙엽송류>소나무류>삼나무류>잣나무류 순이다.

③ 가설구조물이 아닌 경우 고정하중, 활하중, 지진하중, 시공하중인 설계하중 중에서, 설계허용휨응력의 보정계수 중 하나인 하중기간계수 C_D 값이 가장 큰 것은 지진하중이다.

④ 목재의 기준탄성계수(E)로부터 설계탄성계수(E')를 결정하기 위해 적용 가능한 보정계수에는 습윤계수(C_M), 온도계수(C_t), 치수계수(C_F), 부피계수(C_V) 등이 있다.

09 KDS 구조기준의 지반조사방법에 대한 설명으로 옳지 않은 것은?

① 평판재하시험의 재하판은 지름 300mm를 표준으로 한다.

② 평판재하시험의 재하는 5단계 이상으로 나누어 시행하고 각 하중 단계에 있어서 침하가 정지되었다고 인정된 상태에서 하중을 증가한다.

③ 말뚝의 재하시험에서 최대하중은 지반의 극한지지력 또는 예상되는 설계하중의 2배를 원칙으로 한다.

④ 말뚝박기시험에 있어서는 말뚝박기기계를 적절히 선택하고 필요한 깊이에서 매회의 관입량과 리바운드량을 측정하는 것을 원칙으로 한다.

10 강구조 필릿용접의 최소 및 최대 사이즈는? (단, 접합부의 얇은 쪽 모재두께(t)는 10mm이다.)

① 최소 : 3mm, 최대 : 8mm

② 최소 : 5mm, 최대 : 8mm

③ 최소 : 3mm, 최대 : 10mm

④ 최소 : 5mm, 최대 : 10mm

11 건축구조기준(KDS)에 따른, 수축 및 온도변화에 대한 변형이 심하게 구속되지 않은 1방향 철근콘크리트 슬래브의 최소수축·온도철근비는? (단, 사용된 철근은 500MPa의 설계기준항복강도를 가지는 이형철근이다.)

① 0.0014   ② 0.0016

③ 0.0018   ④ 0.0020

12 다음 트러스 구조물에서 부재력이 발생하지 않는 부재의 개수는? (단, 트러스의 자중은 무시한다.)

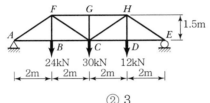

① 5   ② 3

③ 1   ④ 0

13 KDS에 따라 콘크리트 평가를 하기 위해 각 날짜에 친 각 등급의 콘크리트 강도시험용 시료의 최소 채취 기준으로 옳지 않은 것은? (단, 콘크리트를 치는 전체량은 각 답항에 대하여 채취를 할 수 있는 양이다.)

① 하루에 1회 이상

② 200m³당 1회 이상

③ 슬래브나 벽체의 표면적 500m²마다 1회 이상

④ 배합이 변경될 때마다 1회 이상

14 고장력볼트 접합부의 설계강도 산정 시 볼트에 관한 검토 사항이 아닌 것은?

① 마찰접합 설계미끄럼강도

② 지압접합 설계인장강도

③ 볼트 구멍의 설계지압강도

④ 설계블록전단파단강도

15 한국산업표준(KS)에서 구조용 강재 SM275A에 대한 설명으로 옳지 않은 것은?

① SM은 용접구조용 압연강재임을 의미한다.

② 최저 항복강도가 275MPa임을 나타낸다.

③ 기호 끝의 알파벳은 A, B, C의 순으로 용접성이 불량함을 의미한다.

④ 항복강도는 강재의 판 두께에 따라 달라질 수 있다.

16 균질한 탄성재료로 된 단면이 500×500mm인 정사각형 기둥에 압축력 1,000kN이 편심거리 20mm에 작용할 때 최대압축응력의 크기는? (단, 처짐에 의한 추가적인 휨모멘트 및 좌굴은 무시한다.)

① 4,960kN/m²

② 4,000kN/m²

③ 3,040kN/m²

④ 960kN/m²

17 건축구조기준(KDS)에 따른 말뚝재료별 구조세칙 중 말뚝의 중심간격에 대한 설명으로 옳은 것은?

① 나무말뚝을 타설할 때 그 중심간격은 말뚝머리지름의 2.5배 이상 또한 600mm 이상으로 한다.

② 기성콘크리트말뚝을 타설할 때 그 중심간격은 말뚝머리지름의 2.0배 이상 또한 600mm 이상으로 한다.

③ 매입말뚝을 배치할 때 그 중심간격은 말뚝머리지름의 2.5배 이상 또한 550mm 이상으로 한다.

④ 폐단강관말뚝을 타설할 때 그 중심간격은 말뚝머리의 지름 또는 폭의 2.0배 이상 또한 550mm 이상으로 한다.

18 그림과 같이 C 위치에서 집중하중 P를 받는 단순보가 탄성거동을 할 경우, 보 전체경간의 1/2 위치에서 발생하는 휨모멘트는? (단, $b > a$이고, 자중은 무시하며 정모멘트를 $+$로 가정한다.)

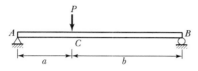

① $\dfrac{P_{ab}}{a+b}$　　　② $\dfrac{P_a}{a+b}$

③ $\dfrac{P_a}{2}$　　　④ $\dfrac{P_b}{a+b}$

19 건축구조기준(KDS)에 따라 깊은보가 아닌 일반 철근콘크리트 보의 휨강도를 설계할 때 단면의 응력과 변형률 분포에 대한 설명으로 옳은 것은? (단, 콘크리트는 설계기준압축강도 30MPa, 철근은 설계기준항복강도 600MPa를 사용한다.)

① 철근과 콘크리트의 변형률은 중립축으로부터 거리에 비례하는 것으로 가정할 수 없다.

② 등가직사각형 응력블록에서 콘크리트 등가압축 응력의 크기는 30MPa이다.

③ 등가직사각형 응력블록의 깊이는 압축연단에서 중립축까지 거리의 0.85를 곱한 값으로 한다.

④ 압축철근을 배근할 경우 압축철근은 콘크리트 압축강도와 상관없이 항복하지 않는다.

20 다음과 같은 벽돌구조의 기초쌓기에서 A 값으로 옳은 것은? (단, 벽돌은 표준형 벽돌을 사용한다.)

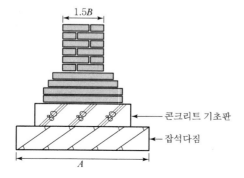

① 58cm　　　② 63cm

③ 75cm　　　④ 100cm

본 문제는 국토교통부에서 고시한 국가건설기준코드(구조설계기준 : KDS 14 00 00, 건축설계기준 : KDS 41 00 00)에 부합하도록 출제되었습니다.

01 기초의 설치 및 설계에 대한 유의사항으로 옳지 않은 것은?

① 다른 형태의 기초나 말뚝을 동일 건물에 혼용하여 부동침하의 위험성을 줄이도록 한다.

② 지하실은 가급적 건물 전체에 균등히 설치하여 부동침하를 줄이는 데 유의한다.

③ 땅속의 경사가 심한 굳은 지반에 올려놓은 기초나 말뚝은 슬라이딩의 위험성이 있다.

④ 지중보를 충분히 크게 하여 강성을 증가시켜 부동침하를 방지하도록 한다.

02 일반 철근콘크리트구조와 비교할 경우, 프리스트레스트 콘크리트구조의 특징에 대한 설명으로 옳지 않은 것은?

① 균열의 억제에 유리하다.

② 처짐을 억제하여 장경간구조에 유리하다.

③ 고강도 재료의 사용에 따른 재료의 절감이 가능하다.

④ 고강도 강재의 사용으로 인해서 내화성능이 우수하다.

03 철근콘크리트 부재에서 인장이형철근의 정착길이(l_d)에 대한 설명으로 옳지 않은 것은? (단, 정착길이(l_d)는 300mm 이상이다.)

① 콘크리트 설계기준압축강도가 증가할수록 정착길이는 짧아진다.

② 철근의 설계기준항복강도가 증가할수록 정착길이는 짧아진다.

③ 횡방향 철근간격이 작을수록 정착길이는 짧아진다.

④ 에폭시 도막철근이 도막되지 않은 철근보다 정착길이가 길다.

04 철근콘크리트 기둥에서 띠철근에 대한 설명으로 옳지 않은 것은?

① D32 이하의 축방향철근은 D10 이상의 띠철근으로, D35 이상의 축방향철근과 다발철근은 D13 이상의 띠철근으로 둘러싸야 한다.

② 띠철근 수직간격은 축방향철근 지름의 16배 이하, 띠철근 지름의 48배 이하, 또한 기둥단면의 최소치수 이하로 하여야 한다.

③ 축방향철근의 순간격이 100mm 이상 떨어진 경우 추가 띠철근을 배치하여 축방향철근을 횡지지하여야 한다.

④ 기초판 또는 슬래브의 윗면에 연결되는 기둥의 첫 번째 띠철근 간격은 다른 띠철근 간격의 1/2 이하로 하여야 한다.

05 등가정적해석법에 의한 지진하중 산정 시 고려하지 않아도 되는 것은?

① 가스트영향계수(G_f)

② 반응수정계수(R)

③ 중요도계수(I_E)

④ 건물의 중량(W)

06 KDS 구조기준 용어에 대한 설명으로 옳은 것은?

① 제재치수 : 목재를 제재한 후 건조 및 대패가공하여 최종제품으로 생산된 치수

② 단판적층재 : 단판의 섬유방향이 서로 평행하게 배열되어 접착된 구조용 목질재료

③ 습윤사용조건 : 목구조물의 사용 중에 평형함수율이 15%를 초과하게 되는 온도 및 습도 조건

④ 공칭치수 : 목재의 치수를 실제치수보다 큰 10의 배수로 올려서 부르기 편하게 사용하는 치수

07 다음 정정 트러스 구조에서 부재력이 0인 부재는? (단, 모든 부재의 자중은 무시한다.)

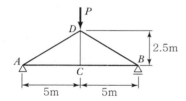

① CD 부재

② AC 부재

③ AD 부재

④ 부재력이 0인 부재는 없다.

08 스팬의 중앙에 집중하중을 받는 강재 보의 탄성처짐에 영향을 주는 요인이 아닌 것은?

① 재료의 인장강도

② 재료의 탄성계수

③ 부재의 단면형상

④ 부재의 단부 지점조건

09 철근콘크리트구조 벽체의 수평철근에 설계기준항복강도 400MPa인 D16 이형철근을 사용할 경우, 벽체의 전체 단면적에 대한 최소수평철근비는?

① 0.0012

② 0.0015

③ 0.0020

④ 0.0025

10 보강조적조의 구조세칙에 대한 설명으로 옳지 않은 것은?

① 보강조적조에서 휨철근의 정착길이는 묻힘길이와 정착 또는 인장만 받는 경우는 갈고리의 조합으로 확보할 수 있다.

② 기둥의 길이방향철근은 테두리에 띠철근으로 둘러싸야 하며, 길이방향철근은 135° 이하로 굽어진 폐쇄형 띠철근으로 고정되어야 한다.

③ 기둥에 설치되는 앵커볼트 보강용 띠철근은 기둥 상부로부터 50mm 이내에 최상단 띠철근을 설치하며, 기둥 상부로부터 130mm 이내에 단면적은 260mm² 이상으로 배근하여야 한다.

④ 보강조적벽의 휨응력 산정을 위한 압축면적의 유효폭은 공칭벽두께나 철근 간 중심거리의 8배를 초과하지 않는다.

11 고장력볼트 마찰접합의 특징으로 옳지 않은 것은?

① 설계하중 상태에서 접합부재의 미끄러짐이 생기지 않는다.

② 유효단면적당 응력이 크며, 피로강도가 낮다.

③ 높은 접합강성을 유지하는 접합방법이다.

④ 응력방향이 바뀌더라도 혼란이 일어나지 않는다.

12 말뚝기초에 대한 설명으로 옳지 않은 것은?

① 말뚝기초 설계 시 하중의 편심을 고려하여 가급적 3개 이상의 말뚝을 박는다.

② 말뚝기초 설계 시 발전기 등에 의한 진동의 영향으로 지반 액상화의 우려가 없는지 조사한다.

③ 말뚝기초의 허용지지력 산정 시 말뚝과 기초판 저면에 대한 지반의 지지력을 함께 고려하여야 한다.

④ 기성콘크리트말뚝을 타설할 때 그 중심간격은 말뚝머리지름의 2.5배 이상 또한 750mm 이상으로 한다.

13 목구조의 구조계획에 대한 설명으로 옳지 않은 것은?

① 가새는 골조의 스팬방향과 도리방향에 균형을 이루도록 배치한다.

② 가새는 그 단부를 구조내력상 중요한 세로재와 접합한다.

③ 주각을 직접 기초 위에 설치하는 경우에는 철물로 긴결한다.

④ 단일기둥은 원칙적으로 이음을 피한다.

14 휨과 축력을 받는 철근콘크리트 보의 설계 일반에 대한 설명으로 옳지 않은 것은?

① 철근과 콘크리트의 변형률은 중립축으로부터 거리에 비례하는 것으로 가정할 수 있다.

② 인장철근이 설계기준항복강도에 대응하는 변형률에 도달하고 동시에 압축 콘크리트가 가정된 극한변형률에 도달할 때, 그 단면이 균형변형률 상태에 있다고 본다.

③ 압축연단 콘크리트가 가정된 극한변형률에 도달할 때, 최외단 인장철근의 순인장변형률이 압축지배변형률 한계 이하인 단면을 인장지배단면이라고 한다.

④ 휨부재의 강도를 증가시키기 위하여 추가 인장철근과 이에 대응하는 압축철근을 사용할 수 있다.

15 구조용 강재의 명칭과 강종의 연결이 바르지 않은 것은?

① 건축구조용 압연강재 – SN275A

② 용접구조용 내후성 열간압연강재 – SMA275AW

③ 용접구조용 압연강재 – SM355A

④ 건축구조용 열간압연 형강 – SS275

16 강재단면의 분류에서 비콤팩트 단면에 대한 설명으로 옳은 것은?

① 완전소성 응력분포가 발생할 수 있고, 국부좌굴이 발생하기 전에 충분한 곡률연성비를 발휘할 수 있는 단면

② 국부좌굴이 발생하기 전에 압축요소에 항복응력이 발생할 수 있으나 회전능력이 3을 갖지 못하는 단면

③ 탄성범위 내에서 국부좌굴이 발생할 수 있는 단면

④ 단면을 구성하는 요소 중 하나 이상의 압축판요소가 세장판 요소인 경우

17 단면의 크기가 10×10cm이고 길이가 2m인 기둥에 80kN의 압축력을 가했더니 길이가 2mm 줄어들었다. 이 부재에 사용된 재료의 탄성계수는?

① 8.0×10^2MPa

② 8.0×10^3MPa

③ 8.0×10^4MPa

④ 8.0×10^5MPa

18 보강조적조의 강도설계법에서 내진설계를 위한 부재의 치수제한으로 옳은 것은?

① 보의 폭은 100mm보다 작아서는 안 된다.

② 피어의 폭은 100mm 이상이어야 한다.

③ 기둥의 폭은 300mm보다 작을 수 없다.

④ 기둥의 공칭길이는 200mm보다 작을 수 없으며, 기둥 폭의 4배를 넘을 수 없다.

19 필릿용접에서 얇은 쪽 모재두께(t)와 용접 최소 사이즈($s_{\min}$)의 관계로 옳지 않은 것은? (단, 단위는 mm이다.)

① $t \leq 6$일 때, $s_{\min} = 3$

② $6 < t \leq 13$일 때, $s_{\min} = 5$

③ $13 < t \leq 19$일 때, $s_{\min} = 6$

④ $19 < t$일 때, $s_{\min} = 7$

20 콘크리트용 앵커의 인장하중에 의한 파괴유형이 아닌 것은?

① 뽑힘 파괴

② 콘크리트 파괴

③ 프라이아웃 파괴

④ 측면파열 파괴

본 문제는 국토교통부에서 고시한 국가건설기준코드(구조설계기준 : KDS 14 00 00, 건축설계기준 : KDS 41 00 00)에 부합하도록 출제되었습니다.

01 풍하중 산정에 대한 설명으로 옳지 않은 것은?

① 풍하중은 주골조설계용 수평풍하중, 지붕풍하중 및 외장재설계용 풍하중으로 구분하고, 각각의 설계풍압에 유효면적을 곱하여 산정한다.

② 주골조설계용 설계풍압은 설계속도압, 가스트영향계수, 풍력계수 또는 외압계수를 곱하여 산정한다. 다만, 부분개방형 건축물 및 지붕풍하중을 산정할 때에는 내압의 영향도 고려한다.

③ 설계속도압은 공기밀도에 설계풍속의 제곱근을 곱하여 산정한다.

④ 외장재설계용 설계풍압은 외장재설계용 풍압계수에 설계속도압을 곱하여 산정한다.

02 조적식 구조에서 모르타르와 그라우트의 재료기준에 대한 설명으로 옳지 않은 것은?

① 그라우트는 시멘트성분의 재료로서 석회 또는 포틀랜드시멘트 중에서 1가지 또는 2가지로 만들 수 있다.

② 모르타르는 시멘트성분의 재료로서 석회, 포틀랜드시멘트 중에서 1가지 또는 그 이상의 재료로 이루어질 수 있다.

③ 시멘트 성분을 지닌 재료 또는 첨가제들은 에폭시수지와 그 부가물이나 페놀, 석면섬유 또는 내화점토를 포함할 수 있다.

④ 모르타르나 그라우트에 사용되는 물은 깨끗해야 하고, 산·알칼리의 양, 유기물 또는 기타 유해물질의 영향이 없어야 한다.

03 압축하중을 받는 장주의 좌굴하중을 증가시키기위한 방안으로 옳지 않은 것은?

① 부재 단면의 단면2차모멘트를 증가시킨다.

② 부재 단면의 회전반지름(단면2차반경)을 증가시킨다.

③ 부재의 탄성계수를 증가시킨다.

④ 부재의 비지지길이를 증가시킨다.

04 철근콘크리트 압축부재의 횡철근에 대한 설명으로 옳지 않은 것은?

① 종방향 철근의 위치를 확보하는 역할을 한다.

② 전단력에 저항하는 역할을 한다.

③ 나선철근의 순간격은 25mm 이상, 75mm 이하이어야 한다.

④ 축방향 철근이 원형으로 배치된 경우에는 원형띠철근을 사용할 수 없다.

05 목구조에서 방화구획 및 방화벽에 대한 설명으로 옳지 않은 것은?

① 방화구획에 설치되는 방화문은 항상 닫힌 상태로 유지하거나 수동으로 닫히는 구조이어야 한다.

② 주요구조부가 내화구조 또는 불연재료로 된 건축물은 연면적 1,000m²(자동식 스프링클러 소화설비 설치시 2,000m²) 이내마다 방화구획을 설치하여야 한다.

③ 연면적 1,000m² 이상인 목조의 건축물은 외벽 및 처마 밑의 연소할 우려가 있는 부분을 방화구조로 하되, 그 지붕은 불연재료로 하여야 한다.

④ 환기, 난방 또는 냉방시설의 풍도가 방화구획을 관통하는 경우에는 방화댐퍼를 설치하여야 한다.

06 강구조 설계 시 합성부재의 구조제한에 대한 설명으로 옳지 않은 것은? (단, E는 강재의 탄성계수, F_y는 강재의 항복강도를 나타낸다.)

① 매입형 합성부재에서 강재코어의 단면적은 합성부재 총단면적의 1% 이상으로 한다.
② 매입형 합성부재에서 강재코어를 매입한 콘크리트는 연속된 길이방향철근과 띠철근 또는 나선철근으로 보강되어야 한다.
③ 충전형 합성부재에 사용되는 조밀한 각형강관의 판폭두께비는 $2.26\sqrt{E/F_y}$ 이하이어야 한다.
④ 충전형 합성부재에 사용되는 조밀한 원형강관의 지름두께비는 $1.15 E/F_y$ 이하이어야 한다.

07 그림과 같은 트러스에서 L부재의 부재력은? (단, −는 압축력, ＋는 인장력)

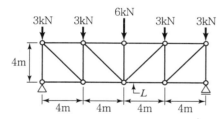

① 4kN(인장력) ② 5kN(인장력)
③ 6kN(인장력) ④ 7kN(인장력)

08 철근콘크리트 플랫슬래브의 지판 설계에 대한 설명으로 옳지 않은 것은?

① 플랫슬래브에서 기둥 상부의 부모멘트에 대한 철근을 줄이기 위해 지판을 사용할 수 있다.
② 지판은 받침부 중심선에서 각 방향 받침부 중심 간 경간의 1/8 이상을 각 방향으로 연장시켜야 한다.

③ 지판의 슬래브 아래로 돌출한 두께는 돌출부를 제외한 슬래브 두께의 1/4 이상으로 하여야 한다.
④ 지판 부위의 슬래브 철근량 계산 시 슬래브 아래로 돌출한 지판의 두께는 지판의 외단부에서 기둥이나 기둥머리면까지 거리의 1/4 이하로 취하여야 한다.

09 다음과 같은 조건의 편심하중을 받는 독립기초판의 설계용접지압은? (단, 접지압은 직선적으로 분포된다고 가정한다.)

- 하중의 편심과 저면의 형상으로 정해지는 접지압 계수(α) : 0.5
- 기초자중(W_F) : 500kN
- 기초자중을 포함한 기초판에 작용하는 수직하중 (P) : 3,000kN
- 기초판의 저면적(A) : 5m²
- 허용지내력(f_e) : 300kN/m²

① 250kN/m² ② 300kN/m²
③ 500kN/m² ④ 600kN/m²

10 직접설계법을 적용한 철근콘크리트 슬래브 설계에서 내부경간 슬래브에 작용하는 전체 정적계수휨모멘트(M_0)는 200kN · m이다. 이 내부경간 슬래브에서 단부와 중앙부의 계수휨모멘트로 옳은 것은? (단, ‘−’는 부계수휨모멘트, ‘＋’는 정계수휨모멘트를 나타낸다.)

	단부	중앙부
①	−130kN · m	＋70kN · m
②	−100kN · m	＋100kN · m
③	−70kN · m	＋130kN · m
④	−40kN · m	＋160kN · m

11 KDS 구조기준의 지반조사에 대한 설명으로 옳지 않은 것은?

① 예비조사는 기초의 형식을 구상하고 본조사의 계획을 세우기 위해 시행한다.

② 예비조사에서는 대지 내의 개략의 지반구성, 층의 토질의 단단함과 연함 및 지하수의 위치 등을 파악한다.

③ 본조사의 조사항목은 지반의 상황에 따라서 적절한 원위치 시험과 토질시험을 하고, 지지력 및 침하량의 계산과 기초공사의 시공에 필요한 지반의 성질을 구하는 것으로 한다.

④ 평판재하시험의 최대 재하하중은 지반의 극한지 지력의 2배 또는 예상되는 설계하중의 2.5배로 한다.

12 강구조 이음부 설계세칙에 대한 설명으로 옳지 않은 것은?

① 응력을 전달하는 단속필릿용접 이음부의 길이는 필릿사이즈의 5배 이상 또한 25mm 이상을 원칙으로 한다.

② 응력을 전달하는 겹침이음은 2열 이상의 필릿용접을 원칙으로 하고, 겹침길이는 얇은쪽 판 두께의 5배 이상 또한 25mm 이상 겹치게 해야 한다.

③ 고장력볼트의 구멍중심 간의 거리는 공칭직경의 2.5배 이상으로 한다.

④ 고장력볼트의 구멍중심에서 볼트머리 또는 너트가 접하는 재의 연단까지의 최대거리는 판 두께의 12배 이하 또한 150mm 이하로 한다.

13 콘크리트의 크리프에 대한 설명으로 옳지 않은 것은?

① 콘크리트 강도가 낮을수록 크리프는 증가한다.

② 재하기간이 증가함에 따라 크리프는 증가한다.

③ 외기의 상대습도가 높을수록 크리프는 증가한다.

④ 작용하중이 클수록 크리프는 증가한다.

14 공간쌓기벽의 벽체연결철물에 대한 설명으로 옳지 않은 것은?

① 벽체연결철물의 단부는 90°로 구부려 길이가 최소 50mm 이상이어야 한다.

② 공간쌓기벽의 공간너비가 80mm 미만인 경우에는 벽체면적 $4.0m^2$당 적어도 직경 9mm의 연결철물 1개 이상 설치하여야 한다.

③ 연결철물은 교대로 배치해야 하며, 연결철물 간의 수직과 수평간격은 각각 600mm와 900mm를 초과할 수 없다.

④ 개구부 주위에는 개구부의 가장자리에서 300mm 이내에 최대간격 900mm인 연결철물을 추가로 설치해야 한다.

15 구조용 목재의 설계허용휨응력 산정 시 적용하는 보정계수가 아닌 것은?

① 하중기간계수   ② 온도계수

③ 습윤계수   ④ 부패계수

16 리브가 없는 철근콘크리트 일방향 캔틸레버 슬래브의 캔틸레버된 길이가 2m일 때, 처짐을 계산하지 않는 경우의 해당 슬래브 최소두께는? (단, 해당 슬래브는 큰 처짐에 의해 손상되기 쉬운 칸막이벽이나 기타 구조물을 지지 또는 부착하지 않으며, 보통 콘크리트(단위질량 $w_c = 2,300kg/m^3$)와 설계기준항복강도 400MPa 철근을 사용한다.)

① 80mm   ② 100mm

③ 150mm   ④ 200mm

17 지진력저항시스템에 대한 설계계수에서 내력벽 시스템의 반응수정계수(R)로 옳지 않은 것은?

① 철근콘크리트 특수전단벽 : 5

② 철근콘크리트 보통전단벽 : 4

③ 철근보강 조적 전단벽 : 3

④ 무보강 조적 전단벽 : 1.5

18 강구조 조립압축재의 구조 제한에 대한 설명으로 옳지 않은 것은? (단, E는 강재의 탄성계수, F_y는 강재의 항복강도를 나타낸다.)

① 2개 이상의 압연형강으로 구성된 조립압축재는 접합재 사이의 개재세장비가 조립압축재의 전체세장비의 3/4배를 초과하지 않도록 한다.

② 덧판을 사용한 조립압축재의 파스너 및 단속용접의 최대간격은 가장 얇은 덧판 두께의 1.5$\sqrt{E/F_y}$배 또는 500mm 이하로 한다.

③ 도장 내후성 강재로 만든 조립압축재의 긴결간격은 가장 얇은 판 두께의 14배 또는 170mm 이하로 한다.

④ 조립재 단부에서 개재 상호간을 고력볼트로 접합할 때, 조립재 최대폭의 1.5배 이상의 구간에 대해서 길이방향으로 볼트직경의 4배 이하 간격으로 접합한다.

19 강구조 설계 시 충격이 발생하는 활하중을 지지하는 구조물에 대해서, 별도 규정이 없는 경우 공칭활하중 최소 증가율로 옳지 않은 것은?

① 승강기의 지지부 : 100%

② 피스톤운동기기 또는 동력구동장치의 지지부 : 50%

③ 바닥과 발코니를 지지하는 행거 : 33%

④ 운전실 조작 주행크레인 지지보와 그 연결부 : 10%

20 철근콘크리트 휨부재설계 시 제한사항으로 옳지 않은 것은?

① 보의 횡지지 간격은 압축플랜지 또는 압축면의 최소폭의 50배를 초과하지 않도록 하여야 한다.

② 하중의 횡방향 편심의 영향은 횡지지 간격을 결정할 때 고려되어야 한다.

③ 두께가 균일한 구조용 슬래브와 기초판에 대하여 경간방향으로 보강되는 인장철근의 최대간격은 슬래브 또는 기초판 두께의 3배와 450mm 중 큰 값을 초과하지 않도록 해야 한다.

④ 보의 깊이 h가 900mm를 초과하면 종방향 표피철근을 인장연단으로부터 h/2 받침부까지 부재 양쪽 측면을 따라 균일하게 배치하여야 한다.

본 문제는 국토교통부에서 고시한 국가건설기준코드(구조설계기준 : KDS 14 00 00, 건축설계기준 : KDS 41 00 00)에 부합하도록 출제되었습니다.

01 막과 케이블 구조에 대한 설명으로 옳지 않은 것은?

① 막구조는 자중을 포함하는 외력이 막응력에 따라서 저항되는 구조물로서 휨 또는 비틀림에 대한 저항이 큰 구조이다.

② 공기막구조는 공기막 내외부의 압력 차에 따라 막면에 강성을 주어 형태를 안정시켜 구성되는 구조물이다.

③ 인열강도는 재료가 접힘 또는 굽힘을 받은 후 견딜 수 있는 최대인장응력이다.

④ 케이블 구조는 휨에 대한 저항이 작은 구조로 인장응력만을 받을 목적으로 제작 및 시공된다.

02 직접설계법이 적용된 콘크리트 슬래브의 제한사항에 대한 설명으로 옳지 않은 것은?

① 각 방향으로 3경간 이상 연속되어야 한다.

② 고정하중은 활하중의 2배 이하이어야 한다.

③ 연속한 기둥 중심선을 기준으로 기둥의 어긋남은 그 방향 경간의 10% 이하이어야 한다.

④ 각 방향으로 연속한 받침부 중심 간 경간 차이는 긴 경간의 1/3 이하이어야 한다.

03 철근의 정착길이에 대한 설명으로 옳지 않은 것은? (단, d_b : 철근의 공칭지름[mm])

① 단부에 표준갈고리가 있는 인장 이형철근의 정착길이는 항상 $8d_b$ 이상 또한 150mm 이상이어야 한다.

② 압축 이형철근의 정착길이는 항상 200mm 이상이어야 한다.

③ 확대머리 이형철근의 인장에 대한 정착길이는 $8d_b$ 또한 150mm 이상이어야 한다.

④ 인장 이형철근의 정착길이는 항상 200mm 이상이어야 한다.

04 건축물의 기초계획 시 고려해야 할 사항으로 옳지 않은 것은?

① 기초구조의 성능은 상부구조의 안전성 및 사용성을 확보할 수 있도록 계획하여야 한다.

② 연약지반에 구조물을 세우는 경우 시공과정이나 후에 여러 가지 문제가 발생하므로 연약지반의 공학적 조사와 더불어 개량공법 등의 대책을 수립하여야 한다.

③ 액상화평가결과 대책이 필요한 지반의 경우는 지반개량공법 등을 적용하여 액상화 저항능력을 증대시키도록 하여야 한다.

④ 동일 구조물의 기초에서는 가능한 한 이종형식 기초를 병용하여야 한다.

05 목구조의 구조계획에 대한 설명으로 옳지 않은 것은?

① 고정하중, 활하중, 적설하중 등의 수직하중을 가능한 한 균등하게 분산하며, 안전성을 확보할 수 있도록 기둥－보의 골조 또는 벽체를 배치한다.

② 벽체는 상하벽이 가능한 한 일치하도록 배치하며, 수직하중이 국부적으로 작용하는 경우 편심을 고려하여 설계한다.

③ 골조 또는 벽체 등의 수평저항 요소에 수평력을 적절히 전달하기 위하여 벽체가 일체화된 격막구조가 되도록 한다.

④ 각 골조 및 벽체는 되도록 균등하게 하중을 분담하도록 배치하며, 불균일하게 배치한 경우에는 평면적으로 가능한 한 일체가 되도록 하고, 뒤틀림의 영향을 고려한다.

06 래티스 형식 조립압축재에 설치하는 띠판에 대한 요구조건으로 옳지 않은 것은?

① 띠판의 두께는 조립부재 개재를 연결시키는 용접 또는 파스너열 사이 거리의 1/50 이상이 되어야 한다.

② 띠판의 조립부재에 접합은 용접의 경우 용접길이는 띠판길이의 1/3 이상이어야 한다.

③ 부재단부에 사용되는 띠판의 폭은 조립부재 개재를 연결하는 용접 또는 파스너열 간격 이상이 되어야 한다.

④ 부재중간에 사용되는 띠판의 폭은 부재단부 띠판길이의 1/3 이상이 되어야 한다.

07 풍하중 설계풍속 산정 시 건설지점의 지표면 조도 구분은 주변지역의 지표면 상태에 따라 정해지는데, 높이 1.5~10m 정도의 장애물이 산재해 있는 지역에 대한 지표면 조도 구분은?

① A   ② B
③ C   ④ D

08 목구조의 뼈대를 구성하는 수평부재의 시공순서를 바르게 나열한 것은?

① 토대 → 깔도리 → 층도리 → 처마도리
② 토대 → 층도리 → 깔도리 → 처마도리
③ 처마도리 → 토대 → 층도리 → 깔도리
④ 처마도리 → 토대 → 깔도리 → 층도리

09 높이 $L=3.0$m인 압연H형강 H－200×200×8×12 기둥이 하부는 고정단으로 지지되어 있고 상부는 단순지지되어 있다. 유효좌굴길이계수로 이론적인 값을 사용할 경우, 기둥의 약축방향 세장비는? (단, 압연H형강 H－200×200×8×12의 약축방향 단면2차반경 $r_y=50.2$mm)

① 29.9   ② 41.8
③ 59.8   ④ 71.7

10 필릿용접에 대한 설명으로 옳지 않은 것은?

① 접합부의 얇은 쪽 모재두께가 13mm일 때, 필릿용접의 최소 사이즈는 6mm이다.

② 필릿용접의 유효목두께는 용접루트로부터 용접표면까지의 최단거리로 한다. 단, 이음면이 직각인 경우에는 필릿사이즈의 0.7배로 한다.

③ 단부하중을 받는 필릿용접에서 용접길이가 용접사이즈의 100배 이하일 경우에는 유효길이를 실제길이와 같은 값으로 간주할 수 있다.

④ 강도를 기반으로 하여 설계되는 필릿용접의 최소길이는 공칭용접사이즈의 4배 이상으로 해야 한다.

11 강구조의 국부좌굴에 대한 단면의 분류에서 비구속판요소의 폭(b)에 대한 설명으로 옳지 않은 것은?

① H형강 플랜지에 대한 b는 전체공칭플랜지폭의 반이다.
② ㄱ형강 다리에 대한 b는 전체공칭치수에서 두께를 감한 값이다.
③ T형강 플랜지에 대한 b는 전체공칭플랜지폭의 반이다.
④ 플레이트의 b는 자유단으로부터 파스너 첫 번째 줄 혹은 용접선까지의 길이이다.

12 기초지반 조사방법에 대한 설명으로 옳게 짝지은 것은?

> ㉠ 로드 끝에 +자형 날개를 달아 연약한 점토지반의 점착력을 판단하여 전단강도를 추정하는 방법이다.
> ㉡ 와이어로프 끝에 비트를 단 보링로드를 회전시키면서 상하로 충격을 주어 지반을 뚫고 시료를 채취하는 방법이다.
> ㉢ 63.5kg 해머를 76cm 높이에서 자유낙하시켜 30cm 관입시킬 때 타격횟수를 산정하는 방법이다.

	㉠	㉡	㉢
①	표준관입시험	수세식 보링	베인테스트
②	베인테스트	수세식 보링	표준관입시험
③	베인테스트	충격식 보링	표준관입시험
④	표준관입시험	수세식 보링	베인테스트

13 폭 b, 높이 h인 직사각형 단면($h > b$)에서 도심을 지나고 밑변과 수평인 축이 X축, 수직인 축이 Y축이다. 이때, 약축에 대한 단면2차반경(i_Y)과 강축에 대한 단면2차모멘트(I_X)의 비율 $\left(\dfrac{I_X}{i_Y}\right)$은?

① $\dfrac{h^2}{\sqrt{3}}$
② $\dfrac{h^3}{\sqrt{12}}$
③ $\dfrac{b^2}{\sqrt{3}}$
④ $\dfrac{b^2}{\sqrt{12}}$

14 허용응력설계법이 적용된 합성조적조에 대한 설명으로 옳지 않은 것은?

① 합성조적조의 어떠한 부분에서도 계산된 최대응력은 그 부분 재료의 허용응력을 초과할 수 없다.
② 재사용되는 조적부재의 허용응력은 같은 성능을 갖는 신설 조적개체의 허용응력을 초과하지 않아야 한다.
③ 해석은 순면적의 탄성환산단면에 기초한다.
④ 환산단면에서 환산된 면적의 두께는 일정하며 부재의 유효높이나 길이는 변하지 않는다.

15 부유식 구조에 적용하는 하중에 대한 설명으로 옳지 않은 것은?

① 부유식 구조에 적용된 항구적인 발라스트의 하중은 활하중으로 고려한다.
② 부유식 구조의 계류 또는 견인으로 인한 하중에는 활하중의 하중계수를 적용한다.
③ 파랑하중의 설계용 파향은 부유식 구조물 또는 그 부재에 가장 불리한 방향을 취하는 것으로 한다.
④ 부유식 구조의 설계에서는 정수압과 부력의 영향을 고려한다.

16 구조물의 지진하중 산정에 사용되는 분류에 대한 설명으로 옳은 것은?

① 지진구역은 3가지로 분류한다.
② 지반종류는 4가지로 분류한다.
③ 구조물의 내진등급은 4가지로 분류한다.
④ 구조물의 내진설계범주는 4가지로 분류한다.

17 콘크리트구조 내진설계 시 특별고려사항에서 특수모멘트골조 휨부재의 요구사항에 대한 설명으로 옳지 않은 것은?

① 부재의 순경간은 유효깊이의 4배 이상이어야 한다.

② 부재의 깊이에 대한 폭의 비는 0.3 이상이어야 한다.

③ 부재의 폭은 200mm 이상이어야 한다.

④ 부재의 폭은 휨부재 축방향과 직각으로 잰 지지부재의 폭에 받침부 양 측면으로 휨부재 깊이의 3/4을 더한 값보다 작아야 한다.

18 프리스트레스하지 않는 현장치기콘크리트 부재의 최소피복두께에 대한 설명으로 옳은 것은?

① 옥외의 공기에 직접 노출되는 D29 철근을 사용하는 기둥 : 40mm

② 흙에 접하여 콘크리트를 친 후 영구히 흙에 묻혀 있는 보 : 60mm

③ 수중에 타설하는 기둥 : 80mm

④ 옥외의 공기나 흙에 직접 접하지 않는 콘크리트 설계기준강도가 30MPa인 보 : 40mm

19 프리스트레스트 콘크리트 슬래브 설계에서 긴장재와 철근의 배치에 대한 설명으로 옳지 않은 것은?

① 긴장재 간격을 결정할 때 슬래브에 작용하는 집중하중이나 개구부를 고려하여야 한다.

② 유효프리스트레스에 의한 콘크리트의 평균압축응력이 0.6MPa 이상이 되도록 긴장재의 간격을 정하여야 한다.

③ 등분포하중에 대하여 배치하는 긴장재의 간격은 최소한 1방향으로는 슬래브 두께의 8배 또는 1.5m 이하로 해야 한다.

④ 비부착긴장재가 배치된 슬래브에서는 관련 규정에 따라 최소부착철근을 배치하여야 한다.

20 콘크리트구조에 사용되는 용어의 정의로 옳지 않은 것은?

① 계수하중 : 강도설계법으로 부재를 설계할 때 사용하중에 하중계수를 곱한 하중

② 고성능 감수제 : 감수제의 일종으로 소요의 작업성을 얻기 위해 필요한 단위수량을 감소시키고, 유동성을 증진시킬 목적으로 사용되는 혼화재료

③ 공칭강도 : 강도설계법의 규정과 가정에 따라 계산된 강도감소계수를 적용한 부재 또는 단면의 강도

④ 균형철근비 : 인장철근이 설계기준항복강도에 도달함과 동시에 압축연단 콘크리트의 변형률이 극한변형률에 도달하는 단면의 인장철근비

본 문제는 국토교통부에서 고시한 국가건설기준코드(구조설계기준 : KDS 14 00 00, 건축설계기준 : KDS 41 00 00)에 부합하도록 출제되었습니다.

01 일반 조적식구조의 설계법으로 옳지 않은 것은?

① 허용응력설계　　② 소성응력설계

③ 강도설계　　　　④ 경험적설계

02 건축물에 작용하는 하중에 대한 설명으로 옳지 않은 것은?

① 구조물의 사용과 점유에 의해 발생하는 하중은 활하중으로 분류된다.

② 적설하중은 지붕의 경사도가 크고 바람의 영향을 많이 받을수록 감소된다.

③ 외부온도변화는 건축물에 하중으로 작용하지 않는다.

④ 건축물의 중량이 클수록 지진하중이 커진다.

03 건축물의 기초계획에 있어 고려할 사항으로 옳지 않은 것은?

① 구조성능, 시공성, 경제성 등을 검토하여 합리적으로 기초형식을 선정하여야 한다.

② 기초는 상부구조의 규모, 형상, 구조, 강성 등을 함께 고려해야 한다.

③ 기초형식 선정 시 부지 주변에 미치는 영향은 물론 장래 인접대지에 건설되는 구조물과 그 시공에 의한 영향까지 함께 고려하는 것이 바람직하다.

④ 액상화는 경암지반이 비배수상태에서 급속한 재하를 받게 되면 과잉간극수압의 발생과 동시에 유효응력이 감소하며, 이로 인해 전단저항이 크게 감소하여 액체처럼 유동하는 현상으로 그 발생 가능성을 검토하여야 한다.

04 강재의 접합부 형태가 아닌 것은?

① 완전강접합　　② 부분강접합

③ 보강접합　　　④ 단순접합

05 콘크리트구조 벽체설계에서 실용설계법에 대한 설명으로 옳지 않은 것은?

① 벽체의 축강도 산정 시 강도감소계수 ϕ는 0.65이다.

② 벽체의 두께는 수직 또는 수평받침점 간 거리 중에서 작은 값의 1/25 이상이어야 하고, 또한 100mm 이상이어야 한다.

③ 지하실 외벽 및 기초벽체의 두께는 150mm 이상으로 하여야 한다.

④ 상·하단이 횡구속된 벽체로서 상·하 양단 모두 회전이 구속되지 않은 경우 유효길이계수 k는 1.0이다.

06 콘크리트구조에서 표준갈고리에 대한 설명으로 옳지 않은 것은?

① 주철근의 표준갈고리는 180° 표준갈고리와 90° 표준갈고리로 분류된다.

② 주철근의 90° 표준갈고리는 구부린 끝에서 공칭지름의 12배 이상 더 연장되어야 한다.

③ 스터럽과 띠철근의 표준갈고리는 90° 표준갈고리와 135° 표준갈고리로 분류된다.

④ D19 철근을 사용한 스터럽의 90° 표준갈고리는 구부린 끝에서 공칭지름의 6배 이상 더 연장되어야 한다.

07 벽돌공사에 대한 설명으로 옳지 않은 것은?

① 담당원의 승인 없이 사용할 수 있는 줄눈 모르타르 잔골재의 절건비중은 2.4g/cm³ 이상이어야 한다.

② 벽돌공사의 충전 콘크리트에 사용하는 굵은 골재는 양호한 입도분포를 가진 것으로 하고, 그 최대치수는 충전하는 벽돌공동부 최소 직경의 1/3 이하로 한다.

③ 보강벽돌쌓기에서 철근의 피복 두께는 20mm 이상으로 한다. 다만, 칸막이벽에서 콩자갈 콘크리트 또는 모르타르를 충전하는 경우에 있어서 10mm 이상으로 한다.

④ 보강벽돌쌓기에서 벽돌 공동부의 모르타르 및 콘크리트 1회의 타설높이는 1.5m 이하로 한다.

08 다음 구조물의 지점 A에서 발생하는 수직방향 반력의 크기는? (단, 부재의 자중은 무시한다.)

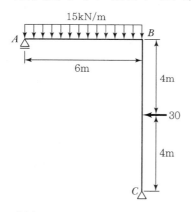

① 65kN (↑)
② 70kN (↑)
③ 75kN (↑)
④ 80kN (↑)

09 구조내력상 주요한 부분에 사용하는 막구조의 재료(막재)에 대한 설명으로 옳지 않은 것은?

① 두께는 0.5mm 이상이어야 한다.
② 인장강도는 폭 1cm당 300N 이상이어야 한다.
③ 인장크리프에 따른 신장률은 30% 이하이어야 한다.
④ 파단신율은 35% 이하이어야 한다.

10 건축 구조물의 시간이력해석을 수행하는 경우에 대한 설명으로 옳지 않은 것은?

① 선형시간이력해석에 의한 층전단력, 층전도모멘트, 부재력 등 설계값은 시간이력해석에 의한 결과에 중요도계수와 반응수정계수를 곱하여 구한다.

② 비선형시간이력해석 시 부재의 비탄성 능력 및 특성은 중요도계수를 고려하여 실험이나 충분한 해석결과에 부합하도록 모델링해야 한다.

③ 지반효과를 고려하기 위하여 기반암 상부에 위치한 지반을 모델링하여야 하며, 되도록 넓은 면적의 지반을 모델링하여 구조물로부터 멀리 떨어진 지반의 운동이 구조물과 인접지반의 상호작용에 의하여 영향을 받지 않도록 한다.

④ 3개의 지반운동을 이용하여 해석할 경우에는 최대응답을 사용하여 설계해야 하며, 7개 이상의 지반운동을 이용하여 해석할 경우에는 평균응답을 사용하여 설계할 수 있다.

11 콘크리트구조 기둥에 사용되는 띠철근의 주요한 역할에 대한 설명으로 옳지 않은 것은?

① 축방향 주철근을 정해진 위치에 고정시킨다.
② 기둥의 휨내력을 증가시킨다.
③ 축방향력을 받는 주철근의 좌굴을 억제시킨다.
④ 압축콘크리트의 파괴 시 기둥의 벌어짐을 구속하여 연성을 증가시킨다.

12 다음 용접기호에 대한 설명으로 옳지 않은 것은?

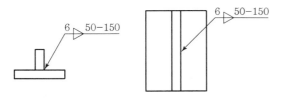

① 그루브(Groove) 용접을 부재 양면에 시행한다.
② 용접사이즈는 6mm이다.
③ 용접길이는 50mm이다.
④ 용접간격은 150mm이다.

13 인장력만을 이용하는 구조 형식은?

① 케이블(Cable) 구조 ② 돔(Dome) 구조
③ 볼트(Vault) 구조 ④ 아치(Arch) 구조

14 콘크리트구조의 설계강도 산정 시 적용하는 강도 감소계수로 옳지 않은 것은?

① 인장지배 단면 : 0.85
② 압축지배 단면(나선철근으로 보강된 철근콘크리트 부재) : 0.70
③ 포스트텐션 정착구역 : 0.85
④ 전단력과 비틀림모멘트 : 0.70

15 콘크리트구조 해석에 대한 설명으로 옳지 않은 것은? (단, ε_t : 공칭축강도에서 최외단 인장철근의 순인장변형률이며, 유효프리스트레스 힘, 크리프, 건조수축 및 온도에 의한 변형률은 제외한다.)

① 근사해법에 의해 휨모멘트를 계산한 경우를 제외하고, 어떠한 가정의 하중을 적용하여 탄성이론에 의하여 산정한 연속 휨부재 받침부의 부모멘트는 20% 이내에서 $1{,}000\varepsilon_t$%만큼 증가 또는 감소시킬 수 있다.
② 2경간 이상인 경우, 인접 2경간의 차이가 짧은 경간의 20% 이하인 경우, 등분포하중이 작용하는 경우, 활하중이 고정하중의 3배를 초과하지 않는 경

우 및 부재의 단면크기가 일정한 경우를 모두 만족하는 연속보는 근사해법을 적용할 수 있다.
③ 연속 휨부재의 모멘트 재분배 시, 경간 내의 단면에 대한 휨모멘트의 계산은 수정 전 부모멘트를 사용하여야 하며, 휨모멘트 재분배 이후에도 정적 평형은 유지되어야 한다.
④ 휨모멘트의 재분배는 휨모멘트를 감소시킬 단면에서 최외단 인장철근의 순인장변형률 ε_t가 0.0075 이상인 경우에만 가능하다.

16 압축력과 휨을 받는 1축 및 2축 대칭단면부재에 적용되는 휨과 압축력의 상관관계식에 대한 설명으로 옳지 않은 것은?

① 소요압축강도와 설계압축강도의 상대적인 비율은 상관관계식의 변수 중 하나이다.
② 보의 공칭휨강도는 항복, 횡비틀림좌굴, 플랜지국부좌굴, 웨브국부좌굴 등 4가지 한계상태강도 가운데 최솟값으로 산정한다.
③ 강축 및 약축에 대하여 동시에 휨을 받을 때 약축에 대한 휨만 고려한다.
④ 소요휨강도는 2차효과가 포함된 모멘트이다.

17 강구조의 합성부재에 대한 설명으로 옳지 않은 것은?

① 합성단면의 공칭강도는 소성응력분포법 또는 변형률적합법에 따라 결정한다.
② 압축력을 받는 충전형 합성부재의 단면은 조밀, 비조밀, 세장으로 분류한다.
③ 매입형 합성부재는 국부좌굴의 영향을 고려해야 하나, 충전형합성부재는 국부좌굴을 고려할 필요가 없다.
④ 합성기둥의 강도를 계산하는 데 사용되는 구조용강재 및 철근의 설계기준항복강도는 650MPa를 초과할 수 없다.

18 목구조의 구조계획 및 각부구조에 대한 설명으로 옳지 않은 것은?

① 구조해석 시 응력과 변형의 산정은 탄성해석에 의한다. 다만, 경우에 따라 접합부 등에서는 국부적인 탄소성 변형을 고려할 수 있다.

② 기초는 상부구조가 수직 및 수평하중에 대하여 침하, 부상, 전도, 수평이동이 생기지 않고 지반에 안전하게 지지하도록 설계한다.

③ 골조 또는 벽체 등의 수평저항요소에 수평력을 적절히 전달하기 위하여 바닥평면이 일체화된 격막구조가 되도록 한다.

④ 목구조 설계에서는 고정하중, 바닥활하중, 지붕활하중, 적설하중, 풍하중, 지진하중을 적용한 세 가지 하중조합을 고려하여 사용하중조합을 결정한다.

19 목구조에서 맞춤과 이음 접합부에 대한 설명으로 옳지 않은 것은?

① 인장을 받는 부재에 덧댐판을 대고 길이이음을 하는 경우에 덧댐판의 면적은 요구되는 접합면적의 1.3배 이상이어야 한다.

② 맞춤 부위의 보강을 위하여 접합제를 사용할 수 있다.

③ 구조물의 변형으로 인하여 접합부에 2차응력이 발생할 가능성이 있는 경우 이를 설계에서 고려한다.

④ 접합부에서 만나는 모든 부재를 통하여 전달되는 하중의 작용선은 접합부의 중심 또는 도심을 통과하여야 하며 그렇지 않을 경우 편심의 영향을 설계에 고려한다.

20 강구조의 설계기본원칙에 대한 설명으로 옳지 않은 것은?

① 구조해석에서 연속보의 모멘트재분배는 소성해석에 의한다.

② 한계상태설계는 구조물이 모든 하중조합에 대하여 강도 및 사용성한계상태를 초과하지 않는다는 원리에 근거한다.

③ 강구조는 탄성해석, 비탄성해석 또는 소성해석에 의한 설계가 허용된다.

④ 강도한계상태에서 구조물의 설계강도가 소요강도와 동일한 경우는 구조물이 강도한계상태에 도달한 것이다.

11회 기출모의고사

소요시간 :

점 수 :

본 문제는 국토교통부에서 고시한 국가건설기준코드(구조설계기준 : KDS 14 00 00, 건축설계기준 : KDS 41 00 00)에 부합하도록 출제되었습니다.

01 지붕활하중을 제외한 등분포활하중의 저감에 대한 설명으로 옳지 않은 것은?

① 부재의 영향면적이 $25m^2$ 이상인 경우 기본등분포활하중에 활하중저감계수를 곱하여 저감할 수 있다.

② 1개 층을 지지하는 부재의 저감계수는 0.5 이상으로 한다.

③ 2개 층 이상을 지지하는 부재의 저감계수는 0.4 이상으로 한다.

④ 활하중 $5kN/m^2$ 이하의 공중집회 용도에 대해서는 활하중을 저감할 수 없다.

02 적설하중에 대한 설명으로 옳지 않은 것은?

① 기본지상적설하중은 재현기간 50년에 대한 수직 최심적설깊이를 기준으로 한다.

② 최소 지상적설하중은 $0.5kN/m^2$로 한다.

③ 평지붕적설하중은 기본지상적설하중에 기본지붕적설하중계수, 노출계수, 온도계수 및 중요도계수를 곱하여 산정한다.

④ 경사지붕적설하중은 평지붕적설하중에 지붕경사도계수를 곱하여 산정한다.

03 콘크리트구조의 사용성 설계기준에 대한 설명으로 옳지 않은 것은?

① 사용성 검토는 균열, 처짐, 피로의 영향 등을 고려하여 이루어져야 한다.

② 특별히 수밀성이 요구되는 구조는 적절한 방법으로 균열에 대한 검토를 하여야 하며, 이 경우 소요수밀성을 갖도록 하기 위한 허용균열폭을 설정하여 검토할 수 있다.

③ 미관이 중요한 구조는 미관상의 허용균열폭을 설정하여 균열을 검토할 수 있다.

④ 균열제어를 위한 철근은 필요로 하는 부재 단면의 주변에 분산시켜 배치하여야 하고, 이 경우 철근의 지름과 간격을 가능한 한 크게 하여야 한다.

04 철근콘크리트 공사에서 각 날짜에 친 각 등급의 콘크리트 강도시험용 시료 채취기준으로 옳지 않은 것은?

① 하루에 1회 이상

② $250m^3$당 1회 이상

③ 슬래브나 벽체의 표면적 $500m^2$마다 1회 이상

④ 배합이 변경될 때마다 1회 이상

05 그림과 같이 내민보에 등변분포하중이 작용하는 경우 B점에서 발생하는 휨모멘트는? (단, 보의 자중은 무시한다.)

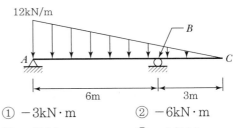

① $-3kN \cdot m$

② $-6kN \cdot m$

③ $-9kN \cdot m$

④ $-12kN \cdot m$

06 강구조의 인장재에 대한 설명으로 옳은 것은?

① 순단면적은 전단지연의 영향을 고려하여 산정한 것이다.

② 유효순단면의 파단한계상태에 대한 인장저항계수는 0.80이다.

③ 인장재의 설계인장강도는 총단면의 항복한계상태와 유효순단면의 파단한계상태에 대해 산정된 값 중 큰 값으로 한다.

④ 부재의 총단면적은 부재축의 직각방향으로 측정된 각 요소단면의 합이다.

07 그림과 같은 응력요소의 평면응력 상태에서 최대 전단응력의 크기는? (단, 양의 최대 전단응력이며, 면내 응력만 고려한다.)

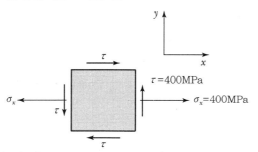

① $\sqrt{5} \times 10^2\,\mathrm{MPa}$

② $\sqrt{10} \times 10^2\,\mathrm{MPa}$

③ $\sqrt{15} \times 10^2\,\mathrm{MPa}$

④ $\sqrt{20} \times 10^2\,\mathrm{MPa}$

08 콘크리트 내진설계기준에서 중간모멘트골조의 보에 대한 요구사항으로 옳지 않은 것은?

① 접합면에서 정 휨강도는 부 휨강도의 $\frac{1}{3}$ 이상이 되어야 한다.

② 부재의 어느 위치에서나 정 또는 부 휨강도는 양측 접합부의 접합면의 최대 휨강도의 $\frac{1}{6}$ 이상이 되어야 한다.

③ 보부재의 양단에서 지지부재의 내측 면부터 경간 중앙으로 향하여 보 깊이의 2배 길이 구간에는 후프철근을 배치하여야 한다.

④ 스터럽의 간격은 부재 전 길이에 걸쳐서 $\frac{d}{2}$ 이하이어야 한다. (d는 단면의 유효깊이이다).

09 로드에 연결한 저항체를 지반 중에 삽입하여 관입, 회전 및 인발 등에 대한 저항으로부터 지반의 성상을 조사하는 방법은?

① 동재하시험   ② 평판재하시험

③ 지반의 개량   ④ 사운딩한다.

10 기존 콘크리트구조물의 안전성 평가기준에 대한 설명으로 옳지 않은 것은?

① 조사 및 시험에서 구조 부재의 치수는 위험단면에서 확인하여야 한다.

② 철근, 용접철망 또는 긴장재의 위치 및 크기는 계측에 의해 위험단면에서 결정하여야 한다. 도면의 내용이 표본조사에 의해 확인된 경우에는 도면에 근거하여 철근의 위치를 결정할 수 있다.

③ 건물에서 부재의 안전성을 재하시험 결과에 근거하여 직접 평가할 경우에는 보, 슬래브 등과 같은 휨부재의 안전성 검토에만 적용할 수 있다.

④ 구조물의 평가를 위한 하중의 크기를 정밀 현장조사에 의하여 확인하는 경우에는, 구조물의 소요강도를 구하기 위한 하중조합에서 고정하중과 활하중의 하중계수는 25% 만큼 감소시킬 수 있다.

11 강관이나 파이프가 입체적으로 구성된 트러스로 중간에 기둥이 없는 대공간 연출이 가능한 구조는?

① 절판구조   ② 케이블구조

③ 막구조   ④ 스페이스 프레임구조

12 구조용강재의 명칭에 대한 설명으로 옳지 않은 것은?

① SN: 건축구조용 압연 강재
② SHN: 건축구조용 열간 압연 형강
③ HSA: 건축구조용 탄소강관
④ SMA: 용접구조용 내후성 열간 압연 강재

13 아치구조에서 아치의 추력을 보강하는 방법으로 옳지 않은 것은?

① 버트레스 설치
② 스테이 설치
③ 연속 아치 연결
④ 타이 바(tie bar)로 구속

14 조적식 구조의 용어에 대한 설명으로 옳지 않은 것은?

① 대린벽은 비내력벽 두께방향의 단위조적개체로 구성된 벽체이다.
② 속빈단위조적개체는 중심공간, 미세공간 또는 깊은 홈을 가진 공간에 평행한 평면의 순단면적이 같은 평면에서 측정한 전단면적의 75%보다 적은 조적단위이다.
③ 유효보강면적은 보강면적에 유효면적방향과 보강면과의 사이각의 코사인값을 곱한 값이다.
④ 환산단면적은 기준 물질과의 탄성비의 비례에 근거한 등가면적이다.

15 경골목구조 바닥 및 기초에 대한 설명으로 옳지 않은 것은?

① 바닥의 총하중에 의한 최대처짐 허용한계는 경간(L)의 $\frac{1}{240}$ 로 한다.
② 바닥장선 상호 간의 간격은 650mm 이하로 한다.

③ 줄기초 기초벽의 두께는 최하층벽 두께의 1.5배 이상으로서 150mm 이상이어야 한다.
④ 바닥덮개에는 두께 15mm 이상의 구조용 합판을 사용한다.

16 그림과 같이 균질한 재료로 이루어진 강봉에 중심 축하중 P가 작용하는 경우 강봉이 늘어난 길이는? (단, 강봉은 선형탄성적으로 거동하는 단일 부재이며, 강봉의 탄성계수는 E이다.)

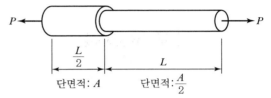

① $\dfrac{PL}{2AE}$
② $\dfrac{3PL}{2AE}$
③ $\dfrac{5PL}{2AE}$
④ $\dfrac{7PL}{2AE}$

17 강축휨을 받는 2축대칭 H형강 콤팩트부재의 설계에 대한 설명으로 옳은 것은?

① 설계 휨강도 산정 시 휨저항계수는 0.85이다.
② 소성휨모멘트는 강재의 인장강도에 소성단면계수를 곱하여 산정할 수 있다.
③ 보의 비지지길이가 소성한계비지지길이보다 큰 경우에는 횡좌굴강도를 고려하여야 한다.
④ 자유단이 지지되지 않은 캔틸레버와 내민 부분의 횡좌굴모멘트 수정계수 C_b는 2이다.

18 유효좌굴길이가 4m이고 직경이 100mm인 원형단면 압축재의 세장비는?

① 100
② 160
③ 250
④ 400

19 그림과 같은 철근콘크리트 보 단면에서 극한상태에서의 중립축 위치 c(압축연단으로부터 중립축까지의 거리)에 가장 가까운 값은? (단, 콘크리트의 설계기준압축강도는 20MPa, 철근의 설계기준항복강도는 400MPa로 가정하며, A_S는 인장철근량이다.)

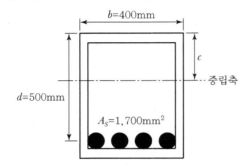

① 109.7mm ② 113.4mm
③ 117.6mm ④ 125.0mm

20 기초지반의 지지력 및 침하에 대한 설명으로 옳지 않은 것은?

① 즉시침하량은 지반을 탄성체로 보고 탄성이론에 기초한 지반의 탄성계수와 간극비를 적절히 설정하여 산정할 수 있다.

② 과대한 침하를 피할 수 없을 때에는 적당한 개소에 신축조인트를 두거나 상부구조의 강성을 크게 하여 유해한 부등침하가 생기지 않도록 하여야 한다.

③ 기초는 접지압이 지반의 허용지지력을 초과하지 않아야 한다.

④ 허용침하량은 지반조건, 기초형식, 상부구조 특성, 주위상황들을 고려하여 유해한 부등침하가 생기지 않도록 정하여야 한다.

12회 기출모의고사

본 문제는 국토교통부에서 고시한 국가건설기준코드(구조설계기준 : KDS 14 00 00, 건축설계기준 : KDS 41 00 00)에 부합하도록 출제되었습니다.

01 철근콘크리트 구조에서 철근의 피복두께에 대한 설명으로 옳지 않은 것은? (단, 특수환경에 노출되지 않은 콘크리트로 한다.)

① 옥외의 공기나 흙에 직접 접하지 않는 프리캐스트콘크리트 기둥의 띠철근에 대한 최소피복두께는 10mm이다.

② 피복두께는 철근을 화재로부터 보호하고, 공기와의 접촉으로 부식되는 것을 방지하는 역할을 한다.

③ 프리스트레스하지 않는 수중타설 현장치기콘크리트 부재의 최소피복두께는 100mm이다.

④ 피복두께는 콘크리트 표면과 그에 가장 가까이 배치된 철근 중심까지의 거리이다.

02 다음 중 기초구조의 흙막이벽 안전을 저해하는 현상과 가장 연관성이 없는 것은?

① 히빙(Heaving)

② 보일링(Boiling)

③ 파이핑(Piping)

④ 버피팅(Buffeting)

03 벽돌 구조에서 창문 등의 개구부 상부를 지지하며 상부에서 오는 하중을 좌우벽으로 전달하는 부재로 옳은 것은?

① 창대

② 코벨

③ 인방보

④ 테두리보

04 건축물의 내진구조 계획에서 고려해야 할 사항으로 옳지 않은 것은?

① 한 층의 유효질량이 인접층의 유효질량과 차이가 클수록 내진에 유리하다.

② 가능하면 대칭적 구조형태를 갖는 것이 내진에 유리하다.

③ 보 – 기둥 연결부에서 가능한 한 강기둥 – 약보가 되도록 설계한다.

④ 구조물의 무게는 줄이고, 구조재료는 연성이 좋은 것을 선택한다.

05 다음 중 강재의 성질에 관련한 설명으로 옳은 것은?

① 림드강은 킬드강에 비해 재료의 균질성이 우수하다.

② 용접구조용 압연강재 SM275C는 SM275A보다 충격흡수에너지 측면에서 품질이 우수하다.

③ 일반구조용 압연강재 SS275의 인장강도는 275MPa이다.

④ 강재의 탄소량이 증가하면 강도는 감소하나 연성 및 용접성이 증가한다.

06 강구조 구조설계에 대한 설명으로 옳지 않은 것은?

① 휨재 설계에서 보에 작용하는 모멘트의 분포형태를 반영하기 위해 횡좌굴모멘트수정계수(C_b)를 적용한다.

② 접합부 설계에서 블록전단파단의 경우 한계상태에 대한 설계강도는 전단저항과 압축저항의 합으로 산정한다.

③ 압축재 설계에서 탄성좌굴영역과 비탄성좌굴영역으로 구분하여 휨좌굴에 대한 압축강도를 산정한다.

④ 용접부 설계강도는 모재강도와 용접재강도 중 작은 값으로 한다.

07 건축물 내진설계의 설명으로 옳지 않은 것은?

① 층지진하중은 밑면전단력을 건축물의 각 층별로 분포시킨 하중이다.

② 이중골조방식은 지진력의 25% 이상을 부담하는 보통모멘트골조가 가새골조와 조합되어 있는 구조방식이다.

③ 밑면전단력은 구조물의 밑면에 작용하는 설계용 총전단력이다.

④ 등가정적해석법에서 지진응답계수 산정 시 단주기와 주기 1초에서의 설계스펙트럼가속도가 사용된다.

08 철근콘크리트 기초판을 설계할 때 주의해야 할 사항으로 옳지 않은 것은?

① 말뚝기초의 기초판 설계에서 말뚝의 반력은 각 말뚝의 중심에 집중된다고 가정하여 휨모멘트와 전단력을 계산할 수 있다.

② 독립기초의 기초판 밑면적 크기는 허용지내력에 반비례한다.

③ 독립기초의 기초판 전단설계 시 1방향 전단과 2방향 전단을 검토한다.

④ 기초판 밑면적, 말뚝의 개수와 배열 산정에는 1.0을 초과하는 하중계수를 곱한 계수하중이 적용된다.

09 그림과 같이 등분포하중(w)을 받는 철근콘크리트 캔틸레버 보의 설계에서 고려해야 할 사항으로 옳지 않은 것은? (단, EI는 일정하다.)

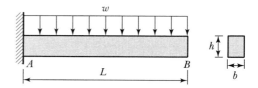

① 등분포하중에 의한 보의 휨 균열은 고정단(A) 위치의 보 상부보다는 하부에서 주로 발생한다.

② 등분포하중에 의한 보의 전단응력은 자유단(B) 보다는 고정단(A) 위치에서 더 크게 발생한다.

③ 보의 처짐을 감소시키기 위해서는 단면의 폭(b) 보다는 단면의 깊이(h)를 크게 하는 것이 바람직하다.

④ 휨에 저항하기 위한 주인장철근은 보 하부보다는 상부에 배근되어야 한다.

10 그림과 같이 캔틸레버 보의 자유단에 집중하중(P)과 집중모멘트($M = P \cdot L$)가 작용할 때 보 자유단에서의 처짐비 $\Delta_A : \Delta_B$는? (단, EI는 동일하며, 자중의 영향은 고려하지 않는다.)

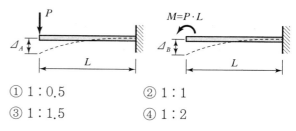

① 1 : 0.5　　　② 1 : 1
③ 1 : 1.5　　　④ 1 : 2

11 건축구조기준에 의해 구조물을 강도설계법으로 설계할 경우 소요강도 산정을 위한 하중조합으로 옳지 않은 것은? (여기서 D는 고정하중, L은 활하중, F는 유체압 및 용기내용물하중, E는 지진하중, S는 적설하중, W는 풍하중이다. 단, L에 대한 하중계수 저감은 고려하지 않는다.)

① $1.4(D+F)$
② $1.2D+1.0E+1.0L+0.2S$
③ $0.9D+1.2W$
④ $0.9D+1.0E$

12 단면계수의 특성에 대한 설명으로 옳지 않은 것은?

① 단면계수가 큰 단면이 휨에 대한 저항이 크다.
② 단위는 cm^4, mm^4 등이며, 부호는 항상 정(+)이다.
③ 동일 단면적일 경우 원형 단면의 강봉에 비하여 중공이 있는 원형강관의 단면계수가 더 크다.
④ 휨 부재 단면의 최대 휨응력 산정에 사용한다.

13 막구조에 대한 설명으로 옳은 것은?

① 막구조의 막재는 인장과 휨에 대한 저항성이 우수하다.
② 습식 구조에 비해 시공 기간이 길지만 내구성이 뛰어나다.
③ 공기막 구조는 내외부의 압력 차에 따라 막면에 강성을 주어 형태를 안정시켜 구성되는 구조물이다.
④ 스페이스 프레임 등으로 구조물의 형태를 만든 뒤 지붕 마감으로 막재를 이용하는 것을 현수막 구조라 한다.

14 철근콘크리트 구조에서 공칭직경이 db인 D16 철근의 표준갈고리 가공에 대한 설명으로 옳지 않은 것은?

① 주철근에 대한 $180°$ 표준갈고리는 구부린 반원 끝에서 4db 이상 더 연장하여야 한다.
② 주철근에 대한 $90°$ 표준갈고리의 구부림 내면 반지름은 2db 이상으로 하여야 한다.
③ 스터럽과 띠철근에 대한 $90°$ 표준갈고리는 구부린 끝에서 6db 이상 더 연장하여야 한다.
④ 스터럽에 대한 $90°$ 표준갈고리의 구부림 내면 반지름은 2db 이상으로 하여야 한다.

15 목구조 절충식 지붕틀의 지붕귀에서 동자기둥이나 대공을 세울 수 있도록 지붕보에서 도리 방향으로 짧게 댄 부재는?

① 서까래　　　　② 우미량
③ 중도리　　　　④ 추녀

16 기초저면의 형상이 장방형인 기초구조 설계 시 탄성이론에 따른 즉시침하량 산정에 필요한 요소로 옳지 않은 것은?

① 기초의 재료강도
② 기초의 장변길이
③ 지반의 탄성계수
④ 지반의 푸아송비

17 강구조 건축물의 사용성 설계 시 고려해야 하는 항목과 연관성이 가장 적은 것은?

① 바람에 의한 수평진동
② 접합부 미끄럼
③ 팽창과 수축
④ 내화성능

18 폭 400mm와 전체 깊이 700mm를 가지는 직사각형 철근콘크리트 보에서 인장철근이 2단으로 배근될 때, 최대 유효깊이에 가장 가까운 값은? (단, 피복두께는 40mm, 스터럽 직경은 10mm, 인장철근 직경은 25mm로 1단과 2단에 배근되는 인장철근량은 동일하며, 모두 항복하는 것으로 한다.)

① 650.0mm

② 637.5mm

③ 612.5mm

④ 587.5mm

19 그림과 같이 등분포하중(w)을 받는 정정보에서 최대 정휨모멘트가 발생하는 위치 x는?

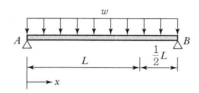

① $\dfrac{1}{4}L$

② $\dfrac{1}{3}L$

③ $\dfrac{3}{8}L$

④ $\dfrac{1}{2}L$

20 합성기둥에 대한 설명으로 옳지 않은 것은?

① 매입형 합성기둥에서 강재코어의 단면적은 합성기둥 총단면적의 1% 이상으로 한다.

② 매입형 합성기둥에서 강재코어를 매입한 콘크리트는 연속된 길이방향철근과 띠철근 또는 나선철근으로 보강되어야 한다.

③ 충전형 합성기둥의 설계전단강도는 강재단면만의 설계전단강도로 산정할 수 있다.

④ 매입형 합성기둥의 설계전단강도는 강재단면의 설계전단강도와 콘크리트의 설계전단강도의 합으로 산정할 수 있다.

본 문제는 국토교통부에서 고시한 국가건설기준코드(구조설계기준 : KDS 14 00 00, 건축설계기준 : KDS 41 00 00)에 부합하도록 출제되었습니다.

---

01 얇은 평면 슬래브를 굽혀 긴 경간을 지지할 수 있도록 만든 구조는?

① 현수 구조
② 트러스 구조
③ 튜브 구조
④ 절판 구조

02 다음은 조적조 아치를 설명한 것이다. (가)에 들어갈 용어는?

> 아치는 개구부 상부에 작용하는 하중을 아치의 축선을 따라 좌우로 나누어 전달되게 한 것으로, 아치를 이루는 부재 내에는 주로 [(가)] 이/가 작용하도록 한다.

① 휨모멘트
② 전단력
③ 압축력
④ 인장력

03 다음에서 설명하는 목구조 부재는?

> 상부의 하중을 받아 기초에 전달하며 기둥 하부를 고정하여 일체화하고, 수평 방향의 외력으로 인해 건물의 하부가 벌어지지 않도록 하는 수평재이다.

① 토대
② 깔도리
③ 버팀대
④ 귀잡이

04 그림과 같은 강구조 용접이음 표기에서 S는?

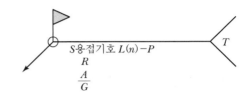

① 개선각
② 용접간격
③ 용접 사이즈
④ 용접부 처리방법

05 특수환경에 노출되지 않고 프리스트레스하지 않는 부재에 대한 현장치기 콘크리트의 최소 피복두께로 옳지 않은 것은?

① D19 이상의 철근을 사용한 옥외의 공기에 직접 노출되는 콘크리트의 경우 : 50mm
② D35 이하의 철근을 사용한 옥외의 공기나 흙에 직접 접하지 않는 콘크리트 벽체의 경우 : 20mm
③ 흙에 접하여 콘크리트를 친 후 영구히 흙에 묻혀 있는 콘크리트의 경우 : 60mm
④ 콘크리트 설계기준압축강도가 30MPa인 옥외의 공기나 흙에 직접 접하지 않는 콘크리트 기둥의 경우 : 40mm

06 그림과 같이 삼각형의 등변분포하중을 받는 두 캔틸레버보의 고정단에서 발생되는 모멘트 반력 M_A와 M_B의 비($M_A : M_B$)는? (단, 보의 자중은 무시한다.)

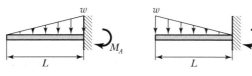

① 1 : 2
② 1 : 3
③ 2 : 1
④ 3 : 1

07 수직하중은 보, 슬래브, 기둥으로 구성된 골조가 저항하고 지진하중은 전단벽이나 가새골조 등이 저항하는 지진력 저항 시스템은?

① 역추형 시스템
② 내력벽 시스템
③ 건물골조 시스템
④ 모멘트 저항 골조 시스템

08 그림과 같은 철근콘크리트 직사각형 기초판에서 2방향 전단에 대한 위험단면의 면적은? (단, c_1, c_2는 기둥의 치수, d는 기초판의 유효깊이, D는 기초판의 전체 춤이다.)

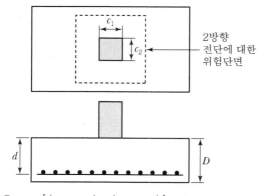

2방향 전단에 대한 위험단면

① $2 \times \left[(c_1 + 2d) + (c_2 + 2d) \right] \times d$
② $2 \times \left[(c_1 + d) + (c_2 + d) \right] \times d$
③ $2 \times \left[(c_1 + 2d) + (c_2 + 2d) \right] \times D$
④ $2 \times \left[(c_1 + d) + (c_2 + d) \right] \times D$

09 막과 케이블 구조에 대한 설명으로 옳지 않은 것은?

① 구조내력상 주요한 부분에 사용하는 막재의 파단신율은 35% 이하이어야 한다.
② 케이블 재료의 단기허용인장력은 장기허용인장력에 1.5를 곱한 값으로 한다.
③ 인열강도는 재료가 접힘 또는 굽힘을 받은 후 견딜 수 있는 최대 인장응력이다.
④ 구조내력상 주요한 부분에 사용하는 막재의 인장강도는 폭 1cm당 300N 이상이어야 한다.

10 강구조 접합에 대한 설명으로 옳지 않은 것은?

① 일반볼트는 영구적인 구조물에는 사용하지 못하고 가체결용으로만 사용한다.
② 완전용입된 그루브용접의 유효목두께는 접합판 중 얇은 쪽 판두께로 한다.
③ 필릿용접의 유효길이는 필릿용접의 총길이에서 2배의 필릿 사이즈를 공제한 값으로 하여야 한다.
④ 마찰접합되는 고장력볼트는 너트회전법, 토크관리법, 토크쉬어볼트 등을 사용하여 설계볼트장력 이하로 조여야 한다.

11 철근콘크리트구조의 성립요인에 대한 설명으로 옳지 않은 것은?

① 콘크리트와 철근은 역학적 성질이 매우 유사하다.
② 철근과 콘크리트의 열팽창계수가 거의 같다.
③ 콘크리트가 강알칼리성을 띠고 있어 콘크리트 속에 매립된 철근의 부식을 방지한다.
④ 철근과 콘크리트 사이의 부착강도가 크므로 두 재료가 일체화되어 외력에 대해 저항한다.

12 직경 D인 원형 단면을 갖는 철근콘크리트 기둥이 중심축하중을 받는 경우 최대 설계축강도($\phi P_{n(\max)}$)는? (단, 종방향 철근의 전체단면적은 A_{st}, 콘크리트의 설계기준 압축강도는 f_{ck}, 철근의 설계기준 항복강도는 f_y이고, 나선철근을 갖고 있는 프리스트레스를 가하지 않은 기둥이다.)

① $\phi P_{n(\max)} = 0.8\phi \left[0.85 f_{ck}(\pi D^2/4 + A_{st}) + f_y A_{st} \right]$

② $\phi P_{n(\max)} = 0.85\phi \left[0.85 f_{ck}(\pi D^2/4 + A_{st}) + f_y A_{st} \right]$

③ $\phi P_{n(\max)} = 0.8\phi \left[0.85 f_{ck}(\pi D^2/4 - A_{st}) + f_y A_{st} \right]$

④ $\phi P_{n(\max)} = 0.85\phi \left[0.85 f_{ck}(\pi D^2/4 - A_{st}) + f_y A_{st} \right]$

13 다음에서 설명하는 흙막이 공법은?

> 중앙부를 먼저 굴착하여 그 부분의 지하층 구조체를 먼저 시공하고, 이 구조체를 버팀대의 반력지지체로 이용하여 흙막이벽에 버팀대를 가설한다. 이후 주변부의 흙을 굴착하고 중앙부의 기초구조체를 연결하여 기초구조물을 완성시킨다.

① 오픈 컷(Open Cut) 공법
② 아일랜드 컷(Island Cut) 공법
③ 트렌치 컷(Trench Cut) 공법
④ 어스 앵커(Earth Anchor) 공법

14 기초형식 선정 시 고려사항에 대한 설명으로 옳지 않은 것은?

① 기초는 상부구조의 규모, 형상, 구조, 강성 등을 함께 고려하여 선정해야 한다.
② 기초형식 선정 시 부지 주변에 미치는 영향을 충분히 고려하여야 한다.
③ 기초는 대지의 상황 및 지반의 조건에 적합하며, 유해한 장해가 생기지 않아야 한다.

④ 동일 구조물의 기초에서는 가능한 한 이종형식 기초를 병용하여 사용하는 것이 바람직하다.

15 강구조의 특징에 대한 설명으로 옳은 것은?

① 고열과 부식에 강하다.
② 단위 면적당 강도가 크다.
③ 재료가 불균질하다.
④ 단면에 비해 부재 길이가 길고 두께가 얇아 좌굴의 영향이 작다.

16 매입형 합성단면이 아닌 합성보의 정모멘트 구간에서, 강재보와 슬래브면 사이의 총수평전단력 산정 시 고려해야 하는 한계상태가 아닌 것은?

① 콘크리트의 압괴
② 강재앵커의 강도
③ 슬래브철근의 항복
④ 강재단면의 인장항복

17 그림과 같은 중공 박스형 단면의 도심축 x 및 y에 대한 단면2차 모멘트 I_x와 I_y의 비($I_x : I_y$)는?

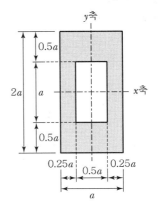

① 2 : 1
② 3 : 1
③ 4 : 1
④ 5 : 1

18 그림과 같은 구조물의 판별로 옳은 것은?

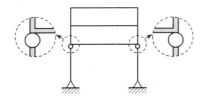

① 불안정
② 1차 부정정
③ 3차 부정정
④ 4차 부정정

19 철근콘크리트구조의 용어에 대한 설명으로 옳지 않은 것은?

① 인장철근비는 콘크리트의 전체 단면적에 대한 인장철근 단면적의 비이다.
② 설계강도는 단면 또는 부재의 공칭강도에 강도 감소계수를 곱한 강도이다.
③ 계수하중은 사용하중에 설계법에서 요구하는 하중계수를 곱한 하중이다.
④ 균형변형률 상태는 인장철근이 설계기준항복강도 f_y에 대응하는 변형률에 도달하고, 동시에 압축 콘크리트가 가정된 극한변형률에 도달할 때의 단면상태를 말한다.

20 성능기반설계에 대한 설명으로 옳지 않은 것은?

① 2,400년 재현주기 지진에 대한 내진특등급 건축물의 최소 성능목표는 인명보호 수준이어야 한다.
② 구조체 설계에 사용되는 밑면전단력의 크기는 등가정적해석법에 의한 밑면전단력의 75% 이상이어야 한다.
③ 성능기반설계법을 사용하여 설계할 때는 그 절차와 근거를 명확히 제시해야 하며, 전반적인 설계과정 및 결과는 설계자를 제외한 1인 이상의 내진공학 전문가로부터 타당성을 검증받아야 한다.
④ 성능기반설계법은 비선형해석법을 사용하여 구조물의 초과강도와 비탄성변형능력을 보다 정밀하게 구조 모델링에 고려하여 구조물이 주어진 목표성능수준을 정확하게 달성하도록 설계하는 기법이다.

CHAPTER

03

서울시
기출모의고사

본 문제는 국토교통부에서 고시한 국가건설기준코드(구조설계기준 : KDS 14 00 00, 건축설계기준 : KDS 41 00 00)에 부합하도록 출제되었습니다.

01 최근 자연재해로 인한 건축물의 피해가 증가하고 있다. 건축구조 설계 시 건축물에 작용하는 하중에 대해 설명한 내용으로 옳지 않은 것은?

① 적설하중은 체육관 건물이나 공장건물 등의 지붕구조로 이루어진 건물의 설계 시 지배적인 설계하중이 될 수 있다.

② 적설하중은 지역환경, 지붕의 형상, 재하분포상태 등을 고려하여 산정한다.

③ 풍하중은 건물의 형상, 건물 표면 형태, 가스트영향계수 등을 고려하여 산정한다.

④ 지진하중은 동적영향을 고려한 등가정적하중으로 환산하여 계산한다.

⑤ 우리나라에서는 5층 이하 저층 건축물은 지진하중을 고려한 내진설계를 하지 않아도 된다.

02 초고층 건물의 구조형식 중 건물의 외곽 기둥을 밀실하게 배치한 후 횡하중을 건물의 외곽 기둥이 부담하게 하여 건물 전체가 횡력에 대해 캔틸레버 보와 같이 거동할 수 있도록 계획하는 구조형식은?

① 튜브 구조

② 대각가새 구조

③ 전단벽 구조

④ 메가칼럼 구조

⑤ 골조-아웃리거 구조

03 다음 중 흙막이 없이 흙파기를 하여 쌓을 경우 자연스럽게 형성되는 흙의 경사면과 수평면 사이의 각도를 무엇이라고 하는가?

① 터파기각

② 안식각

③ 경사각

④ 수평각

⑤ 내부마찰각

04 다음 중 콘크리트말뚝의 허용지지력을 구하는 방법으로 옳은 것은?

① 재하시험에서 얻은 극한지지력 값의 1/3

② 말뚝선단면적에 콘크리트내력을 곱한 값

③ 말뚝의 원통면적에 지반의 내력을 곱한 값

④ 말뚝의 원통표면적에 마찰력을 곱한 값

⑤ 마찰력과 지반내력을 합한 값

05 철근콘크리트 구조물의 배근에 대한 기술 중 옳은 것은?

① 보의 장기처짐을 감소시키기 위하여 인장철근을 주로 배치한다.

② 캔틸레버 보의 경우 주근은 하단에 주로 배치한다.

③ 보의 하부근은 주로 중앙부에서 이음한다.

④ 보의 주근은 중앙부 상단에 주로 배치한다.

⑤ 보의 스터럽(Stirrup)은 단부에 주로 배치한다.

06 철근콘크리트 균형보의 철근비(ρ_b)를 구하는 공식으로 옳은 것은? (단, f_{ck} = 24MPa 콘크리트강도, f_y = 400MPa 철근항복강도, β_1 = 등가응력블록의 응력 중심거리비이다.)

① $\rho_b = 0.85 \dfrac{f_{ck}}{f_y} \dfrac{660}{660 + f_{ck}}$

② $\rho_b = 0.85\beta_1 \dfrac{f_y}{f_{ck}} \dfrac{660}{660 + f_{ck}}$

③ $\rho_b = 0.85\beta_1 \dfrac{f_{ck}}{f_y} \dfrac{660}{660 + f_y}$

④ $\rho_b = 0.85 \dfrac{f_y}{f_{ck}} \dfrac{660}{660 + f_y}$

⑤ $\rho_b = 0.85\beta_1 \dfrac{f_{ck}}{f_y} \dfrac{400}{400 + f_{ck}}$

07 그림에서 처짐을 계산하지 않는 경우 처짐두께 규정에 의한 캔틸레버 슬래브의 최소두께(t)로 옳은 것은? (단, 보통콘크리트 f_{ck} = 24MPa, f_y = 400MPa이다.)

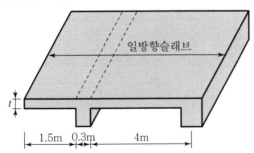

① 10.0cm
② 12.0cm
③ 13.5cm
④ 15.0cm
⑤ 18.0cm

08 다음 그림에서 전단 위험단면을 가장 적절하게 표시한 것은? (단, d = 보의 유효높이, t = 기초판 두께이다.)

①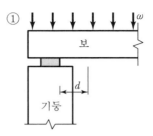

②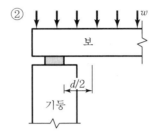

③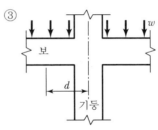

④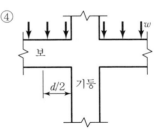

⑤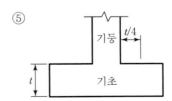

09 다음 중 휨 및 압축을 받는 부재의 설계에 대한 설명으로 옳지 않은 것은? (단, ρ_b는 균형철근비이다.)

① 휨 또는 휨과 축력을 동시에 받는 부재의 콘크리트 압축연단의 극한변형률(ε_u)은 콘크리트 설계기준강도가 40MPa 이하인 경우에는 0.0033으로 가정한다.

② 인장철근이 설계기준항복강도(f_y)에 대응하는 변형률에 도달하고 동시에 압축콘크리트가 극한변형률에 도달할 때를 균형변형률상태로 본다.

③ 압축콘크리트가 가정된 극한변형률(ε_u)에 도달할 때 최외단 인장철근의 순인장변형률(ε_t)이 압축지배변형률한계 이하인 단면을 압축지배단면이라고 한다.

④ 압축콘크리트가 가정된 극한변형률(ε_u)에 도달할 때 최외단 인장철근의 순인장변형률(ε_t)이 인장지배변형률 한계 이상인 단면을 인장지배단면이라고 한다.

⑤ 인장철근비를 최대철근비보다 작게 규정한 이유는 휨재 또는 축력이 크지 않은 휨-압축재가 파괴 이전에 전단파괴에 이르도록 유도하기 위함이다.

10 다음 중 직접설계법을 이용한 슬래브 시스템의 설계 시 제한사항으로 옳지 않은 것은?

① 각 방향으로 3경간 이상이 연속되어야 한다.

② 슬래브판들은 단변경간에 대한 장변경간의 비가 2 이하인 직사각형이어야 한다.

③ 각 방향으로 연속한 받침부 중심 간 경간길이의 차이는 긴 경간의 1/5 이하이어야 한다.

④ 연속한 기둥 중심선으로부터 기둥의 이탈은 이탈방향경간의 최대 10%까지 허용할 수 있다.

⑤ 모든 하중은 연직하중으로 슬래브판 전체에 등분포되어야 하며 활하중은 고정하중의 2배 이하이어야 한다.

11 철근콘크리트 부재의 전단력에 대한 거동을 평가하는 척도로 전단경간비(a/d)가 사용되고 있다. 전단경간비에 대한 설명으로 옳지 않은 것은?

① 전단경간비는 최대휨내력과 최대전단내력의 비를 부재의 유효춤으로 나눈 값으로 표현한다.

② 전단경간비는 전단보강근의 간격을 결정하는 요소이다.

③ 전단경간비가 작을수록 전단파괴가 발생하기 쉽다.

④ 전단경간비가 클수록 휨파괴가 발생하기 쉽다.

⑤ 전단경간비는 부재의 휨파괴와 전단파괴를 구분하는 데 활용된다.

12 강도설계법에서 단면이 500×500mm이고 주근이 8-D25로 배근되어 있는 철근콘크리트 기둥에 띠철근을 D10으로 사용할 경우, 다음 중 띠철근의 수직간격으로 옳은 것은?

① 300mm   ② 350mm
③ 400mm   ④ 450mm
⑤ 500mm

13 그림과 같은 구조물의 판별 결과는?

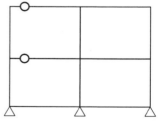

① 15차 부정정 구조물
② 13차 부정정 구조물
③ 10차 부정정 구조물
④ 7차 부정정 구조물
⑤ 5차 부정정 구조물

14 철골보의 처짐을 적게 하기 위한 방법으로 옳은 것은?

① 단면 2차 모멘트를 작게 한다.
② 플랜지의 단면적을 크게 한다.
③ 휨강성을 줄인다.
④ 보의 스팬을 늘린다.
⑤ 웨브 단면적을 작게 한다.

15 다음은 철골부재의 접합에서 이음부 설계세칙이다. 옳지 않은 것은?

① 응력을 전달하는 단속필릿용접이음부의 길이는 필릿사이즈의 10배 이상 또한 30mm 이상이다.
② 응력을 전달하는 겹침이음은 2열 이상의 필릿용접을 원칙으로 한다.
③ 필릿용접의 최소 겹침길이는 얇은 쪽 판두께의 5배 이상 또한 25mm 이상 겹치게 한다.
④ 고장력볼트의 구멍중심 간의 거리는 공칭직경의 1.5배 이상으로 한다.
⑤ 고장력볼트의 구멍중심에서 볼트머리 또는 너트가 접하는 재의 연단까지의 최대거리는 판두께의 12배 이하 또한 150mm 이하로 한다.

16 고장력볼트 M22(F10T)의 설계볼트장력 $T_0 =$ 200kN일 때, 표준볼트장력은 얼마인가?

① 180kN
② 200kN
③ 220kN
④ 240kN
⑤ 300kN

17 다음과 같은 용접부위의 유효용접면적으로 옳은 것은? (단, 이음면이 직각인 경우)

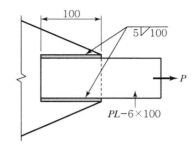

① 235mm²
② 315mm²
③ 410mm²
④ 630mm²
⑤ 725mm²

18 아래 그림과 같은 철근콘크리트 보에서 균열이 발생할 때 A, B, C 구역의 균열양상으로 바르게 짝지어진 것은?

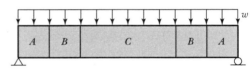

① 전단균열, 휨균열, 휨－전단균열
② 휨균열, 전단균열, 휨－전단균열
③ 휨균열, 휨－전단균열, 전단균열
④ 전단균열, 휨－전단균열, 휨균열
⑤ 휨－전단균열, 휨균열, 전단균열

19 구조부재의 단면성질과 그 용도를 짝지어 놓은 것 중 옳지 않은 것은?

① 단면2차모멘트(I_x) : 보의 처짐 계산에 적용된다.
② 단면2차반경($i_x = \sqrt{I_x/A}$) : 좌굴하중을 검토하는 데 적용한다.
③ 단면극2차모멘트(I_P) : 부재의 비틀림응력을 계산한다.
④ 단면계수(Z_c) : 보의 전단응력 산정에 적용된다.
⑤ 단면상승모멘트(I_{xy}) : 주응력을 계산하는 데 적용한다.

20 그림과 같은 단순보에서 C점의 최대처짐량은?

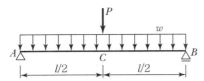

① $\dfrac{16wl^4}{384EI} + \dfrac{8Pl^3}{48EI}$ ② $\dfrac{8wl^4}{384EI} + \dfrac{16Pl^3}{48EI}$

③ $\dfrac{7wl^4}{384EI} + \dfrac{5Pl^3}{48EI}$ ④ $\dfrac{wl^4}{384EI} + \dfrac{5Pl^3}{48EI}$

⑤ $\dfrac{5wl^4}{384EI} + \dfrac{Pl^3}{48EI}$

본 문제는 국토교통부에서 고시한 국가건설기준코드(구조설계기준 : KDS 14 00 00, 건축설계기준 : KDS 41 00 00)에 부합하도록 출제되었습니다.

01 주상복합건물에서 주거공간인 상층부의 벽식구조시스템과 상업시설로 활용되는 저층부의 라멘 골조 시스템이 연결된 부분에 원활한 하중 전달을 위하여 설치하는 구조시스템은?

① 코아
② 아웃리거
③ 전이층
④ 가새 튜브

02 철근콘크리트 보의 휨 해석과 설계에 관한 설명 중 옳지 않은 것은?

① 콘크리트의 인장강도는 철근콘크리트 부재 단면의 축강도와 휨강도 계산에 반영한다.
② 보에 휨이 작용할 때 발생하는 부재의 곡률은 작용시킨 휨모멘트에 비례하고, 부재의 곡률 반지름은 휨 강성에 비례한다.
③ 콘크리트 압축응력−변형률 곡선은 실험결과에 따라 직사각형, 사다리꼴 또는 포물선 등으로 가정할 수 있다.
④ 평면유지의 가정이 일반적인 보에서는 통용되지만 깊은 보의 경우 비선형 변형률 분포가 고려되어야 한다.

03 강구조에서 볼트 구멍의 허용오차로 옳지 않은 것은? (단, M○○은 볼트의 호칭(mm)을 나타냄)

① M22 : 마찰이음 허용오차＝＋0.5(mm),
지압이음＝±0.3(mm)
② M24 : 마찰이음 허용오차＝＋0.5(mm),
지압이음＝±0.3(mm)

③ M27 : 마찰이음 허용오차＝＋1.0(mm),
지압이음＝±0.3(mm)
④ M30 : 마찰이음 허용오차＝＋1.0(mm),
지압이음＝±0.5(mm)

04 다음과 같이 집중하중 1,000N을 받고 있는 트러스의 부재 FG에 걸리는 힘은?

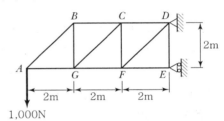

① 2,000N(압축)
② 2,000N(인장)
③ 4,000N(압축)
④ 4,000N(인장)

05 건축구조물의 골조형식 중 횡력의 25% 이상을 부담하는 연성모멘트 골조가 전단벽이나 가새 골조와 조합되어 있는 구조방식은?

① 보통모멘트골조방식
② 모멘트골조방식
③ 이중골조방식
④ 전단벽−골조 상호작용방식

06 건축구조물의 말뚝기초 형식 중 현장타설콘크리트말뚝의 구조세칙에 대한 설명으로 옳지 않은 것은?

① 현장타설콘크리트말뚝의 단면적은 전 길이에 걸쳐 각 부분의 설계단면적 이하여서는 안 된다.

② 현장타설콘크리트말뚝의 선단부는 지지층에 확실히 도달시켜야 한다.

③ 현장타설콘크리트말뚝을 배치할 때 그 중심간격은 말뚝머리지름의 1.5배 이상 또는 말뚝머리지름에 1,500mm를 더한 값 이상으로 한다.

④ 저부의 단면을 확대한 현장타설콘크리트말뚝의 측면경사가 수직면과 이루는 각은 30° 이하로 하고 전단력에 대해 검토하여야 한다.

07 철근콘크리트구조에서 철근의 정착길이가 충분하지 않을 경우 표준갈고리로 하여 정착길이를 짧게 할 수 있다. D25 주철근을 90° 표준갈고리로 하여 정착시킬 경우 갈고리 철근의 자유단 길이로 옳은 것은? (단, D25철근의 공칭지름은 25mm로 한다.)

① 150mm   ② 200mm

③ 250mm   ④ 300mm

08 독립기초 설계 시 허용응력설계법이 적용되는 경우는?

① 기초 설계용 토압 산정

② 기초 크기 산정

③ 기초의 휨철근 산정

④ 기초 두께 산정

09 철근콘크리트 부재설계 시 강도감소계수에 대한 설명 중 옳지 않은 것은?

① 강도감소계수의 크기를 결정하는 기준은 부재의 파괴양상이다.

② 휨모멘트가 크게 작용하는 기둥의 경우, 변형률에 따라 강도감소계수값을 보정한다.

③ 인장지배 단면 부재에 적용되는 강도감소계수가 압축지배 단면 부재에 적용되는 값보다 작다.

④ 보 휨설계 시 적용되는 강도감소계수는 0.85이다.

10 다음 그림과 같은 단면을 가지는 단순 지지보의 최대 인장응력의 크기는?

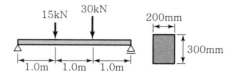

① 4.3N/mm²   ② 8.3N/mm²

③ 12.3N/mm²   ④ 16.3N/mm²

11 다음과 같이 C점이 힌지(Hinge)로 연결된 보의 지지점 A의 수직 반력은? (단, B는 고정되었으며 A는 롤러(Roller)지점으로 시공되어 있다.)

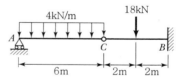

① 6kN   ② 8kN

③ 10kN   ④ 12kN

12 목공사에 사용되는 구조용 합판의 품질기준에 대한 설명으로 옳지 않은 것은?

① 접착성은 내수 인장 전단 접착력이 0.7N/mm² 이상인 것이어야 한다.

② 함수율은 20% 이하인 것이어야 한다.

③ 못접합부의 전단내력은 못접합부의 최대 전단내력의 40%에 해당하는 값이 700N 이상인 것이어야 한다.

④ 못뽑기 강도는 못접합부의 최대 못뽑기 강도가 90N 이상인 것이어야 한다.

13 강구조에 사용되는 강재의 탄성영역에서 전단응력의 전단변형도에 대한 비례상수를 전단 탄성계수라 한다. 사용되는 강재의 탄성계수(E)가 $2.0 \times 10^5 N/mm^2$이며 포아송비(ν)가 0.25라 할 때 전단탄성계수(G) 값은 얼마인가?

① $80,000N/mm^2$ ② $120,000N/mm^2$
③ $160,000N/mm^2$ ④ $200,000N/mm^2$

14 다음 (   )에 들어갈 용어들이 순서에 맞게 이루어진 보기는?

> • (㉠)한계상태 : 구조체 전체 또는 부분이 붕괴되어 하중 지지능력을 잃은 상태   예 (㉡)
> • (㉢)한계상태 : 구조체가 붕괴되지 않았으나 구조기능의 저하로 사용에 매우 부적합하게 되는 상태   예 (㉣)

	㉠	㉡	㉢	㉣
①	극한	성수대교	사용	피사의 사탑
②	사용	성수대교	극한	피사의 사탑
③	극한	피사의 사탑	사용	성수대교
④	사용	피사의 사탑	극한	성수대교

15 조적구조의 설계에 대한 내용으로 옳지 않은 것은?

① 인방보는 조적조가 허용응력도를 초과하지 않도록 최소한 100mm의 지지길이는 확보되어야 한다.
② 전단벽이 다른 벽체와 직각으로 만나는 경우, 전단벽 양쪽에 형성되는 플랜지는 휨강성을 계산할 수 있으며 플랜지 유효폭은 교차되는 벽체두께의 6배를 초과할 수 없다.
③ 수직지점하중의 분산을 위한 별도의 구조부재가 설치되지 않는 경우 수직지점하중이 통줄눈과 같이 연속한 수직모르타르 또는 신축줄눈을 가로질러 분산하지 않는 것으로 가정한다.

④ 기둥과 벽체의 유효높이는 부재상단에 횡지지되지 않은 부재의 경우 지지점부터 부재높이의 1배로 한다.

16 다음 캔틸레버보의 지지점 A에 작용하는 모멘트 반력은?

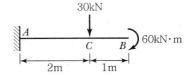

① $90kN \cdot m$ ② $120kN \cdot m$
③ $150kN \cdot m$ ④ $240kN \cdot m$

17 철근콘크리트 1방향 슬래브 설계에 대한 설명 중 옳은 것은?

① 2방향 슬래브에 비해 선호되지 않는 시스템이다.
② 1방향 슬래브는 단변방향으로 90% 이상의 슬래브 하중이 전달된다.
③ 전단보강을 위해 최소전단보강근을 배근한다.
④ 장변방향으로는 하중 전달이 미미하므로 철근을 배근할 필요가 없다.

18 조적공사에 사용되는 모르타르의 종류별 용적배합비(잔골재/결합재)로 옳은 것은?

① 치장줄눈용 모르타르 용적배합비 : 0.5~1.5
② 벽용 줄눈 모르타르 용적배합비 : 0.5~1.5
③ 벽용 붙임 모르타르 용적배합비 : 2.5~3.0
④ 바닥용 깔모르타르 용적배합비 : 2.5~3.0

19 건축물 및 공작물이 안전한 구조를 갖기 위해서는 설계단계에서 시공, 감리 및 유지 · 관리단계에 이르기까지 구조안전의 확인이 매우 중요하다. 시공과정에서 구조안전을 확인하기 위하여 책임구조기술자가 수행하여야 할 업무가 아닌 것은?

① 구조물 규격에 관한 검토 · 확인
② 설계변경에 관한 사항의 구조검토 · 확인
③ 시공하자에 대한 구조내력검토 및 보강방안
④ 용도변경을 위한 구조검토

20 철골조에 철근콘크리트 슬래브를 타설할 경우, 철골보와 슬래브 간의 전단력을 적절하게 전달하게 하는 철물은?

① 턴 버클(Turn Buckle)
② 스티프너(Stiffener)
③ 커버 플레이트(Cover Plate)
④ 강재앵커(Shear Connector)

본 문제는 국토교통부에서 고시한 국가건설기준코드(구조설계기준 : KDS 14 00 00, 건축설계기준 : KDS 41 00 00)에 부합하도록 출제되었습니다.

01 양단 단순지지보에 등분포하중이 작용하여 처짐이 발생하였다. 보 길이가 L에서 2L로 2배 증가하였을 경우, 동일한 처짐량을 갖도록 하려면 등분포하중은 몇 배가 되어야 하는가?

① 1/2배   ② 1/4배

③ 1/8배   ④ 1/16배

02 그림과 같이 기둥의 실제 길이(L)와 단면이 동일하고 단부 조건이 서로 다른 (A) : (B) : (C)에 대한 이론적인 탄성좌굴 하중(P_{cr}) 비율은?

① 3 : 2 : 1
② 4 : 2 : 1
③ 9 : 4 : 1
④ 16 : 4 : 1

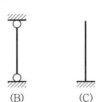

(A)   (B)   (C)

03 휨모멘트(M)와 축하중(P)을 동시에 받는 기둥에서 왼쪽 그림과 같은 단면의 변형도 상태는 오른쪽 P-M 상관곡선 상의 어느 부분에 해당하는가? (단, ε_c는 콘크리트 압축변형도, ε_s 및 ε_y는 각각 철근의 인장변형도와 철근의 항복변형도를 나타낸다.)

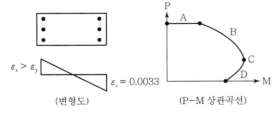

$\varepsilon_s > \varepsilon_y$ $\varepsilon_c = 0.0033$

(변형도)   (P-M 상관곡선)

① A 구간   ② B 구간

③ C 점   ④ D 구간

04 다음 중 보나 지판이 없이 슬래브와 기둥으로만 구성된 가장 간단한 형식의 철근콘크리트 슬래브 방식은?

① 플랫 슬래브
② 플랫플레이트 슬래브
③ 조이스트 슬래브
④ 워플 슬래브

05 다음 중 동일구역 내에서 내진설계 시 중요도계수가 가장 높은 건물은?

① 3층의 종합병원
② 5층의 학교
③ 연면적 10,000m²의 백화점
④ 12층의 아파트

06 밀폐형 건축물의 주골조설계용 풍하중 산정에 대한 설명 중 옳지 않은 것은?

① 풍하중은 설계풍압에 유효수압면적을 곱하여 산정한다.
② 임의높이에서의 설계속도압은 그 높이에서의 설계풍속의 제곱에 비례한다.
③ 설계풍속은 기본풍속에 풍속고도분포계수, 지형계수, 중요도계수 및 가스트영향계수를 곱하여 산정한다.
④ 풍상벽의 외압계수는 건물의 폭과 깊이에 관계없이 일정하다.

07 그림과 같은 트러스에서 부재력이 0인 부재의 개수로 옳은 것은?

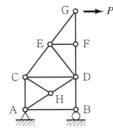

① 1개   ② 2개
③ 3개   ④ 4개

08 다음 중 구조물의 기초에 대한 설명으로 가장 옳은 것은?

① 온통기초가 그 강성이 약할 때에는 복합기초와 동일하게 취급하여 접지압을 산정할 수 있다.
② 직접기초의 저면은 온도변화와 무관하게 일정한 깊이를 확보하면 된다.
③ 동일 구조물에서는 지지말뚝과 마찰말뚝을 혼용하는 것을 피한다.
④ 지반이 매우 약하면 하중－침하 특성이 크게 다른 타입말뚝과 매입말뚝을 혼용하는 것을 권장한다.

09 휨모멘트를 받는 철근콘크리트 보의 인장철근비를 최대 철근비 이상으로 배근할 경우 발생할 수 있는 파괴양상으로 옳은 것은?

① 인장철근이 압축측 콘크리트보다 먼저 항복하여 연성파괴가 발생한다.
② 인장철근이 압축측 콘크리트보다 먼저 항복하여 취성파괴가 발생한다.
③ 압축측 콘크리트가 인장철근보다 먼저 파괴에 이르러 취성 파괴가 발생한다.
④ 압축측 콘크리트가 인장철근보다 먼저 파괴에 이르러 연성 파괴가 발생한다.

10 적설하중 산정에 대한 다음의 설명 중 옳지 않은 것은?

① 주변에 바람막이가 없이 거센 바람이 부는 지역은 그렇지 않은 지역에 비해 적설하중이 상대적으로 크다.
② 지상적설하중의 기본값은 수직 최심적설깊이를 기준으로 한다.
③ 지붕경사도가 70°를 초과하는 경우에는 적설하중이 작용하지 않는 것으로 한다.
④ 건물이 난방구조물인지 여부는 적설하중 산정에 영향을 미친다.

11 그림과 같이 등변분포하중을 받는 캔틸레버보의 고정단에 작용하는 휨모멘트 반력 M_A 와 M_B 의 비율로 옳은 것은?

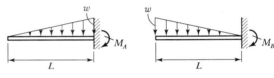

① $1 : \sqrt{2}$ ② $1 : 2$
③ $\sqrt{2} : \sqrt{3}$ ④ $2 : 3$

12 다음 그림과 같이 집중하중을 받는 내민보에서 정모멘트와 부모멘트의 최댓값을 서로 같게 하기 위한 내민 길이 x의 값은?

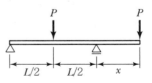

① $\dfrac{L}{2}$ ② $\dfrac{L}{3}$
③ $\dfrac{L}{4}$ ④ $\dfrac{L}{6}$

13 경험적 설계법에 의해 조적구조물을 설계하고자 할 때, 다음 규정 중 가장 옳지 않은 것은?

① 파라펫벽의 두께는 하부 벽체보다 얇지 않아야 한다.

② 파라펫벽의 높이는 두께의 3배 이상이어야 한다.

③ 2층 이상의 건물에서 조적내력벽의 공칭두께는 200mm 이상이어야 한다.

④ 건축구조기준의 최소두께규정으로 인하여 층간에 두께 변화가 발생한 경우에는 더 큰 두께값을 상층에도 적용 하여야 한다.

14 강재 인장재의 설계인장강도를 결정하는 데 적용하는 한계상태로 옳지 않은 것은?

① 총단면의 항복한계상태

② 유효순단면의 항복한계상태

③ 유효순단면의 파단한계상태

④ 블록전단파단

15 확대머리 이형철근에 대한 설명으로서 옳지 않은 것은?

① 확대머리의 순지압면적(A_{brg})은 $4A_b$ 이하이어야 한다.

② 확대머리 이형철근은 경량콘크리트에 적용할 수 없으며, 보통중량콘크리트에만 사용한다.

③ 정착길이(l_{dt})는 항상 $8d_b$ 또한 150mm 이상이어야 한다.

④ 압축력을 받는 경우에 확대머리의 영향을 고려할 수 없다.

16 그림과 같이 단면의 형상과 스팬 길이가 서로 다른 두 캔틸레버보가 단부에 동일한 집중하중을 받을 때 (A)와 (B)의 단부 처짐 비율로 옳은 것은? (단, 재료는 동일하다.)

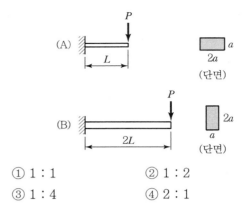

① 1 : 1　　　　② 1 : 2

③ 1 : 4　　　　④ 2 : 1

17 폭이 b 이고 깊이가 h 인 사각형 단면의 탄성단면계수에 대한 소성단면계수의 비로 옳은 것은?

① 1/2　　　　② 2/3

③ 4/3　　　　④ 3/2

18 철근콘크리트 휨재 또는 압축재의 강도감소계수에 대한 설명으로 옳지 않은 것은?

① 압축연단 콘크리트가 가정된 극한변형률에 도달할 때 최외단 인장철근의 순인장변형률이 압축지배 변형률한계 이하인 단면을 압축지배 단면이라고 한다.

② 극한상태에서 휨해석에 의해 계산된 단면의 최외단 인장철근변형률이 0.005 이상일 경우 그 단면을 인장지배 단면이라고 한다.

③ 압축지배 단면으로 정의되는 경우 강도감소계수는 띠철근인 경우 0.75를 사용한다.

④ 인장철근의 순인장변형률이 인장지배 한계 이상일 경우 그 단면은 연성적으로 거동하는 것으로 볼 수 있으며 강도감소계수는 0.85를 사용한다.

19 구조물의 고유주기는 진동 등 구조물의 동적응답에 매우 중요한 역할을 한다. 고유주기는 질량과 강성의 함수이다. 다음 중 고유주기가 가장 길 것으로 예상되는 구조시스템은?

① 질량 m, 강성 k인 경우
② 질량 $2m$, 강성 k인 경우
③ 질량 m, 강성 $2k$인 경우
④ 질량 $2m$, 강성 $2k$인 경우

20 플레이트 거더(plate girder)의 스티프너에 대한 설명 중 가장 옳지 않은 것은?

① 중간스티프너는 웨브의 좌굴을 방지하기 위해 보의 재축방향 중간 부분에 수평으로 설치한다.
② 수평스티프너는 웨브의 압축좌굴 내력을 증가시키기 위해 보의 압축측 웨브에 재축방향으로 수평으로 설치한다.
③ 하중점스티프너는 집중하중이 작용하는 곳의 웨브 양쪽에 수직으로 설치한다.
④ 플레이트 거더의 전단강도는 웨브의 판폭두께비 및 중간스티프너의 간격에 의해 좌우된다.

본 문제는 국토교통부에서 고시한 국가건설기준코드(구조설계기준 : KDS 14 00 00, 건축설계기준 : KDS 41 00 00)에 부합하도록 출제되었습니다.

01 탄성계수 E 값이 3.9GPa이고, 포아송비(Poisson's ratio)가 0.3인 재료의 전단탄성계수 G 값은 얼마인가?

① 1GPa
② 1.5GPa
③ 2GPa
④ 3GPa

02 다음의 설계하중 중에서 목재의 설계허용응력의 보정계수 중 하중기간계수 C_D가 가장 큰 것은?

① 고정하중
② 활하중
③ 시공하중
④ 적설하중

03 단일 압축재의 세장비를 구할 때 고려하지 않아도 되는 것은?

① 부재 길이
② 단면2차모멘트
③ 지지 조건
④ 탄성계수

04 철근콘크리트구조에서 휨모멘트나 축력 또는 휨모멘트와 축력을 동시에 받는 단면의 설계 시 적용되는 설계가정과 일반원칙에 대한 설명 중 옳은 것은?

① 압축철근이 설계기준항복강도 f_y에 대응하는 변형률에 도달하고 동시에 압축콘크리트가 극한 변형률에 도달할 때, 그 단면이 균형변형률 상태에 있다고 본다.
② 휨모멘트 또는 휨모멘트와 축력을 동시에 받는 부재의 콘크리트 인장연단의 극한 변형률은 0.0033으로 가정하여야 한다.

③ 철근의 응력이 설계기준항복강도 f_y 이하일 때, 철근의 응력은 그 변형률에 철근의 탄성계수(E_s)를 곱한 값으로 하여야 한다.
④ 압축콘크리트가 가정된 극한 변형률에 도달할 때, 최외단 인장철근의 순인장변형률 ε_t가 압축지배변형률 한계 이하인 단면을 인장지배단면이라고 한다.

05 건축구조기준에서 규정하고 있는 모멘트 – 저항골조시스템 중 내진설계 시 고려되는 반응수정계수가 가장 작은 것은?

① 합성 반강접모멘트골조
② 철골 중간모멘트골조
③ 합성 중간모멘트골조
④ 철근콘크리트 중간모멘트골조

06 조적식 구조의 강도설계법과 경험적 설계법에 대한 설명으로 옳지 않은 것은?

① 경험적 설계법에서 2층 이상 건물의 조적내력벽 공칭두께는 100mm 이상이어야 한다.
② 경험적 설계법에서 조적벽이 횡력에 저항하는 경우에는 전체높이가 13m, 처마높이가 9m 이하이어야 한다.
③ 강도설계법에 의한 보강조적조 휨강도의 계산에서는 조적조벽의 인장강도를 무시한다. 단, 처짐을 구할 때는 제외한다.
④ 강도설계법에서 보강조적조 내진설계 시 보의 폭은 150mm보다 적어서는 안된다.

07 등분포하중을 받는 철근콘크리트 보에서 균열이 발생할 때 A, B, C 구역의 균열양상으로 옳은 것은?

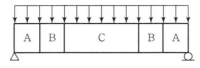

① A : 전단균열
　B : 휨균열
　C : 휨 · 전단균열
② A : 휨균열
　B : 전단균열
　C : 휨 · 전단균열
③ A : 휨균열
　B : 휨 · 전단균열
　C : 전단균열
④ A : 전단균열
　B : 휨 · 전단균열
　C : 휨균열

08 강재의 좌굴에 대한 설명으로 옳은 것은?

① 부재의 길이가 길수록 더 쉽게 일어난다.
② 압축과 인장에서 모두 일어난다.
③ 기둥 설계 시에는 고려하지 않아도 된다.
④ 좌굴은 탄성 영역에서만 일어난다.

09 다음 중 철근콘크리트의 처짐에 대한 설명으로 가장 옳지 않은 것은? (단, ℓ : 골조에서 절점 중심을 기준으로 측정된 부재의 길이)

① 장기처짐은 지속하중의 재하기간, 압축철근비 등에 영향을 받는다.
② 처짐을 계산할 때 하중작용에 의한 순간처짐은 부재강성에 대한 균열과 철근의 영향을 고려하여 탄성처짐공식을 사용하여 산정하여야 한다.

③ 과도한 처짐에 의해 손상되기 쉬운 비구조 요소를 지지 또는 부착하지 않은 바닥구조에 대한 최대허용처짐은 고정하중(Dead load)에 의한 장기처짐으로 계산하며 처짐한계값은 $\dfrac{\ell}{360}$ 이다.
④ 큰 처짐에 의해 손상되기 쉬운 칸막이벽이나 기타 구조물을 지지 또는 부착하지 않은 단순지지된 보의 최소두께는 $\dfrac{\ell}{16}$ 이다.

10 그림과 같이 등분포하중(W)을 받는 캔틸레버 보의 길이와 단면이 (a) 및 (b)의 두 가지 조건으로 주어졌을 경우 두 보의 최대 처짐비로 옳은 것은?

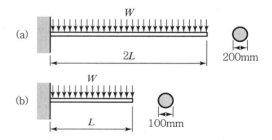

① (a) : (b) = 1 : 1
② (a) : (b) = 8 : 1
③ (a) : (b) = 1 : 8
④ (a) : (b) = 16 : 1

11 고층 건물에 적용되는 구조시스템인 아웃리거 구조에서 내부의 코어부와 외곽 기둥을 연결할 때 아웃리거와 함께 많이 사용되는 구조부재는 다음 중 무엇인가?

① 벨트트러스(Belt truss)
② 링크 빔(Link beam)
③ 합성슬래브(Composite slab)
④ 프리스트레스트 빔(Prestressed beam)

12 강구조에 대한 다음 기술 중 옳지 않은 것은?

① 강재의 단면은 폭－두께비에 따라 콤팩트 요소, 비콤팩트 요소, 세장판 요소로 분류한다.

② 보부재에서 완전소성항복과 비탄성좌굴발생의 경계를 나타내는 소성한계비지지거리 L_P 는 재료의 항복강도가 높을수록 커진다.

③ 세장한 단면을 갖는 압축부재의 공칭압축강도는 휨좌굴, 비틀림좌굴, 휨－비틀림좌굴한계상태에 기초하여 산정한다.

④ 강재의 탄소당량이 클수록 용접성이 나쁘다.

13 철근콘크리트 2방향 슬래브 설계에 사용되는 직접설계법의 제한사항 중 옳은 것은?

① 각 방향으로 2경간 이상 연속되어야 한다.

② 모든 하중은 슬래브 판 전체에 걸쳐 등분포된 연직하중이어야 하며, 활하중은 고정하중의 2배 이하이어야 한다.

③ 슬래브 판들은 단변 경간에 대한 장변 경간의 비가 2 이상인 직사각형이어야 한다.

④ 연속한 기둥 중심선으로부터 기둥의 어긋남은 그 방향 경간의 최대 20%까지 허용할 수 있다.

14 등가정적해석법을 사용하여 중량이 동일한 건물의 밑면전단력을 산정할 때, 밑면전단력의 크기가 가장 큰 경우는 다음 중 어떠한 경우인가?

① 강성이 크고 반응수정계수가 큰 구조물

② 강성이 작고 반응수정계수가 큰 구조물

③ 강성이 크고 반응수정계수가 작은 구조물

④ 강성이 작고 반응수정계수가 작은 구조물

15 다음과 같은 트러스에서 부재력이 0인 부재는 모두 몇 개인가?

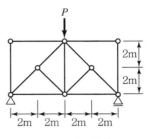

① 0개   ② 3개

③ 6개   ④ 7개

16 강구조에서 고장력볼트 접합과 이음부 설계에 대한 설명 중 옳지 않은 것은?

① 고장력볼트의 구멍중심간 거리는 공칭직경의 2.5배 이상으로 한다.

② 고장력볼트의 구멍중심에서 볼트머리 또는 너트가 접하는 재의 연단까지의 최대거리는 판두께의 15배 이하 또한 200mm 이하로 한다.

③ 고장력볼트의 마찰접합은 고장력볼트의 강력한 체결력에 의해 부재간에 발생하는 마찰력을 이용하는 접합형식이다.

④ 고장력볼트의 지압접합은 부재간에 발생하는 마찰력과 볼트축의 전단력 및 부재의 지압력을 동시에 발생시켜 응력을 부담한다.

17 건축구조기준에서 기본등분포활하중의 용도별 최솟값이 가장 작은 것은?

① 도서관 서고

② 옥외 광장

③ 창고형 매장

④ 사무실 문서보관실

18 프리스트레스트 콘크리트 구조에 대한 설명으로 옳지 않은 것은?

① 콘크리트의 건조수축 및 크리프는 긴장재에 도입된 프리스트레스를 손실시킨다.

② 시간이 경과됨에 따라 긴장재에 도입된 프리스트레스의 응력이 감소되는 현상을 릴랙세이션(Relaxation)이라 한다.

③ 포스트텐션 방식에서 단부 정착장치가 중요하다.

④ 일반적으로 철근콘크리트 부재에 비하여 처짐 및 진동제어가 유리하다.

19 단순보의 A, D 지점에서의 수직반력(R_A, R_D)의 크기는 각각 얼마인가?

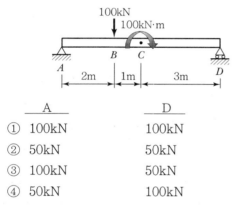

	A	D
①	100kN	100kN
②	50kN	50kN
③	100kN	50kN
④	50kN	100kN

20 압연 H형강 H−600×200×11×17(SS400) 보의 플랜지의 판폭두께비는 얼마인가? (단, 소수점 셋째 자리에서 반올림 한다.)

① 3.88　　② 4.88

③ 5.88　　④ 6.88

본 문제는 국토교통부에서 고시한 국가건설기준코드(구조설계기준 : KDS 14 00 00, 건축설계기준 : KDS 41 00 00)에 부합하도록 출제되었습니다.

01 다음 중 건축물에 대한 구조의 안전을 확인하는 경우 건축구조기술사의 협력을 받아야 하는 건축물로 가장 옳지 않은 것은?

① 판매시설의 용도로 쓰는 바닥면적의 합계가 5,000m²인 건축물
② 5층인 건축물
③ 한쪽 끝은 고정되고 다른 끝은 지지되지 아니한 구조로 된 보가 외벽의 중심선으로부터 3m 돌출된 건축물
④ 기둥과 기둥 사이의 거리가 20m인 건축물

02 「건축구조기준」에서 말뚝기초에 대한 설명 중 가장 옳지 않은 것은?

① 기성콘크리트말뚝을 타설할 때 중심간격은 말뚝 머리지름의 2.5배 또한 750mm 이상으로 한다.
② 말뚝기초의 기초판 설계 시 말뚝의 반력을 기초판 저면에 작용하는 집중하중으로 가정한다.
③ 이음말뚝은 이음의 종류와 개수에 따라 말뚝재료의 허용압축응력을 저감한다.
④ 기성콘크리트말뚝 제조 시에 사용하는 콘크리트의 설계기준강도는 27MPa 이상으로 한다.

03 다음 중 목구조의 방부공법에 관련된 설명으로 가장 옳지 않은 것은?

① 기초의 토대에 환기구를 설치한다.
② 맞춤이나 이음 등의 목재가공부위는 방부제로 뿜칠처리를 한다.
③ 지붕처마와 채양은 채광 및 구조상 지장이 없는 한 길게 한다.

④ 방부공법 중 구조법은 최소로 하고, 방부제처리법을 우선으로 한다.

04 다음 그림과 같은 구조물에서 부정정차수가 가장 높은 것은?

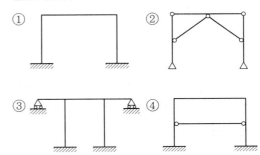

05 건축물에 작용하는 다양한 설계하중의 산정에 관련된 설명으로 가장 옳지 않은 것은?

① 고정하중은 건축재료의 밀도나 단위체적중량에 체적을 곱하여 산정한다.
② 활하중은 등분포활하중과 집중활하중으로 분류하며, 그 크기는 구조물의 안전도를 고려한 최솟값으로 규정되어 있다.
③ 설계용 지붕적설하중은 재현기간 100년에 대한 지상적설량의 수직 최심깊이를 기준으로 하며, 최소 지상적설하중은 1kN/m²로 한다.
④ 설계용 풍하중은 구조물의 탄성적 거동을 전제로 하며, 설계풍압에 유효수압면적을 곱하여 산정한다.

06 다음 중 내진설계 중요도 계수가 가장 큰 구조물은?

① 20층 규모의 호텔

② 연면적이 1,000m² 미만인 발전소

③ 응급시설이 있는 종합병원

④ 연면적이 1,000m² 미만인 위험물 저장소

07 「건축구조기준」의 등가정적법에 의한 밑면전단력을 산정할 때, 다음 중 밑면전단력에 대한 설명으로 옳지 않은 것은?

① 반응수정계수와 비례한다.

② 건축물의 고유주기와 반비례한다.

③ 건축물의 중요도계수와 비례한다.

④ 유효 건물중량과 비례한다.

08 다음 그림과 같은 단면의 X 축에 대한 단면2차모멘트가 65,000,000mm⁴일 때, ㉠의 값으로 옳은 것은?

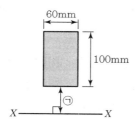

① 0mm

② 50mm

③ 100mm

④ 150mm

09 다음 중 프리스트레스하지 않는 현장치기콘크리트의 최소피복두께로 가장 옳지 않은 것은?

① 흙에 접하여 콘크리트를 친 후 영구히 흙에 묻혀 있는 콘크리트의 최소 피복두께는 75mm이다.

② 옥외 공기에 직접 노출되는 콘크리트 기둥에 D22 철근이 사용될 경우 최소 피복두께는 40mm이다.

③ 옥외의 공기나 흙에 직접 접하지 않은 슬래브에 D13 철근이 사용될 경우 최소 피복두께는 20mm이다.

④ 옥외의 공기나 흙에 직접 접하지 않은 보에 사용된 콘크리트의 강도가 $f_{ck} \geq$ 40MPa일 때 최소 피복두께는 30mm이다.

10 다음 중 처짐 검토를 하지 않아도 되는 1방향 슬래브의 지지조건별 최소두께로 옳은 것은? (단, 슬래브에 리브는 없으며, 경간은 4.2m이다.)

① 단순 지지, 175mm

② 1단 연속, 140mm

③ 양단 연속, 150mm

④ 캔틸레버, 280mm

11 다음 그림과 같은 단면을 가진 철근콘크리트의 압축부재에 횡보강철근으로 D10의 띠철근을 사용하는 경우 띠철근의 최대 수직간격으로 옳은 것은?

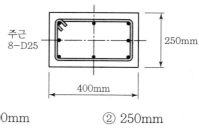

① 200mm

② 250mm

③ 300mm

④ 350mm

12 철근콘크리트 벽체의 전체 단면적에 대한 최소 수직철근비, 최소 수평철근비의 규정으로 옳은 것은? (단, 사용하는 이형철근은 D13, 설계기준항복강도는 400MPa이다.)

① 최소 수직철근비＝0.0012,
　최소 수평철근비＝0.0020

② 최소 수직철근비＝0.0020,
　최소 수평철근비＝0.0012

③ 최소 수직철근비＝0.0015,
　최소 수평철근비＝0.0025

④ 최소 수직철근비＝0.0025,
　최소 수평철근비＝0.0015

13 콘크리트의 크리프는 고층건축물의 기둥축소현상 등 구조적으로 바람직하지 않은 영향을 미친다. 콘크리트 크리프변형률에 대한 설명으로 가장 옳지 않은 것은?

① 물－시멘트비가 클수록 크리프변형률은 증가한다.
② 콘크리트의 압축강도가 클수록 크리프변형률은 감소한다.
③ 단위골재량이 클수록 크리프변형률은 감소한다.
④ 대기 중의 습도가 높을수록 크리프변형률은 증가한다.

14 단순보의 전단력도가 다음 그림과 같을 때 보의 최대휨모멘트로 옳은 것은?

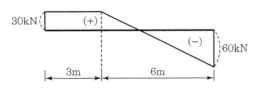

① 90kN · m
② 120kN · m
③ 240kN · m
④ 360kN · m

15 구조용 강재의 명칭과 강종의 관계로 옳지 않은 것은?

① 일반구조용 압연강재 : SS275
② 용접구조용 압연강재 : SM275A
③ 용접구조용 내후성 열간 압연강재 : SN275A
④ 건축구조용 열간압연 형강 : SHN275

16 다음 중 강구조의 접합 및 이음에 관한 설명으로 가장 옳지 않은 것은?

① 전단접합 시 볼트는 용접과 조합해서 하중을 부담시킬 수 없다.
② 연결재, 새그로드 또는 띠장을 제외한 접합부의 설계강도는 45kN 이상으로 한다.
③ 높이가 38m 이상 되는 다층구조물의 기둥이음부에는 용접접합, 마찰접합 또는 전인장조임을 적용해야 한다.
④ 고장력볼트의 구멍중심 간의 거리는 공칭직경의 2.5배 이상으로 한다.

17 다음 중 용접부 설계에 관한 설명으로 가장 옳지 않은 것은?

① 그루브용접의 유효길이는 접합되는 부분의 폭으로 한다.
② 이음면이 직각인 경우, 필릿용접의 유효목두께는 필릿사이즈의 0.7배로 한다.
③ 필릿용접의 유효길이는 필릿용접의 총길이에서 2배의 필릿사이즈를 공제한 값으로 한다.
④ 접합부의 얇은 쪽 모재두께가 14mm인 경우, 필릿용접의 최소 사이즈는 7mm이다.

18 강구조 설계 시 다음 그림과 같은 압연형강 H－500×200×10×16($r = 20$)에서 웨브의 폭두께비로 옳은 것은?

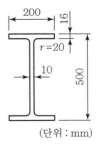

(단위 : mm)

① 42.8 　　② 44.8
③ 46.8 　　④ 48.8

19 다음 그림과 같은 등분포하중을 받는 단순보(a)와 양단 고정보(b)의 경우에, 중앙점($L/2$)에 작용하는 휨모멘트와 발생하는 최대처짐에 대한 각각의 비율(a : b)로 옳은 것은? (단, 탄성계수와 단면2차모멘트는 동일하다.)

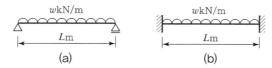

(a)   (b)

① 휨모멘트비 3 : 1,   처짐비 4 : 1
② 휨모멘트비 4 : 1,   처짐비 5 : 1
③ 휨모멘트비 4 : 1,   처짐비 4 : 1
④ 휨모멘트비 3 : 1,   처짐비 5 : 1

20 다음 그림과 같이 절점 D에 모멘트 $M = 400$ kN·m이 작용할 때, 고정지점 C점의 모멘트로 옳은 것은? (단, k는 강비이다.)

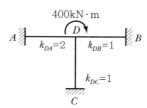

① 50kN·m   ② 100kN·m
③ 150kN·m   ④ 200kN·m

본 문제는 국토교통부에서 고시한 국가건설기준코드(구조설계기준 : KDS 14 00 00, 건축설계기준 : KDS 41 00 00)에 부합하도록 출제되었습니다.

01 다음 중 지진하중에 관한 설명으로 가장 옳지 않은 것은?

① 행정구역에 따라 지진위험도를 결정할 때, 지진구역 Ⅰ의 지진구역계수는 0.11g이고, 지진구역 Ⅱ는 0.07g이다.

② 대규모 건물, 경사지에 건설되는 건물, 또는 토사지반의 분포가 일정하지 않은 지반에 건설되는 건물에서 지반조사의 위치는 최소한 2곳 이상을 선정하고 지반조사를 수행한다.

③ 내진설계에서 등가정적해석법으로 지진하중을 산정할 때, 밑면 전단력은 건축물의 중요도계수와 주기 1초에서의 설계스펙트럼가속도 값과 비례하고, 반응수정계수와는 반비례한다.

④ 내진설계범주 'D'에 해당하는 구조물은 시스템의 제한과 상호작용 효과, 변형의 적합성, 건축물 높이의 제한을 만족하여야 한다.

02 다음 중 「건축구조기준(KDS)」에 따른 건축물 중요도 분류에 관한 설명으로 옳지 않은 것은?

① 연면적 1,000㎡ 미만인 위험물저장시설은 중요도(1)에 해당한다.

② 연면적 1,000㎡ 이상인 소방서는 중요도(특)에 해당한다.

③ 연면적 3,000㎡ 이상인 학교는 중요도(특)에 해당한다.

④ 연면적 5,000㎡ 이상인 운수시설은 중요도(1)에 해당한다.

03 다음 중 프리스트레스하지 않는 부재의 현장치기 콘크리트의 최소 피복두께에 관한 설명으로 가장 옳지 않은 것은?

① 흙에 접하거나 옥외의 공기에 직접 노출되는 콘크리트에서 D25 철근일 경우는 50mm이다.

② 흙에 접하여 콘크리트를 친 후 영구히 흙에 묻혀 있는 콘크리트의 경우는 60mm이다.

③ 수중에서 타설하는 콘크리트의 경우는 100mm이다.

④ 옥외의 공기나 흙에 직접 접하지 않는 콘크리트의 보와 기둥은 40mm이다.(콘크리트의 설계기준강도 f_{ck}가 40MPa 이상인 경우 규정된 값에서 10mm 저감시킬 수 있다.)

04 「건축구조기준(KDS)」에서 표준갈고리를 갖는 인장이형철근의 기본정착길이로 옳은 것은? (단, d_b : 철근의 공칭지름, f_y : 철근의 설계기준항복강도, λ : 경량 콘크리트계수, f_{ck} : 콘크리트 설계기준압축강도, α : 철근배치 위치계수, β : 철근 도막계수, C : 철근간격 또는 피복두께에 관련된 치수, K_{tr} : 횡방향 철근지수)

① $\dfrac{0.90 d_b f_y}{\lambda \sqrt{f_{ck}}} \dfrac{\alpha\beta\gamma}{\left(\dfrac{C+K_{tr}}{d_b}\right)}$

② $\dfrac{0.60 d_b f_y}{\lambda \sqrt{f_{ck}}}$

③ $\dfrac{0.24\beta d_b f_y}{\lambda \sqrt{f_{ck}}}$

④ $\dfrac{0.25 d_b f_y}{\lambda \sqrt{f_{ck}}}$

05 폭 b 및 높이 h인 직사각형 단면($b \times h$)을 갖는 무근콘크리트 보에서, 콘크리트의 인장균열강도가 f_{cr}인 경우 이 보의 최초 휨인장 균열모멘트 M_{cr}의 산정값은?

① $M_{cr} = \dfrac{bh^3}{12} f_{cr}$ ② $M_{cr} = \dfrac{bh^2}{12} f_{cr}$

③ $M_{cr} = \dfrac{bh^3}{6} f_{cr}$ ④ $M_{cr} = \dfrac{bh^2}{6} f_{cr}$

06 「건축구조기준(KDS)」에 따른 철근콘크리트 구조의 기초판 설계에 관한 설명으로 가장 옳지 않은 것은?

① 2방향직사각형 기초판의 장변방향 철근은 단변 폭 전체에 균등하게 배치한다.
② 말뚝에 지지되는 기초판의 임의 단면에 있어서, 말뚝의 중심이 임의 단면에서 $d_{pile}/2$ 이상 내측에 있는 말뚝의 반력은 그 단면에 전단력으로 작용하는 것으로 한다.
③ 기초판의 철근 정착 시 각 단면에서 계산된 철근의 인장력 또는 압축력이 발휘될 수 있도록 묻힘 길이, 표준갈고리나 기계적 장치 또는 이들의 조합에 의하여 철근을 단면의 양측에 정착하여야 한다.
④ 기초판의 최대 계수휨모멘트 계산 시 위험단면의 경우 조적조 벽체를 지지하는 기초판은 벽체 중심과 단부 사이의 중간이다.

07 트러스 구조 해석을 위한 가정으로 가장 옳지 않은 것은?

① 트러스의 모든 하중과 반력은 오직 절점에서만 작용한다.
② 절점법에 의한 트러스 부재력은 절점이 아닌 전체 평형조건으로부터 산정한다.
③ 트러스 부재는 인장력 또는 압축력의 축력만을 받는다.

④ 트러스는 유연한 접합부(핀 접합)에 의해 양단이 연결되어 강체로서 거동하는 직선부재의 집합체이다.

08 「건축구조기준(KDS)」에 따른 철근콘크리트 구조 부재에 적용되는 강도감소계수로 옳은 것은?

① 나선철근기둥 $\phi = 0.65$
② 포스트 텐션 정착구역 $\phi = 0.70$
③ 인장지배단면 $\phi = 0.75$
④ 전단력과 비틀림모멘트 $\phi = 0.75$

09 「건축구조기준(KDS)」에 따른 100년 재현기간에 대한 지역별 기본풍속 V_0(m/s)에 관한 설명으로 가장 옳은 것은?

① 제주시, 서귀포시의 기본풍속 V_0는 44m/s를 적용한다.
② 서울특별시, 인천광역시, 경기도 지역 중에는 기본풍속 V_0가 30m/s인 지역이 없다.
③ 울릉(독도)만 유일하게 기본풍속 V_0가 45m/s인 지역이다.
④ 풍속자료는 지표면조도구분 C인 지상 15m에서 10분간 평균풍속의 재현기간 100년 값으로 균질화해야 한다.

10 「건축구조기준(KDS)」에 따른 조적식 구조의 묻힌 앵커볼트 설치에 관한 설명으로 가장 옳지 않은 것은?

① 앵커볼트 간의 최소 중심간격은 볼트직경의 4배 이상이어야 한다.
② 앵커볼트의 최소 묻힘길이 l_b는 볼트직경의 4배 이상 또는 50mm 이상이어야 한다.

③ 앵커볼트와 평행한 조적조의 연단으로부터 앵커볼트의 표면까지 측정되는 최소 연단거리 l_{be} 는 30mm 이상이 되어야 한다.

④ 민머리 앵커볼트, 둥근머리 앵커볼트 및 후크형 앵커볼트의 설치 시 최소한 25mm 이상 조적조와 긴결하되, 6.4mm 직경의 볼트가 두께 13mm 이상인 바닥 가로줄눈에 설치될 때는 예외로 한다.

11 다음 중 프리스트레스트 콘크리트 구조의 슬래브 설계 시 긴장재와 철근의 배치에 관한 설명으로 가장 옳지 않은 것은?

① 긴장재 간격을 결정할 때 슬래브에 작용하는 집중하중이나 개구부를 고려하여야 한다.

② 유효프리스트레스에 의한 콘크리트의 평균 압축응력이 0.9MPa 이상이 되도록 긴장재의 간격을 정하여야 한다.

③ 등분포하중에 대하여 배치하는 긴장재의 간격은 최소한 1방향으로는 슬래브 두께의 10배 또는 2.0m 이하로 해야 한다.

④ 경간 내에서 단면 두께가 변하는 경우에는 단면 변화 방향이 긴장재 방향과 평행이거나 직각이거나에 관계없이 유효프리스트레스에 의한 콘크리트의 평균 압축응력이 모든 단면에서 0.9MPa 이상 되도록 설계하여야 한다.

12 강구조에서 압축재가 양단 고정이고, 횡좌굴에 대한 비지지길이는 3m이다. 이때의 세장비(λ)는? (단, 단면2차반경은 20mm)

① 75
② 105
③ 150
④ 300

13 「건축구조기준(KDS)」에 따른 합성부재의 구조 제한조건으로 가장 옳지 않은 것은? (단, f_y : 구조용 강재 및 철근의 설계기준 항복강도, f_{ck} : 콘크리트의 설계기준 압축강도, ρ_{sr} : 연속된 길이방향철근의 최소 철근비)

① 매입형 합성부재의 강재코어 단면적은 합성기둥 총 단면적의 1% 이상으로 한다.

② $f_y \le 650$MPa

③ 21MPa $\le f_{ck} \le 70$MPa

④ 매입형 합성부재의 $\rho_{sr} = 0.024$

14 「건축구조기준(KDS)」에 따라 목구조의 벽, 기둥, 바닥, 보, 지붕은 일정 기준 이상의 내화성능을 가진 내화구조로 하여야 한다. 주요구조부재의 내화시간으로 가장 옳은 것은?

① 내력벽의 내화시간 1~3시간
② 보·기둥의 내화시간 1시간 이내
③ 바닥의 내화시간 3시간 이상
④ 지붕틀의 내화시간 1~3시간

15 정정구조와 비교하였을 때 부정정구조의 특징으로 가장 옳지 않은 것은?

① 부정정구조는 부재에 발생하는 응력과 처짐이 작다.

② 부정정구조는 모멘트 재분배 효과로 보다 안전을 확보할 수 있다.

③ 부정정구조는 강성이 작아 사용성능에서 불리하다.

④ 부정정구조는 온도변화 및 제작오차로 인해 추가적 변형이 일어난다.

16 강재기둥의 좌굴거동에 대하여 기술한 내용 중 가장 옳지 않은 것은?

① 횡이동이 있는 기둥의 경우 유효좌굴길이(KL)는 항상 길이(L) 이상이다.

② 세장비가 한계세장비보다 작은 기둥은 비탄성좌굴에 의해 파괴될 수 있다.

③ 접선탄성계수 이론은 비탄성좌굴에 대한 이론이다.

④ 수평하중이 작용하지 않는 기둥의 좌굴은 횡이동을 수반하지 않는다.

17 철골구조에서 한계상태 설계법에 의한 인장재의 설계 시 검토할 사항으로 가장 옳지 않은 것은?

① 웨브 크리플링(Web Crippling)

② 전단면적에 대한 항복

③ 유효단면에 대한 파괴

④ 블록시어(Block Shear)

18 다음 중 강구조의 조립인장재에 관한 설명으로 가장 옳지 않은 것은?

① 띠판은 조립인장재의 비충복면에 사용할 수 있으며, 띠판에서의 단속용접 또는 파스너의 재축방향 간격은 150mm 이하로 한다.

② 판재와 형강 또는 2개의 판재로 구성되어 연속적으로 접촉되어 있는 조립인장재의 재축방향 긴결간격은 대기 중 부식에 노출된 도장되지 않은 내후성 강재의 경우 얇은 판두께의 16배 또는 180mm 이하로 해야 한다.

③ 판재와 형강 또는 2개의 판재로 구성되어 연속적으로 접촉되어 있는 조립인장재의 재축방향 긴결간격은 도장된 부재 또는 부식의 우려가 없어 도장되지 않은 부재의 경우 얇은 판두께의 24배 또는 300mm 이하로 해야 한다.

④ 끼움판을 사용한 2개 이상의 형강으로 구성된 조립인장재는 개재의 세장비가 가급적 300을 넘지 않도록 한다.

19 「건축구조기준(KDS)」에서 제시하는 철근 배치 간격제한에 관한 설명 중 가장 옳지 않은 것은?

① 동일 평면에서 평행하는 철근 사이의 수평 순간격은 25mm 이상, 철근의 공칭지름 이상으로 하여야 한다.

② 상단과 하단에 2단 이상으로 배치된 경우 상하 철근은 동일 연직면 내에 배치되어야 하고, 이 때 상하 철근의 순간격은 25mm 이상으로 하여야 한다.

③ 나선철근 또는 띠철근이 배근된 압축부재에서 축방향철근의 순간격은 40mm 이상, 또한 철근 공칭지름의 1.5배 이상으로 하여야 한다.

④ 2개 이상의 철근을 묶어서 사용하는 다발철근은 이형철근으로, 그 개수는 5개 이하이어야 하며, 이들은 스터럽이나 띠철근으로 둘러싸여져야 한다.

20 수직 등분포하중 w_o를 받는 지간 l인 단순보에서, 좌측지점으로부터 우측지점으로 $l/4$만큼 떨어진 위치에서의 휨모멘트 M 및 전단력 V로 각각 옳은 것은?

① $M = w_o l^2 (1/32), \quad V = w_o l/8$

② $M = w_o l^2 (1/16), \quad V = w_o l/2$

③ $M = w_o l^2 (3/32), \quad V = w_o l/4$

④ $M = w_o l^2 (1/8), \quad V = w_o l/3$

본 문제는 국토교통부에서 고시한 국가건설기준코드(구조설계기준 : KDS 14 00 00, 건축설계기준 : KDS 41 00 00)에 부합하도록 출제되었습니다.

01 철근콘크리트구조의 극한강도설계법에서 강도감소계수를 사용하는 이유로 가장 옳지 않은 것은?

① 부정확한 부재강도 계산식에 대한 여유 확보

② 구조물에서 구조부재가 차지하는 부재의 중요도 반영

③ 구조물에 작용하는 하중의 불확실성에 대한 여유 확보

④ 주어진 하중조건에 대한 부재의 연성능력과 신뢰도 확보

02 건물에 작용하는 하중에 관한 설명으로 가장 옳지 않은 것은?

① 풍하중에서 설계속도압은 공기밀도와 설계풍속의 제곱에 비례한다.

② 기본지상적설하중은 재현기간 100년에 대한 수직 최심적설깊이를 기준으로 한다.

③ 구조물의 반응수정계수가 클수록 구조물에 작용하는 지진하중은 증가한다.

④ 지붕층을 제외한 일반층의 기본등분포활하중은 부재의 영향면적이 36m² 이상일 경우 저감할 수 있다.

03 기초 및 지반에 관한 설명으로 가장 옳지 않은 것은?

① 점토질 지반은 강한 점착력으로 흙의 이동이 없고 기초주변의 지반반력이 중심부에서의 지반반력보다 크다.

② 샌드드레인 공법은 모래질 지반에 사용하는 지반개량 공법으로, 모래의 압밀침하현상을 이용하여 물을 제거하는 공법이다.

③ 슬러리월 공법은 가설 흙막이벽뿐만 아니라 영구적인 구조벽체로 사용할 수 있다.

④ 평판재하시험은 지름 300mm의 재하판에 지반의 극한지지력 또는 예상장기설계하중의 3배를 최대 재하하중으로 지내력을 측정한다.

04 그림과 같이 동일한 재료로 만들어진 변단면 구조물이 100N의 인장력을 받아 1mm 늘어났을 때, 이 구조물을 이루는 재료의 탄성계수는? (단, 괄호 안의 값은 단면적이다.)

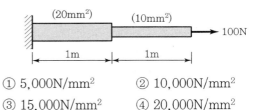

① 5,000N/mm²   ② 10,000N/mm²

③ 15,000N/mm²   ④ 20,000N/mm²

05 철근콘크리트 구조물의 철근배근에 관한 설명으로 가장 옳은 것은?

① 기둥에서 철근의 피복 두께는 40mm 이상으로 하며, 주근비는 1% 이상 6% 이하로 한다.

② 보에서 주근의 순간격은 25mm 이상이고 주근 공칭지름의 1.5배 이상이며 굵은 골재 최대치수의 4/3배 이상으로 하여야 한다.

③ 기둥에서 나선철근의 중심간격은 25mm 이상 75mm 이하로 한다.

④ 보에서 깊이 h가 900mm를 초과하는 경우, 보의 양측면에 인장연단으로부터 h/2 위치까지 표피철근을 길이방향으로 배근한다.

06 「건축구조기준(KDS)」에 따른 철골부재의 이음부 설계 세칙에 대한 설명으로 가장 옳지 않은 것은?

① 응력을 전달하는 필릿용접 이음부의 길이는 필릿 사이즈의 10배 이상이며, 또한 30mm 이상이다.

② 겹침길이는 얇은 쪽 판 두께의 5배 이상이며, 또한 25mm 이상 겹치게 한다.

③ 응력을 전달하는 겹침이음은 2열 이상의 필릿용접을 원칙으로 한다.

④ 고장력볼트의 구멍 중심 간 거리는 공칭직경의 1.5배 이상으로 한다.

07 건축구조물의 기초를 선정할 때, 상부 건물의 구조와 지반상태를 고려하여 적절히 선정하여야 한다. 기초선정과 관련된 설명으로 가장 옳지 않은 것은?

① 연속기초(wall footing)는 상부하중이 편심되게 작용하는 경우에 적합하다.

② 온통기초(mat footing)는 지반의 지내력이 약한 곳에서 적합하다.

③ 복합기초(combined footing)는 외부기둥이 대지 경계선에 가까이 있을 때나 기둥이 서로 가까이 있을 때 적합하다.

④ 독립기초(isolated footing)는 지반이 비교적 견고하거나 상부하중이 작을 때 적합하다.

08 프리스트레스트 콘크리트구조의 프리텐션공법에서 긴장재의 응력손실 원인이 아닌 것은?

① 긴장재와 덕트(시스) 사이의 마찰

② 콘크리트의 크리프

③ 긴장재 응력의 이완(relaxation)

④ 콘크리트의 탄성수축

09 철근콘크리트구조에서 전단마찰설계에 대한 설명으로 가장 옳지 않은 것은?

① 전단마찰철근이 전단력 전달면에 수직한 경우 공칭전단강도 $V_n = A_{vf}f_y\mu$로 산정한다.

② 보통중량콘크리트의 경우 일부러 거칠게 하지 않은 굳은 콘크리트와 새로 친 콘크리트 사이의 마찰계수는 0.6으로 한다.

③ 전단마찰철근은 굳은 콘크리트와 새로 친 콘크리트 양쪽에 설계기준항복강도를 발휘할 수 있도록 정착시켜야 한다.

④ 전단마찰철근의 설계기준항복강도는 600MPa 이하로 한다.

10 철골구조에서 설계강도를 계산할 때 저항계수의 값이 다른 것은?

① 볼트 구멍의 설계지압강도

② 압축재의 설계압축강도

③ 인장재의 인장파단 시 설계인장강도

④ 인장재의 블록전단강도

11 그림과 같이 양단 단순지지보에서 최대 휨모멘트가 발생하는 지점이 지점 A로부터 x 만큼 떨어진 곳에 있을 때 x 의 값은?

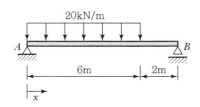

① 1.54m
② 2.65m
③ 3.75m
④ 4.65m

12 강구조 접합에서 용접과 볼트의 병용에 대한 설명으로 가장 옳지 않은 것은?

① 신축 구조물의 경우 인장을 받는 접합에서는 용접이 전체하중을 부담한다.

② 신축 구조물에서 전단접합 시 표준구멍 또는 하중 방향에 수직인 단슬롯구멍이 사용된 경우, 볼트와 하중 방향에 평행한 필릿용접이 하중을 각각 분담할 수 있다.

③ 마찰볼트접합으로 기 시공된 구조물을 개축할 경우 고장력볼트는 기 시공된 하중을 받는 것으로 가정하고 병용되는 용접은 추가된 소요강도를 받는 것으로 용접설계를 병용할 수 있다.

④ 높이가 38m 이상인 다층구조물의 기둥이음부에서는 볼트가 설계하중의 25%까지만 부담할 수 있다.

13 지진에 저항하는 구조물을 설계할 때, 지반과 구조물을 분리함으로써 지진동이 지반으로부터 구조물에 최소한으로 전달되도록 하여 수평진동을 감소시키는 건축구조기술에 해당하는 것은?

① 면진구조   ② 내진구조
③ 복합구조   ④ 제진구조

14 철근콘크리트구조에서 철근의 정착 및 이음에 관한 설명으로 가장 옳지 않은 것은?

① 보에서 상부철근의 정착길이가 하부철근의 정착길이보다 길다.

② 압축을 받는 철근의 정착길이가 부족할 경우 철근 단부에 표준갈고리를 설치하여 정착길이를 줄일 수 있다.

③ 겹침이음의 경우 철근의 순간격은 겹침이음길이의 1/5 이하이며, 또한 150mm 이하이어야 한다.

④ 연속부재의 받침부에서 부모멘트에 배치된 인장철근 중 1/3 이상은 변곡점을 지나 부재의 유효깊이, 주근 공칭지름의 12배 또는 순경간의 1/16 중 큰 값 이상의 묻힘길이를 확보하여야 한다.

15 그림과 같은 원형 독립기초에 축력 $N = 50$kN, 휨모멘트 $M = 20$kN · m가 작용할 때, 기초바닥과 지반 사이에 접지압으로 압축반력만 생기게 하기 위한 최소 지름(D)은?

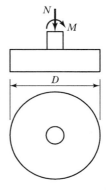

① 1.2m   ② 2.4m
③ 3.2m   ④ 4.0m

16 KDS 구조기준에 따른 두께 16mm SMA275CP 강재에 대한 설명으로 가장 옳지 않은 것은?

① 용접구조용 강재이다.
② 항복강도는 275MPa이다.
③ 일반구조용 강재에 비해 대기 중에서 부식에 대한 저항성이 우수하다.
④ 샤르피 흡수에너지가 가장 낮은 등급이다.

17 그림과 같은 단면을 갖는 캔틸레버 보에 작용할 수 있는 최대 등분포하중(W)은? (단, 내민길이 $l = 4$m, 허용전단응력 $f_s = 2$MPa이고 휨모멘트에 대해서는 충분히 안전한 것으로 가정한다.)

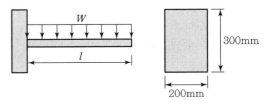

① 20.00kN/m   ② 22.50kN/m
③ 25.00kN/m   ④ 27.50kN/m

18 철근콘크리트 구조 설계에서 보의 휨모멘트 계산을 위한 압축응력 등가블록깊이 계산 시 사용되는 설계변수가 아닌 것은?

① 보의 폭
② 콘크리트 탄성계수
③ 인장철근의 설계기준항복강도
④ 인장철근 단면적

19 그림과 같이 스팬이 8,000mm이며 간격이 3,000mm인 합성보의 슬래브 유효폭은?

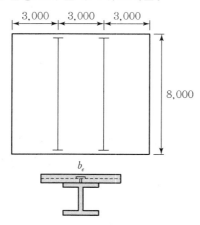

① 1,000mm
② 2,000mm
③ 3,000mm
④ 4,000mm

20 「건축구조기준(KDS)」에서는 응력교란영역에 해당하는 구조부재에 스트럿 – 타이 모델(strut – tie model)을 적용하도록 권장하고 있다. 스트럿 – 타이 모델을 구성하는 요소에 해당하지 않는 것은?

① 절점(node)
② 하중경로(load path)
③ 타이(tie)
④ 스트럿(strut)

본 문제는 국토교통부에서 고시한 국가건설기준코드(구조설계기준 : KDS 14 00 00, 건축설계기준 : KDS 41 00 00)에 부합하도록 출제되었습니다.

01 「건축물강구조설계기준(KDS 41 31 00)」에 따라 보 플랜지를 완전용입용접으로 접합하고 보의 웨브는 용접으로 접합한 접합부를 적용한 경우, 철골중간모멘트골조 지진하중저항시스템에 대한 요구사항으로 가장 옳지 않은 것은?

① 내진설계를 위한 철골중간모멘트골조의 반응수정계수는 4.5이다.

② 보-기둥 접합부는 최소 0.02rad의 층간변위각을 발휘할 수 있어야 한다.

③ 보의 춤이 900mm를 초과하지 않으면 실험결과 없이 중간모멘트골조의 접합부로서 인정할 수 있다.

④ 중간모멘트골조의 보 소성힌지영역은 보호영역으로 고려되어야 한다.

02 그림과 같은 단면을 가진 단순보에 등분포하중 (w)이 작용하여 처짐이 발생하였다. 단면 높이 h를 2h로 2배 증가하였을 경우, 보에 작용하는 최대 모멘트와 처짐의 변화에 대한 설명으로 가장 옳은 것은?

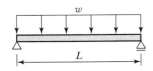

① 최대 모멘트와 처짐이 둘다 8배가 된다.

② 최대 모멘트는 동일하고, 처짐은 8배가 된다.

③ 최대 모멘트는 8배, 처짐은 1/8배가 된다.

④ 최대 모멘트는 동일하고, 처짐은 1/8배가 된다.

03 콘크리트구조의 철근상세에 대한 설명으로 가장 옳지 않은 것은?

① 주철근의 180도 표준갈고리는 구부린 반원 끝에서 철근지름의 4배 이상, 또한 60mm 이상 더 연장되어야 한다.

② 주철근의 90도 표준갈고리는 구부린 끝에서 철근지름의 6배 이상 더 연장되어야 한다.

③ 스터럽과 띠철근의 90도 표준갈고리의 경우, D16 이하의 철근은 구부린 끝에서 철근지름의 6배 이상 더 연장되어야 한다.

④ 스터럽과 띠철근의 135도 표준갈고리의 경우, D25 이하의 철근은 구부린 끝에서 철근지름의 6배 이상 더 연장되어야 한다.

04 그림과 같이 1단고정, 타단 핀고정이고 절점 횡이동이 없는 중심압축재가 있다. 부재단면은 압연H형강이고, 부재길이는 10m, 부재 중간에 약축 방향으로만 횡지지(핀고정)되어 있다. 이 부재의 휨좌굴강도를 결정하는 세장비로 가장 옳은 것은? (단, 부재단면의 국부좌굴은 발생하지 않으며, 세장비는 유효좌굴길이(이론값)를 단면2차반경으로 나눈 값으로 정의하고, 강축에 대한 단면2차반경 r_x=100mm, 약축에 대한 단면2차반경 r_y=50mm이다.)

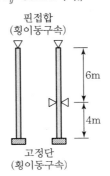

① 70   ② 100

③ 120   ④ 56

05 「건축물강구조설계기준(KDS 41 31 00)」에서 충전형 합성기둥에 대한 설명으로 가장 옳지 않은 것은?

① 강관의 단면적은 합성기둥 총단면적의 1% 이상으로 한다.

② 압축력을 받는 각형강관 충전형합성부재의 강재요소의 최대폭두께비가 $2.26\sqrt{E/F_y}$ 이하이면 조밀로 분류 한다.

③ 실험 또는 해석으로 검증되지 않을 경우, 합성기둥에 사용되는 구조용 강재의 설계기준항복강도는 700MPa를 초과할 수 없다.

④ 실험 또는 해석으로 검증되지 않을 경우, 합성기둥에 사용되는 콘크리트의 설계기준압축강도는 70MPa를 초과할 수 없다(경량콘크리트 제외).

06 시험실에서 양생한 공시체의 강도평가에 대한 〈보기〉의 설명에서 ㉠~㉢에 들어갈 값을 순서대로 바르게 나열한 것은?

> 콘크리트 각 등급의 강도는 다음의 두 요건이 충족되면 만족할 만한 것으로 간주할 수 있다.
> ⑺ ㉠번의 연속강도 시험의 결과 그 평균값이 ㉡ 이상일 때
> ⑻ 개개의 강도시험값이 f_{ck}가 35MPa 이하인 경우에는 (f_{ck}-3.5)MPa 이상, 또한 f_{ck}가 35MPa 초과인 경우에는 ㉢ 이상인 경우

	㉠	㉡	㉢
①	2	f_{ck}	$0.85f_{ck}$
②	2	$0.9f_{ck}$	$0.9f_{ck}$
③	3	$0.9f_{ck}$	$0.85f_{ck}$
④	3	f_{ck}	$0.9f_{ck}$

07 기본등분포 활하중의 저감에 대한 설명으로 가장 옳지 않은 것은?

① 지붕활하중을 제외한 등분포활하중은 부재의 영향 면적이 $36m^2$ 이상인 경우 저감할 수 있다.

② 기둥 및 기초의 영향면적은 부하면적의 4배이다.

③ 부하면적 중 캔틸레버 부분은 영향면적에 단순합산한다.

④ 1개 층을 지지하는 부재의 저감계수는 0.6보다 작을 수 없다.

08 그림과 같은 단면의 X–X축에 대한 단면2차모멘트의 값으로 옳은 것은?

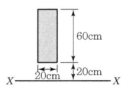

① 360,000cm⁴   ② 2,640,000cm⁴

③ 3,000,000cm⁴   ④ 3,360,000cm⁴

09 그림과 같은 단순트러스 구조물 C점에 수평력 10kN 이 작용하고 있다. 부재 BC에 걸리는 힘의 크기 F_{BC} 값은? (단, 인장력은 (+), 압축력은 (−)이다.)

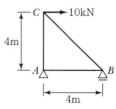

① $10\sqrt{2}$ (인장력)   ② $10\sqrt{2}$ (압축력)

③ $\dfrac{10}{\sqrt{2}}$ (인장력)   ④ $\dfrac{10}{\sqrt{2}}$ (압축력)

10 그림과 같이 등분포 하중 w를 지지하는 스팬 L인 단순보가 있다. 이 보의 단면의 폭은 b, 춤은 h라고 할 때, 최대 휨모멘트로 인해 이 단면에 발생하는 최대인장응력도의 크기는?

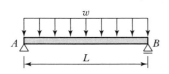

① $\dfrac{wL^2}{2bh^2}$ ② $\dfrac{wL^2}{bh^2}$

③ $\dfrac{3wL^2}{4bh^2}$ ④ $\dfrac{11wL^2}{12bh^2}$

11 그림과 구조물의 부정정 차수는?

① 0차   ② 1차
③ 2차   ④ 3차

12 콘크리트 재료에 대한 설명으로 가장 옳은 것은?

① 강도설계법에서 파괴 시 극한 변형률을 0.005로 본다.
② 콘크리트의 탄성계수는 콘크리트의 압축강도에 따라 그 값을 달리한다.
③ 할선탄성계수(secant modulus)는 응력−변형률 곡선에서 초기 선형 상태의 기울기를 뜻한다.
④ 압축강도 실험 시 하중을 가하는 재하속도는 강도 값에 영향을 미치지 않는다.

13 그림과 같은 단면을 갖는 직사각형 보의 인장철근비는? (단, D22 철근 3개의 단면적 합은 600mm² 이다.)

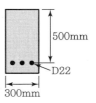

① 0.004   ② 0.006
③ 0.008   ④ 0.01

14 강도설계법의 하중조합으로 가장 옳은 것은? (단, D : 고정하중, L : 활하중, S : 적설하중, W : 풍하중, E : 지진하중이다.)

① 1.2D   ② 1.4D+1.6L
③ 1.2D+1.6S+0.5W   ④ 0.9D+1.0E

15 지진력저항시스템을 성능설계법으로 설계하고자 할 때, 내진등급별 최소성능목표를 만족해야 한다. 내진등급 I의 최소성능목표에 대한 설명으로 가장 옳은 것은?

① 재현주기 1,000년인 경우 기능수행의 성능수준을 만족해야 한다.
② 재현주기 1,400년인 경우 인명보호의 성능수준을 만족해야 한다.
③ 재현주기 2,400년인 경우 인명보호의 성능수준을 만족해야 한다.
④ 재현주기 1,400년인 경우 기능수행의 성능수준을 만족해야 한다.

16 콘크리트 인장강도에 대한 설명으로 가장 옳지 않은 것은?

① 휨재의 균열발생, 전단, 부착 등 콘크리트의 인장응력 발생 조건별로 적합한 인장강도 시험방법으로 평가해야 한다.

② f_{ck}값을 이용하여 콘크리트파괴계수 f_r을 산정할 때, 동일한 f_{ck}를 갖는 경량콘크리트와 일반중량콘크리트의 f_r은 동일하다.

③ 시험 없이 계산으로 산정된 콘크리트파괴계수 f_r과 쪼갬인장강도 f_{sp}는 $\sqrt{f_{ck}}$에 비례한다.

④ 쪼갬인장강도 시험 결과는 현장 콘크리트의 적합성 판단기준으로 사용할 수 없다.

17 철근콘크리트구조에서 인장을 받는 SD500 D22 표준갈고리를 갖는 이형철근의 기본 정착길이 l_{hb}는 철근 지름 d_b의 몇 배인가? (단, 일반중량콘크리트로 설계기준압축강도 f_{ck}=25MPa이고, 도막은 없다.)

① 19배 ② 24배
③ 25배 ④ 40배

18 〈보기〉의 매입형 합성부재 안에 사용하는 스터드앵커에 관한 표에서 A~E 중 가장 작은 값과 가장 큰 값을 순서대로 바르게 나열한 것은? (단, 표는 각 하중조건에 대한 스터드앵커의 최소 h/d 값을 나타낸 것이다.)

<보기>		
하중 조건	보통콘크리트	경량콘크리트
전단	h/d ≥ (A)	h/d ≥ (B)
인장	h/d ≥ (C)	h/d ≥ (D)
전단과 인장의 조합력	h/d ≥ (E)	*

h/d=스터드앵커의 몸체직경(d)에 대한 전체길이(h) 비
※ 경량콘크리트에 묻힌 앵커에 대한 조합력의 작용효과는 관련 콘크리트 기준을 따른다.

① A, D ② B, E
③ C, A ④ D, B

19 말뚝기초에 대한 설명으로 가장 옳은 것은?

① 말뚝기초의 허용지지력은 말뚝의 지지력에 따른 것으로만 한다.

② 말뚝기초의 설계에 있어서는 하중의 편심에 대하여 검토하지 않아도 된다.

③ 동일 구조물에서 지지말뚝과 마찰말뚝을 혼용할 수 있다.

④ 타입말뚝, 매입말뚝 및 현장타설콘크리트말뚝의 혼용을 적극 권장하여 경제성을 확보할 수 있다.

20 강구조 볼트 접합에 대한 설명으로 가장 옳지 않은 것은?

① 고장력볼트의 미끄럼 한계상태에 대한 마찰접합의 설계강도 산정에서 볼트 구멍의 종류에 따라 강도감소계수가 다르다.

② 고장력볼트의 마찰접합볼트에 끼움재를 사용할 경우에는 미끄럼에 관련되는 모든 접촉면에서 미끄럼에 저항할 수 있도록 해야 한다.

③ 지압한계상태에 대한 볼트구멍의 지압강도 산정에서 구멍의 종류에 따라 강도감소계수가 다르다.

④ 지압접합에서 전단 또는 인장에 의한 소요응력 f가 설계응력의 20% 이하이면 조합응력의 효과를 무시할 수 있다.

본 문제는 국토교통부에서 고시한 국가건설기준코드(구조설계기준 : KDS 14 00 00, 건축설계기준 : KDS 41 00 00)에 부합하도록 출제되었습니다.

01 콘크리트 쉘과 절판구조물의 설계 방법으로 가장 옳지 않은 것은? (단, f_{ck}는 콘크리트의 설계기준압축강도이다.)

① 얇은 쉘의 내력을 결정할 때, 탄성거동으로 가정할 수 있다.

② 쉘 재료인 콘크리트 포아송비의 효과는 무시할 수 있다.

③ 수치해석 방법을 사용하기 전, 설계의 안전성 확보를 확인하여야 한다.

④ 막균열이 예상되는 영역에서 균열과 같은 방향에 대한 콘크리트의 공칭압축강도는 $0.5f_{ck}$이어야 한다.

02 그림과 같이 높이 h인 옹벽 저면에서의 주동토압 P_A 및 옹벽 전체에 작용하는 주동토압의 합력 H_A의 값은? (단, γ는 흙의 단위중량, K_A는 흙의 주동토압계수이다.)

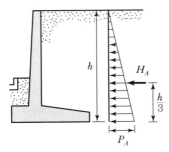

① $P_A = K_A\gamma h^2,\ H_A = \dfrac{1}{3}K_A\gamma h^3$

② $P_A = K_A\gamma h,\ H_A = \dfrac{1}{3}K_A\gamma h^2$

③ $P_A = K_A\gamma h^2,\ H_A = \dfrac{1}{2}K_A\gamma h^3$

④ $P_A = K_A\gamma h,\ H_A = \dfrac{1}{2}K_A\gamma h^2$

03 건축물 기초구조에서 현장타설콘크리트말뚝에 대한 설명으로 가장 옳지 않은 것은?

① 현장타설콘크리트말뚝의 단면적은 전 길이에 걸쳐 각 부분의 설계단면적 이하여서는 안 된다.

② 현장타설콘크리트말뚝의 선단부는 지지층에 확실히 도달시켜야 한다.

③ 현장타설콘크리트말뚝은 특별한 경우를 제외하고 주근은 4개 이상 또는 설계단면적의 0.15% 이상으로 하고 띠철근 또는 나선철근으로 보강하여야 한다.

④ 현장타설콘크리트말뚝을 배치할 때 그 중심 간격은 말뚝머리 지름의 2.0배 이상 또는 말뚝머리 지름에 1,000mm를 더한 값 이상으로 한다.

04 3층 규모의 경골목조건축물의 내력벽 설계에 대한 설명으로 가장 옳지 않은 것은?

① 내력벽 사이의 거리를 10m로 설계한다.

② 내력벽의 모서리 및 교차부에 각각 2개의 스터드를 사용하도록 설계한다.

③ 3층은 전체 벽면적에 대한 내력벽면적의 비율을 25%로 설계한다.

④ 지하층 벽을 조적조로 설계한다.

05 그림과 같은 캔틸레버보 ㈎에서 집중하중에 의해 자유단에 처짐이 발생하였다. 캔틸레버보 ㈏에서 보 ㈎와 동일한 처짐을 발생시키기 위한 등분포하중(w)은? (단, 캔틸레버 보 ㈎와 ㈏의 재료와 단면은 동일하다.)

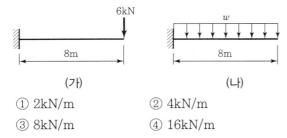

(가)   (나)

① 2kN/m ② 4kN/m
③ 8kN/m ④ 16kN/m

06 활하중의 저감에 대한 설명으로 가장 옳지 않은 것은?

① 지붕활하중을 제외한 등분포활하중은 부재의 영향 면적이 36m^2 이상인 경우 기본등분포활하중에 활하중 저감계수(C)를 곱하여 저감할 수 있다.

② 활하중 12kN/m^2 이하의 공중집회 용도에 대해서는 활하중을 저감할 수 없다.

③ 영향면적은 기둥 및 기초에서는 부하면적의 4배, 보 또는 벽체에서는 부하면적의 2배, 슬래브에서는 부하 면적을 적용한다.

④ 1방향 슬래브의 영향면적은 슬래브 경간에 슬래브 폭을 곱하여 산정한다. 이때 슬래브 폭은 슬래브 경간의 1.5배 이하로 한다.

07 내진설계범주 및 중요도에 따른 건축물의 내진설계에 대한 설명으로 가장 옳지 않은 것은?

① 산정된 설계스펙트럼가속도 값에 의하여 내진설계 범주를 결정한다.

② 종합병원의 중요도계수(I_E)는 1.5를 사용한다.

③ 소규모 창고의 허용층간변위(Δ_a)는 해당 층고의 2.0%이다.

④ 내진설계범주 'C'에 해당하는 25층의 정형 구조물은 등가정적해석법을 사용하여야 한다.

08 현장재하실험 중 콘크리트구조의 재하실험에 대한 설명으로 가장 옳지 않은 것은?

① 하나의 하중배열로 구조물의 적합성을 나타내는 데 필요한 효과(처짐, 비틀림, 응력 등)들의 최댓값을 나타내지 못한다면 2종류 이상의 실험하중의 배열을 사용하여야 한다.

② 재하할 실험하중은 해당 구조부분에 작용하고 있는 고정하중을 포함하여 설계하중의 85%, 즉 0.85(1.2D+1.6L) 이상이어야 한다.

③ 처짐, 회전각, 변형률, 미끄러짐, 균열폭 등 측정값의 기준이 되는 영점 확인은 실험하중의 재하 직전 2시간 이내에 최초 읽기를 시행하여야 한다.

④ 전체 실험하중은 최종 단계의 모든 측정값을 얻은 직후에 제거하며 최종 잔류측정값은 실험하중이 제거된 후 24시간이 경과하였을 때 읽어야 한다.

09 그림과 같이 경간 사이에 두 개의 힌지가 있으며, 8kN의 집중하중을 받는 양단 고정보가 있다. 이 보의 A, D지점에 발생하는 휨모멘트는?

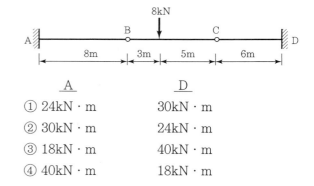

	A	D
①	24kN · m	30kN · m
②	30kN · m	24kN · m
③	18kN · m	40kN · m
④	40kN · m	18kN · m

10 그림과 같이 직사각형 변단면을 갖는 보에서, A 지점의 단면에 발생하는 최대 휨응력은? (단, 보의 폭은 20mm로 일정하다.)

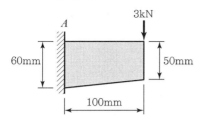

① 25N/mm² ② 36N/mm²
③ 48N/mm² ④ 50N/mm²

11 지진력에 저항하는 철근콘크리트 구조물의 재료에 대한 설명으로 가장 옳지 않은 것은?

① 콘크리트의 설계기준압축강도는 21MPa 이상이어야 한다.
② 지진력에 의한 휨모멘트 및 축력을 받는 중간모멘트골조와 특수모멘트골조, 그리고 특수철근콘크리트 구조벽체 소성영역과 연결보에 사용하는 철근은 설계기준항복강도(f_y)가 600MPa 이하이어야 한다.
③ 일반구조용 철근이 실제 항복강도가 공칭항복강도를 120MPa 이상 초과한 경우, 골조, 구조벽체의 소성영역 및 연결보의 주철근으로 사용할 수 있다.
④ 일반구조용 철근이 실제 항복강도에 대한 실제 인장강도의 비가 1.25 이상인 경우, 골조, 구조벽체의 소성영역 및 연결보의 주철근으로 사용할 수 있다.

12 콘크리트구조에서 사용하는 강재에 대한 설명으로 가장 옳지 않은 것은? (단, d_b는 철근, 철선 또는 프리스트레싱 강연선의 공칭지름이다.)

① 확대머리의 순지압면적은 철근단면적(A_b)의 4배 이상이어야 한다.

② 철근, 철선 및 용접철망의 설계기준항복강도(f_y)가 400MPa를 초과하여 뚜렷한 항복점이 없는 경우 f_y을 변형률 0.003에 상응하는 응력 값으로 사용하여야 한다.
③ 확대머리이형철근은 경량콘크리트에 적용할 수 없으며, 보통중량콘크리트에만 사용한다.
④ 철근은 아연도금 또는 에폭시수지 피복이 가능하다.

13 그림은 3경간 구조물의 단면을 나타낸 것이다. 1방향 슬래브 (가)~(라) 중 처짐 계산이 필요한 것을 모두 고른 것은? (단, 리브가 없는 슬래브이며, 두께는 150mm이고, 콘크리트의 설계기준압축강도는 21MPa이며, 철근의 설계기준항복강도는 400MPa이다.)

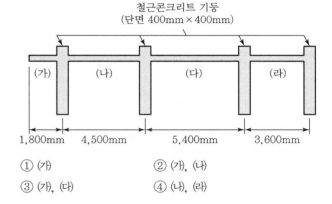

① (가) ② (가), (나)
③ (가), (다) ④ (나), (라)

14 특수철근콘크리트 구조벽체를 연결하는 연결보의 설계에 대한 설명으로 가장 옳지 않은 것은?

① 세장비(l_n/h)가 3인 연결보는 경간 중앙에 대칭인 대각선 다발철근으로 보강할 수 있다.
② 대각선 다발철근은 최소한 4개의 철근으로 이루어져야 한다.
③ 대각선 철근을 감싸주는 횡철근 간격은 철근 지름의 8배를 초과할 수 없다.
④ 대각선 다발철근이 연결보의 공칭휨강도에 기여하는 것으로 볼 수 있다.

15 〈보기〉는 건축물의 각 구조 부재별 피복두께를 나타낸 것이다. ㉠~㉢ 중 올바르게 제시된 값들을 모두 고른 것은? [단, 프리스트레스하지 않는 부재의 현장치기 콘크리트이며, 콘크리트의 설계기준압축강도(f_{ck})는 40MPa이다.]

- D16 철근이 배근된 외벽 : ㉠ 40mm
- D22 철근이 배근된 내부 슬래브 : ㉡ 20mm
- D25 철근이 배근된 내부 기둥 : ㉢ 30mm

① ㉠, ㉡　　　　② ㉠, ㉢
③ ㉡, ㉢　　　　④ ㉠, ㉡, ㉢

16 보통중량콘크리트 파괴계수를 고려할 때, 단면 폭 b 및 단면 높이 h인 직사각형 콘크리트 단면의 휨균열 모멘트 M_{cr}의 값은? (단, f_{ck}는 콘크리트의 설계기준 압축강도이며, 처짐은 단면 높이 방향으로 발생하는 것으로 가정한다.)

① $M_{cr} = 0.105bh^2\sqrt{f_{ck}}$

② $M_{cr} = 0.205bh^2\sqrt{f_{ck}}$

③ $M_{cr} = 0.305bh^2\sqrt{f_{ck}}$

④ $M_{cr} = 0.405bh^2\sqrt{f_{ck}}$

17 강구조의 인장재 설계에 대한 설명으로 가장 옳지 않은 것은?

① 총단면의 항복한계상태를 계산할 때의 인장저항 계수(ϕ_t)는 0.9이다.

② 인장재의 설계인장강도는 총단면의 항복한계상태와 유효순단면의 파단한계상태에 대해 산정된 값 중 큰 값으로 한다.

③ 유효순단면의 파단한계상태를 계산할 때의 인장저항 계수(ϕ_t)는 0.75이다.

④ 유효 순단면적을 계산할 때 단일ㄱ형강, 쌍ㄱ형강, T형강 부재의 접합부는 전단지연계수가 0.6 이상이어야 한다. 다만, 편심효과를 고려하여 설계하는 경우 0.6보다 작은 값을 사용할 수 있다.

18 강구조 접합부 설계에 대한 설명으로 가장 옳지 않은 것은?

① 접합부의 설계강도를 35kN으로 한다.

② 높이 50m인 다층구조물의 기둥이음부에 마찰접합을 사용한다.

③ 응력 전달 부위의 겹침이음 시 2열로 필릿용접한다.

④ 고장력 볼트(M22)의 구멍중심 간 거리를 60mm로 한다.

19 강구조 매입형 합성부재의 구조제한에 대한 설명으로 가장 옳지 않은 것은?

① 강재코어의 단면적은 합성기둥 총단면적의 1% 이상으로 한다.

② 횡방향 철근의 중심 간 간격은 직경 D10의 철근을 사용할 경우에는 300mm 이하, 직경 D13 이상의 철근을 사용할 경우에는 400mm 이하로 한다.

③ 횡방향 철근의 최대 간격은 강재코어의 설계기준 공칭항복강도가 450MPa 이하인 경우에는 부재단면 에서 최소크기의 0.25배를 초과할 수 없다.

④ 연속된 길이방향철근의 최소철근비(ρ_{sr})는 0.004로 한다.

20 그림과 같은 정정트러스에 집중하중이 작용할 때 A부재와 B부재에 발생하는 부재력은? (단, 모든 부재의 단면적은 동일하며, 좌측 상단부 지점은 회전단이고, 좌측 하단부 지점은 이동단이다.)

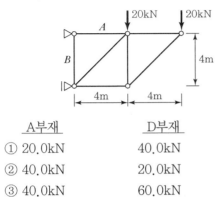

A부재	D부재
① 20.0kN	40.0kN
② 40.0kN	20.0kN
③ 40.0kN	60.0kN
④ 60.0kN	40.0kN

본 문제는 국토교통부에서 고시한 국가건설기준코드(구조설계기준 : KDS 14 00 00, 건축설계기준 : KDS 41 00 00)에 부합하도록 출제되었습니다.

01 목구조에 대한 설명으로 옳지 않은 것은?

① 경골구조는 벽체 속에 사재를 넣어 수평력에 대응한다.

② 판식구조는 공장에서 벽·바닥·지붕용으로 제작한 규격판(Panel)을 현장에서 볼트 등을 써서 조립한 것이다.

③ 가구식 구조의 심벽은 수평력에 대한 내력이 부족한 결점이 있다.

④ 가구식 구조의 평벽은 벽 속에 습기가 생겨 목재가 썩기 쉬우므로 방부처리를 해야 한다.

⑤ 집성목재구조는 단면 $2'' \times 4''$ 되는 목재를 주로 써서 가구식 구법으로 뼈대를 짠 것을 말한다.

02 조적조에 관한 설명 중 옳지 않은 것은?

① 보강콘크리트 블록 구조를 제외한 내력벽의 조적재는 막힌 줄눈으로 시공하고, 내력벽의 길이는 10m를 넘을 수 없다.

② 단위재의 강도와 모르타르의 접착력에 의해 구조체의 강도가 결정된다.

③ 돌구조의 내력벽의 두께는 해당 벽높이의 1/15 이상으로 한다.

④ 조적조의 간격으로서 그 높이가 2m 이하인 벽일 때 쌓기용 모르타르의 결합재와 세골재의 용적 배합비는 1 : 7로 할 수 있다.

⑤ 내력벽의 두께는 벽돌벽인 경우는 해당 벽높이의 1/20 이상, 블록벽인 경우는 1/16 이상으로 한다.

03 풍동실험 중 건축물의 진동특성을 모형화한 탄성모형을 이용하여 풍동 내의 모형에 풍에 의한 건축물의 거동을 재현하는 실험은?

① 풍환경실험

② 풍력실험

③ 가시화실험

④ 공력진동실험

⑤ 풍압실험

04 다음의 풍하중에 대한 설명으로 옳지 않은 것은?

① 지표면 부근의 바람은 지표면과의 마찰 때문에 수직방향으로 풍속이 변한다.

② 산, 언덕 및 경사지의 영향을 받지 않는 평탄한 지역에 대한 지형계수는 1.0이다.

③ 풍속은 지상으로부터의 높이가 높아짐에 따라 증가하지만 어느 정도 이상의 높이에 도달하면 일정한 속도를 갖는다.

④ 풍하중의 지형계수는 지형의 영향을 받은 풍속과 평탄지에서 풍속의 비율을 말한다.

⑤ 산의 능선, 언덕, 경사지, 절벽 등에서는 국지적인 지형의 영향으로 풍속이 감소한다.

05 내진설계에서 등가정적해석법으로 지진하중을 산정할 때, 밑면전단력을 산정하는 데 관계가 없는 것은?

① 건축물의 고유주기(T)

② 반응수정계수(R)

③ 지진동의 작용시간(T_D)

④ 건축물의 중요도계수(I_E)

⑤ 유효건물중량(W)

06 내진설계 시 내진등급 "특"에 적용되는 허용층간변위(Δ_a)식으로 옳은 것은? (단, h_{sx}는 x층 층고임)

① $0.010 h_{sx}$ ② $0.012 h_{sx}$

③ $0.015 h_{sx}$ ④ $0.017 h_{sx}$

⑤ $0.020 h_{sx}$

07 다음 중 초고층의 하중과 횡력에 저항하기 위해 대형 슈퍼기둥과 전달보형식의 트러스를 사용하는 구조시스템은?

① 스파인구조(Spine Structure)
② 다이어그리드구조(Diagrid Structure)
③ 메가구조(Mega Structure)
④ 하이브리드구조(Hybrid Structure)
⑤ 아웃리거 – 벨트트러스 구조(Outrigger – Belttruss Structure)

08 다음 그림의 단근장방형보에서 인장철근비로 옳은 것은? (단, 인장철근량 A_s = 10cm²임)

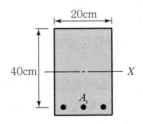

① 0.0102 ② 0.0125

③ 0.0215 ④ 0.0252

⑤ 0.0352

09 철근콘크리트 구조의 재료 및 특성에 관한 설명으로 옳지 않은 것은?

① 콘크리트의 인장강도는 압축강도에 비해 매우 작기 때문에 철근콘크리트 단면 설계 시 고려하지 않는다.

② 콘크리트 압축강도는 지름 15cm, 높이 30cm의 원통형 표준 공시체를 사용하여 재령 28일 기준으로 측정한 값 이다.

③ 철근의 종류로는 단면이 원형인 원형철근과 부착력을 증대시키기 위해 표면에 돌기를 붙인 이형철근이 있다.

④ 철근의 역학적 특성은 인장시험, 굽힘시험 등의 재료시험을 통해서 파악한다.

⑤ 콘크리트와 철근의 탄성계수는 강도의 증가에 따라 상승한다.

10 콘크리트구조물의 설계에서 강도설계법의 강도 관계식으로 옳은 것은? (단, M_d는 설계강도, M_n은 공칭강도, M_u는 소요강도, ϕ는 강도감소계수이다.)

① $M_u \le M_d = \phi \cdot M_n$

② $M_d = M_u \le \phi \cdot M_n$

③ $M_d \le \phi \cdot M_n = M_u$

④ $M_n = \phi \cdot M_d \ge M_u$

⑤ $M_u \ge M_d = \phi \cdot M_n$

11 철근콘크리트구조의 강도설계법에서 강도감소계수를 사용하는 이유를 설명한 것으로 부적절한 것은?

① 부정확한 설계 방정식에 대한 여유 확보
② 주어진 하중조건에 대한 부재의 연성능력과 신뢰도 확보
③ 구조물에서 차지하는 구조부재의 중요도 반영
④ 구조물에 작용하는 하중의 불확실성에 대한 여유 확보
⑤ 시공 시 재료의 강도와 부재치수의 변동 가능성 고려

12 최근의 철근콘크리트설계기준상 응력교란영역에 해당하는 구조부재에는 스트럿-타이 모델(Strut-Tie Model)을 적용할 수 있도록 권장하고 있다. 그림과 같은 깊은 보는 스트럿-타이 모델을 적용한 예이다. 일반적인 스트럿-타이 모델에서 사용되는 절점의 종류로 옳지 않은 것은? (단, 여기서 C는 압축, T는 인장을 나타낸다.)

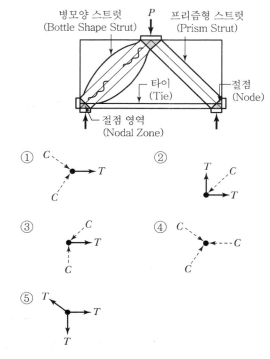

① ② ③ ④ ⑤

13 다음 중 응력-변형도곡선에서 나타나는 강재의 기계적 성질에 대한 설명으로 옳지 않은 것은?

① 항복점 : 응력의 증가없이 변형도가 크게 증가하기 시작하는 지점의 응력
② 비례한도 : 응력과 변형도가 비례하여 선형관계를 유지하는 한계의 응력
③ 항복비 : 인장강도에 대한 휨강도의 비
④ 전단탄성계수 : 비례한도 내에서의 전단변형도에 대한 전단응력의 비
⑤ 연성 : 재료가 하중을 받아 항복 후 파괴에 이르기까지 소성변형을 할 수 있는 능력

14 다음은 강재의 성질에 관한 기술이다. 이 중 옳지 않은 것은?

① 고성능강은 일반강에 비하여 강도, 내진성능, 내후성능 등에 있어서 1개 이상의 성능이 향상된 강을 통칭한다.
② SN강재는 용접성, 냉간가공성, 인장강도, 연성 등이 우수한 강재이다.
③ 내후성강은 적절히 조치된 고강도, 저합금강으로서 부식방지를 위한 도막 없이 대기에 노출되어 사용되는 강재이다.
④ 인장강도는 재료가 견딜 수 있는 최대인장응력도이다.
⑤ 구조용강재는 건축, 토목, 선박 등의 구조재로서 이용되는 강재로서 탄소함유량이 0.6% 이상의 탄소강이다.

15 고장력볼트 및 볼트구멍에 대한 설명으로 옳지 않은 것은?

① 고장력볼트의 직경은 M16, M20, M22, M24 등으로 표기한다.
② 고장력볼트 시공 시 도입하는 표준볼트장력은 설계볼트장력에 최소 20%를 할증하여 시공한다.
③ 고장력볼트는 볼트 · 너트 · 와셔를 한 조로 하는데 KS B 1010의 규정에 맞는 품질과 규격이 되어야 한다.
④ 고장력볼트는 강재의 기계적 성질에 따라 F8T, F10T, F13T 등으로 구분된다.
⑤ 고장력볼트의 조임은 임팩트 렌치 또는 토크 렌치를 사용하는 것을 원칙으로 한다.

16 직경이 20cm이고 길이가 1m인 원형봉에 인장력 P를 가하였더니, 봉의 길이가 20mm 증가하고 직경이 2mm 감소하였다. 이 봉의 포아송비(Poisson's ratio)는 얼마인가?

① 0.01　　　　② 0.2

③ 0.4　　　　④ 0.5

⑤ 1.0

17 그림과 같은 양단고정보의 중앙부와 단부의 휨모멘트 비율 $M_C : M_A$는?

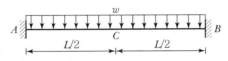

① 1 : 1　　　　② 1 : 2

③ 1 : 3　　　　④ 2 : 1

⑤ 3 : 1

18 목재 단면의 크기가 b(가로)×h(세로)=100×200mm인 캔틸레버보의 끝에 3kN의 하중을 가할 때 지탱할 수 있는 캔틸레버보의 최대 길이는? (단, 허용 휨응력은 9MPa)

① 1.5m　　　　② 2.0m

③ 2.5m　　　　④ 3.0m

⑤ 3.5m

19 다음 비대칭 혹은 대칭 단면 중 전단중심(Shear Center ; SC)의 위치가 잘못 표시된 것은?

① 　　②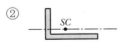

③ 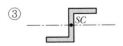　　④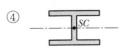

⑤

20 폭 100mm, 높이 200mm인 직사각형 단면의 단순보가 그림과 같이 10kN/m의 등분포하중을 받을 때, 이 보의 단면에 생기는 최대 전단응력은?

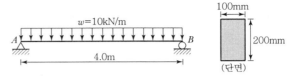

① 1.00MPa　　　　② 1.25MPa

③ 1.50MPa　　　　④ 2.00MPa

⑤ 2.50MPa

본 문제는 국토교통부에서 고시한 국가건설기준코드(구조설계기준 : KDS 14 00 00, 건축설계기준 : KDS 41 00 00)에 부합하도록 출제되었습니다.

01 다음 그림 (a)와 같은 골조가 그림 (b)와 같이 각 부재의 길이가 2배로 늘어나는 경우, 그림 (b)의 A점 수평변위는 그림 (a)의 A점 수평변위의 몇 배가 되는가? (단, 부재의 EI는 일정하다.)

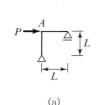
(a)

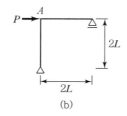
(b)

① 2배   ② 4배
③ 8배   ④ 16배

02 다음 중 구조물에 작용하는 하중에 대한 설명으로 가장 옳지 않은 것은?

① 반복하중 작용 시 피로응력에 대한 검토가 필요하다.
② 가새(Brace)는 횡하중 저항력 강화에 도움이 된다.
③ 전단벽은 횡하중 저항에 효과적이다.
④ 동적하중에는 지진하중, 활하중이 있다.

03 물에 포화된 느슨한 모래가 진동에 의하여 간극수압이 급격히 상승함에 따라 전단저항을 잃어버리는 현상은?

① 액상화   ② 사운딩
③ 분사현상   ④ 슬라임

04 철근콘크리트 구조에서 부재와 접합부가 휨모멘트, 전단력, 축력에 저항하는 모멘트골조의 분류에 해당하지 않는 것은?

① 보통모멘트골조   ② 중간모멘트골조
③ 강접모멘트골조   ④ 특수모멘트골조

05 그림과 같이 집중하중을 받는 겔버보(Gerber Beam)에서 정(+)모멘트와 부(−)모멘트의 최대치의 비율로 옳은 것은?

① 1 : 1
② 1 : 2
③ 2 : 1
④ 2 : 3

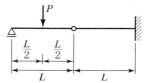

06 다음 중 목재의 치수를 실제치수보다 큰 25의 배수로 올려서 부르기 편하게 사용하는 치수는?

① 제재치수   ② 건조재치수
③ 공칭치수   ④ 생재치수

07 다음 중 조적조에 사용되는 재료의 요구조건으로 옳지 않은 것은?

① 그라우트는 재료의 분리가 없을 정도의 유동성을 갖도록 물을 첨가한다.
② 그라우트의 압축강도는 조적개체 강도의 0.8배 이상으로 한다.
③ 벽체용 줄눈모르타르의 세골재/결합재의 용적배합비는 2.5~3.0으로 한다.
④ 단층벽돌 조적조의 충전모르타르는 시멘트 1과 세골재 3.0의 용적비로 배합한다.

08 그림과 같은 사다리꼴 형태 단면의 보가 정(+)모멘트를 받을 때 단면 상부의 압축응력과 단면 하부의 인장응력의 비율로 옳은 것은?

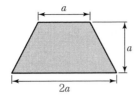

① 2 : 1
② 3 : 2
③ 4 : 3
④ 5 : 4

09 다음 중 철근콘크리트 부재설계에서 계수하중이 적용되지 않는 경우는?

① 2방향 슬래브의 휨설계
② 보의 전단설계
③ 기둥의 주근설계
④ 기초판의 크기설계

10 다음 중 철근콘크리트 보 부재의 처짐설계에 대한 설명으로 옳지 않은 것은?

① 1단연속 1방향 슬래브의 최소두께는 스팬길이의 1/24이다.
② 보의 최소두께는 양단연속의 경우가 단순지지의 경우보다 더 크게 설정된다.
③ 보의 장기처짐을 줄이기 위해 압축철근비를 증가시킨다.
④ 탄성계수 및 단면이차모멘트가 클수록 보의 탄성처짐은 감소한다.

11 다음 중 철근콘크리트구조에서 브래킷과 내민받침의 주요파괴현상으로 옳지 않은 것은?

① 인장철근의 항복에 의한 파괴
② 인장철근의 단부 정착파괴

③ 블록전단파괴
④ 콘크리트 압축대의 전단파괴 또는 압괴

12 다음 중 철근콘크리트구조에서 인장철근의 정착길이 산정 값이 감소하는 경우는?

① 철근의 직경 증가
② 철근의 항복강도 증가
③ 콘크리트의 압축강도 증가
④ 경량콘크리트 사용

13 다음 중 휨모멘트와 축력을 동시에 받는 콘크리트부재의 설계에 사용되는 가정으로 옳지 않은 것은?

① 휨모멘트를 받는 콘크리트부재의 압축연단의 극한변형률은 콘크리트 설계기준강도가 40MPa 이하인 경우에는 0.002로 가정한다.
② 철근과 콘크리트의 변형률은 중립축으로부터의 거리에 비례한다.
③ 고강도콘크리트의 경우 압축강도 이후 응력이 급속히 감소한다.
④ 콘크리트의 인장강도는 철근콘크리트부재 단면의 축강도와 휨강도계산에서 무시할 수 있다.

14 다음 철근콘크리트 독립기초의 전단설계에 대한 설명 중 옳지 않은 것은?

① 강도감소계수는 0.75이며 하중계수가 적용된다.
② 1방향 전단검토의 위험단면은 기둥면에서 기초판의 유효깊이만큼 떨어진 곳이다.
③ 2방향 전단검토의 위험단면은 기둥면에서 기초판의 유효깊이의 0.5만큼 떨어진 곳이다.
④ 전단설계를 통해 기초판의 넓이 및 철근량이 산정된다.

15 아래 트러스의 부재력이 0인 부재는 몇 개인가?
(단, 부재의 자중은 무시한다.)

① 0
② 1
③ 2
④ 3

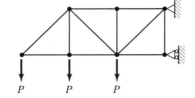

P P P

16 다음 철골구조의 특징에 관한 설명으로 옳지 않은 것은?

① 소성변형 능력이 커서 안전성이 높다.
② 재료가 고강도이므로 고층건물이나 장스팬 구조에 적합하다.
③ 부재가 세장하므로 좌굴의 위험성이 높다.
④ 재료가 불에 타지 않기 때문에 내화력이 크다.

17 다음 용접기호에 대한 설명으로 옳지 않은 것은?

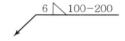

6 ╲ 100−200

① 화살표 반대편에 용접한다.
② 쐐기형 용접으로 한다.
③ 용접의 치수는 6mm로 한다.
④ 용접길이는 100mm로 한다.

18 다음 중 철골구조의 보 부재설계에 대한 설명으로 옳지 않은 것은?

① 횡좌굴에 대한 안전성 확보를 위해 강축보다는 약축방향의 횡지지구간 길이를 줄여준다.
② 전단에 대한 안전성 확보를 위해 웨브보다 플랜지면적을 증대시켜준다.
③ 휨 및 전단검토에는 계수하중이 적용되고 처짐검토에는 사용하중이 적용된다.
④ 스티프너 종류에는 하중점스티프너, 중간스티프너, 수평스티프너가 있다.

19 다음 중 철골구조의 접합부설계에 대한 설명으로 옳지 않은 것은?

① 메탈터치(Metal Touch)는 보의 이음부에 적용된다.
② 패널존(Panel Zone)은 기둥과 보의 접합부에 적용된다.
③ 베이스플레이트(Base Plate)는 주각부에 적용된다.
④ 스캘롭(Scallop)은 기둥과 보의 이음부에서 플랜지의 그루브용접을 완전하게 하기 위해 설치한다.

20 다음과 같이 캔틸레버보의 끝단에 집중하중(P)과 집중모멘트(M)가 작용할 때 보 끝단에서의 처짐 Δ가 같기 위한 모멘트의 크기로 옳은 것은? (단, EI는 동일하다.)

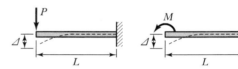

① $\dfrac{1}{2}PL$

② $\dfrac{2}{3}PL$

③ PL

④ $\dfrac{3}{2}PL$

본 문제는 국토교통부에서 고시한 국가건설기준코드(구조설계기준 : KDS 14 00 00, 건축설계기준 : KDS 41 00 00)에 부합하도록 출제되었습니다.

01 건축구조기준에 따른 철근의 정착 및 이음에 대한 설명으로 옳지 않은 것은?

① 표준갈고리를 갖는 인장이형철근의 기본정착길이는 철근의 설계기준항복강도에 비례한다.

② 4개의 철근으로 구성된 다발철근 내에 있는 개개 철근의 정착길이는 다발철근이 아닌 경우의 각 철근 정착길이보다 20% 증가시켜야 한다.

③ 압축이형철근의 기본정착길이는 콘크리트 설계기준압축강도의 제곱근에 반비례한다.

④ 휨부재에서 서로 직접 접촉되지 않게 겹침이음된 철근은 횡방향으로 소요 겹침이음 길이의 1/5 또는 150mm 중 작은 값 이상 떨어지지 않아야 한다.

02 활하중에 대한 설명으로 적절하지 않은 것은?

① 활하중은 점유·사용에 의하여 발생할 것으로 예상되는 최소의 하중이어야 한다.

② 활하중은 등분포 활하중과 집중 활하중으로 분류된다.

③ 지붕을 정원 및 집회 용도로 사용할 경우 기본등분포 활하중은 최소 5.0kN/m²를 적용한다.

④ 진동, 충격 등이 있어 건축구조기준에서 제시한 값을 적용하기에 적합하지 않은 경우 구조물의 실제 상황에 따라 활하중의 크기를 증가시켜 산정한다.

03 다음 그림의 하중을 받는 정정 트러스 구조물에서 부재 ①, ②, ③, ④, ⑤에는 인장력 또는 압축력이 작용한다. 다음 중 같은 종류의 부재력이 작용하는 부재끼리만 나열한 것은?

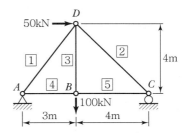

① ①, ②, ③

② ①, ④, ⑤

③ ②, ③, ④

④ ③, ④, ⑤

04 다음 중 강도설계법에 의한 보강조적조에 관한 설명으로 옳지 않은 것은?

① 보강근의 최대 지름은 29mm이다.

② 모든 보강근은 40mm 또는 철근 공칭지름의 2.5배 이상의 피복을 유지해야 한다.

③ 보강근의 지름은 공동 최소 크기의 1/4을 초과하지 않아야 한다.

④ 벽체나 벽체 골조의 공동 안에는 최대 3개까지 보강근이 허용된다.

05 다음 중 무량판 2방향 슬래브에서 테두리보를 제외하고 슬래브 주변에 보가 없거나 보의 강성비 α_m이 0.2 이하일 경우 철근콘크리트 슬래브의 최소 두께에 대한 설명으로 옳은 것은? (단, 철근의 설계기준항복강도 $f_y = 400$MPa, l_n은 부재의 순경간이다.)

① 지판이 없는 내부슬래브의 경우 $l_n/34$
② 지판이 있는 내부슬래브의 경우 $l_n/37.5$
③ 지판이 없는 외부슬래브에 테두리보가 있는 경우 $l_n/33$
④ 지판이 있는 외부슬래브에 테두리보가 없는 경우 $l_n/36$

06 다음 중 건축물의 중요도 분류에서 중요도(특)에 해당하는 건축물은?

① 종합병원, 수술시설이나 응급시설이 있는 병원
② 연면적 $1,000\text{m}^2$ 미만인 위험물 저장 및 처리시설
③ 연면적 $5,000\text{m}^2$ 이상인 공연장, 집회장, 관람장
④ 5층 이상인 숙박시설, 오피스텔, 기숙사, 아파트

07 다음 중 장선구조에 대한 설명으로 옳지 않은 것은?

① 장선구조는 일정한 간격의 장선과 그 위의 슬래브가 일체로 되어 있는 구조형태를 말한다.
② 장선은 그 폭이 100mm 이상이어야 하고, 그 높이는 장선의 최소 폭의 4.5배 이하이어야 한다.
③ 장선 사이의 순간격은 750mm를 초과하지 않아야 한다.
④ 장선은 1방향 또는 서로 직각을 이루는 2방향으로 구성될 수 있다.

08 철근콘크리트 2방향 슬래브를 직접설계법을 사용하여 설계하려고 할 때 만족시켜야 할 규정으로 옳지 않은 것은?

① 각 방향으로 3경간 이상 연속되어야 한다.

② 슬래브 판들은 단변 경간에 대한 장변 경간의 비가 2 이하인 직사각형이어야 한다.
③ 각 방향으로 연속한 받침부 중심 간 경간 차이는 긴 경간의 1/3 이하이어야 한다.
④ 연속한 기둥 중심선을 기준으로 기둥의 어긋남은 그 방향 경간의 최대 15%까지 허용할 수 있다.

09 다음 그림과 같은 단순보 반원 아치 구조의 단면력에 대한 설명으로 옳은 것은? (단, 아치의 반지름 길이 = L)

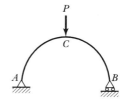

① 전단력이나 휨모멘트는 발생하지 않으며 축방향력만 존재한다.
② 지지단에서는 축방향력과 전단력이 0이다.
③ 휨모멘트가 최대인 곳은 C 지점이며, 휨모멘트의 크기는 $PL/2$이다.
④ 축방향력은 A 지점에서 최대이고, 이동단인 B 지점에서는 0이다.

10 다음 중 내진설계에 대한 설명으로 옳지 않은 것은?

① 2개 이상의 건물에 공유된 부분이나 하나의 구조물이 동일한 중요도에 속하지 않는 2개 혹은 그 이상의 용도로 사용될 때는 가장 높은 중요도를 사용하여야 한다.
② 높이 20m 이상 또는 6층 이상의 비정형 구조물의 경우에 정적해석법을 사용하여야 한다.
③ 수평비틀림모멘트는 구조물의 중심과 강심 간의 편심에 의한 비틀림모멘트와 우발비틀림모멘트의 합으로 한다.
④ 횡력저항 시스템의 수평치수가 인접층치수의 130%를 초과할 경우에는 기하학적 비정형이 존재하는 것으로 간주한다.

11 다음 중 옹벽의 구조기준에 대한 설명으로 옳은 것은?

① 활동에 대한 저항력은 옹벽에 작용하는 수평력의 2.0배 이상이어야 한다.

② 전도에 대한 저항모멘트는 횡토압에 의한 전도 휨모멘트의 1.5배 이상이어야 한다.

③ 뒷부벽은 T형보로 설계하여야 하며, 앞부벽은 직사각형 슬래브로 설계하여야 한다.

④ 저판의 뒷굽판은 정확한 방법이 사용되지 않는 한, 뒷굽판 상부에 재하되는 모든 하중을 지지하도록 설계하여야 한다.

12 다음은 등가정적 해석법 중 밑면전단력 산정에 대한 설명이다. 빈칸에 들어갈 사항으로 옳은 것은?

> 밑면전단력 V는 다음 식에 따라 구한다.
>
> $$C_s W$$
>
> 여기서, C_s : 지진응답계수
> W : 고정하중과 아래에 기술한 하중을 포함한 유효 건물 중량
>
> 가. 창고로 쓰이는 공간에서는 활하중의 최소 (㉠) (공용차고와 개방된 주차장 건물의 경우에 활하중은 포함시킬 필요가 없음)
> 나. 바닥하중에 칸막이벽 하중이 포함될 경우에 칸막이의 실제 중량과 (㉡) 중 큰 값
> 다. 영구설비의 총하중
> 라. 적설하중이 (㉢)을 넘는 평지붕의 경우에는 평지붕 적설하중의 (㉣)

	㉠	㉡	㉢	㉣
①	25%	0.5kN/m²	1.5kN/m²	20%
②	25%	1.5kN/m²	0.5kN/m²	20%
③	20%	0.5kN/m²	1.5kN/m²	25%
④	20%	1.5kN/m²	0.5kN/m²	25%

13 그림과 같은 정정라멘에서 E 점에서의 휨모멘트 (M_E)와 F 점에서의 전단력(V_F)의 크기는 각각 얼마인가?

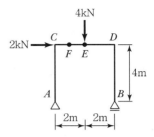

① $M_E = 4\text{kN} \cdot \text{m}, \ V_F = 2\text{kN}$

② $M_E = 8\text{kN} \cdot \text{m}, \ V_F = 2\text{kN}$

③ $M_E = 4\text{kN} \cdot \text{m}, \ V_F = 0\text{kN}$

④ $M_E = 8\text{kN} \cdot \text{m}, \ V_F = 0\text{kN}$

14 다음과 같은 강구조 인장부재의 설계인장강도를 건축구조기준 한계상태설계법으로 산정하면? (단, 소수점 아래 첫째자리에서 반올림한다.)

> • 총단면적 : 2,800mm²
> • 유효순단면적 : 2,500mm²
> • 항복강도 : 240N/mm²
> • 인장강도 : 400N/mm²
> • 블록전단에 의한 파단은 없는 것으로 가정한다.

① 504kN   ② 605kN

③ 672kN   ④ 750kN

15 다음 중 건축구조기준 용어와 그 정의가 옳은 것은?

① 한계상태설계법 : 실제 구조물에 큰 변형이 예상되거나 변형률의 변화가 큰 경우 또는 사용재료의 응력－변형률 관계가 비선형인 경우에 이를 고려하여 실제 거동에 가장 가깝게 부재력과 변위가 산출되도록 하는 설계법

② 비선형해석 : 구조물이 탄성체라는 가정 아래 응력과 변형률의 관계를 1차 함수관계로 보고 구조부재의 부재력과 변위를 산출하는 해석

③ 허용응력설계법 : 탄성이론에 의한 구조해석으로 산정한 부재단면의 응력이 허용응력(안전율을 감안한 한계응력)을 초과하지 아니하도록 구조부재를 설계하는 방법

④ 탄성해석 : 한계상태를 명확히 정의하여 하중 및 내력의 평가에 준해서 한계상태에 도달하지 않는 것을 확률통계적계수를 이용하여 설정하는 해석

16 다음 중 연약지반에서 부등침하를 방지하는 대책으로 옳지 않은 것은?

① 줄기초와 마찰말뚝기초를 병용한다.
② 지하실 바닥 구조의 강성을 높인다.
③ 건물의 중량을 최소화시킨다.
④ 건물의 평면길이를 짧게 한다.

17 두께 150mm인 1방향 철근콘크리트 슬래브에 수축·온도철근을 배근하고자 한다. 단위 폭(1m)에 필요한 최소철근량을 계산하면 얼마인가? (단, 철근의 설계기준항복강도 $f_y = 400\text{MPa}$)

① 150mm^2 ② 225mm^2
③ 300mm^2 ④ 450mm^2

18 다음 중 철근콘크리트 구조물의 내진설계 시, 특수모멘트골조의 휨부재에 사용하는 횡방향철근에 대한 설명으로 옳지 않은 것은?

① 휨부재 양단의 받침부 면에서 경간의 중앙방향으로 잰 휨부재 깊이의 2배 구간에는 후프철근을 배치하여야 한다.
② 후프철근이 필요한 곳에서 후프철근으로 감싸인 축방향 철근은 횡방향으로 지지되어야 한다.
③ 첫 번째 후프철근은 지지부재의 면으로부터 100mm 이내에 위치하여야 한다.
④ 휨부재의 후프철근은 2개의 철근으로 구성할 수 있다.

19 그림과 같은 두 개의 캔틸레버 보 (A), (B)에서 자유단의 처짐이 같아지기 위한 (A)보 단면의 폭 b 값은 얼마인가? (단, 두 보의 탄성계수는 같다.)

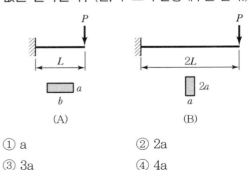

① a ② 2a
③ 3a ④ 4a

20 다음 강재 기호에 대한 설명으로 옳지 않은 것은?

SMA 325A

① 내후성이 우수한 강재이다.
② 최소 항복강도가 325MPa이다.
③ 용접이 가능한 강재이다.
④ 충격흡수에너지 성능이 가장 우수한 등급이다.

본 문제는 국토교통부에서 고시한 국가건설기준코드(구조설계기준 : KDS 14 00 00, 건축설계기준 : KDS 41 00 00)에 부합하도록 출제되었습니다.

01 지붕의 적설하중에 대한 설명으로 가장 옳은 것은?

① 지상적설하중이 1.0kN/m²보다 작은 지역에서는 눈의 퇴적량에 의한 추가하중을 고려하지 않아도 무방하다.

② 다른 조건이 동일한 경우 바람의 영향이 거의 없는 숲 지역 평지붕에서의 적설하중이 바람막이가 없는 거센 바람이 부는 지역의 적설하중보다 작다.

③ 수직최심적설깊이가 0.5m인 경우보다 1.0m인 경우에 눈의 평균단위중량을 큰 값으로 적용한다.

④ 적설제거작업 등으로 인하여 내민보 형태에서 내민부분 적설하중의 반을 제거하면 지지부재의 응력을 항상 감소시킨다.

02 「건축구조기준(KDS)」의 하중에 대한 설명으로 가장 옳지 않은 것은?

① 일반사무실의 기본등분포 활하중은 2.0kN/m²로 한다.

② 최소 지상적설하중은 0.5kN/m²로 한다.

③ 지진구역 Ⅰ에서의 지진구역계수는 0.11g으로 한다.

④ 주골조설계용 설계풍압은 500N/m²보다 작아서는 안 된다.

03 용접철망에 대한 설명으로 가장 옳지 않은 것은?

① 가공조립의 인력이 저감되고 고도의 기술을 필요로 하지 않는다.

② 치수가 정확하고 배근이 용이하다.

③ 절단 등에 의한 손실이 크다.

④ 연신율이 커서 가공이 용이하다.

04 그림과 같이 H－형강과 브라켓의 이음부를 양면 필렛용접으로 할 때, 용접길이가 400mm, 필릿 치수가 10mm인 경우 유효용접면적(A_w)은? (단, 이음면이 직각인 경우)

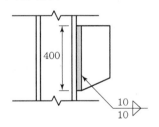

① 2,660mm²　　　② 2,702mm²

③ 5,320mm²　　　④ 5,404mm²

05 건축물 내풍설계 시 풍동실험에 대한 설명으로 가장 옳은 것은?

① 일반적으로 풍동 내의 압력분포는 일정하게 하여야 한다.

② 단면 폐쇄율이 클수록 풍동실험이 설계건물의 실제 상황을 잘 고려할 수 있다.

③ 외장재의 풍하중 평가를 위하여 풍력실험을 한다.

④ 공력진동실험은 일반적으로 비탄성 모형을 사용한다.

06 「건축구조기준(KDS)」에 따른 철근콘크리트 구조부재의 비틀림 설계에 대한 설명으로 가장 옳지 않은 것은?

① 비틀림에 대한 설계는 속이 찬 부재의 입체트러스모델을 근거로 하고 있다.
② 일정한 조건을 만족하면 비틀림을 고려하지 않아도 된다.
③ 비틀림에 의한 전단응력과 순수전단응력의 평균값은 순수 전단응력의 허용최대응력 값을 초과하지 않아야 한다.
④ 비틀림철근은 계산상으로 필요한 위치에서 일정 값 이상의 거리까지 연장시켜 배치한다.

07 축하중과 2축 휨모멘트를 받는 단주의 설계방법으로 가장 옳지 않은 것은?

① 브레슬러의 상반하중법
② 확대모멘트법
③ 엄밀해석법
④ PCA등하중선법

08 조적식 구조의 모르타르와 그라우트에 대한 설명으로 가장 옳은 것은?

① 벽체용 줄눈 모르타르의 용적배합비(세골재/결합재)는 바닥용 붙임 모르타르의 용적배합비보다 작게 사용한다.
② 모르타르의 결합재는 주로 시멘트를 사용하며, 보수성 향상을 위하여 석회를 약간 혼합할 때도 있다.
③ 치장용 모르타르의 용적배합비(세골재/결합재)는 사춤용 모르타르의 용적배합비보다 크게 사용한다.
④ 동결방지용액이나 염화물 등의 성분은 일반적으로 모르타르에 사용할 수 있다.

09 콘크리트 재료에 관한 설명으로 가장 옳은 것은?

① 일반적으로 물－시멘트비와 시멘트양이 감소할수록 크리프가 감소한다.

② 일반적으로 건조수축은 하중이 증가할 때, 콘크리트의 부피가 줄어드는 현상이다.
③ 압축강도용 공시체는 $\phi150 \times 300mm$를 기준으로 하며, 200mm 입방체 공시체의 경우에는 1.0보다 큰 보정계수를 사용하여 압축강도를 산정한다.
④ 5mm 체에 거의 다 남는 골재를 잔골재라 한다.

10 「건축구조기준(KDS)」에서는 구조재료의 품질확보, 제작물의 성능검증, 시공과 유지관리 등에 관련된 검사를 하기 위한 규정을 두고 있다. 다음 중 구조검사에 대한 설명으로 가장 옳지 않은 것은?

① 중요도(특) 또는 (1)에 해당하는 건축물은 내진구조검사 대상이다.
② 특별검사는 부품이나 연결 부위의 제작 · 가설 · 설치 시 적절성을 확보하기 위하여 책임구조기술자의 확인이 필요한 검사를 말한다.
③ 특별검사 중 용접부 검사는 강구조 용접부 비파괴검사기준 을 따른다.
④ 내풍구조검사는 기본풍속 35m/sec를 초과하는 지역에 위치한 건축물 중 높이가 20m 이상인 경우와 구조설계자가 요청한 경우에 한다.

11 그림과 같은 부정정구조물의 단부 C의 재단모멘트(M_{CE})는? (단, 부재의 강비는 K₁ = 1.0, K₂ = 2.0, K₃ = 3.0이다.)

① 1.0kN · m
② 1.5kN · m
③ 2.0kN · m
④ 3.0kN · m

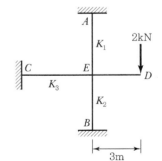

12 그림과 같이 직경(D)이 20mm, 길이가 1m인 강봉이 축방향 인장력 65kN을 받을 경우 길이는 0.8mm 늘어나고 직경은 0.006mm 줄어들었다고 할 때, 이 재료의 푸아송비는?

① 0.300   ② 0.325
③ 0.350   ④ 0.375

13 「건축구조기준(KDS)」에 따른 건축물 구조설계에 대한 설명으로 가장 옳은 것은?

① 강도설계법은 구조부재의 계수하중에 따른 설계용 부재력이 그 부재단면의 공칭강도에 강도감소계수를 나눈 설계용강도를 초과하지 않도록 한다.
② 강도설계법에서 구조부재의 부재력은 하중계수를 곱하여 조합한 하중조합값 중 가장 불리한 값으로 설계한다.
③ 연면적 5,000m² 이상인 공연장은 중요도(특)으로 분류한다.
④ 구조설계도는 설계의 진척도에 따라 실시설계, 계획설계, 기본설계의 3단계로 작성한다.

14 건축물에 적용하는 기본 등분포활하중의 크기 순서에 대한 설명으로 가장 옳은 것은?

① 학교교실<옥외광장<도서관 서고<기계실
② 학교교실<기계실<도서관 서고<옥외광장
③ 학교교실<도서관 서고<기계실<옥외광장
④ 옥외광장<학교교실<기계실<도서관 서고

15 콘크리트 응력−변형률 곡선에 대한 설명으로 가장 옳지 않은 것은?

① 응력이 낮은 범위에서는 비선형이지만 선형으로 볼 수 있다.

② 허용응력 범위에서 콘크리트는 탄성재료이다.
③ 최대응력에서 변형률은 0.002~0.003 범위에 있다.
④ 저강도 콘크리트는 고강도 콘크리트보다 더 작은 변형률에서 파괴된다.

16 다음 단면 중에서 X 축에 대한 단면2차모멘트 값이 다른 것은?

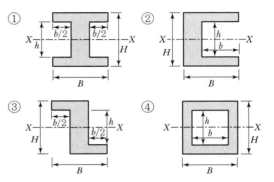

17 그림과 같은 양단고정단 보의 고정단에서 부모멘트 값은?

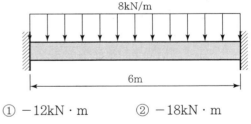

① −12kN · m   ② −18kN · m
③ −24kN · m   ④ −30kN · m

18 고장력볼트 접합에서 설계미끄럼강도식과 가장 관련이 없는 것은?

① 전단면의 수
② 설계볼트장력
③ 고장력볼트의 공칭단면적
④ 구멍의 종류에 따른 계수

19 휨모멘트의 작용 여부에 상관없이 축력을 받는
건축구조물의 벽체 설계에 대한 설명으로 가장
옳은 것은?

① 수직 및 수평철근의 간격은 벽두께의 3배 이하,
또한 450mm 이하로 하여야 한다.

② 두께 200mm 이상의 벽체는 수직 및 수평철근
을 벽면을 따라 양면으로 배치하여야 한다.

③ 설계기준항복강도 400MPa 이상으로서 D16 이
하의 이형철근을 사용하는 경우 최소 수직철근
비는 0.0025로 한다.

④ 설계기준항복강도 400MPa 이상으로서 D16 이
하의 이형철근을 사용하는 경우 최소 수평철근
비는 0.0012로 한다.

20 다음 내진설계 대상 구조물에 있어서 「건축구조
기준(KDS)」에 따라 등가정적해석법으로 설계할
수 있는 구조물은?

① 높이 70m 이상 또는 21층 이상의 정형구조물

② 높이 20m 이상 또는 9층 이상의 비정형구조물

③ 평면 및 수직 비정형성을 가지는 기타 구조물

④ 주기 1초에서 설계스펙트럼가속도(S_{D1})가 0.07
미만의 내진등급 특급 구조물

본 문제는 국토교통부에서 고시한 국가건설기준코드(구조설계기준 : KDS 14 00 00, 건축설계기준 : KDS 41 00 00)에 부합하도록 출제되었습니다.

01 그림과 같이 보가 삼각형모양의 분포하중을 받고 있을 때, 중앙부 C점에서의 휨모멘트 값은?

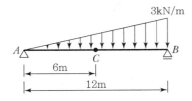

① 9kN · m 　　② 12kN · m

③ 27kN · m 　　④ 36kN · m

02 철근콘크리트 구조물에서 수축 · 온도철근에 대한 설명으로 가장 옳은 것은?

① 1방향 철근콘크리트 슬래브에 수축 · 온도철근으로 배치되는 이형철근 및 용접철망의 철근비는 0.0014 이상이어야 한다.

② 수축 · 온도철근량은 수축 및 온도변화에 대한 변형이 심하게 구속된 부재에 대해서는 하중계수와 하중조합을 고려하여 최대철근량을 증가시켜야 한다.

③ 슬래브에서 휨철근이 1방향으로만 배치되는 경우 이 휨철근에 평행한 방향으로 수축 · 온도철근을 배치하여야 한다.

④ 1방향 철근콘크리트 슬래브의 수축 · 온도철근은 설계기준항복강도까지 발휘할 수 있도록 정착할 필요는 없다.

03 매입형 합성부재의 구조제한 사항에 대한 설명으로 가장 옳은 것은?

① 연속된 길이방향철근의 최소철근비(ρ_{sr})는 0.005로 한다.

② 플랜지에 대한 콘크리트 순피복두께는 플랜지폭의 1/8 이상으로 한다.

③ 강재코어의 단면적은 합성기둥의 총단면적의 1% 이상으로 한다.

④ 횡방향철근의 중심 간 간격은 직경 D10의 철근을 사용할 경우에는 200mm 이하로 한다.

04 콘크리트 구조설계에 대한 설명으로 가장 옳은 것은?

① 콘크리트보에서 사용하중상태에서의 균열폭을 줄이기 위해서는 대구경 철근을 사용하는 것이 바람직하다.

② 건축구조기준에서는 고강도철근을 무량판슬래브에 사용하는 경우, 더 큰 슬래브 두께를 요구하고 있다.

③ 건축구조기준에서 슬래브의 뚫림전단 보강철근의 최대항복강도는 500MPa 이다.

④ 콘크리트 기둥에서 압축력이 증가할수록 휨강도가 감소한다.

05 그림과 같이 독립기초에 중심하중 N=50kN, 휨모멘트 M=30kN · m가 작용할 때, 기초 슬래브와 지반과의 사이에 접지압이 압축응력만 생기게 하기 위한 최소 기초 길이(l)는? (단, 기초판은 직사각형으로 한다.)

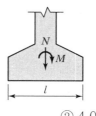

① 3.6m ② 4.0m

③ 4.4m ④ 4.8m

06 플레이트보(Plate girder, 판보)에 대한 설명으로 가장 옳지 않은 것은? (단, h : 필릿 또는 코너반경을 제외한 플랜지 간의 순거리, t_w : 웨브 두께, E : 강재의 탄성계수, F_{yf} : 플랜지의 항복응력이다.)

① 플레이트보는 보의 깊이가 깊어서 휨모멘트와 전단력이 큰 곳에 사용하며, 웨브(web)플레이트와 플랜지(flange)플레이트의 접합재는 휨모멘트에 의해 결정한다.

② 스티프너(stiffener)는 웨브(web)플레이트의 좌굴을 방지하기 위한 것이다.

③ 커버플레이트(cover plate)는 플랜지 보강용으로 휨내력 부족을 보강하기 위한 것이다.

④ 웨브(web)의 폭두께비(h/t_w)가 $5.7\sqrt{E/F_{yf}}$ 보다 큰 경우에 적용한다.

07 구조용 강재를 사용한 건축물에 대한 용어의 설명으로 가장 옳은 것은?

① 비구속판요소(Unstiffened Element) : 하중의 방향과 평행하게 한쪽 끝단이 직각방향의 판요소에 의해 연접된 평판요소

② 비콤팩트단면(Noncompact Section) : 완전소성 응력분포가 발생할 수 있고 국부좌굴이 발생하기 전에 약 3의 곡률연성비(회전능력)을 발휘

할 수 있는 능력을 가진 단면

③ 크리플링(Crippling) : 집중하중이나 반력이 작용하는 위치에서 발생하는 전체적인 파괴

④ 패널 존(Panel Zone) : 접합부를 관통하는 보와 기둥의 웨브의 연장에 의해 구성되는 보-기둥접합부의 플랜지 영역으로, 전단패널을 통하여 모멘트를 전달하는 영역

08 그림에서 보의 중앙에 집중하중 P를 받는 단순보에서 단면 Y-Y의 중립축의 위치 Ⓐ에서 일어나는 전단응력도를 τ, 그 아래 Ⓑ에서 일어나는 인장응력도를 σ로 할 때, $\dfrac{\sigma}{\tau}$의 값이 4로 되는 x의 값은?

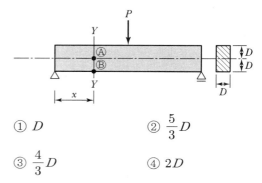

① D ② $\dfrac{5}{3}D$

③ $\dfrac{4}{3}D$ ④ $2D$

09 기성콘크리트말뚝과 현장타설콘크리트말뚝에 대한 설명으로 가장 옳지 않은 것은?

① 기성콘크리트말뚝의 주근은 6개 이상 또한 그 단면적의 합은 말뚝 실면적의 0.8% 이상으로 하고, 띠철근 또는 나선철근으로 상호 연결한다.

② 기성콘크리트말뚝을 타설할 때 그 중심 간격은 말뚝머리 지름의 2.5배 이상 또한 750mm 이상으로 한다.

③ 현장타설콘크리트말뚝은 특별한 경우를 제외하고, 주근은 6개 이상 또한 설계단면적의 0.4% 이상으로 하고 띠철근 또는 나선철근으로 보강하여야 한다.

④ 현장타설콘크리트말뚝을 배치할 때 그 중심간격은 말뚝머리 지름의 2.0배 이상 또한 말뚝머리 지름에 1,000mm를 더한 값 이상으로 한다.

10 성능설계법에 대한 설명으로 가장 옳지 않은 것은?

① 동적해석을 위한 설계지진파의 결정에서 시간이력해석은 지반 조건에 상응하는 지반운동 기록을 최소한 3개 이상 사용하여 수행한다.

② 비탄성정적해석을 사용하는 경우에는 구조물의 비탄성 변형능력 또는 에너지소산능력에 따라서 탄성응답 스펙트럼가속도를 저감시켜서 비탄성 응답스펙트럼을 정의할 수 있다.

③ 지진력저항시스템을 성능설계법으로 설계하고자 할 때, 내진등급이 I이고, 성능수준이 인명보호인 경우, 재현주기는 1,400년이다.

④ 구조체의 설계에 사용되는 밑면전단력의 크기는 등가 정적해석법에 의한 밑면전단력의 60% 이상이어야 한다.

11 목구조의 내구계획 및 공법으로 가장 옳지 않은 것은?

① 내구성을 고려한 계획·설계는 목표사용연수를 설정 하여 실시한다.

② 사용연수는 건축물 전체와 각 부위, 부품, 기구마다 추정하고, 성능저하에 따른 추정치와 썩음에 의한 추정치 중 작은 추정치를 구한다.

③ 방부공법으로 구조법을 최소로 하고 방부제처리법을 우선으로 한다.

④ 흰개미방지를 위하여 구조법, 방지제처리법, 토양처리법을 통하여 개미가 침입하는 것을 막는다.

12 그림에서 보의 최대 처짐이 큰 것에서 작은 것 순서대로 바르게 연결된 것은? (단, P : 집중하중, w : 등분포 하중, EI는 동일하고, $P = wl$이다.)

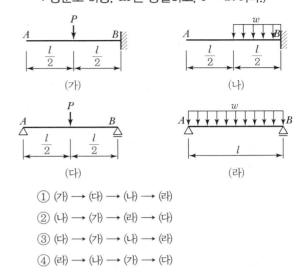

① (가) → (다) → (나) → (라)
② (나) → (가) → (라) → (다)
③ (다) → (가) → (나) → (라)
④ (라) → (나) → (가) → (다)

13 풍하중 기준에 대한 설명으로 가장 옳은 것은?

① 지표면조도구분 D인 지역에서의 기준경도풍높이(Z_g) 값이 지표면조도구분 A, B, C 지역의 기준경도풍높이(Z_g)값보다 크다.

② 지표면조도구분 D인 지역에서의 대기경계층 시작 높이(z_b)값이 지표면조도구분 A, B, C 지역의 대기 경계층 시작높이(z_b)값보다 크다.

③ 대도시 중심부에서 고층건축물(10층 이상)이 밀집해 있는 지역의 지표면조도구분은 D이다.

④ 기준경도풍높이란 풍속이 일정한 값을 가지는 지상으로부터의 높이를 말한다.

14 강구조의 접합에 대한 설명으로 가장 옳지 않은 것은?

① 모멘트접합의 경우 단부가 구속된 작은보, 큰보 및 트러스의 접합은 접합강성에 의하여 유발되는 모멘트와 전단의 조합력에 따라 설계하여야 한다.

② 단순보의 접합부는 충분한 단부의 회전 능력이 있어야 하며, 이를 위해서는 소정의 비탄성변형은 허용될 수 없다.

③ 접합부의 설계강도는 45kN 이상이어야 한다.

④ 기둥이음부의 고장력볼트 및 용접이음은 이음부의 응력을 전달함과 동시에 이들 인장내력은 피접합재 압축강도의 1/2 이상이 되도록 한다.

15 그림에서 트러스의 U_1 부재력[kN]은? (단, 인장력은 (+), 압축력은 (−)이다.)

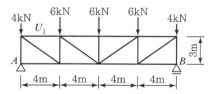

① 12.0kN

② −12.0kN

③ 10.5kN

④ −10.5kN

16 철근콘크리트 보에서 압축철근을 배치하는 이유로 가장 옳지 않은 것은?

① 지속하중에 의한 처짐의 감소

② 연성의 증가

③ 파괴모드를 인장파괴에서 압축파괴로 전환

④ 철근의 배치용이

17 다발철근에 대한 설명으로 가장 옳지 않은 것은? (단, d_b : 철근의 공칭 지름이다.)

① 2개 이상의 철근을 묶어서 사용하는 다발철근은 원형 철근과 이형철근으로 그 개수는 4개 이하이어야 하며, 스터럽이나 띠철근으로 둘러싸여야 한다.

② 휨 부재의 경간 내에서 끝나는 한 다발철근 내의 개개 철근은 $40d_b$ 이상 서로 엇갈리게 끝나야 한다.

③ 다발철근의 간격과 최소피복두께를 철근지름으로 나타낼 경우, 다발철근의 지름은 등가단면적으로 환산된 1개의 철근지름으로 보아야 한다.

④ 보에서 D35를 초과하는 철근은 다발로 사용할 수 없다.

18 다음의 지진력저항시스템 중 반응수정계수(R)값이 가장 큰 시스템은?

① 모멘트−저항골조 시스템 중 합성 중간모멘트골조

② 모멘트−저항골조 시스템 중 합성 보통모멘트골조

③ 모멘트−저항골조 시스템 중 철골 중간모멘트골조

④ 모멘트−저항골조 시스템 중 철골 보통모멘트골조

19 길이, 단면 및 재질이 동일한 두 개의 기둥이 그림과 같이 지지점의 조건만 다를 때, 두 기둥에 작용하는 좌굴하중 P_1과 P_2의 이론적인 비율은?

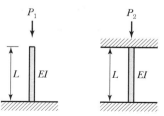

① $P_2/P_1 = 2.0$

② $P_2/P_1 = 4.0$

③ $P_2/P_1 = 8.0$

④ $P_2/P_1 = 16.0$

20 폭이 b이고 높이가 h인 직사각형 단면보에 전단력 V가 작용할 때, 전단응력도 τ에 대한 설명으로 가장 옳은 것은?

① 단면1차모멘트 Q에 반비례한다.

② 보의 폭 b에 비례한다.

③ 전단력 V에 반비례한다.

④ 직사각형 보 단면의 중앙부에서 최대이다.

본 문제는 국토교통부에서 고시한 국가건설기준코드(구조설계기준 : KDS 14 00 00, 건축설계기준 : KDS 41 00 00)에 부합하도록 출제되었습니다.

01 건축물 상층부는 내력벽이나 가새골조 등 강성과 강도가 매우 큰 구조로 구성되어 있으나, 하층부는 개방형 건축공간을 위하여 대부분의 수직재가 기둥으로 구성되어 내진성능이 크게 저하될 수 있는 구조는?

① 편심가새골조
② 특수모멘트골조
③ 내력벽 방식
④ 필로티구조

02 등분포하중 w가 작용하고 있는 길이 l을 갖는 캔틸레버의 최대처짐을 d라고 할 때, 길이 $2l$을 갖는 캔틸레버의 최대 처짐이 $2d$가 되기 위해 작용해야 하는 등분포하중의 크기는? (단, E, I는 동일하고, 등분포하중 w는 전체 길이에 작용한다.)

① $w/16$ ② $w/8$
③ $w/32$ ④ $w/4$

03 건축물의 내진등급별 성능목표를 옳지 않게 짝지은 것은?

	내진등급	재현주기	성능수준
①	특	2,400년	인명보호
②	특	1,000년	기능수행
③	Ⅰ	1,400년	붕괴방지
④	Ⅱ	1,000년	인명보호

04 프리스트레스하지 않는 구조부재의 현장치기 콘크리트와 최소 피복두께를 옳지 않게 짝지은 것은? (단, 콘크리트 설계기준압축강도는 28MPa이다.)

① 수중에서 치는 콘크리트 – 100mm
② 흙에 접하여 콘크리트를 친 후 영구히 흙에 묻혀 있는 콘크리트 – 60mm
③ 옥외의 공기나 흙에 직접 접하지 않는 보나 기둥 – 40mm
④ D35 이하의 철근을 사용한 옥외의 공기나 흙에 직접 접하지 않는 슬래브 – 20mm

05 구조설계법에 대한 설명으로 가장 옳지 않은 것은?

① 강도설계법에서 구조부재의 계수하중에 따른 설계용 부재력이 그 부재단면의 공칭강도에 강도감소계수를 곱한 설계용 강도를 초과하지 않도록 한다.
② 성능설계법은 비선형 해석이나 실물실험 등을 통하여 성능을 검증하는 설계법으로 KDS 등의 기준에서 주어지는 설계방법을 준수하여야 한다.
③ 성능설계법에서 구조부재의 설계는 의도하는 성능 수준에 적합한 하중조합에 근거하여야 하며, 재료 및 구조물 치수에 대한 적절한 설곗값을 선택한 후 합리적인 거동이론을 적용하여 구한 구조성능이 요구되는 한계기준을 만족한다는 것을 검증한다.
④ 한계상태설계법에서 구조부재는 건축구조기준에 규정된 설계하중에 따른 하중 및 외력을 사용하여 산정한 부재력에 한계상태설계법에 따른 하중계수를 곱하여 조합한 값 중 가장 불리한 값으로 설계한다.

06 풍하중에 관한 용어에 대한 설명으로 가장 옳지 않은 것은?

① 와류방출 : 시시각각 변하는 바람의 난류성분으로 인해 물체가 풍방향으로 불규칙하게 진동하는 현상

② 가스트영향계수 : 바람의 난류로 인해 발생되는 구조물의 동적 거동 성분을 나타내는 것으로 평균변위에 대한 최대변위의 비를 통계적인 값으로 나타낸 계수

③ 인접효과 : 건축물의 일정거리 풍상측에 장애물이 있는 경우, 건축물은 장애물의 영향을 받아 진동이 증가하고 이로 인하여 건축물 전체에 가해지는 풍응답이 증가하며, 외장재에 작용하는 국부풍압도 크게 증가하는 현상

④ 공기력불안정진동 : 건축물 자신의 진동에 의해 발생하는 부가적인 공기력이 건축물의 감쇠력을 감소시키도록 작용함으로써 진동이 증대되거나 발산하는 현상

07 볼트 F8T − M20 3개의 인장파단 한계 상태에 대한 설계 인장강도(ϕR_n)의 크기(kN)는?

① 45π ② 90π
③ 135π ④ 180π

08 이형철근의 정착길이에 대한 설명으로 가장 옳지 않은 것은?

① 직선 모양 인장철근의 정착길이는 철근의 위치, 도막, 지름의 영향을 받는다.

② 직선 모양 압축철근의 정착길이는 철근 위치의 영향을 받지 않는다.

③ 표준갈고리 인장철근의 정착길이는 철근 도막의 영향을 받지 않는다.

④ 직선 모양 인장철근의 정착길이는 횡방향 철근의 영향을 고려하면 줄어들 수 있다.

09 2축 대칭인 용접 H형강 H−500×500×16×20의 플랜지 및 웨브 각각의 판폭두께비로 옳은 것은?

	플랜지	웨브
①	12.50	28.75
②	12.50	25.75
③	13.75	23.50
④	13.75	27.50

10 철근콘크리트 구조 압축부재의 철근량 제한 조건 중 사각형이나 원형 띠철근으로 둘러싸인 압축부재의 축방향 주철근의 최소 개수는?

① 6개   ② 4개
③ 3개   ④ 2개

11 건축물 강구조를 포함한 일반 강구조 아이바의 구조 제한에 대한 설명으로 가장 옳지 않은 것은?

① 아이바의 원형 머리 부분과 몸체 사이 부분의 반지름은 아이바 머리의 직경보다 커야 한다.

② 항복강도 F_y가 485MPa을 초과하는 강재의 구멍직경은 플레이트 두께의 5배를 초과할 수 없다.

③ 플레이트 두께는 핀 플레이트와 필러 플레이트를 조임하기 위해 외부 너트를 사용하는 경우에만 13mm 이하의 두께 사용이 허용된다.

④ 핀구멍의 연단으로부터 힘의 방향에 수직으로 측정한 플레이트의 연단까지의 폭은 아이바 몸체폭의 2/3보다 커서는 안 된다.

12 그림과 같이 경간 $L = 6$m인 단순보의 가운데 지점에 하중 P가 수직방향으로 작용하고 있다. 보는 균질의 재료로 이루어진 직사각형 단면을 가지고 있으며 단면의 항복모멘트강도가 60kN·m일 때, 항복 이후 완전소성상태까지 최대로 가할 수 있는 하중의 크기[kN]는? (단, 항복 이후 완전소성상태까지 좌굴은 발생하지 않는 것으로 가정한다.)

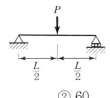

① 40　　　　　　② 60
③ 120　　　　　　④ 180

13 조적식 구조에 대한 설명으로 가장 옳은 것은?

① 조적식 구조인 건축물 중 2층 건축물에 있어서 2층 내력벽의 높이는 9m를 넘을 수 없다.
② 조적식 구조인 내력벽의 길이는 15m를 넘을 수 없다.
③ 조적식 구조인 내력벽으로 둘러싸인 부분의 바닥면적은 100m²를 넘을 수 없다.
④ 조적식 구조인 내력벽의 기초(최하층의 바닥면 이하에 해당하는 부분을 말한다)는 연속기초로 하여야 한다.

14 다음의 ㉠, ㉡에 들어갈 내용으로 옳은 것은? (단, d_b는 철근의 공칭지름이다.)

> 스터럽으로 사용되는 D13 철근의 135° 표준갈고리의 구부림 내면 반지름은 (㉠) 이상으로 하여야 하며 구부린 끝에서 (㉡) 이상 더 연장하여야 한다.

	㉠	㉡		㉠	㉡
①	$2d_b$	$6d_b$	②	$2d_b$	$12d_b$
③	$3d_b$	$6d_b$	④	$3d_b$	$12d_b$

15 다음의 ㉠, ㉡에 들어갈 내용으로 옳은 것은?

> 철근콘크리트 비합성 압축부재의 축방향 주철근 단면적은 전체 단면적 A_g의 (㉠)배 이상, (㉡)배 이하로 하여야 한다.

	㉠	㉡		㉠	㉡
①	0.01	0.06	②	0.02	0.06
③	0.01	0.08	④	0.02	0.08

16 그림과 같은 단순보에서 A 지점의 단면에 걸리는 휨모멘트 값[kN·m]은?

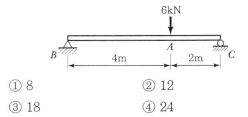

① 8　　　　　　② 12
③ 18　　　　　　④ 24

17 강도설계법에서 처짐을 계산하지 않는 경우, 길이가 L인 철근콘크리트 리브가 없는 1방향 슬래브 또는 보의 최소두께 규정으로 옳게 짝지은 것은? (단, 보통중량콘크리트와 설계기준항복강도 400MPa인 철근을 사용한 부재이다.)

① 단순지지 1방향 슬래브 – $L/24$
② 1단연속 1방향 슬래브 – $L/20$
③ 양단연속 1방향 슬래브 – $L/10$
④ 단순지지보 – $L/16$

18 강재의 인장재 접합부 설계를 포함한 인장재 설계 시 검토할 사항으로 가장 옳지 않은 것은?

① 총단면항복
② 유효순단면파단
③ 블록전단파단
④ 휨-좌굴강도

19 목구조에 대한 설명으로 가장 옳지 않은 것은?

① 구조용 목재의 재종은 육안등급구조재와 기계등급 구조재의 2가지로 구분된다. 육안등급구조재는 다시 1종 구조재(규격재), 2종 구조재(보재) 및 3종 구조재(기둥재)로 구분된다.

② 인장부재는 섬유직각방향으로 인장응력이 발생하지 않도록 설계한다. 섬유직각방향 인장응력이 발생하는 인장부재는 모든 응력에 저항하도록 충분히 보강한다.

③ 경골목구조에서 구조내력상 중요한 부분에 사용하는 바닥, 벽 또는 지붕의 덮개에는 KS F 등 규정에 적합한 구조용 OSB가 사용되어야 한다.

④ 부재의 공칭강도에 강도감소계수 ϕ를 곱한 강도가 하중조합에 근거하여 산정된 소요강도보다 크도록 설계되며 목재의 강도는 습윤계수, 온도계수, 보안정계수, 형상계수 등 다양한 계수가 고려된다.

20 철근콘크리트 부재의 휨 해석과 설계를 위한 가정 사항으로 가장 옳지 않은 것은?

① 변형 전에 부재축에 수직한 평면은 변형 후에도 부재축에 수직한다.

② 콘크리트는 인장변형률이 0.003에 도달했을 때 파괴된다.

③ 철근의 변형률은 같은 위치의 콘크리트에 생기는 변형률과 같다.

④ 콘크리트의 압축응력-변형률 관계는 시험 결과에 따라 직사각형, 사다리꼴 또는 포물선 등으로 가정할 수 있다.

PART

02

기출문제
및 해설

CHAPTER

01

국가직
기출문제 및 해설

CONTENTS

2009년 4월 11일 국가직 9급

| 정답 | 및 해설

01 철근콘크리트 구조에서 인장이형철근 및 이형철선의 정착길이 최소값은 300mm 이상이고, 압축이형철근의 정착길이 최소값은 200mm 이상으로 한다. 답 ②

02 ① 프리스트레스트(Pre-Stressed) 콘크리트 구조는 프리스트레스 여부에 따라 프리텐션(Pre-Tension) 공법과 포스트텐션(Post-Tension) 공법으로 나눌 수 있다.
② 구조체를 구성하는 방법에 따라 건축물의 구조를 분류하면 철근콘크리트 기둥과 보가 강접합된 구조는 라멘구조라 한다.
④ 주요구조부가 내화구조로 된 건축물은 연면적 1,000m² 이내마다 방화구획을 설치해야 하며, 자동식 스프링클러 소화설비가 설치된 경우에는 2,000m² 이내마다 방화구획을 설치한다. 답 ③

03 처짐을 계산하지 않는 경우의 최소 두께

구분	캔틸레버	단순지지	1단연속	양단연속
보	$\dfrac{l}{8}$	$\dfrac{l}{16}$	$\dfrac{l}{18.5}$	$\dfrac{l}{21}$
1방향 슬래브	$\dfrac{l}{10}$	$\dfrac{l}{20}$	$\dfrac{l}{24}$	$\dfrac{l}{28}$

답 ③

---

01 철근콘크리트 구조에서 인장 및 압축 이형철근 정착길이의 최소값으로 옳은 것은?

① 인장철근 : 200mm 이상, 압축철근 : 300mm 이상
② 인장철근 : 300mm 이상, 압축철근 : 200mm 이상
③ 인장철근 : 300mm 이상, 압축철근 : 400mm 이상
④ 인장철근 : 400mm 이상, 압축철근 : 300mm 이상

02 건축구조의 일반사항에 관한 설명 중 옳은 것은?

① 프리스트레스트(Pre-Stressed) 콘크리트 구조는 PS 강재의 강도에 따라 프리텐션(Pre-Tension) 공법과 포스트텐션(Post-Tension) 공법으로 나눌 수 있다.
② 구조체를 구성하는 방법에 따라 건축물의 구조를 분류하면 철근콘크리트 기둥과 보가 강접합된 구조는 가구식 구조라 한다.
③ 목조 건축물의 내화설계에 있어서 주요 구조부인 기둥은 1시간의 내화성능을 가진 부재를 사용해야 한다.
④ 주요구조부가 내화구조로 된 건축물은 연면적 2,000m² 이내마다 방화구획을 설치해야 한다.

03 같은 경간을 가지는 1방향 슬래브에서 처짐을 계산하지 않는 경우의 최소 두께가 가장 크게 되는 지지조건은?

① 단순지지
② 1단 연속
③ 캔틸레버
④ 양단 연속

04 목구조의 설계요구사항에 관한 설명 중 옳은 것은?

① 크리프에 의한 변형이 클 경우 그 영향은 고려하지 않아도 된다.

② 시공방법이나 구조물의 변형은 특별히 고려할 필요가 없다.

③ 구조 전체의 인성을 확보한다.

④ 수직하중이 국부적으로 작용하는 경우 편심은 무시해도 된다.

05 아래 그림과 같은 트러스(Truss) 구조에서 부재력이 0인 부재의 개수는? (단, 트러스의 자체 무게는 무시한다.)

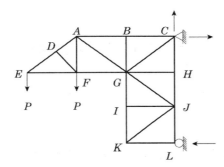

① 2   ② 3

③ 4   ④ 5

06 철근콘크리트 복근보(Doubly Reinforced Beam)에서 압축철근을 배근하는 이유로 옳지 않은 것은?

① 파괴 시까지 인장철근의 변형률이 증가하여 보의 연성을 증가시킨다.

② 장기하중에 의한 처짐을 감소시킨다.

③ 파괴모드를 인장파괴에서 압축파괴로 전환시킨다.

④ 철근의 배치가 용이해진다.

04 ① 크리프에 의한 변형이 클 경우 그 영향을 고려하여 설계한다.

② 시공방법이나 순서 및 부재의 가공 오차로 인하여 부재 및 접합부에 불리한 응력 및 변형이 생기지 않도록 한다.

④ 벽체는 가능한 상하벽이 일치하도록 배치하며, 수직하중이 국부적으로 작용하는 경우는 편심을 고려하여 설계한다.   답 ③

05 0부재는 DF부재, BG부재, HG부재, IJ부재, LJ부재로 총 5개이다.   답 ④

06 복근보에서 압축철근은 콘크리트의 압축파괴를 방지할 수 있는 기능을 가진다.   답 ③

07 현장치기 콘크리트의 피복두께

표면조건	부재	철근	피복두께
옥외 또는 흙에 직접 접하지 않는 콘크리트	슬래브, 벽체, 장선	D35 이하	20mm
		D35 초과	40mm
	보, 기둥	모든 철근	40mm
흙에 접하거나 옥외에 직접 노출되는 콘크리트		D16 이하	40mm
		D19 이상	50mm
흙에 접하여 콘크리트를 친 후 영구히 흙에 묻혀 있는 콘크리트			75mm
수중에 타설하는 콘크리트			100mm

📖 ①

08 인방
기둥과 기둥에 가로대어 창문틀의 상하벽을 받고 하중은 기둥에 전달하며, 창문틀을 끼워 대는 뼈대가 되는 것
📖 ④

09 함수율
① 섬유포화점 : 30%
② 기건상태 : 세포막 사이 수액이 증발하는 상태로, 함수율이 10~15%(15% 이하)인 대기 중의 수분과 균형을 이루는 상태를 말한다.
③ 절건상태(전건상태) : 0% 📖 ④

10 플레이트 거더
강판으로 조립한 H형강으로서 휨모멘트와 전단력이 커서 압연형강으로 내력 및 처짐을 만족시키기 힘들 때 사용하는 조립보
📖 ①

07 철근콘크리트 구조에서 현장치기 콘크리트의 경우 각 부재의 최소 피복두께의 값으로 옳지 않은 것은?

① 옥외의 공기나 흙에 직접 접하지 않는 슬래브나 장선에 D35 철근을 사용한 경우 : 40mm
② 흙에 접하거나 옥외의 공기에 직접 노출되는 콘크리트에 D25 철근을 사용한 경우 : 50mm
③ 흙에 접하여 콘크리트를 친 후 영구히 흙에 묻혀 있는 콘크리트 : 75mm
④ 수중에서 타설하는 콘크리트 : 100mm

08 목구조 지붕틀에 사용되지 않는 부재는?

① 마룻대　　　　　② 중도리
③ 서까래　　　　　④ 인방

09 목재의 기건재, 섬유포화점, 전건재의 함수율을 옳게 나타낸 것은?

① 기건재 : 0%, 섬유포화점 : 15%, 전건재 : 30%
② 기건재 : 30%, 섬유포화점 : 0%, 전건재 : 15%
③ 기건재 : 15%, 섬유포화점 : 0%, 전건재 : 30%
④ 기건재 : 15%, 섬유포화점 : 30%, 전건재 : 0%

10 강구조의 플레이트 거더에 관한 설명 중 옳지 않은 것은?

① 플레이트 거더는 보의 일종으로 볼 수 없다.
② 웨브는 전단력을 지지하며 전단응력은 균등하다고 가정한다.
③ 플레이트 거더의 전단강도는 웨브의 폭두께비에 의해 좌우된다.
④ 플레이트 거더의 설계 핵심은 웨브와 플랜지의 치수(Size)를 결정하는 것이다.

11 그림과 같은 원통형 부재에 P = 10kN의 하중이 작용하여 하중작용 방향으로 0.03cm 줄었고, 하중작용 직각방향으로 0.0015cm가 늘어났다면 이 부재의 푸아송 비(ν)는?

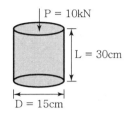

P = 10kN

L = 30cm

D = 15cm

① 1/5
② 1/10
③ 1/20
④ 1/40

12 건물 높이가 11m(2층)이고 벽의 길이가 8m인 조적조 건물의 각층별 내력벽의 두께는? (단, 조적조의 종류에 따른 당해 벽 높이의 규정은 무시한다. 단위 : cm)

구 분	1층 두께	2층 두께
①	19	15
②	19	19
③	29	19
④	39	29

13 두께가 150mm인 철근콘크리트 슬래브의 단위면적당 고정하중은?

① 120kgf/m²
② 240kgf/m²
③ 360kgf/m²
④ 480kgf/m²

11

$$\nu = \frac{\beta}{\varepsilon} = \frac{\dfrac{\Delta d}{d}}{\dfrac{\Delta l}{l}} = \frac{\dfrac{0.0015}{15}}{\dfrac{0.03}{30}}$$

$$= 0.1 \qquad \text{답} ②$$

12 건축물의 층수 · 높이 및 벽의 길이에 따른 조적조 내력벽 두께(mm)

H L	구분		1층	2층
A(그 해당층의 바닥 면적) ≤ 60m²	5m 미만	8m 미만	150	–
		8m 이상	190	–
	5m 이상 11m 미만	8m 미만	190	190
		8m 이상	190	190
	11m 이상	8m 미만	190	190
		8m 이상	290	190
60m² < A	1층		190	–
	2층		290	190

답 ③

13 고정하중 = 2,400kg/m³ × 0.15m
= 360kgf/m² 답 ③

14 B점의 수평반력이 없으므로, 수직하
중에 대한 A점의 수평반력도 없다.
A점의 반력은
$\sum M_B = 0$로 구하면,
$(R_A \times 6) - (3 \times 1) = 0$
$\therefore R_A = 0.5$kN, $R_B = 2.5$kN

답 ①

15 압밀속도는 사질토가 빠르고, 점토가
느리다. 답 ①

16 강재의 탄소량이 증가하면 항복강
도·탄성한계·인장강도·경도는
증가하지만, 연성·인성·용접성은
감소한다. 강재의 탄성계수는 탄소량
에 상관없이 일정하다. 답 ④

17 ① 화성암의 암반 : 4,000kN/m²
② 수성암의 암반 : 1,000~2,000
kN/m²
③ 자갈 : 300kN/m² 답 ④

---

14 목조지붕 구조물에서 눈(Snow)에 의한 하중이 그림과 같이
집중하중으로 작용할 때, A와 B지점의 수직 및 수평반력
의 값은?

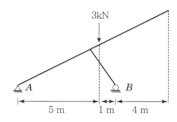

① $R_a = 0.5$kN, $R_b = 2.5$kN, $H_a = 0.0$kN
② $R_a = 0.7$kN, $R_b = 5.0$kN, $H_a = 0.5$kN
③ $R_a = 0.5$kN, $R_b = 5.0$kN, $H_a = 0.0$kN
④ $R_a = 0.7$kN, $R_b = 2.5$kN, $H_a = 0.5$kN

15 사질토(모래)와 점토의 비교 설명 중 옳지 않은 것은?

구 분	흙의 성질	사질토(모래)	점토
①	압밀속도	느리다.	빠르다.
②	내부마찰각	크다.	작다.
③	투수계수	크다.	작다.
④	압밀성	작다.	크다.

16 강재의 탄소량을 0.2%에서 0.8%로 증가시켰을 경우 나타
나는 강재의 기계적 성질 중 옳지 않은 것은?

① 강재의 항복강도가 증가한다.
② 강재의 탄성한계가 증가한다.
③ 강재의 극한인장강도가 증가한다.
④ 강재의 탄성계수가 증가한다.

17 지반의 종류와 장기응력에 관한 허용응력도가 옳은 것은?

① 화성암의 암반 : 2,000kN/m²
② 수성암의 암반 : 1,000kN/m²
③ 자갈 : 200kN/m²
④ 모래 : 100kN/m²

18 조적조의 모르타르와 그라우트에 관한 설명으로 옳지 않은 것은?

① 모르타르는 물의 양을 현장에서 적절한 시공연도를 얻을 수 있도록 조절할 수 있다.

② 사춤용 모르타르의 배합비는 시멘트 : 석회 : 모래＝1 : 1 : 3으로 한다.

③ 그라우트는 재료의 분리가 없을 정도의 유동성을 갖도록 물이 첨가되어야 하고, 그라우트의 압축강도는 조적개체 강도의 1.3배 이상으로 한다.

④ 사춤용 그라우트의 배합비는 시멘트 : 모래 : 자갈＝1 : 2 : 3으로 한다.

18 줄눈 모르타르, 사춤 모르타르, 치장 줄눈 모르타르 및 사춤 그라우트의 배합비

종류		배합비			
		시멘트	석회	모래	자갈
모르타르	줄눈용	1	1	3	–
	사춤용	1	–	3	–
	치장용	1	–	1	–
그라우트	사춤용	1	–	2	3

답 ②

19 그림과 같은 필릿용접에서 유효용접면적의 값은? (단, 이음면이 직각인 경우)

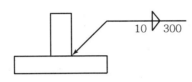

① 1,960mm²
② 3,920mm²
③ 5,600mm²
④ 6,000mm²

19 필릿용접의 유효면적(A)은 유효길이(ℓ)에 유효목두께(a)를 곱한 것으로 한다.

$$A = a \times \ell = 0.7S \times (L - 2s)$$
$$= (0.7 \times 10) \times (300 - 2 \times 10)$$
$$= 1,960\text{mm}^2$$

그림에서 양면용접으로 표시되어 있으므로 한면용접에 2배를 한다.

$$\therefore A = 1,960\text{mm}^2 \times 2$$
$$= 3,920\text{mm}^2$$

답 ②

20 구조설계에 사용되는 강도설계법에 관한 설명으로 옳은 것은?

① 구조재의 강도를 안전율로 나눈 허용응력으로 설계하여 구조물의 안전성을 확보한다.

② 부재의 종류에 관계없이 강도감소계수는 일정한 값이 적용된다.

③ 지진하중을 포함하는 하중조합의 지진하중계수는 1.0으로 한다.

④ 하중계수를 적용하는 경우 강도감소계수는 적용하지 않는다.

20 ① 구조재의 강도를 안전율로 나눈 허용응력설계법은 구조물의 사용성에 중점을 둔 설계법이고, 강도설계법은 안전성에 중점을 둔 설계법이다.

② 강도설계법은 부재의 종류에 따라 강도감소계수는 다르게 적용된다.

④ 강도설계법은 하중계수와 강도감소계수를 모두 적용한다. 답 ③

□ 1회 풀이   □ 2회 풀이   □ 3회 풀이

| 정답 | 및 해설

01 조적조에서 하나의 개구부와 그 직상에 있는 개구부 사이에 최소 600mm 이상의 수직거리가 필요하다. 답 ④

01 조적조에서 하나의 개구부와 그 직상에 있는 개구부 사이에 필요한 최소한의 수직거리[mm]로 옳은 것은?

① 300
② 400
③ 500
④ 600

02 연속한 기둥중심선으로부터 기둥의 이탈은 이탈방향 경간의 최대 10%까지 허용할 수 있다. 답 ①

02 슬래브시스템을 설계할 때 직접설계법을 사용할 수 있는 제한사항으로 옳지 않은 것은?

① 연속한 기둥중심선으로부터 기둥의 이탈은 이탈방향 경간의 최대 30%까지 허용할 수 있다.
② 각 방향으로 연속한 받침부 중심 간 경간길이의 차이는 긴 경간의 1/3 이하이어야 한다.
③ 활하중은 고정하중의 2배 이하이어야 한다.
④ 각 방향으로 3경간 이상이 연속되어야 한다.

03 포스트텐션 방식은 콘크리트가 굳은 후에 긴장재를 인장하고 그 끝부분을 콘크리트에 정착시켜 프리스트레스를 부재에 도입시키는 방법으로 현장에서 많이 사용하며, 연속경간에 적용하기 위한 방식이다. 답 ②

03 프리스트레스트콘크리트구조에 관한 설명으로 옳지 않은 것은?

① 일반적으로 철근콘크리트 부재에 비해 처짐 제어에 유리하다.
② 포스트텐션 방식은 연속경간에는 적용이 불리하다.
③ 부분 프리스트레싱은 설계하중이 작용할 때 부재 단면의 일부에 인장응력이 발생하는 경우를 의미한다.
④ 포스트텐션 방식에서는 단부 정착장치가 중요하다.

04 철근콘크리트보 설계에 관한 설명으로 옳지 않은 것은?

① 강도감소계수를 고려한 설계강도가 하중계수를 고려한 소
요강도 이상이 되도록 설계한다.

② 보의 장기처짐은 압축철근비가 클수록 감소하며 또한 시간
경과계수 값이 작을수록 감소한다.

③ 보의 휨에 대한 최소인장철근비는 철근의 항복강도에 반비
례한다.

④ 강도감소 계수값은 휨 인장지배단면의 경우가 전단의 경우
보다 작다.

04 철근콘크리트보 설계에서 휨 인장지
배단면의 강도감소계수 값은 0.85이
고, 전단의 강도감소계수 값은 0.75
이므로 휨 인장지배단면의 경우가 전
단의 경우보다 크다.　　　目 ④

05 단근장방형 보를 극한강도법에 의해 설계할 때 철근비를 균
형철근비 이하로 규제하는 이유로 옳은 것은?

① 보의 처짐 감소　　　② 보의 균열폭 감소
③ 보의 연성파괴 유도　④ 보의 강성유지

05 강도설계법에 의한 철근콘크리트 보
설계에서 최대철근비를 균형철근비
이하로 제한하는 이유는 연성파괴를
유도하여, 압축측 콘크리트가 먼저 파
괴되는 불안전한 취성파괴를 막기 위
함이다.　　　目 ③

06 다음 그림과 같은 철골보의 전단 중심 O점의 위치가 옳은 것은?

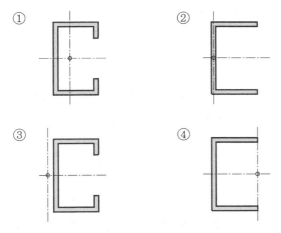

06 보에 외력이 작용하여 순수 휨 상태만
을 유지하려면 하중은 전단응력의 합
력이 통과하는 위치에 작용해야 하며
이를 전단중심이라고 한다.　目 ③

07 필릿용접의 총 길이가 120mm, 필릿치수가 10mm인 경우
필릿용접의 유효단면적[mm²]으로 옳은 것은? (단, 이음면
이 직각인 경우)

① 600　　　② 700
③ 800　　　④ 1,200

07 용접유효 면적
$$A_w = a \times l_e = 0.7s \times (L - 2s)$$
$$= (0.7 \times 10) \times (120 - 2 \times 10)$$
$$= 700\text{mm}^2 \qquad 目 ②$$

08 기둥의 상단부와 하단부의 회전과 이동이 모두 구속되어 있을 경우 유효좌굴길이계수(K)는 부재길이의 1/2로 본다. **답 ①**

08 기둥의 상단부와 하단부의 회전과 이동이 모두 구속되어 있을 경우 유효좌굴길이계수(K)의 이론값으로 옳은 것은?

① 0.5　　　　　　② 0.7

③ 1.0　　　　　　④ 2.0

09 철근콘크리트와 철골 모멘트저항골조에서 12층을 넘지 않고 층의 최소높이가 3m 이상일 때 근사고유주기는 $T_a = 0.1N$ 이므로, 0.1×10층=1초가 된다. **답 ①**

09 철골 모멘트저항 골조형식인 10층 사무용 건물에서 각 층의 층고가 3.5m일 경우 근사 기본진동주기[sec]로 옳은 것은?

① 1.0　　　　　　② 1.2

③ 1.5　　　　　　④ 2.0

10 프리스트레스 콘크리트구조에서 고강도 강재는 고온에 접하면 갑자기 강도가 감소하므로 PSC는 RC보다 내화성에 있어서는 불리하다. **답 ②**

10 프리스트레스트 콘크리트구조의 특징으로 옳지 않은 것은?

① 일반상태에서는 균열이 생기지 않는다.

② 프리스트레스를 준 강재는 고응력 상태이므로 부식되기 어렵고 열에 강하다.

③ 콘크리트의 수축 및 크리프와 PC강재의 릴랙세이션에 의해 콘크리트의 프리스트레스력이 저하된다.

④ 고강도 강재와 고강도 콘크리트를 사용함으로써 부재가 슬림해질 수 있다.

11 기초판의 연단에서 말뚝 중심까지의 간격은 말뚝머리지름의 1.25배 이상이므로 말뚝지름이 500mm일 때, 말뚝의 최소중심까지의 간격은 625mm 이상이 된다. **답 ②**

11 지름이 500mm인 PHC 말뚝기초의 경우, 기초판의 연단에서 말뚝 중심까지의 간격[mm]으로 옳은 것은?

① 500 이상　　　　② 625 이상

③ 750 이상　　　　④ 1,000 이상

12 지반조사방법 중의 하나인 사운딩은 로드 선단에 설치한 저항체를 땅 속에 삽입하여서 관입, 회전, 인발 등의 저항으로 토층의 성상을 탐사하는 방법으로서 원위치 시험이라고 한다. **답 ②**

12 기초 터파기 시 흙막이벽에 발생하는 현상으로 옳지 않은 것은?

① 히빙(Heaving)　　　② 사운딩(Sounding)

③ 보일링(Boiling)　　④ 파이핑(Piping)

13 목구조에서 큰보와 작은보를 연결하는 데 주로 사용되는 철물은?

① 안장쇠　　　　　　② 주걱볼트
③ 양나사볼트　　　　④ 감잡이쇠

14 건축물의 내진구조계획 시 고려해야 할 사항으로 옳지 않은 것은?

① 연성 재료의 사용
② 가볍고 강한 재료의 사용
③ 약한 기둥－강한 보 시스템의 적용
④ 단순하고 대칭적인 구조물의 형태

15 목재의 보강철물에 관한 설명으로 옳지 않은 것은?

① 못은 경미한 곳 외에는 1개소에서 4개 이상을 15° 정도 기울여 박는다.
② 듀벨은 볼트와 같이 사용하며 듀벨에는 인장력을 부담시키고, 볼트에는 전단력을 부담시킨다.
③ 목재 볼트구멍은 볼트지름보다 2mm 이상 커서는 안 된다.
④ 꺾쇠의 갈고리는 끝 쪽에서 갈고리 길이의 1/3 이상의 부분을 네모뿔형으로 만든다.

16 20mm 두께의 널을 박는 못의 최대 직경[mm] 및 적절한 길이[mm]로 옳은 것은?

	최대 직경[mm]	적절한 길이[mm]
①	4.0 이하	40
②	3.3 이하	40
③	4.0 이하	50
④	3.3 이하	50

13 ② 주걱볼트
　　처마도리＋평보＋깔도리
③ 양나사볼트
　　평보＋ㅅ자보의 접합
④ 감잡이쇠
　　평보＋왕대공의 접합　　답 ①

14 기둥보다는 보에서 먼저 소성변형이 일어나도록 설계해야 한다.　답 ③

15 목재의 보강철물에서 듀벨은 볼트와 같이 사용하며 듀벨에는 전단력을 부담시키고, 볼트에는 인장력을 부담시킨다.　답 ②

16 못길이는 판두께의 2.5~3배이므로 $20 \times (2.5~3) = 50~60$mm이고, 널 두께는 못지름의 6배 이상으로 하므로 못의 최대직경은 20mm$\div$6=3.3mm로 한다.　답 ④

17 목조 1층(바닥) 마루에는 납작마루, 동바리마루가 있으며, 목조 2층 마루에는 홑마루, 보마루, 짠마루가 있다.
📖 ①

18 블록의 모든 구멍에 콘크리트로 메워야 하는 것은 아니며, 보강근이 설치되는 곳에 모르타르 또는 콘크리트로 사춤하여 움직이지 않게 고정되어야 한다.
📖 ④

19 ① 내력벽의 길이는 10m 이하로 한다.
② 내력벽 두께는 벽 높이의 1/20 이상으로 한다.
④ 개구부 폭이 1.8m 초과인 경우에는 철근콘크리트 인방보를 설치한다.
📖 ③

20 전체높이가 13m, 처마높이가 9m 이하의 건물로서 경험적 설계법의 벽체높이, 횡안정, 측면지지, 최소두께를 만족하지 않는 경우 비보강조적조의 내진설계는 설계하중에서 제시한 지진하중의 산정방법인 등가정적해석법, 동적해석법을 따르면 내진성능을 확보할 수 있다.
📖 ①

17 목조 2층 마루의 종류에 해당되지 않는 것은?

① 납작마루　　　　　② 홑마루
③ 보마루　　　　　　④ 짠마루

18 보강콘크리트 블록조에 관한 설명으로 옳지 않은 것은?

① 통줄눈으로 시공하는 것이 좋다.
② 굵은 철근을 조금 넣는 것보다 가는 철근을 많이 넣는 것이 좋다.
③ 벽의 세로근은 구부리지 않고 설치하도록 한다.
④ 블록의 모든 구멍은 콘크리트로 메워야 한다.

19 벽돌조에 관한 설명으로 옳은 것은?

① 내력벽의 길이는 15m 이하로 한다.
② 내력벽 두께는 벽 높이의 1/30 이상으로 한다.
③ 개구부 상호 간 또는 개구부와 대린벽의 중심과의 거리는 벽두께의 2배 이상으로 한다.
④ 개구부 폭이 2.4m 이상인 경우에는 철근콘크리트 인방보를 설치한다.

20 조적조의 내진설계에 관한 설명으로 옳지 않은 것은?

① 비보강 조적조는 지진에 대한 저항능력을 기대할 수 없으므로 내진성능을 확보하기 위해서는 보강 조적조로 설계해야 한다.
② 조적조의 지진하중 산정은 철근콘크리트구조 및 철골구조와 동일한 방법을 따른다.
③ 바닥 슬래브와 벽체 간의 접합부는 최대 1.2m 간격의 적절한 정착기구로 연결되어야 한다.
④ 보강 조적조의 전단벽은 벽체 하부와 기초의 상단에 장부철근으로 연결 배근한다.

정답 | 및 해설

01 목구조의 구조적 특성으로 옳은 것은?

① 육안등급구조재의 섬유방향압축응력은 인장응력보다 크다.

② 육안등급구조재의 설계허용응력은 기준허용응력에 부피계수를 곱하여 보정한다.

③ 목재는 생재에서 완전건조상태까지의 섬유직각방향수축률이 약 12~15%를 나타낸다.

④ 응력과 변형의 산정은 탄소성변형을 기본적으로 고려해야 한다.

01 ② 육안등급구조재의 설계허용응력은 기준허용응력에 적용 가능한 모든 보정계수를 곱하여 결정한다.
③ 목재는 생재에서 완전건조상태까지의 섬유직각방향수축률이 약 6~7%를 나타낸다.
④ 응력과 변형의 산정은 탄성해석을 기본적으로 고려해야 한다.
답 ①

02 슬럼프시험에 대한 설명으로 옳은 것은?

① 비빈 콘크리트를 3회로 나누어 넣고 매회 다짐막대로 20회 다진다.

② 상부직경 150mm, 하부직경 250mm, 높이 300mm의 철제형틀을 평평한 수밀판 위에 놓고 측정한다.

③ 콘크리트의 반죽질기를 측정하고 워커빌리티를 비교하는데 이용된다.

④ 콘크리트의 성형성이나 마무리의 용이성 판단에 이용하지 않는다.

02 ① 비빈 콘크리트를 3회로 나누어 넣고 매회 다짐막대로 25회 다진다.
② 상부직경 100mm, 하부직경 200mm, 높이 300mm의 철제형틀을 평평한 수밀판 위에 놓고 측정한다.
④ 콘크리트의 성형성이나 마무리의 용이성 판단에 이용된다.
답 ③

03 인장력을 받는 이형철근의 A급 겹침이음길이에 대한 설명으로 옳은 것은?

① 인장 이형철근 정착길이 이상으로 한다.

② 인장 이형철근 정착길이의 1.3배 이상으로 한다.

③ 인장 이형철근 정착길이의 1.5배 이상으로 한다.

④ 인장 이형철근 정착길이의 2.0배 이상으로 한다.

03 인장력을 받는 이형철근 및 이형철선의 겹침이음길이는 A급과 B급으로 분류하며 다음 값 이상으로 하여야 하고, 또한 300mm 이상이어야 한다.
(1) A급 이음 : $1.0l_d$(보정계수를 적용하지 않은 이형철근의 정착길이)
(2) B급 이음 : $1.3l_d$(보정계수를 적용하지 않은 이형철근의 정착길이)
답 ①

04 조적식 구조에서 테두리보는 벽면의 수직균열을 방지하는 역할을 한다.
답 ②

04 조적식 구조에서 테두리보에 대한 설명으로 옳지 않은 것은?

① 벽체를 일체화 시킨다.
② 벽면의 수평균열을 방지한다.
③ 건물 전체의 강성을 높이는 역할을 한다.
④ 지붕이나 바닥의 하중을 균등하게 벽체에 전달한다.

05 철근콘크리트 부재의 경우 주인장 철근에 45° 이상의 각도로 설치되는 스터럽, 주인장 철근에 30° 이상의 각도로 구부린 굽힘철근을 전단철근으로 사용할 수 있다.
답 ①

05 철근콘크리트 구조에서 전단철근의 형태로 옳지 않은 것은?

① 주인장철근에 38° 각도로 설치되는 스터럽
② 주인장철근에 32° 각도로 구부린 굽힘철근
③ 스터럽과 굽힘철근의 조합
④ 부재축에 직각으로 배치된 용접철망

06 층전단력이란 라멘구조의 임의의 층 전체에 작용하는 전단력을 말하며, 보통 임의층의 층전단력은 그 층 상부의 층지진력의 누적합계를 말한다.
답 ②

06 지진하중 산정 및 내진설계에 대한 설명으로 옳지 않은 것은?

① 반응수정계수가 클수록, 유효 건물 중량이 작을수록 밑면전단력은 감소한다.
② 임의층의 층전단력은 그 층 하부의 층지진력의 누적합계이다.
③ 지반의 주기와 구조물의 기본 진동주기가 비슷할 경우 공진현상이 발생될 수 있다.
④ 고차진동모드의 영향이 클수록 등가정적해석법보다는 동적해석법을 적용하여야 한다.

07 철근콘크리트 보의 설계에서 균형 상태보다 더 많은 양의 철근을 인장 측에 배치한 보(과다 철근보)는 철근이 항복하기 전에 콘크리트의 변형률에 도달하기 때문에 콘크리트의 갑작스런 파쇄로 보의 취성이 증가하게 된다.
답 ②

07 철근콘크리트 보의 설계에서 인장철근에 대한 설명으로 옳지 않은 것은?

① 최소철근비 이상에서 인장철근비를 작게 하고 단면을 크게 하는 것은 처짐 제한에 유리하다.
② 인장철근비가 증가하면 할수록 보의 연성도 증가한다.
③ 균열방지를 위해서는 최소한의 인장철근 보강이 필요하다.
④ 인장철근비가 감소하면 취성균열파괴가 발생할 수 있다.

08 서울시에 20층 아파트를 설계하려고 한다. 대상건물의 내진등급과 중요도계수로 옳은 것은?

① 특등급, 1.5
② 특등급, 1.2
③ 1등급, 1.5
④ 1등급, 1.2

09 철근콘크리트 슬래브의 두께 및 철근배근에 대한 설명으로 옳은 것은?

① 1방향 슬래브의 두께는 최소 120mm 이상으로 하여야 한다.
② 동일 평면에서 평행하는 철근 사이의 수평 순간격은 철근의 공칭지름 이상, 또한 22mm 이상, 또한 굵은 골재 최대 치수의 5/3 이상으로 한다.
③ 2방향슬래브의 위험단면에서 철근 간격은 슬래브두께의 2배 이하 또한 300mm 이하로 하여야 한다. 단, 와플구조나 리브구조로 된 부분은 예외로 한다.
④ 슬래브 철근의 피복 두께는 10mm 이상으로 한다.

10 지반조사에 대한 설명으로 옳지 않은 것은?

① 예비조사는 기초형식을 구상하고 본조사의 계획을 수립하기 위한 것으로 개략적인 지반구성 등을 파악하는 것이다.
② 본조사는 기초설계 및 시공에 필요한 제반자료를 확보하기 위한 것으로 기초의 지지력 및 부근 건축물 등의 기초에 관한 제조사를 시행하는 것이다.
③ 평판재하시험의 재하판은 지름 300mm를 표준으로 하고 최대재하하중은 지반의 극한지지력 또는 예상 장기 설계하중의 3배로 하며 재하는 5단계 이상으로 나누어 시행한다.
④ 말뚝박기 시험은 필요한 깊이에서 매회 말뚝의 관입량과 리바운드량 측정을 원칙으로 한다.

---

08 5층 이상인 숙박시설 · 오피스텔 · 기숙사 · 아파트는 내진등급 1등급에 속하고, 중요도계수는 1.2가 된다.
답 ④

09 ① 1방향 슬래브의 두께는 최소 100mm 이상으로 하여야 한다.
② 동일 평면에서 평행하는 철근 사이의 수평 순간격은 철근의 공칭지름 이상, 또한 25mm 이상, 또한 굵은 골재의 공칭 최대 치수 규정으로 한다.
④ 슬래브 철근의 피복 두께는 옥외 또는 흙에 직접 접하지 않는 콘크리트일 경우 D35 이하인 경우 20mm 이상, D35 초과인 경우 40mm 이상으로 한다.
답 ③

10 본조사는 기초설계 및 시공에 필요한 제반자료를 얻기 위하여 시행하는 것으로 천공조사 및 기타 방법에 의하여 대지 내의 지반구성과 기초의 지지력, 침하 및 시공에 영향을 미치는 범위 내의 지반의 여러 성질과 지하수의 상태를 조사하는 것이다. 부근 건축물 등의 기초에 관한 제조사를 시행하는 것은 예비조사에서 하는 내용이다.
답 ②

11 한계상태설계법에서 사용성 한계상태는 구조체가 즉시 붕괴되지는 않지만, 건물이 피해를 입고 건물 수평이 저하되어 종국적으로는 건물의 구조 기능 저하로 인하여 극한 한계상태에 이르게 될 가능성이 있는 상태로, 과도한 처짐, 균열폭의 증가, 바람직하지 않은 진동 등이 있다.　답 ③

12 지점 전단력의 크기는 지점반력과 같다.　답 ④

13 조적식 구조에서 사용되는 모르타르의 용적배합비는 바닥용 줄눈모르타르가 3~3.5, 벽체용 줄눈모르타르는 2.5~3.0, 벽체용 붙임모르타르는 1.5~2.5, 바닥용 붙임모르타르는 0.5~1.5이다.　답 ②

14 　답 ④

---

11 건축물에 대한 한계상태설계법에서 사용성 한계상태의 검토 대상으로 옳은 것은?

① 기둥의 좌굴　　　　　② 접합부의 파괴
③ 바닥재의 진동　　　　④ 피로 파괴

12 보에서 생기는 부재력에 대한 설명으로 옳지 않은 것은?

① 전단력은 수직전단력과 수평전단력이 있다.
② 등분포하중이 작용하는 구간에서의 전단력의 분포형태는 1차직선이 된다.
③ 휨모멘트는 전단력이 0인 곳 중에서 최대값을 나타낸다.
④ 지점 전단력의 크기는 지점반력보다 항상 크다.

13 조적식 구조에서 사용되는 벽체용 붙임 모르타르의 용적배합비(세골재/결합재)로 옳은 것은? (단, 세골재는 표면건조 내부포수상태이고 결합재는 주로 시멘트를 사용한다.)

① 0.5~1.5　　　　　　② 1.5~2.5
③ 2.5~3.0　　　　　　④ 3.0~3.5

14 단면의 높이 h, 폭이 b인 직사각형 부재의 강축에 대한 단면 2차모멘트(I), 단면계수(Z), 단면 2차 반경(i)으로 옳은 것은?

① $I = \dfrac{bh^2}{12}$, $Z = \dfrac{bh}{6}$, $i = \dfrac{h^2}{12}$

② $I = \dfrac{bh^3}{12}$, $Z = \dfrac{bh^2}{6}$, $i = \dfrac{h^2}{12}$

③ $I = \dfrac{bh^2}{12}$, $Z = \dfrac{bh}{6}$, $i = \dfrac{h}{2\sqrt{3}}$

④ $I = \dfrac{bh^3}{12}$, $Z = \dfrac{bh^2}{6}$, $i = \dfrac{h}{2\sqrt{3}}$

15 조적식 구조에서 그라우트 또는 모르타르가 포함된 단위조 적의 개체로 조적조의 성질을 규정하기 위해 사용하는 시험 체로 옳은 것은?

① 면살
② 아이바
③ 프리즘
④ 겹

16 강재의 응력 – 변형도 곡선에서 변형도가 커짐에 따라 다음 의 각 점들이 나타나는 순서를 바르게 나열한 것은?

ㄱ. 상위항복점	ㄴ. 하위항복점
ㄷ. 비례한계점	ㄹ. 탄성한계점
ㅁ. 파괴강도점	

① ㄹ－ㄴ－ㄷ－ㄱ－ㅁ　　② ㄷ－ㄹ－ㄱ－ㄴ－ㅁ
③ ㄹ－ㄱ－ㄷ－ㄴ－ㅁ　　④ ㄷ－ㄱ－ㄴ－ㄹ－ㅁ

17 강구조의 고장력볼트 접합에 대한 설명으로 옳지 않은 것은?

① 마찰접합은 고장력볼트의 체결력에 의한 마찰력으로 응력 을 전달한다.
② 인장접합의 응력전달에 있어서 부재 간의 마찰력은 전혀 관 여하지 않는다.
③ 지압접합은 부재 간의 지압력만으로 응력을 부담한다.
④ 마찰접합 시에도 지압강도는 검토해야 한다.

18 목구조에서 가새에 대한 설명으로 옳지 않은 것은?

① 가새는 단부를 기둥과 보, 기타 구조내력상 중요한 가로재 와 접합한다.
② 가새에는 내력 저하를 초래하는 따냄을 피한다.
③ 가새가 있는 골조에서 기둥과 보, 도리, 토대와의 맞춤은 압 축력, 인장력 및 전단력에 대하여 철물류 또는 구조내력상 안전한 방법으로 긴결한다.
④ 가새는 일반적으로 구조 내에서 압축강도에 의하여 수평하 중을 지지하는 역할을 갖는다.

---

15 프리즘은 그라우트 또는 모르타르가 포함된 단위조적의 개체로 조적조의 성질을 규정하기 위해 사용하는 시험 체를 말하며, 구조설계에는 규정된 허용응력을 모두 적용한 경우에는 벽면 적 $500m^2$당 3개의 프리즘을 제작·시험하고, 구조설계에는 규정된 허용 응력의 1/2을 적용한 경우에는 시공 중 시험은 필요하지 않는다. 📖 ③

16 응력 – 변형도 곡선의 순서
비례한도점 → 탄성한계점 → 상위 항복점 → 하위항복점 → 변형도경 화개시점 → 최대응력(강도)점 → 파 괴강도점으로 구성된다. 📖 ②

17 고장력볼트의 지압접합은 부재 간에 발생하는 마찰력과 볼트축의 전단력 및 부재의 지압력을 동시에 발생시켜 응력을 부담하는 접합방법이다. 📖 ③

18 가새는 일반적으로 구조 내에서 인장 강도에 의하여 수평하중을 지지하는 역할을 갖는다. 가새가 인장하중을 효 율적으로 지지하기 위해서는 그 단부 가 기둥과 보 등의 구조내력상 중요한 부재와 견고하게 접합하여 있어야 하 며, 가새를 통하여 전달되는 압축응 력, 인장응력 및 전단응력에 대하여 철물 또는 구조내력상 안전한 방법에 의하여 접합하여야 한다. 📖 ④

19 볼트구멍 등에 의한 단면손실을 고려한 총단면적을 순단면적이라고 하며, 유효순단면은 전단지연의 영향을 고려하여 보정된 순단면적을 말한다.

답 ③

20 ① 나무말뚝을 타설할 때 그 중심간격은 말뚝머리지름의 2.5배 이상 또한 600mm 이상으로 한다.
② 기성콘크리트말뚝을 타설할 때 그 중심간격은 말뚝머리지름의 2.5배 이상 또한 750mm 이상으로 한다.
③ 강재말뚝을 타설할 때 그 중심간격은 말뚝머리의 지름 또는 폭의 2.0배 이상 또한 750mm 이상으로 한다.

답 ④

---

19 강구조 인장재의 설계인장강도 결정에 대한 설명으로 옳지 않은 것은?

① 인장재의 세장비는 가급적 300을 넘지 않도록 한다.
② 인장재 설계 시 고려하는 대표적 한계상태는 총단면의 항복 한계상태와 유효순단면적의 파단한계상태로 구성된다.
③ 유효순단면적은 볼트구멍에 의한 단면 손실을 고려한 총단 면적으로 한다.
④ 끼움판을 사용한 2개 이상의 형강으로 구성된 조립인장재 는 개재의 세장비가 가급적 300을 넘지 않도록 한다.

20 말뚝의 재료에 따른 구조세칙에 대한 설명으로 옳은 것은?

① 나무말뚝을 타설할 때 그 중심간격은 말뚝머리지름의 2.0 배 이상 또한 600mm 이상으로 한다.
② 기성콘크리트말뚝을 타설할 때 그 중심간격은 말뚝머리지 름의 3.0배 이상 또한 650mm 이상으로 한다.
③ 강재말뚝을 타설할 때 그 중심간격은 말뚝머리의 지름 또는 폭의 2.5배 이상 또한 750mm 이상으로 한다.
④ 매입말뚝을 배치할 때 그 중심간격은 말뚝머리지름의 2.0 배 이상으로 한다.

정답 및 해설

01 건축구조기준(KDS)에 따른 철근콘크리트 구조물의 처짐검토를 위해 적용하는 하중은?

① 계수하중(Factored Load)
② 설계하중(Design Load)
③ 사용하중(Service Load)
④ 극한하중(Ultimate Load)

01 부재의 안전성은 계수하중에 의하여 검토하지만, 처짐이나 균열 또는 피로 등 사용성은 사용하중에 의하여 검토한다.　답 ③

02 건축물의 중요도 분류 중 중요도(1)에 해당하지 않는 건축물은?

① 아동관련시설, 노인복지시설, 사회복지시설, 근로복지시설
② 5층 이상인 숙박시설, 오피스텔, 기숙사, 아파트
③ 종합병원, 수술시설이나 응급시설이 있는 병원
④ 연면적 $1,000m^2$ 미만인 위험물 저장 및 처리시설

02 건축물의 분류 중 중요도(1)
(가) 연면적 $1,000m^2$ 미만인 위험물 저장 및 처리시설
(나) 연면적 $1,000m^2$ 미만인 국가 또는 지방자치단체의 청사 · 외국공관 · 소방서 · 발전소 · 방송국 · 전신전화국
(다) 연면적 $5,000m^2$ 이상인 공연장 · 집회장 · 관람장 · 전시장 · 운동시설 · 판매시설 · 운수시설(화물터미널과 집배송시설은 제외함)
(라) 아동관련시설 · 노인복지시설 · 사회복지시설 · 근로복지시설
(마) 5층 이상인 숙박시설 · 오피스텔 · 기숙사 · 아파트
(바) 학교
(사) 수술시설과 응급시설 모두 없는 병원, 기타 연면적 $1,000m^2$ 이상인 의료시설로서 중요도(특)에 해당하지 않는 건축물　답 ③

03 고장력볼트의 미끄럼강도 산정식과 관계없는 것은?

① 피접합재의 공칭인장강도
② 전단면의 수
③ 미끄럼계수
④ 설계볼트장력

03 고장력볼트의 미끄럼강도 산정식에서는 미끄럼계수, 구멍의 종류에 따른 계수, 전단면의 수, 설계볼트장력을 고려한다.　답 ①

04 주요구조부의 내화성능기준에서 외벽의 내력벽은 내화시간이 1~3시간이다. ᙚ ③

05

구 분	캔틸레버	단순지지	1단연속	양단연속
보	$\dfrac{l}{8}$	$\dfrac{l}{16}$	$\dfrac{l}{18.5}$	$\dfrac{l}{21}$
1방향슬래브	$\dfrac{l}{10}$	$\dfrac{l}{20}$	$\dfrac{l}{24}$	$\dfrac{l}{28}$

ᙚ ①

06 설계풍속
= 기본풍속 × 풍속고도분포계수 × 지형계수 × 건축물의 중요도계수
= 40 × 1.0 × 1.0 × 1.05 = 42(m/s)

※ 중요도계수는 50층 이상, 200m 이상인 건축물의 중요도계수는 1.05 이상으로 정해져 있으므로 문제 조건의 건물이 50층에 10m 높이인 경우 중요도계수는 1.05이다. ᙚ ④

07 그루브(개선 또는 홈)는 부재의 끝을 절단해낸 것을 말하고, 용접접합부에 있어서 용접이음새나 받침쇠의 관통을 위해 또는 용접이음새끼리의 교차를 피하기 위해 설치한 원호상의 구멍은 스캘럽이라고 한다. ᙚ ④

---

04 4층 이하 목구조 주거용 건축물 주요구조부의 내화성능기준에 대한 설명으로 옳지 않은 것은?

① 바닥 – 2시간
② 지붕틀 – 1시간
③ 내력벽 – 0.5시간
④ 기둥 – 2시간

05 처짐을 계산하지 않는 경우, 큰 처짐에 의하여 손상되기 쉬운 칸막이벽이나 기타 구조물을 지지하지 않는 1방향 슬래브의 최소두께로 옳지 않은 것은? (단, l은 중심선 기준 슬래브의 길이이고, 기건단위질량이 2,300kg/m³인 콘크리트와 설계기준항복강도가 400MPa인 철근을 사용한다)

① 캔틸레버 슬래브 : $l/16$
② 단순지지 슬래브 : $l/20$
③ 1단 연속 슬래브 : $l/24$
④ 양단 연속 슬래브 : $l/28$

06 50층 건물의 10m 높이에서의 설계풍속(m/s)으로 적절한 것은? (단, 기본풍속 V_0는 40m/s, 풍속고도분포계수 K_{zr}은 1.0, 지형계수 K_{zt}는 1.0이다)

① 36
② 38
③ 40
④ 42

07 강구조 용어에 대한 설명으로 옳지 않은 것은?

① 부식방지를 위한 도막 없이 대기에 노출되어 사용하는 강재를 내후성강이라고 한다.
② 비가새골조는 부재 및 접합부의 휨저항으로 수평하중에 저항하는 골조를 말한다.
③ 필릿용접은 용접되는 부재의 교차되는 면 사이에 일반적으로 삼각형의 단면이 만들어지는 용접을 말한다.
④ 용접접합부에 있어서 용접이음새나 받침쇠의 관통을 위해 또는 용접이음새끼리의 교차를 피하기 위해 설치한 원호상의 구멍을 그루브(Groove)라고 한다.

08

세장비를 고려한 말뚝의 허용압축응력을 계산할 때, 재료의 허용압축응력을 저감하지 않아도 되는 세장비의 한계값이 가장 큰 것은?

① 강관말뚝

② RC 말뚝

③ PC 말뚝

④ 현장타설콘크리트말뚝

09

건축구조기준(KDS)에서 규정된 일반 조적식 구조의 설계법이 아닌 것은?

① 허용응력설계법

② 한계상태설계법

③ 경험적 설계법

④ 강도설계법

10

철근콘크리트 압축부재에 대한 설명으로 옳은 것은?

① 세장비가 커지면 좌굴의 영향이 감소하여 압축하중 지지능력이 증가한다.

② 높이가 단면 최소 치수의 2배 이상인 압축재를 기둥이라 한다.

③ 골조구조에서 각 압축부재의 세장비가 100을 초과하는 경우에는 2계 비선형해석을 수행하여야 한다.

④ 압축부재의 철근량 제한에서 축방향 주철근이 겹침 이음되는 경우의 철근비는 0.05를 초과하지 않도록 하여야 한다.

11

강구조 기둥의 주각부와 관계없는 것은?

① 앵커볼트

② 턴버클

③ 베이스플레이트

④ 윙플레이트

---

08 세장비에 의한 허용응력 감소의 한계값(n)

말뚝 종류	n	세장비의 상한값
RC 말뚝	70	90
PC 말뚝	80	105
PHC 말뚝	85	110
강관 말뚝	100	130
현장타설 콘크리트말뚝	60	80

답 ①

09 조적조 구조설계법의 종류에는 허용응력설계법, 강도설계법, 경험적설계법이 있다. 답 ②

10 ① 세장비가 커지면 좌굴의 영향이 증가하여 압축하중 지지능력이 감소한다.
② 높이가 단면 최소 치수의 3배 이상인 압축재를 기둥이라 한다.
④ 압축부재의 철근량 제한에서 축방향 주철근이 겹침 이음되는 경우의 철근비는 0.04를 초과하지 않도록 하여야 한다. 답 ③

11 턴버클은 양편에 서로 반대 방향의 수나사가 달려 있어 이것을 회전시켜 그 수나사에 이어진 줄을 당겨 죄는 기구로 강구조에서 인장재를 팽팽히 당겨 조이는 역할을 한다. 답 ②

12 D25 이하인 스터럽과 띠철근의 135° 표준갈고리는 구부린 끝에서 6d_b 이상 더 연장하여야 한다. 🔖 ④

12 철근콘크리트구조의 철근가공에서 표준갈고리에 대한 설명으로 옳지 않은 것은?

① 180° 표준갈고리는 구부린 반원 끝에서 $4d_b$ 이상, 또한 60mm 이상 더 연장되어야 한다.
② D19, D22와 D25인 스터럽과 띠철근의 90° 표준갈고리는 구부린 끝에서 $12d_b$ 이상 더 연장하여야 한다.
③ D16 이하인 스터럽과 띠철근의 90° 표준갈고리는 구부린 끝에서 $6d_b$ 이상 더 연장하여야 한다.
④ D25 이하인 스터럽과 띠철근의 135° 표준갈고리는 구부린 끝에서 $4d_b$ 이상 더 연장하여야 한다.

13 늘어난 길이

$$\Delta l = \frac{P \times l}{E \times A}$$

$$= \frac{(10 \times 10^3)\text{N} \times 5,000\text{mm}}{(200 \times 10^3)\text{MPa} \times 100\text{mm}^2}$$

$$= 2.5\text{mm}$$ 🔖 ③

13 탄성계수가 200GPa, 길이가 5m, 단면적이 100mm²인 직선부재에 10kN의 축방향 인장력이 작용할 때, 부재의 늘어난 길이(mm)는?

① 1
② 2
③ 2.5
④ 4

14 기둥과 보의 안전한 접합부 설계를 위해서는 고력볼트 설계강도, 용접부의 설계강도, 이음판의 인장항복 및 인장파괴, 이음판의 전단항복 및 전단파괴, 이음판의 블록전단파단에 대해서 먼저 적절한 검토가 있어야 한다. 🔖 ④

14 강구조설계 시 기둥과 보의 전단접합(단순접합) 설계에서 검토할 사항으로 옳지 않은 것은?

① 고력볼트 설계강도
② 용접부의 설계강도
③ 이음판의 블록전단강도
④ 패널존의 전단강도

15 흙에 접하거나 옥외의 공기에 직접 노출되는 D22 철근을 사용한 기둥의 최소피복두께는 50mm 이상으로 한다. 🔖 ②

15 현장치기콘크리트 철근의 최소피복두께(mm)로 옳지 않은 것은?

① 옥외의 공기나 흙에 직접 접하지 않는 D22 철근을 사용한 벽체 : 20
② 흙에 접하거나 옥외의 공기에 직접 노출되는 D22 철근을 사용한 기둥 : 60
③ 옥외의 공기나 흙에 직접 접하지 않는 D13 철근을 사용한 절판부재 : 20
④ 흙에 접하거나 옥외의 공기에 직접 노출되는 D13 철근을 사용한 슬래브 : 40

16 조적조가 허용응력도를 초과하지 않기 위해 확보해야 하는 인방보의 최소 지지길이(mm)는?

① 75
② 100
③ 125
④ 150

17 등가정적해석법을 사용하여 고유주기가 1초 이상인 구조물의 밑면전단력을 산정할 때, 밑면전단력이 가장 큰 구조물은?

① 중량이 작고 고유주기가 짧은 구조물
② 중량이 작고 고유주기가 긴 구조물
③ 중량이 크고 고유주기가 짧은 구조물
④ 중량이 크고 고유주기가 긴 구조물

18 침엽수 육안등급구조재의 기준허용휨응력이 가장 큰 것은? (단, 모든 목재는 1등급이다)

① 낙엽송류
② 소나무류
③ 잣나무류
④ 삼나무류

19 현장타설콘크리트말뚝에 대한 설명으로 옳지 않은 것은?

① 현장타설콘크리트말뚝의 선단부는 지지층에 확실히 도달시켜야 한다.
② 저부의 단면을 확대한 현장타설콘크리트말뚝의 측면 경사가 수직면과 이루는 각은 30° 이하로 하고 전단력에 대해 검토하여야 한다.
③ 현장타설콘크리트말뚝을 배치할 때 그 중심간격은 말뚝머리지름의 2.0배 이상 또한 말뚝머리지름에 1,000mm를 더한 값 이상으로 한다.
④ 특별한 경우를 제외하고 주근은 4개 이상 또한 설계단면적의 0.2% 이상으로 한다.

---

16 인방보는 KDS 기준에서 조적조가 허용응력도를 초과하지 않도록 최소한 100mm의 지지길이는 확보되어야 한다고 되어 있으며, 2006년 건축공사표준시방서에서는 인방보의 양끝을 벽체의 블록에 200mm 이상 걸치고, 또한 위에서 오는 하중을 전달할 충분한 길이로 한다고 되어 있다.
답 ②

17 밑면전단력 산정식

$$V = C_s \times W = \frac{S_{D1}}{\left[\dfrac{R}{I_E}\right] T} \times W$$

에서 밑면전단력의 크기가 큰 경우는 유효건물중량이 크고, 고유주기가 작은 경우이다.
답 ③

18 침엽수 육안등급구조재의 1등급 기준 허용휨응력(단위 : MPa)은 낙엽송류(8.0) > 소나무류(7.5) > 잣나무류(6.0) > 삼나무류(5.0) 순이다.
답 ①

19 현장타설콘크리트말뚝은 특별한 경우를 제외하고 주근은 4개 이상 또한 설계단면적의 0.25% 이상으로 한다.
답 ④

20 구조물의 고유주기는 질량에 비례하므로 보에 올라간 질량이 무거울수록 구조물의 고유주기는 길어지게 된다.

답 ④

20 구조물 A, B, C의 고유주기 T_A, T_B, T_C를 큰 순서대로 바르게 나열한 것은? (단, m은 질량이고 모든 보는 강체이며, 모든 기둥의 재료와 단면은 동일하다)

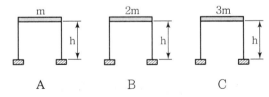

① $T_A = T_B = T_C$ ② $T_A > T_B > T_C$

③ $T_B > T_A > T_C$ ④ $T_C > T_B > T_A$

정답 | 및 해설

01 목구조의 맞춤 및 이음 접합부 설계의 일반사항으로 옳지 않은 것은?

① 인장을 받는 부재에 덧댐판을 대고 길이이음을 하는 경우에 덧댐판의 면적은 요구되는 접합면적 이상이어야 한다.

② 접합부에서 만나는 모든 부재를 통하여 전달되는 하중의 작용선은 접합부의 중심 또는 도심을 통과하여야 하며, 그렇지 않은 경우에는 편심의 영향을 설계에 고려한다.

③ 구조물의 변형으로 인하여 접합부에 2차 응력이 발생할 가능성이 있는 경우에는 이를 설계에서 고려한다.

④ 맞춤부위의 보강을 위하여 접착제 또는 파스너를 사용할 수 있으며, 이 경우에는 사용하는 재료에 적합한 설계기준을 적용한다.

01 인장을 받는 부재에 덧댐판을 대고 길이이음을 하는 경우에 덧댐판의 면적은 요구되는 접합면적의 1.5배 이상이어야 한다. 　답 ①

02 말뚝기초의 설계 시 기본사항에 대한 설명으로 옳지 않은 것은?

① 말뚝기초의 허용지지력은 말뚝의 지지력에 의한 것으로만 하고, 특별히 검토한 사항 이외는 기초판저면에 대한 지지력은 가산하지 않는 것으로 한다.

② 말뚝기초의 설계에 있어서 1본의 말뚝에 의해 기둥을 지지하는 경우에는 하중의 편심을 고려하지 않아도 된다.

③ 말뚝머리부분, 이음부, 선단부는 충분히 응력을 전달할 수 있는 것으로 하여야 한다.

④ 동일 구조물에서는 지지말뚝과 마찰말뚝을 혼용해서는 안 된다.

02 말뚝기초의 설계에 있어서 1본의 말뚝에 의해 기둥을 지지하는 경우에도 하중의 편심에 대하여 검토하여야 한다. 　답 ②

03 $I_x : I_y = \dfrac{bh^3}{12} : \dfrac{hb^3}{12}$
$= h^2 : b^2 = 400^2 : 200^2$
$= 4 : 1$ 🖩 ③

04 쪼갬인장강도 시험결과를 현장 콘크리트의 적합성 판단기준으로 사용할 수 없다. 🖩 ④

05 ① 나선철근으로 보강되지 않은 부재의 압축지배 단면 : 0.65
② 전단력과 비틀림모멘트를 받는 부재 : 0.75
③ 포스트텐션 정착구역 : 0.85
④ 인장지배 단면 : 0.85 🖩 ①

03 다음 그림과 같은 직사각형 단면에서 x축과 y축이 도심을 지날 때, x축에 대한 단면2차모멘트 I_x와 y축에 대한 단면2차모멘트 I_y의 비($I_x : I_y$)는?

① 2 : 1
② 1 : 2
③ 4 : 1
④ 1 : 4

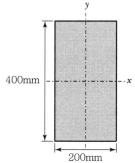

04 철근콘크리트구조에서 콘크리트의 품질시험에 대한 설명으로 옳지 않은 것은? (단, f_{ck}는 콘크리트의 설계기준압축강도를 의미한다.)

① 특별한 다른 규정이 없을 경우 f_{ck}는 재령 28일 강도를 기준으로 해야 한다. 다른 재령에 시험을 했다면, f_{ck}의 시험일자를 설계도나 시방서에 명시해야 한다.
② 콘크리트는 내구성 규정을 만족시키도록 배합해야 할 뿐만 아니라 평균 소요배합강도가 확보되도록 배합하여야 한다. 콘크리트를 생산할 때 시험실 공시체에 대해 규정한 바와 같이 f_{ck} 미만의 강도가 나오는 빈도를 최소화하여야 한다.
③ 사용 콘크리트의 전체량이 40m³보다 적을 경우 책임기술자의 판단으로 만족할 만한 강도라고 인정될 때는 강도시험을 생략할 수 있다.
④ 쪼갬인장강도 시험결과를 현장 콘크리트의 적합성 판단기준으로 사용할 수 있다.

05 철근콘크리트 부재의 설계강도를 계산할 때 가장 작은 강도감소계수를 사용하는 경우는?

① 나선철근으로 보강되지 않은 부재의 압축지배 단면
② 전단력과 비틀림모멘트를 받는 부재
③ 포스트텐션 정착구역
④ 인장지배 단면

06 그림과 같이 절점 B에 내부 힌지가 설치되어 있는 구조물에서 지점 A의 수평반력의 크기와 방향은? (단, 모든 부재는 좌굴이 일어나지 않는 것으로 가정한다.)

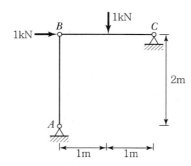

① 0.5kN (→)　　　　② 0
③ 0.5kN (←)　　　　④ 1kN (←)

07 구조용 강재의 접합 시 두 모재의 접합부에 입상의 용제, 즉 플럭스를 놓고 그 플럭스 속에서 용접봉과 모재 사이에 아크를 발생시켜 그 열로 용접하는 방법은?

① 피복아크용접(Shielded Metal Arc Welding)
② 서브머지드아크용접(Submerged Arc Welding)
③ 가스실드아크용접(Gas Shield Arc Welding)
④ 금속아크용접(Metal Arc Welding)

08 그림과 같이 압축력을 받는 기둥의 오일러 좌굴하중에 가장 가까운 값[MN]은? (단, 압축부재의 휨강성 EI는 1MN · m²으로 한다.)

① $4\pi^2$
② $3\pi^2$
③ $2\pi^2$
④ $1\pi^2$

06 B점을 중심으로 좌측구조물에 대하여 $\sum M_B = 0$
$H_A \times 2 = 0$
$\therefore\ H_A = 0$　　　　**답** ②

07 ① 피복아크용접 : 용접봉과 모재의 사이에 직류전압을 가한 상태에서 양극이 적정 간격에 도달하면 강렬한 빛의 아크가 발생하며, 이 아크가 발생하는 약 6,000℃의 고열을 이용한 용접이다.
③ 가스실드아크용접 : 가스로서 아크를 보호하여 용접하는 방법이다.
④ 금속아크용접 : 기본적으로 용가재로서 작용하는 소모전극 와이어를 일정한 속도로 용융지에 송급하면서 전류를 통하여 와이어와 모재 사이에서 아크가 발생되도록 하는 용접법이다.　　　**답** ②

08 좌굴하중
$$P_{cr} = \frac{\pi^2 EI}{(KL)^2}$$
$$= \frac{\pi^2 \times 1}{(0.7 \times 1)^2}$$
$$= 2\pi^2$$　　　　**답** ③

09 인장이형철근의 B급 겹침이음길이는 인장이형철근 정착길이의 1.3배 이상으로 하여야 한다. 그러나 300mm 이상이어야 한다. 🔳 ④

10 전단철근에 의한 공칭전단강도(V_s)가 $\frac{1}{3}\lambda\sqrt{f_{ck}}\,b_w d$를 초과하는 철근콘크리트부재의 경우에는 스터럽의 최대간격을 $d/4$ 이하로 하여야 한다. 🔳 ③

09 철근콘크리트구조에서 철근의 정착 및 이음에 대한 설명으로 옳지 않은 것은?

① 인장이형철근의 기본정착길이는 철근의 공칭지름과 철근의 설계기준항복강도에 비례한다.

② 압축이형철근의 정착길이는 기본정착길이에 적용 가능한 모든 보정계수를 곱하여 구하여야 한다. 다만, 이때 구한 압축이형철근의 정착길이는 항상 200mm 이상이어야 한다.

③ 휨부재에서 서로 직접 접촉되지 않게 겹침이음된 철근은 횡방향으로 소요 겹침이음길이의 1/5 또는 150mm 중 작은 값 이상 떨어지지 않아야 한다.

④ 인장이형철근의 B급 겹침이음길이는 인장이형철근 정착길이의 1.3배 이상으로 하여야 한다. 그러나 150mm 이상이어야 한다.

10 건축구조기준에서 규정된 철근콘크리트구조의 전단철근의 형태와 간격제한에 대한 설명으로 옳지 않은 것은? (단, d는 부재의 유효깊이(mm), f_{ck}는 콘크리트의 설계기준압축강도(MPa), b_w는 플랜지가 있는 부재의 복부 폭(mm), h는 부재전체의 두께 또는 깊이(mm)를 의미한다.)

① 프리스트레스트 콘크리트 부재의 전단보강에서 부재축에 직각으로 배치된 전단철근의 간격은 0.75h 이하이어야 하고, 또한 600mm 이하로 하여야 한다.

② 전단철근의 설계기준항복강도는 500MPa를 초과해서는 안 된다. 다만, 용접형 철망을 사용할 경우 전단철근의 설계기준항복강도는 600MPa를 초과해서는 안 된다.

③ 전단철근에 의한 공칭전단강도(V_s)가 $\frac{1}{3}\lambda\sqrt{f_{ck}}\,b_w d$를 초과하는 철근콘크리트부재의 경우에는 스터럽의 최대간격을 $d/2$ 이하로 하여야 한다.

④ 철근콘크리트부재의 경우 주인장철근에 30° 이상의 각도로 구부린 굽힘철근을 전단철근으로 사용할 수 있다.

11 독립기초에 발생할 수 있는 부동침하를 방지하고, 주각의 회전을 방지하여 구조물 전체의 내력 향상에 가장 적합한 부재는?

① 아웃리거(Outrigger)
② 어스앵커(Earthanchor)
③ 옹벽
④ 기초보

11 기초보(지중보)는 기초와 기초를 연결하는 수평보로 주각부의 강성을 증대시킨다.　　　　**답** ④

12 목구조의 보강철물에 대한 설명으로 옳지 않은 것은?

① 띠쇠는 띠형 철판에 못구멍을 뚫은 보강 철물이다.
② 띠쇠는 기둥과 층도리, ㅅ자보와 왕대공 사이에 주로 사용된다.
③ 볼트의 머리와 와셔는 서로 밀착되게 충분히 조여야 하며, 구조상 중요한 곳에는 공사시방서에 따라 2중 너트로 조인다.
④ 꺾쇠는 전단력을 받아 접합재 상호 간의 변위를 방지하는 강한 이음을 얻는 데 쓰이는 철물이며 압입식과 파넣기식이 있다.

12 전단력을 받아 접합재 상호 간의 변위를 방지하는 강한 이음을 얻는 데 쓰이는 철물이며 압입식과 파넣기식이 있는 것은 듀벨이다.　　**답** ④

13 다음 구조물의 부정정차수는?

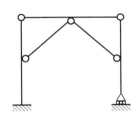

① 1차
② 2차
③ 3차
④ 4차

13 부정정차수
$=$반력수$+$부재수$+$강절점수-2
　　$\times$절점수
$=(4+8+3)-(2\times7)$
$=1$차 부정정　　　**답** ①

14 캔틸레버에서 상현재는 인장력을 받고, 하현재는 압축력을 받는 부재이다. 경사재는 하중의 작용점에 위치하면 압축력을 받고, 그렇지 않으면 인장력을 받는 부재가 된다. 📖 ③

14 다음 그림과 같이 트러스에 하중 P가 작용할 때, A 부재와 B 부재에 대한 설명으로 옳은 것은? (단, 하중 P는 0보다 큰 값으로 한다.)

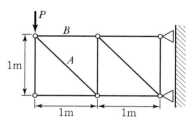

	A	B
①	압축부재	압축부재
②	인장부재	인장부재
③	압축부재	인장부재
④	인장부재	압축부재

15 횡력저항수직요소의 면 내 어긋남이 그 요소의 길이보다 크거나, 인접한 하부층 저항요소에 강성감소가 일어나는 경우에는 수직저항요소의 면 내 불연속에 의한 비정형이 있는 것으로 간주한다. 📖 ④

15 지진하중의 산정에서 건물형상의 평면비정형성 또는 수직비정형성에 대한 설명으로 옳지 않은 것은?

① 어떤 축에 직교하는 구조물의 한 단부에서 우발편심을 고려한 최대 층변위가 그 구조물 양단부 층변위평균값의 1.2배보다 클 때 비틀림비정형인 것으로 간주한다.

② 격막에서 잘려나간 부분이나 뚫린 부분이 전체 격막면적의 50%를 초과하거나 인접한 층간 격막강성의 변화가 50%를 초과하는 급격한 불연속이나 강성의 변화가 있는 격막을 격막의 불연속이라고 한다.

③ 임의 층의 횡강도가 직상층 횡강도의 80% 미만인 약층이 존재하는 경우에는 강도의 불연속에 의한 비정형이 존재하는 것으로 간주한다.

④ 횡력저항수직요소의 면 내 어긋남이 그 요소의 길이보다 작을 때 수직저항요소의 면 내 불연속에 의한 비정형이 있는 것으로 간주한다.

16 건축구조기준(KDS)에서 규정된 조적조의 구조계획에 대한 설명으로 옳지 않은 것은?

① 조적벽이 횡력에 저항하는 경우에는 전체높이가 13m, 처마높이가 9m 이하이어야 경험적 설계법을 적용할 수 있다.

② 경험적 설계법을 사용하는 경우, 조적벽이 구조물의 횡안정성 확보를 위해 사용될 때는 전단벽들이 횡력과 평행한 방향으로 배치되어야 한다.

③ 경험적 설계법을 사용하는 경우, 2층 이상의 건물에서 조적 내력벽의 공칭두께는 200mm 이상이어야 한다.

④ 경험적 설계법을 사용하지 않는 경우, 바닥슬래브와 벽체간의 접합부는 최소 3.0kN/m의 하중에 저항할 수 있도록 최대 2.5m 간격의 적절한 정착기구로 정착력을 발휘하여야 한다.

16 경험적 설계법을 사용하지 않는 경우, 바닥슬래브와 벽체간의 접합부는 최소 3.0kN/m의 하중에 저항할 수 있도록 최대 1.2m 간격의 적절한 정착기구로 정착력을 발휘하여야 한다.

国 ④

17 조적조 테두리보에 대한 설명으로 옳은 것만을 모두 고른 것은?

> ㄱ. 춤은 내력벽 두께의 1.5배 이상으로 하여야 하며, 단층건물에서는 150mm 이상으로 하고 2층 및 3층 건물에서는 300mm 이상으로 한다.
> ㄴ. 원형철근을 주근으로 사용할 경우, ϕ9mm 또는 12의 단배근이 가능하지만 중요한 보는 ϕ12mm 이상의 복근으로 배근한다.
> ㄷ. 보의 너비는 일반적으로 대린벽 간 중심거리 간격의 1/20 이상으로 한다.
> ㄹ. 창문의 상부를 가로질러 설치하여 상부의 수직 및 집중하중을 좌우벽체로 분산시켜 전달하는 데 사용되는 부재이다.

① ㄱ, ㄷ
② ㄱ, ㄴ, ㄷ
③ ㄴ, ㄷ
④ ㄴ, ㄷ, ㄹ

17 ㉠ 테두리보의 춤은 내력벽 두께의 1.5배 이상으로 하여야 하며, 단층건물에서는 250mm 이상으로 하고 2층 및 3층 건물에서는 300mm 이상으로 한다.

㉣ 창문의 상부를 가로질러 설치하여 상부의 수직 및 집중하중을 좌우벽체로 분산시켜 전달하는 데 사용되는 부재는 인방보이다.

国 ③

18 응력을 전달하는 단속필릿용접이음
부의 길이는 필릿사이즈의 10배 이상
또한 30mm 이상을 원칙으로 한다.
정답 ①

18 건축구조기준(KDS)의 한계상태설계법에 따른 강구조 이음
부의 설계세칙으로 옳지 않은 것은?

① 응력을 전달하는 단속필릿용접이음부의 길이는 필릿사이즈
의 5배 이상 또한 30mm 이상을 원칙으로 한다.

② 응력을 전달하는 겹침이음은 2열 이상의 필릿용접을 원칙
으로 하고, 겹침길이는 얇은쪽 판두께의 5배 이상 또한
25mm 이상 겹치게 해야 한다.

③ 고장력볼트의 구멍중심간의 거리는 공칭직경의 2.5배 이
상으로 한다.

④ 고장력볼트의 구멍중심에서 볼트머리 또는 너트가 접하는
재의 연단까지의 최대거리는 판두께의 12배 이하 또한
150mm 이하로 한다.

19 스터럽 또는 띠철근으로 사용되는
용접철망(원형 또는 이형)에 대한 표
준갈고리의 구부림 내면반지름은 지
름이 7mm 이상인 이형철선은 $2d_b$,
그 밖의 철선은 d_b 이상으로 하여야
한다. 정답 ②

19 철근콘크리트조에서 철근의 가공과 배치에 대한 설명으로
옳지 않은 것은? (단, d_b는 철근, 철선 또는 프리스트레싱 강연선
의 공칭지름(mm)을 의미한다.)

① 철근조립을 위해 교차되는 철근은 용접하지 않아야 한다. 다
만, 책임기술자가 승인한 경우에는 용접할 수 있다.

② 스터럽 또는 띠철근으로 사용되는 용접철망(원형 또는 이형)에
대한 표준갈고리의 구부림 내면반지름은 지름이 7mm 이상인
이형철선은 d_b, 그 밖의 철선은 $2d_b$ 이상으로 하여야 한다.

③ 부재단에서 프리텐셔닝 긴장재의 중심간격은 강선에서 5
d_b, 강연선에서 $4d_b$ 이상이어야 한다.

④ 동일 평면에서 평행하는 철근 사이의 수평 순간격은 25mm
이상, 또한 철근의 공칭지름 이상으로 하여야 하며, 또한 굵은
골재의 공칭 최대치수에 대한 제한규정도 만족하여야 한다.

20 다음과 같은 조건의 구조물에서 등가정적해석법에 따른 지진응답계수 C_s의 값은?

- 건축물의 중요도계수 $I_E = 1.0$
- 반응수정계수 $R = 8$
- 단주기 설계스펙트럼가속도 $S_{DS} = 0.2$
- 주기 1초에서의 설계스펙트럼가속도 $S_{D1} = 0.1$
- 건축물의 고유주기 $T = 2.5$초

---

① 0.005   ② 0.01

③ 0.015   ④ 0.025

20 산정식을 통해 구한 지진응답계수

$$C_s = \frac{S_{D1}}{\left[\dfrac{R}{I_E}\right] \times T}$$

$$= \frac{0.1}{\left[\dfrac{8}{1}\right] \times 2.5} = 0.005$$

이지만, 식에 따라 산정한 지진응답계수는 0.01 이상이어야 한다. 🖹 ②

정답 | 및 해설

01 철근의 변형률이 설계기준항복강도에 대응하는 변형률보다 큰 경우에는 철근의 응력은 변형률에 관계없이 설계기준항복강도로 하여야 한다.
답 ③

02 콘크리트 파괴계수
$f_r = 0.63\lambda\sqrt{f_{ck}}$ MPa
$= 0.63 \times 1 \times \sqrt{25} = 3.15$ MPa
답 ①

03 경골목구조는 주요구조부가 공칭두께 50mm(실제두께 38mm)의 규격재로 건축된 목구조를 말한다.
답 ②

---

01 **철근콘크리트 휨 및 압축 부재의 설계를 위한 가정으로 옳지 않은 것은?**

① 프리스트레스트 콘크리트의 일부 경우를 제외하면 콘크리트의 인장강도는 무시할 수 있다.

② 휨모멘트 또는 휨모멘트와 축력을 동시에 받는 부재의 콘크리트 압축연단의 극한변형률은 콘크리트 설계기준강도가 40MPa 이하인 경우에는 0.0033으로 가정한다.

③ 철근에 생기는 변형률은 철근의 항복변형률과 같은 것으로 가정하여야 한다.

④ 콘크리트의 압축응력 – 변형률 관계는 광범위한 실험의 결과와 실질적으로 일치하는 어떠한 형상으로도 가정할 수 있다.

02 **콘크리트의 균열모멘트(M_{cr})를 계산하기 위한 콘크리트 파괴계수 f_r[MPa]은? (단, 일반콘크리트이며, 콘크리트 설계기준압축강도(f_{ck})는 25MPa이다.)**

① 3.15 　　　　② 4.15
③ 5.15 　　　　④ 6.15

03 **주요구조부가 공칭두께 50mm(실제두께 38mm)의 규격재로 건축된 목구조는?**

① 전통목구조 　　　　② 경골목구조
③ 대형목구조 　　　　④ 중량목구조

04 건축구조기준에 따른 활하중의 저감에 대한 설명으로 옳은 것은?

① 지붕활하중을 제외한 등분포활하중은 부재의 영향면적이 26m² 이상인 경우 기본등분포활하중에 활하중저감계수 C를 곱하여 저감할 수 있다.

② 영향면적은 기둥 및 기초에서는 부하면적의 4배, 보에서는 부하면적의 2배, 슬래브에서는 부하면적을 적용한다. 단, 부하면적 중 캔틸레버 부분은 4배 또는 2배를 적용하지 않고 영향면적에 단순 합산한다.

③ 활하중 3kN/m² 이하의 공중집회 용도에 대해서는 활하중을 저감할 수 없다.

④ 승용차 전용 주차장의 활하중은 저감할 수 없으나 2개 층 이상을 지지하는 부재의 저감계수 C는 0.7까지 적용할 수 있다.

05 건축구조기준에 따른 지진력저항시스템에 대한 설명으로 옳지 않은 것은?

① 모멘트골조와 전단벽 또는 가새골조로 이루어진 이중골조 시스템에 있어서 전체 지진력은 각 골조의 횡강성비에 비례하여 분배하되 모멘트골조가 설계지진력의 최소한 25%를 부담하여야 한다.

② 전단벽-골조 상호작용 시스템에서 전단벽의 전단강도는 각 층에서 최소한 설계층전단력의 75% 이상이어야 하고, 골조는 각 층에서 최소한 설계층전단력의 25%에 대하여 저항할 수 있어야 한다.

③ 임의층에서 해석방향의 반응수정계수 R은 옥상층을 제외하고, 상부층들의 동일방향 지진력저항시스템에 대한 R값 중 최댓값을 사용해야 한다.

④ 임의층에서 해석방향에서의 시스템초과강도계수 Ω_0는 상부층들의 동일방향 지진력저항시스템에 대한 Ω_0값 중 가장 큰 값 이상이어야 한다.

---

04 ① 지붕활하중을 제외한 등분포활하중은 부재의 영향면적이 36m² 이상인 경우 기본등분포활하중에 활하중저감계수 C를 곱하여 저감할 수 있다.
③ 활하중 5kN/m² 이하의 공중집회 용도에 대해서는 활하중을 저감할 수 없다.
④ 승용차 전용 주차장의 활하중은 저감할 수 없으나 2개 층 이상을 지지하는 부재의 저감계수 C는 0.8까지 적용할 수 있다. **답 ②**

05 임의층에서 해석방향의 반응수정계수 R은 옥상층을 제외하고, 상부층들의 동일방향 지진력저항시스템에 대한 R값 중 최솟값을 사용해야 한다. **답 ③**

06 흙막이 구조물에 작용하는 토압계수는 토질 및 지하수위에 따라 다르게 적용해야 한다. **달 ④**

06 건축구조기준에 따른 흙막이 및 흙파기에 대한 설명으로 옳지 않은 것은?

① 구조물이나 기타 재하물 등에 근접하여 굴토를 하는 경우는 배면측압에 구조물의 기초하중 혹은 재하물 등에 의한 지중응력의 수평성분을 가산한다.
② 흙막이 구조물은 땅파기에 있어 지반의 붕괴 및 주변의 침하, 위험 등을 방지하기 위하여 설치하는 구조물을 말한다.
③ 흙막이의 설계에서는 벽의 배면에 작용하는 측압을 깊이에 비례하여 증대하는 것으로 한다.
④ 흙막이 구조물에 작용하는 토압계수는 토질 및 지하수위에 따라 같게 적용해야 한다.

07 충전형 합성기둥의 가용전단강도는 강재단면만의 전단강도 또는 철근콘크리트만의 전단강도로 구해진다. **달 ②**

07 KDS 건축구조기준에 따른 충전형 합성부재에 대한 설명으로 옳지 않은 것은?

① 강관의 단면적은 합성기둥 총단면적의 1% 이상으로 한다.
② 충전형 합성기둥의 가용전단강도는 강재단면 전단강도와 철근콘크리트 전단강도의 합으로 구해진다.
③ 하중도입부의 길이는 하중작용방향으로 합성부재단면의 최소폭의 2배와 부재길이의 1/3 중 작은 값 이하로 한다.
④ 길이방향전단력을 전달하기 위한 강재앵커는 하중도입부의 길이 안에 배치한다.

08 순단면적(A_n)
$$= A_g - n \cdot d_o \cdot t$$
$$= (160 \times 5) - 2 \times 18 \times 5$$
$$= 620 \text{mm}^2$$
달 ④

08 다음 그림과 같은 인장재의 순단면적[mm²]은? (단, 사용된 볼트의 구멍직경은 18mm이고 판의 두께는 5mm이다.)

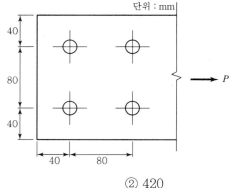

① 400
② 420
③ 600
④ 620

09 KDS 목구조의 구조설계에 대한 설명으로 옳지 않은 것은?

① 목구조설계 하중조합에서 지진하중을 고려할 때, 지진하중의 계수는 1.4이다.

② 건물외주벽체 및 주요 칸막이벽 등 구조내력상 중요한 부분의 기초는 가능한 한 연속기초로 한다.

③ 침엽수구조재의 건조상태 구분에서 함수율이 19%를 초과하는 경우는 생재로 분류한다.

④ 목구조 기둥의 세장비는 50을 초과하지 않도록 하며, 시공 중에는 75를 초과하지 않도록 한다.

10 건축구조기준에 따른 강재의 인장재 설계에 대한 설명으로 옳은 것은?

① 유효순단면의 파단한계상태에 대해 설계인장강도 계산시 인장저항계수(ϕ_t)는 0.90을 사용한다.

② 부재의 유효순단면적은 총단면적에 전단지연계수를 곱해 산정한다.

③ 단일ㄱ형강, 쌍ㄱ형강, T형강부재의 접합부는 전단지연계수가 0.6 이상이어야 한다.

④ 인장력이 용접이나 파스너를 통해 각각의 단면요소에 직접적으로 전달되는 모든 인장재의 전단지연계수는 0.8을 사용한다.

11 기초와 토질에 대한 설명으로 옳지 않은 것은?

① 흙의 예민비는 $\dfrac{교란시료(이긴시료)의 강도}{불교란시료(자연시료)의 강도}$ 이다.

② 웰포인트(Well Point) 공법은 강제식 배수공법의 일종으로 모래지반에 효과적인 배수공법이다.

③ 히빙(Heaving)은 연약 점토지반에서 흙막이 바깥에 있는 흙의 중량과 지표적재하중으로 인해 땅파기된 저면이 부풀어 오르는 현상이다.

④ 보일링(Boiling)은 점토지반보다 모래지반에서 발생 가능성이 높다.

---

09 목구조설계 하중조합에서 지진하중을 고려할 때, 지진하중의 계수는 0.7이다. 🖩 ①

10 ① 유효순단면의 파단한계상태에 대해 설계인장강도 계산시 인장저항계수(ϕ_t)는 0.75을 사용한다.
② 부재의 유효순단면적은 순단면적에 전단지연계수를 곱해 산정한다.
④ 인장력이 용접이나 파스너를 통해 각각의 단면요소에 직접적으로 전달되는 모든 인장재의 전단지연계수는 1.0을 사용한다. 🖩 ③

11 흙의 예민비는 $\dfrac{불교란시료(자연시료)의 강도}{교란시료(이긴시료)의 강도}$ 이다. 🖩 ①

12 캔틸레버 부재에 수직하중이 작용하
면 상현재는 인장을 받고, 하현재는
압축을 받는다.   🔑 ②

13 앵커볼트의 최소 묻힘길이는 볼트직
경의 4배 이상 또는 50mm 이상이어
야 한다.   🔑 ①

12 다음 그림과 같은 하중을 받는 정정 트러스에서 부재 1, 2, 3, 4에 발생하는 부재력의 종류로 옳은 것은? (단, 하중 P는 0보다 큰 정적하중이다.)

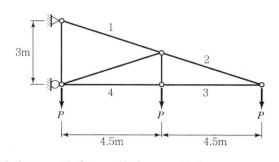

	부재 1	부재 2	부재 3	부재 4
①	인장력	인장력	인장력	인장력
②	인장력	인장력	압축력	압축력
③	인장력	인장력	인장력	압축력
④	압축력	인장력	압축력	인장력

13 조적조에서 묻힌 앵커볼트의 설치에 대한 설명으로 옳지 않은 것은?

① 앵커볼트의 최소 묻힘길이는 볼트직경의 2배 이상 또는 30mm 이상이어야 한다.

② 앵커볼트와 평행한 조적조의 연단으로부터 앵커볼트의 표면까지 측정되는 최소연단거리는 40mm 이상이 되어야 한다.

③ 앵커볼트의 최소 중심간격은 볼트직경의 4배 이상이어야 한다.

④ 후크형 앵커볼트의 훅의 안지름은 볼트지름의 3배이고, 볼트지름의 1.5배만큼 연장되어야 한다.

14 철근콘크리트구조에서 철근배근에 대한 설명으로 옳지 않은 것은?

① 동일 평면에서 평행하는 철근 사이의 수평 순간격은 25mm 이상, 또한 철근의 공칭지름 이상으로 하며, 굵은골재 공칭 최대치수 규정도 만족해야 한다.

② 1방향 철근콘크리트 슬래브에서 수축 · 온도철근은 설계기준항복강도를 발휘할 수 있도록 정착되어야 한다.

③ 나선철근과 띠철근 기둥에서 종방향철근의 순간격은 40mm 이상, 또한 철근공칭지름의 1.5배 이상으로 하며, 굵은골재 공칭최대치수 규정도 만족해야 한다.

④ 흙에 접하는 현장치기 콘크리트에 배근되는 D25 철근의 최소피복두께는 40mm이다.

15 조적조의 구조설계에 대한 설명으로 옳지 않은 것은?

① 조적조를 지지하는 요소들은 총 하중하에서 그 수직변형이 순스팬의 1/600을 넘지 않도록 설계되어야 한다.

② 내진설계를 위해서 바닥 슬래브와 벽체의 접합부는 최소 3.0kN/m의 하중에 저항할 수 있도록 최대 1.2m 간격의 적절한 정착기구로 정착력을 발휘하여야 한다.

③ 조적조구조의 설계는 허용응력설계법, 강도설계법, 경험적 설계법 중 1가지 방법에 따라야 한다.

④ 인방보는 조적조가 허용응력을 초과하지 않도록 최소한 50mm의 지지길이는 확보되어야 한다.

16 표준갈고리를 갖는 인장이형철근의 기본정착길이[mm]는? (단, 사용 철근의 공칭지름(d_b)은 22mm이고, 철근의 설계기준항복강도(f_y)는 500MPa이며, 보통콘크리트의 설계기준압축강도(f_{ck})는 25MPa이다. 철근은 도막되지 않은 철근으로 본다.)

① 355   ② 400
③ 444   ④ 528

---

14 흙에 접하는 현장치기 콘크리트에 배근되는 D25 철근의 최소피복두께는 50mm이다. 〔답〕 ④

15 인방보는 조적조가 허용응력을 초과하지 않도록 최소한 100mm의 지지길이는 확보되어야 한다. 〔답〕 ④

16 기본정착길이
$$= \frac{0.24 \beta d_b f_y}{\lambda \sqrt{f_{ck}}}$$
$$= \frac{0.24 \times 1 \times 22 \times 500}{\sqrt{25}}$$
$$= 528mm$$
〔답〕 ④

17 판재, 형강 등으로 조립인장재를 구성하는 경우, 띠판에서의 단속용접 또는 파스너의 재축방향 간격은 150mm 이하로 한다. **답 ②**

17 KDS 건축구조기준에 따른 강구조의 인장재에 대한 구조제한 사항으로 옳지 않은 것은?

① 중심축 인장력을 받는 강봉의 설계시 최대세장비의 제한은 없다.

② 판재, 형강 등으로 조립인장재를 구성하는 경우, 띠판에서의 단속용접 또는 파스너의 재축방향 간격은 250mm 이하로 한다.

③ 핀접합부재의 경우 핀이 전하중상태에서 접합재들 간의 상대변위를 제어하기 위해 사용될 때, 핀구멍의 직경은 핀직경보다 1mm를 초과할 수 없다.

④ 아이바의 경우 핀직경은 아이바 몸체폭의 7/8배보다 커야 한다.

18 콘크리트의 압축력
$$C = 0.85 f_{ck} \times a \times b$$
$$= 0.85 f_{ck} \times (\beta_1 \times c) \times b$$
$$= 0.85 \times 30 \times 0.80 \times 100 \times 300$$
$$= 612,000 \text{N} = 612 \text{kN}$$
답 ①

18 철근콘크리트 단근직사각형보를 강도설계법으로 설계할 때, 콘크리트의 압축력[kN]에 가장 가까운 것은? (단, 보의 폭(b)은 300mm, 콘크리트 설계기준압축강도(f_{ck})는 30MPa, 압축연단에서 중립축까지의 거리(c)는 100mm이다.)

① 612 　　　　　② 640
③ 650 　　　　　④ 760

19 곡면지붕에서의 불균형적설하중 계산시, 곡면지붕 내에서 접선경사도가 수평면과 70° 이상의 각도를 이루는 부분은 적설하중을 고려하지 않는다. **답 ④**

19 건축구조기준에 따른 적설하중에 대한 설명으로 옳지 않은 것은?

① 지상적설하중의 기본값은 재현기간 100년에 대한 수직 최심적설깊이를 기준으로 한다.

② 최소 지상적설하중은 0.5kN/m²로 한다.

③ 지상적설하중이 1.0kN/m² 이하인 곳에서 평지붕적설하중은 지상적설하중에 중요도계수를 곱한 값 이상으로 한다.

④ 곡면지붕에서의 불균형적설하중 계산 시, 곡면지붕 내에서 접선경사도가 수평면과 60° 이상의 각도를 이루는 부분은 적설하중을 고려하지 않는다.

20 내진설계시 등가정적해석법과 관련 없는 것은?

① 모드 층지진력

② 반응수정계수

③ 전도모멘트

④ 밑면전단력을 수직 분포시킨 층별 횡하중

20 모드 층지진력은 등가정적해석법과 관련이 없으며, 주로 동적 해석을 수행하는 경우에 적용한다. 🗒 ①

□ 1회 풀이 □ 2회 풀이 □ 3회 풀이

| 정답 | 및 해설

01 흙막이 구조물의 설계에서는 벽의 배면에 작용하는 측압을 깊이에 비례하여 증가하는 것으로 한다. **답** ①

02 목재의 기준허용응력 보정을 위한 하중기간계수 C_D는 고정하중 0.9, 활하중 1.0, 적설하중 1.15, 시공하중 1.25, 풍하중 및 지진하중 1.6, 충격하중 2.0이다. **답** ②

03 단순보에 등분포하중이 작용할 경우, 경간의 중앙에서 최대휨모멘트 $\frac{wl^2}{8}$ 이고, 중앙에서 전단력은 0이 된다. **답** ②

01 흙막이의 설계에서 벽의 배면에 작용하는 측압은 깊이에 비례하여 (   )하는 것으로 하고, 측압계수는 토질 및 지하수 위에 따라 다르게 규정하고 있다. (   ) 안에 들어갈 알맞은 단어는 무엇인가?

① 증가　　　　　　　② 감소
③ 일정　　　　　　　④ 변화 없음

02 목재의 기준허용응력 보정을 위한 하중기간계수 C_D가 1.25인 하중은?

① 풍하중　　　　　　② 시공하중
③ 적설하중　　　　　④ 충격하중

03 경간 l인 단순보가 등분포하중을 받는 경우, 경간 중앙 위치에서의 휨모멘트 M과 전단력 V는?

	휨모멘트 M	전단력 V
①	$\dfrac{wl^2}{8}$	$\dfrac{wl}{2}$
②	$\dfrac{wl^2}{8}$	0
③	$\dfrac{wl^2}{12}$	$\dfrac{wl}{2}$
④	$\dfrac{wl^2}{12}$	0

04 강도설계법을 적용한 보강콘크리트블록조적조로 구성된 모멘트저항벽체골조의 치수제한에 대한 설명으로 옳지 않은 것은?

① 피어의 공칭깊이는 2,400mm를 넘을 수 없다.
② 보의 순경간은 보깊이의 2배 이상이어야 한다.
③ 피어의 깊이에 대한 높이의 비는 3을 넘을 수 없다.
④ 보의 폭에 대한 보깊이의 비는 6을 넘을 수 없다.

04 피어의 깊이에 대한 높이의 비는 5를 넘을 수 없다. 🖹 ③

05 철근콘크리트 부재에서 전단보강철근으로 사용할 수 있는 형태로 옳지 않은 것은?

① 주인장철근에 30°로 설치된 스터럽
② 부재축에 직각으로 배치된 용접 철망
③ 주인장철근에 45°로 구부린 굽힘철근
④ 나선철근, 원형 띠철근 또는 후프철근

05 철근콘크리트 부재에서 주인장철근에 45° 이상의 각도로 설치되는 스터럽은 전단보강철근으로 사용할 수 있는 형태이다. 🖹 ①

06 그림과 같이 철근콘크리트 캔틸레버보에서 등분포하중 w가 작용할 때 인장 주철근의 배근 위치로 옳은 것은? (단, 굵은 실선은 인장 주철근을 나타낸다.)

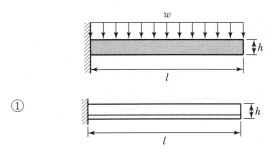

①

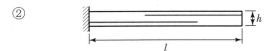

②

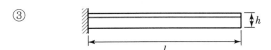

③

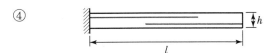

④

06 철근콘크리트 캔틸레버보에서 등분포하중 w가 작용할 때 인장 주철근의 배근은 부재 상단에 위치한다. 🖹 ③

07 조강포틀랜드시멘트는 분말도가 크고, 발열량이 커서 조기강도가 다른 시멘트보다 크다. **답** ②

07 저온의 동절기 공사, 도로 및 수중공사 등 긴급공사에 사용되며, 뛰어난 단기강도 때문에 PC제품 제조 시 생산성을 높일 수 있는 시멘트는?

① 고로시멘트
② 조강포틀랜드시멘트
③ 중용열포틀랜드시멘트
④ 내황산염포틀랜드시멘트

08 다이아그리드(Diagrid) 접합부는 구조적 성능 측면에서 대단위 수직하중을 대각방향으로 적절하게 배분하여 기초와 지반에 안전하게 전달하고 바람이나 지진과 같은 수평하중에 효과적으로 저항할 수 있다. **답** ④

08 초고층 건축물이 비틀리거나 기울어지면 기존의 수직기둥과 보로 구성된 구조형식으로는 구조물을 지지하는 데 한계가 있다. 이를 극복하기 위해서 수직기둥을 대신하여 경사각을 가진 대형가새로 횡력에 저항하는 구조시스템은?

① 아웃리거 구조시스템
② 묶음튜브 구조시스템
③ 골조 – 전단벽 구조시스템
④ 다이아그리드 구조시스템

09 공칭전단강도(V_n) 결정 시
$V_n = 2A_{vd}f_y \sin\alpha \leq (5\sqrt{f_{ck}}/6)A_{cp}$
의 조건을 만족하여야 한다. **답** ③

09 철근콘크리트구조의 내진설계 시 특별 고려사항 중 경간 중앙에 대해 묶음철근이 대각형태로 보강된 연결보에 대한 설명으로 옳지 않은 것은? (단, A_{vd}는 대각선 철근의 각 무리별 전체 단면적, f_y는 철근의 설계기준항복강도, α는 대각철근과 부재축 사이의 각, f_{ck}는 콘크리트의 설계기준압축강도, A_{cp}는 콘크리트 단면에서 외부 둘레로 둘러싸인 면적, b_w는 복부 폭을 각각 의미한다.)

① 대각선 철근은 벽체 안으로 인장에 대해 정착시켜야 한다.
② 대각선 철근은 연결보의 공칭휨강도에 기여하는 것으로 볼 수 있다.
③ 공칭전단강도(V_n) 결정 시 $V_n = 2A_{vd}f_y \sin\alpha \geq (5\sqrt{f_{ck}}/6)A_{cp}$의 조건을 만족하여야 한다.
④ 대각선 다발철근은 최소한 4개의 철근으로 이루어져야 하며, 이때 횡철근의 외단에서 외단까지 거리는 보의 면에 수직한 방향으로 $b_w/2$ 이상이어야 하고, 보의 면내에서는 대각선 철근에 대한 수직방향으로 $b_w/5$ 이상이어야 한다.

10 단순보형 아치가 중앙부에 수직력 P를 받을 때, 축방향 응력도(Axial Force Diagram)의 형태로 옳은 것은? (단, 아치의 자중은 무시하며, r은 반경, $-$기호는 압축력, $+$기호는 인장력을 나타낸다.)

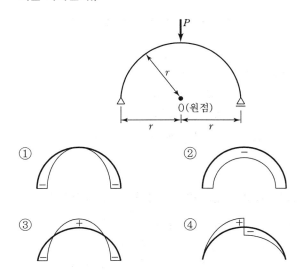

11 말뚝재료의 허용압축응력을 저감하지 않아도 되는 세장비의 한계값[n]으로 옳은 것은?

① 기성 RC 말뚝: 75
② PHC 말뚝: 80
③ 강관 말뚝: 110
④ 현장타설 콘크리트말뚝: 60

12 강도설계법을 적용한 보강조적조의 설계가정으로 옳지 않은 것은?

① 조적조는 파괴계수 이상의 인장응력을 받지 못한다.
② 휨강도 계산에서는 조적조벽의 인장강도를 고려한다.
③ 조적조의 응력은 단면에서 등가압축영역에 균일하게 분포한다고 가정한다.
④ 보강근과 조적조의 변형률은 중립축으로부터의 거리에 비례한다고 가정한다.

10 축방향력$(N_x) = -\dfrac{P}{2}\cos\theta$(압축)

(1) 지점의 축방향력

$= -\dfrac{P}{2}\cos 0° = -\dfrac{P}{2}$

(좌우대칭으로 동일)

(2) 부재 중앙의 축방향력

$= -\dfrac{P}{2}\cos 90° = 0$ 📖 ①

11 말뚝재료의 허용압축응력을 저감하지 않아도 되는 세장비의 한계값[n]은 기성 RC 말뚝은 70, PHC 말뚝은 85, 강관 말뚝은 100이다.   📖 ④

12 휨강도 계산에서는 조적조벽의 인장강도를 무시한다. 단, 처짐을 구할 때는 제외한다.   📖 ②

13 단순보 등분포하중 시 최대처짐($\delta_{\max}$)은 $\frac{5wl^4}{384EI}$ 이므로, 처짐은 보높이의 3승에 반비례하므로 단면의 깊이를 2배로 높이는 것이 가장 효과적이다.

답 ①

14 피시아이는 블로홀 및 혼입된 슬래그가 모여서 표면에 둥근 은색반점이 생기는 현상을 말하며, 용접표면에 생기는 작은 구멍은 피트라고 한다.

답 ①

15 직사각형의 수평 도심축에 대한 단면 2차 모멘트 $I_1 = \frac{bh^3}{12}$ 이고, 삼각형의 수평 도심축에 대한 단면 2차 모멘트 $I_2 = \frac{bh^3}{36}$ 이므로, I_1 / I_2는 3이 된다.

답 ③

13 그림과 같이 등분포 하중(w)을 받는 철근콘크리트 단순보에서 균열 발생 전의 최대 처짐 양을 줄이기 위한 방법으로 다음 중 가장 효과적인 것은?

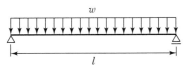

① 단면의 깊이를 2배 높인다.
② 주철근 양을 2배 많게 한다.
③ 단면의 폭을 2배 증가시킨다.
④ 전단철근 양을 2배 많게 한다.

14 용접의 결함에 대한 설명으로 옳지 않은 것은?

① 피시아이 : 용접 표면에 생기는 작은 구멍
② 블로홀 : 용접금속 중 가스에 의해 생긴 구형의 공동
③ 언더컷 : 용접부의 끝부분에서 모재가 패여 도랑처럼 된 부분
④ 오버랩 : 용착금속이 끝부분에서 모재와 융합하지 않고 겹쳐있는 현상

15 밑변이 b이고 높이가 h인 직사각형 단면의 수평 도심축에 대한 단면 2차 모멘트를 I_1이라 하고, 밑변이 b이고 높이가 h인 삼각형 단면의 수평 도심축에 대한 단면 2차 모멘트를 I_2라고 할 때, I_1 / I_2의 값은?

① 1   ② 2
③ 3   ④ 4

16 철골구조에서 사용하는 용어에 대한 설명으로 옳지 않은 것은?

① 필러 : 요소의 두께를 증가시키는 데 사용하는 플레이트

② 거싯플레이트 : 트러스의 부재, 스트럿 또는 가새재를 보 또는 기둥에 연결하는 판 요소

③ 스티프너 : 하중을 분배하거나, 전단력을 전달하거나, 좌굴을 방지하기 위해 부재에 부착하는 구조요소

④ 비콤팩트 단면 : 완전소성 응력분포가 발생할 수 있고, 국부좌굴이 발생하기 전에 약 3의 곡률연성비를 발휘할 수 있는 능력을 지닌 단면

16 완전소성 응력분포가 발생할 수 있고, 국부좌굴이 발생하기 전에 약 3의 곡률연성비를 발휘할 수 있는 능력을 지닌 단면은 콤팩트 단면이다. 답 ④

17 철근콘크리트구조에서 휨모멘트나 축력 또는 휨모멘트와 축력을 동시에 받는 단면 설계 시 적용하는 일반원칙에 대한 설명으로 옳지 않은 것은?

① 인장지배변형률한계는 균형변형률상태에서 인장철근의 순인장 변형률과 같다.

② 압축콘크리트가 가정된 극한변형률에 도달할 때, 최외단 인장철근의 순인장변형률이 압축지배변형률한계 이하인 단면을 압축지배단면이라고 한다.

③ 휨부재의 강도를 증가시키기 위하여 추가 인장철근과 이에 대응하는 압축철근을 사용할 수 있다.

④ 인장철근이 설계기준항복강도에 대응하는 변형률에 도달하고 동시에 압축콘크리트가 극한변형률에 도달할 때, 그 단면이 균형변형률상태에 있다고 본다.

17 압축지배변형률한계는 균형변형률상태에서 인장철근의 순인장 변형률과 같다. 답 ①

18 두께가 15mm, 20mm인 2장의 강구조용 판재를 필릿용접할 때, 필릿용접의 최소 사이즈[mm]는?

① 3 　　　　② 5

③ 6 　　　　④ 8

18 2장의 강구조용 판재 중 접합부의 얇은 쪽 모재두께인 15mm를 기준으로 산정할 때, 필릿용접의 최소 사이즈는 6mm이다. 답 ③

19 밀착조임은 지압접합 또는 진동이나 하중변화에 따른 고력볼트의 풀림이나 피로가 설계에 고려되지 않는 경우에 사용된다. 답 ④

20 ① 기초에 긴결하는 토대의 긴결철물은 약 2m 간격으로 설치한다.
③ 토대 하단은 방습상 유효한 조치를 강구하지 않을 경우 지면에서 200mm 이상 높게 한다.
④ 토대와 기둥의 맞춤은 기둥으로부터의 압축력에 대해서 지압력이 충분하도록 통맞춤 면적을 정한다. 답 ②

19 **고장력볼트에 대한 설명으로 옳지 않은 것은?**

① 고장력볼트의 유효단면적은 공칭단면적의 0.75배로 한다.
② 고장력볼트의 구멍 중심 간 거리는 공칭직경의 2.5배 이상으로 한다.
③ 마찰접합은 사용성한계상태의 미끄럼방지를 위해 사용되거나 강도한계상태에서 사용된다.
④ 밀착조임은 진동이나 하중변화에 따른 고력볼트의 풀림이나 피로가 설계에 고려되는 경우 사용된다.

20 **목구조의 토대에 대한 설명으로 옳은 것은?**

① 기초에 긴결하는 토대의 긴결철물은 약 5m 간격으로 설치한다.
② 기둥과 기초가 긴결되지 않은 구조내력상 중요한 기둥의 하부에는 외벽뿐만 아니라 내벽에도 토대를 설치한다.
③ 토대 하단은 방습상 유효한 조치를 강구하지 않을 경우 지면에서 100mm 이상 높게 한다.
④ 토대와 기둥의 맞춤은 기둥으로부터의 인장력에 대해서 지압력이 충분하도록 통맞춤 면적을 정한다.

정답 | 및 해설

01 직접기초의 접지압에 대한 설명으로 옳지 않은 것은?

① 독립기초의 기초판 저면의 도심에 수직하중의 합력이 작용할 때에는 접지압이 균등하게 분포된 것으로 가정하여 산정할 수 있다.

② 복합기초의 접지압은 직선분포로 가정하고 하중의 편심을 고려하여 산정할 수 있다.

③ 연속기초의 접지압은 각 기둥의 지배면적 범위 안에서 균등하게 분포되는 것으로 가정하여 산정할 수 있다.

④ 온통기초는 그 강성이 충분할 때 독립기초와 동일하게 취급할 수 있다.

01 온통기초는 그 강성이 충분할 때 복합기초와 동일하게 취급할 수 있고 접지압은 복합기초와 같이 산정할 수 있다.
답 ④

02 목구조의 방부공법 설계에서 주의할 내용으로 옳지 않은 것은?

① 비(雨)처리가 불량한 설계를 피한다.

② 외벽에는 포수성 재료를 사용한다.

③ 지붕모양을 복잡하게 하지 않는다.

④ 지붕처마와 차양은 채광 및 구조상 지장이 없는 한 길게 한다.

02 목조건축물의 방부공법설계에서 외벽에는 포수성 재료를 사용하지 않는다.
답 ②

03 인장을 받는 철근의 정착길이 산정에 대한 설명으로 옳지 않은 것은?

① 정착길이는 철근의 설계기준항복강도(f_y)에 비례한다.

② 정착길이 산정 시 사용되는 $\sqrt{f_{ck}}$ 값은 70MPa를 초과할 수 없다.(f_{ck} : 콘크리트의 설계기준압축강도)

③ 정착길이는 철근의 지름에 비례한다.

④ 인장이형철근의 정착길이 l_d는 항상 300mm 이상이어야 한다.

03 정착길이 산정 시 사용되는 $\sqrt{f_{ck}}$ 값은 8.4MPa를 초과할 수 없다. (f_{ck} : 콘크리트의 설계기준압축강도)
답 ②

04 대린벽은 내력벽을 교차하면서 서로 마주보고 있는 벽을 말한다. **답** ①

05 ② 일반볼트접합과 비교하여 응력집중이 적으므로 반복응력에 대하여 강하다.
③ 설계미끄럼강도는 구멍의 종류에 따라 결정된다.
④ 설계미끄럼강도는 전단면의 수에 따라 결정된다. **답** ①

06 $\dfrac{wl^2}{8} - \dfrac{Pl}{4} = 0,\ \dfrac{wl^2}{8} = \dfrac{Pl}{4},$
$wl = 2P,\ 10 \times 2 = 2P,\ P=10\text{kN}$
답 ②

---

04 조적식 구조 용어의 정의로 옳지 않은 것은?

① 대린벽은 두께방향으로 단위 조적개체로 구성된 벽체이다.
② 세로줄눈은 수직으로 평면을 교차하는 모르타르 접합부이다.
③ 테두리보는 조적조에 보강근으로 보강된 수평부재이다.
④ 프리즘은 그라우트 또는 모르타르가 포함된 단위조적의 개체로 조적조의 성질을 규정하기 위해 사용하는 시험체이다.

05 강재의 고장력볼트에 의한 마찰접합 특성에 대한 설명으로 옳은 것은?

① 일반볼트접합과 비교하여 응력방향이 바뀌더라도 혼란이 일어나지 않는다.
② 일반볼트접합과 비교하여 응력집중이 크므로 반복응력에 대하여 약하다.
③ 설계미끄럼강도는 구멍의 종류와 무관하게 결정된다.
④ 설계미끄럼강도는 전단면의 수와 무관하게 결정된다.

06 다음 그림과 같은 경간 2m인 단순보에 중력방향으로 등분포하중 $w = 10\text{kN/m}$가 작용할 때, 경간 중앙에서 휨모멘트가 0(영)이 되기 위한 상향 집중하중 P의 크기[kN]는?

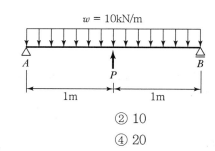

① 5
② 10
③ 15
④ 20

07 건축물 및 공작물의 유지·관리 중 구조안전을 확인하기 위하여 책임구조기술자가 수행해야 하는 업무의 종류에 해당하지 않는 것은?

① 증축을 위한 구조검토

② 리모델링을 위한 구조검토

③ 용도변경을 위한 구조검토

④ 설계변경에 관한 사항의 구조검토·확인(정밀 안전진단이 들어가야 함)

07 설계변경에 관한 사항의 구조검토·확인은 건축물 및 공작물의 시공 중 구조안전을 확인하기 위하여 책임구조기술자가 수행해야 하는 업무의 종류이다. **답** ④

08 합성부재에 대한 설명으로 옳지 않은 것은?

① 합성보 설계 시 동바리를 사용하지 않는 경우, 콘크리트의 강도가 설계기준강도의 75%에 도달하기 전에 작용하는 모든 시공하중은 강재단면 만에 의해 지지될 수 있어야 한다.

② 강재보와 데크플레이트 슬래브로 이루어진 합성부재에서 데크플레이트의 공칭골깊이는 75mm 이하이어야 한다.

③ 충전형 합성기둥에서 강관의 단면적은 합성기둥 총단면적의 5% 이상으로 한다.

④ 합성단면의 공칭강도를 결정하는 데에는 소성응력분포법과 변형률적합법의 2방법이 사용될 수 있다.

08 충전형 합성기둥에서 강관의 단면적은 합성기둥 총단면적의 1% 이상으로 한다. **답** ③

09 옥외의 공기나 흙에 직접 접하지 않는 프리캐스트콘크리트 보에 배근되는 스터럽의 최소피복두께[mm]는?

① 10

② 20

③ 30

④ 40

09 최소피복두께는 옥외의 공기나 흙에 직접 접하지 않는 프리캐스트콘크리트 보 또는 기둥에 배근되는 띠철근, 스터럽, 나선철근인 경우 10mm, 주철근인 경우 철근의 공칭직경이상으로 한다. **답** ①

10 한 변의 길이가 600mm인 정사각형 기둥이 고정하중 1,700kN과 활하중 1,300kN을 지지할 때 이 기둥에 대한 정사각형 독립기초의 최소 크기[m²]는? (단, 기초 무게 및 상재하중은 고정하중과 활하중의 10%로 가정하며 허용지내력 q_a는 300 kN/m²이다.)

① 9

② 11

③ 13

④ 15

10 $A \geq \dfrac{P}{f_e} = \dfrac{(1,700 + 1,300) \times 1.1}{300}$

$= \dfrac{3,300}{300} = 11\text{m}^2$

답 ②

11 가스트영향계수는 바람의 난류로 인해서 발생되는 구조물의 동적거동 성분을 나타내는 것으로 평균변위에 대한 최대변위의 비를 통계적인 값으로 나타낸 계수를 말하며, 지형계수는 언덕 및 산 경사지의 정점 부근에서 풍속이 증가하므로 이에 따른 정점 부근의 풍속을 증가시키는 계수를 말한다. 🔲 ④

12 장기처짐은 압축철근비가 증가함에 따라 감소한다. 🔲 ②

13 항복점이 뚜렷하게 나타나지 않는 경우에는 0.002의 변형률에서 강재의 탄성계수와 같은 기울기로 직선을 그은 후 응력−변형률 곡선과 만나는 점의 응력을 항복강도(f_y)로 결정하여야 한다. 🔲 ③

11 건축구조기준의 용어에 대한 설명으로 옳지 않은 것은?

① 층간변위각 : 층간변위를 층 높이로 나눈 값

② 지진구역 : 동일한 지진위험도에 따라 분류한 지역

③ 형상비 : 건축물 높이 H를 바닥면 평균길이 $\sqrt{BD}$ 로 나눈 비율(B : 건물폭, D : 건물깊이)

④ 가스트영향계수 : 언덕 및 산 경사지의 정점 부근에서 풍속이 증가하므로 이에 따른 정점 부근의 풍속을 증가시키는 계수

12 철근콘크리트 보의 처짐에 대한 설명으로 옳지 않은 것은?

① 균일단면을 가지는 탄성보의 처짐은 보 단면의 이차모멘트에 반비례한다.

② 장기처짐은 압축철근비가 증가함에 따라 증가한다.

③ 하중작용에 의한 순간처짐은 부재강성에 대한 균열과 철근의 영향을 고려하여 탄성처짐공식을 사용하여 산정하여야 한다.

④ 과도한 처짐에 의해 손상되기 쉬운 비구조 요소를 지지 또는 부착하지 않은 평지붕구조의 활하중 L에 의한 순간처짐 한계는 $l/180$이다. (l : 보의 경간)

13 콘크리트구조에 사용되는 강재 및 철근배치에 대한 설명으로 옳지 않은 것은?

① 철근조립을 위해 교차되는 철근은 용접하지 않아야 한다. 다만, 책임기술자가 승인한 경우에는 용접할 수 있다.

② 보강용 철근은 이형철근을 사용하여야 한다. 다만, 나선철근이나 강선으로 원형철근을 사용할 수 있다.

③ 항복점이 뚜렷하게 나타나지 않는 경우에는 0.003의 변형률에서 강재의 탄성계수와 같은 기울기로 직선을 그은 후 응력−변형률 곡선과 만나는 점의 응력을 항복강도(f_y)로 결정하여야 한다.

④ 상단과 하단에 2단 이상으로 철근이 배치된 경우 상하철근은 동일 연직면 내에 배치되어야 하고, 이 때 상하철근의 순간격은 25mm 이상으로 하여야 한다.

14 조적식 구조의 경험적 설계방법에 대한 설명으로 옳지 않은 것은?

① 횡안정성을 위해 전단벽이 요구되는 각 방향에 대하여 해당 방향으로 배치된 전단벽길이의 합계가 건물의 장변길이의 50% 이상이어야 한다. (이때 개구부는 전단벽의 길이 합계 산정에서 제외한다.)

② 조적벽이 횡력에 저항하는 경우에는 전체높이가 13m, 처마 높이가 9m 이하이어야 경험적 설계법을 적용할 수 있다.

③ 횡안정성 확보를 위한 조적전단벽의 공칭두께는 최소 200 mm 이상이어야 한다.

④ 횡안정성 확보를 위해 사용된 전단벽들은 횡력과 수직한 방향으로 배치되어야 한다.

14 횡안정성 확보를 위해 사용된 전단벽들은 횡력과 평행한 방향으로 배치되어야 한다. **답 ④**

15 강재에 대한 설명으로 옳지 않은 것은?

① 강재의 용접성은 탄소량에 의해서 큰 영향을 받는다.

② 강재의 인장시험 시 네킹현상으로 인해 변형도는 증가하지만 응력은 오히려 줄어든다.

③ 푸아송비는 인장이나 압축을 받는 부재의 하중 작용방향의 변형도에 대한 직교방향 변형도 비의 절댓값으로 정의되며, 강재의 경우 0.3이다.

④ 인성은 항복점 이상의 응력을 받는 금속재료가 소성변형을 일으켜 파괴되지 않고 변형을 계속하는 성질이다.

15 연성은 항복점 이상의 응력을 받는 금속재료가 소성변형을 일으켜 파괴되지 않고 변형을 계속하는 성질이다. **답 ④**

16 시간이력해석에서 설계지진파 선정에 대한 설명으로 옳지 않은 것은?

① 시간이력해석은 지반조건에 상응하는 지반운동기록을 최소한 2개 이상 이용하여 수행한다.

② 3차원해석을 수행하는 경우에는, 각각의 지반운동은 평면 상에서 서로 직교하는 2성분의 쌍으로 구성된다.

③ 계측된 지반운동을 구할 수 없는 경우에는 필요한 수만큼 적절한 모의 지반운동의 쌍을 생성하여 사용할 수 있다.

④ 지반운동의 크기를 조정하는 경우에는 직교하는 2성분에 대해서 동일한 배율을 적용하여야 한다.

16 시간이력해석은 지반조건에 상응하는 지반운동기록을 최소한 3개 이상 이용하여 수행한다. **답 ①**

17 부분용입용접에서 유효단면에 직교 인장응력이 작용하는 경우, 용접재의 공칭강도는 용접재 공칭강도의 0.6 배를 사용한다. 🔳 ④

17 강구조 용접에 대한 설명으로 옳지 않은 것은?

① 플러그 슬롯 용접에서 유효단면에 평행한 전단응력이 작용하는 경우, 용접재의 공칭강도는 용접재 공칭강도의 0.6배를 사용한다.

② 필릿 용접에서 용접선에 평행한 전단응력이 작용하는 경우, 용접재의 공칭강도는 용접재 공칭강도의 0.6배를 사용한다.

③ 완전용입 그루브 용접에서 유효단면에 직교압축응력이 작용하는 경우, 용접조인트 강도는 모재에 의해 제한된다.

④ 부분용입 그루브 용접에서 유효단면에 직교인장응력이 작용하는 경우, 용접재의 공칭강도는 용접재 공칭강도를 사용한다.

18 옹벽의 안정조건은 전도에 대한 안정, 지지력에 대한 안정, 사면활동에 대한 안정이다. 🔳 ②

18 철근콘크리트옹벽의 안정 확보를 위한 검토 항목이 아닌 것은?

① 전도에 대한 안정

② 진동에 대한 안정

③ 지지력에 대한 안정

④ 사면활동에 대한 안정

19 반응수정계수는 건축물의 구조시스템별로 내진성을 고려하기 위한 계수이다. 🔳 ②

19 내진설계를 위한 등가정적해석법에 대한 설명으로 옳지 않은 것은?

① 밑면전단력을 결정하기 위해서는 지진응답계수를 계산해야 한다.

② 반응수정계수는 건축물의 구조시스템별로 내구성을 고려하기 위한 계수이다.

③ 건축물의 고유주기는 건축물의 전체 높이가 증가할수록 증가한다.

④ 밑면전단력은 유효 건물 중량이 증가할수록 증가한다.

20 목구조 휨부재의 설계에 대한 설명으로 옳지 않은 것은?

① 휨부재의 따냄은 가능한 한 피하며, 특히 부재의 인장측에서의 따냄을 피한다.

② 따냄깊이가 보 춤의 1/6 그리고 따냄길이가 보 춤의 1/3 이하인 경우, 휨부재의 강성에는 영향이 없는 것으로 한다.

③ 단순보의 경간은 양지점의 안쪽측면거리에 각 지점에서 필요한 지압길이의 1/3을 더한 값으로 한다.

④ 보안정계수는 휨하중을 받는 보가 횡방향변위를 일으킬 가능성을 고려한 보정계수이다.

정답 | 및 해설

20 단순보의 경간은 양지점의 안쪽측면거리에 각 지점에서 필요한 지압길이의 1/2을 더한 값으로 한다. 답 ③

| 정답 | 및 해설

01 모듈러 공법은 조립식 공법인 프리패브의 한 종류로서, 공장에서 생산된 모듈을 현장에서 조립하는 방식으로 동일한 모듈을 대량 생산함으로써 정확한 시공과 품질관리가 가능해지며, 각 모듈의 재사용도 가능하다.
답 ③

02 연성거동을 확보하기 위한 특별한 상세를 사용하지 않은 모멘트골조는 보통모멘트골조이고, 중간모멘트골조는 설계용 지진동에 의한 외력을 받을 때 제한된 크기의 비탄성변형을 수용할 수 있는 골조를 지칭한다.
답 ④

03 플레이트 거더에서 플랜지는 휨모멘트를 부담하게 되고, 이것에 저항하기 위해서 커버플레이트를 사용하여 보강한다.
답 ①

04 종보는 절충식 지붕틀을 구성하는 부재로, 지붕이 높을 때 동자기둥과 동자기둥 위에 설치하는 부재이다.
답 ①

01 공업화 건축 중에서 모듈러 공법의 특징으로 옳지 않은 것은?

① 건물의 해체 및 재설치가 용이하다.
② 기존 공법보다 공기를 단축할 수 있다.
③ 주요 구성 재료의 현장생산과 현장조립에 의한 고품질 확보가 가능하다.
④ 현장인력을 줄일 수 있어 현장 통제가 용이해진다.

02 건축구조기준의 설계하중 용어에 대한 설명으로 옳지 않은 것은?

① 경량칸막이벽 : 자중이 $1kN/m^2$ 이하인 가동식 벽체
② 풍상측 : 바람이 불어와서 맞닿는 쪽
③ 이중골조방식 : 횡력의 25% 이상을 부담하는 연성모멘트골조가 전단벽이나 가새골조와 조합되어 있는 구조방식
④ 중간모멘트골조 : 연성거동을 확보하기 위한 특별한 상세를 사용하지 않은 모멘트골조

03 강구조에서 단면적, 단면계수, 단면2차모멘트를 증가시키기 위하여 휨부재의 플랜지에 용접이나 볼트로 연결되는 플레이트는?

① 커버플레이트(Cover Plate)
② 베이스플레이트(Base Plate)
③ 윙플레이트(Wing Plate)
④ 거셋플레이트(Gusset Plate)

04 목구조의 왕대공지붕틀을 구성하는 부재가 아닌 것은?

① 종보　　　　　　　　② 평보
③ 왕대공　　　　　　　④ ㅅ자보

05 프리스트레스트 콘크리트의 부재 설계에 대한 설명으로 옳지 않은 것은?

① 부분균열등급 휨부재의 처짐은 균열환산단면해석에 기초하여 2개의 직선으로 구성되는 모멘트 – 처짐 관계나 유효단면2차모멘트를 적용하여 계산하여야 한다.

② 구조설계에서는 프리스트레스에 의해 발생되는 응력집중을 고려하여야 한다.

③ 휨부재는 미리 압축을 가한 인장구역에서 사용하중에 의한 인장연단응력에 따라 비균열등급과 부분균열등급의 두 가지로 구분된다.

④ 부분균열등급 휨부재의 사용하중에 의한 응력은 비균열단면을 사용하여 계산하여야 한다.

06 강구조의 접합에 대한 설명으로 옳지 않은 것은?

① 고장력볼트의 구멍 중심에서 볼트머리 또는 너트가 접하는 재의 연단까지의 최대거리는 판두께의 12배 이하 또한 150mm 이하로 한다.

② 접합부의 설계강도는 45kN 이상이어야 한다. 다만, 연결재, 새그로드 또는 띠장은 제외한다.

③ 전단접합 시에 용접과 볼트의 병용이 허용되지 않는다.

④ 일반볼트는 영구적인 구조물에는 사용하지 못하고 가체결용으로만 사용한다.

07 목구조에서 부재 접합 시의 유의사항으로 옳지 않은 것은?

① 이음 · 맞춤 부위는 가능한 한 응력이 작은 곳으로 한다.

② 맞춤면은 정확히 가공하여 빈틈없이 서로 밀착되도록 한다.

③ 이음 · 맞춤의 단면은 작용하는 외력의 방향에 직각으로 한다.

④ 경사못박기에서 못은 부재와 약 45° 의 경사각을 갖도록 한다.

05 프리스트레스트 콘크리트 휨부재는 미리 압축을 가한 인장구역에서 사용하중에 의한 인장연단응력에 따라 비균열등급, 부분균열등급, 완전균열등급으로 구분된다. 📖 ③

06 볼트는 용접과 조합해서 하중을 부담시킬 수 없으며, 이러한 경우 용접에 전체 하중을 부담시키도록 한다. 다만, 전단접합 시에는 용접과 볼트의 병용이 허용된다. 📖 ③

07 경사못박기에서 못은 부재와 약 30°의 경사각을 갖도록 한다. 📖 ④

08 필릿용접의 유효면적(A)은 유효길이(l)에 유효목두께(a)를 곱한 것으로 한다.

(1) $A = a \times l$
$\quad = 0.7s \times (L - 2s)$
$\quad = (0.7 \times 10) \times (120 - 2 \times 10)$
$\quad = 700\text{mm}^2$

(2) 그림에서 2열용접으로 표시되어 있으므로 1열용접에 2배를 한다.
$\therefore A = 700\text{mm}^2 \times 2$
$\quad = 1,400\text{mm}^2$ 답 ③

08 그림과 같이 평판두께가 13mm인 2개의 강판을 하중(P) 방향과 평행하게 필릿용접으로 겹침이음하고자 한다. 용접부의 설계강도를 산정하는 데 필요한 용접재의 유효면적과 가장 가까운 값(mm²)은? (단, 필릿용접부에 작용하는 하중은 단부하중이 아니며, 이음면은 직각이다.)

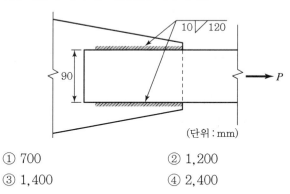

(단위 : mm)

① 700   ② 1,200
③ 1,400   ④ 2,400

09 속이 꽉 찬 직사각형 단면의 경우 강축에 대한 소성단면계수는 탄성단면계수의 1.5배이다.   답 ②

09 강구조의 휨부재에 대한 설명으로 옳지 않은 것은?

① 강축휨을 받는 2축대칭 H형강의 콤팩트 부재에서 비지지길이가 소성한계비지지길이 이하인 경우에는 횡좌굴강도를 고려하지 않아도 된다.

② 속이 꽉 찬 직사각형 단면의 경우 강축에 대한 소성단면계수는 탄성단면계수의 1.25배이다.

③ 동일 조건에서 휨부재의 비지지길이가 길수록 탄성횡좌굴강도는 감소한다.

④ 압연 H형강 H$-150 \times 150 \times 7 \times 10$ 휨부재에서 플랜지의 판폭두께비는 7.5이다.

10 길이 L인 봉에 축하중 P가 작용할 때 봉의 늘어난 길이 ΔL은? (단, 봉의 단면적은 A이며, 하중 P는 단면의 도심에 가해지고 자중은 무시한다. 봉을 구성하는 재료의 응력(σ) – 변형도(ε) 관계가 $\sigma = E\sqrt{\varepsilon}$이며, E는 봉의 탄성계수이다.)

① $\dfrac{PL}{AE}$

② $\dfrac{P^2L^2}{A^2E^2}$

③ $\dfrac{P^2L}{A^2E^2}$

④ $\dfrac{PL}{A^2E^2}$

11 철근콘크리트구조에서 부재축에 직각인 전단철근을 사용하는 경우, 전단철근에 의한 전단강도의 크기에 영향을 미치는 요인이 아닌 것은?

① 전단철근의 설계기준항복강도
② 인장철근의 중심에서 압축콘크리트 연단까지의 거리
③ 전단철근의 간격
④ 부재의 폭

12 철근콘크리트구조에서 철근의 정착에 대한 설명으로 옳지 않은 것은?

① 인장 이형철근의 정착길이는 항상 300mm 이상이어야 한다.
② 갈고리는 압축을 받는 경우 철근정착에 유효하지 않은 것으로 보아야 한다.
③ 정착길이 산정에 사용하는 $\sqrt{f_{ck}}$ (f_{ck} : 콘크리트의 설계기준압축강도) 값은 10.0MPa을 초과할 수 없다.
④ 확대머리 이형철근은 압축을 받는 경우에 유효하지 않다.

---

10 (1) $\sigma = E\sqrt{\varepsilon}$ 이용한다.

(2) $\sigma^2 = E^2\varepsilon$, $\left(\dfrac{P}{A}\right)^2 = E^2 \times \left(\dfrac{\Delta L}{L}\right)$

∴ $\Delta L = \dfrac{P^2L}{A^2E^2}$ 📖 ③

11 철근콘크리트구조에서 부재축에 직각인 전단철근을 사용하는 경우, 전단철근에 의한 전단강도의 크기에 영향을 미치는 요인들은 전단철근의 설계기준항복강도(f_y), 인장철근의 중심에서 압축콘크리트 연단까지의 거리(d), 전단철근의 간격(s), 전단보강근 간격 내에 있는 전단보강근의 단면적(A_v)이다.   📖 ④

12 정착길이 산정에 사용하는 $\sqrt{f_{ck}}$ (f_{ck} : 콘크리트의 설계기준압축강도) 값은 8.4MPa을 초과할 수 없다.   📖 ③

13 보의 횡지지 간격은 압축 플랜지 또는 압축면의 최소 폭의 50배를 초과하지 않아야 한다. 🔖 ①

13 철근콘크리트구조에서 휨부재와 압축부재의 제한사항으로 옳지 않은 것은?

① 보의 횡지지 간격은 압축 플랜지 또는 압축면의 최소 폭의 75배를 초과하지 않아야 한다.

② 두께가 균일한 구조용 슬래브와 기초판에서 경간방향으로 보강되는 휨철근의 최대 간격은 위험단면이 아닌 경우에 슬래브 또는 기초판 두께의 3배와 450mm 중 작은 값을 초과하지 않아야 한다.

③ 비합성 압축부재의 축방향 주철근 단면적은 전체 단면적의 0.01배 이상, 0.08배 이하로 하여야 한다. 축방향 주철근이 겹침이음되는 경우의 철근비는 0.04를 초과하지 않아야 한다.

④ 압축부재의 축방향 주철근의 최소 개수는 사각형이나 원형 띠철근으로 둘러싸인 경우 4개로 하여야 한다.

14 기초의 지반조사 자료의 수집, 지형에 따른 지반개황의 판단 및 부근 건물의 기초에 관한 제조사를 시행하는 것은 예비조사에 해당된다. 🔖 ④

14 지반조사에서 본조사의 조사항목이 아닌 것은?

① 원위치시험

② 토질시험

③ 지지력 및 침하량 계산

④ 부근 건축구조물 등의 기초에 관한 제조사

15 단위골재량이 증가하면 건조수축은 감소하고, 크리프도 감소한다. 🔖 ②

15 콘크리트의 크리프 및 건조수축에 대한 설명으로 옳지 않은 것은?

① 콘크리트 강도가 증가하면 크리프는 감소한다.

② 단위골재량이 증가하면 크리프는 증가한다.

③ 대기 중의 습도가 증가하면 건조수축은 감소한다.

④ 물-시멘트비가 증가하면 건조수축은 증가한다.

16 그림과 같은 단순보의 C점에서 발생하는 휨모멘트의 크기 $(kN \cdot m)$는? (단, 보의 자중은 무시한다.)

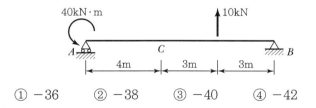

① -36 ② -38 ③ -40 ④ -42

17 조적식 구조의 설계일반사항에 대한 설명으로 옳지 않은 것은?

① 공간쌓기벽의 개구부 주위에는 개구부의 가장자리에서 300mm 이내에 최대 간격 900mm인 연결철물을 추가로 설치해야 한다.

② 공간쌓기벽의 벽체연결철물 단부는 90°로 구부려 길이가 최소 30mm 이상이어야 한다.

③ 하중시험이 필요한 경우에는 해당 부재나 구조체의 해당 부위에 설계활하중의 2배에 고정하중의 0.5배를 합한 하중을 24시간 동안 작용시킨 후 하중을 제거한다.

④ 다중겹벽에서 줄눈보강철물의 수직간격은 400mm 이하로 한다.

18 철근콘크리트구조의 내진설계 시 특별 고려사항에서 지진력에 저항하는 부재의 콘크리트와 철근에 대한 설명으로 옳지 않은 것은?

① 콘크리트의 설계기준압축강도는 21MPa 이상이어야 한다.

② 경량콘크리트의 설계기준압축강도는 35MPa을 초과할 수 없다. 만약 실험에 의하여 경량콘크리트를 사용한 부재가 같은 강도의 보통중량콘크리트를 사용한 부재의 강도 및 인성 이상을 갖는 것이 확인된다면, 이보다 큰 압축강도를 사용할 수 있다.

③ 일반구조용 철근이 실제 항복강도에 대한 실제 인장강도의 비가 1.25 이상인 경우, 골조, 구조벽체의 소성영역 및 연결보의 주철근으로 사용할 수 있다.

④ 일반구조용 철근이 실제 항복강도가 공칭항복강도를 200MPa 이상 초과하지 않을 경우, 골조, 구조벽체의 소성영역 및 연결보의 주철근으로 사용할 수 있다.

16 (1) $\Sigma M_B = 0$에서,
$$(R_A \times 10) - 40 + (10 \times 3) = 0$$
$$\therefore R_A = 1kN$$
(2) $M_C = (1 \times 4) - 40$
$$= -36kN \cdot m \qquad \boxed{달} ①$$

17 공간쌓기벽의 벽체연결철물 단부는 90°로 구부려 길이가 최소 50mm 이상이어야 한다. $\boxed{달} ②$

18 일반구조용 철근이 실제 항복강도가 공칭항복강도를 120MPa 이상 초과하지 않을 경우, 골조, 구조벽체의 소성영역 및 연결보의 주철근으로 사용할 수 있다. $\boxed{달} ④$

19 기성콘크리트말뚝의 허용압축응력은 콘크리트설계기준강도의 최대 1/4까지를 말뚝재료의 허용압축응력으로 한다. **답** ②

20 기둥에서 띠철근과 길이방향철근은 기둥 표면으로부터 38mm 이상에서 130mm 이하로 배근되어야 한다. **답** ②

19 말뚝재료의 허용응력에 대한 설명으로 옳지 않은 것은? (단, 이음말뚝 및 세장비가 큰 말뚝에 대한 허용응력 저감은 고려하지 않는다.)

① 나무말뚝의 허용지지력은 나무말뚝의 최소단면에 대해 구하는 것으로 한다.

② 기성콘크리트말뚝의 허용압축응력은 콘크리트설계기준강도의 최대 1/3까지를 말뚝재료의 허용압축응력으로 한다.

③ 강재말뚝의 허용압축력은 일반의 경우 부식부분을 제외한 단면에 대해 재료의 항복응력과 국부좌굴응력을 고려하여 결정한다.

④ 현장타설말뚝의 보강재의 장기허용압축응력은 항복강도의 40% 이하로 한다.

20 보강조적조의 구조세칙에 대한 설명으로 옳지 않은 것은?

① 6mm 이상의 원형 철근의 사용은 금지한다.

② 기둥에서 띠철근과 길이방향 철근은 기둥 표면으로부터 38mm 이상에서 150mm 이하로 배근되어야 한다.

③ 평행한 길이방향 철근의 순간격은 기둥단면을 제외하고, 철근의 공칭직경이나 25mm보다 작아서는 안 되지만 이음철근은 예외로 한다.

④ 휨부재에서의 압축철근은 지름 6mm 이하인 띠철근이나 전단보강근으로 보강되어야 한다.

정답 | 및 해설

01 토질 및 기초에 대한 설명으로 옳지 않은 것은?

① 물에 포화된 느슨한 모래가 진동, 충격 등에 의하여 간극수압이 급격히 상승하기 때문에 전단저항을 잃어버리는 현상을 액상화 현상이라 한다.

② 온통기초는 상부구조의 광범위한 면적 내의 응력을 단일 기초판으로 연결하여 지반 또는 지정에 전달하도록 하는 기초이다.

③ 사질토 지반의 기초하부 토압분포는 기초 중앙부 토압이 기초 주변부보다 작은 형태이다.

④ 연약한 점성토 지반에서 땅파기 외측의 흙의 중량으로 인하여 땅파기 된 저면이 부풀어 오르는 현상을 히빙(Heaving)이라 한다.

01 사질토 지반의 기초하부 토압분포는 기초 중앙부 토압이 기초 주변부보다 큰 형태이다.　　🗐 ③

02 목재에 대한 설명으로 옳지 않은 것은?

① 목재 단면의 수심에 가까운 중앙부를 심재, 수피에 가까운 부분을 변재라 한다.

② 목재의 단면에서 볼트 등의 철물을 위한 구멍이나 홈의 면적을 포함한 단면적을 순단면적이라 한다.

③ 기계등급구조재는 기계적으로 목재의 강도 및 강성을 측정하여 등급을 구분한 목재이다.

④ 육안등급구조재는 육안으로 목재의 표면결점을 검사하여 등급을 구분한 목재이다.

02 목재의 단면에서 볼트 등의 철물을 위한 구멍이나 홈의 면적을 제외한 나머지 단면적을 순단면적이라 한다.　　🗐 ②

03 프리스트레스하지 않는 부재의 현장 치기콘크리트의 최소피복두께에서 수중에서 타설하는 콘크리트는 최소 100mm 이상이다. 🔖 ①

04 필릿용접의 유효길이는 필릿용접의 총길이에서 2배의 필릿사이즈를 공제한 값으로 한다. 🔖 ④

05 현장 말뚝재하실험을 실시하는 방법에는 압축재하, 인발재하, 횡방향재하실험인 정재하실험방법과 동재하실험방법이 있다. 🔖 ③

03 프리스트레스하지 않는 부재의 현장치기콘크리트의 최소피복두께에 대한 설명으로 옳지 않은 것은?

① 수중에서 타설하는 콘크리트 : 80mm

② 옥외의 공기나 흙에 직접 접하지 않는 콘크리트 절판부재 : 20mm

③ 흙에 접하여 콘크리트를 친 후 영구히 흙에 묻혀 있는 콘크리트 : 75mm

④ 옥외의 공기나 흙에 직접 접하지 않는 콘크리트로 D35 이하의 철근을 사용한 슬래브 : 20mm

04 강구조의 용접접합에 대한 설명으로 옳지 않은 것은?

① 플러그 및 슬롯용접의 유효전단면적은 접합면 내에서 구멍 또는 슬롯의 공칭단면적으로 한다.

② 그루브용접의 유효길이는 접합되는 부분의 폭으로 한다.

③ 그루브용접의 유효면적은 용접의 유효길이에 유효목두께를 곱한 것으로 한다.

④ 필릿용접의 유효길이는 필릿용접의 총길이에서 4배의 필릿사이즈를 공제한 값으로 한다.

05 현장 말뚝재하실험에 대한 설명으로 옳지 않은 것은?

① 말뚝재하실험은 지지력 확인, 변위량 추정, 시공방법과 장비의 적합성 확인 등을 위해 수행한다.

② 말뚝재하실험에는 압축재하, 인발재하, 횡방향재하실험이 있다.

③ 말뚝재하실험을 실시하는 방법으로 정재하실험방법은 고려할 수 있으나, 동재하실험방법을 사용해서는 안 된다.

④ 압축정재하실험의 수량은 지반조건에 큰 변화가 없는 경우 구조물별로 1회 실시한다.

06 다음 미소 응력 요소의 평면 응력 상태($\sigma_x = 4\text{MPa}$, $\sigma_y = 0$ MPa, $\tau = 2\text{MPa}$)에서 최대 주응력의 크기는?

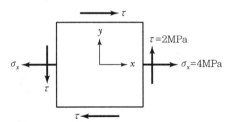

① $4 + 2\sqrt{2}$ MPa

② $2 + 2\sqrt{2}$ MPa

③ $4 + \sqrt{2}$ MPa

④ $2 + \sqrt{2}$ MPa

06 주응력의 크기 공식

$$\sigma = \frac{\sigma}{2} \pm \frac{1}{2}\sqrt{\sigma^2 + 4\tau^2}$$

$$\therefore \sigma_{\max} = \frac{4}{2} + \frac{1}{2}\sqrt{4^2 + 4 \times 2^2}$$

$$= 2 + 2\sqrt{2}\ \text{MPa} \quad 📖 ②$$

07 다음 단순보에 등변분포하중이 작용할 때, 각 지점의 수직 반력의 크기는? (단, 부재의 자중은 무시한다.)

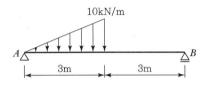

	A지점	B지점
①	20kN	10kN
②	15kN	10kN
③	10kN	5kN
④	12kN	3kN

07 (1) $\sum M_B = 0$에서

$$(R_A \times 6) - \left(10 \times 3 \times \frac{1}{2}\right) \times 4 = 0$$

$$\therefore R_A = 10\text{kN}$$

(2) $\sum V = 0$에서

$R_A + R_B = 15\text{kN}$

($\because R_A = 10\text{kN}$ 대입)

$$\therefore R_B = 5\text{kN} \quad 📖 ③$$

08 목재의 기준 허용휨응력 F_b로부터 설계 허용휨응력 $F_b{'}$을 결정하기 위해서 적용되는 보정계수에 해당하지 않는 것은?

① 좌굴강성계수 C_T

② 습윤계수 C_M

③ 온도계수 C_t

④ 형상계수 C_f

08 목재의 기준 허용휨응력 F_b로부터 설계 허용휨응력 $F_b{'}$을 결정하기 위해서 적용되는 보정계수에는 하중기간계수, 습윤계수, 온도계수, 보안정계수, 치수계수, 부피계수, 평면사용계수, 반복부재계수, 곡률계수, 형상계수, 인사이징계수가 있다. 📖 ①

09 F10T 고장력볼트의 나사부가 전단면에 포함되지 않을 경우, 지압접합의 공칭전단강도(F_{nv})는?

① 300MPa

② 400MPa

③ 500MPa

④ 600MPa

09 F10T 고장력볼트의 나사부가 전단면에 포함되지 않을 경우, 지압접합의 공칭전단강도(F_{nv})는 500MPa이고, 나사부가 전단면에 포함될 경우, 지압접합의 공칭전단강도(F_{nv})는 400MPa이다. 📖 ③

10 프리캐스트 및 프리스트레스트 콘크리트 구조물은 일체식 구조물에서 요구되는 안전성 및 사용성에 관한 조건을 갖추고 있는 경우에 한하여 내진구조로 다룰 수 있다. 🗂 ②

10 콘크리트구조의 내진설계 시 고려사항에 대한 설명으로 옳지 않은 것은?

① 지진력에 의한 휨모멘트 및 축력을 받는 특수모멘트 골조에 사용하는 철근은 일반구조용 철근이 실제 항복강도에 대한 실제 인장강도의 비가 1.25 이상인 경우, 골조, 구조벽체의 소성영역 및 연결보의 주철근으로 사용할 수 있다.

② 프리캐스트 및 프리스트레스트 콘크리트 구조물은 일체식 구조물에서 요구되는 안전성 및 사용성에 관한 조건을 갖추고 있지 않더라도 내진구조로 다룰 수 있다.

③ 지진력에 의한 휨모멘트 및 축력을 받는 중간모멘트골조와 특수모멘트골조, 그리고 특수철근콘크리트 구조벽체 소성영역과 연결보에 사용하는 철근은 설계기준항복강도(f_y)가 600MPa 이하이어야 한다.

④ 구조물의 진동을 감소시키기 위하여 관련 구조전문가에 의해 설계되고 그 성능이 실험에 의해 검증된 진동감쇠장치를 사용할 수 있다.

11 트러스는 2개 이상의 직선 부재의 양단을 마찰이 없는 힌지로 연결한 구조물로 단순지점일 경우 정정구조물이다. 🗂 ④

11 그림과 같이 트러스구조의 상단에 10kN의 수평하중이 작용할 때, 옳지 않은 것은? (단, 부재의 자중은 무시한다.)

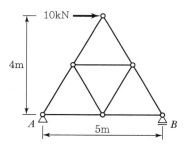

① 트러스의 모든 절점은 활절점이다.
② A지점의 수직반력은 하향으로 8kN이다.
③ B지점의 수평반력은 0이다.
④ 1차 부정정구조물이다.

12 조적구조의 벽체를 보강하기 위한 테두리보의 역할에 대한 설명으로 옳지 않은 것은?

① 기초판 위에 설치하여 조적벽체의 부동침하를 방지한다.

② 조적벽체에 작용하는 하중에 의한 수직 균열을 방지한다.

③ 조적벽체 상부의 하중을 균등하게 분산시킨다.

④ 조적벽체를 일체화하여 벽체의 강성을 증대시킨다.

12 기초판 위에 설치하여 조적벽체의 부동침하를 방지하는 것은 지중보이다.
📄 ①

13 조적구조에 대한 설명으로 옳지 않은 것은?

① 조적구조에서 기초의 부동침하는 조적 벽체 균열의 발생 원인이 될 수 있다.

② 보강조적이란 보강근이 조적체와 결합하여 외력에 저항하는 조적시공 형태이다.

③ 조적구조에 사용되는 그라우트의 압축강도는 조적개체의 압축강도의 1.3배 이상으로 한다.

④ 통줄눈으로 시공한 벽체는 막힌줄눈으로 시공한 벽체보다 수직하중에 대한 균열 저항성이 크다.

13 막힌줄눈으로 시공한 벽체는 통줄눈으로 시공한 벽체보다 수직하중에 대한 균열 저항성이 크다.
📄 ④

14 철근과 콘크리트의 재료특성과 휨 및 압축을 받는 철근콘크리트 부재의 설계가정에 대한 설명으로 옳지 않은 것은? (단, $f_{ck} \leq 90\text{MPa}$)

① 철근은 설계기준항복강도가 높아지면 탄성계수도 증가한다.

② 콘크리트 압축응력 분포와 콘크리트변형률 사이의 관계는 직사각형, 사다리꼴, 포물선형 또는 강도의 예측에서 광범위한 실험의 결과와 실질적으로 일치하는 어떤 형상으로도 가정할 수 있다.

③ 등가직사각형 응력블록계수 β_1의 범위는 $0.70 \leq \beta_1 \leq 0.80$이다.

④ 철근의 변형률이 f_y에 대응하는 변형률보다 큰 경우 철근의 응력은 변형률에 관계없이 f_y로 하여야 한다.

14 철근의 탄성계수는 설계기준항복강도의 증감에 관계없이 일정한 값을 갖는다.
📄 ①

15 압연 H형강 휨재의 플랜지는 강구조의 국부좌굴에 대한 단면의 분류에서 한쪽 면에만 지지된 비구속판요소에 해당한다. 답 ①

16

하중의 종류	하중조합
장기하중	$D + L + T_i(P_i)$
단기하중	$D + L + S + T_i(P_i)$
	$D + L + W + T_i(P_i)$

여기서, D : 고정하중

L : 활하중

S : 적설하중

W : 풍하중

T_i : 초기장력

P_i : 내부압력(공기막구조)

답 ②

17 축방향철근의 철근비는 0.01 이상, 0.06 이하이어야 한다. 답 ③

18 ① 모멘트－저항골조 시스템에서의 철근콘크리트 보통모멘트 골조 : 3

② 내력벽시스템에서의 철근콘크리트 보통전단벽 : 4

③ 건물골조시스템에서의 철근콘크리트 보통전단벽 : 5

④ 철근콘크리트 보통 전단벽－골조 상호작용 시스템 : 4.5 답 ①

15 강구조의 국부좌굴에 대한 단면의 분류에서 구속판요소에 해당하지 않는 것은?

① 압연 H형강 휨재의 플랜지

② 압축을 받는 원형강관

③ 휨을 받는 원형강관

④ 휨을 받는 ㄷ형강의 웨브

16 막구조 및 케이블 구조의 허용응력 설계법에 따른 하중조합으로 옳지 않은 것은?

① 고정하중＋활하중＋초기장력

② 고정하중＋활하중＋강우하중＋초기장력

③ 고정하중＋활하중＋풍하중＋초기장력

④ 고정하중＋활하중＋적설하중＋초기장력

17 휨모멘트와 축력을 받는 특수모멘트골조의 부재에 대한 설명으로 옳지 않은 것은?

① 단면의 도심을 지나는 직선상에서 잰 최소단면치수는 300mm 이상이어야 한다.

② 횡방향철근의 연결철근이나 겹침후프철근은 부재의 단면 내에서 중심간격이 350mm 이내가 되도록 배치하여야 한다.

③ 축방향철근의 철근비는 0.01 이상, 0.08 이하이어야 한다.

④ 최소단면치수의 직각방향 치수에 대한 길이비는 0.4 이상이어야 한다.

18 내진설계 시 반응수정계수(R)가 가장 작은 구조형식은?

① 모멘트－저항골조 시스템에서의 철근콘크리트 보통모멘트 골조

② 내력벽시스템에서의 철근콘크리트 보통전단벽

③ 건물골조시스템에서의 철근콘크리트 보통전단벽

④ 철근콘크리트 보통 전단벽－골조 상호작용 시스템

19 다음 그림은 휨모멘트만을 받는 철근콘크리트 보의 극한상태에서 변형률 분포를 나타낸 것이다. 휨모멘트에 대한 설계강도를 산정할 때 적용되는 강도감소계수는? (단, f_y = 400MPa, f_{ck} = 24MPa이다.)

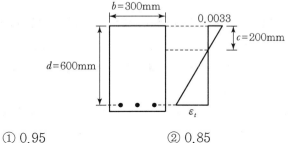

① 0.95

② 0.85

③ 0.75

④ 0.65

20 강구조에서 조립인장재에 대한 설명으로 옳지 않은 것은?

① 판재와 형강 또는 2개의 판재로 구성되어 연속적으로 접촉되어 있는 조립인장재의 재축방향 긴결간격은 대기 중 부식에 노출된 도장되지 않은 내후성강재의 경우 얇은 판두께의 24배 또는 280mm 이하로 해야 한다.

② 판재와 형강 또는 2개의 판재로 구성되어 연속적으로 접촉되어 있는 조립인장재의 재축방향 긴결간격은 도장된 부재 또는 부식의 우려가 없어 도장되지 않은 부재의 경우 얇은 판두께의 24배 또는 300mm 이하로 해야 한다.

③ 띠판은 조립인장재의 비충복면에 사용할 수 있으며, 띠판에서의 단속용접 또는 파스너의 재축방향 간격은 150mm 이하로 한다.

④ 끼움판을 사용한 2개 이상의 형강으로 구성된 조립인장재는 개재의 세장비가 가급적 300을 넘지 않도록 한다.

19 (1) 최외단 인장철근의 순인장변형률 (ε_t)

$$\therefore \varepsilon_t = \frac{0.0033 \times (d_t - c)}{c}$$

$$= \frac{0.0033 \times (600 - 200)}{200}$$

$$= 0.0066$$

(2) 변형률 한계(f_y = 400MPa)
인장지배 변형률 한계(0.005)
< ε_t(0.0066)

∴ 인장지배 단면의 강도감소계수
= 0.85　　답 ②

20 판재와 형강 또는 2개의 판재로 구성되어 연속적으로 접촉되어 있는 조립인장재의 재축방향 긴결간격은 대기 중 부식에 노출된 도장되지 않은 내후성강재의 경우 얇은 판두께의 14배 또는 180mm 이하로 해야 한다.　답 ①

| 정답 | 및 해설 |

01 허용응력설계법은 탄성이론에 의한 구조해석으로 산정한 부재단면의 응력이 허용응력을 초과하지 아니하도록 구조부재를 설계하는 방법이다.
目 ①

02 재하할 실험하중은 해당 구조 부분에 작용하고 있는 고정하중을 포함하여 설계하중의 85%, 즉 $0.85(1.2D+1.6L)$ 이상이어야 한다.
目 ②

---

01 건축물 구조설계법에 대한 설명으로 옳지 않은 것은?

① 허용응력설계법은 탄성이론에 의한 구조해석으로 산정한 부재단면의 응력이 허용응력을 초과하도록 구조부재를 설계하는 방법이다.

② 강도설계법은 구조부재를 구성하는 재료의 비탄성거동을 고려하여 산정한 부재단면의 공칭강도에 강도감소계수를 곱한 설계강도가 계수하중에 의한 소요강도 이상이 되도록 구조부재를 설계하는 방법이다.

③ 성능설계법은 건축설계기준에서 규정한 목표성능을 만족하면서 건축구조물을 건축주가 선택한 성능지표에 만족하도록 설계하는 방법이다.

④ 한계상태설계법은 한계상태를 명확히 정의하여 하중 및 내력의 평가에 준해서 한계상태에 도달하지 않는 것을 확률통계적 계수를 이용하여 설정하는 설계법이다.

02 콘크리트구조 현장재하실험에 대한 설명으로 옳지 않은 것은?

① 재하할 보나 슬래브 수와 하중배치는 강도가 의심스러운 구조부재의 위험단면에서 최대응력과 처짐이 발생하도록 결정하여야 한다.

② 재하할 실험하중은 해당 구조 부분에 작용하고 있는 고정하중을 포함하여 설계하중의 75% 이상이어야 한다.

③ 실험하중은 4회 이상 균등하게 나누어 증가시켜야 한다.

④ 측정된 최대처짐과 잔류처짐이 허용기준을 만족하지 않을 때 재하실험을 반복할 수 있다.

03 건축구조물에서 각 날짜에 타설한 각 등급의 콘크리트 강도 시험용 시료를 채취하는 기준으로 옳지 않은 것은?

① 하루에 1회 이상

② 150m^{3}당 1회 이상

③ 슬래브나 벽체의 표면적 500m^{2}마다 1회 이상

④ 배합이 변경될 때마다 1회 이상

04 조적조 기준압축강도 확인에 대한 설명으로 옳지 않은 것은?

① 시공 전에는 규정에 따라 5개의 프리즘을 제작하여 시험한다.

② 구조설계에 규정된 허용응력의 $\frac{1}{2}$을 적용한 경우, 시공 중 시험을 반드시 시행해야 한다.

③ 구조설계에 규정된 허용응력을 모두 적용한 경우, 벽면적 500m^{2}당 3개의 프리즘을 규정에 따라 제작하여 시험한다.

④ 기시공된 조적조의 프리즘시험은 벽면적 500m^{2}마다 품질을 확인하지 않은 부분에서 재령 28일이 지난 3개의 프리즘을 채취한다.

05 목구조 바닥에 대한 설명으로 옳지 않은 것은?

① 바닥구조는 수직하중에 대하여 충분한 강도와 강성을 가져야 한다.

② 바닥구조는 바닥구조에 전달되는 수평하중을 안전하게 골조와 벽체에 전달할 수 있는 강도와 강성을 지녀야 한다.

③ 구조용 바닥판재로 구성된 플랜지재는 수평하중에 의해 발생하는 면내전단력에 대해 충분한 강도와 강성을 지녀야 한다.

④ 바닥격막구조의 구조형식에는 수평격막구조, 수평트러스 등이 있다.

---

03 KDS 41 30 00 : 120m^{3}당 1회 이상
답 ②

04 구조설계에 규정된 허용응력의 $\frac{1}{2}$을 적용한 경우, 시공 중 시험은 필요하지 않다.
답 ②

05 구조용 바닥판재로 구성된 웨브재는 수평하중에 의해 발생하는 면내전단력에 대해 충분한 강도와 강성을 지녀야 한다.
답 ③

06 D32 이하의 축방향철근은 D10 이상의 띠철근으로, D35 이상의 축방향 철근과 다발철근은 D13 이상의 띠철근으로 둘러싸야 하며, 이 경우 띠철근 대신 등가단면적의 이형철선과 용접철망을 사용할 수 있다. **답** ③

06 보통모멘트골조에서 압축을 받는 철근콘크리트 기둥의 띠철근에 대한 설명으로 옳지 않은 것은? (단, 전단이나 비틀림 보강철근 등이 요구되는 경우, 실험 또는 구조해석 검토에 의한 예외사항 등과 같은 추가 규정은 고려하지 않는다.)

① 모든 모서리 축방향철근은 135° 이하로 구부린 띠철근의 모서리에 의해 횡지지되어야 한다.

② 띠철근의 수직간격은 축방향 철근지름의 16배 이하, 띠철근이나 철선지름의 48배 이하, 또한 기둥단면의 최소 치수 이하로 하여야 한다.

③ D35 이상의 축방향 철근은 D10 이상의 띠철근으로 둘러싸야 하며, 이 경우 띠철근 대신 용접철망을 사용할 수 없다.

④ 기초판 또는 슬래브의 윗면에 연결되는 기둥의 첫 번째 띠철근 간격은 다른 띠철근 간격의 $\frac{1}{2}$ 이하로 하여야 한다.

07 ② 항복강도(F_y)는 275MPa이다.
③ 탄성계수(E)는 210,000 MPa이다.
④ 전단탄성계수(G)는 81,000 MPa이다. **답** ①

07 건축물 강구조 설계기준에서 SS275 강종의 압연H형강 H-400×200×8×13의 강도 및 재료정수로 옳은 것은?

① 인장강도(F_u)는 410MPa이다.
② 항복강도(F_y)는 265MPa이다.
③ 탄성계수(E)는 205,000MPa이다.
④ 전단탄성계수(G)는 79,000MPa이다.

08 ① 고장력볼트 구멍중심 간 거리는 공칭직경의 2.5배 이상으로 한다.
② 고장력볼트 밀착조임은 임팩트렌치로 수 회 또는 일반렌치로 최대한 조이는 조임법이다.
③ 고장력볼트는 용접과 조합하여 하중을 부담시킬 수 없고, 고장력볼트와 용접을 병용할 경우 용접에 전체하중을 부담시킨다. **답** ④

08 강구조 고장력볼트 접합의 일반사항에 대한 설명으로 옳은 것은?

① 고장력볼트 구멍중심 간 거리는 공칭직경의 2.0배 이상으로 한다.

② 고장력볼트 전인장조임은 임팩트렌치로 수 회 또는 일반렌치로 최대한 조이는 조임법이다.

③ 고장력볼트는 용접과 조합하여 하중을 부담시킬 수 없고, 고장력볼트와 용접을 병용할 경우 고장력볼트에 전체하중을 부담시킨다.

④ 고장력볼트 마찰접합에서 하중이 접합부의 단부를 향할 때는 적절한 설계지압강도를 갖도록 검토하여야 한다.

09 길이가 L이고 변형이 구속되지 않은 트러스 부재가 온도변화 ΔT에 의해 일어나는 축방향 변형률(ε)은? (단, 트러스 부재의 재료는 열팽창계수 α인 등방성 균질재료로 온도변화에 따라 선형변형한다.)

① $\varepsilon = \alpha(\Delta\text{T})$　　　　② $\varepsilon = \alpha(\Delta\text{T})\sqrt{\text{L}}$

③ $\varepsilon = \alpha(\Delta\text{T})\text{L}$　　　　④ $\varepsilon = \alpha(\Delta\text{T})\text{L}^2$

09 (1) 온도 변형량 : $\delta_t = \alpha \times \Delta T \times L$

(2) 온도 변형률 : $\varepsilon_t = \dfrac{\delta_t}{L} = \alpha \times \Delta T$

🖫 ①

10 그림과 같이 AB구간과 BC구간의 단면이 상이한 캔틸레버 보에서 B점에 집중하중 P가 작용할 때, 자유단인 C점의 처짐은? (단, AB구간과 BC구간의 휨강성은 각각 2EI와 EI이며 자중을 포함한 기타 하중의 영향은 무시한다.)

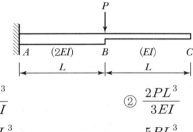

① $\dfrac{PL^3}{3EI}$　　　　② $\dfrac{2PL^3}{3EI}$

③ $\dfrac{5PL^3}{6EI}$　　　　④ $\dfrac{5PL^3}{12EI}$

10 중첩의 원리에 의해

$\delta_C = \delta_B + \theta_B \times L$

$= \dfrac{PL^3}{3 \times 2EI} + \dfrac{PL^2}{2 \times 2EI} \times L$

$= \dfrac{5PL^3}{12EI}$

🖫 ④

11 항복점 이상의 응력을 받는 금속재료가 소성변형을 일으켜 파괴되지 않고 변형을 계속하는 성질은?

① 연성　　　　② 취성

③ 탄성　　　　④ 강성

11 ② 취성 : 물체에 외벽을 가할 때 탄성 한계가 적으면 그 한계를 넘자마자 파괴를 일으키는 성질을 말한다.

③ 탄성 : 외부 힘에 의하여 변형을 일으킨 물체가 힘이 제거되었을 때 원래의 모양으로 되돌아가려는 성질을 말한다.

④ 강성 : 구조물이나 구조부재의 변형에 대한 저항능력을 말하며, 발생한 변위 또는 회전에 대한 적용된 힘 또는 모멘트의 비율을 말한다.

🖫 ①

12 건축물 중요도계수가 클수록 밑면전단력은 증가한다. **답** ②

13 면진구조는 건물이 기초부분에 부착된 면진 장치가 진동에너지를 흡수하는 구조이며, 면진장치의 종류에는 납보강 고무탄성받침, 고감쇠 고무받침, 강재 댐퍼, 점성댐퍼 등이 있다. **답** ④

14 경사스터럽과 굽힘철근은 부재의 중간 높이에서 반력점 방향으로 주인장철근까지 연장된 45°선과 한 번 이상 교차되도록 배치하여야 한다. **답** ④

12 등가정적해석법에 의한 내진설계에서 밑면전단력 산정에 대한 설명으로 옳지 않은 것은?
① 반응수정계수가 클수록 밑면전단력은 감소한다.
② 건축물 중요도계수가 클수록 밑면전단력은 감소한다.
③ 건축물 고유주기가 클수록 밑면전단력은 감소한다.
④ 유효건물중량이 작을수록 밑면전단력은 감소한다.

13 설계지진 시 큰 횡변위가 발생되도록 상부구조와 하부구조 사이에 설치하는 수평적으로 유연하고 수직적으로 강한 구조요소는?
① 능동질량감쇠기   ② 동조질량감쇠기
③ 점탄성감쇠기   ④ 면진장치

14 보통모멘트골조에서 철근콘크리트 보의 전단철근 설계에 대한 설명으로 옳지 않은 것은? (단, 스트럿－타이모델에 따라 설계하지 않은 일반적인 보 부재로, 전단철근에 의한 전단강도는 콘크리트에 의한 전단강도의 2배 이하이며, d는 보의 유효깊이이다.)
① 용접이형철망을 사용한 전단철근의 설계기준항복강도는 600MPa를 초과할 수 없다.
② 부재축에 직각으로 배치된 전단철근의 간격은 철근콘크리트 부재인 경우 $\frac{d}{2}$ 이하 또한 600 mm 이하로 하여야 한다.
③ 종방향 철근을 구부려 전단철근으로 사용할 때는 그 경사길이의 중앙 $\frac{3}{4}$만이 전단철근으로서 유효하다.
④ 경사스터럽과 굽힘철근은 부재의 중간 높이에서 반력점 방향으로 주인장철근까지 연장된 30°선과 한 번 이상 교차되도록 배치하여야 한다.

15 현장타설콘크리트말뚝 구조세칙으로 옳지 않은 것은?

① 현장타설콘크리트말뚝의 선단부는 지지층에 확실히 도달시켜야 한다.

② 현장타설콘크리트말뚝은 특별한 경우를 제외하고 주근은 4개 이상 또한 설계단면적의 0.25% 이상으로 하고 띠철근 또는 나선철근으로 보강하여야 한다.

③ 저부의 단면을 확대한 현장타설콘크리트말뚝의 측면경사가 수직면과 이루는 각이 30°를 초과할 경우, 전단력에 대해 검토하여 사용하도록 한다.

④ 현장타설콘크리트말뚝을 배치할 때 그 중심간격은 말뚝머리지름의 2.0배 이상 또한 말뚝머리 지름에 1,000mm를 더한 값 이상으로 한다.

16 강구조 H형단면 부재에서 플랜지에 수직이며 웨브에 대하여 대칭인 집중하중을 받는 경우, 플랜지와 웨브에 대하여 검토하는 항목이 아닌 것은? (단, 한쪽의 플랜지에 집중하중을 받는 경우이다.)

① 웨브크리플링강도 ② 웨브횡좌굴강도
③ 블록전단강도 ④ 플랜지국부휨강도

17 기초구조 및 지반에 대한 설명으로 옳은 것은?

① 2개의 기둥으로부터의 응력을 하나의 기초판을 통해 지반 또는 지정에 전달하도록 하는 기초는 연속기초이다.

② 구조물을 지지할 수 있는 지반의 최대저항력은 지반의 허용지지력이다.

③ 직접기초에 따른 기초판 또는 말뚝기초에서 선단과 지반 간에 작용하는 압력은 지내력이다.

④ 지지층에 근입된 말뚝의 주위 지반이 침하하는 경우 말뚝 주면에 하향으로 작용하는 마찰력은 부마찰력이다.

---

15 저부의 단면을 확대한 현장타설콘크리트말뚝의 측면경사가 수직면과 이루는 각이 30° 이하로 하고, 전단력에 대해 검토하여 사용하도록 한다. **답** ③

16 블록전단강도는 인장재 설계시 고려사항이다. **답** ③

17 ① 2개의 기둥으로부터의 응력을 하나의 기초판을 통해 지반 또는 지정에 전달하도록 하는 기초는 복합기초이다.
② 구조물을 지지할 수 있는 지반의 최대저항력은 지반의 극한지지력이다.
③ 직접기초에 따른 기초판 또는 말뚝기초에서 선단과 지반 간에 작용하는 압력은 접지압이다. **답** ④

18 c값(철근간격 또는 피복두께에 관련된 치
수)는 철근 또는 철선의 중심부터 콘크리
트 표면까지의 최단거리(5+40=45mm)
또는 정착되는 철근 또는 철선의 중심간
거리의 1/2(75×1/2=37.5mm) 중 작은
값을 사용하여 mm 단위로 나타내면
37.5mm이다.　　　　　　📖 ②

19 ② 인장을 받는 용접이형철망은 정착
길이 내에 교차철선이 없을 경우
철망계수를 1.0으로 한다.
③ 겹침이음길이 사이에 교차철선이
없는 인장을 받는 용접이형철망의
겹침이음은 이형철선의 겹침이음
규정에 따라야 한다.
④ 뚜렷한 항복점이 없는 경우, 0.002
의 변형률에서 강재의 탄성계수와
같은 기울기로 직선을 그은 후 응
력−변형률 곡선과 만나는 점의 응
력을 항복강도로 결정하여야 한다.
　　　　　　📖 ①

---

18 그림과 같은 철근콘크리트 보에서 인장을 받는 6가닥의 D25
주철근이 모두 한곳에서 정착된다고 가정할 때, 주철근의 직선
정착길이 산정을 위한 c값(철근간격 또는 피복두께에 관련된
치수)은? (단, D25 주철근은 최대 등간격으로 배치되어 있고, D10
스터럽의 굽힘부 내면반지름과 마디는 고려하지 않으며, D10, D25
철근 직경은 각각 10mm, 25mm로 계산한다.)

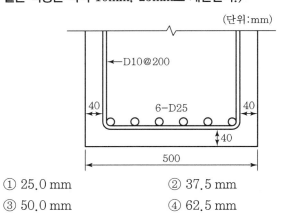

① 25.0 mm　　　　　② 37.5 mm
③ 50.0 mm　　　　　④ 62.5 mm

19 콘크리트구조에서 용접철망에 대한 설명으로 옳은 것은?

① 냉간신선 공정을 통하여 가공되므로 연신율이 감소되어 큰
연성이 필요한 부위에 사용할 경우 주의가 필요하다.
② 인장을 받는 용접이형철망은 정착길이 내에 교차철선이 없
을 경우 철망계수를 1.5로 한다.
③ 겹침이음길이 사이에 교차철선이 없는 인장을 받는 용접이형
철망의 겹침이음은 이형철선 겹침이음길이의 1.3배로 한다.
④ 뚜렷한 항복점이 없는 경우, 인장변형률 0.003일 때의 응력
을 항복강도로 사용한다.

20 그림과 같이 양단고정보에 등분포하중(w)과 집중하중(P)이 작용할 때, 고정단 휨모멘트(M_A, M_B)와 중앙부 휨모멘트(M_C)의 절댓값 비는? (단, 부재의 휨강성은 EI로 동일하며, 자중을 포함한 기타 하중의 영향은 무시한다.)

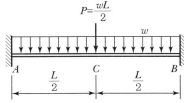

① $|M_A| : |M_C| : |M_B| = 1.2 : 1.0 : 1.2$

② $|M_A| : |M_C| : |M_B| = 1.4 : 1.0 : 1.4$

③ $|M_A| : |M_C| : |M_B| = 1.6 : 1.0 : 1.6$

④ $|M_A| : |M_C| : |M_B| = 2.0 : 1.0 : 2.0$

20 (1) 중앙부 : 정(+)모멘트

$$M_C = \frac{\left(\dfrac{wL}{2}\right) \times L}{8} + \frac{wL^2}{24} = \frac{5wL^2}{48}$$

(2) 양단부 : 부(−)모멘트

$$M_{A,B} = \frac{\left(\dfrac{wL}{2}\right) \times L}{8} + \frac{wL^2}{12} = \frac{7wL^2}{48}$$

∴ $|M_A| : |M_C| : |M_B| = 7 : 5 : 7$

$= 1.4 : 1.0 : 1.4$

답 ②

| 정답 | 및 해설

01 건축구조물의 구조설계 원칙은 안전성, 사용성, 내구성, 친환경성이다.
답 ②

02 기초형식은 지반조사 결과에 따라 달라지며, 직접기초에서는 기초 저면의 크기와 형상, 말뚝기초에서는 그 제원, 개수, 배치 등을 결정하여야 한다.
답 ④

03 전체 단면적에 대한 주철근 단면적의 비율은 1% 이상 8% 이하로 한다.
답 ③

01 건축구조물의 구조설계 원칙으로 규정되어 있지 않은 것은?

① 친환경성   ② 경제성
③ 사용성   ④ 내구성

02 기초구조 설계 시 고려해야 할 사항으로 옳지 않은 것은?

① 기초의 침하가 허용침하량 이내이고, 가능하면 균등해야 한다.
② 장래 인접대지에 건설되는 구조물과 그 시공에 따른 영향까지도 함께 고려하는 것이 바람직하다.
③ 동일 구조물의 기초에서는 가능한 한 이종형식기초의 병용을 피해야 한다.
④ 기초형식은 지반조사 전에 확정되어야 한다.

03 철근콘크리트 기둥의 배근 방법에 대한 설명으로 옳지 않은 것은?

① 주철근의 위치를 확보하고 전단력에 저항하도록 띠철근을 배치한다.
② 사각형띠철근 기둥은 4개 이상, 나선철근 기둥은 6개 이상의 주철근을 배근한다.
③ 전체 단면적에 대한 주철근 단면적의 비율은 0.4% 이상 8% 이하로 한다.
④ 하중에 의해 요구되는 단면보다 큰 단면으로 설계된 기둥의 경우, 감소된 유효단면적을 사용하여 최소 철근량을 결정할 수 있다.

04 그림은 휨모멘트와 축력을 동시에 받는 철근콘크리트 기둥의 공칭강도 상호작용곡선이다. 이에 대한 설명으로 옳지 않은 것은?

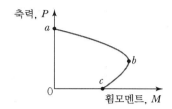

① 휨성능은 압축력의 크기에 따라서 달라진다.
② 구간 $a-b$에서 최외단 인장철근의 순인장변형률은 설계기준항복강도에 대응하는 변형률 이하이다.
③ 구간 $b-c$에서 압축연단 콘크리트는 극한변형률에 도달하지 않는다.
④ 점 b는 균형변형률 상태에 있다.

05 목구조의 설계허용응력 산정 시 적용하는 하중기간계수(C_D) 값이 큰 설계하중부터 순서대로 바르게 나열한 것은?

① 지진하중 > 적설하중 > 활하중 > 고정하중
② 지진하중 > 활하중 > 고정하중 > 적설하중
③ 활하중 > 지진하중 > 적설하중 > 고정하중
④ 활하중 > 고정하중 > 지진하중 > 적설하중

06 건축물의 지진력저항시스템에 대한 설명으로 옳지 않은 것은?

① 이중골조방식은 지진력의 25% 이상을 부담하는 연성모멘트골조가 전단벽이나 가새골조와 조합되어 있는 구조방식이다.
② 연성모멘트골조방식은 횡력에 대한 저항능력을 증가시키기 위하여 부재와 접합부의 연성을 증가시킨 모멘트골조방식이다.
③ 내력벽방식은 수직하중과 횡력을 모두 전단벽이 부담하는 구조방식이다.
④ 모멘트골조방식은 보와 기둥이 각각 횡력과 수직하중에 독립적으로 저항하는 구조방식이다.

04 구간 $b-c$에서 콘크리트의 변형률이 최대치에 도달하기 전에 인장철근이 항복하여 인장파괴되는 경우이며, 이는 곧 연성적인 거동을 의미한다.
🔖 ③

05 충격하중(2.0) > 풍하중 = 지진하중(1.6) > 시공하중(1.25) > 적설하중(1.15) > 활하중(1.0) > 고정하중(0.9)
🔖 ①

06 모멘트골조방식은 수직하중과 횡력을 보와 기둥으로 구성된 라멘골조가 휨모멘트, 전단력, 축력에 저항하는 구조방식을 말한다.
🔖 ④

07 (1) $P_{(가)} = \dfrac{\pi^2 EI}{(KL)^2} = \dfrac{\pi^2 EI}{L^2}$

(2) $P_{(나)} = \dfrac{\pi^2 EI}{(KL)^2} = \dfrac{\pi^2 2EI}{4L^2}$

∴ 탄성좌굴하중의 비

$= \dfrac{P_{(가)}}{P_{(나)}} = \dfrac{\dfrac{\pi^2 EI}{L^2}}{\dfrac{2\pi^2 EI}{4L^2}} = 2$

📑 ③

08 $R_A = \dfrac{5wL}{8}$, $R_B = \dfrac{3wL}{8}$

∴ $R_B = \dfrac{3wL}{8} = \dfrac{3 \times 8 \times 1}{8} = 3\text{kN}$

📑 ②

07 기둥 (가)와 (나)의 탄성좌굴하중을 각각 $P_{(가)}$와 $P_{(나)}$라 할 때, 두 탄성좌굴하중의 비($\dfrac{P_{(가)}}{P_{(나)}}$)는? (단, 기둥의 길이는 모두 같고, 휨강성은 각각의 기둥 옆에 표시한 값이며, 자중의 효과는 무시한다.)

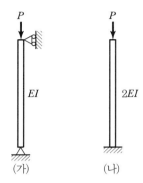

(가)   (나)

① 0.5   ② 1

③ 2   ④ 4

08 그림 (가)와 (나)의 캔틸레버 보 자유단 처짐이 각각 $\delta_{(가)} = \dfrac{wL^4}{8EI}$과 $\delta_{(나)} = \dfrac{PL^3}{3EI}$일 때, 그림 (다) 보의 B 지점 수직반력의 크기[kN]는? (단, 그림의 모든 보의 길이가 $L = 1\text{m}$이고, 전 길이에 걸쳐 탄성계수는 E, 단면2차모멘트는 I이며, 보의 자중은 무시한다.)

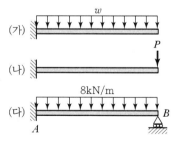

① 1   ② 3

③ 4   ④ 5

09 길이가 2m이고 단면이 50mm×50mm인 단순보에 10kN/m의 등분포하중이 부재 전 길이에 작용할 때, 탄성상태에서 보 단면에 발생하는 최대 휨응력의 크기[MPa]는? (단, 등분포하중은 보의 자중을 포함한다.)

① 240   ② 270

③ 300   ④ 320

10 그림과 같은 필릿용접부의 공칭강도[kN]는? (단, 용접재의 인장강도 F_w는 400MPa이며, 모재의 파단은 없다.)

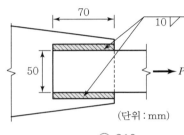

(단위 : mm)

① 168   ② 210

③ 240   ④ 280

11 프리스트레스하지 않는 부재의 현장치기콘크리트에서, 흙에 접하여 콘크리트를 친 후 영구히 흙에 묻혀 있는 콘크리트의 최소 피복 두께[mm]는?

① 100   ② 75

③ 60   ④ 40

12 조적식 구조에 대한 설명으로 옳지 않은 것은?

① 전단면적에서 채워지지 않은 빈 공간을 뺀 면적을 순단면적이라 한다.

② 한 내력벽에 직각으로 교차하는 벽을 대린벽이라 한다.

③ 가로줄눈에서 모르타르와 접한 조적단위의 표면적을 가로줄눈면적이라 한다.

④ 기준 물질과의 탄성비의 비례에 근거한 등가면적을 전단면적이라 한다.

---

09 $M_{max} = \dfrac{wl^2}{8} = \dfrac{10 \times 2^2}{8}$

$= 5 \text{kN} \cdot \text{m}$

$= 5 \times 10^6 \text{N} \cdot \text{mm}$

$\therefore \sigma_{max} = \dfrac{M}{Z} = \dfrac{5 \times 10^6}{\dfrac{bh^2}{6}}$

$= \dfrac{5 \times 10^6}{\dfrac{50 \times 50^2}{6}} = 240 \text{MPa}$

               ①

10 • 용접재의 공칭강도

$= 0.6 F_w = 0.6 \times 400 = 240 \text{MPa}$

• 용접재의 유효면적

$= a \times l$

$= (0.7 \times 10) \times (70 - 2 \times 10) \times 2$

$= 700 \text{mm}^2$

∴ 필릿용접부의 공칭강도 = 용접재의 공칭강도 × 용접재의 유효면적

$= 240 \times 700 = 168 \text{kN}$ ①

11 프리스트레스하지 않는 부재의 현장치기콘크리트에서, 흙에 접하여 콘크리트를 친 후 영구히 흙에 묻혀 있는 콘크리트의 최소 피복 두께는 75mm 이상으로 한다.   ②

12 기준 물질과의 탄성비의 비례에 근거한 등가면적을 환산단면적이라 한다.   ④

13 지반의 허용지지력은 지반의 극한지지력을 안전율로 나눈 값을 말하고, 지반의 극한지지력은 구조물을 지지할 수 있는 지반의 최대저항력을 말한다.   답 ④

14 응급시설이 있는 병원은 연면적에 관계없이 중요도(특)에 해당한다.   답 ③

15 $I_x = \dfrac{BH^3}{12} - \dfrac{bh^3}{12}$

$\quad = \dfrac{50 \times 100^3}{12} - \dfrac{40 \times 80^3}{12}$

$\quad = 2.46 \times 10^6 \, \text{mm}^4$ 답 ④

---

13 기초구조에 대한 설명으로 옳지 않은 것은?

① 독립기초는 기둥으로부터 축력을 독립으로 지반 또는 지정에 전달하도록 하는 기초이다.

② 부마찰력은 지지층에 근입된 말뚝의 주위 지반이 침하하는 경우 말뚝 주면에 하향으로 작용하는 마찰력이다.

③ 온통기초는 상부구조의 광범위한 면적 내의 응력을 단일 기초판으로 연결하여 지반 또는 지정에 전달하도록 하는 기초이다.

④ 지반의 허용지지력은 구조물을 지지할 수 있는 지반의 최대저항력이다.

14 건축물의 중요도 분류에 대한 설명으로 옳지 않은 것은?

① 15층 아파트는 연면적에 관계없이 중요도(1)에 해당한다.

② 아동관련시설은 연면적에 관계없이 중요도(1)에 해당한다.

③ 응급시설이 있는 병원은 연면적에 관계없이 중요도(1)에 해당한다.

④ 가설구조물은 연면적에 관계없이 중요도(3)에 해당한다.

15 그림과 같은 2축대칭 H형강 단면의 x 축에 대한 단면2차모멘트[mm⁴]는?

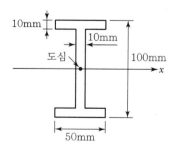

① 3.75×10^8 ② 5.75×10^6

③ 3.75×10^6 ④ 2.46×10^6

16 다음과 같은 전단력과 휨모멘트만을 받는 철근콘크리트 보에서 콘크리트에 의한 공칭전단강도[kN]는? (단, 계수전단력과 계수휨모멘트는 고려하지 않는다.)

- 보통중량콘크리트
- 콘크리트의 설계기준압축강도 : 25MPa
- 보의 복부 폭 : 300mm
- 인장철근의 중심에서 압축콘크리트 연단까지의 거리 : 500mm

① 100　　　　　　　② 125
③ 150　　　　　　　④ 175

17 그림과 같은 강구조 휨재의 횡틀림좌굴거동에 대한 설명으로 옳은 것은?

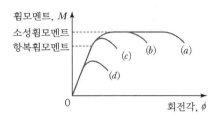

① 곡선 (a)는 보의 횡지지가 충분하고 단면도 콤팩트하여 보의 전소성모멘트를 발휘함은 물론 뛰어난 소성회전능력을 보이는 경우이다.
② 곡선 (b)는 (a)의 경우보다 보의 횡지지 길이가 작은 경우로서 보가 항복휨모멘트보다는 크지만 소성휨모멘트보다는 작은 휨강도를 보이는 경우이다.
③ 곡선 (c)는 탄성횡좌굴이 발생하여 항복휨모멘트보다 작은 휨강도를 보이는 경우이다.
④ 곡선 (d)는 보의 비탄성횡좌굴에 의해 한계상태에 도달하는 경우이다.

18 다음은 지진하중 산정 시 성능기반설계법의 최소강도규정이다. ( ) 안에 들어갈 내용은?

구조체의 설계에 사용되는 밑면전단력의 크기는 등가정적해석법에 의한 밑면전단력의 ( ) 이상이어야 한다.

① 70%　　　　　　　② 75%
③ 80%　　　　　　　④ 85%

16 $V_c = \frac{1}{6} \lambda \sqrt{f_{ck}} \, b_w d$

$= \frac{1}{6} \times 1 \times \sqrt{25} \times 300 \times 500$

$= 125 \text{kN}$　　　📖 ②

17 ② 곡선 (b)는 보의 약축세장비가 (a)의 경우보다 큰 경우로서 보는 소성모멘트에 도달하지만 회전변형 능력이 크지 않은 비탄성 거동을 보인다.
③ 곡선 (c)는 보의 약축세장비가 다소 큰 경우인데, 비탄성횡좌굴이 발생하여 소성모멘트보다는 작고 항복휨모멘트보다는 큰 휨강도를 보이는 경우이다.
④ 곡선 (d)는 보의 약축세장비가 매우 큰 경우로서 보의 탄성횡좌굴에 의해 한계상태에 도달하는 경우이다.　　📖 ①

18 성능기반설계법을 사용하여 설계할 때는 그 절차와 근거를 명확히 제시해야 하며, 전반적인 설계과정 및 결과는 설계자를 제외한 2인 이상의 내진공학 전문가로부터 타당성을 검증받아야 한다.　　📖 ②

19 설계기준항복강도가 400MPa일 경우 휨부재의 최소허용변형률은 0.004이므로 변화구간단면이 되고, 그때 강도감소계수는 직선보간한 값을 사용한다.

$\therefore$ 강도감소계수

$= 0.65 + (\varepsilon_t - 0.002) \times \dfrac{200}{3}$

$= 0.65 + (0.004 - 0.002) \times \dfrac{200}{3}$

$= 0.78$　　　　　　　 🔖 ③

20 • 푸아송비

$= \dfrac{\beta}{\varepsilon} = \dfrac{\dfrac{\Delta d}{d}}{\dfrac{\Delta l}{l}} = \dfrac{\dfrac{0.015}{60}}{\dfrac{0.5}{1,000}} = 0.5$

• 탄성계수

$= \dfrac{\sigma}{\varepsilon} = \dfrac{P}{A} \times \dfrac{l}{\Delta l}$

$= \dfrac{200,000}{2,827} \times \dfrac{1,000}{0.5} = 1.4 \times 10^5$　　 🔖 ④

---

19 스터럽으로 보강된 철근콘크리트 보를 설계기준항복강도 400MPa인 인장철근을 사용하여 설계하고자 한다. 공칭강도 상태에서 최외단 인장철근의 순인장변형률이 휨부재의 최소허용변형률과 같을 때, 휨모멘트에 대한 강도감소계수에 가장 가까운 값은?

① 0.73

② 0.75

③ 0.78

④ 0.85

20 길이 1m, 지름 60mm(단면적 2,827mm²)인 봉에 200kN의 순인장력이 작용하여 탄성상태에서 길이방향으로 0.5mm 늘어나고, 지름방향으로 0.015mm 줄어들었다. 이때, 봉 재료의 푸아송비 ν와 탄성계수 E에 가장 가까운 값은?

ν	E[MPa]
① 0.03	1.4×10^2
② 0.5	1.4×10^2
③ 0.03	1.4×10^5
④ 0.5	1.4×10^5

정답 | 및 해설

01 건축구조기준에서 설계하중에 대한 설명으로 옳지 않은 것은?

① 집중활하중에서 작용점은 각 구조부재에 가장 큰 하중효과를 일으키는 위치에 작용하도록 하여야 한다.
② 고정하중은 건축구조물 자체의 무게와 구조물의 생애주기 중 지속적으로 작용하는 수평하중을 말한다.
③ 풍하중은 각각의 설계풍압에 유효수압면적을 곱하여 산정한다.
④ 지진하중은 지진에 의한 지반운동으로 구조물에 작용하는 하중을 말한다.

01 고정하중은 건축구조물 자체의 무게와 구조물의 생애주기 중 지속적으로 작용하는 수직하중을 말한다. 🖉 ②

02 강구조 용접접합부에서 용접 후 검사 시에 발생될 수 있는 결함의 유형으로 옳지 않은 것은?

① 비드
② 블로홀
③ 언더컷
④ 오버랩

02 용접의 진행방향으로 1회의 용접조작을 패스라 하고, 그 결과 생기는 금속 용착부를 비드라 한다. 🖉 ①

03 철근콘크리트 기둥의 축방향 주철근이 겹침이음되어 있지 않을 경우, 주철근의 최대 철근비는?

① 1%
② 4%
③ 6%
④ 8%

03 철근콘크리트 기둥의 축방향 주철근이 겹침이음되어 있지 않을 경우, 주철근의 최소 철근비는 1% 이상이고, 최대 철근비는 8% 이하이다. 🖉 ④

04

구분	켄틸레버	단순지지	1단연속	양단연속
보 또는 리브(Rib)가 있는 1방향 슬래브	$\frac{l}{8}$	$\frac{l}{16}$	$\frac{l}{18.5}$	$\frac{l}{21}$
1방향 슬래브	$\frac{l}{10}$	$\frac{l}{20}$	$\frac{l}{24}$	$\frac{l}{28}$

탭 ①

05 변위의존형 감쇠장치는 하중응답이 주로 장치 양단부 사이의 상대변위에 의해 결정되는 감쇠장치로서, 근본적으로 장치 양단부의 상대속도와 진동수에는 독립적인 것을 말하고, 속도의존형 감쇠장치는 하중응답이 주로 장치 양단부 사이의 상대속도에 의해 결정되는 감쇠장치로서, 추가로 상대변위의 함수에 종속될 수도 있다. 탭 ②

06 조적조 벽체를 지지하는 기초판의 최대 계수휨모멘트를 계산할 때 위험단면은 벽체 중심과 벽체 면과의 중간 지점으로 한다. 탭 ①

04 보통중량콘크리트를 사용하고 설계기준항복강도가 400MPa인 철근을 사용할 경우, 처짐을 계산하지 않아도 되는 1방향 슬래브(슬래브 길이 l)의 최소 두께를 지지조건에 따라 나타낸 것으로 옳지 않은 것은? (단, 해당부재는 큰 처짐에 의해 손상되기 쉬운 칸막이벽이나 기타 구조물을 지지 또는 부착하지 않은 부재이다.)

① 단순 지지 : $l/18$ ② 1단 연속 : $l/24$
③ 양단 연속 : $l/28$ ④ 캔틸레버 : $l/10$

05 우리나라 건축물 내진설계기준의 일반사항에 대한 설명으로 옳지 않은 것은?

① 내진성능수준 – 설계지진에 대해 시설물에 요구되는 성능수준, 기능수행수준, 즉시복구수준, 장기복구/인명보호수준과 붕괴방지수준으로 구분
② 변위의존형 감쇠장치 – 하중응답이 주로 장치 양단부 사이의 상대속도에 의해 결정되는 감쇠장치로서, 추가로 상대변위의 함수에 종속될 수도 있음
③ 성능기반 내진설계 – 엄격한 규정 및 절차에 따라 설계하는 사양기반 설계에서 벗어나서 목표로 하는 내진성능수준을 달성할 수 있는 다양한 설계기법의 적용을 허용하는 설계
④ 응답스펙트럼 – 지반운동에 대한 단자유도 시스템의 최대 응답을 고유주기 또는 고유진동수의 함수로 표현한 스펙트럼

06 철근콘크리트 기초판 설계에 대한 설명으로 옳지 않은 것은?

① 조적조 벽체를 지지하는 기초판의 최대 계수휨모멘트를 계산할 때 위험단면은 벽체 중심과 단부 사이의 1/4 지점으로 한다.
② 휨모멘트에 대한 설계 시 1방향 기초판 또는 2방향 정사각형 기초판에서 철근은 기초판 전체 폭에 걸쳐 균등하게 배치하여야 한다.
③ 말뚝기초의 기초판 설계에서 말뚝의 반력은 각 말뚝의 중심에 집중된다고 가정하여 휨모멘트와 전단력을 계산할 수 있다.

④ 기초판 윗면부터 하부 철근까지 깊이는 직접기초의 경우는 150mm 이상, 말뚝기초의 경우는 300mm 이상으로 하여야 한다.

07 조적식 구조의 재료 및 강도설계법에 대한 설명으로 옳지 않은 것은?

① 시멘트성분을 지닌 재료 또는 첨가제들은 에폭시 수지와 그 부가물이나 페놀, 석면섬유 또는 내화점토를 포함할 수 없다.

② 모멘트 저항 벽체 골조의 설계전단강도는 공칭강도에 강도감소계수 0.8을 곱하여 산정한다.

③ 그라우트의 압축강도는 조적 개체 강도의 1.3배 이상으로 한다.

④ 보강근의 최소 휨직경은 직경 10mm에서 25mm까지는 보강근의 8배이고, 직경 29mm부터 35mm까지는 6배로 한다.

08 프리스트레스트 콘크리트 부재의 설계에 대한 설명으로 옳지 않은 것은?

① 프리스트레스트 콘크리트 휨부재는 미리 압축을 가한 인장구역에서 계수하중에 의한 인장연단응력의 크기에 따라 비균열등급, 부분균열등급, 완전균열등급으로 구분된다.

② 프리스트레스를 도입할 때의 응력 계산 시 균열단면에서 콘크리트는 인장력에 저항할 수 없는 것으로 가정한다.

③ 비균열등급과 부분균열등급 휨부재의 사용하중에 의한 응력은 비균열단면을 사용하여 계산한다.

④ 완전균열단면 휨부재의 사용하중에 의한 응력은 균열환산단면을 사용하여 계산한다.

07 보강근의 최소 휨직경은 직경 10mm에서 25mm까지는 보강근의 6배이고, 직경 29mm부터 35mm까지는 8배로 한다. 답 ④

08 프리스트레스트 콘크리트 휨부재는 미리 압축을 가한 인장구역에서 사용하중에 의한 인장연단응력의 크기에 따라 비균열등급, 부분균열등급, 완전균열등급으로 구분된다. 답 ①

09 ① 평지붕 구조일 경우 : 활하중에 의한 순간처짐이 부재 길이의 1/180 이하
③ 과도한 처짐에 위해 손상되기 쉬운 비구조 요소를 지지 또는 부착한 지붕 또는 바닥 구조일 경우 : 전체 처짐 중에서 비구조 요소가 부착된 후에 발생하는 처짐 부분이 부재 길이의 1/480 이하
④ 과도한 처짐에 위해 손상될 염려가 없는 비구조 요소를 지지 또는 부착한 지붕 또는 바닥 구조일 경우 : 전체 처짐 중에서 비구조 요소가 부착된 후에 발생하는 처짐 부분이 부재 길이의 1/240 이하   ② ②

10 비구조요소의 내진설계는 구조체의 내진설계와 분리하여 수행될 수 있다. 이때 설계계산서 혹은 시험성적서를 근거로 시공상세도가 작성되어야 하며 내진설계 책임 구조기술자에 의해 검토 및 승인되어야 한다.   ② ②

11 못접합부의 최대 못뽑기강도가 90N 이상인 것   ② ④

09 **과도한 처짐에 의해 손상되기 쉬운 비구조요소를 지지 또는 부착하지 않은 1방향 바닥구조의 최대 허용처짐 조건으로 옳은 것은?**

① 활하중에 의한 순간처짐이 부재 길이의 1/180 이하
② 활하중에 의한 순간처짐이 부재 길이의 1/360 이하
③ 전체 처짐 중에서 비구조 요소가 부착된 후에 발생하는 처짐 부분이 부재 길이의 1/480 이하
④ 전체 처짐 중에서 비구조 요소가 부착된 후에 발생하는 처짐 부분이 부재 길이의 1/240 이하

10 **비구조요소의 내진설계에 대한 설명으로 옳지 않은 것은?**

① 파라펫, 건물 외부의 치장벽돌 및 외부치장마감석재는 내진설계가 수행되어야 한다.
② 비구조요소의 내진설계는 구조체의 내진설계와 분리하여 수행할 수 없다.
③ 건축비구조요소는 캔틸레버 형식의 구조요소에서 발생하는 지점회전에 의한 수직방향 변위를 고려하여 설계되어야 한다.
④ 설계하중에 의한 비구조요소의 횡방향 혹은 면외방향의 휨이나 변형이 비구조요소의 변형한계를 초과하지 않아야 한다.

11 **목구조에 사용되는 구조용 합판의 품질기준으로 옳지 않은 것은?**

① 접착성으로 내수인장전단접착력이 0.7MPa 이상인 것
② 함수율이 13% 이하인 것
③ 못접합부의 최대 전단내력의 40%에 해당하는 값이 700N 이상인 것
④ 못접합부의 최대 못뽑기강도가 60N 이상인 것

12 용접 H 형강(H − 500 × 200 × 10 × 16) 보 웨브의 판폭두께비는?

① 42.0   ② 46.8

③ 54.8   ④ 56.0

13 말뚝재료의 허용응력에 대한 설명으로 옳지 않은 것은?

① 기성 콘크리트말뚝의 허용압축응력은 콘크리트설계기준강도의 최대 1/4까지를 말뚝재료의 허용압축응력으로 한다.

② 기성 콘크리트말뚝에 사용하는 콘크리트의 설계기준강도는 30MPa 이상으로 하고, 허용지지력은 말뚝의 최소단면에 대하여 구하는 것으로 한다.

③ 현장타설 콘크리트말뚝의 최대 허용압축하중은 각 구성요소의 재료에 해당하는 허용압축응력을 각 구성요소의 유효단면적에 곱한 각 요소의 허용압축하중을 합한 값으로 한다.

④ 강재말뚝의 허용압축력은 일반의 경우 부식 부분을 제외한 단면에 대해 재료의 항복응력과 국부좌굴응력을 고려하여 결정한다.

14 강구조 내화설계에 대한 용어의 설명으로 옳지 않은 것은?

① 내화강 − 크롬, 몰리브덴 등의 원소를 첨가한 것으로서 600℃의 고온에서도 항복점이 상온의 2/3 이상 성능이 유지되는 강재

② 설계화재 − 건축물에 실제로 발생하는 내화설계의 대상이 되는 화재의 크기

③ 구조적합시간 − 합리적이고 공학적인 해석방법에 의하여 화재발생으로부터 건축물의 주요 구조부가 단속 및 연속적인 붕괴에 도달하는 시간

④ 사양적 내화설계 − 건축물에 실제로 발생되는 화재를 대상으로 합리적이고 공학적인 해석방법을 사용하여 화재크기, 부재의 온도상승, 고온환경에서 부재의 내력 및 변형 등을 예측하여 건축물의 내화성능을 평가하는 내화설계방법

---

12 $\dfrac{h}{t} = \dfrac{500 - (16 \times 2)}{10} = \dfrac{468}{10} = 46.8$

답 ②

13 기성 콘크리트말뚝에 사용하는 콘크리트의 설계기준강도는 35MPa 이상으로 하고, 허용지지력은 말뚝의 최소단면에 대하여 구하는 것으로 한다.

답 ②

14 성능적 내화설계는 건축물에 실제로 발생되는 화재를 대상으로 합리적이고 공학적인 해석방법을 사용하여 화재크기, 부재의 온도상승, 고온환경에서 부재의 내력 및 변형 등을 예측하여 건축물의 내화성능을 평가하는 내화설계방법이고, 사양적 내화설계는 건축법규에 명시된 사양적 규정에 의거하여 건축물의 용도, 구조, 층수, 규모에 따라 요구내화시간 및 부재의 선정이 이루어지는 내화설계방법을 말한다. 답 ④

15 (1) $\delta_1 = \dfrac{P_1 L^3}{48EI} = \dfrac{P_1 \times 10^3}{48EI}$

(2) $\delta_2 = \dfrac{P_2 L^3}{48EI} = \dfrac{P_2 \times 5^3}{48EI}$

(3) $\delta_1 = \delta_2$ 일 경우

$$\dfrac{P_1 \times 10^3}{48EI} = \dfrac{P_2 \times 5^3}{48EI}$$

$\therefore P_2 / P_1 = 1,000 / 125 = 8$ 📖 ④

16 (1) $R_A = \dfrac{wL}{3} = \dfrac{w \times 6}{3} = 2w$

$R_B = \dfrac{wL}{6} = \dfrac{w \times 6}{6} = w$

(2) B점에서 전단력이 0인 위치가 휨모멘트가 최대

$S_x = w - \dfrac{wx^2}{12} = 0, \ x = 2\sqrt{3}$

$\therefore A$로부터의 최대 휨모멘트

$= 6 - 2\sqrt{3}$ m 📖 ③

17 ① 특수 모멘트 골조의 접합부는 최소 0.04rad의 층간변위각을 발휘할 수 있어야 한다.
② 특수 모멘트 골조의 경우, 기둥외주면에서 접합부의 계측휨강도는 0.04rad의 층간변위에서 적어도 보 공칭소성모멘트의 80% 이상을 유지해야 한다.
④ 보통 모멘트 골조의 반응수정계수는 3.5이다. 📖 ③

---

15 그림과 같은 두 단순지지보에서 중앙부 처짐량이 동일할 때, P_2 / P_1의 값은? (단, 보의 자중은 무시하고, 재질과 단면의 성질은 동일하며, 하중 P_1과 P_2는 보의 중앙에 작용한다.)

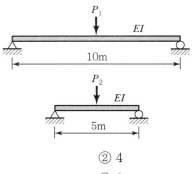

① 2 ② 4
③ 6 ④ 8

16 그림과 같이 단순지지보에 삼각형 분포하중이 작용 시, 지점 A로부터 최대 휨모멘트가 발생하는 점과의 거리는? (단, 보의 자중은 무시한다.)

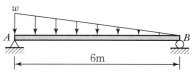

① $2\sqrt{3}$ m ② $3\sqrt{2}$ m
③ $6 - 2\sqrt{3}$ m ④ $6 - 3\sqrt{2}$ m

17 강구조 모멘트 골조의 내진설계기준에 대한 설명으로 옳은 것은?

① 특수 모멘트 골조의 접합부는 최소 0.03rad의 층간변위각을 발휘할 수 있어야 한다.
② 특수 모멘트 골조의 경우, 기둥외주면에서 접합부의 계측휨강도는 0.04rad의 층간변위에서 적어도 보 공칭소성모멘트의 70% 이상을 유지해야 한다.
③ 중간 모멘트 골조의 접합부는 최소 0.02rad의 층간변위각을 발휘할 수 있어야 한다.
④ 보통 모멘트 골조의 반응수정계수는 3이다.

18 그림과 같은 캔틸레버형 구조물의 부재 AB에서 지점 A로부터 휨모멘트가 0이 되는 점과의 거리는? (단, 부재의 자중은 무시한다.)

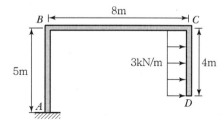

① 1m

② 2m

③ 3m

④ 5m

19 그림과 같은 길이가 L인 압축재가 부재의 중앙에서 횡방향 지지되어 있을 경우, 이 부재의 면내방향 탄성좌굴하중 (P_{cr})은? (단, 부재의 자중은 무시하고, 면외방향 좌굴은 발생하지 않는다고 가정하며, 부재 단면의 휨강성은 EI이다.)

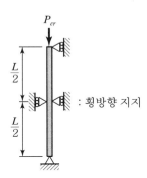

① $\dfrac{\pi^2 EI}{L^2}$

② $2\dfrac{\pi^2 EI}{L^2}$

③ $4\dfrac{\pi^2 EI}{L^2}$

④ $8\dfrac{\pi^2 EI}{L^2}$

18 (1) $H_A = 12\text{kN}\,(\leftarrow)$

　　　$M_A = -12 \times 3 = -36\text{kN} \cdot \text{m}$

　(2) $M_x = (12 \times x) - 36 = 0$

　　　$\therefore\ x = 3\text{m}$　　　　📖 ③

19 탄성좌굴하중

$$P_{cr} = \frac{\pi^2 EI}{(KL)^2} = \frac{\pi^2 EI}{\left(1 \times \dfrac{L}{2}\right)^2} = 4\frac{\pi^2 EI}{L^2}$$

📖 ③

20 크리프 계산에 사용되는 콘크리트의 초기접선탄성계수는 할선탄성계수의 1.18배로 한다. **정답 ④**

20 **콘크리트 구조의 설계원칙과 기준에 대한 설명으로 옳지 않은 것은?**

① 벽체의 전단철근 또는 용접 이형 철망을 제외한 전단철근의 설계기준항복강도는 500MPa을 초과할 수 없다.

② 철근콘크리트 부재축에 직각으로 배치된 전단철근의 간격은 600mm를 초과할 수 없다.

③ 콘크리트 구조물의 탄산화 내구성 평가에서 탄산화에 대한 허용 성능저하 한도는 탄산화 침투 깊이가 철근의 깊이까지 도달한 상태를 탄산화에 대한 허용 성능저하 한계상태로 정한다.

④ 크리프 계산에 사용되는 콘크리트의 초기접선탄성계수는 할선탄성계수의 0.9배로 한다.

정답 | 및 해설

01 플레이트거더에 대한 설명 중 옳지 않은 것은?

① 장경간인 경우 층고를 낮출 수 있는 장점이 있다.

② 일반적으로 플랜지는 휨에 의한 인장 및 압축력을 지지하고 웨브는 전단력을 지지한다.

③ 전단강도는 웨브의 폭두께비 및 중간 스티프너의 간격에 좌우된다.

④ 같은 경간 및 하중상태에서 트러스보다 강재량이 적게 소요되는 장점이 있다.

01 플레이트 거더는 트러스보 보다 같은 스팬 및 하중상태에서 강재량이 많이 소요되는 단점도 갖고 있다. 답 ④

02 압축부재의 탄성좌굴하중 값에 영향을 미치는 요소가 아닌 것은?

① 부재의 길이

② 부재의 탄성계수

③ 부재의 단면적

④ 부재의 단면2차모멘트

02 좌굴하중(P_{cr})은 $\dfrac{\pi^2 EI}{(KL)^2}$ 이므로, 부재의 탄성계수(E)와 부재의 단면2차모멘트(I)에 비례하고, 부재의 유효좌굴계수(K) 및 부재의 길이에 반비례한다. 답 ③

03 건축물의 창호에 대한 설명 중 옳지 않은 것은?

① 강재 창호는 목재 및 알루미늄 창호에 비해 용융점이 높아 내화성이 있고 강도가 높다.

② 창의 면적이 클 경우나 개폐 시 진동이 생길 경우 강재 새시(Steel Sash)를 멀리온(Mullion)으로 보강하기도 한다.

③ 합성수지 창호는 다른 창호에 비해 보온성이 높고 방음성 및 기밀성이 우수하다.

④ 알루미늄 창호는 비중이 적어 공작이 쉽고 콘크리트에도 잘 부식되지 않으며 내구연한이 길다.

03 알루미늄 창호는 비중이 철의 1/3 정도이고, 공작이 쉽다. 하지만 표면과 용접부는 철보다 약하며, 또한 콘크리트 · 모르타르 · 회반죽 등의 알칼리성에 대단히 약하다. 따라서 이것은 모르타르 등에 직접 접촉시키지 아니하고, 접촉면에 녹막이도료를 도포하거나 격리재로 완전 차단하여 설치한다. 답 ④

04 처짐은 콘크리트나 철근이 고강도화의 경향에 있고, 또 설계법이 정밀해짐에 따라 부재단면이 작아지는 경향이 있으므로, 이 경우 더 처짐이나 균열에 대하여 검토하여야 한다. **답 ①**

04 철근콘크리트 구조의 내구성 및 사용성에 대한 설명으로 옳지 않은 것은?

① 처짐은 고강도 콘크리트와 철근을 사용할 때보다 저강도의 재료를 사용할 때 주의하여야 한다.

② 내구성에 있어서 균열은 환경조건, 피복두께, 사용기간 등에 따라 정해지는 허용균열폭 이하로 제어하는 것을 원칙으로 한다.

③ 보의 처짐은 칸막이벽에 균열을 일으키거나 문, 창문 등의 개구부를 변형시켜 기능을 저하시킨다.

④ 보의 처짐 계산 시 즉시 처짐뿐만 아니라 크리프와 건조수축에 의한 장기처짐을 고려하여야 한다.

05 프리캐스트 벽판은 최소한 두 개의 연결철근을 서로 연결하여야 하며, 연결철근 하나의 공칭인장강도는 45,000 N 이상이어야 한다. **답 ③**

05 건축구조기준(KDS)에 따른 프리캐스트 콘크리트 건축물의 일체성 확보 요건에 대한 설명으로 옳지 않은 것은?

① 프리캐스트 콘크리트 구조물의 종방향과 횡방향 연결철근은 횡하중 저항구조에 연결되도록 설치하여야 한다.

② 프리캐스트 부재가 바닥 또는 지붕층 격막구조일 때, 격막구조와 횡력을 부담하는 구조의 접합부는 최소한 4,400N/m의 공칭인장강도를 가져야 한다.

③ 프리캐스트 벽 패널은 벽 패널당 최소한 2개의 수직 연결철근을 사용하여야 하며 연결철근 하나당 공칭인장강도는 4,500N 이상이어야 한다.

④ 일체성 확보를 위한 접합부는 콘크리트의 파괴에 앞서 강재의 항복이 먼저 이루어지도록 설계하여야 한다.

06 ①, ③, ④의 공칭강도는 $0.6F_w$이고, ②의 공칭강도는 $0.9F_w$이다. **답 ②**

06 한계상태설계법에 의하여 강구조 접합부를 설계할 경우 용접부의 공칭강도가 나머지 셋과 다른 것은?

① 부분용입 그루브 용접에서 용접재 용접선에 직교인장응력이 발생할 경우

② 부분용입 그루브 용접에서 용접재에 지압응력을 전달할 수 있도록 마감되지 않은 접합부의 압축응력이 발생할 경우

③ 필릿용접에서 용접재에 전단응력이 발생할 경우

④ 플러그 용접에서 용접재 유효면적의 접합면에 평행한 전단응력이 발생할 경우

07 다음 그림에서 빗금친 부분의 콘크리트 바닥판과 보 단면에 작용하는 전체하중을 등분포하중[kN/m]으로 산정하면? (단, 콘크리트 단위중량은 24kN/m³, 작용하는 활하중은 2kN/m²으로 가정하며, 하중계수는 적용하지 아니한다.)

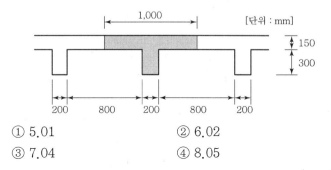

① 5.01
② 6.02
③ 7.04
④ 8.05

07 (1) 고정하중
= 슬래브 + 보의 고정하중
= (24kN/m³ × 1m × 0.15m)
  + (24kN/m³ × 0.2m × 0.3m)
= 5.04kN/m

(2) 활하중
= 2kN/m² × 1m = 2kN/m

∴ 전체하중
= (1) + (2)
= 5.04kN/m + 2kN/m
= 7.04kN/m   답 ③

08 조적조 아치 및 돔구조에 관한 설명 중 옳지 않은 것은?

① 조적조 아치는 개구부 상부의 하중을 아치 축을 따라 압축력으로 양단부의 지점에 전달한다.

② 아치에 발생된 추력(Thrust)을 부축벽(Buttress)을 설치하여 부담시키면 수평의 보에 비해 더 넓은 개구부를 만들 수 있다.

③ 추력에 저항하는 방법에는 벽체를 두껍게 하여 이중벽으로 하거나 벽체와 기둥의 무게를 증가시키는 방법 등이 있다.

④ 조적조 아치구조에는 추력이 생기지만 돔(Dome)구조에는 추력이 생기지 않는다.

08 돔(Dome)구조에도 하부에 추력이 생긴다. 추력은 구조물에 외력이 작용할 경우 부재를 움직이거나 가속할 때 부재는 그 반대 방향으로 같은 힘을 작용하는데, 이 힘이 부재에 작용할 때 이 힘을 추력이라 한다.   답 ④

09 내진설계에서 동적해석법에 대한 설명으로 옳지 않은 것은?

① 높이 70m 이상 또는 21층 이상의 정형 구조물은 반드시 동적해석법을 사용하여야 한다.

② 높이 20m 이상 또는 6층 이상의 비정형 구조물은 반드시 동적해석법을 사용하여야 한다.

③ 동적해석법에는 응답스펙트럼 해석법, 선형 시간이력 해석법, 비선형 시간이력 해석법이 있다.

④ 모드해석을 사용하는 응답스펙트럼 해석법의 경우 해석에 사용할 모드 수는 질량 참여율이 80% 이상 되도록 결정한다.

09 모드해석을 사용하는 응답스펙트럼 해석법의 경우 해석에 사용할 모드 수는 질량 참여율이 90% 이상 되도록 결정한다.   답 ④

10 철근콘크리트 내력벽에서 수평철근의 최소철근비는 설계기준항복강도 400MPa 이상으로서 D16 이하의 이형철근인 경우 벽체 단면적에 대해 $0.2\% \times \dfrac{400}{f_y}$ 이상으로 하고, 수직철근인 경우는 0.12% 이상으로 한다.

答 ②

11 보에서 최대 전단력은 일반적으로 좌우 양지점 중 어느 한쪽에 생기며 그 크기는 지점 반력과 같고, 정(正)휨모멘트의 최대값은 전단력이 0인 점에서 생긴다.

答 ③

12 강구조물에서 강도한계상태를 구성하고 있는 요소들을 살펴보면 골조의 불안정성, 기둥의 좌굴, 보의 횡좌굴, 접합부 파괴, 인장부재의 전단면 항복, 피로파괴, 취성파괴 등이 있다. 사용성 한계상태는 대체적으로 부재의 과다한 탄성변형, 부재의 과다한 잔류변형, 바닥재의 진동, 장기변형과 같은 요소들로 이루어진다.

答 ①

13 버팀대를 사용하면 접합부의 강성이 증대된다.

答 ③

---

10 철근콘크리트 벽체에 관한 설명 중 옳지 않은 것은?

① 지하실 벽체를 제외한 두께 250mm 이상의 벽체에서는 수직 및 수평철근을 벽면에 평행하게 양면으로 배치하여야 한다.

② 내력벽에서 수평철근의 최소철근비는 설계기준항복강도 400 MPa 이상으로서 D16 이하의 이형철근인 경우 벽체 단면적에 대해 0.12% 이상으로 한다.

③ 실용설계법에 의해 벽체를 설계할 경우 벽체의 두께는 수직 또는 수평 지점 간 거리 중 작은 값의 1/25 이상, 또한 100mm 이상이어야 한다.

④ 벽체는 계수연직축력이 $0.4A_g f_{ck}$ 이하이고, 총 수직철근량이 $0.01A_g$ 이하인 부재를 말한다.(A_g = 벽체의 전체 단면적, f_{ck} = 콘크리트 설계기준강도)

11 보에 대한 설명 중 옳지 않은 것은?

① 조적 벽체 사이에 얹히어 있는 보는 단순보로 볼 수 있다.

② 갤버보는 부정정인 연속보 혹은 고정단보에 적절히 힌지(Hinge)를 넣어 만든 정정보이다.

③ 등분포하중을 받는 단순보에서 전단력과 휨모멘트의 최대 값이 생기는 위치는 같다.

④ 휨모멘트가 일정한 구간에는 전단력은 생기지 않는다.

12 강구조의 한계상태설계법에서 강도한계상태와 관계없는 것은?

① 부재의 과다한 잔류변형 　② 골조의 불안정

③ 접합부 파괴 　④ 피로파괴

13 목구조에서 버팀대를 사용하는 이유로 적절한 것은?

① 보수를 용이하게 하기 위해

② 모양을 좋게 하기 위해

③ 절점을 강접합으로 하기 위해

④ 이음이 잘 되도록 하기 위해

14 매입형 합성기둥의 구조설계 시 고려사항으로 옳지 않은 것은?

① 강재코어의 단면적은 합성기둥 총단면적의 1% 이상으로 한다.

② 연속된 길이방향철근의 최소철근비는 0.004로 한다.

③ 플랜지에 대한 콘크리트 순피복두께는 플랜지폭의 1/6 이상으로 한다.

④ 횡방향 철근의 중심간 간격은 직경 D10의 철근을 사용할 경우에는 200mm 이하로 한다.

14 횡방향철근의 중심간격은 직경 D10의 철근을 사용할 경우에는 300mm 이하, 직경 D13 이상의 철근을 사용할 경우에는 400mm 이하로 한다.
답 ④

15 부동침하와 부동침하로 인한 균열에 관한 설명으로 옳지 않은 것은?

① 부동침하에 의한 균열은 인장응력 방향으로 발생한다.

② 부동침하에 의한 균열은 침하가 적은 부분의 밑면에서 침하가 많은 부분의 상부 방향으로 발생하는 대각선 균열이 일반적이다.

③ 부동침하가 일어나면 상부구조에 일종의 강제변형과 균열을 일으키게 되므로 주의하여야 한다.

④ 하나의 건물에 이질지정을 할 경우 부동침하가 발생할 수 있다.

15 부동침하에 의한 균열은 인장응력의 직각방향으로 발생한다.
답 ①

16 철근콘크리트 구조에 사용되는 골재에 대한 설명 중 옳지 않은 것은?

① 굵은 골재는 콘크리트 체규격 5mm 체를 거의 다 통과하고 0.08mm 체에 남는 골재이다.

② 골재의 입도를 나타내는 조립률은 0.15, 0.3, 0.6, 1.2, 2.5, 5, 10, 20, 40 및 80mm의 9개 체의 누계 잔류율의 합계를 100으로 나눈 값이다.

③ 굵은 골재의 공칭 최대치수는 거푸집 양 측면 사이의 최소거리의 1/5, 슬래브 두께의 1/3, 개별철근 또는 다발철근 사이 최소 순간격의 3/4을 초과하지 않아야 한다.

④ 콘크리트용 골재는 보통 중량콘크리트에 사용되는 천연골재와 경량콘크리트에 사용되는 플라이애시, 점토 등을 소성 팽창시킨 인공경량골재로 구분된다.

16 잔골재는 콘크리트 체규격 5mm 체를 통과하고 0.08mm 체에 남는 골재이고, 굵은 골재는 콘크리트 체규격 5mm 체에 거의 다 남는 골재이다.
답 ①

17 점토지반의 경우 기초 하부의 토압분
포는 기초 중앙부가 주변부보다 작고,
사질토지반의 경우 기초 하부의 토압
분포는 기초 중앙부가 주변부보다 크
다.　　　　　　　　　　답 ②

17 토질 및 기초에 대한 설명 중 옳지 않은 것은?

① 내부 마찰각은 점토층보다 사질층이 크다.

② 점토지반의 경우 기초 하부의 토압분포는 기초 중앙부가 주
변부보다 크다.

③ 지지말뚝의 경우 말뚝저항의 중심은 말뚝의 선단에 있다.

④ 샌드드레인 공법은 점토질 지반을 개량하는 공법이다.

18 면진구조물은 지반과 구조물 사이에
고무 등과 같은 절연체를 설치하여 지
반의 진동에너지가 구조물에 크게 전
파되지 않도록 구조물의 고유주기를
길게 한다.　　　　　　　답 ④

18 면진구조에 대한 설명 중 옳지 않은 것은?

① 면진구조는 수동적(Passive) 지진 진동 제어수법이다.

② 면진부재는 분리장치(Isolator)와 감쇠장치(Damper)로 구
성된다.

③ 면진부재는 건축물의 기초뿐만 아니라 중간층에도 둘 수 있다.

④ 면진구조를 적용한 구조물은 면진구조를 적용하지 않은 구
조물에 비해 고유주기가 짧다.

19 ① 양단이 고정인 복철근보에 대한 단
면 설계이다.

② 스터럽의 배근이 중앙부보다 단부
쪽이 간격이 좁기 때문에 중앙부보
다 단부의 전단내력이 더 높게 설
계되어 있는 것을 알 수 있다.

③ 바닥구조의 높이는 보의 두께를 포
함하지 않는다.

④ 도면의 철근은 HD로 표시되어 있
기 때문에 고장력 이형철근이며,
철근의 항복강도가 $400N/mm^2$
이상인 철근으로 설계되어 있다.
　　　　　　　　　　답 ②

19 다음은 슬래브 두께가 150mm인 일반적인 사무소 건물에
대한 보 일람표이다. 그림에서 알 수 있는 사항을 바르게 설
명한 것은?

부 호	$3B_1$, $2B_2$	
	[단부]	[중앙부]
형 태	700 / 400	700 / 400
상부근	3-HD22	3-HD22
하부근	4-HD22	7-HD22
스터럽	HD10@150	HD10@200

① 캔틸레버보에 대한 단면 설계이다.

② 중앙부보다 단부의 전단내력이 더 높게 설계되어 있다.

③ 바닥구조의 높이는 슬래브 두께를 포함하여 850mm이다.

④ 인장강도가 $400N/mm^2$인 철근으로 설계되어 있다.

20 설계풍압에 관한 설명으로 옳지 않은 것은?

① 밀폐형 건축물의 설계풍압을 산정함에 있어 건물 내부에서 발생하는 내압의 영향은 고려하지 않는다.

② 밀폐형 건축물의 지붕골조에 가해지는 설계풍압을 산정함에 있어 지붕의 내부공간에 작용하는 내압은 고려하지 않는다.

③ 밀폐형 건축물의 설계풍압을 산정함에 있어 풍상측 설계 속도압은 높이에 따라 증가한다.

④ 개방형 건축물의 설계풍압은 골조의 한쪽에 작용하는 정압과 다른 한쪽에 작용하는 부압을 동시에 고려한 풍압계수의 합을 적용한다.

20 지붕에 가해지는 풍압을 산정할 때에는 건축물 지붕의 외부에 작용하는 외압과 지붕의 내부에 작용하는 내압을 동시에 고려해야 한다. 🔲 ②

정답 | 및 해설

01 지반 위에 설치되는 직접기초라도 설계 시 뚫림전단을 고려하여야 한다.
답 ③

02 외단열에서는 내부결로가 방지되고, 내단열인 경우에 내부결로가 발생하기 쉽다.
답 ②

03 목재의 함수율이 섬유포화점 이하에서는 함수율에 따른 강도변화가 급속히 이루어져서 강도가 급속히 증가하게 된다.
답 ①

04 공칭지름과 정착길이는 비례관계이므로 공칭지름이 작은 철근을 사용할수록 정착길이를 줄일 수 있다.
답 ②

---

01 철근콘크리트 독립기초의 설계에 대한 설명으로 옳지 않은 것은?

① 기초판의 크기는 허용지내력에 반비례한다.
② 기초판의 크기는 사용하중을 이용하여 산정한다.
③ 지반 위에 설치되는 직접기초이므로 설계 시 뚫림전단은 고려하지 않는다.
④ 철근배근 시 정착길이를 확보하기 위하여 표준갈고리를 설치할 수 있다.

02 외단열에 대한 설명으로 옳지 않은 것은?

① 구조체의 열응력을 감소시킨다.
② 내부결로가 발생하기 쉽다.
③ 단열의 불연속성 때문에 생기는 열교현상을 방지하는 데 효과적이다.
④ 고층건물의 경우 시공이 어렵다.

03 목재의 특성에 대한 설명으로 옳지 않은 것은?

① 목재의 함수율과 강도는 상관성이 없다.
② 목재의 강도는 섬유방향에 따라 다르다.
③ 목재는 열전도율이 작으므로 방한·방서성이 뛰어나다.
④ 목재의 비중과 강도는 밀접한 관계가 있다.

04 인장이형철근의 정착길이를 줄이기 위한 방법으로 옳지 않은 것은?

① 압축강도가 큰 콘크리트를 사용한다.
② 공칭지름이 큰 철근을 사용한다.
③ 항복강도가 작은 철근을 사용한다.
④ 에폭시 도막이 되지 않은 철근을 사용한다.

05 **철근콘크리트구조에서 골재크기 및 철근간격의 제한규정에 대한 설명으로 옳지 않은 것은?**

① 동일 평면에서 평행한 철근 사이의 수평 순간격은 25mm 이상, 또한 철근의 공칭지름 이상으로 하여야 한다.

② 상단과 하단에 2단 이상으로 배치된 경우 상하철근은 동일 연직면 내에 배치되어야 하고, 이때 상하철근의 순간격은 25mm 이상으로 하여야 한다.

③ 굵은 골재의 공칭 최대치수는 개별철근 사이의 최소 순간격을 초과하지 않아야 한다.

④ 벽체 또는 슬래브에서 휨주철근의 간격은 벽체나 슬래브두께의 3배 이하로 하여야 하고, 또한 450mm 이하로 하여야 한다.

06 **보강 블록조에서 사용하는 테두리 보의 특징으로 옳지 않은 것은?**

① 벽체를 일체화시키고 하중을 균등하게 분포시킨다.

② 세로철근을 정착시킨다.

③ 벽면의 수평균열을 방지한다.

④ 개구부의 상부와 같이 하중을 집중적으로 받는 부분을 보강한다.

07 **다음 구조적 개념 중에서 옳지 않은 것은?**

① 직경이 D인 원형 단면의 단면2차반경은 $\frac{D}{4}$이다.

② 푸아송 비가 0.2일 때 푸아송 수는 5이다.

③ 인장력을 받는 강봉의 지름을 3배로 하면 응력도는 $\frac{1}{9}$배가 된다.

④ 인장력을 받을 때 변형량은 하중과 단면적에 비례한다.

---

05 굵은 골재의 공칭 최대치수는 다음 값을 초과하지 않아야 한다.
   ㉠ 거푸집 양 측면 사이의 최소거리의 1/5 이하
   ㉡ 슬래브 두께의 1/3 이하
   ㉢ 개별철근, 다발철근, 긴장재 또는 덕트 사이 최소 순간격의 3/4 이하
   🖪 ③

06 보강 블록조에서 사용되는 테두리 보는 벽면의 수직균열을 방지하는 역할을 한다.   🖪 ③

07 인장력을 받을 때 변형량은 하중에 비례하고, 단면적에는 반비례한다.
   🖪 ④

08 중심 간 간격은 직경 D10의 철근을 사용할 경우에는 300mm 이하, 직경 D13 이상의 철근을 사용할 경우에는 400mm 이하로 한다. **정답 ③**

08 합성부재에 대한 설명으로 옳지 않은 것은?

① 합성보에서 강재앵커(전단연결재)의 피복 두께는 25mm 이상으로 하고, 스터드의 중심 간 간격은 합성보의 길이방향으로는 스터드 직경의 6배 이상, 직각방향으로는 직경의 4배 이상으로 한다.

② 충전형 합성부재에서 강관의 단면적은 합성부재 총단면적의 1% 이상으로 한다.

③ 매입형 합성부재에서 횡방향철근의 중심 간 간격은 직경 D10의 철근을 사용할 경우에는 400mm 이하로 한다.

④ 축하중을 받는 매입형 합성부재의 설계압축강도를 계산할 때 강도감소계수는 0.75이고, 충전형 합성기둥의 설계인장강도를 계산할 때 강도감소계수는 0.90이다.

09 3차원 해석을 수행하는 경우에는 각각의 지반운동은 평면상에서 서로 직교한 2성분의 쌍으로 구성된다. **정답 ②**

09 내진설계 시 시간이력해석에 대한 설명으로 옳지 않은 것은?

① 지반조건에 상응하는 3개 이상의 지반운동기록을 바탕으로 구성한 시간이력성분들을 사용한다.

② 3차원 해석을 수행하는 경우에는 각각의 지반운동은 평면상에서 서로 평행한 2성분의 쌍으로 구성된다.

③ 3개의 지반운동을 이용하여 해석할 경우에는 최대응답을 사용해 설계한다.

④ 7개 이상의 지반운동을 이용하여 해석할 경우에는 평균응답을 사용해 설계할 수 있다.

10 합성보에서 콘크리트 슬래브의 유효폭 산정
ⓐ 보 스팬의 $1/8 = 16 \times 1/8 = 2$m
ⓑ 보 중심선에서 인접보 중심선까지 거리의 $1/2 = 6 \times 1/2 = 3$m
∴ 한쪽으로 내민 유효폭은 ⓐ, ⓑ 중 최소값이므로 2m이며, 양쪽의 유효폭은 4m가 된다. **정답 ①**

10 보 경간이 16m이고 보 중심선에서 좌우 인접보 중심선까지의 거리가 각각 6m인 합성보가 사용된 콘크리트 슬래브의 유효폭[m]은? (단, 합성보의 양쪽에 연속슬래브가 있는 경우로 본다.)

① 4 ② 3
③ 2 ④ 1

11 철골구조의 볼트접합에서 볼트 표면을 모두 연마하여 마무리 한 것으로 핀 접합부에 많이 사용되는 것은?

① 흑볼트　　　　　　② 중볼트
③ 상볼트　　　　　　④ 와셔

11 상볼트는 볼트 표면을 모두 연마 마무리한 것으로 핀 접합부에 사용하고, 중볼트는 두부(Head) 하부와 중간부를 마무리한 것으로 진동, 충격이 없는 내력부에 사용하고, 흑볼트는 가조립용으로 사용한다.　　🖩 ③

12 건물 내외부에서 발생한 우수, 오수 및 지하수 등을 차단하기 위한 멤브레인 방수에 해당하지 않는 것은?

① 시멘트 모르타르 방수
② 아스팔트 방수
③ 시트 방수
④ 도막 방수

12 멤브레인(Membrane, 膜) 방수는 아스팔트 방수, 시트방수, 도막방수 등의 각종 루핑류를 방수 바탕에 접착시켜 막 모양의 방수층을 형성시키는 공법을 말한다.　　🖩 ①

13 다음 중 철골구조에서 기둥 부재길이와 단부 지지조건에 의한 유효좌굴길이가 가장 작은 것은?

① 부재길이 : L, 단부 지지조건 : 일단고정, 타단힌지
② 부재길이 : L, 단부 지지조건 : 일단고정, 타단자유
③ 부재길이 : L, 단부 지지조건 : 양단힌지
④ 부재길이 : 2L, 단부 지지조건 : 양단고정

13 ① 단부 지지조건이 일단고정, 타단힌지인 경우 유효좌굴길이 : 0.7L
② 단부 지지조건이 일단고정, 타단자유인 경우 유효좌굴길이 : 2.0L
③ 단부 지지조건이 양단힌지인 경우 유효좌굴길이 : 1.0L
④ 단부 지지조건이 양단고정인 경우 유효좌굴길이 : $0.5 \times 2L = 1.0L$
　　🖩 ①

14 그림과 같은 보 단면 (a)와 (b)에 X축에 대한 휨모멘트가 각각 40kN·m씩 작용할 때, 최대휨응력비(a : b)는?

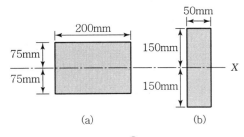

(a)　　　　　　　　(b)

① 1 : 3　　　　　　② 2 : 3
③ 1 : 2　　　　　　④ 1 : 1

14 최대휨응력은 $\sigma = \dfrac{M_{\max}}{Z}$ 로 산정하며, (a), (b)부재의 중립축에 대한 휨모멘트가 같기 때문에 단면계수(Z)만 비교하면 된다.

$$\therefore \ (a) : (b) = \frac{1}{Z_a} : \frac{1}{Z_b}$$
$$= Z_b : Z_a$$
$$= \frac{50 \times 300^2}{6} : \frac{200 \times 150^2}{6}$$
$$= 1 : 1 \qquad 🖩 \ ④$$

15 셀구조의 종류에서 추동형 셀은 HP
셀을 말한다.　📖 ④

15 셀구조에 대한 설명으로 옳지 않은 것은?

① 곡면판 구조이다.
② 일반적으로 하중을 면내 응력으로 지지하기 때문에 얇은 두
께로 대경간의 지붕을 만들 수 있다.
③ 상향의 포물선이 하향의 포물선을 따라 평행 이동하였을 때
생기는 곡면을 가진 셀을 HP 셀이라 한다.
④ 구형 및 원통형 셀은 추동형 셀이다.

16 (1) AB부재에 작용하는 힘
B점에서 힘의 평형
$\Sigma V = 0$
$(AB \times \sin\theta) - 6\text{kN} = 0$
$(AB \times \frac{3}{5}) - 6\text{kN} = 0$
$\therefore \text{AB} = 10\text{kN}$
(2) 단면적 산정
$\sigma = \frac{P}{A} \rightarrow A = \frac{P}{\sigma}$
$\therefore A = \frac{P}{\sigma}$
$= \frac{10,000\text{N}}{125\text{N/mm}^2}$
$= 80\text{mm}^2$　📖 ④

16 두 부재로 이루어진 트러스 구조시스템에서 그림과 같이 연
직방향으로 6kN의 하중이 작용할 때, 부재 AB에 필요한 최
소 단면적[mm²]은? (단, 트러스 구조의 각 절점은 핀 접합으로
계획하며, 사용 강재의 허용인장응력은 125MPa이다.)

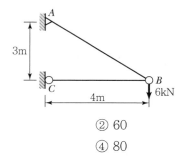

① 50　　　　　② 60
③ 70　　　　　④ 80

17 ① 건물골조 시스템의 철골 보통중심
가새골조 : 3.25
② 모멘트 – 저항골조 시스템의 철골
보통모멘트골조 : 3.5
③ 모멘트 – 저항골조 시스템의 철근
콘크리트 중간모멘트골조 : 5
④ 내력벽 시스템의 철근콘크리트 보
통전단벽 : 4　📖 ①

17 지진에 효율적으로 저항하기 위한 구조시스템은 상대적으
로 반응수정계수(R)가 크다. 다음 중 지진에 대해 가장 비효
율적인 구조시스템은?

① 건물골조 시스템의 철골 보통중심가새골조
② 모멘트 – 저항골조 시스템의 철골 보통모멘트골조
③ 모멘트 – 저항골조 시스템의 철근콘크리트 중간모멘트골조
④ 내력벽 시스템의 철근콘크리트 보통전단벽

18 건축물 및 공작물의 구조설계 시 용도 및 규모에 따라 중요도(특), 중요도(1), 중요도(2) 및 중요도(3)으로 분류한다. 다음 중 중요도(특)에 해당하지 않는 것은?

① 연면적 1,000m²인 위험물 저장 및 처리시설

② 연면적 1,000m²인 공연장 · 집회장 · 관람장

③ 연면적 1,000m²인 지방자치단체의 청사 · 방송국 · 전신전화국

④ 종합병원, 수술시설이나 응급시설이 있는 병원

18 건물의 중요도 분류

건축물 중요도 분류
(특)	• 연면적이 1,000m² 이상인 위험물 저장 및 처리시설 • 연면적이 1,000m² 이상인 국가 또는 지방자치단체의 청사 · 외국공관 · 소방서 · 발전소 · 방송국 · 전신전화국 • 종합병원, 수술시설이나 응급시설이 있는 병원

답 ②

19 직접기초의 접지압에 대한 설명으로 옳지 않은 것은?

① 독립기초의 기초판 저면의 도심에 수직하중의 합력이 작용할 때에는 접지압이 균등하게 분포된 것으로 가정하여 설계용 접지압을 구할 수 있다.

② 복합기초의 접지압은 직선분포로 가정하고 하중의 편심을 고려하여 설계용 접지압을 구할 수 있다.

③ 연속기초의 접지압은 각 기둥의 지배면적 범위 안에서 균등하게 분포되는 것으로 가정하여 설계용 접지압을 구할 수 있다.

④ 온통기초는 그 강성이 충분할 때 연속기초와 동일하게 취급할 수 있고 접지압은 연속기초의 설계용 접지압 식에 의하여 구할 수 있다.

19 온통기초는 그 강성이 충분할 때 복합기초와 동일하게 취급할 수 있고 접지압은 복합기초와 같이 산정할 수 있다.

답 ④

20 그림과 같은 하중이 작용하는 단순보에서 C점의 전단력[kN]은?

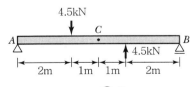

① 4 ② 3

③ 2 ④ 1

20 (1) A점의 수직반력은

$\Sigma M_B = 0$로 구하면,

$(R_A \times 6) - (4.5 \times 4)$

$+ (4.5 \times 2) = 0$

$\therefore R_A = 1.5\,kN$

(2) C점의 전단력 산정

$\therefore S_C = 1.5 - 4.5 = -3\,kN$

답 ②

| 정답 | 및 해설 |

01 축하중의 편심거리가 기초판 길이의 1/6을 넘으면 인장력이 발생하므로 $3m \times \dfrac{1}{6} = 0.5$ 이하일 경우 인장력이 발생하지 않는다. 🖩 ④

01 기초구조에 대한 설명으로 옳지 않은 것은?

① 지름이 400mm인 기성콘크리트말뚝을 박을 때 말뚝의 최소중심간격은 1m이다.

② 연약지반에서 부동침하를 줄이기 위해서는 독립기초, 복합기초, 연속기초, 온통기초 중에서 온통기초가 가장 적합하다.

③ 독립기초의 기초판은 1방향 전단과 2방향 전단에 의한 파괴가 모두 발생하지 않도록 설계하여야 한다.

④ 3m×3m인 정방형 독립기초판에서 축하중의 편심거리가 0.6m 이하일 경우 인장력이 발생하지 않는다.

02 A : 최대 압축 변형률이 발생할 때 등가 압축 영역에 $0.85f_{ck}$인 콘크리트 응력이 등분포한다.

B : 등가응력블록깊이(a)
$= \beta_1 \times c$
$= 0.80 \times c$
$= 0.80c$ 🖩 ②

02 다음은 휨모멘트를 받는 철근콘크리트 단근보의 실제 압축응력분포를 등가응력블록으로 단순화한 그림이다. 이때 등가응력블록의 크기 A 및 깊이 B의 크기로 옳은 것은? (단, 콘크리트의 압축강도 f_{ck} = 38MPa이다.)

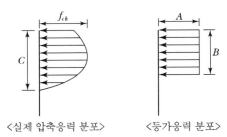

<실제 압축응력 분포>   <등가응력 분포>

	A	B
①	$0.85f_{ck}$	$0.84c$
②	$0.85f_{ck}$	$0.80c$
③	$0.85f_{ck}$	$0.78c$
④	$0.85f_{ck}$	$0.76c$

03 인장 이형철근의 정착길이에 대한 설명으로 옳지 않은 것은?

① 에폭시 피복철근의 경우에는 부착력이 감소하므로 정착길이가 길어진다.

② 동일한 조건에서 표준갈고리철근의 정착길이는 직선철근의 정착길이보다 짧아진다.

③ 동일한 콘크리트 강도일 경우 경량콘크리트는 보통중량콘크리트보다 부착강도가 작으므로 정착길이가 길어진다.

④ 한 번에 타설하는 콘크리트의 깊이가 깊을수록 철근의 부착력이 증가하므로 정착길이가 짧아진다.

03 콘크리트를 칠 때 잉여수와 기포는 진동에 의해 상승하게 되고 철근 밑면에 축적하게 된다. 수평철근 밑의 콘크리트 깊이가 300mm 이상이면 철근의 부착강도가 상당히 작아지는 것으로 실험결과 나타났으며 이에 따라 정착길이를 증가시켜야 한다. **답 ④**

04 그림과 같은 하중을 받는 단순보에서 경간의 중앙부에 발생하는 휨모멘트로 옳은 것은?

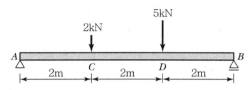

① 5kN · m
② 6kN · m
③ 7kN · m
④ 8kN · m

04 (1) A점의 수직반력은
$\sum M_B = 0$로 구하면,
$(R_A \times 6) - (2 \times 4) - (5 \times 2) = 0$
$\therefore R_A = 3 \text{kN}$
(2) 중앙점의 휨모멘트 산정
$\therefore M = (3 \times 3) - (2 \times 1)$
$= 7 \text{kN} \cdot \text{m}$ **답 ③**

05 극한강도설계법에서 철근콘크리트 휨부재의 단면에 대한 설명으로 옳지 않은 것은?

① 균형변형률 상태에서 철근과 콘크리트의 응력은 중립축에서부터의 거리에 비례한다.

② 압축 측 연단의 콘크리트 최대변형률은 콘크리트 설계기준강도가 40MPa 이하인 경우에는 0.0033으로 가정한다.

③ 부재의 휨강도 계산에서 콘크리트의 인장강도는 무시한다.

④ 압축연단의 콘크리트 변형률에 도달함과 동시에 인장철근의 변형률이 항복변형률에 도달하는 경우의 철근비를 균형철근비라 한다.

05 균형변형률 상태에서 철근과 콘크리트의 변형률은 중립축에서부터의 거리에 비례하지만, 철근과 콘크리트의 응력은 비례한다고 볼 수 없다. **답 ①**

06 누름콘크리트에 조절줄눈(Control Joint)을 설치하지 않으면 온도에 의한 신축팽창으로 빗물이 스며들고, 방수층이 쉽게 파손되므로 조절줄눈을 설치하여야 한다.　　　📖 ①

07 토대와 기초 사이에 나타날 수 있는 수평변형은 앵커볼트의 설치에 의해 방지할 수 있다.　　　📖 ①

08 연결철물은 교대로 배치해야 하며, 연결철물 간의 수직과 수평간격은 각각 600mm와 900mm를 초과할 수 없다.　　　📖 ④

06 건물의 방수에 대한 설명으로 옳지 않은 것은?

① 누름콘크리트에 조절줄눈(Control Joint)을 설치하면 빗물이 스며들고, 방수층이 쉽게 파손되므로 조절줄눈을 두지 않는다.

② 지하실 외벽은 안방수보다 바깥방수로 시공하는 것이 방수 성능측면에서 유리하다.

③ 아스팔트방수의 치켜올림부는 보호누름으로 할 경우 파라펫에 홈을 파서 고정하고, 노출로 할 경우에는 누름철물로 고정하여 고무아스팔트계 실링재로 처리한다.

④ 본드 브레이커(Bond Breaker)는 실링재를 접착시키지 않기 위해 줄눈바닥에 붙이는 테이프형의 재료이다.

07 목구조에 대한 설명으로 옳지 않은 것은?

① 토대와 기초 사이에 나타날 수 있는 수평변형은 감잡이쇠와 띠쇠의 설치에 의해 방지할 수 있다.

② 버팀대는 가새를 댈 수 없는 곳에 설치하는 대각선 부재이며 접합부분의 강성을 높이기 위해 설치한다.

③ 귀잡이는 토대, 보, 도리 등의 가로재가 서로 수평으로 맞추어지는 귀를 안정된 세모구조로 하기 위하여 빗방향으로 설치하는 부재이다.

④ 오버행(Overhang)은 경골목구조에서 바닥구조 상부의 외벽이 바닥구조 하부의 외벽 위치보다 바닥장선 간격(Depth, Length) 이상 실외측으로 나온 것을 뜻한다.

08 조적식 구조의 공간쌓기 시공에서 벽체 연결철물에 대한 설명으로 옳지 않은 것은?

① 개구부 주위에는 개구부 가장자리에서 300mm 이내에 최대간격 900mm인 연결철물을 추가로 설치해야 한다.

② 벽체면적 0.4m²당 적어도 직경 9mm의 연결철물 1개 이상 설치되어야 한다.

③ 벽체의 연결철물은 단부를 90°로 구부리고, 길이는 최소 50mm 이상으로 한다.

④ 연결철물은 교대로 배치해야 하며, 연결철물 간의 수직과 수평간격은 각각 800mm와 1,000mm를 초과할 수 없다.

09 수평이동이 제한된 기둥에서 양단부가 모두 고정단으로 되어 있고, 길이가 2m인 경우의 세장비(KL/r) 값은? (단, 유효좌굴길이계수 K는 이론값을 사용하고, 단면적 A = 100mm², 단면 2차 모멘트 I = 10,000mm⁴이다)

① 50

② 100

③ 150

④ 200

10 대각가새(Diagrid) 구조시스템에 대한 설명으로 옳지 않은 것은?

① 기둥과 가새의 역할을 동시에 수행한다.

② 부재의 기본모듈은 정사각형으로 구성된다.

③ 대각가새가 연쇄적으로 작용하기 때문에 초고층건물의 수직하중에 의한 부등침하가 적다.

④ 뉴욕의 Hearst Tower와 런던 30St. Mary Axe 건물은 대각가새 구조시스템을 사용하였다.

11 강구조물의 필릿용접부를 용접이음 도시법에 따라 다음 그림과 같이 표기하는 경우 필릿사이즈가 6mm, 용접목두께가 4.2mm, 용접길이가 60mm, 용접간격이 150mm일 때, 가, 나, 다에 표기해야 할 내용으로 옳은 것은?

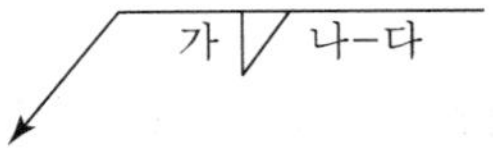

	가	나	다
①	4.2	60	150
②	4.2	150	60
③	6	60	150
④	6	150	60

09 (1) 유효좌굴길이(KL)
$= 0.5 \times 2,000\text{mm}$
$= 1,000\text{mm}$

(2) 단면 2차 반경(r)
$= \sqrt{\dfrac{I}{A}}$
$= \sqrt{\dfrac{10,000}{100}}$
$= 10\text{mm}$

$\therefore$ 세장비 $= \dfrac{KL}{r}$
$= \dfrac{1,000\text{mm}}{10\text{mm}}$
$= 100$ 　目 ②

10 대각으로 설치되는 가새는 수평력에 대항하기 위하여 경사재를 대어 부재의 기본모듈을 삼각형으로 구성하게 된다. 　目 ②

11 필릿용접의 용접기호이며, 앞에서부터 필릿사이즈, 용접길이 - 피치(용접간격) 순으로 배치하여 나타낸다. 　目 ③

12 밑변이 b이고 높이가 h인 직사각형 단면의 도심축(가로)에 대한 단면 2차 반경은 $\dfrac{h}{2\sqrt{3}}$ 이다. 📖 ②

12 구조부재의 단면특성을 나타내는 계수에 대한 설명으로 옳지 않은 것은?

① 직경이 D인 원형단면의 도심축에 대한 단면계수는 $\dfrac{\pi D^3}{32}$ 이다.

② 밑변이 b이고 높이가 h인 직사각형 단면의 도심축(가로)에 대한 단면 2차 반경은 $\dfrac{h}{3\sqrt{3}}$ 이다.

③ 직경이 D인 원형단면의 도심축에 대한 단면 2차 반경은 $\dfrac{D}{4}$ 이다.

④ 밑변이 b이고 높이가 h인 직사각형 단면의 도심축(가로)에 대한 단면계수는 $\dfrac{bh^2}{6}$ 이다.

13 인장측에 상대적으로 많은 양의 철근이 배치되면, 인장 측의 철근이 항복을 시작하기 전에 압축측 콘크리트의 압축응력이 압축강도에 도달하게 된다. 이때, 압축변형률이 커지면서 콘크리트는 인장철근보다 먼저 파괴에 이르러 취성파괴가 발생한다. 📖 ①

13 휨모멘트를 받는 철근콘크리트 부재의 인장철근비를 최대 철근비 이상으로 배근할 경우 극한상태에서 나타나는 파괴양상으로 옳은 것은?

① 압축콘크리트가 인장철근보다 먼저 파괴에 이르러 취성파괴가 발생한다.

② 압축콘크리트가 인장철근보다 먼저 파괴에 이르러 연성파괴가 발생한다.

③ 인장철근이 압축콘크리트 파괴보다 먼저 항복하여 취성파괴가 발생한다.

④ 인장철근이 압축콘크리트 파괴보다 먼저 항복하여 연성파괴가 발생한다.

14 불완전합성보는 완전합성보로 작용하기에는 충분하지 않은 양의 시어커넥터가 사용된 것이 불완전합성보이고, 합성보에 외적인 하중이 작용한 경우 완전합성 단면이 충분히 내력을 발휘하기 전에 시어커넥터 자체가 먼저 파괴된다. 📖 ②

14 합성보에 대한 설명으로 옳지 않은 것은?

① 강재앵커(Shear Connector)는 콘크리트 바닥슬래브와 철골보를 일체화시켜 접합부에 발생하는 수평전단력에 저항한다.

② 불완전 합성보는 합성단면이 충분한 내력을 발휘하기 전에 콘크리트가 먼저 파괴된다.

③ 합성보의 설계전단강도는 강재보의 웨브에만 의존하고 콘크리트슬래브의 역할은 무시한다.

④ 스터드앵커(Stud Connector)의 중심간 간격은 슬래브 총두께의 8배 또는 900mm를 초과할 수 없다.

15 셀(Shell) 구조에 대한 설명으로 옳지 않은 것은?

① 라이즈(Rise)가 클수록 부재에 생기는 휨응력이 작아져 유리하다.

② 단부에서는 외력에 의한 추력(Thrust)이 작용하므로 이 응력에 저항할 수 있는 지지력을 주어야 한다.

③ 철근콘크리트 HP 셸의 형틀은 포물선 형태로 구성되기 때문에 형틀제작이 어렵다.

④ 돔은 안정된 구조물로 재료비가 적게 들지만, 형틀공사비가 많이 드는 단점이 있다.

15 철근콘크리트 HP 셸은 직선이 기본선으로 구성되므로 철근콘크리트조의 경우 거푸집의 제작 및 철골 공장제작이 용이하고, 면내의 주변 테두리보에 프리스트레스를 도입하기에도 편리하다. 답 ③

16 신소재강에 대한 설명으로 옳은 것은?

① 내부식성강은 내식성과 내구성이 우수하고 표면의 광택을 살려서 내외부 마감재 등에 사용되는 강재이다.

② 내강도강은 보통의 구조용 강재보다 항복강도가 낮고 연성이 높기 때문에 소성변형능력에 의해 지진에너지를 흡수하는 역할을 하는 부재에 사용한다.

③ 저항복강은 크롬, 몰리브덴 등의 원소를 첨가한 것으로 600℃의 고온에서도 상온 항복강도의 2/3 이상 유지할 수 있는 성능을 갖는 강재이다.

④ 내후성강은 대기나 해양 등의 자연 부식환경에 대한 저항력을 높인 강재이다.

16 ① 스테인리스강은 내식성과 내구성이 우수하고 표면의 광택을 살려서 내외부 마감재 등에 사용되는 강재이다.

② 저항복강은 보통의 구조용 강재보다 항복강도가 낮고 연성이 높기 때문에 소성변형능력에 의해 지진에너지를 흡수하는 역할을 하는 부재에 사용한다.

③ 내화강은 크롬, 몰리브덴 등의 원소를 첨가한 것으로 600℃의 고온에서도 상온 항복강도의 2/3 이상 유지할 수 있는 성능을 갖는 강재이다. 답 ④

17 다음과 같은 등변분포하중을 받는 캔틸레버보의 고정단에 작용하는 휨모멘트 크기의 비율(A : B : C)로 옳은 것은?

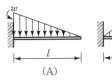 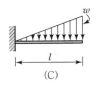

① 1 : 2 : 4
③ 4 : 2 : 1
② 2 : 3 : 4
④ 4 : 3 : 2

17 (A) $M_A = \left(\dfrac{1}{2} \times w \times l\right) \times \dfrac{l}{3}$

$\quad = \dfrac{wl^2}{6}$

(B) $M_B = \left(w \times l \times \dfrac{1}{2}\right) \times \dfrac{l}{2}$

$\quad = \dfrac{wl^2}{4}$

(C) $M_C = \left(\dfrac{1}{2} \times w \times l\right) \times \dfrac{2}{3}l$

$\quad = \dfrac{wl^2}{3}$ 답 ②

18 긴장재를 부착시키지 않은 프리스트
레스트 콘크리트는 프리텐션 방식이
아닌 포스트텐션 방식에서 설치하는
방법으로 부재의 재긴장작업이 가능
하다.　　　　　　　　　目 ④

18 프리스트레스트 콘크리트구조에 대한 설명으로 옳지 않은
것은?

① 유효프리스트레스를 결정하는 과정에는 정착장치의 활동, 콘
크리트 탄성수축, 크리프, 건조수축을 모두 고려하여야 한다.
② 긴장재의 릴랙세이션(응력이완)에 의한 긴장력의 손실은 시
간 종속적이다.
③ 포스트텐션(Post-tension) 방식은 대형 부재의 제작 및
부재의 연결시공이 유리하다.
④ 프리텐션(Pre-tension) 방식에서 비부착식 긴장재를 사
용하면 부재의 재긴장작업이 가능하다.

19 연속판의 두께는 편측접합부에서는
접합된 보 플랜지 두께의 1/2 이상, 양
측접합부에서는 접합된 보 플랜지 두
께 이상으로 한다.　　　　　目 ③

19 철골중간모멘트골조의 내진설계에서 접합부에 대한 설명으
로 옳지 않은 것은?

① 보-기둥 접합부는 최소 0.02rad의 층간변위각을 발휘할
수 있어야 한다.
② 보-기둥 접합부의 기둥 외주면 접합부 휨강도는 0.02rad
의 층간변위각에서 적어도 보의 공칭소성모멘트 값의 80%
이상 되어야 한다.
③ 연속판의 두께는 편측접합부에서는 접합된 보 플랜지 두께 이상,
양측접합부에서는 접합된 보 플랜지 두께의 1/2 이상으로 한다.
④ 기둥의 이음에 그루브 용접을 사용하는 경우 완전용입용접
으로 해야 한다.

20 T형보의 유효폭
　(1) 양쪽으로 각각 내민 플랜지
　　　두께의 8배씩+b
　　　＝(150mm×16)+300mm
　　　＝2,700mm
　(2) 양쪽 슬래브의 중심 간 거리
　　　$＝\dfrac{6,000mm}{2}+\dfrac{4,000mm}{2}$
　　　＝5,000mm
　(3) 보 스팬의 $\dfrac{1}{4}$
　　　$＝6,000mm×\dfrac{1}{4}=1,500mm$
　∴ (1), (2), (3) 중 작은 값을 선택하면
　　　1,500mm　　　　　目 ②

20 다음과 같은 구조평면도에서 G_2 보의 슬래브 유효폭(b_e)으
로 옳은 것은?

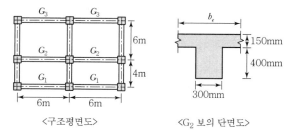

〈구조평면도〉　　　　〈G_2 보의 단면도〉

① 1,000mm　　　　　② 1,500mm
③ 2,000mm　　　　　④ 5,000mm

정답 | 및 해설

01 풍하중 산정 시 고려해야 할 요소에 해당하지 않는 것은?

① 건물의 용도
② 건물의 중량
③ 건물의 깊이
④ 건물의 폭

01 풍하중 산정 시 건축물의 높이, 깊이, 폭, 형상 및 풍속과 관련이 있으며 건축물의 무게와는 관계가 없다. 🔲 ②

02 휨모멘트와 축력을 받는 철근콘크리트 기둥의 축력(P) − 모멘트(M) 상관도를 설명한 것으로 옳지 않은 것은?

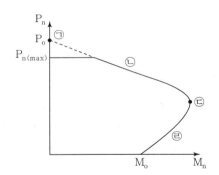

① 점 ㉠은 순수압축을 받는 경우로 중립축은 부재단면 내부에 존재한다.
② ㉡ 구간은 압축파괴구역으로 인장측 철근의 변형도는 항복변형도에 미치지 않는다.
③ 점 ㉢은 균형파괴점으로 인장측 철근의 변형도는 항복변형도에 도달한다.
④ ㉣ 구간은 인장파괴구역으로 인장측 철근의 변형도는 항복변형도를 초과한다.

02 점 ㉠은 순수 압축력만 받는 경우이므로 부재단면 내부에 중립축이 존재하지 않는다. 🔲 ①

03 콘크리트의 압축강도가 증가할수록 콘크리트의 탄성계수는 증가하지만, 철근의 탄성계수는 철근의 항복강도 증가에 상관없이 항상 일정하다.

정답 ③

04 전단경간이 유효깊이보다 작은 경우, 전단력이 하중점과 지지점 사이에 형성되는 압축대에 의하여 직접 전단되므로 사인장 균열발생의 가능성이 배제되며 전단강도는 매우 높게 나타난다. 이러한 상태에서의 파괴형태는 단부 콘크리트의 마찰저항이 작은 경우에는 쪼갬파괴(Splitting failure)가 되고 그렇지 않은 경우에는 지지부에서의 압축파괴가 된다.

정답 ①

05 띠철근의 간격
(1) 주근 지름의 16배 이하
: $22 \times 16 = 352$mm
(2) 띠철근 지름의 48배 이하
: $10 \times 48 = 480$mm
(3) 기둥의 최소폭 이하 : 250mm
∴ 띠철근의 간격은 (1), (2), (3) 중 작은 값이므로 250mm 이하로 한다.

정답 ①

06 횡지지길이(L_b)가 소성한계비지지길이(L_p)보다 작은 경우에는 횡좌굴강도를 고려하지 않아도 되므로, 공칭휨모멘트(M_n)가 소성휨모멘트(M_p)와 같다.

정답 ②

---

03 철근콘크리트구조에 대한 설명으로 옳지 않은 것은?

① 흙에 접하여 콘크리트를 친 후 영구히 흙에 묻혀 있는 콘크리트의 피복두께는 75mm 이상으로 해야 한다.
② 크리프변형을 계산할 때 콘크리트의 탄성계수는 초기접선탄성계수를 사용한다.
③ 콘크리트의 압축강도와 철근의 항복강도가 증가함에 따라 콘크리트 및 철근의 탄성계수는 증가한다.
④ 보통골재를 사용한 콘크리트의 할선탄성계수는 초기접선탄성계수의 85%로 한다.

04 철근콘크리트 보에서 전단경간이 보의 유효깊이보다 작고, 단부 콘크리트의 마찰저항이 작은 경우에 발생할 수 있는 파괴형태는?

① 쪼갬파괴
② 인장파괴
③ 휨파괴
④ 사인장파괴

05 직사각형 철근콘크리트 기둥의 단면이 250mm × 400mm이고, 주근은 D22, 띠철근은 D10을 사용했을 때, 띠철근 간격의 최댓값[mm]은?

① 250
② 352
③ 400
④ 480

06 강구조의 휨부재를 설계할 때, 강축휨을 받는 2축대칭 H형강 콤팩트부재의 횡지지길이(L_b)가 소성한계비지지길이(L_p)보다 작은 경우, 공칭휨모멘트(M_n)에 대한 설명으로 옳은 것은?

① 공칭휨모멘트(M_n)가 소성휨모멘트(M_p)보다 크다.
② 공칭휨모멘트(M_n)가 소성휨모멘트(M_p)와 같다.
③ 공칭휨모멘트(M_n)가 소성휨모멘트(M_p)보다 작고, 소요휨모멘트(M_r)보다 크다.
④ 공칭휨모멘트(M_n)가 소요휨모멘트(M_r)보다 작다.

07 강구조의 국부좌굴에 대한 판폭두께비 제한값을 산정하는 경우, 비구속판요소의 폭으로 옳은 것은?

① T형강 플랜지에 대한 폭 b는 전체공칭플랜지폭으로 한다.

② Z형강 다리에 대한 폭 b는 전체공칭치수의 1/2로 한다.

③ 플레이트의 폭 b는 자유단으로부터 파스너의 첫 번째 줄 혹은 용접선까지의 길이이다.

④ T형강의 스템 d는 전체공칭춤의 2/3로 한다.

08 합성구조 휨재의 설계에 대한 설명으로 옳지 않은 것은?

① 데크플레이트 상단 위의 콘크리트두께는 40mm 이상이어야 한다.

② 콘크리트슬래브와 강재보를 연결하는 스터드는 직경이 19mm 이하이어야 한다.

③ 데크플레이트의 공칭골깊이는 75mm 이하이어야 한다.

④ 동바리를 사용하지 않는 경우, 콘크리트의 강도가 설계기준강도의 75%에 도달하기 전에 작용하는 모든 시공하중은 강재단면 만에 의해 지지될 수 있어야 한다.

09 단면의 성질과 처짐에 대한 설명으로 옳지 않은 것은?

① 직사각형 단면의 보에서 폭이 일정할 때 춤이 2배로 증가하면 휨응력도는 1/4로 감소한다.

② 중앙 집중하중을 받는 양단 고정보의 최대 처짐은 중앙 집중하중을 받는 단순보 최대 처짐의 1/4이다.

③ 등분포하중을 받는 양단 고정보의 최대 처짐은 등분포하중을 받는 단순보 최대 처짐의 1/5이다.

④ 직사각형 단면의 보에서 폭이 일정할 때 춤이 2배로 증가하면 단면2차반경은 1/2로 감소한다.

07 ① T형강 플랜지에 대한 폭 b는 전체 공칭플랜지폭의 반이다.

② Z형강 다리에 대한 폭 b는 전체공칭치수이다.

④ T형강의 스템 d는 전체 공칭춤으로 한다.   **달** ③

08 데크플레이트 상단 위의 콘크리트두께는 50mm 이상이어야 한다.   **달** ①

09 직사각형 보의 단면2차반경은 $\dfrac{h(춤)}{2\sqrt{3}}$ 이므로 보에서 폭이 일정할 때 춤이 2배로 증가하면 단면2차반경은 2배로 증가한다.   **달** ④

10 어떤 층의 유효중량이 인접층 유효중량의 150%를 초과할 때 중량분포의 비정형인 것으로 간주하여 내진설계 시 수직비정형성의 유형에 해당되며, 지붕층이 하부층보다 가벼운 경우는 이를 적용하지 않는다. 📖 ③

11 처마홈통의 양 갓은 둥글게 감되, 안 감기를 원칙으로 한다. 📖 ①

12 아웃리거란 내부코어와 외주부 기둥을 연결시켜주는 캔틸레버 형태의 벽보 혹은 트러스보를 말하며, 내부기둥은 전단벽 또는 가새 형식의 수직트러스로 구성되며, 외주부 기둥은 주로 벨트트러스로 연결되어 있는 구조방식이다. 📖 ③

10 건물의 내진설계 시 수직비정형성의 유형에 해당하지 않는 것은?

① 어떤 층의 횡강성이 인접한 상부층 횡강성의 70% 미만인 건물
② 상부 3개층 평균강성의 80% 미만인 연층이 존재하는 건물
③ 어떤 층의 유효중량이 인접층 유효중량의 150%를 초과하고, 지붕층이 하부층보다 가벼운 건물
④ 횡력저항시스템의 수평치수가 인접층치수의 130%를 초과하는 건물

11 처마홈통공사에 대한 설명으로 옳지 않은 것은?

① 처마홈통의 양 갓은 둥글게 감되, 바깥감기를 원칙으로 한다.
② 건물의 처마 끝부분에 수평으로 댄 홈통을 처마홈통이라 한다.
③ 처마홈통의 길이가 길어질 경우, 낙수구와 낙수구 중간에 Expansion Joint를 설치한다.
④ 처마홈통에서 예상물높이가 최대가 되는 곳에 Expansion Joint를 설치한다.

12 초고층구조시스템 중 내부의 전단벽 코어와 외각의 기둥 및 벨트트러스를 강성이 큰 부재로 연결하여 주변구조와 코어를 엮어 횡하중에 저항하는 구조형식은?

① 가새구조
② 튜브구조
③ 아웃리거구조
④ 골조구조

13 다음과 같은 단부조건을 갖는 강구조 압축재에서 유효좌굴길이(KL)가 가장 긴 부재는?

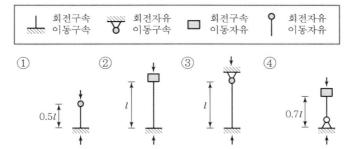

13 ① 유효좌굴길이(KL)
$=2.0 \times 0.5l = 1.0l$
② 유효좌굴길이(KL)
$=1.0 \times l = 1.0l$
③ 유효좌굴길이(KL)
$=0.7 \times l = 0.7l$
④ 유효좌굴길이(KL)
$=2.0 \times 0.7l = 1.4l$　📖 ④

14 강구조의 주각부 마감에 대한 설명으로 옳지 않은 것은?

① 베이스플레이트 하부와 콘크리트기초 사이에는 무수축그라우트로 충전한다.

② 베이스플레이트와 강재기둥을 완전용입용접할 경우, 접합면을 밀처리하여야 한다.

③ 베이스플레이트두께가 100mm를 초과하는 경우, 접합면을 밀처리하여야 한다.

④ 베이스플레이트두께가 50mm 이하이고, 충분한 지압력을 전달할 수 있는 경우, 접합면을 밀처리하지 않을 수 있다.

14 베이스플레이트와 강재기둥을 완전용입용접할 경우, 접합면을 절삭가공하여야 한다.　📖 ②

15 강구조의 이음부 설계에 대한 설명으로 옳지 않은 것은?

① 고장력볼트의 구멍중심에서 볼트머리 또는 너트가 접하는 재의 연단까지 최대거리는 판두께의 12배 이하 또한 150mm 이하로 한다.

② 전단접합 시에는 용접과 볼트의 병용이 허용된다.

③ 고장력볼트의 구멍중심 간 거리는 구멍직경의 2배 이상으로 한다.

④ 높이가 38m 이상 되는 다층구조물의 기둥이음부는 용접 또는 마찰접합을 사용하여야 한다.

15 고장력볼트의 구멍중심 간 거리는 구멍직경의 2.5배 이상으로 한다.　📖 ③

16 바닥틀 면에는 주요한 두 개의 내력벽 및 주요한 가로재의 교차부를 보강하는 귀잡이재를 설치하고 볼트, 못, 기타 철물을 사용하여 가로재와 긴결한다. 단, 바닥틀 면에 수평트러스를 설치한 경우는 귀잡이재를 두지 않아도 된다. 目 ④

16 목구조 설계원칙에 대한 설명으로 옳지 않은 것은?

① 토대하단은 지면에서 200mm 이상 높게 한다.

② 건물외주벽체 및 주요칸막이벽 등 구조내력상 중요한 부분의 기초는 가능한 한 연속기초로 한다.

③ 토대를 기초에 긴밀하게 결속시키기 위해서 긴결철물을 약 2m 간격으로 설치한다.

④ 수평트러스가 설치된 바닥틀면에 주요한 두 개의 내력벽 교차부가 발생하면 귀잡이재를 두어야 한다.

17 매입말뚝을 배치할 때, 그 중심간격은 말뚝머리지름의 2.0배 이상으로 한다. 目 ④

17 말뚝기초에 대한 설명으로 옳지 않은 것은?

① 동일 건축물에서는 지지말뚝과 마찰말뚝을 혼용할 수 없다.

② 나무말뚝의 끝마구리 직경은 120mm 이상이어야 한다.

③ 기성콘크리트말뚝에서 주근은 6개 이상이고, 주근의 피복 두께는 30mm 이상이어야 한다.

④ 매입말뚝을 배치할 때, 그 중심간격은 말뚝머리지름의 1.5배 이상으로 한다.

18 조적조 벽체를 지지하는 기초판은 벽체중심과 벽체면과의 중간을 철근콘크리트 기초판의 휨모멘트 계산을 위한 위험단면으로 본다. 目 ②

18 철근콘크리트 기초판의 휨모멘트 계산을 위한 위험단면으로 옳지 않은 것은?

① 콘크리트 기둥을 지지하는 기초판에서는 기둥의 외면

② 조적조 벽체를 지지하는 기초판에서는 벽체의 외면

③ 콘크리트 벽체를 지지하는 기초판에서는 벽체의 외면

④ 강재 베이스플레이트를 갖는 기둥을 지지하는 기초판에서는 기둥 외면과 강재 베이스플레이트 연단과의 중간

19 압축강도는 시험한 모든 프리즘의 평균값으로 하지만 최소 시험값의 125%를 초과할 수 없다. 目 ②

19 조적조의 프리즘시험에 대한 설명으로 옳지 않은 것은?

① 시공 전에는 5개의 프리즘을 제작 · 시험한다.

② 프리즘시험성적에 따라 압축강도를 검증할 때, 프리즘의 기준압축강도는 평균압축강도 이상이어야 한다.

③ 구조설계에 규정된 허용응력의 1/2을 적용한 경우에는 시공 중 시험이 필요하지 않다.

④ 구조설계에 규정된 허용응력을 모두 적용한 경우에는 벽면적 500m²당 3개의 프리즘을 제작 · 시험한다.

20 건축구조기준(KDS)에 따른 3층 이상 프리캐스트콘크리트 내력벽구조의 설계규정에 대한 설명으로 옳지 않은 것은?

① 종방향 또는 횡방향 연결철근은 바닥과 지붕에 22,000N/m의 공칭강도를 가지도록 설계하여야 한다.

② 종방향 연결철근은 바닥슬래브 또는 지붕바닥과 평행되며, 중심 간격이 4m 이내이어야 한다.

③ 바닥슬래브 또는 지붕바닥의 경간방향에 직각인 횡방향 연결철근은 내력벽의 간격 이하로 배치하여야 한다.

④ 수직연결철근은 모든 벽체에 배치하여야 하며, 건물 전체 높이에 연속되도록 하여야 한다.

20 종방향 연결철근은 바닥슬래브 또는 지붕바닥과 평행되며, 중심 간격이 3m 이내이어야 한다. 🔖 ②

| 정답 | 및 해설

01 ① $M_{\max} = 10 \times 5 = 50\text{kN} \cdot \text{m}$
　② $M_{\max} = (2 \times 5) \times 2.5$
　　　$= 25\text{kN} \cdot \text{m}$
　③ $M_{\max} = 6 \times 4$
　　　$= 24\text{kN} \cdot \text{m}$
　④ $M_{\max} = \dfrac{wl^2}{8}$
　　　$= \dfrac{2 \times 10^2}{8}$
　　　$= 25\text{kN} \cdot \text{m}$　　　🖪 ①

02 보에 휨이 작용할 때 발생하는 부재의 곡률은 작용시킨 휨모멘트에 비례한다.　🖪 ③

03 동일 구조물에서는 지지말뚝과 마찰말뚝을 혼용하여 사용하지 않는다.　🖪 ④

01 다음 중 최대모멘트의 크기가 가장 큰 것은? (단, 보의 자중은 무시한다.)

① 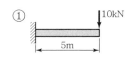　②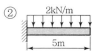

③ 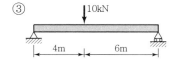　④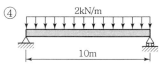

02 보 구조물의 휨에 대한 설명으로 옳지 않은 것은?

① 보에 휨이 작용할 때 인장도 압축도 되지 않고 원래의 길이를 유지하는 부재 단면의 축을 중립축이라 한다.
② 휨 변형을 하기 전 보의 중립축에 수직한 단면은 휨 변형 후에도 수직한 면을 그대로 유지한다.
③ 보에 휨이 작용할 때 발생하는 부재의 곡률은 작용시킨 휨모멘트에 반비례한다.
④ 보에 휨이 작용할 때 발생하는 부재의 곡률 반지름은 휨 강성에 비례한다.

03 말뚝기초의 설계에 대한 설명으로 옳지 않은 것은?

① 하중의 편심에 대해 검토하여야 한다.
② 말뚝기초판 저면에 있는 지반지지력은 통상 무시한다.
③ 지반침하, 액상화, 경사지에서 지반의 활동 등 부지 지반의 안전성에 유의하여야 한다.
④ 동일 구조물에서는 지지말뚝과 마찰말뚝을 혼용하여 사용할 수 있다.

04 조적조에서 테두리보의 역할로 옳지 않은 것은?

① 벽체의 수평균열을 방지한다.
② 수직하중을 분산시킨다.
③ 세로근의 정착자리를 제공한다.
④ 집중하중에 대해 보강한다.

05 철근콘크리트 구조에서 슬래브와 보가 일체로 타설된 T형 보(보의 양쪽에 슬래브가 있는 경우)의 유효폭을 결정하기 위한 값이 아닌 것은?

① 보 경간의 1/12에 보의 복부 폭을 더한 값
② 보 경간의 1/4
③ 양쪽으로 각각 내민 플랜지 두께의 8배씩에 보의 복부 폭을 더한 값
④ 양쪽 슬래브의 중심 간 거리

06 강도설계법에 기반한 보강조적조의 구조설계에 대한 설명으로 옳지 않은 것은?

① 벽체나 벽체 골조의 공동 안에는 최대 4개까지의 보강근이 허용된다.
② 처짐을 구할 때를 제외하고는 휨강도의 계산에서 조적조벽의 인장강도를 무시한다.
③ 보강근은 모르타르나 그라우트에 완전 매입되어야 하고, 40mm 또는 철근 직경의 2.5배 이상의 피복을 유지해야 한다.
④ 90° 표준 갈고리의 내민길이는 보강근 직경의 최소 12배 이상으로 한다.

07 나선철근으로 보강된 프리스트레스트 콘크리트 기둥의 설계축강도는 편심이 없는 경우의 설계축강도의 0.85배를 초과하지 않아야 한다. **정답 ④**

07 철근콘크리트 기둥 설계에 대한 설명으로 옳지 않은 것은?

① 띠철근의 수직 간격은 축방향 철근 지름의 16배, 띠철근 지름의 48배, 기둥 단면의 최소 치수 중 가장 작은 값 이하로 한다.

② 나선철근 기둥은 최소 6개의 축방향 철근을 가지도록 한다.

③ 콘크리트 벽체와 일체로 시공되는 기둥의 유효단면 한계는 나선철근이나 띠철근 외측에서 40mm보다 크지 않게 취하여야 한다.

④ 나선철근으로 보강된 프리스트레스트 콘크리트 기둥의 설계축강도는 편심이 없는 경우의 설계축강도의 0.8배를 초과하지 않아야 한다.

08 원형단면 부재의 콘크리트 전단강도 (V_c)를 계산하기 위한 단면적은 콘크리트 단면의 유효깊이와 지름의 곱으로 구하여야 하며, 이때 단면의 유효깊이는 부재단면지름의 0.8배로 구할 수 있다. **정답 ③**

08 원형단면을 가지는 철근콘크리트 부재의 전단강도를 산정하기 위해 필요한 단면의 유효깊이는?

① 압축측 연단에서 최외단 인장철근 중심까지의 거리

② 압축측 연단에서 인장철근군 전체의 단면 중심까지의 거리

③ 부재단면지름의 0.8배

④ 부재단면지름의 0.7배

09 장방형 평면인 건축물

$$\frac{건물\ 높이}{\sqrt{건물\ 폭 \times 건물\ 깊이}} \geq 3,$$

$$\frac{건물\ 높이}{\sqrt{80 \times 20}} \geq 3$$

∴ 건축물의 높이 $\geq 3 \times 40 = 120m$

정답 ②

09 KDS 기준에서 건축물의 폭이 80m, 깊이가 20m일 때, 풍동실험에 의하여 풍하중을 산정해야 하는 건축물의 최소 높이는?

① 100m   ② 120m

③ 160m   ④ 200m

10 강재단면과 길이방향 철근 사이의 순간격은 철근직경의 1.5배 이상 또는 40mm 중 큰 값 이상으로 한다. **정답 ③**

10 KDS 매입형 합성부재의 구조설계시 고려사항으로 옳지 않은 것은?

① 강재 코어의 단면적은 합성부재 총단면적의 1% 이상으로 한다.

② 연속된 길이방향 철근의 최소철근비는 0.4%로 한다.

③ 강재단면과 길이방향 철근 사이의 순간격은 철근직경의 1.5배 이상 또는 25mm 중 큰 값 이상으로 한다.

④ 플랜지에 대한 콘크리트 순피복두께는 플랜지폭의 1/6 이상으로 한다.

11 그림과 같은 베이스플레이트를 갖는 기둥의 기초판에서, 최대계수휨모멘트 계산을 위한 기둥 외측면부터 위험단면까지의 거리(d)는? (단, s는 기둥 외측면과 베이스플레이트 연단과의 거리이다.)

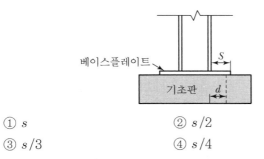

① s ② $s/2$
③ $s/3$ ④ $s/4$

12 항복강도 400MPa인 D19 이형철근을 사용하는 철근콘크리트구조 내력벽의 최소 수직철근비와 최소 수평철근비는?

① 최소 수직철근비 0.0012, 최소 수평철근비 0.0020
② 최소 수직철근비 0.0012, 최소 수평철근비 0.0025
③ 최소 수직철근비 0.0015, 최소 수평철근비 0.0020
④ 최소 수직철근비 0.0015, 최소 수평철근비 0.0025

13 건축물의 내진설계에 등가정적해석법을 사용할 때, 밑면전단력에 대한 설명으로 옳지 않은 것은?

① 건축물의 유효 중량이 증가할수록 밑면전단력이 증가한다.
② 반응수정계수가 증가할수록 밑면전단력이 감소한다.
③ 건축물의 고유주기가 증가할수록 밑면전단력이 증가한다.
④ 건축물의 중요도계수가 증가할수록 밑면전단력이 증가한다.

---

11 강재 베이스플레이트를 갖는 기둥을 지지하는 기초판은 외측면부터 위험단면까지의 거리(d)가 기둥 외면과 강재 베이스플레이트 단부와의 중간이 되므로 $s/2$이다.   답 ②

12 벽체의 수직 및 수평 최소철근비

구분	수직 철근비	수평 철근비
$f_y \geq 400$MPa 로서 D16 이하 의 이형철근	0.0012	0.0020 $\times \dfrac{400}{f_y}$
기타 이형 철근	0.0015	0.0025

답 ④

13 건축물의 고유주기가 증가할수록 밑면전단력이 감소한다.   답 ③

14 부재 CD는 0부재이므로 부재력이 작용하지 않는다. 　　정답 ④

14 그림과 같은 트러스 구조시스템에 하중이 작용할 때, 부재 *CD*에 작용하는 부재력에 대한 설명으로 옳은 것은? (단, 트러스의 자중은 무시하고, 각 절점은 핀 접합, *A*점은 힌지, *B*점은 롤러로 가정한다.)

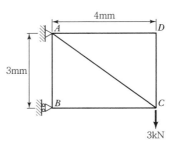

① 4kN의 압축력이 작용한다.　② 4kN의 인장력이 작용한다.
③ 5kN의 인장력이 작용한다.　④ 부재력이 작용하지 않는다.

15 강재앵커의 직경은 용접되는 플랜지 두께의 2.5배를 초과해서는 안 된다. 　　정답 ③

15 건축구조기준 강재앵커의 구조제한으로 옳지 않은 것은?

① 강재앵커는 용접 후 밑면에서 머리 최상단까지의 스터드앵커 길이는 몸체직경의 4배 이상인 머리가 있는 스터드이거나 압연ㄷ형강으로 하여야 한다.
② 데크플레이트의 골에 설치되는 강재앵커를 제외하고, 강재앵커의 측면 피복은 25mm 이상이 되어야 한다.
③ 강재앵커의 직경은 플랜지 두께의 2.5배 이상으로 하여야 한다.
④ 강재앵커의 중심간 간격은 슬래브 총두께의 8배 또는 900mm를 초과할 수 없다.

16 허용압축지지력은 콘크리트의 허용압축응력에 콘크리트의 단면적을 곱한 값 이하이다. 　　정답 ①

16 PHC말뚝(프리텐션방식 원심력 고강도콘크리트 말뚝)에 대한 설명으로 옳지 않은 것은?

① 허용압축하중은 콘크리트의 허용압축응력에 콘크리트의 단면적을 곱한 값이다.
② 말뚝머리를 절단하면 프리스트레스가 감소되어 보강할 필요가 있다.
③ 직경 800mm 이상인 대구경 말뚝의 시공이 가능하다.
④ 설계기준강도 80MPa 이상의 콘크리트를 사용하고, 프리스트레스에 의해 보강되었기 때문에 내충격력이 강하다.

17 압축재 H형강 H−250×250×9×14의 유효좌굴길이가 가장 긴 것은? (단, 단면2차반경 $r_x = 10.8\text{cm}$, $r_y = 6.29\text{cm}$로 가정한다.)

① 길이가 5m이고 양단 단순지지이며, 부재의 중간에서 약축에 대해 측면지지되어 있는 압축재

② 길이가 10m이고 양단고정이며, 부재의 중간에서 약축에 대해 측면지지되어 있는 압축재

③ 길이가 4m이고 캔틸레버이며, 캔틸레버 선단부에서 강축에 대해 측면지지되어 있는 압축재

④ 길이가 12m이고 양단고정이며, 부재의 중간에서 강축에 대해 측면지지되어 있는 압축재

18 그림과 같은 강구조 접합부를 필릿용접 최소사이즈로 접합하려고 할 때, 유효목두께의 값은? (단, 이음면에 직각인 경우)

① 2.1mm
② 3.0mm
③ 4.2mm
④ 6.0mm

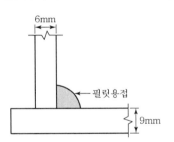

6mm

필릿용접

9mm

19 합성보에 대한 설명으로 옳지 않은 것은?

① 완전합성보는 강재보와 철근콘크리트 슬래브가 일체로서 거동할 수 있도록 충분한 수의 강재앵커가 사용된 합성보이다.

② 불완전합성보는 완전합성보로 작용하기에는 불충분한 양의 전단연결재를 사용한 합성보이다.

③ 정(+)모멘트가 최대가 되는 위치와 모멘트가 0이 되는 위치사이의 총수평전단력은 콘크리트슬래브의 압괴, 강재보의 인장항복, 강재앵커의 강도 등의 3가지 한계상태로부터 구한 값 중에서 가장 작은 값으로 한다.

④ 부(−)모멘트가 최대가 되는 위치와 모멘트가 0이 되는 위치사이의 총수평전단력은 강재보의 인장항복 상태로 산정한다.

---

17 유효좌굴길이(KL)

① 강축 : KL＝1.0×5＝5m
약축 : KL＝1.0×2.5＝2.5m
→ 5m

② 강축 : KL＝0.5×10＝5m
약축 : KL＝0.7×5＝3.5m
→ 5m

③ 강축 : KL＝0.7×4＝2.8m
약축 : KL＝2.0×4＝8m
→ 8m

④ 강축 : KL＝0.7×6＝4.2m
약축 : KL＝0.5×12＝6m
→ 6m   **답** ③

18 필릿용접의 유효목두께는 필릿사이즈의 0.7배이고, 최소 필릿사이즈는 접합부의 얇은 쪽 모재두께가 6mm일 때 3mm 이상이 된다. 그러므로 필릿용접의 유효목두께는 3mm×0.7＝2.1mm가 된다.   **답** ①

19 부(−)모멘트가 최대가 되는 위치와 모멘트가 0이 되는 위치사이의 총수평전단력은 슬래브철근의 인장항복과 강재앵커의 강도 등의 2가지 한계상태로부터 구한 값 중에서 작은 값으로 한다.   **답** ④

20 블록전단파단이란 전단영역의 파단과 인장영역의 항복에 의해 접합부의 일부분이 찢어져 나가는 파괴 형태이다. **답** ②

20 그림과 같은 두께 10mm인 인장재 볼트접합부에서 블록전단파단을 지배하는 한계상태로 옳은 것은? (단, 볼트구멍의 직경은 20mm로 가정한다.)

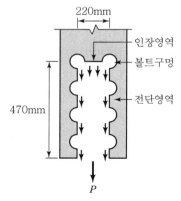

220mm

470mm

인장영역
볼트구멍
전단영역

P

① 인장영역의 항복과 전단영역의 항복
② 인장영역의 항복과 전단영역의 파단
③ 인장영역의 파단과 전단영역의 항복
④ 인장영역의 항복과 전단영역의 항복 합의 2배

정답 | 및 해설

01 건축구조기준에서 사용하는 강구조 용어에 대한 설명으로 옳지 않은 것은?

① 다이어프램플레이트 : 지지요소에 힘을 전달하도록 이용된 면내 휨강성과 휨강도를 갖고 있는 플레이트
② 서브머지드아크용접 : 두 모재의 접합부에 입상의 용제, 즉 플럭스를 놓고 그 속에서 용접봉과 모재 사이에 아크를 발생시켜 그 열로 용접하는 방법
③ 구속판요소 : 하중의 방향과 평행하게 양면이 직각방향의 판요소에 의해 연속된 압축을 받는 평판요소
④ 패널존 : 접합부를 관통하는 보와 기둥의 플랜지의 연장에 의해 구성되는 보−기둥 접합부의 웨브영역

01 다이어프램플레이트는 지지요소에 힘을 전달하도록 이용된 면내 전단강성과 전단강도를 갖고 있는 플레이트를 말한다. 답 ①

02 조적벽이 구조물의 횡안전성 확보를 위해서 사용될 때는 전단벽들이 횡력과 평행한 방향으로 배치되어야 한다. 바닥판이 콘크리트 타설 철재 데크일 때, 건축구조기준의 경험적 설계법으로 조적벽을 설계하기 위한 전단벽체 간 최대간격과 전단벽 길이의 비율은?

① 5 : 1 ② 4 : 1
③ 3 : 1 ④ 2 : 1

02 경험적 설계를 위한 전단벽 최대간격

바닥판 또는 지붕유형	벽체 간 간격 : 전단벽 길이
현장타설 콘크리트	5 : 1
프리캐스트 콘크리트	4 : 1
콘크리트 타설 철재 데크	3 : 1
무타설 철재 데크	2 : 1
목재 다이어프램	2 : 1

답 ③

03 건축구조물의 내진설계 시 내진설계범주에 따라 높이와 비정형성에 대한 제한, 내진설계 대상 부재, 구조해석 방법 등이 다르다. 건축구조기준의 내진설계범주에 영향을 미치지 않는 것은?

① 건축물의 중요도
② 건축물의 구조시스템
③ 내진등급
④ 단주기 및 주기 1초에서의 설계스펙트럼가속도

03 건축구조기준의 내진설계범주에 영향을 미치는 요소는 단주기 및 주기 1초에서의 설계스펙트럼 가속도, 건축물의 중요도, 유효건물중량, 건축물의 고유주기, 반응수정계수 등이며, 건축물의 구조시스템은 영향을 미치지 않는다. 답 ②

04 중립축 부근에 재료가 몰려 있을수록
단면 형상계수비는 커지고, 단면의 휨
효율이 높을수록 단면 형상계수비는
작은 값을 갖는다.　　**답** ③

05 비선형시간이력해석에서 부재의 비선
형 능력 및 특성은 중요도계수를 고려
하여 실험이나 충분한 해석결과에 부
합하도록 모델링해야 하며, 응답은 반
응수정계수/중요도계수에 의하여 감
소시키지 않는다.(조정하지 않는다.)
　　답 ④

06 기본등분포활하중 순서
경량품　저장창고($6kN/m^2$) → 체육
시설(고정식 스탠드) · 백화점(2층 이
상 부분)($4kN/m^2$) → 학교의 교실
($3kN/m^2$) → 일반 사무실($2.5kN$
$/m^2$) → 병원의 병실 · 주택의 거실
($2kN/m^2$)　　**답** ①

04 강재 단면에서 형상계수(k)는 소성단면계수(Z)를 탄성단
면계수(S)로 나눈 값으로 정의한다. 다음 단면 중 형상계수
가 가장 작은 것은?

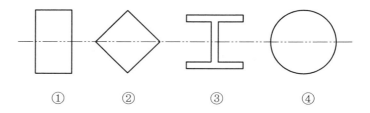

05 건축구조기준에서 규정하는 시간이력해석에 대한 설명으로
옳지 않은 것은?

① 시간이력해석은 지반조건에 상응하는 지반운동기록을 최소
한 3개 이상 이용하여 수행한다.

② 3개의 지반운동을 이용하여 해석할 경우 최대응답을 사용
하고, 7개 이상의 지반운동을 이용하여 해석할 경우 평균응
답을 사용하여 설계할 수 있다.

③ 선형시간이력해석을 수행하는 경우 층전단력, 층전도모멘
트, 부재력 등의 설계값은 해석값에 중요도계수를 곱하고
반응수정계수로 나누어 구한다.

④ 비선형시간이력해석으로 구한 층전단력, 층전도모멘트,
부재력 등 응답은 반응수정계수로 나누어 설계값으로 사
용한다.

06 건축구조기준에서 규정하는 기본등분포활하중을 큰 것에서
작은 순서대로 바르게 나열한 것은?

① 경량품 저장창고 → 백화점(2층 이상 부분) → 주택의 거실

② 체육시설(고정식 스탠드) → 병원의 병실 → 학교의 교실

③ 학교의 교실 → 주택의 거실 → 일반 사무실

④ 백화점(2층 이상 부분) → 주택의 거실 → 학교의 교실

07 건축구조기준을 적용하여 합성보를 설계할 때, 보중심을 기준으로 정의하는 좌우 각 방향에 대한 콘크리트 슬래브의 유효폭으로 적합한 것은? (단, 바닥판 슬래브에 개구부가 없는 것으로 가정한다.)

① 내부 합성보의 경우, 보스팬(지지점의 중심간)의 1/6과 보중심선에서 인접보 중심선까지 거리의 1/2 중 작은 값

② 내부 합성보의 경우, 보스팬(지지점의 중심간)의 1/8과 보중심선에서 인접보 중심선까지 거리의 1/2 중 작은 값

③ 외부 합성보의 경우, 보스팬(지지점의 중심간)의 1/6과 보중심선에서 슬래브 가장자리까지의 거리 중 작은 값

④ 외부 합성보의 경우, 보스팬(지지점의 중심간)의 1/8과 보중심선에서 슬래브 가장자리까지의 거리 중 작은 값

08 다음은 프리캐스트콘크리트(PC)부재의 제작, 운반, 설계, 시공에 대한 설명이다. 옳은 것만을 모두 고르면?

> ㄱ. PC부재를 설계할 때에는 제작, 운반, 조립 과정에서 발생할 수 있는 충격하중과 구속조건을 고려해야 한다.
> ㄴ. PC부재의 콘크리트 설계기준강도는 21MPa 이상으로 하여야 한다.
> ㄷ. PC벽판을 기둥의 수평연결부재로 설계하는 경우 PC벽판의 높이와 두께의 비는 제한하지 않아도 된다.
> ㄹ. 경간이 20m인 보의 경우, 단일보로 설계하고 제작한 PC보를 차량으로 운반하여 시공할 수 있다.

① ㄱ, ㄹ 　　　　② ㄴ, ㄷ
③ ㄱ, ㄴ, ㄷ 　　④ ㄱ, ㄴ, ㄷ, ㄹ

---

07 내부 합성보의 경우에는 보스팬(지지점의 중심간)의 1/8과 보중심선에서 인접보 중심선까지 거리의 1/2 중 작은 값으로 하고, 외부 합성보의 경우에는 보스팬(지지점의 중심간)의 1/8과 보중심선에서 슬래브 가장자리까지의 거리 중 작은 값으로 한다.

답 ②

08 15m 이상의 경간 PC보는 도로교통법상 차량으로 운반이 불가능하다.

답 ③

09 필릿용접의 유효면적(A)은 유효길이 (l)에 유효목두께(a)를 곱한 것으로 한다.

(1) A=$a \times l$
$= 0.7s \times (L - 2s)$
$= (0.7 \times 10) \times (100 - 2 \times 10)$
$= 560 \text{mm}^2$

(2) 그림에서 2열용접으로 표시되어 있으므로 1열용접에 2배를 한다.
∴ A=$560 \times 2 = 1,120 \text{mm}^2$
📖 ②

10 밑면전단력 산정에 사용하는 유효 건물 중량은 창고로 쓰이는 공간에서는 활하중의 최소 25%를 포함하여야 하지만, 공용차고와 개방된 주차장 건물의 경우 활하중은 포함시킬 필요가 없다. 📖 ④

11 부재의 폭은 250mm 이상이어야 한다. 📖 ②

---

09 두께 12mm의 강판 두 장을 겹쳐 필릿용접으로 이음하였다. 다음 그림에서 용접기호를 바탕으로 계산한 용접부의 용접유효면적(A_w)은? (단, 이음이 직각인 경우)

① 1,020mm²
② 1,120mm²
③ 1,220mm²
④ 1,320mm²

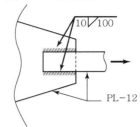

PL-12

10 건축구조기준에서 규정하는 등가정적해석을 사용한 건축구조물의 내진설계에 대한 설명으로 옳지 않은 것은?

① 층간변위는 각 층의 상·하단 질량 중심의 횡변위 차이로서 내진등급에 따른 허용층간변위는 층고의 0.01~0.02배이다.

② 철근콘크리트와 철골모멘트저항골조에서 12층을 넘지 않고 층의 최소높이가 3m 이상일 때, 건축물의 근사고유주기는 층수를 10으로 나눈 값으로 구할 수 있다.(단, 단위는 초이다.)

③ 구조물의 중심과 강심 간의 편심에 의한 비틀림모멘트는 편심거리에 층전단력을 곱하여 산정하고, 우발비틀림모멘트는 지진력 작용 방향에 직각인 평면치수의 5%에 해당하는 우발 편심에 그 층전단력을 곱하여 산정한 모멘트이다.

④ 공용차고의 경우 밑면전단력 산정에 사용하는 유효 건물 중량은 설계 활하중의 최소 25%를 포함하여야 한다.

11 건축구조기준의 내진설계 시 특별 고려사항에서 규정하는 특수모멘트 골조의 휨부재에 대한 요구사항을 만족하지 않는 것은?

① 부재의 계수 축력은 $\dfrac{A_g f_{ck}}{10}$ 를 초과하지 않아야 한다.

(단, A_g는 콘크리트 부재의 전체단면적, f_{ck}는 콘크리트의 설계기준압축강도를 나타낸다.)

② 부재의 폭은 200mm 이상이어야 한다.

③ 깊이에 대한 폭의 비가 0.3 이상이어야 한다.

④ 부재의 순경간이 유효깊이의 4배 이상이어야 한다.

12 건축물은 하중조합에 의한 하중효과에 저항하도록 설계하여야 한다. 다음 그림에 제시된 건축물의 기둥, 벽체 등 수직부재에 인장력을 발생시킬 가능성이 가장 큰 하중조합은? (단, 하중조합에서 고정하중(D), 활하중(L), 지진하중(E)만 고려하며, 모든 층의 경간에 작용하는 고정하중과 활하중의 크기는 동일하다고 가정한다.)

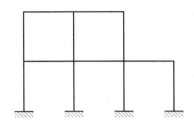

① 0.9D + 1.0E
② 1.2D + 1.6L
③ 1.2D + 1.0E + 1.0L
④ 1.4D

12 고정하중, 활하중, 지진하중만 고려할 경우 하중조합은 0.9D + 1.0E와 1.2D + 1.0E + 1.0L이다. 이 중 하중조합이 상대적으로 적은 0.9D + 1.0E는 설계강도가 작게 나오기 때문에 건축물의 기둥, 벽체 등 수직부재에 인장력을 발생시킬 가능성이 큰 하중조합으로 볼 수 있다. 📝 ①

13 KDS 건축구조기준에서 규정하는 목구조에 대한 설명으로 옳지 않은 것은?

① 경골목구조는 주요 구조부가 공칭두께 50mm(실제두께 38mm)의 규격재로 건축된 목구조를 뜻한다.
② 건조사용조건이란 목구조물의 사용 중에 평형함수율이 19% 이하로 유지될 수 있는 온도 및 습도 조건을 뜻한다.
③ 섬유판으로 덮은 목재전단벽의 설계 시 높이−너비의 최대 비율은 1.5 : 1을 사용한다.
④ 지진력 저항을 위한 건물골조시스템으로 경골목조전단벽을 사용할 때, 변위증폭계수는 4.0으로 한다.

13 지진력 저항을 위한 건물골조시스템으로 경골목조전단벽을 사용할 때, 변위증폭계수는 4.5로 한다. 📝 ④

14 건축구조기준을 적용하여 철근콘크리트 구조를 설계할 때, 인장이형철근의 기본정착길이를 결정하는 인자와 가장 거리가 먼 것은?

① 철근의 공칭지름
② 철근의 설계기준항복강도
③ 인장철근비
④ 콘크리트의 설계기준압축강도

14 인장이형철근의 기본정착길이는 철근의 공칭지름, 철근의 설계기준항복강도에 비례하고, 콘크리트의 설계기준압축강도에 반비례한다. 📝 ③

15 기둥 및 바닥판의 콘크리트강도가 각 각 40 및 27MPa이고 슬래브에 의해 기둥(또는 접합부)의 4면이 횡방향으로 구속된 경우, 기둥 콘크리트강도의 75%와 바닥판 콘크리트강도의 35% 를 합한 값을 콘크리트의 설계기준압 축강도로 가정하여 접합부 및 기둥의 강도를 계산할 수 있다. 🖪 ③

16 휨좌굴에 대한 압축강도 산정 시, 한계 세장비($=4.71\sqrt{E/F_y}$) 이상의 세 장비를 갖는 압축재의 경우 휨좌굴응 력은 탄성좌굴응력에 계수 0.877을 곱한 값을 사용한다. 🖪 ④

---

15 기둥에 사용한 콘크리트의 설계기준압축강도(이하 '콘크리트강도')가 바닥판구조의 콘크리트강도보다 클 경우, 건축구조기준을 적용하여 바닥판구조를 통한 기둥하중의 전달을 위한 조치로 옳지 않은 것은?

① 기둥 및 바닥판의 콘크리트강도가 각각 27 및 21MPa인 경우, 기둥 주변 바닥판의 콘크리트강도는 21MPa를 사용한다.

② 기둥 및 바닥판의 콘크리트강도가 각각 40 및 24MPa인 경우, 기둥 주변 바닥판의 콘크리트강도는 24MPa를 사용하고 바닥판을 통과하는 기둥의 강도는 소요 연직다월철근과 나선 철근을 가진 콘크리트강도의 하한값을 기준으로 평가한다.

③ 기둥 및 바닥판의 콘크리트강도가 각각 40 및 27MPa이고 슬래브에 의해 기둥(또는 접합부)의 4면이 횡방향으로 구속된 경우, 기둥 콘크리트강도의 75%와 바닥판 콘크리트강도의 25%를 합한 값을 콘크리트의 설계기준압축강도로 가정하여 접합부 및 기둥의 강도를 계산할 수 있다.

④ 기둥 및 바닥판의 콘크리트강도가 각각 40 및 27MPa인 경우, 기둥 주변 바닥판의 콘크리트강도는 40MPa를 사용하고 기둥 콘크리트 상면은 슬래브 내로 600mm 확대하며 기둥 콘크리트가 굳지 않은 상태에서 바닥판 콘크리트를 시공한다.

16 건축구조기준을 적용할 때, 중심축 압축력을 받는 강구조 압축재의 설계에 대한 설명으로 옳지 않은 것은?

① 공칭압축강도는 휨좌굴, 비틀림좌굴, 휨-비틀림좌굴의 한계상태 중에서 가장 작은 값으로 한다.

② 얇은 판으로 된 십자형 또는 조립기둥과 같은 2축대칭 압축재는 휨-비틀림과 비틀림좌굴에 의한 한계상태를 고려하여 공칭압축강도를 계산해야 한다.

③ 적합한 구조해석에 의하여 검증된 경우, 가새골조와 트러스의 압축부재는 1.0 보다 작은 유효좌굴길이계수(K)를 사용할 수 있다.

④ 휨좌굴에 대한 압축강도 산정 시, 한계세장비($=4.71\sqrt{E/F_y}$) 이상의 세장비를 갖는 압축재의 경우 휨좌굴응력은 탄성좌굴응력과 동일한 값을 사용한다.

17 건축구조기준을 적용할 때, 기초구조에 대한 설명으로 옳은 것만을 모두 고르면?

> ㄱ. 기초는 상부구조를 안전하게 지지하고, 유해한 침하 및 경사 등을 일으키지 않도록 해야 한다.
> ㄴ. 나무말뚝의 허용지지력은 나무말뚝의 최대단면에 대해 구하는 것으로 한다.
> ㄷ. 흙막이 구조물의 설계에서는 벽의 배면에 작용하는 측압을 깊이에 반비례하여 증대하는 것으로 한다.
> ㄹ. 현장타설 콘크리트말뚝의 최대 허용압축하중은 각 구성 요소의 재료에 해당하는 허용압축응력을 각 구성 요소의 유효단면적에 곱한 각 요소의 허용압축하중을 합한 값으로 한다.

① ㄱ, ㄹ   ② ㄴ, ㄷ

③ ㄴ, ㄹ   ④ ㄱ, ㄴ, ㄷ, ㄹ

18 다음 그림의 골조에서 절점 B와 C에 각각 5kN의 수평력이 작용할 때 지점 D에서의 수평 반력(H_D)과 수직 반력(V_D)은? (단, 골조의 자중은 고려하지 않는다.)

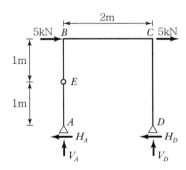

① $H_D = 5$kN, $V_D = 5$kN

② $H_D = 0$kN, $V_D = 10$kN

③ $H_D = 5$kN, $V_D = 10$kN

④ $H_D = 10$kN, $V_D = 10$kN

17 ㄴ. 나무말뚝의 허용지지력은 나무말뚝의 최소단면에 대해 구하는 것으로 한다.
ㄷ. 흙막이 구조물의 설계에서는 벽의 배면에 작용하는 측압을 깊이에 비례하여 증대하는 것으로 한다. 🖩 ①

18 (1) $\Sigma H = 0$에서,
$10 - H_A - H_D = 0$
$\therefore\ H_A + H_D = 10$kN
(2) $\Sigma M_A = 0$에서,
$-V_D \times 2 + (5 \times 2) + (5 \times 2) = 0$
$\therefore\ V_D = 10$kN
(3) E점을 중심으로 우측 구조물에 대하여
$\Sigma M_E = 0$에서,
$H_D \times 1 - (10 \times 2) + (5 \times 1)$
$+ (5 \times 1) = 0$
$\therefore\ H_D = 10$kN 🖩 ④

19

철근의 설계기준 항복강도	압축지배 변형률 한계	인장지배 변형률 한계
500MPa	0.0025	0.00625

변형률도에서 삼각형의 닮음비를 이용하면

(1) 압축지배단면 중에서 최소 압축대 깊이(c_c)

$$c_c : 0.0033 = (d-c_c) : 0.0025$$

$$\therefore c_c = 0.57d$$

(2) 인장지배단면 중에서 최대 압축대 깊이(c_t)

$$c_t : 0.0033 = (d-c_t) : 0.00625$$

$$\therefore c_t = 0.35d$$

📖 ②

20 타입말뚝의 허용지지력은 장기허용 압축응력에 최소단면적을 곱한 값 이하로, 재하시험을 할 경우에는 극한지 지력 이하 값의 1/3 이하로 한다.

📖 ②

---

19 콘크리트의 설계기준압축강도는 25MPa이고 철근의 설계기준인장강도는 500MPa인 직사각형 단면의 철근콘크리트 보를 건축구조기준의 강도설계법으로 설계하고자 한다. 압축지배단면 중에서 최소 압축대 깊이와 인장지배단면 중에서 최대 압축대 깊이에 각각 가장 가까운 값은? (단, d는 보의 유효깊이를 나타내며, 인장철근은 1열로 배치된다.)

① $0.65d$, $0.4d$

② $0.57d$, $0.35d$

③ $0.45d$, $0.25d$

④ $0.35d$, $0.2d$

20 건축구조기준을 적용할 때, 기초지반과 말뚝의 설계에 대한 설명으로 옳지 않은 것은?

① 지반의 허용지지력을 산정할 때, 정방형 기초저면의 형상계수는 점토지반과 사질지반의 경우 각각 1.3과 0.4를 사용한다.

② 타입말뚝의 허용지지력은 장기허용압축응력에 최소단면적을 곱한 값 이하로, 재하시험을 할 경우에는 극한하중 값의 1/3 이하로 한다.

③ PHC말뚝의 허용압축응력 산정 시, 재료의 허용압축응력을 저감하지 않아도 되는 세장비의 한계값(n)과 상한값은 각각 85와 110이다.

④ 타격력을 전혀 사용하지 않고 시공하는 말뚝의 이음에 대해서는 타입말뚝의 이음저감률의 1/2을 택하여 말뚝재료의 허용압축응력을 저감할 수 있다.

정답 | 및 해설

01 현장타설콘크리트말뚝 기초의 KDS구조세칙에 대한 내용으로 옳지 않은 것은?

① 말뚝의 중심간격은 말뚝머리지름의 2.0배 이상 또한 말뚝머리지름에 1,000mm를 더한 값 이상으로 한다.

② 저부의 단면을 확대한 말뚝의 측면경사와 수직면이 이루는 각은 30° 이하로 한다.

③ 특별한 경우를 제외하고 주근은 4개 이상 또한 설계단면적의 0.25% 이상으로 하고, 띠철근 또는 나선철근으로 보강한다.

④ 철근의 피복두께는 30mm 이상으로 한다.

01 현장타설콘크리트말뚝의 철근 피복두께는 60mm 이상으로 한다.
답 ④

02 옹벽 설계에 대한 설명으로 옳지 않은 것은?

① 활동에 대한 저항력은 옹벽에 작용하는 수평력의 1.5배 이상으로 한다.

② 전도에 대한 저항모멘트는 횡토압에 의한 전도휨모멘트의 2.0배 이상으로 한다.

③ 부벽식 옹벽의 전면벽은 3변 지지된 2방향 슬래브로 설계할 수 있다.

④ 뒷부벽은 직사각형보로 설계하며, 앞부벽은 T형보로 설계한다.

02 옹벽 설계 시 뒷부벽은 T형보로 설계하며, 앞부벽은 직사각형보로 설계한다.
답 ④

03 지진력저항시스템에 대한 설명으로 옳지 않은 것은?

① 보통모멘트골조 : 연성거동을 확보하기 위한 특별한 상세를 사용하지 않은 모멘트골조

② 중심가새골조 : 부재들에 주로 축력이 작용하는 가새골조

③ 편심가새골조 : 가새부재 양단부의 한쪽 이상이 보-기둥 접합부로부터 약간의 거리만큼 떨어져 보에 연결된 가새골조

④ 건물골조 : 모든 지진하중과 수직하중을 보와 기둥으로 구성된 라멘이 저항하는 골조

03 모든 지진하중과 수직하중을 보와 기둥으로 구성된 라멘이 저항하는 골조는 모멘트골조방식이다. 건물골조는 수직하중은 입체골조가 저항하고, 지진하중은 전단벽이나 가새골조가 저항하는 구조방식을 말한다. 답 ④

04 중심축 압축력을 받는 강구조 압축부재의 공칭압축강도 산정 시 고려하는 한계상태가 아닌 것은?

① 휨좌굴

② 비틀림좌굴

③ 휨 − 비틀림좌굴

④ 횡좌굴

05 휨모멘트와 축력을 받는 특수모멘트골조 부재의 설계에 대한 설명으로 옳지 않은 것은?

① 접합부의 접합면에서 그 접합부에 연결된 기둥들의 설계휨강도 합은 그 접합부에 연결된 보의 설계휨강도 합의 1.2배 이상으로 한다.

② 축방향 철근비는 0.01 이상, 0.10 이하로 한다.

③ 축방향 철근의 겹침이음은 부재의 중앙부에서 부재길이의 1/2 구역 내에서만 한다.

④ 횡방향철근으로 구속되지 않은 외부 콘크리트의 두께가 100mm를 초과하면 부가적으로 횡방향철근을 300mm를 넘지 않는 간격으로 배치한다.

06 내진설계 특별 고려사항 중에서 중간모멘트골조의 보에 대한 요구사항으로 옳지 않은 것은?

① 접합면에서 정모멘트휨강도는 부모멘트휨강도의 1/6 이상으로 한다.

② 부재의 어느 위치에서나 정모멘트 또는 부모멘트휨강도는 양측 접합부의 접합면 최대휨강도의 1/5 이상으로 한다.

③ 양단에서 받침부재의 내측면부터 경간 중앙 쪽으로 부재깊이의 2배 길이 부분에는 후프철근을 배치한다.

④ 첫 번째 후프철근은 지지 부재면으로부터 50mm 이내의 구간에 배치한다.

07 판재, 형강 등으로 구성되는 조립인장재의 설계요건으로 옳지 않은 것은?

① 끼움판을 사용한 2개 이상의 형강으로 구성된 조립인장재는 개재의 세장비가 가급적 300을 넘지 않도록 한다.

② 띠판의 재축방향 길이는 조립부재 개재를 연결시키는 용접이나 파스너 사이거리의 2/3 이상으로 하고, 띠판두께는 이열 사이거리의 1/50 이상으로 한다.

③ 띠판에서의 단속용접 또는 파스너의 재축방향 간격은 300mm 이하로 한다.

④ 띠판간격을 결정할 때, 조립부재 개재의 세장비는 가급적 300을 넘지 않도록 한다.

07 띠판에서의 단속용접 또는 파스너의 재축방향 간격은 150mm 이하로 한다.
　　답 ③

08 프리캐스트 벽판을 사용한 3층 이상의 내력벽 구조에 대한 최소 규정으로 옳지 않은 것은?

① 종방향 또는 횡방향 연결철근은 바닥슬래브와 지붕구조 평면에서 600mm 이내에 설치한다.

② 종방향 연결철근은 바닥슬래브 또는 지붕바닥과 평행되며, 중심간격이 3.0m 이내로 한다.

③ 각 층 바닥 또는 지붕층 바닥 주위의 둘레 연결철근은 모서리에서 1.5m 이내에 설치한다.

④ 수직연결철근은 각 프리캐스트벽 패널당 2개 이상 설치하고, 그 중심간격은 3.6m 이하로 한다.

08 각 층 바닥 또는 지붕층 바닥 주위의 둘레 연결철근은 모서리에서 1.2m 이내에 설치한다.
　　답 ③

09 정착길이 산정조건이 다음과 같을 때, KDS에 따른 압축 이형철근의 기본정착길이(l_{db}), 표준갈고리를 갖는 인장이형철근의 기본정착길이(l_{hb}) 및 확대머리 이형철근의 인장에 대한 정착길이(l_{dt})의 크기를 바르게 비교한 것은?

- 공칭지름 25mm 및 설계기준항복강도 400MPa의 에폭시 도막 철근(에폭시 도막계수는 1.2로 가정함)
- 설계기준압축강도 25MPa의 보통중량 콘크리트
- 확대머리 이형철근의 인장에 대한 정착길이 산정식을 적용하기 위한 모든 조건을 만족함(최상층을 제외한 부재 접합부에 정착된 경우, $\psi = 1$)

① $l_{db} > l_{hb} > l_{dt}$　　② $l_{hb} > l_{db} > l_{dt}$

③ $l_{hb} > l_{dt} > l_{db}$　　④ $l_{dt} > l_{db} > l_{hb}$

09 (1) 압축 이형철근의 기본정착길이(l_{db})

$$l_{db} = \frac{0.25 d_b f_y}{\lambda \sqrt{f_{ck}}} = \frac{0.25 d_b f_y}{\sqrt{f_{ck}}}$$

(2) 표준갈고리를 갖는 인장이형철근의 기본정착길이(l_{hb})

$$l_{hb} = \frac{0.24 \beta d_b f_y}{\lambda \sqrt{f_{ck}}}$$

$$= \frac{0.24 \times 1.2 d_b f_y}{\lambda \sqrt{f_{ck}}} = \frac{0.288 d_b f_y}{\sqrt{f_{ck}}}$$

(3) 확대머리 이형철근의 인장에 대한 정착길이(l_{dt})

$$l_{dt} = \frac{0.22 \beta d_b f_y}{\psi \sqrt{f_{ck}}}$$

$$= \frac{0.22 \times 1.2 d_b f_y}{\sqrt{f_{ck}}} = \frac{0.264 d_b f_y}{\sqrt{f_{ck}}}$$

$\therefore l_{hb} > l_{dt} > l_{db}$　　답 ③

10 비보강조적조의 저항강도는 단위조적조, 모르타르, 충전재의 휨인장강도를 사용하여 설계한다. 📖 ①

11 AE혼화제를 사용하면 공기량은 증가하지만, 콘크리트의 압축강도는 감소한다. 📖 ①

12 필릿용접의 유효길이는 용접 총길이에서 필릿사이즈(s)의 2배를 공제한 값으로 한다. 📖 ①

10 비보강조적조의 강도설계법에 대한 설명으로 옳지 않은 것은?

① 비보강조적조의 저항강도는 단위조적조, 모르타르, 충전재의 압축강도를 사용하여 설계한다.

② 보강철근은 설계강도에 기여하지 않는 것으로 간주한다.

③ 비보강조적조는 균열이 발생하지 않도록 설계한다.

④ 휨강도 산정을 위해서 축압축응력과 함께 발생하는 휨압축응력은 변형률에 비례하는 것으로 보며, 최대 압축응력은 조적조 28일 압축강도의 85%를 넘지 않도록 한다.

11 콘크리트 AE혼화제의 사용효과에 대한 설명으로 옳지 않은 것은?

① 물시멘트비가 일정한 경우 증가된 간극비 때문에 강도가 증가한다.

② 콘크리트의 동결융해에 대한 저항성이 증가한다.

③ 타설하는 동안 재료분리 현상이 감소한다.

④ 콘크리트 내에 공기를 연행시킴으로써 작업성(Workability)이 향상된다.

12 용접접합에 대한 설명으로 옳지 않은 것은?

① 필릿용접의 유효길이는 용접 총길이에서 유효목두께의 2배를 공제한 값으로 한다.

② 필릿용접의 유효면적은 유효길이에 유효목두께를 곱한 것으로 한다.

③ 완전용입된 그루브용접의 유효목두께는 접합판 중 얇은 쪽 판두께로 한다.

④ 양 끝에 엔드탭을 사용하지 않은 그루브용접의 유효길이는 용접 총길이에서 용접모재두께의 2배를 공제한 값으로 한다.

13 프리스트레스트 콘크리트(PSC)에 대한 설명으로 옳지 않은 것은?

① 철근콘크리트에 비해 탄성과 복원성이 더 크다.

② 철근콘크리트에 비해 단면을 더 유효하게 이용한다.

③ 철근콘크리트에 비해 일반적으로 고강도의 콘크리트와 강재를 사용한다.

④ 긴장재를 곡선으로 배치한 보는 긴장재 인장력의 연직분력만큼 부재에 작용하는 전단력이 증가한다.

14 강재 플레이트 거더에 대한 설명으로 옳지 않은 것은?

① 플레이트 거더의 춤을 높이면 휨모멘트 지지능력이 커져서 효율적이지만, 웨브는 불안정해지므로 스티프너로 보강한다.

② 중간 스티프너는 웨브의 전단강도를 증가시키기 위해 보의 중간에 적당한 간격으로 수평으로 설치하는 보강재이다.

③ 하중점 스티프너는 집중하중으로 인해 웨브에 국부좌굴의 우려가 있는 경우 집중하중이 작용하는 곳의 웨브 양쪽에 수직으로 설치하는 보강재이다.

④ 수평 스티프너는 휨모멘트에 의해 재축방향 압축력을 받는 웨브의 좌굴을 방지하는 역할을 한다.

15 지반을 탄성체로 보고 탄성이론을 적용하여 기초지반의 즉시침하량을 산정하고자 할 때, 계산과정에 포함되지 않는 항목은?

① 기초에 작용하는 단위면적당의 하중

② 기초의 단변 및 장변길이

③ 기초의 푸아송비

④ 지반의 탄성계수

정답 | 및 해설

13 긴장재를 곡선으로 배치한 보는 긴장재 인장력의 연직분력만큼 부재에 작용하는 전단력이 감소한다. 답 ④

14 중간 스티프너는 웨브의 전단강도를 증가시키기 위해 보의 재축에 직각방향으로 설치하는 보강재이다. 답 ②

15 지반을 탄성체로 보고 탄성이론을 적용하여 기초지반의 즉시침하량을 산정하고자 할 때, 기초의 푸아송비가 아닌 지반의 푸아송비를 계산과정에 포함하여 산정한다. 답 ③

16 (1) $\sum M_B = 0$일 때,

$$(R_A \times 6) - 60 + \left(3 \times w \times \frac{1}{2} \times 2\right) = 0$$

($\because R_A = 0$ 대입)

$\therefore w = 20\text{kN/m}$

(2) $\sum M_A = 0$일 때,

$$\left(20 \times 3 \times \frac{1}{2} \times 8\right) - (R_B \times 6) - 60 = 0$$

$\therefore R_B = 30\text{kN}$ 답 ③

17 목재전단벽의 덮개재료는 기계적인 파스너 대신 접착제로 부착하는 것은 허용하지 않으며, 파스너와 함께 사용한 경우에도 전단성능 산정에 접착제의 성능은 고려하지 않는다. 답 ②

18 $C = T$이므로,

$$0.85 f_{ck} \times a \times b = A_s \times f_y$$

$$\therefore A_s = \frac{0.85 f_{ck} \times (\beta_1 \times c) \times b}{f_y}$$

$$= \frac{0.85 \times 20 \times (0.80 \times 200) \times 400}{400}$$

$$= 2,720\text{mm}^2 \qquad \text{답 ②}$$

16 그림과 같은 내민보에서 A 점의 수직 반력(R_A)의 크기가 0인 경우, B점의 수직 반력(R_B)의 크기는? (단, 보의 자중은 무시하며 w는 등변분포하중의 최대 크기를 나타낸다.)

① 10kN

② 20kN

③ 30kN

④ 60kN

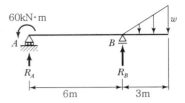

17 목구조에 대한 설명으로 옳지 않은 것은?

① 구조용 집성재는 규정된 강도등급에 따라 선정된 제재목 또는 목재 층재를 섬유방향이 서로 평행하게 집성·접착하여 생산한 제품이다.

② 목재전단벽의 덮개재료는 기계적인 파스너 대신 접착제로 부착할 수 있으며, 파스너와 함께 사용하는 경우에는 두 내력 중에서 큰 값으로 전단성능을 산정한다.

③ 목재의 섬유방향으로 상처를 내어 방부제를 처리하는 인사이징의 주요 목적은 방부제를 깊고 균일하게 침투시키기 위한 것이다.

④ 토대 하단은 지면에서 200mm 이상 높게 하되 방습상 유효한 조치를 강구한 경우에는 이를 감해도 된다.

18 그림과 같은 철근콘크리트 보에서 인장측 철근 단면적(A_s)의 값은? (단, 압축 측 연단에서 중립축까지의 거리 c=200mm이고, 콘크리트의 설계기준압축강도 f_{ck}=20MPa, 인장철근의 설계기준항복강도 f_y=400MPa이다.)

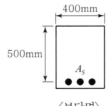

① 2,550mm² ② 2,720mm²

③ 3,400mm² ④ 4,000mm²

19 적설하중 산정에 대한 내용으로 옳지 않은 것은?

① 기본지상적설하중(S_g)은 눈의 평균 단위중량과 수직최심적
  설깊이의 곱으로 계산된다.

② 최소 지상적설하중은 0.5kN/m^2으로 한다.

③ 평지붕적설하중 산정 시 사용되는 기본지붕적설하중계수
  (C_b)는 일반적으로 0.7로 한다.

④ 경사지붕적설하중은 평지붕적설하중에 지붕경사도계수(C_s)
  를 곱하여 산정하며, 지붕 경사도가 $60°$를 초과하면 지붕경
  사도계수는 0으로 한다.

20 KDS 기초구조에 대한 설명으로 옳지 않은 것은?

① 지반침하가 구조물에 손상을 야기할 가능성이 있는 경우,
  지반침하에 의해 발생하는 응력에 대해 기초가 충분한 강도
  를 갖거나, 지반침하에 따라 기초도 변형하도록 하는 등의
  대책을 세워야 한다.

② 지반침하의 우려가 있는 지역에서 15m 이상에 걸쳐 압밀층
  및 그 영향을 받는 층을 관통하여 타설된 말뚝을 장기하중
  에 대해 설계할 때 말뚝에 작용하는 부마찰력을 검토해야
  한다.

③ 말뚝재하시험에서 최대하중은 말뚝의 극한지지력 또는 예
  상되는 설계하중의 3배를 원칙으로 한다.

④ 재하시험을 하지 않는 경우, 타입말뚝의 허용지지력은 허용
  압축응력에 최소단면적을 곱한 값과 지지력 산정식에 의해
  구한 극한지지력의 $1/2$ 중에서 작은 값으로 한다.

19 경사지붕적설하중은 평지붕적설하중
에 지붕경사도계수(C_s)를 곱하여 산
정하며, 지붕 경사도가 $70°$를 초과하
면 지붕경사도계수는 0으로 한다.
　　　　　　　　　　　답 ④

20 타입말뚝의 허용지지력은 장기허용
압축응력에 최소단면적을 곱한 값 이
하, 재하시험을 할 경우에는 극한지지
력 이하 값의 $1/3$ 및 재하시험을 하지
않는 경우는 지지력 산정식에 의해 구
해지는 극한지지력의 $1/3$ 중에서 가
장 작은 값으로 한다.
　　　　　　　　　　　답 ④

정답 | 및 해설

01 SHN의 재질규격 명칭은 건축구조용 열간압연 형강이라고 한다. 🔑 ④

02 T형보의 유효폭 산정
(1) 양쪽으로 각각 내민 플랜지 두께의 8배씩 + b_w
$= (100 \times 16) + 300$
$= 1,900\text{mm}$
(2) 양쪽 슬래브의 중심 간 거리
$= 2.5\text{m} + 2.5\text{m}$
$= 5,000\text{mm}$
(3) 보 경간의 1/4
$= 10\text{m} \times 1/4$
$= 2,500\text{mm}$
∴ (1), (2), (3) 중 작은 값 = 1,900mm
🔑 ①

03 ② 기성 콘크리트 말뚝에 사용하는 콘크리트의 설계기준강도는 35MPa 이상으로 하고 허용지지력은 말뚝의 최소단면에 대하여 구하는 것으로 한다.
③ 나무말뚝을 타설할 때, 그 중심 간격은 말뚝머리지름의 2.5배 이상 또한 600mm 이상으로 한다.
④ 매입말뚝 및 현장타설 콘크리트 말뚝의 허용지지력은 재하시험 결과에 따른 항복하중의 1/2 및 극한하중의 1/3 중 작은 값으로 한다.
🔑 ①

---

01 구조용 강재의 재질규격 명칭에 대한 설명으로 옳지 않은 것은?

① SS : 일반구조용 압연강재
② SN : 건축구조용 압연강재
③ SMA : 용접구조용 내후성 열간 압연강재
④ SHN : 일반구조용 탄소강관

02 슬래브와 보가 일체로 현장타설된 철근콘크리트 T형 보(G1)의 유효폭으로 옳은 것은? (단, 슬래브의 두께는 100mm, 보의 폭은 300mm이다.)

① 1,900mm
② 2,200mm
③ 2,500mm
④ 5,000mm

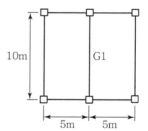

03 KDS 건축구조기준에서 말뚝설계에 대한 설명으로 옳은 것은? (단, 이음말뚝과 세장비가 큰 말뚝은 제외한다.)

① 기성 콘크리트 말뚝의 허용압축응력은 콘크리트설계기준압축강도의 최대 1/4까지를 말뚝재료의 허용압축응력으로 한다.
② 기성 콘크리트 말뚝에 사용하는 콘크리트의 설계기준강도는 30MPa 이상으로 하고 허용지지력은 말뚝의 최소단면에 대하여 구하는 것으로 한다.
③ 나무말뚝을 타설할 때, 그 중심 간격은 말뚝머리지름의 2.5배 이하 그리고 600mm 이하로 한다.
④ 매입말뚝 및 현장타설 콘크리트 말뚝의 허용지지력은 재하시험 결과에 따른 항복하중의 1/3 및 극한하중의 1/2 중 작은 값으로 한다.

04 횡방향으로 구속되지 않는 1층 철골모멘트골조에 3m 길이의 일정한 원형 단면의 강재기둥이 있다. 기둥하단의 지지조건이 회전구속 – 이동구속이고 기둥상단의 지지조건이 회전구속 – 이동자유인 경우, 기둥의 탄성좌굴하중을 산정하기 위한 유효좌굴길이는?

① 1.5m
② 2.1m
③ 3m
④ 7m

04 기둥하단의 지지조건이 회전구속 – 이동구속(고정단)이고 기둥상단의 지지조건이 회전구속 – 이동자유인 경우, 부재의 유효좌굴길이 계수(K)는 1.0이므로 유효좌굴길이 = KL = 1.0 × 3m = 3m이다. **답 ③**

05 건축구조기준에서 기초 및 말뚝설계에 대한 설명으로 옳지 않은 것은?

① 면적이 큰 건축물의 경우 지반의 종류와 지층의 구성 상황에 맞게 지지말뚝과 마찰말뚝을 혼용하여 기초구조의 안전성을 높여야 한다.
② 기초판 윗면부터 하부 철근까지의 깊이는 흙에 놓이는 기초의 경우는 150mm 이상, 말뚝기초의 경우는 300mm 이상으로 하여야 한다.
③ 폐단강관말뚝을 타설할 때 그 중심 간격은 말뚝머리의 지름 또는 폭의 2.5배 이상 또한 750mm 이상으로 한다.
④ 침하검토가 중요시되지 않는 말뚝기초에서는 말뚝하중이 설계용 한계값인 극한지지력의 1/3 이하인 경우에 한해 침하검토를 생략할 수 있다.

05 면적이 큰 건축물의 경우인 지반이라고 할지라도 동일한 구조물에서는 지지말뚝과 마찰말뚝을 혼용해서는 안 된다. **답 ①**

06 다음 그림은 지붕이 아닌 층의 구조평면도이다. 건축구조기준에 따라 등분포활하중을 저감시키기 위하여 기둥(A, C)과 보(B, D)의 영향면적을 계산할 때, 영향면적이 가장 큰 부재는?

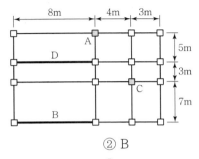

① A
② B
③ C
④ D

06 영향면적은 기둥 및 기초에서는 부하면적의 4배, 보에서는 부하면적의 2배를 적용하기 때문에 보보다는 기둥에서 영향면적이 크고, 도면상에서 A기둥보다는 C기둥이 영향면적이 크다. **답 ③**

07 단일기둥은 원칙적으로 이음을 피하며, 부득이 이음을 할 경우는 접합부에 주의하고 또한 부재의 중앙부분을 피한다. 답 ④

08 3힌지 라멘

(1) $\sum M_A = 0$에서,

$-(R_B \times 8) + (8 \times 6) + (8 \times 2) = 0$

$\therefore R_B = 8\text{kN}, R_A = 8\text{kN}$

(2) F점을 중심으로 우측 구조물에 대하여

$M_F = 0$에서,

$(R_B \times 4) - (H_B \times 8) - (8 \times 2)$

$= 0$

$\therefore H_B = 2\text{kN}(좌향)$

(3) G점을 중심으로 우측 구조물에 대하여

$\therefore M_G = (8 \times 2) - (2 \times 8)$

$= 0\text{kN} \cdot \text{m}$ 답 ④

09 구조물의 판별식

$=$ (반력 $+$ 부재력 $+$ 강절점수) $- 2$
$\times$ 절점수

$= (5 + 15 + 18) - (2 \times 12)$

$= 14$차 부정정 답 ③

---

07 건축구조기준에서 목구조에 대한 설명으로 옳지 않은 것은?

① 목구조의 가새에는 내력저하를 초래하는 따냄을 피한다.

② 목구조의 토대는 기초에 긴결한다. 긴결철물은 약 2m 간격으로 설치하고, 가새단부와 토대의 이음 등의 응력집중이 예상되는 부근에는 별도의 긴결철물을 설치한다.

③ 바닥틀은 수직하중에 대해서 충분한 강도 및 강성을 가져야 하며, 수평하중에 의해서 생기는 전단력을 안전하게 내력벽에 전달할 수 있는 강도 및 강성을 갖는 구조로 한다.

④ 단일기둥은 원칙적으로 이음을 피하며, 부득이 이음을 할 경우는 접합부에 주의하고 또한 부재의 중앙부분에서 이음을 한다.

08 다음 골조에서 G 점의 휨모멘트는?

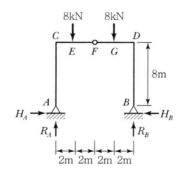

① $-10\text{kN} \cdot \text{m}$ ② $-5\text{kN} \cdot \text{m}$

③ $5\text{kN} \cdot \text{m}$ ④ $0\text{kN} \cdot \text{m}$

09 다음 구조물의 판별로 옳은 것은?

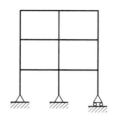

① 불안정 ② 안정, 2차 부정정

③ 안정, 14차 부정정 ④ 안정, 20차 부정정

10 그림과 같이 2개의 요소로 구성된 강구조 부재가 있다. 요소 1과 요소2의 접합부 C에 축하중(P)이 작용할 때, 지지점 A에서 발생하는 지점반력의 크기는? (단, 축하중(P)이 작용할 때, 강구조는 탄성거동함을 가정한다.)

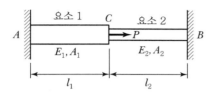

요소 1	요소 2
E_1 : 요소1 탄성계수	E_2 : 요소2 탄성계수
A_1 : 요소1 단면적	A_2 : 요소2 단면적
l_1 : 요소1 길이	l_2 : 요소2 길이

① $\dfrac{E_1 A_1 / l_2}{E_1 A_1 / l_2 + E_2 A_2 / l_1} P$

② $\dfrac{E_1 A_1 / l_1}{E_1 A_1 / l_1 + E_2 A_2 / l_2} P$

③ $\dfrac{E_1 A_1}{E_1 A_1 + E_2 A_2} P$

④ $\dfrac{E_2 A_2}{E_1 A_1 + E_2 A_2} P$

11 양단부 단순지지 보의 중앙부에 집중하중을 재하하여 최대 탄성 휨처짐이 10mm 발생하였다. 보의 길이를 절반으로 줄일 경우, 양단부 단순지지 보에 10mm의 최대탄성 휨처짐을 발생시키기 위해서는 보 중앙부에 몇 배의 집중하중을 재하해야 하는가? (단, 보 전체 길이에 걸쳐 탄성계수와 단면이차모멘트는 일정하다.)

① 0.5배   ② 2배

③ 4배   ④ 8배

---

10 (1) 힘의 평형조건($\sum H = 0$)

$\therefore R_A + R_B = P$ ·············· ㉠

(2) 변형 적합조건($\delta_{AC} = \delta_{CB}$)

$\dfrac{R_A \times l_1}{E_1 A_1} = \dfrac{R_B \times l_2}{E_2 A_2}$ ············ ㉡

$\therefore R_B = \dfrac{E_2 A_2 / l_2}{E_1 A_1 / l_1} R_A$

(3) ㉡식을 ㉠식에 대입

$R_A + \left(\dfrac{E_2 A_2 / l_2}{E_1 A_1 / l_1} R_A \right) = P$

$\therefore R_A = \dfrac{E_1 A_1 / l_1}{E_1 A_1 / l_1 + E_2 A_2 / l_2} P$

달 ②

11 단순지지 보의 중앙부에 집중하중이 작용할 때 최대처짐 $\delta_{\max} = \dfrac{Pl^3}{48EI}$ 이므로, 처짐은 부재의 길이의 세제곱에 비례하기 때문에 보의 길이를 절반으로 줄이면서 똑같은 최대탄성휨처짐 10mm가 되기 위해서는 보 중앙부에 8배의 집중하중을 재하해주면 된다.

달 ④

12 과도한 처짐에 의해 손상되기 쉬운 비구조 요소를 지지 또는 부착하지 않은 바닥구조는 활하중에 의한 순간처짐을 $l/360$까지 허용한다. (단, l은 골조에서 절점중심을 기준으로 측정된 부재의 길이이다.) 🖩 ②

13 ① 내력벽 시스템 중 철근콘크리트 보통전단벽 : 4
② 내력벽 시스템 중 철근콘크리트 특수전단벽 : 5
③ 모멘트−저항골조 시스템 중 철근콘크리트 보통모멘트골조 : 3
④ 모멘트−저항골조 시스템 중 철근콘크리트 특수모멘트골조 : 8 🖩 ④

14 (1) $R_A = 30\text{kN}(\downarrow)$,
$R_B = 30\text{kN}(\uparrow)$
(2) $M_c = 40 - (30 \times 2)$
$= -20\text{kN} \cdot \text{m}$
∴ 보의 중앙지점에서 휨모멘트의 절대치는 20kN · m이다. 🖩 ①

---

12 건축구조기준에서 철근콘크리트 1방향구조의 처짐에 관한 설명으로 옳지 않은 것은?

① 보행자 및 차량하중 등 동하중을 주로 받는 구조물의 허용처짐 중에서 활하중과 충격으로 인한 캔틸레버의 처짐은 캔틸레버 길이의 1/300 이하이어야 한다. 다만, 보행자의 이용이 고려된 경우 처짐은 캔틸레버 길이의 1/375까지 허용된다.

② 과도한 처짐에 의해 손상되기 쉬운 비구조 요소를 지지 또는 부착하지 않은 바닥구조는 활하중에 의한 순간처짐을 $l/180$ 까지 허용한다. (단, l은 골조에서 절점중심을 기준으로 측정된 부재의 길이이다.)

③ 처짐을 계산할 때 하중작용에 의한 순간처짐은 부재강성에 대한 균열과 철근의 영향을 고려하여 탄성처짐공식을 사용하여 산정하여야 한다.

④ 일반 콘크리트 휨부재의 장기처짐은 크리프와 건조수축의 영향을 고려하여 산정한다.

13 건축구조기준에 따른 건축물의 내진설계에서 반응수정계수가 가장 큰 시스템은?

① 내력벽 시스템 중 철근콘크리트 보통전단벽
② 내력벽 시스템 중 철근콘크리트 특수전단벽
③ 모멘트−저항골조 시스템 중 철근콘크리트 보통모멘트골조
④ 모멘트−저항골조 시스템 중 철근콘크리트 특수모멘트골조

14 다음 그림의 보에 대한 설명으로 옳지 않은 것은?

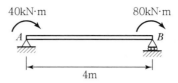

① 보의 중앙지점에서 휨모멘트의 절대치는 25kN · m이다.
② 보에서 휨모멘트가 0이 되는 지점은 A지점으로부터 4/3m 되는 곳이다.
③ 보의 중앙지점에서 전단력의 절대치는 30kN이다.
④ A지점의 수직반력과 B지점의 수직반력의 크기(절대치)는 같다.

15 프리스트레스트 콘크리트에서는 긴장력의 손실이 발생한다. 긴장력 손실의 요인 중에서 시간이 경과되면서 발생하는 시간 의존적 손실(또는 시간적 손실)에 해당하는 것을 모두 고르면?

> ㄱ. 긴장재와 쉬스 사이의 마찰에 의한 손실
> ㄴ. 콘크리트의 탄성수축에 의한 손실
> ㄷ. 정착장치의 활동에 의한 손실
> ㄹ. 콘크리트의 크리프에 의한 손실

① ㄹ
② ㄴ, ㄷ
③ ㄷ, ㄹ
④ ㄱ, ㄴ, ㄷ, ㄹ

16 건축구조기준에 따라 나선철근으로 보강된 철근콘크리트 기둥의 설계에서 종국상태 시 최외단 인장철근의 순인장변형률이 0.003일 때, 기둥의 축력과 휨모멘트에 대한 강도감소계수(ϕ)의 값은? (단, 철근의 항복강도는 400MPa, 탄성계수는 2.0×10^5MPa라고 한다.)

① 0.70
② 0.75
③ 0.80
④ 0.85

17 건축구조기준에 따른 건축구조물의 내진설계에 대한 설명으로 옳지 않은 것은?

① 등가정적해석법에서 층간변위 산정시 동적해석법과 달리, 변위증폭계수를 고려할 필요는 없다.

② 모멘트 골조와 전단벽으로 이루어진 시스템에 있어서 전체 지진력을 각 골조의 횡강성비에 비례하여 분배했을 때, 모멘트골조가 설계지진력의 30%를 부담하는 경우 이중골조 시스템으로 볼 수 있다.

③ 내진등급 I에 해당하는 건축물의 허용층간변위는 해당 층고의 1.5%이다.

④ 응답스펙트럼해석법에서 해석에 사용하는 모드 수는 직교하는 각 방향에 대하여 질량참여율이 90% 이상이 되도록 결정한다.

15 프리스트레스트 콘크리트에서 긴장력 손실의 요인 중에서 시간이 경과되면서 발생하는 시간 의존적 손실(또는 시간적 손실)에는 콘크리트의 크리프에 의한 손실, 콘크리트의 건조수축에 의한 손실, PS강재의 응력이완에 의한 손실이다. **目** ①

16 순인장변형률($\varepsilon_t = 0.003$)이 압축지배 변형률 한계($\varepsilon_y = 0.002$)와 인장지배 변형률 한계($\varepsilon = 0.005$) 사이인 경우이므로 강도감소계수는 0.70에서 0.85 사이에 직선 보간한 값을 사용한다.

∴ 나선철근인 경우 강도감소계수
$= 0.70 + (\varepsilon_t - 0.002) \times 50$
$= 0.70 + (0.003 - 0.002) \times 50$
$= 0.75$ **目** ②

17 등가정적해석법에서 층간변위 산정시 동적해석법과 달리, 변위증폭계수를 고려할 필요가 있다. **目** ①

18 캔틸레버의 처짐공식 $\delta = \dfrac{Pl^3}{3EI}$ 를 적용하며, 처짐은 보 높이의 세제곱에 반비례한다.

$$\therefore \delta_A : \delta_B$$
$$= \frac{1}{E \times h^3} : \frac{1}{5E \times (h/5)^3 \times 5}$$
$$= 1 : 5 \qquad \text{답} ②$$

18 구조물 A 와 B 가 탄성거동할 때 두 구조물의 휨처짐량의 비를 구하면? (단, 구조물 B 를 구성하는 5개의 각 보는 동일한 두께를 가지며 서로 분리되어 있고 상호간 접촉표면에서 수평마찰이 발생하지 않는다고 가정한다.)

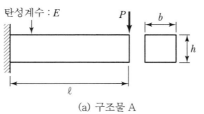

(a) 구조물 A

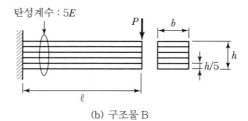

(b) 구조물 B

① A 휨처짐량 : B 휨처짐량 $= 5 : 1$
② A 휨처짐량 : B 휨처짐량 $= 1 : 5$
③ A 휨처짐량 : B 휨처짐량 $= 1 : 25$
④ A 휨처짐량 : B 휨처짐량 $= 1 : 125$

19 ① 프리캐스트 콘크리트 부재의 설계기준강도는 21MPa 이상으로 하여야 한다.
② 설계할 때 사용된 제작과 조립에 대한 허용오차는 관련 도서에 표시하여야 하며, 부재를 설계할 때 일시적 조립 응력도 고려하여야 한다.
③ 프리캐스트 벽판을 사용하는 3층 이상의 내력벽구조에서 횡방향 연결철근은 바닥슬래브 또는 지붕바닥과 수직되며, 내력벽의 간격 이하로 배치하여야 한다. 답 ④

19 건축구조기준에서 프리캐스트 콘크리트 부재설계의 일반적인 설계원칙에 대한 설명으로 옳은 것은?

① 프리캐스트 콘크리트 부재의 설계기준강도는 18MPa 이상으로 하여야 한다.
② 설계할 때 사용된 제작과 조립에 대한 허용오차는 관련 도서에 표시하여야 하며, 부재를 설계할 때 일시적 조립 응력은 고려하지 않는다.
③ 프리캐스트 벽판을 사용하는 3층 이상의 내력벽구조에서 횡방향 연결철근은 바닥슬래브 또는 지붕바닥과 수직되며 내력벽 간격의 두 배 이하로 배치하여야 한다.
④ 프리캐스트 콘크리트 부재는 인접 부재와 하나의 구조시스템으로서 역할을 하기 위하여 모든 접합부와 그 주위에서 발생할 수 있는 단면력과 변형을 고려하여 설계하여야 한다.

20 건축구조기준에서 철근콘크리트 특수구조벽체와 특수구조 벽체의 연결보에 대한 설명으로 옳지 않은 것은?

① 특수구조벽체에서 특수경계요소를 설계해야 할 경우, 경계요소의 범위는 압축단부에서 $c - 0.1l_w$와 $c/2$ 중 큰 값 이상이어야 한다. (단, c는 압축단부에서 중립축까지의 거리이고 l_w는 벽체의 수평길이이다.)

② 특수구조벽체에서 특수경계요소를 설계해야 할 경우, 플랜지를 가진 벽체의 경계요소는 압축을 받는 유효플랜지 부분뿐만 아니라 복부 쪽으로 적어도 300mm 이상 포함하여야 한다.

③ 연결보에 대각선 묶음철근을 배치해야 할 경우, 대각선 묶음철근은 최소한 4개의 철근으로 이루어져야 한다.

④ 대각선철근이 배근된 연결보의 공칭전단강도는 대각선철근과 수평철근 및 수직철근에 의한 전단강도의 합으로 설계한다.

20 대각선철근이 배근된 연결보의 공칭전단강도

$$V_n = 2A_{vd}f_y\sin\alpha \le (5\sqrt{f_{ck}}/6)A_{cp}$$

와 같이 결정하여야 한다.(단, A_{vd} : 대각선 철근의 각 무리별 전체 단면적, A_{cp} : 콘크리트 단면에서 외부 둘레로 둘러싸인 면적)　　답 ④

□ 1회 풀이 □ 2회 풀이 □ 3회 풀이

정답 | 및 해설

01 내진설계 시 동적해석을 수행해야 하는 경우에는 응답스펙트럼해석법, 탄성시간이력해석법, 비탄성시간이력해석법 중 1가지 방법을 선택할 수 있다.
답 ④

02 (1) $\delta_1 = \dfrac{5wl^4}{384EI} = \dfrac{5w_1 L^4}{384EI}$

(2) $\delta_2 = \dfrac{5wl^4}{384EI}$

$= \dfrac{5w_2 (L/2)^4}{384EI} = \dfrac{5w_2 L^4}{16 \times 384EI}$

$\therefore \dfrac{5w_1 L^4}{384EI} : \dfrac{5w_2 L^4}{16 \times 384EI}$

$= w_1 : \dfrac{w_2}{16} = 16 \cdot w_1 : w_2$ 답 ④

03 에폭시 도막이 되어 있는 철근은 도막되어 있지 않은 철근보다 정착길이가 증가한다.
답 ②

01 내진설계 시 동적해석을 수행해야 하는 경우 선택할 수 있는 해석법이 아닌 것은?

① 응답스펙트럼해석법

② 비탄성시간이력해석법

③ 탄성시간이력해석법

④ 등가골조해석법

02 그림과 같은 조건을 갖는 두 보에 동일한 크기의 최대 처짐이 발생하려면 등분포하중 w_2의 크기는 등분포하중 w_1 크기의 몇 배가 되어야 하는가? (단, 두 보의 EI는 동일하다.)

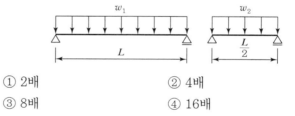

① 2배

② 4배

③ 8배

④ 16배

03 철근콘크리트구조에 사용되는 인장 이형철근의 정착길이에 대한 설명으로 옳지 않은 것은?

① 철근의 설계기준항복강도 및 공칭지름에 비례하고 콘크리트설계기준압축강도의 제곱근에 반비례한다.

② 에폭시 도막이 되어 있는 철근은 도막되어 있지 않은 철근보다 정착길이가 감소한다.

③ D22 이상의 철근은 D19 이하의 철근보다 정착길이를 크게 해야 한다.

④ 경량콘크리트를 사용하는 경우 일반적인 중량의 보통콘크리트보다 정착길이가 증가한다.

04 그림과 같은 트러스 구조를 구성하는 부재 ㉠~㉣의 각 부재력 절댓값의 총합은? (단, 부재의 자중은 무시한다.)

① 1kN
② 2kN
③ 4kN
④ 6kN

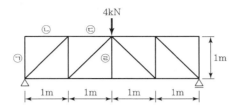

05 휨을 받는 합성부재에 대한 설명으로 옳지 않은 것은?

① 골데크플레이트를 사용한 합성보에서 스터드앵커의 상단 위로 10mm 이상의 콘크리트피복이 있어야 한다.

② 정모멘트 및 부모멘트에 대한 설계휨강도를 구하기 위한 휨저항계수(ϕ_b)는 모두 0.9를 사용한다.

③ 콘크리트슬래브의 유효폭은 보중심을 기준으로 좌우 각 방향에 대한 유효폭의 합으로 구한다.

④ 동바리를 사용하지 않는 경우, 콘크리트의 강도가 설계기준강도의 75%에 도달되기 전에 작용하는 모든 시공하중은 강재단면만으로 지지할 수 있어야 한다.

06 내진설계 시 반응수정계수 산정방식으로 옳지 않은 것은?

① 임의 층에서 해석방향의 반응수정계수는 옥상층을 제외하고, 상부층들의 동일 방향 지진력저항시스템에 대한 반응수정계수 중 최솟값을 사용하여야 한다.

② 구조물의 직교하는 2축을 따라 서로 다른 지진력저항시스템을 사용하는 경우에는 각 시스템에 해당하는 반응수정계수를 사용하여야 한다.

③ 반응수정계수가 서로 다른 시스템들에 의하여 공유되는 구조부재의 경우에는 그중 큰 반응수정계수에 상응하는 상세를 갖도록 설계하여야 한다.

④ 서로 다른 구조시스템의 조합이 같은 방향으로 작용하는 횡력에 저항하도록 사용한 경우에는 각 시스템의 반응수정계수 중 최댓값을 적용한다.

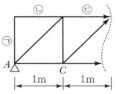

04 (1) ㉠, ㉡, ㉢은 모두 0부재
(2) ㉣부재만 계산(절단법 사용)

$\sum M_C = 0$에서
$(R_A \times 1) + (㉣ \times 1) = 0$
$(2 \times 1) + (㉣ \times 1) = 0$
∴ ㉣ = 2kN   🔑 ②

05 골데크플레이트를 사용한 합성보에서 스터드앵커의 상단 위로 13mm 이상의 콘크리트피복이 있어야 한다.   🔑 ①

06 서로 다른 구조시스템의 조합이 같은 방향으로 작용하는 횡력에 저항하도록 사용한 경우에는 각 시스템의 반응수정계수 중 최솟값을 적용한다.   🔑 ④

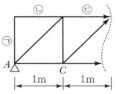

07 기초의 침하량 산정 시 평판재하시험에 따른 즉시침하량 추정에 사용되는 계수는 평판의 침하량, 기초의 침하량, 재하판의 침하계수, 기초의 침하계수, 재하판의 폭, 기초의 폭 등이다. 🖩 ③

07 기초의 침하량 산정 시 평판재하시험에 따른 즉시침하량 추정에 사용되는 계수가 아닌 것은?

① 기초의 침하계수
② 기초의 폭
③ 지반의 탄성계수
④ 평판의 침하량

08 좌측지점을 A점, 우측지점을 B점이라고 가정한다.

(1) $R_A = \dfrac{wL}{6}$, $R_B = \dfrac{wL}{3}$

(2) 전단력이 0인 위치가 휨모멘트가 최대

$$S_x = \frac{wL}{6} - \frac{wx^2}{2L} = 0$$

$$\therefore x = \sqrt{\frac{1}{3}}\, L \qquad 🖩 ④$$

08 그림과 같은 조건의 단순보에 선형적으로 증가하는 분포하중 w가 작용할 경우 내부 휨모멘트가 최대가 되는 위치의 좌측 단부로부터의 거리는?

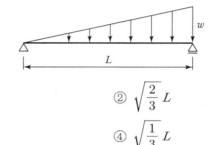

① $\dfrac{2}{3}L$
② $\sqrt{\dfrac{2}{3}}\,L$

③ $\dfrac{1}{3}L$
④ $\sqrt{\dfrac{1}{3}}\,L$

09 부분용입그루브용접의 최소유효목두께

접합부의 얇은 쪽 소재두께(mm)	최소 유효목두께(mm)
$t \leq 6$	3
$6 < t \leq 13$	5
$13 < t \leq 19$	6
$19 < t \leq 38$	8
$38 < t \leq 57$	10
$57 < t \leq 150$	13
$t > 150$	16

🖩 ①

09 강구조의 부분용입그루브용접에서 계산에 의한 응력전달에 필요한 값 이상을 만족하는 경우의 최소유효목두께로 옳은 것은? (단, t[mm]는 접합부의 얇은 쪽 소재두께이다.)

① $t \leq 6$인 경우, 최소유효목두께 3mm
② $6 < t \leq 13$인 경우, 최소유효목두께 4mm
③ $13 < t \leq 19$인 경우, 최소유효목두께 5mm
④ $19 < t \leq 38$인 경우, 최소유효목두께 6mm

10 강구조 접합설계 시 용접접합, 마찰접합 또는 전인장조임을 적용하지 않아도 되는 접합부는?

① 높이가 40m인 다층구조물의 기둥이음부

② 높이가 50m인 구조물에서, 모든 보와 기둥의 접합부 그리고 기둥에 횡지지를 제공하는 기타의 모든 보의 접합부

③ 용량 40kN의 크레인구조물 중 지붕트러스이음, 기둥과 트러스접합, 기둥이음, 기둥횡지지가새, 크레인지지부

④ 기계류 지지부 접합부 또는 충격이나 하중의 반전을 일으키는 활하중을 지지하는 접합부

11 강구조 인장재 설계에 대한 설명으로 옳지 않은 것은?

① 인장재의 중심과 접합의 중심이 일치하지 않을 경우 전단지연현상이 발생한다.

② 인장재의 유효순단면적이란 단면의 순단면적에 전단지연의 영향을 고려한 것이다.

③ 인장재는 순단면에 대한 항복과 유효순단면에 대한 파단이라는 두 가지 한계상태에 대해 검토하여야 한다.

④ 순단면적 산정 시 파단선이 불규칙배치인 경우 동일 조건의 정렬배치와 비교하여 약간 더 큰 단면적으로 계산한다.

12 높이가 4m인 H형강 기둥의 이론적인 유효좌굴길이가 2.8m일 때, 지지상태로 옳은 것은?

① 양단 고정 ② 양단 핀

③ 1단 자유, 타단 고정 ④ 1단 핀, 타단 고정

13 옹벽의 안정에 대한 설명으로 옳지 않은 것은?

① 옹벽은 전도, 활동지지력, 사면활동에 대한 안정에 대하여 모두 만족하도록 검토하여야 한다.

② 옹벽의 전도에 대한 안전율은 2.0 이상이어야 한다.

③ 기초지반에 작용하는 최대압축응력은 기초지반의 허용지지력보다 커야 한다.

④ 옹벽 저판의 깊이는 동결심도보다 깊어야 하며 최소한 1.0m 이상으로 한다.

---

10 용량 50kN 이상의 크레인구조물 중 지붕트러스이음, 기둥과 트러스접합, 기둥이음, 기둥횡지지가새, 크레인지지부인 경우 용접접합, 마찰접합 또는 전인장조임을 적용해야 한다.

정답 ③

11 인장재는 총단면에 대한 항복과 유효순단면에 대한 파단이라는 두 가지 한계상태에 대해 검토하여야 한다.

정답 ③

12 유효좌굴길이 $= KL = K \times 4m = 2.8m$
$\therefore$ 좌굴계수 $K = 0.7$
(1단 핀, 타단 고정) 정답 ④

13 기초지반에 작용하는 최대압축응력은 기초지반의 허용지지력을 초과하지 않아야 한다. 정답 ③

14 (1) 최소 말뚝중심간격
  $=2D=2\times500=1,000$mm와
  $D+1,000=500+1,000$
  $=1,500$mm 중 큰 값을 선택하므
  로 1,500mm 이상
(2) 기초판 주변으로부터 말뚝 중심까
  지의 최단거리는 $1.25D=1.25\times$
  $500=625$mm 이상
∴ 정방형 독립기초의 최소한변치수
  $=1,500+(2\times625)=2,750$mm
  🖩 ③

15 최소두께 규정으로 인하여 층간에 두
께변화가 발생한 경우에는 더 큰 두께
값을 상층에 적용하여야 한다. 🖩 ②

16 ② 프리캐스트콘크리트 벽판은 최소
  한 두 개의 연결철근을 서로 연결
  하여야 하며, 연결철근 하나가 받
  을 수 있는 인장력은 45,000N 이
  상이어야 한다.
③ 프리캐스트콘크리트 구조물의 횡
  방향, 종방향, 수직방향 및 구조물
  둘레는 부재의 효과적인 결속을 위
  하여 인장연결철근으로 일체화하
  여야 한다.
④ 3층 이상의 프리캐스트콘크리트
  내력벽구조의 경우, 각 층 바닥 또
  는 지붕층 바닥 주위의 둘레 연결
  철근은 모서리에서 1.2m 이내에
  있어야 하며, 71,000N 이상의 공
  칭인장강도를 가져야 한다.
  🖩 ①

14 말뚝머리 지름이 500mm인 현장타설콘크리트말뚝 4개를 정사각형으로 배치한 정방형 독립기초의 최소치수는? (단, 말뚝머리에 작용하는 수평하중이 큰 것으로 가정한다.)

① 2,250mm×2,250mm
② 2,500mm×2,500mm
③ 2,750mm×2,750mm
④ 3,000mm×3,000mm

15 조적식 구조의 경험적 설계법에서 조적내력벽 최소두께에 대한 설명으로 옳지 않은 것은?

① 2층 이상의 건물에서 조적내력벽의 공칭두께는 200mm 이상이어야 한다.
② 최소두께 규정으로 인하여 층간에 두께변화가 발생한 경우에는 평균 두께값을 상층에 적용하여야 한다.
③ 층고가 2,700mm를 넘지 않는 1층 건물의 속찬조적벽의 공칭두께는 150mm 이상으로 할 수 있다.
④ 파라펫벽의 두께는 200mm 이상이어야 하며, 높이는 두께의 3배를 넘을 수 없다.

16 프리캐스트콘크리트 벽판을 사용한 구조물에 대한 설명으로 옳은 것은?

① 3층 이상의 프리캐스트콘크리트 내력벽구조의 경우, 종방향 또는 횡방향 연결철근은 바닥과 지붕에 22,000N/m의 공칭강도를 가지도록 설계하여야 한다.
② 프리캐스트콘크리트 벽판은 최소한 한 개의 연결철근을 서로 연결하여야 하며, 연결철근 하나가 받을 수 있는 인장력은 45,000N 이상이어야 한다.
③ 프리캐스트콘크리트 구조물의 횡방향, 종방향, 수직방향 및 구조물 둘레는 부재의 효과적인 결속을 위하여 압축연결철근으로 일체화하여야 한다.
④ 3층 이상의 프리캐스트콘크리트 내력벽구조의 경우, 각 층 바닥 또는 지붕층 바닥 주위의 둘레 연결철근은 모서리에서 1.5m 이내에 있어야 하며, 71,000N 이상의 공칭인장강도를 가져야 한다.

17 그림과 같은 프리스트레스를 가하지 않은 압축부재 단면 A와 B에 대하여 최대 설계축강도($\phi P_{n(\max)}$)의 비를 비교한 것으로 옳은 것은? (단, 단면 A 및 B는 모두 관련 횡철근 상세규정을 만족하고 있으며, 두 단면의 전체단면적 A_g, 종방향 철근의 전체단면적 A_{st}, 콘크리트 설계기준압축강도 f_{ck}, 철근의 설계기준항복강도 f_y는 전부 서로 동일하다.)

단면 A

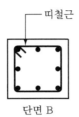
단면 B

$A_g = 200,000\text{mm}^2$

$A_{st} = 3,000\text{mm}^2$

$f_{ck} = 30\text{MPa}$

$f_y = 300\text{MPa}$

나선철근

띠철근

① A : B = 135 : 104

② A : B = 119 : 104

③ A : B = 135 : 100

④ A : B = 119 : 100

18 프리캐스트콘크리트 벽판을 사용한 구조물의 지압부에서 해석이나 실험을 통해 성능이 규명되지 않을 경우, 받침부재의 모서리면으로부터 경간방향 프리캐스트 부재 끝까지의 거리에 대한 최소 규정에 해당하지 않는 것은? (단, 경간의 1/180 이상인 조건은 만족한다.)

① 속 찬 슬래브의 경우 최소 50mm 이상

② 속 빈 슬래브의 경우 최소 50mm 이상

③ 보 부재의 경우 최소 75mm 이상

④ 복부를 가진 부재의 경우 최소 50mm 이상

---

17 (1) A의 최대설계축강도
$$= \phi P_n = 0.7 \times 0.85 \times [0.85 f_{ck}$$
$$(A_g - A_{st}) + (A_{st} \times f_y)]$$

(2) B의 최대설계축강도
$$= \phi P_n = 0.65 \times 0.80 \times [0.85 f_{ck}$$
$$(A_g - A_{st}) + (A_{st} \times f_y)]$$

∴ A : B
$$= (0.7 \times 0.85) : (0.65 \times 0.80)$$
$$= 0.595 : 0.520 = 119 : 104$$

답 ②

18 지압부 설계 시 복부를 가진 부재의 경우 최소 75mm 이상을 가져야 한다.

답 ④

19 목구조에 대한 설명으로 옳지 않은 것은?

① 건축용으로 사용되는 구조용 OSB는 건축시공 중에 외기에 노출되어 비나 눈의 영향을 받는 환경에서 사용되기 때문에 내수성 접착제로 제조되는 노출 1등급에 적합하여야 한다.

② 구조용 목재의 재종은 육안등급구조재와 기계등급구조재의 2가지로 구분되는데, 육안등급구조재는 다시 1종 구조재 (규격재), 2종 구조재(보재) 및 3종 구조재(기둥재)로 구분 된다.

③ 육안등급구조재와 기계등급구조재에 대한 기준허용응력은 건조사용조건 이하의 사용함수율에서 기준하중기간일 때 적용한다.

④ 단판적층재는 단판의 섬유방향이 서로 직각이 되도록 배열 하여 접착한 구조용 목질재료이다.

20 철근콘크리트 보 부재의 순간처짐을 계산하기 위한 유효단면2차모멘트(I_e)를 산정하는 식으로 옳은 것은? (단, $I_e \leq I_g$, M_{cr} = 외력에 의해 단면에서 휨균열을 일으키는 모멘트, M_a = 처짐을 계산할 때 부재의 최대 휨모멘트, I_g = 철근을 무시한 콘크리트 전체 단면의 중심축에 대한 단면2차모멘트, I_{cr} = 균열단면의 단면2차모멘트이다.)

① $I_e = \left(\dfrac{M_a}{M_{cr}}\right)^3 I_g + \left[1 - \left(\dfrac{M_a}{M_{cr}}\right)^3\right] I_{cr}$

② $I_e = \left(\dfrac{M_{cr}}{M_a}\right)^3 I_g + \left[1 - \left(\dfrac{M_{cr}}{M_a}\right)^3\right] I_{cr}$

③ $I_e = \left(\dfrac{M_{cr}}{M_a}\right)^3 I_{cr} + \left[1 - \left(\dfrac{M_{cr}}{M_a}\right)^3\right] I_g$

④ $I_e = \left(\dfrac{M_a}{M_{cr}}\right)^3 I_{cr} + \left[1 - \left(\dfrac{M_a}{M_{cr}}\right)^3\right] I_g$

정답 | 및 해설

01 강구조 용접에 대한 설명으로 옳지 않은 것은?

① 그루브용접의 유효길이는 그루브용접 총길이에서 2배의 유효목두께를 공제한 값으로 한다.

② 필릿용접의 유효면적은 용접의 유효길이에 유효목두께를 곱한 값으로 한다.

③ 그루브용접의 유효면적은 용접의 유효길이에 유효목두께를 곱한 값으로 한다.

④ 이음면이 직각인 필릿용접의 유효목두께는 필릿사이즈의 0.7배로 한다.

01 그루브용접의 유효길이는 양 끝에 엔드탭을 사용할 경우에는 그루브용접 총길이로, 엔드탭을 사용하지 않을 경우에는 그루브용접 총길이에 용접모재두께의 2배를 공제한 값으로 하여야 한다. 답 ①

02 그림 (가)와 같은 직사각형 보의 항복모멘트(M_y)에 대한 소성모멘트(M_p)의 비($\frac{M_p}{M_y}$)는? (단, 보는 그림 (나)와 같이 이상적인 탄성－완전소성 재료로 가정하고, F_y는 재료의 항복강도이다.)

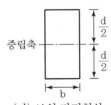
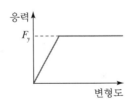

(가) 보의 단면형상   (나) 재료의 응력－변형도 관계

① 0.5   ② 1.0
③ 1.2   ④ 1.5

02 보의 항복모멘트(M_y)에 대한 소성모멘트(M_p)의 비는 단면의 형상비로 직사각형 단면인 경우 1.5이고, H형 단면의 경우 1.10~1.18 정도이며 대략 1.12가 평균값이다. 답 ④

03 막구조 및 케이블구조의 허용응력설계법에서 장기하중에 대한 하중조합에 포함되지 않는 것은?

① 고정하중   ② 활하중
③ 풍하중   ④ 초기장력

03 막구조 및 케이블구조의 허용응력설계법에서 장기하중에 대한 하중조합은 고정하중, 활하중, 초기장력의 합으로 산정한다. 답 ③

04 구조체와 흙의 상태가 같다면 기초 및 지하구조물에 작용하는 3종류의 토압은 주동토압, 정지토압, 수동토압의 순으로 크게 된다. ❗답 ④

05 프리스트레스 도입 직후의 응력검토는 프리스트레스 도입 시의 콘크리트 강도(f_{ci})를 기준으로 검토하여야 한다. ❗답 ②

06 기초지반의 허용지지력 산정 시 기초폭은 기초저면의 최소폭을 사용해야 한다. ❗답 ③

04 기초구조의 하중에 대한 설명으로 옳지 않은 것은?

① 진동 또는 반복하중을 받는 기초의 설계는 상부구조의 사용상 지장이 없도록 하여 하중을 결정해야 한다.

② 지하구조부에서 흙과 접하는 벽에 대해서는 토압과 수압을 고려해야 한다.

③ 지하구조부에서 기초판에 대해서는 상부에서 오는 하중에 대응하는 접지압을 고려해야 한다.

④ 구조체와 흙의 상태가 같다면 기초 및 지하구조물에 작용하는 정지토압, 수동토압 및 주동토압의 크기가 동일하다.

05 프리스트레스트 콘크리트 휨부재의 사용성에 대한 설명으로 옳지 않은 것은?

① 프리스트레스 도입 직후의 콘크리트 허용응력에 대한 제한은 사용성을 위한 것으로 극한하중에 대한 강도검토는 별도로 수행해야 한다.

② 프리스트레스 도입 직후 콘크리트의 응력검토는 콘크리트 설계기준압축강도를 기준으로 해야 한다.

③ 프리스트레스 도입 직후의 콘크리트 응력은 콘크리트 탄성수축, 긴장재 릴랙세이션, 정착장치의 활동에 의한 손실과 부재의 자중에 의한 응력에 따라 감소한다.

④ 프리스트레스에 의한 휨모멘트는 사용하중 시의 휨모멘트와 반대방향으로 작용한다.

06 기초지반의 지지력 및 침하에 대한 설명으로 옳지 않은 것은?

① 기초는 상부구조를 안전하게 지지하고, 유해한 침하 및 경사 등을 일으키지 않도록 해야 한다.

② 기초는 접지압이 지반의 허용지지력을 초과하지 않아야 한다.

③ 기초지반의 허용지지력 산정 시 기초폭은 기초저면의 최대폭을 사용해야 한다.

④ 기초의 침하는 허용침하량 이내이고, 가능하면 균등해야 한다.

07 철근콘크리트 압축부재의 장주설계에 대한 설명으로 옳지 않은 것은?

① 비횡구속 골조 내 압축부재의 세장비가 22 이하인 경우에는 압축부재의 장주효과를 무시할 수 있다.

② 비횡구속 골조 내 압축부재의 유효길이계수 k는 1.0보다 작아야 한다.

③ 장주효과에 의한 압축부재의 휨모멘트 증대는 압축부재 단부 사이의 모든 위치에서 고려해야 한다.

④ 두 주축에 대해 휨모멘트를 받는 압축부재에서 각 축에 대한 휨모멘트는 해당 축의 구속조건을 기초로 하여 각각 증대시켜야 한다.

08 그림과 같이 압연 H형강 H−248×124×5×8(필릿반경 $r=12\text{mm}$) 단순보의 단부에 집중하중 P가 작용할 경우 웨브의 국부항복설계강도는? (단, F_{yw}는 웨브의 항복강도(N/mm²)이다.)

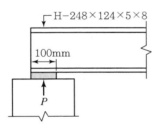

① $750F_{yw}$

② $1,000F_{yw}$

③ $1,140F_{yw}$

④ $1,480F_{yw}$

07 비횡구속 골조 내 압축부재의 유효길이계수 k는 1.0 이상이어야 한다.
📖 ②

08 웨브의 국부항복설계강도
$$\phi_l \times R_n = 1.0 \times (2.5k+N)t_w F_{yw}$$
(1) $\phi_l = 1.0$
(2) $k=8+12=20\text{mm}$
(3) $N=100\text{mm}$
$\therefore \phi_l \times R_n$
$= 1.0 \times (2.5 \times 20 + 100) \times 5F_{yw}$
$= 750F_{yw}$ 📖 ①

09 기둥의 휨항복 발생구간 내 첫 번째 후프철근은 접합면으로부터 횡방향 철근의 최대간격(s_o)/2 이내에 있어야 한다. **답** ③

09 내진설계 시 철근콘크리트 중간모멘트골조에 대한 요구사항으로 옳지 않은 것은?

① 보의 첫 번째 후프철근은 지지부재면으로부터 50mm 이내의 구간에 배치해야 한다.

② 보의 스터럽 간격은 부재 전길이에 걸쳐서 유효깊이(d)의 1/2 이하이어야 한다.

③ 기둥의 휨항복 발생구간 내 첫 번째 후프철근은 접합면으로부터 횡방향 철근의 최대간격(s_o) 이내에 있어야 한다.

④ 보의 접합면에서 정휨강도는 부휨강도의 1/3 이상이 되어야 한다.

10 U형 스터럽을 구성하는 용접원형철망의 종방향 철선 하나는 압축면에서 유효깊이 d/4 이하에 배치해야 한다. **답** ②

10 철근콘크리트 휨부재 복부철근의 정착에 대한 설명으로 옳지 않은 것은?

① 복부철근은 피복두께 요구조건과 다른 철근과의 간격이 허용하는 한 부재의 압축면과 인장면 가까이까지 연장해야 한다.

② U형 스터럽을 구성하는 용접원형철망의 종방향 철선 하나는 압축면에서 유효깊이 d 이하에 배치해야 한다.

③ 전단철근으로 사용하기 위해 굽힌 종방향 주철근이 인장구역으로 연장되는 경우에 종방향 주철근과 연속되어야 한다.

④ 단일 U형 또는 다중 U형 스터럽의 양 정착단 사이의 연속구간 내 굽혀진 부분은 종방향철근을 둘러싸야 한다.

11 세장판단면은 탄성범위 내에서 국부좌굴이 발생할 수 있다. **답** ②

11 강구조 국부좌굴 거동을 결정하는 강재단면의 요소에 대한 설명으로 옳지 않은 것은?

① 콤팩트(조밀)단면은 완전소성 응력분포가 발생할 수 있고, 국부좌굴 발생 전에 약 3의 곡률연성비를 발휘할 수 있다.

② 세장판단면은 소성범위에서 국부좌굴이 발생할 수 있다.

③ 콤팩트(조밀)단면에서의 모든 압축요소는 콤팩트(조밀)요소의 판폭두께비 제한값 λ_p 이하의 판폭두께비를 가져야 한다.

④ 비콤팩트(비조밀)단면은 국부좌굴이 발생하기 전에 압축요소에 항복응력이 발생할 수 있다.

12 프리캐스트 콘크리트구조에 대한 설명으로 옳지 않은 것은?

① 프리캐스트 콘크리트 부재의 설계기준압축강도는 21MPa 이상으로 해야 한다.

② 프리캐스트 콘크리트 벽판 구조물에서 프리캐스트 콘크리트 부재가 바닥격막구조일 때, 격막구조와 횡력을 부담하는 구조를 연결하는 접합부는 최소한 4,400N/m의 공칭인장강도를 가져야 한다.

③ 프리캐스트 콘크리트 벽판 구조물의 일체성 확보를 위해 접합부는 강재의 항복에 앞서 콘크리트의 파괴가 먼저 이루어지도록 설계해야 한다.

④ 프리캐스트 콘크리트 접합부에서는 그라우트 연결, 전단키, 기계적이음장치, 철근, 보강채움 또는 이들의 조합 등을 통해 힘이 전달되도록 해야 한다.

13 목구조 용어에 대한 설명으로 옳지 않은 것은?

① 목구조에서 목재부재 사이의 접합을 보강하기 위하여 사용되는 못, 볼트, 래그나사못 등의 조임용 철물을 파스너라 한다.

② 주요구조부가 공칭두께 50mm(실제두께 38mm)의 규격재로 건축된 목구조를 경골목구조라 한다.

③ 경골목구조에서 벽체의 뼈대를 구성하는 수직부재를 스터드라 한다.

④ 수직하중을 골조 또는 벽체 등의 수직재에 전달하기 위한 구조를 바닥격막구조라 한다.

14 철근콘크리트구조 슬래브와 기초판의 전단설계에 대한 설명으로 옳지 않은 것은?

① 2방향으로 하중을 전달하는 슬래브와 기초판은 뚫림전단에 대하여 설계해야 한다.

② 슬래브의 전단보강용으로 I형강 및 ㄷ형강을 사용할 수 있다.

③ 확대머리 전단스터드는 슬래브 또는 기초판 부재면에 수평으로 배치하여 전단보강용으로 사용해야 한다.

④ 슬래브 전단철근은 충분히 정착되어야 하며 길이방향 휨철근을 둘러싸야 한다.

---

12 프리캐스트 콘크리트 벽판 구조물의 일체성 확보를 위해 접합부는 콘크리트의 파괴에 앞서 강재의 항복이 먼저 이루어지도록 설계해야 한다. 🔳 ③

13 횡하중을 골조 또는 벽체 등의 수직재에 전달하기 위한 바닥 또는 지붕틀 구조를 바닥격막구조라 한다. 🔳 ④

14 확대머리 전단스터드는 슬래브 또는 기초판의 부재면에 수직으로 배치하여 전단보강용으로 사용할 수 있다. 🔳 ③

15 휨강도의 계산에서는 조적조벽의 인
   장강도를 무시한다.   답 ①

15 보강조적조 강도설계법의 설계가정으로 옳지 않은 것은?

① 휨강도의 계산에서 보강근과 조적조벽의 인장강도를 고려
   해야 한다.
② 보강근은 조적재료와 완전히 부착되어야만 하나의 재료로
   거동하는 것으로 가정한다.
③ 단근보강 조적조벽단면의 휨과 압축하중 조합에 대한 공칭
   강도 계산 시 보강근과 조적조의 변형률은 중립축으로부터
   의 거리에 비례하는 것으로 가정한다.
④ 조적조의 압축강도와 변형률은 직사각형으로 가정한다.

16 내진설계범주 D에 해당되는 구조물
   은 중간모멘트골조 이상(반응수정계
   수 3 이상)의 연성상세를 갖도록 설계
   하는 것이 바람직하므로, 철골 보통모
   멘트골조의 역추형 시스템은 반응수
   정계수가 1.25이므로 내진설계범주
   D에 해당하는 구조물에 적용할 수 없
   는 지진력저항시스템이다.   답 ④

16 건축물 내진설계 시 내진설계범주 'D'에 해당하는 구조물에
   적용할 수 없는 기본 지진력저항시스템은?

① 철근콘크리트 특수전단벽의 내력벽시스템
② 철근콘크리트 중간모멘트골조의 모멘트 – 저항골조 시스템
③ 철골 보통중심가새골조의 건물골조시스템
④ 철골 보통모멘트골조의 역추형 시스템

17 마찰접합 또는 전인장조임되는 고장
   력볼트접합에서 설계볼트장력 이상
   의 장력을 도입하기 위한 조임방법에
   는 토크관리법, 너트회전법, 토크쉬어
   볼트(TS볼트)접합이 있다.   답 ①

17 마찰접합 또는 전인장조임되는 고장력볼트접합에서 설계볼
   트장력 이상의 장력을 도입하기 위한 조임방법이 아닌 것은?

① 간접인장측정법   ② 토크관리법
③ 토크쉬어볼트법   ④ 너트회전법

18 흙막이구조물의 설계에서는 벽의 배
   면에 작용하는 측압을 깊이에 비례하
   여 증대하는 것으로 한다.   답 ②

18 흙막이구조물에 대한 설명으로 옳지 않은 것은?

① 흙막이벽의 지지구조형식은 벽의 안전성, 시공성, 민원발생
   가능성, 인접건물과의 이격거리 등을 검토하여 선정한다.
② 흙막이구조물의 설계에서는 벽의 배면에 작용하는 측압을
   깊이에 반비례하여 증대하는 것으로 한다.
③ 지하굴착공사 중 및 굴착완료 후 주변지반의 침하 및 함몰
   등에 대한 지하 공극조사 계획을 수립해야 한다.
④ 구조물 등에 근접하여 굴토하는 경우 벽의 배면측압에 구조
   물의 기초하중 등에 따른 지중응력의 수평성분을 가산한다.

19 철근콘크리트 아치구조에 대한 설명으로 옳지 않은 것은?

① 아치의 축선이 고정하중에 의한 압축력선 또는 고정하중과 등분포활하중의 1/2이 재하된 상태에 대한 압축력선과 일치하도록 설계해야 한다.

② 아치 리브의 세장비(λ)가 20 이하인 경우 좌굴검토는 필요하지 않다.

③ 아치 리브가 박스 단면인 경우에는 연직재가 붙는 곳에 격벽을 설치해야 한다.

④ 아치 리브의 세장비(λ)가 35를 초과하는 경우에는 아치 축선 이동의 영향을 고려하지 않는다.

19 아치 리브의 세장비(λ)가 35를 초과하는 경우에는 유한변형이론 등에 의해 아치 축선 이동의 영향을 고려하여 단면력을 계산하여야 한다. 🖹 ④

20 그림과 같은 트러스구조에서 인장력을 받는 부재의 개수는? (단, 부재의 자중은 무시한다.)

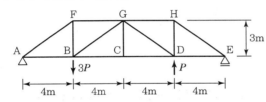

① 3개

② 4개

③ 5개

④ 6개

20 인장력을 받는 부재는 AB부재, BC부재, CD부재, BF부재, BG부재이다. 🖹 ③

| 정답 | 및 해설

01 설계용 지붕적설하중은 기본지상적설하중을 기준으로 하여 기본지붕적설하중계수, 노출계수, 온도계수, 중요도계수 및 지붕의 형상계수와 기타 재하분포상태 등을 고려하여 산정하며, 건축물의 중량은 고려하지 않는다.
🖩 ④

02 ① 연면적 1,000m²인 위험물 저장 및 처리 시설 : 중요도(특)
② 연면적 100m²인 긴급대피수용시설로 지정된 건축물 : 중요도(특)
③ 연면적 3,000m²인 전시장 : 중요도②
🖩 ④

03 그라우트의 압축강도는 조적개체 압축강도의 1.3배 이상으로 한다.
🖩 ③

---

01 설계용 지붕적설하중 산정 시 고려하지 않는 것은?

① 건축물의 용도
② 건축물의 난방 상태
③ 지붕의 경사
④ 건축물의 중량

02 건축물의 중요도 분류에서 중요도(1)에 해당하는 것은?

① 연면적 1,000m²인 위험물 저장 및 처리 시설
② 연면적 100m²인 긴급대피수용시설로 지정된 건축물
③ 연면적 3,000m²인 전시장
④ 연면적 500m²인 소방서

03 조적구조에 대한 설명으로 옳지 않은 것은?

① 공간쌓기벽에서 홑겹벽에 걸친 벽체연결철물 부분은 모르타르나 그라우트 내부에 완전히 매립되어야 한다.
② 공간쌓기벽의 벽체연결철물 간의 수직간격과 수평간격이 각각 600mm와 900mm를 초과할 수 없다.
③ 그라우트의 압축강도는 조적개체 압축강도의 1.2배 이상으로 한다.
④ 조적구조를 위한 모르타르 또는 그라우트에는 동결방지용액을 사용할 수 없다.

04 기초구조에 관한 설명으로 옳지 않은 것은?

① 지정(base)은 기초판을 지지하기 위하여 기초판 하부에 제공되는 자갈, 잡석 및 말뚝 등의 부분을 의미한다.

② 액상화(liquefaction)는 물에 포화된 느슨한 모래가 진동, 충격 등에 의하여 간극수압이 급격히 상승하기 때문에 전단저항을 잃어버리는 현상을 의미한다.

③ 융기현상(heaving)은 모래층에서 수압 차로 인하여 모래입자가 부풀어 오르는 현상을 의미한다.

④ 흙막이구조물(earth retaining structure)은 지반굴착 공사 중 지반의 붕괴와 주변의 침하, 위험 등을 방지하기 위하여 설치하는 구조물을 의미한다.

05 강재보와 골데크플레이트 슬래브로 이루어진 노출형 합성보에 대한 설명으로 옳지 않은 것은?

① 데크플레이트 상단 위의 콘크리트 두께는 최소 40mm이어야 한다.

② 실험과 해석을 통하여 정당성을 증명하지 않는 한 데크플레이트의 공칭골깊이는 75mm 이하이어야 한다.

③ 데크플레이트는 강재보에 450mm 이하의 간격으로 고정되어야 한다.

④ 콘크리트슬래브와 강재보를 연결하는 스터드앵커의 직경은 19mm 이하이어야 한다.

06 폭 200mm, 높이 300mm인 직사각형 단면의 단순보 중앙에 그림과 같이 20kN의 집중하중이 작용할 때, 보 단면 중심에 발생하는 최대 전단응력은? (단, 자중은 무시한다.)

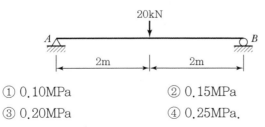

① 0.10MPa ② 0.15MPa
③ 0.20MPa ④ 0.25MPa

04 융기현상(heaving)은 시트 파일 등의 흙막이벽 좌측과 우측의 토압차로 연약한 점성토 지반에서 땅파기 외측의 흙의 중량으로 인하여 땅파기 된 저면이 부풀어 오르는 현상을 의미한다.
🔲 ③

05 데크플레이트 상단 위의 콘크리트 두께는 최소 50mm이어야 한다.
🔲 ①

06
$$\tau_{max} = k \times \frac{S}{A} = \frac{3}{2} \times \frac{10{,}000}{200 \times 300}$$
$$= 0.25\text{MPa} \qquad \text{🔲 ④}$$

07 깊은보는 단면의 변형률이 비선형분포로 나타나므로 스트럿－타이모델을 적용하여 설계할 수 있다. 🔲 ②

08 층도리는 2층 마룻바닥이 있는 부분에 수평으로 대는 가로재이며, 기둥을 연결하며 샛기둥 또는 평기둥 위에 얹히고, 통재기둥과 통재기둥 사이에 건너지르고, 보를 받게 되며 윗기둥의 토대로 되는 것이다. 🔲 ①

09 온도응력공식적용
$$\sigma_t = E \times \alpha \times \Delta T$$
$$= (2 \times 10^5) \times (1.2 \times 10^{-5}) \times 50$$
$$= 120MPa$$
🔲 ②

---

07 철근콘크리트 깊은보 설계에 대한 설명으로 옳지 않은 것은?

① 깊은보는 순경간이 부재 깊이의 4배 이하이거나 하중이 받침부로부터 부재 깊이의 2배 거리 이내에 작용하는 보이다.

② 깊은보는 단면의 변형률이 선형분포로 나타나므로 스트럿－타이모델을 적용하여 설계할 수 있다.

③ 스트럿－타이모델에서 스트럿과 타이의 강도감소계수는 동일하지 않다.

④ 스트럿－타이모델에서 콘크리트 스트럿의 강도 산정 시 균열과 구속철근의 영향을 고려한 유효압축강도를 적용한다.

08 목구조에 대한 설명으로 옳지 않은 것은?

① 층도리는 평기둥 및 통재기둥 위에 설치하여 위·아래층 중간에 대는 수평재이다.

② 버팀대는 가새를 댈 수 없는 곳에서 수평력에 저항하도록 모서리에 짧게 보강하는 부재이다.

③ 샛기둥은 본기둥 사이에 세워 벽체를 구성하며 가새의 휨을 방지하는 역할을 한다.

④ 인방은 기둥과 기둥 사이에 가로로 설치하여 창문틀의 상·하부 하중을 기둥에 전달한다.

09 그림과 같이 길이가 2.0m인 강봉의 온도가 50℃만큼 상승할 때, 강봉에 발생하는 길이방향 응력(σ)은? (단, 강봉의 선팽창계수는 $\alpha = 1.2 \times 10^{-5}$/℃이고, 탄성계수는 $E = 2.0 \times 10^5 MPa$로 하며, 자중은 무시한다.)

① 60MPa   ② 120MPa

③ 180MPa   ④ 240MPa

10 단순지지된 노출형 합성보에서 강재보와 콘크리트슬래브 사이 접합면에 설치하는 강재앵커(전단연결재)의 설계에 대한 설명으로 옳지 않은 것은?

① 스터드앵커, ㄷ형강 또는 ㄱ형강을 강재앵커로 사용한다.
② 강재보와 콘크리트슬래브 접합면에 작용하는 수평전단력은 강재앵커에 의해서만 전달된다고 가정한다.
③ 정모멘트가 최대가 되는 위치와 모멘트가 0인 위치 사이 구간에 배치되는 강재앵커 소요개수는 해당 구간에 작용하는 총 수평전단력(V')을 강재앵커 1개의 공칭전단강도(Q_n)로 나누어 결정한다.
④ 별도의 시방이 없는 한 강재앵커는 정모멘트가 최대인 위치와 모멘트가 0인 위치 사이 구간에 일정한 간격으로 배치한다.

11 건축물의 내진구조계획에 대한 설명으로 적절하지 않은 것은?

① 각 방향의 지진하중에 대하여 충분한 여유도를 갖도록 횡력 저항시스템을 배치한다.
② 한 층의 유효질량이 인접 층의 유효질량보다 과도하게 크지 않도록 계획한다.
③ 긴 장방형 평면의 건축물에서는 평면의 중앙에 지진력저항 시스템을 배치한다.
④ 증축 계획이 있는 경우 내진구조계획에 증축의 영향을 반영한다.

12 철근콘크리트구조의 철근상세에 대한 설명으로 옳은 것은?

① 기둥의 나선철근 순간격은 20mm 이상이어야 한다.
② D25 축방향 철근으로 배근된 기둥에 사용되는 띠철근은 D10 이상이어야 한다.
③ 단부에 표준갈고리가 있는 인장 이형철근에 대한 정착길이는 135mm 이상이어야 한다.
④ 인장 용접이형철망의 겹침이음길이는 150mm 이상이어야 한다.

---

10 스터드앵커, 나선형철근앵커, ㄷ형강 또는 T형강을 강재앵커로 사용한다.
目 ①

11 평면적으로 긴 장방형의 평면인 경우, 평면의 양쪽 끝에 횡력 저항시스템을 배치한다.
目 ③

12 ① 기둥의 나선철근 순간격은 25mm 이상, 75mm 이하이어야 한다.
③ 단부에 표준갈고리가 있는 인장 이형철근에 대한 정착길이는 150mm 이상이어야 한다.
④ 인장 용접이형철망의 겹침이음길이는 200mm 이상이어야 한다.
目 ②

13 (1) 최대 휨모멘트는 전단력이 0인 곳에서 발생한다.

(2) $\sum M_B = 0$에서
$$R_A(= 3\text{kN}) \times 8 - (w \times 4 \times 2) = 0$$
$$\therefore w = 3\text{kN}$$

(3) A지점부터 전단력이 0이 되는 곳까지 전단력
$$S_{A-x} = 3 - 3 \times (x-4) = 0$$
$$\therefore x = 5\text{m}$$

(4) A지점부터 5m 떨어진 곳에서 전단력이 0이므로, 그 점에서의 휨모멘트 계산
$$M_{\max} = (3 \times 5) - (3 \times 1 \times \frac{1}{2})$$
$$= 13.5\text{kN} \cdot \text{m} \quad \boxed{답} ②$$

14 (1) 정렬배치인 경우 :
$$A_n = A_g - (n \times d_o \times t)$$
$$A_n = (260 \times 10) - (2 \times 22 \times 10)$$
$$= 2,160\text{mm}^2$$

(2) 엇모배치인 경우 :
$$A_n = A_g - (n \times d_o \times t) + \sum \frac{s^2}{4g}t$$
$$A_n = (260 \times 10) - (3 \times 22 \times 10)$$
$$+ (\frac{60^2}{4 \times 60} + \frac{60^2}{4 \times 120}) \times 10$$
$$= 2,165\text{mm}^2$$
$$\therefore (1), (2) \text{ 중 작은 값인 } 2,160\text{ mm}^2$$
선택 $\quad \boxed{답} ②$

15 슬래브 시스템이 횡하중을 받는 경우, 횡하중 해석 결과와 중력(연직)하중 해석 결과는 조합하여야 한다.
$\boxed{답} ③$

---

13 길이 8m인 단순보의 전단력도가 다음과 같을 때 최대 휨모멘트의 크기는? (단, 외력으로 가해지는 휨모멘트는 없다.)

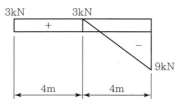

① 12.0kN·m ② 13.5kN·m
③ 15.5kN·m ④ 18.0kN·m

14 그림과 같은 인장재의 순단면적은? (단, 인장재의 두께는 10 mm이고, 모든 볼트 구멍은 M20 볼트의 표준구멍이다.)

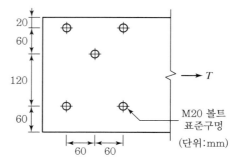

① 1,940 mm² ② 2,160 mm²
③ 2,165 mm² ④ 2,200 mm²

15 철근콘크리트 2방향 슬래브의 해석 및 설계에 대한 설명으로 옳지 않은 것은?

① 슬래브 시스템은 평형조건과 기하학적 적합조건을 만족한다면 어떠한 방법으로도 설계할 수 있다.

② 중력하중에 저항하는 슬래브 시스템은 유한요소법, 직접설계법 또는 등가골조법으로 설계할 수 있다.

③ 슬래브 시스템이 횡하중을 받는 경우, 횡하중 해석 결과와 중력하중 해석 결과에 대하여 독립적인 설계가 가능하다.

④ 횡하중에 대한 골조해석을 위하여 슬래브를 일정한 유효폭을 갖는 보로 치환할 수 있다.

16 그림과 같은 2차원 평면골조에서 〈조건〉에 따른 기둥 탄성 좌굴하중(P_{cr})의 크기가 큰 순서대로 바르게 나열한 것은?

> ㄱ. 기둥과 보의 휨변형은 면내방향으로만 발생하며, 면외방향의 변형은 발생하지 않는다.
> ㄴ. 원형, 삼각형 및 사각형 표식은 각각 이동단, 회전단 및 고정단의 지점조건을 나타낸다.
> ㄷ. 모든 부재에서 탄성계수(E)와 단면2차모멘트(I)는 동일하며, 축방향 변형은 발생하지 않는 것으로 가정한다.
> ㄹ. 자중이 기둥 탄성좌굴에 미치는 영향은 무시한다.

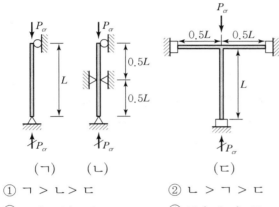

(ㄱ)　　(ㄴ)　　　　(ㄷ)

① ㄱ > ㄴ > ㄷ
② ㄴ > ㄱ > ㄷ
③ ㄴ > ㄷ > ㄱ
④ ㄷ > ㄴ > ㄱ

16 좌굴하중 $P_{cr} = \dfrac{\pi^2 EI}{(KL)^2}$

(ㄱ) 좌굴하중 :

$$P_{cr} = \frac{\pi^2 EI}{(1 \times L)^2} = \frac{\pi^2 EI}{L^2}$$

(ㄴ) 좌굴하중 :

$$P_{cr} = \frac{\pi^2 EI}{(1 \times 0.5L)^2} = 4 \times \frac{\pi^2 EI}{L^2}$$

(ㄷ) 좌굴하중 :

$$P_{cr} = \frac{\pi^2 EI}{(0.7 \times L)^2} = 2 \times \frac{\pi^2 EI}{L^2}$$

∴ (ㄴ) > (ㄷ) > (ㄱ)

답 ③

17 지진력에 저항하는 철근콘크리트 특수모멘트골조 부재의 철근이음에 대한 설명으로 옳지 않은 것은?

① 용접이음에는 용접용 철근을 사용하여야 하며 철근 설계기준항복강도의 125 % 이상을 발휘할 수 있는 완전용접이어야 한다.

② 기둥이나 보 단부로부터 부재 단면깊이의 2배만큼 떨어진 거리 안에서는 용접이음을 사용할 수 없다.

③ 기계적 이음을 사용하는 경우 철근 설계기준항복강도의 125% 이상을 발휘할 수 있는 완전 기계적 이음이어야 한다.

④ 기둥이나 보 단부로부터 부재 단면깊이의 2배만큼 떨어진 거리 안에서는 기계적 이음을 사용할 수 없다.

17 기둥이나 보 단부로부터 또는 비선형 횡변위의 결과로 철근이 항복이 일어날 수 있는 단면부터 부재 단면깊이의 2배만큼 떨어진 거리 안에서는 기계적 이음을 사용할 수 없지만, 이음철근이 규정한 인장강도를 달성할 수 있는 기계적 이음은 어떤 위치에서든 사용할 수 있다.

답 ④

18 경간 내에서 단면 두께가 변하는 경우
유효프리스트레스에 의한 콘크리트
의 평균압축응력이 모든 단면에서
0.9 MPa 이상이 되도록 긴장재의 간
격을 정하여야 한다.　**답** ③

18 **프리스트레스트 콘크리트 슬래브 설계에서 긴장재와 철근의 배치에 대한 설명으로 옳지 않은 것은?**

① 기둥 위치에 배치된 비부착긴장재는 기둥 주철근으로 둘러싸인 구역을 지나거나 그 구역에 정착되어야 한다.

② 비부착긴장재가 배치된 슬래브에는 최소 부착철근을 배치하여야 한다.

③ 경간 내에서 단면 두께가 변하는 경우 유효프리스트레스에 의한 콘크리트의 평균압축응력이 모든 단면에서 0.7MPa 이상이 되도록 긴장재의 간격을 정하여야 한다.

④ 등분포하중에 대하여 배치하는 긴장재의 간격은 최소한 1방향으로는 슬래브 두께의 8배 또는 1.5m 이하로 해야 한다.

19 (1) 전단강도 검토 결과
$$V_u \leq \phi V_n$$
$$400 \leq 0.75 \times (150 + 350) = 375$$
(2) 결과에 대한 조치
$$V_s = 400\text{kN}으로 증가하면,$$
$$400 \leq 0.75 \times (150 + 400) = 412.5$$
으로 만족시킨다.　**답** ①

19 **다음은 중력하중에 저항하는 철근콘크리트 보에 대한 〈전단강도 검토 결과〉이다. 이에 대하여 설계기준에 따라 수립한 〈조치 계획〉 중 옳은 것만을 모두 고르면?**

<전단강도 검토 결과>

ㄱ. 단면의 계수전단력(V_u) : 400kN

ㄴ. 단면 유효깊이(d) : 500mm

ㄷ. 부재축에 직각으로 배치된 전단철근의 간격(s) : 300mm

ㄹ. 콘크리트에 의한 전단강도($V_c = \dfrac{1}{6}\sqrt{f_{ck}}\,b_w d$) : 150kN

ㅁ. 전단철근에 의한 전단강도(V_s) : 350kN

<조치 계획>

ㄱ. 전단철근에 의한 전단강도를 400kN으로 증가시켜 강도요구조건($\phi V_n \geq V_u$)을 만족시킨다.

ㄴ. 전단철근을 200mm 간격으로 배근하여 간격 제한조건을 만족시킨다.

ㄷ. 전단철근에 의한 전단강도가 설계기준의 제한값을 초과하므로, 보 단면 유효깊이를 600 mm로 증가시킨다.

---

① ㄱ　　　　　　　　② ㄱ, ㄴ

③ ㄴ, ㄷ　　　　　　　④ ㄱ, ㄴ, ㄷ

20 상부 콘크리트 내력벽구조와 하부 필로티 기둥으로 구성된 3층 이상의 수직비정형 골조에서 필로티층의 벽체와 기둥에 대한 설계 고려사항으로 옳지 않은 것은?

① 필로티층에서 코어벽구조를 1개소 이상 설치하거나, 평면상 두 직각방향의 각 방향에 2개소 이상의 내력벽을 설치하여야 한다.

② 지진하중 산정 시 반응수정계수 등 지진력저항시스템의 내진설계계수는 내력벽구조에 해당하는 값을 사용한다.

③ 필로티 기둥과 상부 내력벽이 연결되는 층 바닥에서는 필로티 기둥과 내력벽을 연결하는 전이슬래브 또는 전이보를 설치하여야 한다.

④ 필로티 기둥의 전 길이에 걸쳐서 후프와 크로스타이로 구성되는 횡보강근의 수직간격은 단면 최소폭의 1/2 이하이어야 한다.

20 필로티 기둥의 전 길이에 걸쳐서 후프와 크로스타이로 구성되는 횡보강근의 수직간격은 단면 최소폭의 1/4 이하이어야 한다. ④

| 정답 | 및 해설

01 높이가 38m 이상 되는 다층구조물의 기둥이음부에 대해서는 용접접합, 마찰접합 또는 전인장조임을 적용해야 한다.　　　② ②

02 용접부의 유효면적
$$= a \times l$$
$$= (0.7 \times 10) \times (420 - 2 \times 10) \times 2$$
$$= 5,600\text{mm}^2$$　　　② ②

03 높이 3층 경골목조건축물의 1층 내력벽면적은 실내벽을 포함한 전체 벽면적의 40% 이상, 3층 건물의 2층에서는 30% 이상, 그리고 3층 건물의 3층에서는 25% 이상 되어야 한다.
　　　② ③

01 높이 50m의 다층구조물을 강구조로 설계할 때, 기둥이음부에 적용할 수 없는 접합방법은?

① 고장력볼트 마찰접합 ② 고장력볼트 지압접합
③ 그루브 용접접합 ④ 필릿 용접접합

02 그림의 빗금 친 부분과 같은 양면 필릿 용접부의 유효면적의 크기(mm²)는?

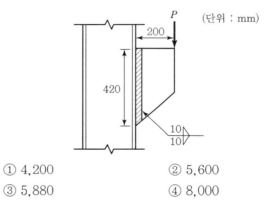

① 4,200 ② 5,600
③ 5,880 ④ 8,000

03 경골목구조 내력벽의 배치에 대한 설명으로 옳지 않은 것은?

① 건축물에 작용하는 수직하중 및 수평하중을 안전하게 지지할 수 있도록 내력벽을 균형 있게 배치한다.
② 외벽 사이의 교차부에는 길이 900mm 이상의 내력벽을 하나 이상 설치한다.
③ 높이 3층 경골목조건축물의 1층 내력벽면적은 실내벽을 포함한 전체 벽면적의 30% 이상으로 한다.
④ 내력벽 사이의 거리는 12m 이하로 한다.

04 인장력을 받는 확대머리 이형철근의 정착에 대한 설명으로 옳지 않은 것은?

① 확대머리의 순지압면적(A_{brg})은 $2A_b$ 이상이어야 한다.

② 정착길이는 철근 공칭지름의 8배 또한 150mm 이상이어야 한다.

③ 압축력을 받는 경우에 확대머리의 영향을 고려할 수 없다.

④ 확대머리 이형철근은 경량콘크리트에는 적용할 수 없다.

04 확대머리의 순지압면적(A_{brg})은 $4A_b$ 이상이어야 한다. 답 ①

05 건축물 및 건물 외 구조물을 성능기반설계법으로 설계하고자 할 때, 재현주기별 설계지진의 정의로 옳지 않은 것은?

① 2,400년 재현주기지진은 최대고려지진으로 정의한다.

② 1,000년 재현주기지진은 기본설계지진으로 정의한다.

③ 1,400년 재현주기지진은 기본설계지진의 1.5배에 해당하는 지진을 의미한다.

④ 50년과 100년 재현주기지진은 기본설계지진에 각각 0.30과 0.43을 곱하여 구한다.

05 1,400년 재현주기지진은 기본설계지진의 1.2배에 해당하는 지진을 의미한다. 답 ③

06 강구조에서 전단력을 받는 부재의 설계에 대한 설명으로 옳지 않은 것은?

① 비구속 또는 구속 웨브를 갖는 부재에서 수직 스티프너에 단속필릿용접을 사용하면 용접 간 순간격은 웨브 두께의 16배 또는 250mm 이하이어야 한다.

② 비구속 또는 구속 웨브를 갖는 부재에서 거더웨브에 수직 스티프너를 접합시키는 볼트의 중심간격은 300mm 이하로 한다.

③ 인장역작용을 사용하기 위해서는 웨브의 3면이 플랜지나 스티프너에 의해 지지되어 있어야 한다.

④ 웨브에 구멍이 있는 부분에 계수하중이나 구조해석으로 결정된 소요전단력이 설계전단강도를 초과하는 경우 이를 적절히 보강하여야 한다.

06 인장역작용을 사용하기 위해서는 웨브의 4면 모두가 플랜지나 스티프너에 의해 지지되어 있어야 한다. 답 ③

07 겔버보에서는 BC부재와 AB부재를
나누어 생각하며, B점에서 0이 되도
록 한다.

$$\therefore\ R_A = \frac{35 \times 3}{7} = 15\text{kN} \qquad \text{답} ①$$

07 그림과 같이 B점에 힌지(회전절점)가 있는 겔버보에서 D점에 집중하중 35kN이 작용할 때, 고정단 A에 발생하는 수직반력의 크기(kN)는? (단, 부재의 휨강성은 EI로 동일하며, 자중을 포함한 기타 하중의 영향은 무시한다.)

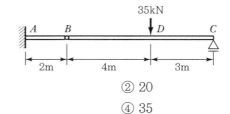

① 15   ② 20

③ 25   ④ 35

08 직접해석법으로 설계할 경우, 부재와
연결재의 설계강도는 전체 구조물의
안정성을 고려하지 않고, 부재 설계기
준과 연결 설계기준의 규정에 따라 계
산한다.   답 ④

08 하중저항계수설계법에 따른 강구조 골조의 안정성 설계 시 직접해석법에 대한 설명으로 옳지 않은 것은?

① 휨, 전단 및 축부재의 변형과 구조물의 변위에 영향을 유발하는 모든 구성요소 및 접합부의 변형을 고려하여 해석한다.

② 구조물의 안정성에 영향을 주는 모든 중력과 외력을 고려하여 해석한다.

③ 개별부재의 비지지길이를 결정하는 가새는 가새절점에서의 부재이동을 제어할 수 있도록 충분한 강성과 강도를 가져야 한다.

④ 부재와 연결재의 설계강도는 전체 구조물의 안정성을 고려하여 산정한다.

09 층간변위 결정을 위한 각 층의 층변위는
건축물의 중요도계수에 반비례한다.
     답 ④

09 건축구조물의 내진설계에서 등가정적해석법에 대한 설명으로 옳지 않은 것은?

① 철근콘크리트와 철골모멘트저항골조에서 12층을 넘지 않고 층의 최소높이가 3m 이상일 때 근사고유주기는 층수에 0.1을 곱하여 산정할 수 있다.

② 지진응답계수는 건축물의 중요도계수에 비례하고 반응수정계수에 반비례한다.

③ 밑면전단력을 수직분포시킨 층별 횡하중은 밑면전단력과 수직분포계수의 곱으로 산정한다.

④ 층간변위 결정을 위한 각 층의 층변위는 건축물의 중요도계수에 비례한다.

10 콘크리트구조 사용성 설계 시 1방향 구조의 처짐에 대한 설명으로 옳지 않은 것은?

① 장기처짐 효과를 고려 시 과도한 처짐에 의해 손상되기 쉬운 비구조 요소를 지지 또는 부착하지 않은 바닥구조인 경우, 활하중에 의한 순간처짐의 허용한계는 부재 길이의 $\frac{1}{180}$ 이하이어야 한다.

② 처짐을 계산할 때 하중의 작용에 의한 순간처짐은 탄성처짐 공식을 사용하여 계산한다.

③ 처짐 계산에 의하여 최대 허용처짐규정을 만족하는 경우, 처짐을 계산하지 않는 1방향 슬래브 최소 두께 규정을 적용할 필요가 없다.

④ 연속부재인 경우에 정모멘트 및 부모멘트에 대한 위험단면의 유효단면2차모멘트를 구하고 그 평균값을 사용할 수 있다.

11 프리스트레스트 콘크리트구조에서 유효프리스트레스를 결정하기 위하여 고려해야 할 프리스트레스 손실의 원인이 아닌 것은?

① 정착장치의 활동
② 콘크리트의 균열
③ 긴장재 응력의 릴랙세이션
④ 포스트텐션 긴장재와 덕트 사이의 마찰

12 그림과 같은 두 캔틸레버보에서 B점과 D점의 처짐이 같게 하기 위한 $w1$과 $w2$의 비($w1 : w2$)는? (단, 두 부재의 휨강성은 EI로 동일하며, 자중을 포함한 기타 하중의 영향은 무시한다.)

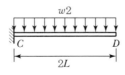

① 16 : 1
② 8 : 1
③ 4 : 1
④ 2 : 1

10 장기처짐 효과를 고려 시 과도한 처짐에 의해 손상되기 쉬운 비구조 요소를 지지 또는 부착하지 않은 바닥구조인 경우, 활하중에 의한 순간처짐의 허용한계는 부재 길이의 $\frac{1}{360}$ 이하이어야 한다. 🔖 ①

11 프리스트레스트 콘크리트구조에서 프리스트레스 손실의 원인 중 즉시손실은 정착장치의 활동에 의한 감소, PS강재와 덕트의 마찰에 의한 감소, 콘크리트의 탄성수축이고, 시간이 경과되면서 발생하는 시간적 손실은 콘크리트의 크리프에 의한 감소, 콘크리트의 건조수축에 의한 감소, PS강재의 응력이완에 의한 손실이다. 🔖 ②

12 (1) $\delta_B = \dfrac{w1 \times L^4}{8EI}$

$\delta_D = \dfrac{w2 \times (2L)^4}{8EI}$

(2) $\dfrac{w1 \times L^4}{8EI} = \dfrac{w2 \times (2L)^4}{8EI}$

∴ $w1 : w2 = 16 : 1$ 🔖 ①

13 동일 평면에서 평행한 철근 사이의 수평 순간격은 25mm 이상, 철근의 공칭지름 이상으로 하여야 하며, 또한 굵은골재 공칭최대치수 규정도 만족하여야 한다. **답** ①

14 보가 없는 2방향 슬래브에서 주열대 내 받침부의 상부철근 중 $\frac{1}{4}$ 이상은 전체 경간에 걸쳐서 연속되어야 한다. **답** ④

15 $T = 2\pi \sqrt{\dfrac{\text{구조물의 무게}}{\text{강성} \times \text{중력가속도}}}$

$= 2 \times 3 \times \sqrt{\dfrac{20}{72 \times 10}}$

$= 1$초 **답** ②

---

13 철근콘크리트구조의 철근 배치에서 간격 제한에 대한 설명으로 옳지 않은 것은?

① 동일 평면에서 평행한 철근 사이의 수평 순간격은 25mm 미만 또한 철근의 공칭지름 미만으로 하여야 한다.

② 상단과 하단에 2단 이상으로 배치된 경우 상·하 철근은 동일 연직면 내에 배치되어야 하고, 이때 상·하 철근의 순간격은 25mm 이상으로 하여야 한다.

③ 벽체 또는 슬래브에서 휨 주철근의 간격은 벽체나 슬래브 두께의 3배 이하 또한 450mm 이하로 하여야 한다.

④ 2개 이상의 철근을 묶어서 사용하는 다발철근은 이형철근으로, 그 개수는 4개 이하이어야 한다.

14 콘크리트 내진 설계기준에서 중간모멘트골조에 대한 요구 사항으로 옳지 않은 것은?

① 보 부재에서 스터럽의 간격은 부재 전 길이에 걸쳐서 단면 유효깊이의 $\frac{1}{2}$ 이하이어야 한다.

② 설계전단강도는 내진설계기준의 설계용 하중조합에서 지진하중을 2배로 하여 계산한 최대 전단력 이상이어야 한다.

③ 기둥 부재의 첫 번째 후프철근은 접합면으로부터 횡방향 철근 최대 간격의 $\frac{1}{2}$ 이내에 있어야 한다.

④ 보가 없는 2방향 슬래브에서 주열대 내 받침부의 상부철근 중 $\frac{1}{5}$ 이상은 전체 경간에 걸쳐서 연속되어야 한다.

15 강성이 72kN/m이고 무게가 20kN인 구조물의 주기(초)는? (단, 중력가속도는 10m/sec², π는 3으로 한다.)

① 0.5 ② 1.0
③ 2.0 ④ 4.0

16 건축구조기준 설계하중에서 규정하고 있는 하중 산정에 대한 설명으로 옳지 않은 것은?

① 승용차용 방호하중은 방호시스템 임의의 수평방향으로 30kN의 집중하중을 바닥면으로부터 0.4m와 0.8m 사이에서 가장 큰 하중효과를 일으키는 높이에 적용한다.

② 중량차량의 주차장 활하중을 산정할 때 차량의 실제하중 크기와 배치를 합리적으로 고려하여 활하중을 산정한다면 이를 적용할 수 있으나, 그 값은 5kN/m² 이상이어야 하고 활하중 저감 규정을 적용할 수 없다.

③ 활하중 5kN/m² 이하의 공중집회 용도에 대해서는 활하중을 저감할 수 없다.

④ 건축물 내부에 설치되는 이동성 경량칸막이벽 및 이와 유사한 것을 제외한 높이 1.8m 이상의 각종 내벽은 벽면에 직각방향으로 작용하는 0.25kN/m² 이상의 등분포하중에 대하여 안전하도록 설계한다.

16 승용차용 방호하중은 방호시스템 임의의 수평방향으로 30kN의 집중하중을 바닥면으로부터 0.45m와 0.70m 사이에서 가장 큰 하중효과를 일으키는 높이에 적용한다. 🗐 ①

17 강구조 내진설계 시 특수모멘트골조에 대한 설명으로 옳지 않은 것은?

① 보 – 기둥 접합부의 기둥 외주면에서 접합부의 계측 휨강도는 0.04rad의 층간변위에서 적어도 보 공칭소성모멘트(M_p)의 80% 이상이 유지되어야 한다.

② 특수모멘트골조의 보 소성힌지영역은 보호영역으로 고려해야 하고, 접합부 성능인증요소의 하나로서 제시되어야 한다.

③ 보 – 기둥 접합부의 소요전단강도 산정을 위한 지진하중효과(E)는 보 소성힌지 사이의 거리에 비례한다.

④ 보 – 기둥 접합부의 성능입증은 연구논문 또는 신뢰할 만한 연구보고서의 실험결과에 근거를 둘 수 있고, 이때 최소 2개의 반복재하 실험결과를 제시하여야 한다.

17 보 – 기둥 접합부의 소요전단강도 산정을 위한 지진하중효과(E)는 보 소성힌지 사이의 거리에 반비례한다. 🗐 ③

18 수직벽체철근의 수평배근 최대간격
은 1.2m 이내로 한다.　답 ②

18 조적조에서 내진설계 적용대상 전단벽의 부재설계에 대한
설명으로 옳지 않은 것은?

① 최소단면적 130mm²의 수직벽체철근을 각 모서리와 벽의 단
부, 각 개구부의 각 면 테두리에 연속적으로 배근해야 한다.

② 수직벽체철근의 수평배근 최대간격은 1.5m 이내로 한다.

③ 수평벽체철근은 벽체 개구부의 하단과 상단에서는 600mm
또는 철근직경의 40배 이상 연장하여 배근한다.

④ 수평벽체철근은 균일하게 분포된 접합부철근이 있는 경우
를 제외하고는 3m의 최대간격을 유지한다.

19 ① 내진설계범주 '*C*'로 분류된 구조
물의 현장타설말뚝에서 종방향 주
철근은 4개 이상 또한 설계단면적
의 0.25% 이상으로 하고, 말뚝머
리로부터 말뚝길이의 $\frac{1}{3}$ 구간에
배근하여야 한다.
③ 내진설계범주 '*D*'로 분류된 구조
물의 현장타설말뚝의 종방향 주철
근은 4개 이상 또한 설계단면적의
0.5% 이상으로 하고, 말뚝머리로
부터 말뚝길이의 $\frac{1}{2}$ 구간에 배근
하여야 한다.
④ 내진설계범주 '*C*' 또는 '*D*'로 분류
된 구조물의 프리텐션이 사용되지
않은 기성 콘크리트말뚝의 종방향
주철근비는 전체 길이에 대해 1%
이상으로 하고, 횡방향 철근은 직
경 9.5mm 이상의 폐쇄띠철근이
나 나선철근을 사용하여야 한다.
답 ②

19 말뚝기초의 내진상세에 대한 설명으로 옳은 것은?

① 내진설계범주 '*C*'로 분류된 구조물의 현장타설말뚝에서
종방향 주철근은 4개 이상 또한 설계단면적의 0.2% 이상
으로 하고, 말뚝머리로부터 말뚝길이의 $\frac{1}{2}$ 구간에 배근하
여야 한다.

② 현장타설말뚝의 횡방향 철근은 직경 10mm 이상의 폐쇄띠
철근이나 나선철근을 사용하고, 간격은 말뚝머리부터 말뚝
직경의 3배 구간에는 주철근직경의 8배와 150mm 중 작은
값 이하로 한다.

③ 내진설계범주 '*D*'로 분류된 구조물의 현장타설말뚝의 종
방향 주철근은 4개 이상 또한 설계단면적의 0.25% 이상으
로 하고, 말뚝머리로부터 말뚝길이의 $\frac{1}{3}$ 구간에 배근하여
야 한다.

④ 내진설계범주 '*C*' 또는 '*D*'로 분류된 구조물의 프리텐션
이 사용되지 않은 기성 콘크리트말뚝의 종방향 주철근비
는 전체 길이에 대해 0.5% 이상으로 하고, 횡방향 철근은
직경 9mm 이상의 폐쇄띠철근이나 나선철근을 사용하여
야 한다.

20 기초구조에 대한 설명으로 옳지 않은 것은?

① 평판재하시험의 재하판은 지름 300mm를 표준으로 하고, 최대 재하하중은 지반의 극한지지력 또는 예상되는 설계하중의 3배로 한다.

② 양호한 지반이란 상부구조물의 하중에 대하여 지반의 전단파괴나 과도한 침하 없이 충분히 지지할 수 있는 특성을 지닌 압밀된 세립토층이나 상대밀도가 큰 조립토층 또는 암반층을 말한다.

③ 기초는 접지압이 지반의 허용지지력을 초과하지 않아야 하며, 또한 기초의 침하가 허용침하량 이내이고, 가능하면 균등해야 한다.

④ 압밀침하량은 지반을 탄성체로 보고 탄성이론에 기초한 지반의 탄성계수와 푸아송비를 적절히 설정하여 산정한다.

20 즉시침하량은 지반을 탄성체로 보고 탄성이론에 기초한 지반의 탄성계수와 푸아송비를 적절히 설정하여 산정한다. 📖 ④

정답 | 및 해설

01 거주성을 검토하기 위하여 필요한 응답가속도는 재현기간 1년 풍속을 이용하여 산정할 수 있다.　📖 ①

01 건축구조기준에서 풍하중에 대한 설명으로 옳지 않은 것은?

① 거주성을 검토하기 위하여 필요한 응답가속도는 재현기간 10년 풍속을 이용하여 산정할 수 있다.

② 풍하중을 산정할 때에는 각 건물표면의 양면에 작용하는 풍압의 대수합을 고려해야 한다.

③ 풍동실험의 실험조건으로 풍동 내 대상건축물 및 주변 모형에 의한 단면폐쇄율은 풍동의 실험단면에 대하여 8% 미만이 되도록 하여야 한다.

④ 건축물의 풍방향·풍직각방향 진동으로 인한 최대응답가속도에 대하여 거주자가 불안과 불쾌감을 느끼지 않고 건축물이 피해를 입지 않도록 설계하여야 한다.

02 (1) $M_{max} = \dfrac{PL}{4} = \dfrac{12,000 \times L}{4}$

$= 3,000L$

(2) $\sigma = \dfrac{M}{Z}$

$12 \times \dfrac{bh^2}{6} = 3,000L$

$12 \times \dfrac{150 \times 300^2}{6} = 3,000L$

$\therefore L = 9,000mm$　📖 ④

02 그림과 같이 직사각형 단면보의 중앙에 집중하중 12kN이 작용할 때, 이 집중하중에 의한 최대휨모멘트를 지지할 수 있는 단순보의 최대길이[m]는? (단, 탄성상태에서 보의 허용휨응력은 12MPa이고, 보의 자중은 무시한다.)

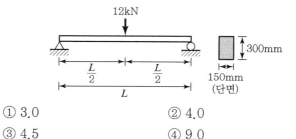

① 3.0　　　　　② 4.0

③ 4.5　　　　　④ 9.0

03 건축물 강구조 설계기준에서 인장재 설계 시 유효순단면적 (A_e)을 산정할 때, 계수(U)를 사용하는 이유는?

① 전단지연 영향을 고려하기 위하여
② 파단면의 삼축응력효과를 고려하기 위하여
③ 잔류응력집중 현상을 고려하기 위하여
④ 면외좌굴의 영향을 고려하기 위하여

03 접합에 사용된 면은 전체가 인장력을 받게 되나 접합에 사용되지 않은 면에는 인장력이 불균등하게 생기는데, 이러한 현상을 전단지연(Shear Lag)이라 하며, 이러한 전단지연의 영향을 고려하기 위해 순단면적 대신에 유효순단면적을 사용한다. **답** ①

04 건축물 내진설계기준에서 지진하중의 계산 및 구조해석 시 동적해석법에 대한 설명으로 옳지 않은 것은?

① 동적해석법의 해석방법에는 응답스펙트럼해석법, 선형시간이력해석법 및 비선형시간이력해석법이 있다.
② 응답스펙트럼해석법에서 밑면전단력, 층전단력 등의 설곗값은 각 모드의 영향을 제곱합제곱근법(SRSS) 또는 완전2차조합법(CQC)으로 조합하여 구한다. 단, 일련된 각 모드의 주기차이가 25% 이내일 때에는 제곱합제곱근법(SRSS)을 사용하여야 한다.
③ 응답스펙트럼해석법의 모드특성에서 해석에 포함되는 모드 개수는 직교하는 각 방향에 대해서 질량참여율이 90% 이상이 되도록 결정한다.
④ 시간이력해석법에서 지반운동의 영향을 직접적으로 고려하기 위하여 구조물 인접지반을 포함하여 해석을 수행할 수 있다.

04 응답스펙트럼해석법에서 밑면전단력, 층전단력 등의 설곗값은 각 모드의 영향을 제곱합제곱근법(SRSS) 또는 완전2차조합법(CQC)으로 조합하여 구한다. 단, 일련된 각 모드의 주기차이가 25% 이내일 때에는 완전2차조합법(CQC)을 사용하여야 한다. **답** ②

05 그림과 같은 트러스에서 부재력이 '0'인 부재의 개수는? (단, 모든 부재의 강성은 같고 자중은 무시하며, 하중 P_1, P_2, P_3는 0보다 크다.)

① 1
② 2
③ 3
④ 4

05

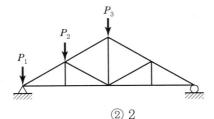

답 ③

06 목구조 방화설계에서 내화설계 시 주요 구조부의 내화성능기준에서 보·기둥은 1~3시간의 내화성능을 가진 부재를 사용하여야 한다. 🖹 ③

07 (1) $P_{cr(가)} = \dfrac{\pi^2 EI}{(KL)^2}$

$= \dfrac{\pi^2 E \times \dfrac{4a \times (2a)^3}{12}}{(1 \times L)^2}$

$= \dfrac{\pi^2 E \times 32a^4}{12L^2}$

(2) $P_{cr(나)} = \dfrac{\pi^2 EI}{(KL)^2}$

$= \dfrac{\pi^2 E \times \dfrac{a \times a^3}{12}}{(0.5 \times L)^2}$

$= \dfrac{\pi^2 E \times 4a^4}{12L^2}$

$\therefore \dfrac{P_{cr}(가)}{P_{cr}(나)} = \dfrac{23}{4} = 8$ 🖹 ②

06 목구조 방화설계에서 내화설계 시 주요 구조부의 내화성능 기준으로 옳지 않은 것은?

① 외벽의 비내력벽 중 연소 우려가 없는 부분 : 0.5시간
② 내벽 : 1~3시간
③ 보·기둥 : 0.5~2시간
④ 지붕틀 : 0.5~1시간

07 그림과 같은 지지조건과 단면을 갖는 기둥 (가)와 기둥 (나)의 면내탄성좌굴하중의 비[P_{cr}(가)/P_{cr}(나)]는? (단, 기둥의 길이와 재질은 모두 같고 자중은 무시하며, 유효좌굴길이계수는 이론값을 사용하고 면외방향좌굴은 발생하지 않는다.)

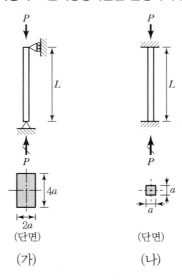

① 2
② 8
③ 32
④ 64

08 건축물 강구조 설계기준에서 강축휨을 받는 2축대칭 H형강 또는 ㄷ형강 콤팩트(조밀)단면 부재의 설계에 대한 설명으로 옳지 않은 것은?

① 소성휨모멘트(M_p)는 강재의 항복강도(F_y)에 강축(x축)에 대한 소성단면계수(Z_x)를 곱하여 산정한다.

② 보의 비지지길이(L_b)가 소성한계비지지길이(L_p) 이하인 경우 부재의 공칭모멘트(M_n)는 소성휨모멘트(M_p)가 된다.

③ 보의 비지지길이(L_b) 내에서 휨모멘트의 분포형태가 횡좌굴모멘트에 미치는 영향을 고려하기 위해 횡좌굴모멘트수정계수(C_b)를 적용한다.

④ 보의 비지지길이(L_b)가 탄성한계비지지길이(L_r)를 초과하는 경우 부재단면이 항복상태에 도달한 후 탄성횡좌굴이 발생한다.

09 다음은 조적식 구조 설계일반사항에서 재하시험을 설명한 것이다. (가)~(다)에 들어갈 수치를 바르게 연결한 것은?

> 하중시험이 필요한 경우에는 해당부재나 구조체의 해당 부위에 설계활하중의 (가)배에 고정하중의 (나)배를 합한 하중을 (다) 시간 동안 작용시킨 후 하중을 제거한다. 시험 도중이나 하중의 제거 후에 부재나 구조체 해당 부위에 파괴현상이 생기면 파괴현상 발생 시의 하중까지 지지할 수 있는 것으로 등급을 매기거나 그보다 하향조정한다.

	(가)	(나)	(다)
①	0.5	2	12
②	2	0.5	12
③	0.5	2	24
④	2	0.5	24

10 지하구조와 지상구조로 구성된 건축물에서 지상구조물의 지진력저항시스템의 설계계수는 지상구조물의 구조형식에 따라 결정하고 높이제한규정 적용 시 지하구조물의 높이는 산입하지 않는다.   **답 ②**

10 건축물 내진설계기준에서 지하구조물의 내진설계에 대한 설명으로 옳지 않은 것은?

① 지하구조 강성이 지상구조의 강성보다 매우 큰 경우 지상구조와 지하구조를 분리하여 해석할 수 있다.

② 지하구조와 지상구조로 구성된 건축물에서 지상구조물의 지진력저항시스템의 설계계수는 지상구조물의 구조형식에 따라 결정하고 높이제한규정 적용 시 지하구조물의 높이를 산입한다.

③ 지진하중과 설계지진토압에 대하여 지상구조와 지하구조가 안전하도록 설계해야 한다.

④ 지하구조에 대한 근사적인 설계방법으로 설계지진토압을 포함하는 모든 횡하중을 횡하중에 평행한 외벽이 지지하도록 설계할 수 있다.

11 옹벽이 수평방향으로 긴 경우 콘크리트의 수화열, 온도변화, 건조수축 등 부피변화에 대한 별도의 구조해석이 없는 경우 신축이음을 설치하여야 한다.   **답 ③**

11 건축물 기초구조 설계기준에서 건축구조물 등의 부지에 사용되는 철근콘크리트옹벽에 대한 설명으로 옳지 않은 것은?

① 옹벽에 대한 전도모멘트값은 안전율을 고려한 안정모멘트값을 초과하지 않아야 한다.

② 옹벽에 작용하는 토압의 수평성분에 따른 수평방향의 활동에 대하여 안전하여야 한다.

③ 옹벽이 수평방향으로 긴 경우 신축이음을 설치하지 않는다.

④ 옹벽 주변지반에 액상화의 가능성이 있는 경우 그 영향을 고려한다.

12 콘크리트 벽체 설계기준에서 축하중을 받는 벽체의 최소철근비에 대한 설명으로 옳지 않은 것은? (단, 정밀한 구조해석을 수행하지 않는다.)

① 설계기준항복강도 400MPa 이상으로서 D19 이상의 이형철근을 사용할 때 벽체의 전체 단면적에 대한 최소수직철근비는 0.0012이다.

② 설계기준항복강도 400MPa 이상으로서 D16 이하의 이형철근을 사용할 때 벽체의 전체 단면적에 대한 최소수평철근비는 $0.0020 \times 400/f_y$이다. 다만, 이 철근비의 계산에서 f_y는 500MPa을 초과할 수 없다.

③ 지하실 벽체를 제외한 두께 250mm 이상의 벽체의 외측면 철근은 각 방향에 대하여 전체 소요철근량의 1/2 이상, 2/3 이하로 배치하여야 한다.

④ 수직 및 수평철근의 간격은 벽두께의 3배 이하 또한 450mm 이하로 하여야 한다.

12 설계기준항복강도 400MPa 이상으로서 D19 이상의 이형철근을 사용할 때 벽체의 전체 단면적에 대한 최소수직철근비는 0.0015이다. **답** ①

13 콘크리트구조 철근상세 설계기준에서 압축부재의 횡철근에 대한 설명으로 옳지 않은 것은?

① 나선철근의 순간격은 25mm 이상, 75mm 이하이어야 한다.

② 나선철근의 정착은 나선철근의 끝에서 추가로 1.0 회전만큼 더 확보하여야 한다.

③ 띠철근 중 D35 이상의 축방향 철근과 다발철근은 D13 이상의 띠철근으로 둘러싸야 하며, 띠철근 대신 등가단면적의 이형철선 또는 용접철망을 사용할 수 있다.

④ 띠철근 중 기초판 또는 슬래브의 윗면에 연결되는 압축부재의 첫 번째 띠철근 간격은 다른 띠철근 간격의 1/2 이하로 하여야 한다.

13 나선철근의 정착은 나선철근의 끝에서 추가로 1.5 회전만큼 더 확보하여야 한다. **답** ②

14 인장 또는 압축을 받는 하나의 다발철근 내의 개개 철근의 정착길이(l_d)는 다발철근이 아닌 경우의 각 철근의 정착길이보다 3개의 철근으로 구성된 다발철근에 대해서는 20%, 4개의 철근으로 구성된 다발철근에 대해서는 33%를 증가시켜야 한다. 🖩 ③

15 $M_{고정단} = -(20 \times 10) + 10$
$= -190\text{kN} \cdot \text{m}$ 🖩 ②

14 콘크리트구조의 정착 및 이음 설계기준에서 철근의 정착에 대한 설명으로 옳지 않은 것은?

① 인장 이형철근의 정착길이(l_d)는 항상 300mm 이상이어야 하고, 압축 이형철근의 정착길이(l_d)는 항상 200mm 이상이어야 한다.

② 철근의 정착은 묻힘길이, 갈고리, 기계적 정착 또는 이들의 조합에 의한다. 이때 갈고리는 압축철근의 정착에 유효하지 않은 것으로 본다.

③ 인장 또는 압축을 받는 하나의 다발철근 내의 개개 철근의 정착길이(l_d)는 다발철근이 아닌 경우의 각 철근의 정착길이보다 3개의 철근으로 구성된 다발철근에 대해서는 20%, 4개의 철근으로 구성된 다발철근에 대해서는 30%를 증가시켜야 한다.

④ 확대머리 이형철근 및 기계적 인장 정착에서 압축력을 받는 경우 확대머리의 영향을 고려할 수 없다.

15 그림과 같이 하중이 작용하는 캔틸레버보의 고정단에 작용하는 휨모멘트의 절댓값[kN · m]은? (단, 자중은 무시한다.)

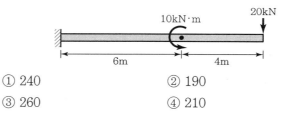

① 240
② 190
③ 260
④ 210

16 건축물 강구조 설계기준에서 볼트 접합 시 볼트구멍의 지압 강도와 블록전단파단(Block Shear Rupture)에 대한 설명 으로 옳은 것은?

① 표준구멍을 갖는 볼트구멍의 지압강도는 사용하중상태에 서 볼트구멍의 변형이 설계에 고려되는지 여부에 따라 달 라진다.

② 총단면 인장파단과 순단면 전단항복의 조합으로 접합부재 의 블록전단파단 설계강도를 산정한다.

③ 한계상태설계법에서 블록전단파단 설계강도 산정 시 강도 감소계수는 0.6이다.

④ 인장저항 강도산정 시 인장응력이 일정한 경우 계수(U_{bs}) 는 0.5이고, 인장응력이 일정하지 않는 경우에는 계수(U_{bs}) 는 1.0이다.

16 ② 총단면 인장항복과 순단면 전단파 단의 조합으로 접합부재의 블록전 단파단 설계강도를 산정한다.
③ 한계상태설계법에서 블록전단파 단 설계강도 산정 시 강도감소계수 는 0.75이다.
④ 인장저항 강도산정 시 인장응력이 일정한 경우 계수(U_{bs})는 1.0이고, 인장응력이 일정하지 않는 경우에 는 계수(U_{bs})는 0.5이다.

답 ①

17 건축구조기준에서 구조설계의 단계에 대한 설명으로 옳지 않은 것은?

① 건축구조물의 구조계획에는 건축구조물의 용도, 사용재료 및 강도, 지반특성, 하중조건, 구조형식, 장래의 증축 여부, 용도변경이나 리모델링 가능성 등을 고려한다.

② 기둥과 보의 배치는 건축평면계획과 잘 조화되도록 하며, 보 춤을 결정할 때는 기둥 간격 외에 층고와 설비계획도 함 께 고려한다.

③ 지진하중이나 풍하중 등 수평하중에 저항하는 구조요소는 평면상의 균형뿐만 아니라 입면상 균형도 고려한다.

④ 골조해석은 비선형해석을 원칙으로 한다.

17 골조해석은 탄성해석을 원칙으로 하 되 필요한 경우 비선형해석도 함께 수 행하여 실제 구조물의 거동에 가까운 부재력이 산출되도록 노력한다.

답 ④

18 막과 케이블구조의 해석에 대한 설명으로 옳지 않은 것은?

① 공기막구조 해석에서 최대내부압은 정상적인 기후와 서비 스 상태에서 구조 안전성을 확보하기 위한 것이다.

② 막구조의 해석에서 기하학적 비선형을 고려하여야 한다.

③ 막구조의 구조해석에는 유한요소법, 동적이완법, 내력밀도 법 등이 있다.

④ 케이블 부재는 원칙적으로 인장력에만 저항하는 선형 탄성 부재로 가정한다.

18 공기막구조 해석에서 최대내부압은 심각한 구조변경에서도 최악의 상태 가 발생하지 않도록 설정하여야 하고, 최소내부압은 정상적인 기후와 서비 스 상태에서 구조 안전성을 확보하기 위한 것이다.

답 ①

19 건축구조기준 설계하중에서 지진하중 E에 대하여 사용수준 지진력을 사용하는 경우에는 1.0E 대신 1.4E를 사용한다. 답 ③

20 ① 구조해석, 강도 및 하중의 계산에 사용하는 구조물의 제원, 부재치수 등 치수의 평가 입력값은 가능한 측정한 값을 사용하여야 한다.
② 건물에서 부재의 안전성을 재하시험 결과에 근거하여 직접 평가할 경우에는 보, 슬래브 등과 같은 휨부재의 안전성 검토에만 적용할 수 있다.
④ 구조물의 안전성평가를 위한 하중의 크기를 정밀 현장 조사에 의하여 확인하는 경우에는, 구조물의 소요강도를 구하기 위한 하중조합에서 고정하중과 활하중의 하중계수는 5%만큼 감소시킬 수 있다. 답 ③

19 건축물 콘크리트구조 설계기준에서 소요강도 산정에 대한 설명으로 옳지 않은 것은?

① 철근콘크리트 구조물을 설계할 때는 건축구조기준 설계하중에 제시된 하중조합을 고려하여 해당 구조물에 작용하는 최대소요강도에 대하여 만족하도록 설계하여야 한다.

② 부등침하, 크리프, 건조수축, 팽창콘크리트의 팽창량 및 온도변화는 사용구조물의 실제적 상황을 고려하여 계산하여야 한다.

③ 건축구조기준 설계하중에서 지진하중 E에 대하여 사용수준 지진력을 사용하는 경우에는 1.0E를 사용한다.

④ 포스트텐션 정착부 설계에 대하여 최대 프리스트레싱 강재 긴장력에 하중계수 1.2를 적용하여야 한다.

20 기존 콘크리트 구조물의 안전성평가기준에서 내하력이 의심스러운 기존 콘크리트 구조물의 안정성평가에 대한 설명으로 옳은 것은?

① 구조해석, 강도 및 하중의 계산에 사용하는 구조물의 제원, 부재치수 등 치수의 평가 입력값은 설곗값을 사용하여야만 한다.

② 건물에서 부재의 안전성을 재하시험 결과에 근거하여 직접 평가할 경우에는 기둥, 벽체 등과 같은 압축부재의 안전성 검토에만 적용할 수 있다.

③ 안전성평가를 위한 강도감소계수 항목에서 전단력 및 비틀림모멘트의 강도감소계수는 0.80을 초과할 수 없다.

④ 구조물의 안전성평가를 위한 하중의 크기를 정밀 현장 조사에 의하여 확인하는 경우에는, 구조물의 소요강도를 구하기 위한 하중조합에서 고정하중과 활하중의 하중계수는 10%만큼 감소시킬 수 있다.

21 건축물 강구조 설계기준에서 압축력을 받는 합성기둥의 하중전달에 대한 설명으로 옳지 않은 것은?

① 강재와 콘크리트 간의 길이방향 전단력을 전달할 수 있도록 설계되어야 한다.

② 힘전달기구는 직접부착작용, 전단접합, 직접지압이다.

③ 힘이 직접부착작용에 의해 콘크리트 충전 사각형강관단면 합성부재에 전달되는 경우 강재와 콘크리트 간의 공칭부착응력은 0.4MPa이다. 단, 강재단면 표면에 도장, 윤활유, 녹 등이 없다고 가정한 값이다.

④ 힘전달기구 중 가장 작은 공칭강도를 사용하며 힘전달기구들을 중첩하여 사용할 수 있다.

22 구조용 무근콘크리트 설계기준에 대한 설명으로 옳지 않은 것은?

① 기둥에는 구조용 무근콘크리트를 사용할 수 없다.

② 구조용 무근콘크리트 벽체는 벽체가 받고 있는 연직하중, 횡하중 그리고 다른 모든 하중을 고려하여 설계하여야 한다.

③ 말뚝 위의 기초판에는 구조용 무근콘크리트를 사용할 수 있으며, 구조용 무근콘크리트 기초판의 두께는 200mm 이상으로 하여야 한다.

④ 휨모멘트, 휨모멘트와 축력의 조합, 전단력에 대한 강도를 계산할 때 부재의 전체 단면을 설계에 고려한다. 다만, 지반에 콘크리트를 치는 경우에 전체 두께는 실제 두께보다 50mm 작은 값을 사용하여야 한다.

21 힘전달기구 중 가장 큰 공칭강도를 사용하며 힘전달기구들을 중첩하여 사용하지 않아야 한다. ④

22 말뚝 위의 기초판에는 구조용 무근콘크리트를 사용할 수 없으며, 구조용 무근콘크리트 기초판의 두께는 200mm 이상으로 하여야 한다. ③

23 $a = \dfrac{A_s \times f_y}{0.85 f_{ck} \times b} = \dfrac{850 \times 400}{0.85 \times 20 \times 200}$

$\quad = 100\text{mm}$

$\therefore \ M_n = T \times \left(d - \dfrac{a}{2} \right)$

$\quad = (850 \times 400) \times \left(400 - \dfrac{100}{2} \right)$

$\quad = 119,000,000\text{N} \cdot \text{mm}$

$\quad \fallingdotseq 120\text{kN} \cdot \text{m}$ 　답 ②

24 (1) $\delta_{\max(가)} = \dfrac{5\omega_A L_A^4}{384EI}$

$\quad = \dfrac{5\omega_A L_A^4}{384E \times \dfrac{2b \times (2h)^3}{12}}$

$\quad = \dfrac{12 \times 5\omega_A L_A^4}{384E \times 16bh^3}$

(2) $\delta_{\max(나)} = \dfrac{\omega_B \times L_B^4}{8EI}$

$\quad = \dfrac{\omega_B \times (0.5L_A)^4}{8E \times \dfrac{b \times h^3}{12}}$

$\quad = \dfrac{12 \times \omega_B \times 0.0625 \times L_A^4}{8E \times bh^3}$

(3) $\delta_{\max(가)} = \delta_{\max(나)}$ 이므로

$\quad \dfrac{12 \times 5\omega_A L_A^4}{384E \times 16bh^3}$

$\quad = \dfrac{12 \times \omega_B \times 0.0625 \times L_A^4}{8E \times bh^3}$

$\therefore \ \omega_A = \dfrac{48}{5}\omega_B$ 　답 ④

23 그림과 같은 인장지배를 받는 단철근 직사각형 보를 등가 직사각형 압축응력블록을 이용하여 해석할 경우, 공칭휨강도(M_n)로 가장 가까운 값[kN · m]은? (단, 콘크리트의 설계기준압축강도(f_{ck})는 20MPa, 인장철근의 설계기준항복강도(f_y)는 400MPa, 인장철근량(A_s)은 850mm²이다.)

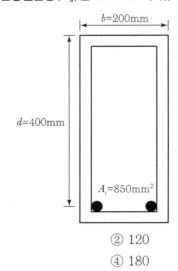

① 90
② 120
③ 150
④ 180

24 그림 (가)와 그림 (나)의 주어진 조건에서 두 보가 최대처짐이 같을 때, 단순보에 작용하는 등분포하중(ω_A)과 캔틸레버보에 작용하는 등분포하중(ω_B)의 관계식으로 옳은 것은? (단, 두 보의 탄성계수는 같고, 자중은 무시한다.)

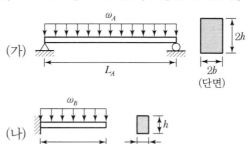

① $\omega_A = \dfrac{12}{5}\omega_B$
② $\omega_A = \dfrac{24}{5}\omega_B$
③ $\omega_A = \dfrac{36}{5}\omega_B$
④ $\omega_A = \dfrac{48}{5}\omega_B$

25 건축물 강구조 설계기준에서 용어의 정의로 옳지 않은 것은?

① 다이아프램(Diaphragm Plate) : 지지요소에 힘을 전달하도록 이용된 면내 전단강성과 전단강도를 갖고 있는 플레이트

② 밀스케일(Mill Scale) : 열간압연과정에서 생성되는 강재의 산화피막

③ 엔드탭(End Tab) : 용접선의 단부에 붙인 보조판

④ 필러(Filler) : 접촉면이나 지압면 사이에 두께 차이 시 공간을 메우기 위해 사용되는 얇은 판재

25 필러(Filler)는 부재의 두께를 늘리기 위해 사용되는 판재를 말한다.

🖹 ④

정답 | 및 해설

01 건축구조설계법에는 강도설계법, 한계상태설계법, 허용응력도설계법, 경험적설계법 등이 있지만, 하중설계법은 없다. 📖 ②

02 옹벽이 길게 연속될 때에는 붕괴의 위험이 있으므로 신축이음을 설치하되 완전히 절단하여 온도변화와 지반의 부등침하에 대비하여야 한다. 신축이음부의 토실유실을 방지하기 위해 고무 채움재 등을 주입하면 효과적이다. 📖 ④

03 복철근보는 압축철근으로 인하여 전단보강근을 원활히 배근할 수 있어서 조립이 편리하다. 📖 ③

04 말뚝기초 설계시 동일 건축물에서는 지지말뚝과 마찰말뚝을 혼용해서 사용해서는 안 된다. 📖 ④

---

01 건축구조설계법으로 적절하지 않은 것은?

① 강도설계법
② 하중설계법
③ 한계상태설계법
④ 허용응력도설계법

02 옹벽의 설계에 대한 설명으로 옳지 않은 것은?

① 옹벽에 대한 전도 모멘트는 안전 모멘트를 초과하지 않아야 한다.
② 옹벽에 작용하는 토압의 수평성분에 의한 수평방향의 활동에 대하여 안전하여야 한다.
③ 옹벽기초 아래에 있는 기초지반은 충분한 지지력과 허용침하량 이내이어야 한다.
④ 옹벽이 길게 연속될 때에는 붕괴의 위험이 있으므로 신축이음을 설치하면 안 된다.

03 철근콘크리트구조에서 복철근보에 대한 설명으로 옳지 않은 것은?

① 장기처짐이 감소한다.
② 연성이 증진된다.
③ 철근조립이 불편하다.
④ 설계강도가 증대된다.

04 건축물의 기초에 대한 설명으로 옳지 않은 것은?

① 온통기초는 건축물 바닥 전체가 기초판으로 된 것으로 하중에 비해 지내력이 약한 경우에 사용된다.
② 기초는 지정형식에 따라 직접기초, 말뚝기초, 피어기초, 잠함기초로 구분할 수 있다.
③ 매입말뚝을 배치할 때 그 중심간격은 말뚝머리 지름의 2배 이상으로 한다.
④ 말뚝기초 설계시 동일 건축물에서는 지지말뚝과 마찰말뚝을 혼용해서 사용해야 한다.

05 철골보의 처짐한계에 대한 설명으로 옳지 않은 것은?

① 자동 크레인보의 처짐한계는 스팬의 $\frac{1}{800} \sim \frac{1}{1,200}$ 이다.

② 수동 크레인보의 처짐한계는 스팬의 $\frac{1}{500}$ 이다.

③ 단순보의 처짐한계는 스팬의 $\frac{1}{400}$ 이다.

④ 캔틸레버보의 처짐한계는 스팬의 $\frac{1}{250}$ 이다.

05 단순지지의 강재보는 전체하중에 대하여 스팬의 1/300 이하로 제한한다.
답 ③

06 구조용 합판에 대한 설명으로 옳지 않은 것은?

① 구조용 합판은 합판의 강도에 따라 1등급, 2등급 및 3등급으로 구분된다.
② 구조용 합판의 기준 허용응력은 하중계수와 함수율에 따라 보정한다.
③ 구조용 합판의 기준 허용응력은 건조사용조건에 근거한 값이다.
④ 구조용 합판의 종류는 단판의 구성에 따라 1급 및 2급으로 구분된다.

06 구조용 합판의 종류는 합판의 단판구성에 따라 1급 및 2급으로 구분되며, 합판의 강도에 따라 1등급 및 2등급으로 구분된다.
답 ①

07 벽돌구조의 구조제한에 대한 설명으로 옳지 않은 것은?

① 내력벽의 길이는 12m를 넘을 수 없다.
② 내력벽의 두께는 바로 위층의 내력벽 두께 이상이어야 한다.
③ 내력벽으로 토압을 받는 부분의 높이가 2.5m를 넘지 아니하는 경우에는 벽돌구조로 할 수 있다.
④ 테두리보의 춤은 벽두께의 1.5배 이상으로 한다.

07 내력벽의 길이는 10m를 넘을 수 없다.
답 ①

08 패러핏벽의 두께는 200mm 이상이어야 하며, 높이는 두께의 3배를 넘을 수 없다. 패러핏벽은 하부 벽체보다 얇지 않아야 한다.　📖 ④

08 조적구조물의 경험적 설계법에 대한 설명으로 옳지 않은 것은?

① 2층 이상의 건물에서 조적내력벽의 공칭두께는 200mm 이상이어야 한다.

② 층고가 2.7m를 넘지 않는 1층 건물의 속찬 조적벽의 공칭두께는 150mm 이상으로 할 수 있다.

③ 조적벽이 횡력에 저항하는 경우에는 전체 높이가 13m, 처마높이가 9m 이하이어야 한다.

④ 패러핏벽의 두께는 200mm 이상이어야 하며, 높이는 두께의 5배를 넘을 수 없다.

09 기둥단면의 최소치수는 200mm 이상이고, 최소단면적은 60,000mm² 이상이다.　📖 ①

09 철근콘크리트 띠철근 기둥에 대한 설명으로 옳지 않은 것은?

① 기둥단면의 최소치수는 200mm 이상이고, 최소단면적은 50,000mm² 이상이다.

② 종방향 철근의 순간격은 40mm, 철근 공칭지름의 1.5배 및 굵은 골재 공칭최대치수 규정 중 큰 값 이상으로 한다.

③ D32 이하의 종방향 철근은 D10 이상의 띠철근으로 한다.

④ 띠철근의 수직간격은 종방향 철근 지름의 16배 이하, 띠철근 지름의 48배 이하, 기둥단면의 최소치수 이하로 하여야 한다.

10 (1) 옥내에 시공되는 철근콘크리트 보의 피복두께는 철근에 상관없이 모두 최소 40mm 이상이다.
(2) 철근콘크리트 보의 스터럽은 D13이므로 지름은 13mm 이다.
(3) 철근콘크리트 보의 주근은 D22이므로 중심까지는 22mm × 1/2= 11mm가 된다.
∴ 보의 콘크리트표면에서 첫 번째 주근중심까지 최소거리
　=(1)+(2)+(3)
　=40+13+11=64mm　📖 ③

10 옥내에 시공되는 철근콘크리트 보가 주근은 D22, 스터럽은 D13을 사용할 때, 보의 콘크리트표면에서 첫 번째 주근 중심까지의 최소거리(mm)는? (단, 콘크리트 설계기준강도 f_{ck} = 24 MPa이고 최소 피복두께는 건축구조기준(KDS)에 따른다.)

① 54　　　　　　② 59

③ 64　　　　　　④ 69

11 강구조의 설계 요구사항에 대한 설명으로 옳지 않은 것은?

① 파스너로 보에 접합되는 덧판의 단면적은 전체 플랜지 단면적의 70%를 넘어야 한다.

② 압연형강을 사용한 보는 일반적으로 총단면적의 휨강도에 의해 단면을 산정해야 한다.

③ 압축재의 세장비는 가급적 200을 넘지 않도록 한다.

④ 압축재의 판폭두께비에 따라 단면을 콤팩트 단면, 비콤팩트 단면, 세장판 단면으로 분류한다.

11 덧판의 단면적은 전체 플랜지단면적의 70%를 넘지 않아야 한다. 답 ①

12 지진력저항시스템에 대한 설계계수 중에서 반응수정계수(R) 값이 가장 큰 것은?

① 내력벽시스템의 무보강 조적전단벽

② 건물 골조시스템의 철골 특수강판전단벽

③ 중간 모멘트골조를 가진 이중골조시스템의 철근보강 조적 전단벽

④ 모멘트 – 저항골조시스템의 철근콘크리트 중간 모멘트골조

12 ① 내력벽시스템의 무보강 조적전단벽 : 1.5

② 건물 골조시스템의 철골 특수강판전단벽 : 7

③ 중간 모멘트골조를 가진 이중골조시스템의 철근보강 조적전단벽 : 3

④ 모멘트 – 저항골조시스템의 철근콘크리트 중간 모멘트골조 : 5
답 ②

13 목조 지붕틀에 대한 설명으로 옳지 않은 것은?

① 왕대공지붕틀에서 평보는 휨과 인장을 받는다.

② 왕대공지붕틀에서 압축력과 휨모멘트를 동시에 받는 부재는 왕대공이다.

③ 왕대공지붕틀에서 평보를 이을 때는 왕대공 근처에서 잇는 것이 좋다.

④ 귀잡이보는 지붕틀과 도리를 잡아주어 변형을 방지한다.

13 왕대공지붕틀에서 압축력과 휨모멘트를 동시에 받는 부재는 ㅅ자보이다. 답 ②

14 보강블록조에서 철근보강 방법에 대한 설명으로 옳지 않은 것은?

① 철근은 굵은 것을 조금 넣는 것보다 가는 것을 많이 넣는 것이 좋다.

② 세로철근의 정착길이는 철근지름의 40배 이상으로 한다.

③ 세로철근의 정착이음은 보강블록 속에 둔다.

④ 철근을 배치한 곳에는 모르타르 또는 콘크리트로 채워 넣어 철근피복이 충분히 되고 빈틈이 없게 한다.

14 세로근은 원칙으로 기초 및 테두리보에서 위층의 테두리보까지 잇지 않고 배근하여 그 정착길이는 철근직경(d)의 40배 이상으로 하며, 상단의 테두리보 등에 적정 연결철물로 세로근을 연결한다. 답 ③

15 산지는 이음이나 맞춤 자리에 두 부재를 꿰뚫어 꽂아서 이음이 빠지지 않게 하는 나무 촉이나 못 등을 말한다.
📖 ①

16 주철근의 90° 표준갈고리는 90° 구부린 끝에서 $12d_b$ 이상 더 연장되어야 한다.
📖 ②

17 판별식
= 반력 + 부재수 + 강절점수
　－(2 × 절점수)
= 9 + 12 + 13 － (2 × 11)
= 12차 부정정
📖 ④

---

15 목구조의 목재접합에 대한 설명으로 옳지 않은 것은?

① 산지는 부재 이음의 모서리가 벌어지지 않도록 보강하는 얇은 철물이다.

② 쪽매는 마루널과 같이 길고 얇은 나무판을 옆으로 넓게 이어대는 이음이다.

③ 듀벨은 목재의 전단변형을 억제하여 접합하는 보강철물이다.

④ 연귀맞춤은 모서리 등에서 맞춤할 때 부재의 마구리가 보이지 않게 45° 접어서 맞추는 방식이다.

16 철근콘크리트구조에 사용되는 표준갈고리에 대한 설명으로 옳지 않은 것은? (단, d_b는 철근의 공칭지름이다.)

① 주철근의 180° 표준갈고리는 180° 구부린 반원 끝에서 $4d_b$ 이상, 또한 60mm 이상 더 연장되어야 한다.

② 주철근의 90° 표준갈고리는 90° 구부린 끝에서 $6d_b$ 이상 더 연장되어야 한다.

③ 스터럽과 띠철근의 90° 표준갈고리에서 D16 이하의 철근은 90° 구부린 끝에서 $6d_b$ 이상 더 연장하여야 한다.

④ 스터럽과 띠철근의 135° 표준갈고리에서 D25 이하의 철근은 135° 구부린 끝에서 $6d_b$ 이상 더 연장하여야 한다.

17 아래 그림과 같은 골조구조물의 부정정 차수는?

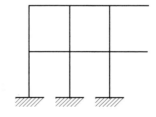

① 9차　　　　　　② 10차
③ 11차　　　　　　④ 12차

18 그림과 같은 기둥 A, B, C의 탄성좌굴하중의 비 P_A : P_B : P_C는? (단, 기둥 단면은 동일하며, 동일재료로 구성되고 유효좌굴길이 계수는 이론값으로 한다.)

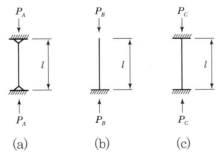

(a)　　　　(b)　　　　(c)

① 1 : 2 : 0.5

② 1 : 0.25 : 2

③ 1 : 0.25 : 4

④ 1 : 0.25 : 16

19 조적식 구조인 벽에 있는 개구부에 대한 설명으로 옳지 않은 것은?

① 각층의 대린벽으로 구획된 각 벽에 있어서 개구부의 폭의 합계는 그 벽의 길이의 $\dfrac{1}{2}$ 이하로 하여야 한다.

② 하나의 층에 있어서의 개구부와 그 바로 위층에 있는 개구부와의 수직거리는 300mm 이상으로 하여야 한다.

③ 조적식구조인 벽에 설치하는 개구부에 있어서는 각층마다 그 개구부 상호간 또는 개구부와 대린벽의 중심과의 수평거리는 그 벽의 두께의 2배 이상으로 하여야 한다. 다만, 개구부의 상부가 아치구조인 경우에는 그러하지 아니하다.

④ 폭이 1.8m를 넘는 개구부의 상부에는 철근콘크리트구조의 윗인방을 설치하여야 한다.

20 목구조 건축물에서 인장력을 받는 가새의 두께와 폭으로 적합한 것은?

① 두께 15mm 이상, 폭 60mm 이상

② 두께 20mm 이상, 폭 60mm 이상

③ 두께 15mm 이상, 폭 90mm 이상

④ 두께 25mm 이상, 폭 80mm 이상

---

18 좌굴하중공식 $P_{cr} = \dfrac{\pi^2 EI}{(KL)^2}$을 이용하여 기둥 A, B, C의 탄성좌굴하중의 비를 구한다. 또한, 모든 기둥의 단면은 동일하며, 동일재료로 구성되어 있기 때문에 EI는 같고, 각각의 좌굴하중은 KL의 제곱에 반비례한다고 볼 수 있다.

$$P_A = \frac{1}{(1.0 \times L)^2}$$

$$P_B = \frac{1}{(2.0 \times L)^2}$$

$$P_C = \frac{1}{(0.5 \times L)^2}$$

$\therefore$ P_A : P_B : P_C = 1 : 0.25 : 4

답 ③

19 하나의 층에 있어서의 개구부와 그 바로 위층에 있는 개구부와의 수직거리는 600mm 이상으로 하여야 한다.

답 ②

20

압축가새	① 두께 : 골조기둥 단면적의 1/3쪽 이상, 35mm 이상
	② 폭 : 90mm 이상
인장가새	① 두께 : 기둥의 1/5쪽, 15mm 이상
	② 폭 : 90mm 이상
	③ 인장가새는 D10 이상 철근 대용 가능

답 ③

정답 | 및 해설

01 밑면전단력은 구조물의 밑면 지반운동에 의한 수평지진력이 작용하는 기준면에 작용하는 설계용 총 전단력을 말하며, 반응수정계수(R), 건물 고유주기(T), 건물중량(W), 건물의 중요도계수(I_E), 주기 1초에서의 설계스펙트럼가속도(S_{D1})에 따라 결정된다.

∴ 밑면전단력 산정식

$$V = C_s \times W = \frac{S_{D1}}{\left[\dfrac{R}{I_E}\right]T} \times W$$

답 ②

02 강재기둥의 탄성좌굴하중 산정시에는 탄성계수(E), 단면2차모멘트(I), 유효좌굴길이(KL)에 따라 결정된다.

∴ 탄성좌굴하중(P_{cr}) = $\dfrac{\pi^2 EI}{(KL)^2}$

답 ②

03 조적조 건물에서 벽량은 내력벽 길이의 합계를 그 층의 바닥면적으로 나눈 값으로 최소 15cm/m² 이상이 되도록 한다. 답 ①

04 해안지역 건물은 바닷물이 증발하면서 건물에 침투하는 경향이 있으므로 부재 설계시 물−시멘트비가 적은 콘크리트를 사용하여 염분의 침투를 막을 필요가 있다. 답 ④

01 등가정적해석법에 의한 내진설계에서 밑면전단력의 결정에 필요한 요소로 옳지 않은 것은?

① 반응수정계수
② 건물 밑면 너비
③ 건물 고유주기
④ 건물 중량

02 중심축하중을 받는 강재기둥의 탄성좌굴하중 산정을 위해 필요한 사항으로 옳지 않은 것은?

① 유효좌굴길이　　　　② 단면계수
③ 탄성계수　　　　　　④ 단면2차모멘트

03 조적조 건물에서의 벽량은?

① 바닥면적에 대한 내력벽 총 길이의 비
② 바닥면적에 대한 내력벽 총 두께의 비
③ 바닥면적에 대한 내력벽 총 단면적의 비
④ 바닥면적에 대한 내력벽 총 높이의 비

04 해안지역 건물 설계 시 염분에 대한 대책으로 옳지 않은 것은?

① 피복두께를 증가시킨다.
② 콘크리트의 강도를 증가시킨다.
③ 별도의 표면처리공사를 시행한다.
④ 물−시멘트비가 큰 콘크리트를 사용한다.

05 판보(Plate Girder)의 웨브(Web) 국부좌굴을 방지하기에 가장 적합한 방법은?

① 웨브의 판폭 두께비를 크게 한다.
② 커버플레이트(Cover Plate)를 사용한다.
③ 웨브에 사용하는 강재의 강도를 높인다.
④ 스티프너(Stiffener)를 사용한다.

05 판보의 웨브는 전단에 의한 국부좌굴이 발생할 수 있으므로 스티프너를 설치하여 보강하여야 한다. **답** ④

06 조적조 건물에서 발생하는 백화현상의 방지대책으로 옳지 않은 것은?

① 벽돌과 벽돌 사이를 모르타르로 빈틈없이 채운다.
② 해사를 사용하지 않는 것이 좋다.
③ 흡수율이 높은 벽돌을 사용하여 탄산칼슘의 발생을 억제한다.
④ 파라핀 에멀션 등의 방수제를 사용한다.

06 조적조 건물에서 발생하는 백화현상은 벽의 외부에 침투하는 빗물에 의해서 모르타르 중의 석회분이 공기 중의 탄산가스와 결합하여 벽돌이나 조적 벽면을 하얗게 오염시키는 현상으로 흡수율이 낮은 벽돌을 사용하여 탄산칼슘의 발생을 억제하여야 한다. **답** ③

07 콘크리트의 크리프(Creep)에 대한 설명으로 옳지 않은 것은?

① 재하 시간이 길어질수록 증가한다.
② 초기 재령 시 재하하면 증가한다.
③ 휨 부재의 경우 압축철근이 많을수록 감소한다.
④ 건조상태일 때보다 습윤상태일 때 증가한다.

07 크리프는 콘크리트에 일정한 하중이 계속 작용하면 하중이 증가하지 않아도 시간이 경과함에 따라 변형이 계속 증가하는 현상을 말하며, 습윤상태일 때보다 건조상태일 때 증가한다. **답** ④

08 지하연속벽 또는 슬러리월(Slurry Wall) 공법에 관한 설명으로 옳지 않은 것은?

① 흙막이벽의 기능뿐만 아니라 영구적인 구조벽체 기능을 겸한다.
② 대지 경계선에 근접시켜 설치할 수 있으므로 대지 면적을 최대한 활용할 수 있다.
③ 안정액은 조립된 철근의 형태를 유지하고, 연속벽의 구조체를 형성한다.
④ 차수효과가 우수하여 지하수가 많은 지반의 흙막이공법으로 적합하다.

08 지하연속벽에서 안정액(벤토나이트)은 굴착 및 천공시 벽면의 붕괴방지를 위한 것이다. 안정액은 굴착 시에 굴착 벽면에 벤토나이트의 현탁액이 일정한 압력으로 작용하여 불투수성의 막(泥壁)을 형성하기 때문에 그 벽면의 붕괴를 방지하는 역할을 하게 되고, 이러한 점토의 벽이 형성될 때까지의 사이에 그 현탁액의 작은 입자들이 지층 중에 침투하여 공극들을 충전하고 토양과 같은 느슨한 입자들을 점결하는 효과도 있으므로 굴착 벽면의 붕괴 방지에 크게 기여하게 된다. 또한 이수용 벤토나이트는 굴착기 선단 비트 회전의 윤활작용과 냉각작용도 한다. **답** ③

09 필릿용접의 유효길이는 필릿용접의 총길이에서 필릿사이즈의 2배를 공제한 값으로 한다. 답 ④

09 필릿용접에 대한 설명으로 옳지 않은 것은?

① 필릿용접의 유효면적은 유효길이에 유효목두께를 곱한 값으로 한다.
② 구멍필릿용접의 유효길이는 목두께의 중심을 잇는 용접중심선의 길이로 한다.
③ 필릿용접의 유효목두께는 필릿사이즈의 0.7배로 한다.(단, 이음면이 직각인 경우)
④ 필릿용접의 유효길이는 필릿용접의 총길이에서 유효목두께의 2배를 공제한 값으로 한다.

10 ① 슬래브의 건조수축 및 온도철근비 : 0.002
② D19 이형철근 사용 시 내력벽의 최소 수직철근비 : 0.0015
③ D16 이형철근 사용 시 내력벽의 최소 수평철근비 : 0.002
④ 기둥의 최소 압축철근비 : 0.01 답 ②

10 철근콘크리트부재 설계 시 철근의 항복강도가 400MPa일 때 가장 작은 값은?

① 슬래브의 건조수축 및 온도철근비
② D19 이형철근 사용 시 내력벽의 최소 수직철근비
③ D16 이형철근 사용 시 내력벽의 최소 수평철근비
④ 기둥의 최소 압축철근비

11 장스팬보다 하중이 커서 휨강성이 크게 요구되는 경우 기성 압연부재로 단면내력이나 강성이 부족할 수가 있다. 이에 대한 대안으로 커버플레이 보, 허니컴 보, 플레이트 거더 및 트러스 보 등이 사용된다. 답 ④

11 큰 휨강성이 요구되는 장경간 보에 적합하지 않은 것은?

① 커버플레이트보   ② 허니컴보
③ 트러스보   ④ 하이브리드보

12 깔도리는 지붕보(ㅅ자보) 아래와 기둥 맨 위 처마부분의 위에 수평으로 설치되는 것으로 지붕틀을 받아 기둥에 전달하는 것이다. 답 ①

12 목조건물의 마루틀 구성에 사용되지 않는 것은?

① 깔도리   ② 멍에
③ 장선   ④ 동바리

13 연약지반에 건물을 시공할 경우, 건물의 부동침하를 방지하기 위해서는 건물의 평면길이를 짧게 하여야 한다. 답 ①

13 연약지반에 건물을 시공할 경우, 건물의 부동침하를 방지하기 위한 대책으로 적당하지 않은 것은?

① 건물의 길이 증대   ② 건물의 강성 증대
③ 건물의 경량화   ④ 온통기초 사용

14 철근콘크리트 구조에서 피복두께에 대한 설명으로 옳지 않은 것은?

① 콘크리트 표면으로부터 최외단 철근 중심까지의 거리로 정의된다.

② 철근콘크리트 구조물의 내구성 및 철근과 콘크리트의 부착력 확보 관점에서 규정된 것이다.

③ 기초판과 같이 흙에 접하여 콘크리트가 타설되고 영구히 흙에 묻혀 있는 부재의 피복두께는 75mm 이상이어야 한다.

④ 옥외 공기나 흙에 노출되지 않는 보와 기둥의 최소피복두께는 40mm이지만 콘크리트 압축강도가 40MPa 이상인 경우 10mm를 저감할 수 있다.

14 철근콘크리트 구조에서 피복두께는 콘크리트 표면으로부터 최외단 철근 바깥표면까지의 최단거리로 정의한다. 🔖 ①

15 단부 갈고리를 사용하지 않은 인장철근의 정착길이에 대한 설명으로 옳지 않은 것은?

① 상부철근은 하부철근보다 부착성능이 떨어지므로 정착길이를 증가시켜야 한다.

② 평균 쪼갬 인장강도가 주어지지 않은 경량콘크리트를 사용할 경우 정착길이를 증가시켜야 한다.

③ 에폭시 도막철근을 사용할 경우 정착길이를 감소시킬 수 있다.

④ 인장철근의 정착길이는 300mm 이상이어야 한다.

15 에폭시 도막철근을 사용할 경우 미끄러짐이 발생할 수 있으므로 정착길이를 증가시켜야 한다. 🔖 ③

16 커튼월(Curtain Wall)에 대한 설명으로 옳지 않은 것은?

① 대부분 공장에서 생산되므로 현장인력이 절감되는 이점이 있다.

② 자중과 상부 커튼월의 하중을 지지하여야 한다.

③ 패스너(Fastener)는 고정방식, 회전방식, 슬라이드방식 등이 있다.

④ 고층건물을 경량화하는 이점이 있다.

16 커튼월은 공장 생산 부재로 구성되는 비내력벽이므로 상부 커튼월의 하중을 지지하지는 않는다. 🔖 ②

17 볼트는 인장력을 받는 대신 듀벨은 전단력을 받아 접합재 상호 간의 변위를 방지하는 강한 이음을 얻는 데 쓰이는 것이다. 그러므로 듀벨은 볼트와 겸용하여 사용한다.　답 ③

18 골조튜브를 사용하면 횡력과 수직한 면에 있는 기둥은 스팬드럴 보의 강성에 따라 강성 골조와 비슷한 거동을 하게 되어 전단지연(Shear Lag)현상을 야기하게 되지만, 묶음튜브는 이를 최소화하기 위해 평면 중간 부분에 횡력과 평행한 방향으로 튜브 구조체를 넣어 횡력을 지지하도록 하는 방식을 사용한다.　답 ③

19 건물의 무게를 감소시키면 고유진동수는 증가한다.　답 ②

17 목구조 접합에 대한 설명으로 옳지 않은 것은?

① 목재를 길이방향으로 접합하는 방법을 이음이라 하고, 두 부재를 직각 또는 경사지게 접합하는 방법을 맞춤이라 한다.
② 이음에는 맞댐이음, 겹침이음, 따낸이음 등이 있다.
③ 듀벨은 볼트와 함께 사용됨으로써 인장과 휨에 대한 강성을 제공한다.
④ 평보를 대공에 달아맬 때 사용하는 ㄷ자형 접합철물을 감잡이쇠라 한다.

18 건물 구조시스템에 대한 설명으로 옳지 않은 것은?

① 연성모멘트골조방식은 횡력에 대한 저항능력을 증가시키기 위하여 부재와 접합부의 연성을 증가시킨 구조이다.
② 공동주택의 층간소음 저감을 위한 표준바닥구조시스템에서 슬래브의 최소 두께는 벽식구조가 라멘구조보다 두껍다.
③ 튜브를 여러 개 겹친 묶음튜브(Bundled Tube) 구조를 사용하면 전단지연(Shear Lag) 현상이 증가될 수 있으므로 주의해야 한다.
④ 아웃리거는 건물의 내부 코어와 외부 기둥을 연결하는 트러스 시스템이다.

19 구조물의 고유진동수를 감소시키기 위한 방법으로 옳지 않은 것은?

① 탄성계수를 감소시킨다.
② 구조물의 무게를 감소시킨다.
③ 단면2차모멘트를 감소시킨다.
④ 단면적을 감소시킨다.

20 건축구조물의 구조설계 시 하중산정에 대한 설명으로 옳지 않은 것은?

① 지붕 활하중을 제외한 등분포 활하중은 부재의 영향면적이 40m² 이상인 경우 최소기본등분포 활하중에 활하중저감계수를 곱하여 저감할 수 있다.

② 적설하중 산정에는 노출계수, 온도계수, 경사계수 등이 영향을 미친다.

③ 풍하중 산정에는 가스트영향계수, 고도분포계수, 중요도계수 등이 영향을 미친다.

④ 지진하중 산정 시 연성이 큰 구조시스템일수록 반응수정계수가 크다.

20 지붕 활하중을 제외한 등분포활하중은 부재의 영향면적이 36m² 이상인 경우 최소기본등분포활하중에 활하중저감계수를 곱하여 저감할 수 있다.

답 ①

| 정답 | 및 해설 |

01 구조설계도서는 건축물이나 공작물의 구조체 공사를 위해서 필요한 도서로서 구조설계도와 구조설계서, 구조 분야 공사시방서 등을 통틀어서 이르는 것이다. 견적서는 공사에 필요한 벽돌, 시멘트, 모래, 철근 등의 계산서 또는 내용명세서를 말하며, 건축물의 구조설계도서에는 포함되지 않는다.
답 ④

02 지진시 점토질 지반보다 사질토 지반에서 액상화 현상이 일어나기 쉽다.
답 ①

03 변형률(ε)
$$= \frac{P}{A \times E}$$
$$= \frac{50 \times 10^3}{500 \times (2 \times 10^5)}$$
$$= 5 \times 10^{-4}$$
답 ④

01 건축물의 구조설계도서에 포함되어야 하는 항목으로 옳지 않은 것은?

① 구조설계서 ② 구조설계도
③ 구조체 공사 시방서 ④ 견적서

02 토질 및 기초에 대한 설명으로 옳지 않은 것은?

① 점토질 지반에서는 지진시 액상화 현상이 일어나기 쉽다.
② 점토지반 위에 수평으로 긴 건물이 있는 경우에는 건물의 중앙이 침하하기 쉽다.
③ 내부 마찰각은 점토층보다 사질층이 크다.
④ 지지말뚝의 경우 말뚝저항의 중심은 말뚝의 끝에 있다.

03 그림과 같이 길이가 1.0m, 단면적이 500mm^2인 탄성 재질의 강봉을 50kN의 힘으로 당겼을 때 강봉의 변형률은? (단, 강봉의 탄성계수는 $E = 2.0 \times 10^5 \text{MPa}$이다.)

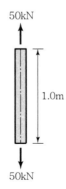

50kN

1.0m

50kN

① 1.0×10^{-4} ② 2.0×10^{-4}
③ 2.5×10^{-4} ④ 5.0×10^{-4}

04 보폭(b)이 400mm인 직사각형 단근보에서 인장철근이 항복할 때 등가직사각형 응력블록의 깊이(a)는? (단, 인장철근량 $A_s = 2,700\text{mm}^2$, 콘크리트 설계기준압축강도 $f_{ck} = 27\text{MPa}$, 철근 설계기준항복강도 $f_y = 400\text{MPa}$이다.)

① 100.0mm
② 117.6mm
③ 133.3mm
④ 153.8mm

05 강구조에서 강에 포함된 화학성분에 의한 성질변화 내용으로 옳지 않은 것은?

① 탄소(C)량이 증가할수록 강도는 증가한다.
② 인(P)은 취성을 증가시킨다.
③ 황(S)은 연성을 증가시킨다.
④ 니켈(Ni)은 내식성을 증가시킨다.

06 건축구조에 대한 설명으로 옳지 않은 것은?

① 우발비틀림모멘트는 지진력 작용방향에 직각인 평면치수의 5%에 해당되는 우발편심과 층전단력을 곱하여 산정한다.
② 통상적인 건축물에서는 지붕의 최대높이에서의 속도압을 기준으로 풍하중을 산정한다.
③ 플랫 플레이트(Flat Plate)의 뚫림전단 보강법으로 스터럽(Stirrup) 또는 전단머리(Shear Head) 보강법 등이 있다.
④ 플랫(Flat) 슬래브는 지판(Drop Panel)으로 보강하여 뚫림전단에 대한 안전성을 높인다.

07 경골 목구조에 대한 설명으로 옳지 않은 것은?

① 지붕구조는 활하중에 의한 최대처짐이 경간의 1/360, 총하중에 의한 최대처짐이 경간의 1/240의 값을 초과할 수 없다.
② 보와 같이 구조내력상 휨에 저항하는 주요부재의 품질은 침엽수 구조용재의 2등급 이상, 구조용 집성재 및 목재단판적층재의 1급에 적합하거나 이와 동등 이상이어야 한다.
③ 토대는 최소직경 12mm 및 길이 230mm 이상의 앵커볼트 등으로 기초에 고정되어야 하며, 앵커볼트의 머리부분은 기초에 180mm 이상 매립되어야 한다.
④ 내력벽에 설치되는 개구부의 폭은 4m 이하로 하여야 한다.

04 등가응력블록깊이(a)

$$= \frac{A_s \times f_y}{0.85 \times f_{ck} \times b}$$

$$= \frac{2,700 \times 400}{0.85 \times 27 \times 400}$$

$$\fallingdotseq 117.6\text{mm}$$

답 ②

05 황(S)은 강재의 취성을 증가시켜 바람직하지 못한 성질을 가져오지만, 강재의 성분비에서 일정량 이상이 사용되지 못하도록 규제하여 강재의 기계가공성을 증가시키는 역할을 한다.

답 ③

06 통상적인 건축물에서는 지붕의 평균높이를 기준높이로 하며, 그 기준높이에서의 속도압을 기준으로 풍하중을 산정한다.

답 ②

07 바닥구조의 처짐은 활하중의 경우 경간의 1/360, 총하중에 대해서는 경간의 1/240을 초과할 수 없고, 지붕구조의 처짐은 활하중의 경우 경간의 1/240, 총하중에 대해서는 경간의 1/180을 초과할 수 없다.

답 ①

08 조적조에 사용되는 기둥과 벽체의 유효높이는 부재의 양단에서 부재의 길이 축에 직각방향으로 횡지지된 부재의 최소한의 순 높이이다. 부재 상단에 횡지지되지 않은 부재의 경우 지지점부터 부재높이의 2배로 한다.
　　　　　　　　　　　　　　📖 ④

08 조적조에 사용되는 기둥과 벽체에서 하단은 부재 축에 직각방향으로 횡지지되고 상단은 횡지지되지 않은 경우 부재의 유효높이는?

① 부재 높이의 0.5배
② 부재 높이의 1.0배
③ 부재 높이의 1.5배
④ 부재 높이의 2.0배

09 벽체의 수직 및 수평철근의 간격은 벽두께의 3배 이하, 또한 450mm 이하로 하여야 한다.
　　　　　　　　　　　　　　📖 ①

09 철근콘크리트구조 벽체의 설계제한 규정에 대한 설명으로 옳지 않은 것은?

① 벽체의 수직 및 수평철근의 간격은 벽두께의 5배 이하, 또한 500mm 이하로 하여야 한다.
② 지하실 벽체를 제외한 두께 250mm 이상의 벽체에 대해서는 수직 및 수평철근을 벽면에 평행하게 양면으로 배치하여야 한다.
③ 설계기준 항복강도 400MPa 이상으로서 D16 이하의 이형철근을 사용하는 벽체의 최소 수직철근비는 0.0012이다.
④ 설계기준 항복강도 400MPa 이상으로서 D16 이하의 이형철근을 사용하는 벽체의 최소 수평철근비는 $0.0020 \times \dfrac{400}{f_y}$ 이다.

10 용접 후 고력볼트를 체결한 모멘트 접합부에 작용되는 하중은 모두 용접이 부담한다.
　　　　　　　　　　　　　　📖 ③

10 철골부재의 접합부 설계에 대한 설명으로 옳지 않은 것은?

① 설계도서에서 별도로 지정이 없는 한 작은보 및 트러스의 단부접합은 일반적으로 전단력에 대해서만 설계한다.
② 연결재, 새그로드, 띠장 등을 제외한 철골부재 접합부의 설계강도는 45kN 이상이어야 한다.
③ 용접 후 고력볼트를 체결한 모멘트 접합부에 작용되는 하중은 고력볼트와 용접에 분담시킬 수 있다.
④ 기둥의 이음부에서 단면에 인장력이 발생할 우려가 없고, 접합부 단부의 면이 절삭마감에 의하여 밀착된 경우에는 소요압축력 및 소요휨모멘트 각각의 1/2은 접촉면에 의해 직접 응력을 전달시킬 수 있다.

11 목구조의 보강철물에 대한 설명으로 옳지 않은 것은?

① 볼트는 전단력에 저항하고, 듀벨은 인장력에 저항하는 보강 철물이다.

② 빗대공과 ㅅ자보의 맞춤부 보강철물로는 꺾쇠를 사용한다.

③ 왕대공과 평보의 접합은 감잡이쇠를 이용한다.

④ 큰보와 작은보는 안장쇠로 접합한다.

11 볼트는 인장력을 받는 대신 듀벨은 전단력을 받아 접합재 상호 간의 변위를 방지하는 강한 이음을 얻는 데 쓰이는 것이다. 그러므로 듀벨은 볼트와 겸용하여 사용한다. **답** ①

12 다음은 돌 표면 마무리에 대한 설명이다. 돌 가공순서를 바르게 나열한 것은?

> ㄱ. 정으로 쪼아 평탄하고 거친 면으로 다듬는다.
> ㄴ. 철사, 금강사, 카보런덤, 모래, 숫돌 등을 넣어 물을 주어가며 갈아서 광택이 나게 한다.
> ㄷ. 날망치로 평탄하고 균일하게 다듬는다.
> ㄹ. 마름돌의 돌출부를 쇠메로 다듬는다.
> ㅁ. 도드락망치로 더욱 평탄하게 다듬는다.

① ㄱ－ㄹ－ㄴ－ㄷ－ㅁ

② ㄱ－ㅁ－ㄹ－ㄷ－ㄴ

③ ㄹ－ㄱ－ㅁ－ㄷ－ㄴ

④ ㄹ－ㄱ－ㄷ－ㅁ－ㄴ

12 돌의 가공순서
혹두기(쇠메) → 정다듬(정) → 도드락다듬(도드락망치) → 잔다듬(날망치) → 물갈기(금강사, 숫돌) **답** ③

13 강도설계법에서 양단 연속 1방향 콘크리트 슬래브의 경간 (L)이 4.2m일 때, 처짐을 계산하지 않아도 되는 경우 슬래브의 최소두께는? (단, 슬래브는 보통콘크리트와 설계기준항복강도 400MPa의 철근을 사용한다.)

① 13cm

② 15cm

③ 17cm

④ 20cm

13 처짐을 계산하지 않는 경우 슬래브 두께

구분	캔틸레버	단순지지	1단연속	양단연속
1방향 슬래브 최소두께	$\frac{l}{10}$	$\frac{l}{20}$	$\frac{l}{24}$	$\frac{l}{28}$

$$\therefore \ 최소두께 = \frac{l}{28} = \frac{4,200}{28}$$
$$= 150mm$$

답 ②

14 용접기호의 표기방법에서 기호 및 사이즈는 용접하는 쪽이 화살 있는 쪽 또는 앞쪽인 때는 기선의 아래쪽에, 화살의 반대쪽이거나 뒤쪽이면 기선의 위쪽에 밀착하여 기재한다. 🔖 ④

15 비렌딜 트러스란 트러스의 상현재와 하현재 사이에 수직재로 구성되어 있으며, 각 절점은 강(剛)접합으로 이루어져 고층건물 최하층에 넓은 공간을 필요로 할 때나 많은 힘을 받을 때 사용하는 구조이다. 🔖 ③

16 마찰말뚝군의 지지력은 개개의 마찰말뚝 지지력의 합보다 작다. 🔖 ④

14 철골구조의 용접접합에 대한 설명으로 옳지 않은 것은?

① 개열(Lamellar Tearing)이란 용접금속의 수축에 의한 국부변형으로 발생되는 층상균열이다.

② 완전용입 그루브용접의 유효목두께는 접합판 중 얇은쪽 판 두께로 하며, 필릿용접의 유효목두께는 모살사이즈의 0.7배로 한다.(단, 이음면이 직각인 경우)

③ 그루브용접을 할 때는 개선 부분을 먼저 용접하고, 백가우징을 한 후 뒤쪽을 용접하거나 백가우징이 어려울 때는 뒷댐재를 대고 용접한다.

④ 용접기호표기는 용접하는 쪽이 화살표가 있는 쪽 또는 앞쪽인 경우 기선의 위쪽에 기재한다.

15 트러스 구조형식 중 경사부재를 삭제하는 대신 절점을 강절점화하여 정적 안정성을 확보한 것은?

① 하우트러스(Howe Truss)

② 와렌트러스(Warren Truss)

③ 비렌딜트러스(Vierendeel Truss)

④ 프랫트러스(Pratt Truss)

16 기초 및 지반에 대한 설명으로 옳지 않은 것은?

① 지하연속벽(Slurry Wall) 공법은 가설 흙막이벽을 건물 본체의 구조벽체로 사용할 수 있는 공법이다.

② 샌드드레인공법은 점토질 지반에 사용하는 지반개량공법으로 압밀침하현상을 이용하여 물을 제거하는 공법이다.

③ 현장타설 콘크리트말뚝을 배치할 때 그 중심간격은 말뚝머리직경의 2.0배 이상 또한 말뚝머리직경에 1,000mm를 더한 값 이상으로 한다.

④ 마찰말뚝군의 지지력은 개개의 마찰말뚝 지지력을 합하여 산정한다.

17 철근콘크리트조에서 철근의 피복두께에 관한 기술 중 틀린 것은?

① 철근의 피복두께는 주근의 표면부터 콘크리트의 표면까지의 최단거리를 말한다.

② 현장치기 콘크리트 중 흙에 접하거나 옥외의 공기에 직접 노출되는 콘크리트에 사용되는 D19 이상 철근의 최소피복두께는 50mm이다.

③ 내화를 필요로 하는 구조물의 피복두께는 화열의 온도, 지속시간, 사용골재의 성질 등을 고려하여 정하여야 한다.

④ 다발철근의 피복두께는 다발의 등가지름 이상으로 하여야 한다.

18 다음 그림에서 보와 슬래브가 일체로 타설된 T형보(G_1)의 유효폭(b)은? (단, 슬래브의 두께는 100mm, 보의 폭은 500mm이다.)

① 150cm
② 210cm
③ 250cm
④ 300cm

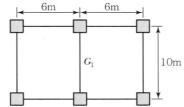

19 강구조 설계에서 합성기둥의 구조제한에 대한 설명으로 옳지 않은 것은?

① 매입형 합성기둥에서 강재코어의 단면적은 합성기둥 총단면적의 4% 이상으로 한다.

② 매입형 합성기둥에서 연속된 길이방향철근의 최소철근비는 0.004%이다.

③ 매입형 합성기둥에서 강재단면과 길이방향 철근 사이의 순간격은 철근직경의 1.5배 이상 또는 40mm 중 큰 값 이상으로 한다.

④ 충전형 합성기둥에 사용되는 조밀한 원형강관의 판폭두께비는 $0.15E/F_y$ 이하로 한다.(E : 강관의 탄성계수, F_y : 강관의 항복강도)

---

17 피복두께는 콘크리트 표면에서 가장 근접한 철근표면까지 거리를 말한다. 📖 ①

18 T형보의 유효폭
(1) 양쪽으로 각각 내민 플랜지 두께의 8배씩+b
$=(10\text{cm}\times16)+50\text{cm}=210\text{cm}$
(2) 양쪽 슬래브의 중심 간 거리
$=\dfrac{600\text{cm}}{2}+\dfrac{600\text{cm}}{2}=600\text{cm}$
(3) 보 스팬의 $\dfrac{1}{4}$
$=1{,}000\text{cm}\times\dfrac{1}{4}=250\text{cm}$
∴ (1), (2), (3) 중 작은 값을 선택하면 250cm 📖 ②

19 매입형 합성기둥에서 강재코어의 단면적은 합성기둥 총단면적의 1% 이상으로 한다. 📖 ①

20 지진력 저항시스템은 서로 다른 구조 시스템을 조합하여 같은 방향으로 작용하는 횡력에 저항하도록 사용한 경우, 반응수정계수 값은 각 시스템의 최소값을 사용하여야 한다. 답 ③

20 **지진력 저항시스템에 대한 설명으로 옳지 않은 것은?**

① 모멘트골조와 전단벽 또는 가새골조로 이루어진 이중골조 시스템에서 모멘트골조는 설계지진력의 최소 25%를 부담하여야 한다.

② 구조물의 직교하는 2축을 따라 서로 다른 지진력 저항시스템을 사용할 경우, 반응수정계수는 각 시스템에 해당하는 값을 사용하여야 한다.

③ 서로 다른 구조시스템을 조합하여 같은 방향으로 작용하는 횡력에 저항하도록 사용한 경우, 반응수정계수 값은 각 시스템의 최대값을 사용하여야 한다.

④ 반응수정계수가 서로 다른 시스템에 의하여 공유되는 구조부재의 경우, 그 중 큰 반응수정계수에 상응하는 상세를 갖도록 설계하여야 한다.

정답 | 및 해설

01 철근콘크리트 구조에서 내진보강대책으로 옳지 않은 것은?

① 강도를 증가시킨다.

② 연성을 증가시킨다.

③ 강성을 증가시킨다.

④ 중량을 증가시킨다.

02 최근 건축되고 있는 주상복합건물은 거주공간을 구성하는 상층부의 벽식구조 시스템과 하부의 상업 및 편의시설을 위한 골조구조 시스템으로 구성되는 것이 일반적이다. 이때, 건물 상층부의 골조를 어떤 층의 하부에서 별개의 구조형식으로 전이하는 구조 시스템은?

① 아웃리거(Outrigger)

② 벨트트러스(Belt Truss)

③ 트랜스퍼거더(Transfer Girder)

④ 시어커넥터(Shear Connector)

03 보강조적조 전단벽 내진설계에서 최소단면적 130mm²인 수평벽체의 철근배근에 대한 설명으로 옳지 않은 것은?

① 벽체개구부의 하단과 상단에서는 400mm 또한 철근직경의 20배 이상 연장하여 배근해야 한다.

② 구조적으로 연결된 지붕과 바닥층, 벽체의 상부에 연속적으로 배근한다.

③ 벽체의 하부와 기초의 상단에 장부철근으로 연결 배근한다.

④ 균일하게 분포된 접합부철근이 있는 경우를 제외하고는 3m의 최대 간격을 유지한다.

01 지진하중은 관성력이므로 가볍고 강한 재료를 선택해야 함으로, 건축 구조물의 중량이 줄어들수록 관성력이 줄어든 만큼 지진하중도 감소할 수 있으므로 가벼운 건축 구조물이 지진에 유리하다. **답 ④**

02 주상복합 건물에 자주 등장하는 구조형식은 상부 벽식구조＋전이층＋하부 라멘조로 전이층에서 주로 전이보(Transfer Girder)를 사용하게 된다. **답 ③**

03 벽체 개구부의 하단과 상단에서는 600mm 또한 철근직경의 40배 이상 연장하여 배근해야 한다. **답 ①**

04 (1) B점의 반력(R_B)

$\Sigma M_A = 0$에서

$-(R_B \times 4) + (1 \times 2 \times 5) + (1 \times 4 \times 2)$

$= 0$

$\therefore R_B = 4.5 kN(\uparrow)$

(2) B점의 모멘트(M_B)

$\Sigma M_B = -(1 \times 2) \times 1 = -2kN \cdot m$

답 ②

05 프리스트레스트 콘크리트구조에서 프리스트레스의 손실원인으로 프리스트레싱 긴장시 발생한 콘크리트의 탄성 수축이다.

답 ①

06 설계전단강도

= 강도감소계수 × 콘크리트의 공칭전단강도

$= 0.75 \times \left(\dfrac{1}{6} \times \sqrt{f_{ck}} \times b \times d \right)$

$= 0.75 \times \left(\dfrac{1}{6} \times \sqrt{25} \times 400 \times 600 \right)$

$= 0.75 \times 200,000$

$= 150kN$

답 ②

---

04 다음 내민보의 B점에 작용하는 반력[kN]과 모멘트[kN · m]는? (단, 시계방향 모멘트를 정모멘트로 한다)

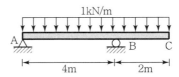

① 상향반력 4.5, 모멘트 0

② 상향반력 4.5, 부모멘트 2

③ 하향반력 4.5, 정모멘트 2

④ 하향반력 4.5, 모멘트 0

05 프리스트레스트 콘크리트구조에서 프리스트레스의 손실원인으로 옳지 않은 것은?

① 프리스트레싱 긴장시 발생한 콘크리트의 팽창

② 포스트텐셔닝 긴장재와 덕트 사이의 마찰

③ 콘크리트의 건조수축과 크리프

④ 긴장재 응력의 릴랙세이션

06 건축구조기준(KDS)에 따른 직사각형 철근콘크리트 보의 폭 b_W가 400mm, 유효깊이 d는 600mm, 콘크리트의 설계기준압축강도 f_{ck}는 25MPa일 때, 콘크리트에 의한 설계 전단강도[kN]는? (단, 이 보는 전단력과 휨모멘트만을 받는다고 가정하며, 이때 전단경간비(V_{ud}/M_u)와 인장철근비(ρ_w)는 고려하지 않는다)

① 100   ② 150

③ 200   ④ 250

07 철근의 이음에 대한 설명으로 옳지 않은 것은? (단, l_d 는 정착길이를 의미한다)

① 압축이형철근의 겹침이음길이는 300mm 이상이어야 하고, 콘크리트의 설계기준강도가 21MPa 미만인 경우는 겹침이음 길이를 $\frac{1}{3}$ 증가시켜야 한다.

② 크기가 다른 이형철근을 압축부에서 겹침이음하는 경우, 이음길이는 크기가 큰 철근의 정착길이와 크기가 작은 철근의 겹침이음길이 중 큰 값 이상이어야 한다.

③ 인장용접이형철망을 겹침이음하는 최소 길이는 2장의 철망이 겹쳐진 길이가 $1.3l_d$ 이상 또한 150mm 이상이어야 한다.

④ 인장용접원형철망의 이음의 경우, 이음위치에서 배치된 철근량이 해석결과 요구되는 소요철근량의 2배 미만인 경우 각 철망의 가장 바깥 교차철선 사이를 잰 겹침길이는 교차철선 한 마디 간격에 50mm를 더한 길이 $1.5l_d$ 또는 150mm 중 가장 큰 값 이상이어야 한다.

08 플랫슬래브의 지판에 대한 설명으로 옳지 않은 것은?

① 플랫슬래브에서 기둥 상부의 부모멘트에 대한 철근을 줄이기 위해 지판을 사용할 수 있다.

② 지판은 받침부 중심선에서 각 방향 받침부 중심간 경간의 $\frac{1}{6}$ 이상을 각 방향으로 연장시켜야 한다.

③ 지판 부위의 슬래브철근량 계산시 슬래브 아래로 돌출한 지판의 두께는 지판의 외단부에서 기둥이나 기둥머리면까지 거리의 $\frac{1}{4}$ 이하로 취하여야 한다.

④ 지판의 슬래브 아래로 돌출한 두께는 돌출부를 제외한 슬래브 두께의 $\frac{1}{6}$ 이상으로 하여야 한다.

---

07 인장용접이형철망을 겹침이음하는 최소 길이는 2장의 철망이 겹쳐진 길이가 $1.3l_d$ 이상 또한 200mm 이상이어야 한다. 답 ③

08 지판의 슬래브 아래로 돌출한 두께는 돌출부를 제외한 슬래브 두께의 $\frac{1}{4}$ 이상으로 하여야 한다. 답 ④

09 기초판 각 단면에서의 휨모멘트는 기초판을 자른 수직면에서 그 수직면의 한쪽 전체면적에 작용하는 힘에 대해 계산하여야 한다. **답** ③

10 직접설계법을 사용하여 슬래브 시스템을 설계하기 위해서는 각 방향으로 연속한 받침부 중심 간 경간길이의 차이는 긴 경간의 $\frac{1}{3}$ 이하이어야 한다.

답 ④

11 연약지반에서 건축물의 기초를 일체화시키면 부등침하가 일어날 가능성이 낮다. **답** ①

09 철근콘크리트 기초판 설계에 대한 설명으로 옳지 않은 것은?

① 기초판에서 휨모멘트, 전단력 및 철근정착에 대한 위험단면의 위치를 정할 경우, 원형 또는 정다각형인 콘크리트 기둥이나 받침대는 같은 면적의 정사각형 부재로 취급할 수 있다.

② 기초판 상연에서부터 하부 철근까지의 깊이는 흙에 놓이는 기초의 경우는 150mm 이상, 말뚝기초의 경우는 300mm 이상으로 하여야 한다.

③ 기초판 각 단면에서의 휨모멘트는 기초판을 자른 수직면에서 그 수직면의 $\frac{1}{4}$ 면적에 작용하는 힘에 대해 계산한다.

④ 기초판철근은 각 단면에서 계산된 철근의 인장력 또는 압축력을 기준으로 묻힘길이, 인장갈고리, 기계적 장치 또는 이들의 조합에 의하여 그 단면의 양방향으로 정착하여야 한다.

10 철근콘크리트구조의 슬래브 설계에 대한 설명으로 옳지 않은 것은?

① 1방향슬래브의 두께는 최소 100mm 이상으로 하여야 한다.

② 1방향슬래브의 정모멘트철근 및 부모멘트철근의 중심간격은 위험단면에서는 슬래브두께의 2배 이하이어야 하고, 또한 300mm 이하로 하여야 한다.

③ 등가골조법에서 직접응력에 의한 기둥과 슬래브의 길이변화와 전단력에 의한 처짐은 무시할 수 있다.

④ 직접설계법을 사용하여 슬래브 시스템을 설계하기 위해서는 각 방향으로 연속한 받침부 중심 간 경간길이의 차이는 긴 경간의 $\frac{1}{2}$ 이하이어야 한다.

11 연약지반의 기초에서 부등침하의 가능성이 가장 낮은 것은?

① 건축물의 기초를 일체식 기초로 하는 경우

② 건축물이 이질 지층에 있는 경우

③ 지하수위가 변경되는 경우

④ 한 건축물에 서로 다른 지정을 사용한 경우

12 조적식 구조의 구조제한사항에 대한 설명으로 옳지 않은 것은?

① 하나의 층에 있어서 개구부와 그 바로 위층에 있는 개구부와의 수직거리는 60cm 이상으로 해야 한다.

② 토압을 받는 내력벽은 조적식구조로 하여서는 안 된다. 다만, 토압을 받는 부분의 높이가 2.5m를 넘지 아니하는 경우에는 조적식 구조인 벽돌구조로 할 수 있다.

③ 조적식 구조의 담의 높이는 4m 이하로 하며, 일정길이마다 버팀벽을 설치해야 한다.

④ 각층의 대린벽으로 구획된 각 벽에 있어서 개구부의 폭의 합계는 그 벽 길이의 $\frac{1}{2}$ 이하로 해야 한다.

12 조적식 구조의 담의 높이는 3m 이하로 하며, 일정길이마다 버팀벽을 설치해야 한다. 🔖 ③

13 다음과 같은 하중을 받는 트러스에서 응력이 없는 부재의 수[개]는? (단, 트러스 부재의 자중은 무시한다)

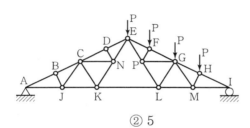

① 4
② 5
③ 6
④ 7

13 0부재는 $\overline{\text{BJ}}$, $\overline{\text{CJ}}$, $\overline{\text{CK}}$, $\overline{\text{CN}}$, $\overline{\text{DN}}$, $\overline{\text{KN}}$, $\overline{\text{NE}}$인 7부재이다. 🔖 ④

14 목재를 섬유방향과 평행하게 가력할 경우 가장 낮은 강도는?

① 압축강도
② 전단강도
③ 인장강도
④ 휨강도

14 목재를 섬유방향과 평행하게 가력할 경우 인장강도 > 휨강도 > 압축강도 > 전단강도 순이다. 🔖 ②

15 기성콘크리트말뚝에 대한 설명으로 옳지 않은 것은?

① 기성콘크리트말뚝의 허용압축응력은 콘크리트 설계기준강도의 최대 $\frac{1}{3}$까지로 한다.

② 사용하는 콘크리트의 설계기준강도는 35MPa 이상으로 한다.

③ 주근의 피복두께는 300mm 이상으로 한다.

④ 허용지지력은 말뚝의 최소단면에 대하여 구하는 것으로 한다.

15 기성콘크리트말뚝의 허용압축응력은 콘크리트 설계기준강도의 최대 1/4까지로 한다. 🔖 ①

16 2층 건물 벽돌 조적조의 충전 모르타르 배합의 용적비(시멘트 : 세골재)는 1 : 3이다. 답 ②

17 인장재의 설계인장강도는 총단면의 항복한계상태와 유효순단면의 파단한계상태에 의해 산정된 값 중 작은 값으로 한다.
(1) 총단면의 항복한계상태
 = 인장저항계수값 × 공칭인장강도($= F_y \times A_g$)
 = $0.9 \times (235 \times 1,000)$
 = 211.5kN
(2) 유효순단면의 파단한계상태
 = 인장저항계수값 × 공칭인장강도($= F_u \times A_e$)
 = $0.75 \times (400 \times 900 \times 0.8)$
 = 216kN
∴ (1)과 (2) 중 작은 값인 211.5kN을 인장재의 설계인장강도로 한다.
답 ①

18 못을 목재의 끝면에 설치하면 못 뽑기 하중을 받을 수 없다. 답 ④

---

16 조적조에 사용되는 모르타르와 그라우트에 대한 설명으로 옳지 않은 것은? (단, 시멘트의 단위용적중량은 1.2kg/L 정도이고, 세골재는 표면건조 내부포수 상태이며, 결합재는 주로 시멘트를 사용한다)

① 시멘트성분을 지닌 재료 또는 첨가제들은 에폭시수지와 그 부가물이나 페놀, 석면섬유 또는 내화점토를 포함할 수 없다.

② 2층 건물 벽돌 조적조의 충전 모르타르 배합의 용적비(시멘트 : 세골재)는 1 : 2.5이다.

③ 바닥용 깔 모르타르의 용적배합비(세골재/결합재)는 3.0~6.0이다.

④ 그라우트의 압축강도는 조적 개체 강도의 1.3배 이상으로 한다.

17 다음과 같은 조건의 강구조 인장재설계에서 중심축 인장력을 받는 인장재의 설계인장강도[kN]는?

- 강재의 항복강도 : 235MPa
- 강재의 인장강도 : 400MPa
- 부재의 총단면적 : 1,000mm²
- 부재의 순단면적 : 900mm²
- 전단지연계수 : 0.8

① 211.5 ② 216.0
③ 235.0 ④ 288.0

18 목구조의 못접합부에 대한 설명으로 옳지 않은 것은?

① 접합부위에 결점이 있는 경우에는 결점 주변의 섬유주행경사가 접합부의 내력에 미치는 영향을 고려한다.

② 접합부위에 못으로 인한 현저한 할렬이 발생해서는 안 되며, 할렬이 발생할 가능성이 있는 경우에는 못지름의 80%를 초과하지 않는 지름의 구멍을 미리 뚫고 못을 박는다.

③ 경사못박기는 부재와 약 30도의 경사각을 갖도록 하고 부재의 끝면으로부터 못길이의 약 $\frac{1}{3}$ 되는 지점에서 박기 시작한다.

④ 목재의 끝면에 못이 설치된 경우의 못뽑기하중은 목재의 측면에 설치된 못에 대한 못뽑기하중의 $\frac{1}{2}$로 한다.

19 철골구조의 고장력볼트에 대한 설명으로 옳지 않은 것은?

① 고장력볼트의 구멍중심 간의 거리는 공칭직경의 2.5배 이상으로 한다.

② 고장력볼트의 구멍중심에서 볼트머리 또는 너트가 접하는 재의 연단까지의 최대거리는 판두께의 12배 이하 또한 150mm 이하로 한다.

③ M22 고장력볼트를 사용할 경우 고장력볼트의 대형구멍의 직경은 26mm로 한다.

④ 고장력볼트의 설계볼트장력은 볼트의 인장강도의 0.7배에 볼트의 공칭단면적의 0.75배를 곱한 값이다.

19 M22 고장력볼트를 사용할 경우 고력볼트의 표준구멍의 직경은 24mm이고, 대형구멍의 직경은 28mm로 한다.   ③

20 철근콘크리트 슬래브설계에서 처짐을 계산하지 않는 경우, 다음과 같은 조건을 가진 리브가 있는 1방향슬래브의 최소두께[mm]는?

- 지지조건 : 양단연속
- 골조에서 절점 중심을 기준으로 측정된 슬래브의 길이(l) : 4,200mm
- 콘크리트의 단위질량(W_c) : 2,300kg/m³
- 철근의 설계기준항복강도(f_y) : 350MPa

① 139.5   ② 150.0

③ 186.0   ④ 200.0

20 지지조건이 양단연속인 경우, 리브가 있는 1방향슬래브의 최소두께는 슬래브의 길이×1/21을 적용한다.
다만, 설계기준항복강도(f_y)가 400 MPa 이외인 경우는 계산된 두께 값에 $(0.43+f_y/700)$를 곱하여야 한다.
∴ 1방향슬래브 최소두께

$$= \frac{l}{21} \times \left(0.43 + \frac{f_y}{700} \right)$$
$$= \frac{4,200}{21} \times \left(0.43 + \frac{350}{700} \right)$$
$$= 200 \times 0.93$$
$$= 186\text{mm} \qquad ③$$

□ 1회 풀이   □ 2회 풀이   □ 3회 풀이

정답 | 및 해설

01 ① 기계실(공조실, 전기실, 기계실 등)
　　: 5.0kN/m²
② 주차장 중 총중량 30kN 이하의 차량(옥내) : 3.0kN/m²
③ 판매장 중 창고형 매장
　　: 6.0kN/m²
④ 체육시설 중 체육관 바닥, 옥외 경기장 : 5.0kN/m²　　답 ③

02 극한상태의 휨강도는 균형철근비 이하로 보강된 경우보다 크게 나타난다.
답 ④

03 ① 길이를 늘이기 위하여 길이 방향으로 접합하는 것을 이음이라하고 경사지게 만나는 부재 사이에서 양 부재를 가공하여 끼워 맞추는 접합을 맞춤이라 한다.
② 맞춤부위에서 만나는 부재들은 틈이 없이 서로 밀착되도록 접합한다.
③ 인장을 받는 부재에 덧댐판을 대고 길이이음을 하는 경우 덧댐판의 면적은 요구되는 접합면적의 1.5배 이상이어야 한다.　　답 ④

---

01 건축구조기준(KDS)에서 규정한 기본등분포활하중이 가장 큰 부분은?

① 기계실(공조실, 전기실, 기계실 등)
② 주차장 중 총중량 30kN 이하의 차량(옥내)
③ 판매장 중 창고형 매장
④ 체육시설 중 체육관 바닥, 옥외 경기장

02 균형철근비를 초과하는 주인장철근이 배근된 철근콘크리트 보에 나타나는 특징으로 옳지 않은 것은?

① 극한상태에서는 취성적인 파괴가 나타난다.
② 중립축의 위치는 균형철근비 이하로 보강된 경우보다 주인장철근 방향으로 내려간다.
③ 사용하중에 대한 처짐은 균형철근비 이하로 보강된 경우보다 작게 나타난다.
④ 극한상태의 휨강도는 균형철근비 이하로 보강된 경우보다 작게 나타난다.

03 목구조 접합부에 대한 설명으로 옳은 것은?

① 길이를 늘이기 위하여 길이 방향으로 접합하는 것을 맞춤이라하고 경사지게 만나는 부재 사이에서 양 부재를 가공하여 끼워 맞추는 접합을 이음이라 한다.
② 맞춤부위에서 만나는 부재는 서로 밀착되지 않도록 공간을 두어 접합한다.
③ 인장을 받는 부재에 덧댐판을 대고 길이이음을 하는 경우 덧댐판의 면적은 요구되는 접합면적의 1.0배 이상이어야 한다.
④ 못 접합부에서 경사못박기는 부재와 약 30도의 경사각을 갖도록 한다.

04 콘크리트구조기준을 적용하여 철근콘크리트 휨부재를 설계 및 해석할 때 옳지 않은 것은?

① 연속 휨부재에서 휨모멘트의 재분배는 휨모멘트를 감소시킬 단면에서 최외단 인장철근의 순인장변형률이 0.0075 이상인 경우에만 가능하다.

② 휨철근의 응력이 설계기준항복강도 이하일 때, 철근의 응력은 그 변형률에 철근의 단면적을 곱한 값으로 한다.

③ 긴장재를 제외한 철근의 설계기준항복강도는 600MPa를 초과하지 않아야 한다.

④ 포스트텐션 정착부 설계에서, 최대 프리스트레싱 강재의 긴장력에 대하여 하중계수 1.2를 적용하여야 한다.

05 KDS에서 구조용 목재에 대한 설명으로 옳지 않은 것은?

① 기계등급구조재는 휨탄성계수를 측정하는 기계장치에 의하여 등급 구분한 구조재이다.

② 건조재는 침엽수구조재의 건조상태 구분에 따라 KD15와 KD19로 구분한다.

③ 육안등급구조재는 침엽수구조재의 각 재종별로 규정된 등급별 품질기준에 따라서 5가지 등급으로 구분한다.

④ 침엽수구조재의 수종구분은 낙엽송류, 소나무류, 잣나무류, 삼나무류로 구분한다.

06 수동크레인을 설계할 경우 철골 보의 처짐 한계로 옳은 것은?

① 스팬의 1/200

② 스팬의 1/250

③ 스팬의 1/300

④ 스팬의 1/500

04 철근의 응력(f_s)이 설계기준항복강도(f_y) 이하일 때, 철근의 응력은 그 변형률에 철근의 탄성계수(E_s)를 곱한 값으로 하여야 하고, 철근의 변형률이 f_y에 대응하는 변형률보다 큰 경우에는 철근의 응력은 변형률에 관계없이 f_y로 하여야 한다. 🖭 ②

05 육안등급구조재는 1종, 2종 및 3종 구조재로 구분되며, 침엽수 구조재의 각 재종별로 규정된 등급별 품질기준에 따라서 1등급, 2등급 및 3등급으로 각각 등급 구분한다. 🖭 ③

06 수동크레인은 스팬의 1/500 이하로 제한하고, 전동크레인은 스팬의 1/800 ~1/1,200 이하로 제한한다. 🖭 ④

07 지반에 유발되는 최대 지반반력이 지반의 허용지지력을 초과하지 않아야 한다. 📖 ③

07 옹벽의 안정조건에 대한 설명으로 옳지 않은 것은?

① 활동에 대한 저항력은 옹벽에 작용하는 수평력의 1.5배 이상이어야 한다.

② 전도에 대한 저항모멘트는 횡토압에 의한 전도휨모멘트의 2.0배 이상이어야 한다.

③ 지반에 유발되는 최대 지반반력이 지반의 극한지지력을 초과하지 않아야 한다.

④ 활동에 대한 안정조건만을 만족하지 못한 경우에는 활동방지벽을 설치하여 활동저항력을 증대시킬 수 있다.

08 중첩의 원리에 의해

$$\delta_a = \delta_b + \theta_b \times \frac{L}{2}$$

$$= \frac{P}{3EI}\left(\frac{L}{2}\right)^3 + \frac{P}{2EI}\left(\frac{L}{2}\right)^2 \times \frac{L}{2}$$

$$= \frac{5PL^3}{48EI}$$ 📖 ③

08 다음 캔틸레버 보에 대하여 경간(L)의 1/2지점에 집중하중(P)이 작용한다. 이때 자유단(a점)의 처짐은? (단, 부재 경간 전체에 대하여 탄성계수(E)와 단면2차모멘트(I)는 동일하다.)

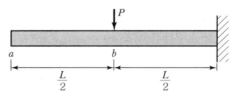

① $\dfrac{PL^3}{3EI}$

② $\dfrac{PL^3}{48EI}$

③ $\dfrac{5PL^3}{48EI}$

④ $\dfrac{5PL^3}{384EI}$

09 나무말뚝의 허용압축응력은 소나무, 낙엽송, 미송에 있어서는 5MPa로 한다. 📖 ②

09 KDS 말뚝재료의 허용응력에 대한 설명으로 옳지 않은 것은?

① 기성콘크리트말뚝의 허용압축응력은 콘크리트설계기준강도의 최대 1/4까지로 한다.

② 나무말뚝의 허용압축응력은 소나무, 낙엽송, 미송에 있어서는 6MPa로 한다.

③ 강재말뚝의 허용압축력은 일반의 경우 부식부분을 제외한 단면에 대해 재료의 항복응력과 국부좌굴응력을 고려하여 결정한다.

④ 영구케이싱이 없는 현장타설콘크리트말뚝의 최대허용압축하중은 콘크리트설계기준강도의 0.3 이하로 한다.

10 철골구조에서 병용접합에 대한 설명으로 옳지 않은 것은?

① 전단접합에서 볼트접합은 용접과 조합해서 하중을 부담시킬 수 없다.

② 1개소의 이음 또는 접합부에 고력장볼트와 볼트를 겸용하는 경우에 강성이 큰 고장력볼트에 전내력을 부담시켜야 한다.

③ 내진성능요구도가 낮은 접합부를 제외한 기둥−보 모멘트 접합부에서 용접과 볼트가 병용될 경우에 볼트는 마찰접합을 사용한다.

④ 마찰볼트접합으로 기 시공된 구조물을 개축할 경우 병용되는 용접은 추가된 소요강도를 받는 것으로 용접설계를 병용할 수 있다.

11 조적벽이 구조물의 횡안정성 확보를 위해 사용될 때 경험적 설계를 위한 전단벽간의 최대 간격 비율(벽체 간 간격 : 전단벽길이)이 가장 큰 바닥판 또는 지붕 유형은?

① 콘크리트타설 철재 데크   ② 현장타설 콘크리트

③ 무타설 철재 데크   ④ 프리캐스트 콘크리트

12 휨모멘트와 축력을 받는 철근콘크리트 부재가 인장지배단면이 되기 위한 최외단 인장철근의 인장지배 변형률 한계는? (단, 인장철근의 설계기준 항복강도는 500MPa이다.)

① 0.004   ② 0.005

③ 0.00625   ④ 0.0075

13 그림과 같은 구조물의 판별 결과로 옳은 것은?

① 불안정 구조물

② 정정 구조물

③ 1차 부정정 구조물

④ 2차 부정정 구조물

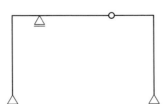

정답 | 및 해설

10 볼트는 용접과 조합해서 하중을 부담시킬 수 없다. 이러한 경우 용접에 전체하중을 부담시키도록 한다. 다만, 전단접합 시에는 용접과 볼트의 병용이 허용된다.   **정답** ①

11 전단벽 간의 최대간격은 아래에 제시된 표의 비율을 초과할 수 없다.

바닥판 또는 지붕유형	벽체 간 간격 : 전단벽 길이
현장타설 콘크리트	5 : 1
프리캐스트 콘크리트	4 : 1
콘크리트 타설 철재 데크	3 : 1
무타설 철재 데크	2 : 1
목재 다이어프램	2 : 1

정답 ②

12 지배단면별 변형률 한계

철근의 설계기준 항복강도	압축지배 변형률 한계(ε_y)	인장지배 변형률 한계
300MPa	0.0015	0.005
350MPa	0.00175	0.005
400MPa	0.002	0.005
500MPa	0.0025	0.00625($2.5\varepsilon_y$)

정답 ③

13 부정정차수
= 반력수 + 부재수 + 강절점수
  − 2 × 절점수
= (5 + 5 + 3) − (2 × 6)
= 1차 부정정   **정답** ③

14 탄소당량(C_{eq} : carbon equivalent)
$C + Mn/6 + Si/24 + Ni/40 + Cr/5 + Mo/4 + V/14$로 산정되므로, 탄소 이외의 원소는 Mn(망간), Si(규소), Ni(니켈), Cr(크롬), Mo(몰디브덴), V(바나듐)가 있다.　　　　답 ④

14 강재의 용접성을 나타내는 지표의 하나로 탄소와 탄소 이외의 원소를 탄소의 상당량으로 환산하여 산정한 탄소당량(C_{eq})이라는 값이 쓰이는데, 건축구조용 강재의 탄소당량을 산정하는 구성성분으로 옳지 않은 것은?

① Cr(크롬)
② Mn(망간)
③ V(바나듐)
④ Na(나트륨)

15 단면상의 서로 평행한 축에 대한 단면2차모멘트 중 도심축에 대한 단면2차모멘트가 최소이다.　　답 ②

15 단면의 성질에 관한 설명으로 옳지 않은 것은?

① 단면의 도심을 지나는 축에 대한 단면1차모멘트는 0이다.
② 단면상의 서로 평행한 축에 대한 단면2차모멘트 중 도심축에 대한 단면2차모멘트가 최대이다.
③ 단면의 주축에 대한 단면상승모멘트는 0이다.
④ 동일 원점에 대한 단면극2차모멘트 값은 직교좌표축의 회전에 관계없이 일정하다.

16 확대머리 이형철근의 인장에 대한 정착길이는 $0.22\dfrac{f_y d_b}{\psi\sqrt{f_{ck}}}$로 구할 수 있다.　　답 ①

16 건축구조기준(KDS)에서 최상층을 제외한 보통중량 콘크리트인 부재 접합부에 정착되고 에폭시를 도막하지 않은 확대머리 이형철근의 인장에 대한 기본정착길이(l_{dt})는? (단, f_y는 철근의 설계기준항복강도, f_{ck}는 콘크리트의 설계기준압축강도, d_b는 철근직경이며, 확대머리 이형철근의 정착길이 설계를 위한 모든 제한 사항은 만족하는 것으로 가정한다.)

① $0.22\dfrac{f_y d_b}{\psi\sqrt{f_{ck}}}$　　② $0.24\dfrac{f_y d_b}{\psi\sqrt{f_{ck}}}$

③ $0.25\dfrac{f_y d_b}{\psi\sqrt{f_{ck}}}$　　④ $0.60\dfrac{f_y d_b}{\psi\sqrt{f_{ck}}}$

17 풍하중 산정방법에 대한 설명으로 옳은 것은?

① 풍하중은 주골조설계용 수평풍하중, 지붕풍하중 및 외장재 설계용 풍하중으로 구분한다.

② 주골조설계용 지붕풍하중을 산정할 때 내압의 영향은 고려하지 않는다.

③ 설계속도압은 수압면적과 설계풍속을 곱하여 산정한다.

④ 통상적인 건축물에서는 가장 높은 지붕의 높이를 기준높이로 하며, 그 기준높이에서의 속도압을 기준으로 풍하중을 산정한다.

18 래티스형식 조립압축재에 대한 설명으로 옳은 것은?

① 조립부재의 재축방향의 접합간격은 소재세장비가 조립압축재의 최대세장비를 초과하도록 한다.

② 단일래티스부재의 세장비는 140 이하로 한다.

③ 압축력을 받는 래티스의 길이는 단일래티스의 경우 주부재와 접합되는 비지지된 대각선의 길이이며, 복래티스의 경우 이 길이의 50%로 한다.

④ 단일래티스의 경우 부재축에 대한 래티스부재의 기울기는 50° 이상으로 한다.

19 허용응력설계법을 적용한 보강조적조의 철근배근에 대한 설명으로 옳지 않은 것은?

① 최대철근 치수는 35mm로 한다.

② 최대철근 면적은 겹침이 없는 경우 공동면적의 5%, 겹침이 있는 경우 공동면적의 10%가 되어야 한다.

③ 줄눈보강근 이외 철근의 최소피복은 외부에 노출되어 있을 때는 40mm, 흙에 노출되어 있을 때는 50mm이다.

④ 원형철근에 대한 정착길이는 인장력을 받는 경우 이형철근이나 이형철선에 요구되는 정착길이의 2배로 한다.

---

17 ② 주골조설계용 지붕풍하중을 산정할 때 건축물 지붕의 외부에 작용하는 외압과 지붕의 내부에 작용하는 내압을 동시에 고려해야 한다.
③ 설계속도압은 공기밀도와 설계풍속의 제곱을 곱하여 산정한다.
④ 통상적인 건축물에서는 지붕의 평균높이를 기준높이로 하며, 그 기준높이에서의 속도압을 기준으로 풍하중을 산정한다. **답 ①**

18 ① 조립부재의 재축방향의 접합간격은 소재세장비가 조립압축재의 최대세장비를 초과하지 않도록 한다.
③ 압축력을 받는 래티스의 길이는 단일래티스의 경우 주부재와 접합되는 비지지된 대각선의 길이이며, 복래티스의 경우 이 길이의 70%로 한다.
④ 단일래티스의 경우 부재축에 대한 래티스부재의 기울기는 60° 이상으로 한다. **답 ②**

19 최대철근 면적은 겹침이 없는 경우 공동면적의 6%, 겹침이 있는 경우 공동면적의 12%가 되어야 한다. **답 ②**

20 단근보의 계수휨모멘트

$M_u = \phi R_n \times bd^2$

∴ 보의 최소폭(b)

$= \dfrac{M_u}{\phi R_n \times d^2}$

$= \dfrac{850 \times 10^6}{0.85 \times 4 \times 500,000}$

$= 500\text{mm}$ 답 ①

20 직사각형 단면을 가지는 철근콘크리트 단근보의 계수휨모멘트(M_u)가 850×10^6N · mm이고, 공칭강도저항계수(R_n)가 4N/mm²이다. 보 유효깊이의 제곱(d^2)이 500,000mm²이고 최외단 인장철근의 순인장변형률이 0.01일 때, 계수휨모멘트를 만족하기 위한 보의 최소폭은? (단, $R_n = \rho f_y$ $\left(1 - \dfrac{\rho f_y}{1.7 f_{ck}}\right)$이며, ρ는 인장철근비, f_{ck}는 콘크리트의 설계기준압축강도, f_y는 철근의 설계기준항복강도이다.)

① 500mm   ② 550mm

③ 600mm   ④ 650mm

□ 1회 풀이   □ 2회 풀이   □ 3회 풀이

정답 | 및 해설

01 일반적인 현장타설콘크리트를 이용한 보 슬래브(Beam Slab) 구조 시스템에 비하여 플랫 슬래브(Flat Slab) 구조 시스템이 가지는 특성 중 옳지 않은 것은?

① 거푸집 제작이 용이하여 공기를 단축할 수 있다.
② 기둥 지판의 철근 배근이 복잡해지고 바닥판이 무거워진다.
③ 충고를 낮출 수 있어 실내이용률이 높다.
④ 골조의 강성이 높아서 고층 건물에 유리하다.

01 골조의 강성이 낮아서 고층 건물에 불리하다.   **답** ④

02 그림과 같은 철근콘크리트 기둥 단면에서 건축구조기준 (KDS)에 따른 띠철근의 최대 수직간격에 가장 근접한 값은? (단, 다른 부재 및 앵커볼트와 접합되는 부위가 아니며, 전단이나 비틀림 보강철근, 내진설계 특별 고려사항 등이 요구되지 않는다.)

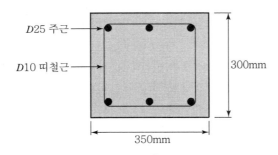

① 250mm
② 300mm
③ 350mm
④ 480mm

02 띠철근의 최대간격 산정
ⓐ 25mm × 16배=400mm 이하
ⓑ 10mm × 48배=480mm 이하
ⓒ 기둥의 최소폭=300mm 이하
∴ ⓐ, ⓑ, ⓒ 중
최솟값=300mm   **답** ②

03 ① 높이 4m를 초과하는 내력벽의 벽 길이는 10m 이하로 하고 내력벽 으로 둘러싸인 부분의 바닥면적은 80m²를 넘을 수 없다.
② 폭이 1.8m을 넘는 개구부의 상부 에는 철근콘크리트조의 윗인방을 설치해야 한다.
③ 상부 하중을 받는 내력벽은 막힌줄 눈으로 벽돌을 쌓아야 한다.
🔲 ④

04 (1) 탄성단면계수(Z) $= \dfrac{bh^2}{6}$ 이므로,

$Z_A : Z_B = h_A : h_B$
$600 : 300 = 2 : 1$

(2) 소성단면계수(Z_p)

$= \dfrac{A}{2}(y_1 + y_2) = \dfrac{bh^2}{4}$

이므로,
$Z_A : Z_B = h_A : h_B$
$600 : 300 = 2 : 1$ 🔲 ④

05 목재의 갈라짐을 방지하기 위해 요구 되는 못의 최소 연단거리는 못의 지름 에 5배이므로 5×3mm=15mm이다.
🔲 ②

---

03 소규모 건축물의 조적식 구조에 대한 설명으로 옳은 것은?

① 높이 4m를 초과하는 내력벽의 벽길이는 10m 이하로 하고 내력벽으로 둘러싸인 부분의 바닥면적은 70m²를 넘을 수 없다.
② 폭이 1.6m를 넘는 개구부의 상부에는 철근콘크리트조의 윗인방을 설치해야 한다.
③ 상부 하중을 받는 내력벽은 통줄눈으로 벽돌을 쌓아야 한다.
④ 각층의 대린벽으로 구획된 각 내력벽에 있어서 개구부의 폭의 합계는 그 벽의 길이의 2분의 1 이하로 하여야 한다.

04 다음 그림과 같이 면적이 같은 (A), (B) 단면이 있다. 각 단면의 X축에 대한 탄성단면계수의 비[(A) 단면 : (B) 단면]와 소성단면계수의 비[(A) 단면 : (B) 단면]가 모두 옳은 것은?

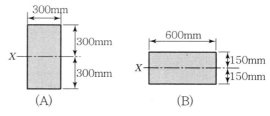

(A)   (B)

① 탄성단면계수의 비 4 : 1, 소성단면계수의 비 4 : 1
② 탄성단면계수의 비 4 : 1, 소성단면계수의 비 2 : 1
③ 탄성단면계수의 비 2 : 1, 소성단면계수의 비 4 : 1
④ 탄성단면계수의 비 2 : 1, 소성단면계수의 비 2 : 1

05 건축구조기준(KDS)에 따라 목구조의 접합부를 설계할 때, 목재의 갈라짐을 방지하기 위해 요구되는 못의 최소 연단거리는? (단, 미리 구멍을 뚫지 않는 경우이며, 못의 지름(D)은 3mm이다.)

① 9mm   ② 15mm
③ 30mm   ④ 60mm

06 압연 H형강(H-300×300×10×15, r=18mm)에서 웨브의 판폭두께비는?

① 23.4

② 25.2

③ 27.0

④ 28.8

06 웨브의 판폭두께비($\frac{h}{t_w}$)

$$= \frac{300-(15\times 2)-(18\times 2)}{10}$$

$$= \frac{234}{10} = 23.4 \qquad \text{답} ①$$

07 건축구조기준(KDS)에 따라 철근콘크리트 벽체를 설계할 경우 이에 대한 설명으로 옳지 않은 것은?

① 지름 10mm 용접철망의 벽체의 전체 단면적에 대한 최소 수평철근비는 0.0012이다.

② 두께 250mm 이상인 지상 벽체에서 외측면 철근은 외측면으로부터 50mm 이상, 벽두께의 1/3 이내에 배치하여야 한다.

③ 정밀한 구조해석에 의하지 않는 한, 각 집중하중에 대한 벽체의 유효 수평길이는 하중 사이의 중심거리 그리고 하중 지지폭에 벽체 두께의 4배를 더한 길이 중 작은 값을 초과하지 않도록 하여야 한다.

④ 수직 및 수평철근의 간격은 벽두께의 3배 이하, 또한 450mm 이하로 하여야 한다.

07 지름 10mm 용접철망의 벽체의 전체 단면적에 대한 최소 수평철근비는 0.0020이다. 답 ①

08 건축구조기준(KDS)에 따라 목구조를 설계할 때, 옳은 것은?

① 휨부재의 처짐 산정 시 보의 최대처짐은 활하중만 고려할 때에는 부재길이의 1/240, 활하중과 고정하중을 함께 고려할 때에는 1/360보다 작아야 한다.

② 모든 목재가 1등급인 침엽수 육안등급구조재의 기준허용휨응력의 크기는 낙엽송류＞소나무류＞삼나무류＞잣나무류 순이다.

③ 가설구조물이 아닌 경우 고정하중, 활하중, 지진하중, 시공하중인 설계하중 중에서, 설계허용휨응력의 보정계수 중 하나인 하중기간계수 C_D값이 가장 큰 것은 지진하중이다.

④ 목재의 기준탄성계수(E)로부터 설계탄성계수(E')를 결정하기 위해 적용 가능한 보정계수에는 습윤계수(C_M), 온도계수(C_t), 치수계수(C_F), 부피계수(C_V) 등이 있다.

08 ① 휨부재의 처짐 산정 시 보의 최대처짐은 활하중만 고려할 때에는 부재길이의 1/360, 활하중과 고정하중을 함께 고려할 때에는 1/240보다 작아야 한다.

② 모든 목재가 1등급인 침엽수 육안등급구조재의 기준허용휨응력의 크기는 낙엽송류＞소나무류＞잣나무류＞삼나무류 순이다.

④ 목재의 기준탄성계수 E로부터 설계탄성계수(E')를 결정하기 위해 적용 가능한 보정계수에는 습윤계수(C_M), 온도계수(C_t), 좌굴강성계수(C_T), 인사이징계수(C_i)가 있다.

답 ③

09 말뚝의 재하시험에서 최대하중은 지반의 극한지지력 또는 예상되는 설계하중의 3배를 원칙으로 한다.

目 ③

09 KDS 지반조사방법에 대한 설명으로 옳지 않은 것은?

① 평판재하시험의 재하판은 지름 300mm를 표준으로 한다.
② 평판재하시험의 재하는 5단계 이상으로 나누어 시행하고 각 하중 단계에 있어서 침하가 정지되었다고 인정된 상태에서 하중을 증가한다.
③ 말뚝의 재하시험에서 최대하중은 지반의 극한지지력 또는 예상되는 설계하중의 2배를 원칙으로 한다.
④ 말뚝박기시험에 있어서는 말뚝박기기계를 적절히 선택하고 필요한 깊이에서 매회의 관입량과 리바운드량을 측정하는 것을 원칙으로 한다.

10 (1) 필릿용접의 최소 사이즈(mm)

접합부의 얇은 쪽 모재두께(t)	모살용접의 최소 사이즈
$6 < t \leq 13$	5

$\therefore t = 10\text{mm} \rightarrow s = 5\text{mm}$

(2) 필릿용접의 최대 사이즈(mm)
  ① $t < 6\text{mm}$일 때, $s = t$
  ② $6\text{mm} \leq t$일 때, $s = t - 2\text{mm}$
  $\therefore t = 10\text{mm} \rightarrow s = 8\text{mm}$ **目 ②**

10 강구조 필릿용접의 최소 및 최대 사이즈는? (단, 접합부의 얇은 쪽 모재두께(t)는 10mm이다.)

① 최소 : 3mm, 최대 : 8mm
② 최소 : 5mm, 최대 : 8mm
③ 최소 : 3mm, 최대 : 10mm
④ 최소 : 5mm, 최대 : 10mm

11 1방향 슬래브의 수축·온도철근비는 0.0014 이상 또한 설계기준항복강도가 400MPa을 초과하는 이형철근을 사용한 슬래브는 $0.0020 \times \dfrac{400}{f_y}$ 이상 중 큰 값으로 한다.

$\therefore 0.0020 \times \dfrac{400}{f_y} = 0.002 \times \dfrac{400}{500}$
$= 0.0016$ **目 ②**

11 건축구조기준(KDS)에 따른, 수축 및 온도변화에 대한 변형이 심하게 구속되지 않은 1방향 철근콘크리트 슬래브의 최소수축·온도철근비는? (단, 사용된 철근은 500MPa의 설계기준항복강도를 가지는 이형철근이다.)

① 0.0014 ② 0.0016
③ 0.0018 ④ 0.0020

12 부재력이 0인 부재는 CG부재 1개이다. **目 ③**

12 다음 트러스 구조물에서 부재력이 발생하지 않는 부재의 개수는? (단, 트러스의 자중은 무시한다.)

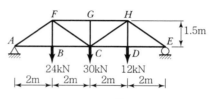

① 5 ② 3
③ 1 ④ 0

13 KDS에 따라 콘크리트 평가를 하기 위해 각 날짜에 친 각 등급의 콘크리트 강도시험용 시료의 최소 채취 기준으로 옳지 않은 것은? (단, 콘크리트를 치는 전체량은 각 답항에 대하여 채취를 할 수 있는 양이다.)

① 하루에 1회 이상

② 200m³당 1회 이상

③ 슬래브나 벽체의 표면적 500m²마다 1회 이상

④ 배합이 변경될 때마다 1회 이상

14 고장력볼트 접합부의 설계강도 산정 시 볼트에 관한 검토 사항이 아닌 것은?

① 마찰접합 설계미끄럼강도

② 지압접합 설계인장강도

③ 볼트 구멍의 설계지압강도

④ 설계블록전단파단강도

15 한국산업표준(KS)에서 구조용 강재 SM275A에 대한 설명으로 옳지 않은 것은?

① SM은 용접구조용 압연강재임을 의미한다.

② 최저 항복강도가 275MPa임을 나타낸다.

③ 기호 끝의 알파벳은 A, B, C의 순으로 용접성이 불량함을 의미한다.

④ 항복강도는 강재의 판 두께에 따라 달라질 수 있다.

16 균질한 탄성재료로 된 단면이 500×500mm인 정사각형 기둥에 압축력 1,000kN이 편심거리 20mm에 작용할 때 최대압축응력의 크기는? (단, 처짐에 의한 추가적인 휨모멘트 및 좌굴은 무시한다.)

① 4,960kN/m²

② 4,000kN/m²

③ 3,040kN/m²

④ 960kN/m²

13 각 날짜에 친 각 등급의 콘크리트 강도시험용 시료는 하루에 1회 이상, 120m³당 1회 이상, 슬래브나 벽체의 표면적 500m²마다 1회 이상, 배합이 변경될 때마다 1회 이상으로 채취하여야 한다. **目** ②

14 마찰접합 설계미끄럼강도, 지압접합 설계인장강도, 볼트 구멍의 설계지압강도는 고력볼트 접합부의 설계강도 산정시 볼트에 관한 검토 사항이고, 설계블록전단파단강도는 모든 접합재에 대한 접합부재 설계강도 산정시 검토 사항이다. **目** ④

15 기호 끝의 알파벳은 A보다 C가 용접성이 우수함을 의미하며, 충격흡수에너지에 의한 강재의 품질 또한 나타낸다. **目** ③

16 최대압축응력

$$= \frac{P}{A} + \frac{M}{Z}$$

$$= \frac{1,000}{0.5 \times 0.5} + \frac{1,000 \times 0.02}{\frac{0.5 \times 0.5^2}{6}}$$

$$= 4,000 + 960 = 4,960 \text{kN/m}^2$$

目 ①

17 ② 기성콘크리트말뚝을 타설할 때 그 중심간격은 말뚝머리지름의 2.5 배 이상 또한 750 mm 이상으로 한다.
③ 매입말뚝을 배치할 때 그 중심간격은 말뚝머리지름의 2.0배 이상으로 한다.
④ 폐단강관말뚝을 타설할 때 그 중심간격은 말뚝머리의 지름 또는 폭의 2.5배 이상 또한 750mm 이상으로 한다.　　📖 ①

18 (1) $\sum M_A = 0$에서
$$-R_B \times (a+b) + P \times a = 0$$
$$\therefore R_B = \frac{Pa}{a+b}$$

(2) 중앙점의 모멘트(M_M)
$$\therefore M_M = \frac{Pa}{(a+b)} \times \frac{(a+b)}{2}$$
$$= \frac{Pa}{2}　　📖 ③$$

19 ① 철근과 콘크리트의 변형률은 중립축으로부터 거리에 비례하는 것으로 가정할 수 있다.
② 등가직사각형 응력블록에서 콘크리트 등가압축응력의 크기는 25.5 MPa이다.
③ 등가직사각형 응력블록의 깊이는 압축연단에서 중립축까지 거리에 계수 $\beta_1 = 0.8$을 곱한 값으로 한다.　　📖 ④

---

17 건축구조기준(KDS)에 따른 말뚝재료별 구조세칙 중 말뚝의 중심간격에 대한 설명으로 옳은 것은?

① 나무말뚝을 타설할 때 그 중심간격은 말뚝머리지름의 2.5 배 이상 또한 600mm 이상으로 한다.
② 기성콘크리트말뚝을 타설할 때 그 중심간격은 말뚝머리지름의 2.0배 이상 또한 600mm 이상으로 한다.
③ 매입말뚝을 배치할 때 그 중심간격은 말뚝머리지름의 2.5 배 이상 또한 550mm 이상으로 한다.
④ 폐단강관말뚝을 타설할 때 그 중심간격은 말뚝머리의 지름 또는 폭의 2.0배 이상 또한 550mm 이상으로 한다.

18 그림과 같이 C 위치에서 집중하중 P를 받는 단순보가 탄성거동을 할 경우, 보 전체경간의 1/2 위치에서 발생하는 휨모멘트는? (단, $b > a$이고, 자중은 무시하며 정모멘트를 +로 가정한다.)

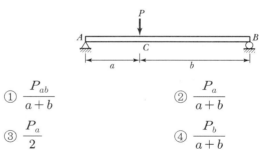

① $\dfrac{P_{ab}}{a+b}$　　　　② $\dfrac{P_a}{a+b}$

③ $\dfrac{P_a}{2}$　　　　　④ $\dfrac{P_b}{a+b}$

19 건축구조기준(KDS)에 따라 깊은보가 아닌 일반 철근콘크리트 보의 휨강도를 설계할 때 단면의 응력과 변형률 분포에 대한 설명으로 옳은 것은? (단, 콘크리트는 설계기준압축강도 30MPa, 철근은 설계기준항복강도 600MPa를 사용한다.)

① 철근과 콘크리트의 변형률은 중립축으로부터 거리에 비례하는 것으로 가정할 수 없다.
② 등가직사각형 응력블록에서 콘크리트 등가압축응력의 크기는 30MPa이다.
③ 등가직사각형 응력블록의 깊이는 압축연단에서 중립축까지 거리의 0.85를 곱한 값으로 한다.
④ 압축철근을 배근할 경우 압축철근은 콘크리트 압축강도와 상관없이 항복하지 않는다.

20 다음과 같은 벽돌구조의 기초쌓기에서 A값으로 옳은 것은? (단, 벽돌은 표준형 벽돌을 사용한다.)

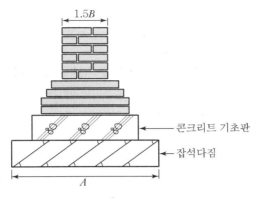

① 58cm
② 63cm
③ 75cm
④ 100cm

20 (1) 벽두께(1.5B)가 29cm이므로, 벽돌 맨 밑의 너비는 벽체 두께의 2배 정도이므로 $29 \times 2 = 58$cm
(2) 기초판의 너비는 벽돌 밑 너비보다 20~30cm 정도 크게 하므로 78~88cm
(3) 잡석다짐의 너비는 기초판 너비의 20~30cm 정도 크게 하므로 98~118cm 🖺 ④

정답 | 및 해설

01 동일 구조물의 기초에서는 가능한 이
종형식기초의 병용을 피하여야 한다.
답 ①

01 기초의 설치 및 설계에 대한 유의사항으로 옳지 않은 것은?

① 다른 형태의 기초나 말뚝을 동일 건물에 혼용하여 부동침하의 위험성을 줄이도록 한다.

② 지하실은 가급적 건물 전체에 균등히 설치하여 부동침하를 줄이는 데 유의한다.

③ 땅속의 경사가 심한 굳은 지반에 올려놓은 기초나 말뚝은 슬라이딩의 위험성이 있다.

④ 지중보를 충분히 크게 하여 강성을 증가시켜 부동침하를 방지하도록 한다.

02 고강도 강재의 사용으로 인해서 내화
성에 있어서는 불리하다.
답 ④

02 일반 철근콘크리트구조와 비교할 경우, 프리스트레스트 콘크리트구조의 특징에 대한 설명으로 옳지 않은 것은?

① 균열의 억제에 유리하다.

② 처짐을 억제하여 장경간구조에 유리하다.

③ 고강도 재료의 사용에 따른 재료의 절감이 가능하다.

④ 고강도 강재의 사용으로 인해서 내화성능이 우수하다.

03 철근의 설계기준항복강도가 증가할
수록 정착길이는 길어진다.
답 ②

03 철근콘크리트 부재에서 인장이형철근의 정착길이(l_d)에 대한 설명으로 옳지 않은 것은? (단, 정착길이(l_d)는 300mm 이상이다.)

① 콘크리트 설계기준압축강도가 증가할수록 정착길이는 짧아진다.

② 철근의 설계기준항복강도가 증가할수록 정착길이는 짧아진다.

③ 횡방향 철근간격이 작을수록 정착길이는 짧아진다.

④ 에폭시 도막철근이 도막되지 않은 철근보다 정착길이가 길다.

04 철근콘크리트 기둥에서 띠철근에 대한 설명으로 옳지 않은 것은?

① D32 이하의 축방향철근은 D10 이상의 띠철근으로, D35 이상의 축방향철근과 다발철근은 D13 이상의 띠철근으로 둘러싸야 한다.

② 띠철근 수직간격은 축방향철근 지름의 16배 이하, 띠철근 지름의 48배 이하, 또한 기둥단면의 최소치수 이하로 하여야 한다.

③ 축방향철근의 순간격이 100mm 이상 떨어진 경우 추가 띠철근을 배치하여 축방향철근을 횡지지하여야 한다.

④ 기초판 또는 슬래브의 윗면에 연결되는 기둥의 첫 번째 띠철근 간격은 다른 띠철근 간격의 1/2 이하로 하여야 한다.

04 축방향철근의 순간격이 150mm 이상 떨어진 경우 추가 띠철근을 배치하여 축방향철근을 횡지지하여야 한다.
답 ③

05 등가정적해석법에 의한 지진하중 산정 시 고려하지 않아도 되는 것은?

① 가스트영향계수(G_f)

② 반응수정계수(R)

③ 중요도계수(I_E)

④ 건물의 중량(W)

05 가스트영향계수(G_f)는 주골조설계용 설계풍압 산정 시 고려사항이다.
답 ①

06 KDS 용어에 대한 설명으로 옳은 것은?

① 제재치수 : 목재를 제재한 후 건조 및 대패가공하여 최종제품으로 생산된 치수

② 단판적층재 : 단판의 섬유방향이 서로 평행하게 배열되어 접착된 구조용 목질재료

③ 습윤사용조건 : 목구조물의 사용 중에 평형함수율이 15%를 초과하게 되는 온도 및 습도 조건

④ 공칭치수 : 목재의 치수를 실제치수보다 큰 10의 배수로 올려서 부르기 편하게 사용하는 치수

06 ① 제재치수 : 목재를 원목에서 제재하여 건조 및 대패가공이 되지 않은 치수
③ 습윤사용조건 : 목구조물의 사용 중에 평형함수율이 19%를 초과하게 되는 온도 및 습도 조건
④ 공칭치수 : 목재의 치수를 실제치수보다 큰 25의 배수로 올려서 부르기 편하게 사용하는 치수
답 ②

07 트러스 구조에서 AC 부재와 BC 부재가 평형을 이루고 있기 때문에 CD 부재는 0부재이다. **답** ①

08 강재 보의 탄성처짐은 탄성계수와 단면 2차 모멘트(단면형상)에 반비례하고, 단부 지점조건에 따라서 달라진다. **답** ①

09

구분	수직 철근비	수평 철근비
$f_y \geq 400\text{MPa}$로서 D16 이하의 이형철근	0.0012	$0.0020 \times \dfrac{400}{f_y}$
기타 이형철근	0.0015	0.0025

답 ③

07 다음 정정 트러스 구조에서 부재력이 0인 부재는? (단, 모든 부재의 자중은 무시한다.)

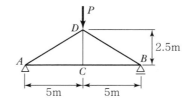

① CD 부재
② AC 부재
③ AD 부재
④ 부재력이 0인 부재는 없다.

08 스팬의 중앙에 집중하중을 받는 강재 보의 탄성 처짐에 영향을 주는 요인이 아닌 것은?

① 재료의 인장강도
② 재료의 탄성계수
③ 부재의 단면형상
④ 부재의 단부 지점조건

09 철근콘크리트구조 벽체의 수평철근에 설계기준항복강도 400MPa인 D16 이형철근을 사용할 경우, 벽체의 전체 단면적에 대한 최소수평철근비는?

① 0.0012   ② 0.0015
③ 0.0020   ④ 0.0025

10 보강조적조의 구조세칙에 대한 설명으로 옳지 않은 것은?

① 보강조적조에서 휨철근의 정착길이는 묻힘길이와 정착 또는 인장만 받는 경우는 갈고리의 조합으로 확보할 수 있다.

② 기둥의 길이방향철근은 테두리에 띠철근으로 둘러싸야 하며, 길이방향철근은 135° 이하로 굽어진 폐쇄형 띠철근으로 고정되어야 한다.

③ 기둥에 설치되는 앵커볼트 보강용 띠철근은 기둥 상부로부터 50mm 이내에 최상단 띠철근을 설치하며, 기둥 상부로부터 130mm 이내에 단면적은 $260mm^2$ 이상으로 배근하여야 한다.

④ 보강조적벽의 휨응력 산정을 위한 압축면적의 유효폭은 공칭벽두께나 철근 간 중심거리의 8배를 초과하지 않는다.

11 고장력볼트 마찰접합의 특징으로 옳지 않은 것은?

① 설계하중 상태에서 접합부재의 미끄러짐이 생기지 않는다.

② 유효단면적당 응력이 크며, 피로강도가 낮다.

③ 높은 접합강성을 유지하는 접합방법이다.

④ 응력방향이 바뀌더라도 혼란이 일어나지 않는다.

12 말뚝기초에 대한 설명으로 옳지 않은 것은?

① 말뚝기초 설계 시 하중의 편심을 고려하여 가급적 3개 이상의 말뚝을 박는다.

② 말뚝기초 설계 시 발전기 등에 의한 진동의 영향으로 지반 액상화의 우려가 없는지 조사한다.

③ 말뚝기초의 허용지지력 산정 시 말뚝과 기초판 저면에 대한 지반의 지지력을 함께 고려하여야 한다.

④ 기성콘크리트말뚝을 타설할 때 그 중심간격은 말뚝머리지름의 2.5배 이상 또한 750mm 이상으로 한다.

13 목구조의 구조계획에 대한 설명으로 옳지 않은 것은?

① 가새는 골조의 스팬방향과 도리방향에 균형을 이루도록 배치한다.

② 가새는 그 단부를 구조내력상 중요한 세로재와 접합한다.

③ 주각을 직접 기초 위에 설치하는 경우에는 철물로 긴결한다.

④ 단일기둥은 원칙적으로 이음을 피한다.

10 보강조적벽의 휨응력 산정을 위한 압축면적의 유효폭은 공칭벽두께나 철근 간 중심거리의 6배를 초과하지 않는다. 	답 ④

11 고장력볼트 마찰접합은 유효단면적당 응력이 작으며, 피로강도가 높다. 	답 ②

12 말뚝기초의 허용지지력은 말뚝의 지지력에 의한 것으로만 하고, 특별히 검토한 사항 이외는 기초판 저면에 대한 지반의 지지력은 가산하지 않는 것으로 한다. 	답 ③

13 가새는 그 단부를 기둥과 보, 기타 구조내력상 중요한 가로재와 접합한다. 	답 ②

14 압축연단 콘크리트가 가정된 극한변형률에 도달할 때, 최외단 인장철근의 순인장변형률이 압축지배변형률 한계 이하인 단면을 압축지배단면이라고 한다. 🔖 ③

14 휨과 축력을 받는 철근콘크리트 보의 설계 일반에 대한 설명으로 옳지 않은 것은?

① 철근과 콘크리트의 변형률은 중립축으로부터 거리에 비례하는 것으로 가정할 수 있다.

② 인장철근이 설계기준항복강도에 대응하는 변형률에 도달하고 동시에 압축 콘크리트가 가정된 극한변형률에 도달할 때, 그 단면이 균형변형률 상태에 있다고 본다.

③ 압축연단 콘크리트가 가정된 극한변형률에 도달할 때, 최외단 인장철근의 순인장변형률이 압축지배변형률 한계 이하인 단면을 인장지배단면이라고 한다.

④ 휨부재의 강도를 증가시키기 위하여 추가 인장철근과 이에 대응하는 압축철근을 사용할 수 있다.

15 건축구조용 열간압연 형강 – SHN 275 🔖 ④

15 구조용 강재의 명칭과 강종의 연결이 바르지 않은 것은?

① 건축구조용 압연강재 – SN275A

② 용접구조용 내후성 열간압연강재 – SMA275AW

③ 용접구조용 압연강재 – SM355A

④ 건축구조용 열간압연 형강 – SS275

16 ① 완전소성 응력분포가 발생할 수 있고, 국부좌굴이 발생하기 전에 충분한 곡률연성비를 발휘할 수 있는 단면 : 콤팩트 단면
③ 탄성범위 내에서 국부좌굴이 발생할 수 있는 단면 : 세장판 단면
④ 단면을 구성하는 요소 중 하나 이상의 압축판요소가 세장판 요소인 경우 : 세장판 단면 🔖 ②

16 강재단면의 분류에서 비콤팩트 단면에 대한 설명으로 옳은 것은?

① 완전소성 응력분포가 발생할 수 있고, 국부좌굴이 발생하기 전에 충분한 곡률연성비를 발휘할 수 있는 단면

② 국부좌굴이 발생하기 전에 압축요소에 항복응력이 발생할 수 있으나 회전능력이 3을 갖지 못하는 단면

③ 탄성범위 내에서 국부좌굴이 발생할 수 있는 단면

④ 단면을 구성하는 요소 중 하나 이상의 압축판요소가 세장판 요소인 경우

17 단면의 크기가 10×10cm이고 길이가 2m인 기둥에 80kN의 압축력을 가했더니 길이가 2mm 줄어들었다. 이 부재에 사용된 재료의 탄성계수는?

① 8.0×10^2MPa
② 8.0×10^3MPa
③ 8.0×10^4MPa
④ 8.0×10^5MPa

17 탄성계수(E)

$$= \frac{\sigma}{\varepsilon} = \frac{P \times L}{A \times \Delta L}$$

$$= \frac{(80 \times 10^3) \times 2,000}{10,000 \times 2} = 8 \times 10^3 \text{MPa}$$

답 ②

18 보강조적조의 강도설계법에서 내진설계를 위한 부재의 치수제한으로 옳은 것은?

① 보의 폭은 100mm보다 작아서는 안 된다.
② 피어의 폭은 100mm 이상이어야 한다.
③ 기둥의 폭은 300mm보다 작을 수 없다.
④ 기둥의 공칭길이는 200mm보다 작을 수 없으며, 기둥 폭의 4배를 넘을 수 없다.

18 ① 보의 폭은 150mm보다 작아서는 안 된다.
② 피어의 폭은 150mm 이상이어야 한다.
④ 기둥의 공칭길이는 300mm보다 작을 수 없으며, 기둥 폭의 3배를 넘을 수 없다. 답 ③

19 필릿용접에서 얇은 쪽 모재두께(t)와 용접 최소사이즈$(s_{\min})$의 관계로 옳지 않은 것은? (단, 단위는 mm이다.)

① $t \le 6$일 때, $s_{\min} = 3$
② $6 < t \le 13$일 때, $s_{\min} = 5$
③ $13 < t \le 19$일 때, $s_{\min} = 6$
④ $19 < t$일 때, $s_{\min} = 7$

19 $19 < t$일 때, $s_{\min} = 8$ 답 ④

20 콘크리트용 앵커의 인장하중에 의한 파괴유형이 아닌 것은?

① 뽑힘 파괴
② 콘크리트 파괴
③ 프라이아웃 파괴
④ 측면파열 파괴

20 프라이아웃 파괴는 전단하중에 의한 파괴유형에 속한다. 답 ③

정답 | 및 해설

01 설계속도압은 공기밀도와 설계풍속의 제곱을 곱하여 산정한다. 🔖 ③

01 풍하중 산정에 대한 설명으로 옳지 않은 것은?

① 풍하중은 주골조설계용 수평풍하중, 지붕풍하중 및 외장재설계용 풍하중으로 구분하고, 각각의 설계풍압에 유효면적을 곱하여 산정한다.

② 주골조설계용 설계풍압은 설계속도압, 가스트영향계수, 풍력계수 또는 외압계수를 곱하여 산정한다. 다만, 부분개방형 건축물 및 지붕풍하중을 산정할 때에는 내압의 영향도 고려한다.

③ 설계속도압은 공기밀도에 설계풍속의 제곱근을 곱하여 산정한다.

④ 외장재설계용 설계풍압은 외장재설계용 풍압계수에 설계속도압을 곱하여 산정한다.

02 시멘트 성분을 지닌 재료 또는 첨가제들은 에폭시수지와 그 부가물이나 페놀, 석면섬유 또는 내화점토를 포함할 수 없다. 🔖 ③

02 조적식 구조에서 모르타르와 그라우트의 재료기준에 대한 설명으로 옳지 않은 것은?

① 그라우트는 시멘트성분의 재료로서 석회 또는 포틀랜드시멘트 중에서 1가지 또는 2가지로 만들 수 있다.

② 모르타르는 시멘트성분의 재료로서 석회, 포틀랜드시멘트 중에서 1가지 또는 그 이상의 재료로 이루어질 수 있다.

③ 시멘트 성분을 지닌 재료 또는 첨가제들은 에폭시수지와 그 부가물이나 페놀, 석면섬유 또는 내화점토를 포함할 수 있다.

④ 모르타르나 그라우트에 사용되는 물은 깨끗해야 하고, 산·알칼리의 양, 유기물 또는 기타 유해물질의 영향이 없어야 한다.

03 압축하중을 받는 장주의 좌굴하중을 증가시키기 위한 방안으로 옳지 않은 것은?

① 부재 단면의 단면2차모멘트를 증가시킨다.
② 부재 단면의 회전반지름(단면2차반경)을 증가시킨다.
③ 부재의 탄성계수를 증가시킨다.
④ 부재의 비지지길이를 증가시킨다.

03 압축하중을 받는 장주의 좌굴하중을 증가시키기 위해서는 부재의 비지지 길이를 감소시킨다. ▣ ④

04 철근콘크리트 압축부재의 횡철근에 대한 설명으로 옳지 않은 것은?

① 종방향 철근의 위치를 확보하는 역할을 한다.
② 전단력에 저항하는 역할을 한다.
③ 나선철근의 순간격은 25mm 이상, 75mm 이하이어야 한다.
④ 축방향 철근이 원형으로 배치된 경우에는 원형띠철근을 사용할 수 없다.

04 축방향 철근이 원형으로 배치된 경우에는 원형띠철근을 사용할 수 있다. ▣ ④

05 목구조에서 방화구획 및 방화벽에 대한 설명으로 옳지 않은 것은?

① 방화구획에 설치되는 방화문은 항상 닫힌 상태로 유지하거나 수동으로 닫히는 구조이어야 한다.
② 주요구조부가 내화구조 또는 불연재료로 된 건축물은 연면적 1,000m²(자동식 스프링클러 소화설비 설치시 2,000m²) 이내마다 방화구획을 설치하여야 한다.
③ 연면적 1,000m² 이상인 목조의 건축물은 외벽 및 처마 밑의 연소할 우려가 있는 부분을 방화구조로 하되, 그 지붕은 불연재료로 하여야 한다.
④ 환기, 난방 또는 냉방시설의 풍도가 방화구획을 관통하는 경우에는 방화댐퍼를 설치하여야 한다.

05 방화구획에 설치되는 방화문은 항상 닫힌 상태로 유지하거나 자동으로 닫히는 구조이어야 한다. ▣ ①

06 충전형 합성부재에 사용되는 조밀한 원형강관의 지름두께비는 $0.15E/F_y$ 이하이어야 한다. **답** ④

06 강구조 설계 시 합성부재의 구조제한에 대한 설명으로 옳지 않은 것은? (단, E는 강재의 탄성계수, F_y는 강재의 항복강도를 나타낸다.)

① 매입형 합성부재에서 강재코어의 단면적은 합성부재 총단면적의 1% 이상으로 한다.

② 매입형 합성부재에서 강재코어를 매입한 콘크리트는 연속된 길이방향철근과 띠철근 또는 나선철근으로 보강되어야 한다.

③ 충전형 합성부재에 사용되는 조밀한 각형강관의 판폭두께비는 $2.26\sqrt{E/F_y}$ 이하이어야 한다.

④ 충전형 합성부재에 사용되는 조밀한 원형강관의 지름두께비는 $1.15E/F_y$ 이하이어야 한다.

07 그림의 왼쪽지점을 A, 오른쪽지점을 B라고 한다.

(1) 좌우대칭이므로, R_A와 R_B는 각각 9kN이다.

(2) L부재 계산은 절단법으로 한다.

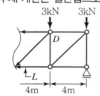

(3) $\sum M_D = 0$에서

$(3\times4)-(9\times4)+(L\times4)=0$

$\therefore$ L=6kN (인장력) **답** ③

07 그림과 같은 트러스에서 L부재의 부재력은? (단, －는 압축력, ＋는 인장력)

① 4kN(인장력)
② 5kN(인장력)
③ 6kN(인장력)
④ 7kN(인장력)

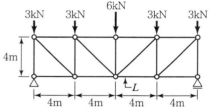

08 지판은 받침부 중심선에서 각 방향 받침부 중심간 경간의 1/6 이상을 각 방향으로 연장시켜야 한다. **답** ②

08 철근콘크리트 플랫슬래브의 지판 설계에 대한 설명으로 옳지 않은 것은?

① 플랫슬래브에서 기둥 상부의 부모멘트에 대한 철근을 줄이기 위해 지판을 사용할 수 있다.

② 지판은 받침부 중심선에서 각 방향 받침부 중심간 경간의 1/8 이상을 각 방향으로 연장시켜야 한다.

③ 지판의 슬래브 아래로 돌출한 두께는 돌출부를 제외한 슬래브 두께의 1/4 이상으로 하여야 한다.

④ 지판 부위의 슬래브 철근량 계산 시 슬래브 아래로 돌출한 지판의 두께는 지판의 외단부에서 기둥이나 기둥머리면까지 거리의 1/4 이하로 취하여야 한다.

09 다음과 같은 조건의 편심하중을 받는 독립기초판의 설계용 접지압은? (단, 접지압은 직선적으로 분포된다고 가정한다.)

> - 하중의 편심과 저면의 형상으로 정해지는 접지압계수(α) : 0.5
> - 기초자중(W_F) : 500kN
> - 기초자중을 포함한 기초판에 작용하는 수직하중(P) : 3,000kN
> - 기초판의 저면적(A) : 5m^2
> - 허용지내력(f_e) : 300kN/m^2

① 250kN/m^2 ② 300kN/m^2

③ 500kN/m^2 ④ 600kN/m^2

09 편심하중을 받는 독립기초판의 접지압(σ_e)

$$\therefore \ \sigma_e = \alpha \times \frac{P}{A} = 0.5 \times \frac{3,000}{5}$$
$$= 300\text{kN/m}^2 \qquad \text{답} \ ②$$

10 직접설계법을 적용한 철근콘크리트 슬래브 설계에서 내부 경간 슬래브에 작용하는 전체 정적계수휨모멘트(M_0)는 200kN · m이다. 이 내부경간 슬래브에서 단부와 중앙부의 계수휨모멘트로 옳은 것은? (단, '−'는 부계수휨모멘트, '+'는 정계수휨모멘트를 나타낸다.)

	단부	중앙부
①	−130kN · m	+70kN · m
②	−100kN · m	+100kN · m
③	−70kN · m	+130kN · m
④	−40kN · m	+160kN · m

10 내부 경간에서는 전체 정적 계수휨모멘트 200kN · m를 단부(부계수휨모멘트)에 65% 비율인 130kN · m을, 중앙부(정계수휨모멘트)에 35% 비율인 70kN · m를 분배하여야 한다.   답 ①

11 KDS 구조기준의 지반조사에 대한 설명으로 옳지 않은 것은?

① 예비조사는 기초의 형식을 구상하고 본조사의 계획을 세우기 위해 시행한다.

② 예비조사에서는 대지 내의 개략의 지반구성, 층의 토질의 단단함과 연함 및 지하수의 위치 등을 파악한다.

③ 본조사의 조사항목은 지반의 상황에 따라서 적절한 원위치시험과 토질시험을 하고, 지지력 및 침하량의 계산과 기초공사의 시공에 필요한 지반의 성질을 구하는 것으로 한다.

④ 평판재하시험의 최대 재하하중은 지반의 극한지지력의 2배 또는 예상되는 설계하중의 2.5배로 한다.

11 평판재하시험의 최대 재하하중은 지반의 극한지지력 또는 예상되는 설계하중의 3배로 한다.   답 ④

12 응력을 전달하는 단속모살용접 이음부의 길이는 모살사이즈의 10배 이상 또한 30mm 이상을 원칙으로 한다. 　답 ①

12 강구조 이음부 설계세칙에 대한 설명으로 옳지 않은 것은?

① 응력을 전달하는 단속필릿용접 이음부의 길이는 필릿사이즈의 5배 이상 또한 25mm 이상을 원칙으로 한다.

② 응력을 전달하는 겹침이음은 2열 이상의 필릿용접을 원칙으로 하고, 겹침길이는 얇은쪽 판 두께의 5배 이상 또한 25mm 이상 겹치게 해야 한다.

③ 고장력볼트의 구멍중심 간의 거리는 공칭직경의 2.5배 이상으로 한다.

④ 고장력볼트의 구멍중심에서 볼트머리 또는 너트가 접하는 재의 연단까지의 최대거리는 판 두께의 12배 이하 또한 150mm 이하로 한다.

13 외기의 온도가 높고, 상대습도가 낮을수록 크리프는 증가한다. 　답 ③

13 콘크리트의 크리프에 대한 설명으로 옳지 않은 것은?

① 콘크리트 강도가 낮을수록 크리프는 증가한다.

② 재하기간이 증가함에 따라 크리프는 증가한다.

③ 외기의 상대습도가 높을수록 크리프는 증가한다.

④ 작용하중이 클수록 크리프는 증가한다.

14 공간쌓기벽의 공간너비가 80mm 미만인 경우에는 벽체면적 0.4m²당 적어도 직경 9mm의 연결철물 1개 이상 설치하여야 한다. 　답 ②

14 공간쌓기벽의 벽체연결철물에 대한 설명으로 옳지 않은 것은?

① 벽체연결철물의 단부는 90°로 구부려 길이가 최소 50mm 이상이어야 한다.

② 공간쌓기벽의 공간너비가 80mm 미만인 경우에는 벽체면적 4.0m²당 적어도 직경 9mm의 연결철물 1개 이상 설치하여야 한다.

③ 연결철물은 교대로 배치해야 하며, 연결철물 간의 수직과 수평간격은 각각 600mm와 900mm를 초과할 수 없다.

④ 개구부 주위에는 개구부의 가장자리에서 300mm 이내에 최대간격 900mm인 연결철물을 추가로 설치해야 한다.

15 구조용 목재의 설계허용휨응력 산정 시 적용하는 보정계수가 아닌 것은?

① 하중기간계수

② 온도계수

③ 습윤계수

④ 부패계수

16 리브가 없는 철근콘크리트 일방향 캔틸레버 슬래브의 캔틸레버된 길이가 2m일 때, 처짐을 계산하지 않는 경우의 해당 슬래브 최소두께는? (단, 해당 슬래브는 큰 처짐에 의해 손상되기 쉬운 칸막이벽이나 기타 구조물을 지지 또는 부착하지 않으며, 보통 콘크리트(단위질량 $w_c = 2,300\text{kg/m}^3$)와 설계기준항복강도 400MPa 철근을 사용한다.)

① 80mm

② 100mm

③ 150mm

④ 200mm

17 지진력저항시스템에 대한 설계계수에서 내력벽 시스템의 반응수정계수(R)로 옳지 않은 것은?

① 철근콘크리트 특수전단벽 : 5

② 철근콘크리트 보통전단벽 : 4

③ 철근보강 조적 전단벽 : 3

④ 무보강 조적 전단벽 : 1.5

---

15 구조용 목재의 설계허용휨응력 산정 시 보정계수는 하중기간계수, 습윤계수, 온도계수, 보안정계수, 치수계수, 부피계수, 평면사용계수, 반복부재계수, 곡률계수, 형상계수, 인사이징계수를 적용한다. 📖 ④

16 캔틸레버 1방향 슬래브의 최소두께

$$\frac{L}{10} = \frac{2,000}{10} = 200\text{mm}$$ 📖 ④

17 지진력저항시스템에 대한 설계계수에서 내력벽 시스템의 철근보강 조적 전단벽 반응수정계수(R)는 2.5이다. 📖 ③

18 덧판을 사용한 조립압축재의 파스너 및 단속용접의 최대간격은 가장 얇은 덧판 두께의 $0.75\sqrt{E/F_y}$ 배 또는 300mm 이하로 한다. **답** ②

19 운전실 조작 주행크레인 지지보와 그 연결부 : 25% **답** ④

20 두께가 균일한 구조용 슬래브와 기초판에 대하여 경간방향으로 보강되는 인장철근의 최대간격은 슬래브 또는 기초판 두께의 3배와 450mm 중 작은 값을 초과하지 않도록 해야 한다. **답** ③

---

18 강구조 조립압축재의 구조 제한에 대한 설명으로 옳지 않은 것은? (단, E 는 강재의 탄성계수, F_y 는 강재의 항복강도를 나타낸다.)

① 2개 이상의 압연형강으로 구성된 조립압축재는 접합재 사이의 개재세장비가 조립압축재의 전체세장비의 3/4배를 초과하지 않도록 한다.

② 덧판을 사용한 조립압축재의 파스너 및 단속용접의 최대간격은 가장 얇은 덧판 두께의 $1.5\sqrt{E/F_y}$ 배 또는 500mm 이하로 한다.

③ 도장 내후성 강재로 만든 조립압축재의 긴결간격은 가장 얇은 판 두께의 14배 또는 170mm 이하로 한다.

④ 조립재 단부에서 개재 상호간을 고력볼트로 접합할 때, 조립재 최대폭의 1.5배 이상의 구간에 대해서 길이방향으로 볼트직경의 4배 이하 간격으로 접합한다.

19 강구조 설계 시 충격이 발생하는 활하중을 지지하는 구조물에 대해서, 별도 규정이 없는 경우 공칭활하중 최소 증가율로 옳지 않은 것은?

① 승강기의 지지부 : 100%

② 피스톤운동기기 또는 동력구동장치의 지지부 : 50%

③ 바닥과 발코니를 지지하는 행거 : 33%

④ 운전실 조작 주행크레인 지지보와 그 연결부 : 10%

20 철근콘크리트 휨부재설계 시 제한사항으로 옳지 않은 것은?

① 보의 횡지지 간격은 압축플랜지 또는 압축면의 최소폭의 50배를 초과하지 않도록 하여야 한다.

② 하중의 횡방향 편심의 영향은 횡지지 간격을 결정할 때 고려되어야 한다.

③ 두께가 균일한 구조용 슬래브와 기초판에 대하여 경간방향으로 보강되는 인장철근의 최대간격은 슬래브 또는 기초판 두께의 3배와 450mm 중 큰 값을 초과하지 않도록 해야 한다.

④ 보의 깊이 h가 900mm를 초과하면 종방향 표피철근을 인장연단으로부터 h/2 받침부까지 부재 양쪽 측면을 따라 균일하게 배치하여야 한다.

☐ 1회 풀이 ☐ 2회 풀이 ☐ 3회 풀이

정답 | 및 해설

01 막과 케이블 구조에 대한 설명으로 옳지 않은 것은?

① 막구조는 자중을 포함하는 외력이 막응력에 따라서 저항되는 구조물로서 휨 또는 비틀림에 대한 저항이 큰 구조이다.

② 공기막구조는 공기막 내외부의 압력 차에 따라 막면에 강성을 주어 형태를 안정시켜 구성되는 구조물이다.

③ 인열강도는 재료가 접힘 또는 굽힘을 받은 후 견딜 수 있는 최대인장응력이다.

④ 케이블 구조는 휨에 대한 저항이 작은 구조로 인장응력만을 받을 목적으로 제작 및 시공된다.

01 막구조는 자중을 포함하는 외력이 막응력에 따라서 저항되는 구조물로서 휨 또는 비틀림에 대한 저항이 작거나 또는 전혀 없는 구조이다. 🖹 ①

02 직접설계법이 적용된 콘크리트 슬래브의 제한사항에 대한 설명으로 옳지 않은 것은?

① 각 방향으로 3경간 이상 연속되어야 한다.

② 고정하중은 활하중의 2배 이하이어야 한다.

③ 연속한 기둥 중심선을 기준으로 기둥의 어긋남은 그 방향 경간의 10% 이하이어야 한다.

④ 각 방향으로 연속한 받침부 중심 간 경간 차이는 긴 경간의 1/3 이하이어야 한다.

02 활하중은 고정하중의 2배 이하이어야 한다. 🖹 ②

03 철근의 정착길이에 대한 설명으로 옳지 않은 것은? (단, d_b : 철근의 공칭지름[mm])

① 단부에 표준갈고리가 있는 인장 이형철근의 정착길이는 항상 $8d_b$ 이상 또한 150mm 이상이어야 한다.

② 압축 이형철근의 정착길이는 항상 200mm 이상이어야 한다.

③ 확대머리 이형철근의 인장에 대한 정착길이는 $8d_b$ 또한 150mm 이상이어야 한다.

④ 인장 이형철근의 정착길이는 항상 200mm 이상이어야 한다.

03 인장이형철근의 정착길이는 항상 300 mm 이상이어야 한다. 🖹 ④

04 동일 구조물의 기초에서는 가능한 한 이종형식기초의 병용을 피하여야 한다.
🔖 ④

04 건축물의 기초계획 시 고려해야 할 사항으로 옳지 않은 것은?

① 기초구조의 성능은 상부구조의 안전성 및 사용성을 확보할 수 있도록 계획하여야 한다.

② 연약지반에 구조물을 세우는 경우 시공과정이나 후에 여러 가지 문제가 발생하므로 연약지반의 공학적 조사와 더불어 개량공법 등의 대책을 수립하여야 한다.

③ 액상화평가결과 대책이 필요한 지반의 경우는 지반개량공법 등을 적용하여 액상화 저항능력을 증대시키도록 하여야 한다.

④ 동일 구조물의 기초에서는 가능한 한 이종형식기초를 병용하여야 한다.

05 골조 또는 벽체 등의 수평저항 요소에 수평력을 적절히 전달하기 위하여 바닥평면이 일체화된 격막구조가 되도록 한다.
🔖 ③

05 목구조의 구조계획에 대한 설명으로 옳지 않은 것은?

① 고정하중, 활하중, 적설하중 등의 수직하중을 가능한 한 균등하게 분산하며, 안전성을 확보할 수 있도록 기둥-보의 골조 또는 벽체를 배치한다.

② 벽체는 상하벽이 가능한 한 일치하도록 배치하며, 수직하중이 국부적으로 작용하는 경우 편심을 고려하여 설계한다.

③ 골조 또는 벽체 등의 수평저항 요소에 수평력을 적절히 전달하기 위하여 벽체가 일체화된 격막구조가 되도록 한다.

④ 각 골조 및 벽체는 되도록 균등하게 하중을 분담하도록 배치하며, 불균일하게 배치한 경우에는 평면적으로 가능한 한 일체가 되도록 하고, 뒤틀림의 영향을 고려한다.

06 부재 중간에 사용되는 띠판의 폭은 부재단부 띠판길이의 1/2 이상이 되어야 한다.
🔖 ④

06 래티스 형식 조립압축재에 설치하는 띠판에 대한 요구조건으로 옳지 않은 것은?

① 띠판의 두께는 조립부재 개재를 연결시키는 용접 또는 파스너열 사이 거리의 1/50 이상이 되어야 한다.

② 띠판의 조립부재에 접합은 용접의 경우 용접길이는 띠판길이의 1/3 이상이어야 한다.

③ 부재단부에 사용되는 띠판의 폭은 조립부재 개재를 연결하는 용접 또는 파스너열 간격 이상이 되어야 한다.

④ 부재중간에 사용되는 띠판의 폭은 부재단부 띠판길이의 1/3 이상이 되어야 한다.

07 풍하중 설계풍속 산정 시 건설지점의 지표면 조도 구분은 주변 지역의 지표면 상태에 따라 정해지는데, 높이 1.5~10m 정도의 장애물이 산재해 있는 지역에 대한 지표면 조도 구분은?

① A ② B
③ C ④ D

08 목구조의 뼈대를 구성하는 수평부재의 시공순서를 바르게 나열한 것은?

① 토대 → 깔도리 → 층도리 → 처마도리
② 토대 → 층도리 → 깔도리 → 처마도리
③ 처마도리 → 토대 → 층도리 → 깔도리
④ 처마도리 → 토대 → 깔도리 → 층도리

09 높이 $L=3.0$m인 압연H형강 H$-200\times200\times8\times12$ 기둥이 하부는 고정단으로 지지되어 있고 상부는 단순지지되어 있다. 유효좌굴길이계수로 이론적인 값을 사용할 경우, 기둥의 약축 방향 세장비는? (단, 압연H형강 H$-200\times200\times8\times12$의 약축 방향 단면2차반경 $r_y=50.2$mm)

① 29.9 ② 41.8
③ 59.8 ④ 71.7

10 필릿용접에 대한 설명으로 옳지 않은 것은?

① 접합부의 얇은 쪽 모재두께가 13mm일 때, 필릿용접의 최소 사이즈는 6mm이다.
② 필릿용접의 유효목두께는 용접루트로부터 용접표면까지의 최단거리로 한다. 단, 이음면이 직각인 경우에는 필릿사이즈의 0.7배로 한다.
③ 단부하중을 받는 필릿용접에서 용접길이가 용접사이즈의 100배 이하일 경우에는 유효길이를 실제길이와 같은 값으로 간주할 수 있다.
④ 강도를 기반으로 하여 설계되는 필릿용접의 최소길이는 공칭 용접사이즈의 4배 이상으로 해야 한다.

07 (1) A : 대도시 중심부에서 10층 이상의 고층건축물이 밀집해 있는 지역
(2) B : 수목 및 높이 3.5m 정도의 주택관 같은 건축물이 밀집해 있는 지역
(3) D : 장애물이 거의 없고, 주변 장애물의 평균높이가 1.5m 이하인 지역
🖐 ③

08 목구조의 뼈대를 구성하는 수평부재의 시공 순서는 토대, 층도리, 깔도리, 평보, 처마도리 순으로 시공된다.
🖐 ②

09 세장비$=\dfrac{KL}{r}=\dfrac{0.7\times3,000}{50.2}=41.8$
🖐 ②

10 접합부의 얇은 쪽 모재두께가 13mm일 때, 필릿용접의 최소 사이즈는 5mm이다. 🖐 ①

11 ㄱ형강 다리에 대한 폭(b)은 전체공칭
치수이다.　　　　　　　　　답 ②

11 강구조의 국부좌굴에 대한 단면의 분류에서 비구속판요소의 폭(b)에 대한 설명으로 옳지 않은 것은?

① H형강 플랜지에 대한 b는 전체공칭플랜지폭의 반이다.
② ㄱ형강 다리에 대한 b는 전체공칭치수에서 두께를 감한 값이다.
③ T형강 플랜지에 대한 b는 전체공칭플랜지폭의 반이다.
④ 플레이트의 b는 자유단으로부터 파스너 첫 번째 줄 혹은 용접선까지의 길이이다.

12 ㉠ 베인테스트 : 로드 끝에 +자형 날개를 달아 연약한 점토지반의 점착력을 판단하여 전단강도를 추정하는 방법이다.
㉡ 충격식 보링 : 와이어로프 끝에 비트를 단 보링로드를 회전시키면서 상하로 충격을 주어 지반을 뚫고 시료를 채취하는 방법이다.
㉢ 표준관입시험 : 63.5kg 해머를 76cm 높이에서 자유낙하시켜 30cm 관입시킬 때 타격횟수를 산정하는 방법이다.　답 ③

12 기초지반 조사방법에 대한 설명으로 옳게 짝지은 것은?

㉠ 로드 끝에 +자형 날개를 달아 연약한 점토지반의 점착력을 판단하여 전단강도를 추정하는 방법이다.
㉡ 와이어로프 끝에 비트를 단 보링로드를 회전시키면서 상하로 충격을 주어 지반을 뚫고 시료를 채취하는 방법이다.
㉢ 63.5kg 해머를 76cm 높이에서 자유낙하시켜 30cm 관입시킬 때 타격횟수를 산정하는 방법이다.

	㉠	㉡	㉢
①	표준관입시험	수세식 보링	베인테스트
②	베인테스트	수세식 보링	표준관입시험
③	베인테스트	충격식 보링	표준관입시험
④	표준관입시험	수세식 보링	베인테스트

13 (1) 약축에 대한 단면2차반경(i_Y)
$$= \frac{b}{\sqrt{12}}$$
(2) 강축에 대한 단면2차모멘트(I_X)
$$= \frac{bh^3}{12}$$
따라서,
$$\frac{I_X}{i_Y} = \frac{\dfrac{bh^3}{12}}{\dfrac{b}{\sqrt{12}}} = \frac{\sqrt{12}h^3}{12} = \frac{h^3}{\sqrt{12}}$$
답 ②

13 폭 b, 높이 h인 직사각형 단면($h > b$)에서 도심을 지나고 밑변과 수평인 축이 X축, 수직인 축이 Y축이다. 이때, 약축에 대한 단면2차반경(i_Y)과 강축에 대한 단면2차모멘트(I_X)의 비율$\left(\dfrac{I_X}{i_Y}\right)$은?

① $\dfrac{h^2}{\sqrt{3}}$

② $\dfrac{h^3}{\sqrt{12}}$

③ $\dfrac{b^2}{\sqrt{3}}$

④ $\dfrac{b^2}{\sqrt{12}}$

14 허용응력설계법이 적용된 합성조적조에 대한 설명으로 옳지 않은 것은?

① 합성조적조의 어떠한 부분에서도 계산된 최대응력은 그 부분 재료의 허용응력을 초과할 수 없다.

② 재사용되는 조적부재의 허용응력은 같은 성능을 갖는 신설 조적개체의 허용응력을 초과하지 않아야 한다.

③ 해석은 순면적의 탄성환산단면에 기초한다.

④ 환산단면에서 환산된 면적의 두께는 일정하며 부재의 유효 높이나 길이는 변하지 않는다.

15 부유식 구조에 적용하는 하중에 대한 설명으로 옳지 않은 것은?

① 부유식 구조에 적용된 항구적인 발라스트의 하중은 활하중으로 고려한다.

② 부유식 구조의 계류 또는 견인으로 인한 하중에는 활하중의 하중계수를 적용한다.

③ 파랑하중의 설계용 파향은 부유식 구조물 또는 그 부재에 가장 불리한 방향을 취하는 것으로 한다.

④ 부유식 구조의 설계에서는 정수압과 부력의 영향을 고려한다.

16 구조물의 지진하중 산정에 사용되는 분류에 대한 설명으로 옳은 것은?

① 지진구역은 3가지로 분류한다.

② 지반종류는 4가지로 분류한다.

③ 구조물의 내진등급은 4가지로 분류한다.

④ 구조물의 내진설계범주는 4가지로 분류한다.

17 콘크리트구조 내진설계 시 특별고려사항에서 특수모멘트골조 휨부재의 요구사항에 대한 설명으로 옳지 않은 것은?

① 부재의 순경간은 유효깊이의 4배 이상이어야 한다.

② 부재의 깊이에 대한 폭의 비는 0.3 이상이어야 한다.

③ 부재의 폭은 200mm 이상이어야 한다.

④ 부재의 폭은 휨부재 축방향과 직각으로 잰 지지부재의 폭에 받침부 양 측면으로 휨부재 깊이의 3/4을 더한 값보다 작아야 한다.

정답 | 및 해설

14 재사용되는 조적부재의 허용응력은 같은 성능을 갖는 신설 조적개체의 허용응력의 50%를 초과하지 않아야 한다. 🔖 ②

15 부유식 구조에 적용된 항구적인 발라스트의 하중은 고정하중으로 고려한다. 🔖 ①

16 ① 지진구역은 2가지로 분류한다.
② 지반종류는 6가지로 분류한다.
③ 구조물의 내진등급은 3가지로 분류한다. 🔖 ④

17 부재의 폭은 250mm 이상이어야 한다. 🔖 ③

18 ① 옥외의 공기에 직접 노출되는 D29
    철근을 사용하는 기둥 : 50mm
  ② 흙에 접하여 콘크리트를 친 후 영구
    히 흙에 묻혀 있는 보 : 75mm
  ③ 수중에 타설하는 기둥 : 100mm
  답 ④

18 프리스트레스하지 않는 현장치기콘크리트 부재의 최소피복
두께에 대한 설명으로 옳은 것은?

① 옥외의 공기에 직접 노출되는 D29 철근을 사용하는 기둥 :
  40mm
② 흙에 접하여 콘크리트를 친 후 영구히 흙에 묻혀 있는 보 :
  60mm
③ 수중에 타설하는 기둥 : 80mm
④ 옥외의 공기나 흙에 직접 접하지 않는 콘크리트 설계기준
  강도가 30MPa인 보 : 40mm

19 유효프리스트레스에 의한 콘크리트의
평균압축응력이 0.9MPa 이상이 되도
록 긴장재의 간격을 정하여야 한다.
  답 ②

19 프리스트레스트 콘크리트 슬래브 설계에서 긴장재와 철근
의 배치에 대한 설명으로 옳지 않은 것은?

① 긴장재 간격을 결정할 때 슬래브에 작용하는 집중하중이나
  개구부를 고려하여야 한다.
② 유효프리스트레스에 의한 콘크리트의 평균압축응력이 0.6
  MPa 이상이 되도록 긴장재의 간격을 정하여야 한다.
③ 등분포하중에 대하여 배치하는 긴장재의 간격은 최소한
  1방향으로는 슬래브 두께의 8배 또는 1.5m 이하로 해야
  한다.
④ 비부착긴장재가 배치된 슬래브에서는 관련 규정에 따라
  최소부착철근을 배치하여야 한다.

20 공칭강도는 강도설계법의 규정과 가정
에 따라 계산된 강도감소계수를 적용
하지 않은 부재 또는 단면의 강도를 말
하고, 설계강도는 강도감소계수를 적
용한 부재 또는 단면의 강도를 말한다.
  답 ③

20 콘크리트구조에 사용되는 용어의 정의로 옳지 않은 것은?

① 계수하중 : 강도설계법으로 부재를 설계할 때 사용하중에
  하중계수를 곱한 하중
② 고성능 감수제 : 감수제의 일종으로 소요의 작업성을 얻기
  위해 필요한 단위수량을 감소시키고, 유동성을 증진시킬 목
  적으로 사용되는 혼화재료
③ 공칭강도 : 강도설계법의 규정과 가정에 따라 계산된 강도
  감소계수를 적용한 부재 또는 단면의 강도
④ 균형철근비 : 인장철근이 설계기준항복강도에 도달함과 동
  시에 압축연단 콘크리트의 변형률이 극한변형률에 도달하
  는 단면의 인장철근비

정답 | 및 해설

01 일반 조적식구조의 설계법으로 옳지 않은 것은?

① 허용응력설계 ② 소성응력설계

③ 강도설계 ④ 경험적설계

01 조적조 구조설계법의 종류에는 허용
응력설계법, 강도설계법, 경험적설
계법이 있다. 답 ②

02 건축물에 작용하는 하중에 대한 설명으로 옳지 않은 것은?

① 구조물의 사용과 점유에 의해 발생하는 하중은 활하중으로
분류된다.

② 적설하중은 지붕의 경사도가 크고 바람의 영향을 많이 받을
수록 감소된다.

③ 외부온도변화는 건축물에 하중으로 작용하지 않는다.

④ 건축물의 중량이 클수록 지진하중이 커진다.

02 외부온도변화도 건축물에 하중으로
작용한다. 답 ③

03 건축물의 기초계획에 있어 고려할 사항으로 옳지 않은 것은?

① 구조성능, 시공성, 경제성 등을 검토하여 합리적으로 기초
형식을 선정하여야 한다.

② 기초는 상부구조의 규모, 형상, 구조, 강성 등을 함께 고려
해야 한다.

③ 기초형식 선정 시 부지 주변에 미치는 영향은 물론 장래 인
접대지에 건설되는 구조물과 그 시공에 의한 영향까지 함께
고려하는 것이 바람직하다.

④ 액상화는 경암지반이 비배수상태에서 급속한 재하를 받게
되면 과잉간극수압의 발생과 동시에 유효응력이 감소하며,
이로 인해 전단저항이 크게 감소하여 액체처럼 유동하는 현
상으로 그 발생 가능성을 검토하여야 한다.

03 액상화는 포화사질토가 비배수상태
에서 급속한 재하를 받게 되면 과잉간
극수압의 발생과 동시에 유효응력이
감소하며, 이로 인해 전단저항이 크게
감소하여 액체처럼 유동하는 현상으
로 그 발생 가능성을 검토하여야 한다.
답 ④

04 강재의 접합부 형태에는 단순접합(전단접합)과 강접합(모멘트접합)이 있으며, 강접합에는 완전강접합과 부분강접합이 있다. **답** ③

05 지하실 외벽 및 기초벽체의 두께는 200mm 이상으로 하여야 한다. **답** ③

06 D19 철근을 사용한 스터럽의 90° 표준갈고리는 구부린 끝에서 공칭지름의 12배 이상 더 연장되어야 한다. **답** ④

04 강재의 접합부 형태가 아닌 것은?

① 완전강접합
② 부분강접합
③ 보강접합
④ 단순접합

05 콘크리트구조 벽체설계에서 실용설계법에 대한 설명으로 옳지 않은 것은?

① 벽체의 축강도 산정 시 강도감소계수 ϕ는 0.65이다.
② 벽체의 두께는 수직 또는 수평받침점 간 거리 중에서 작은 값의 1/25 이상이어야 하고, 또한 100mm 이상이어야 한다.
③ 지하실 외벽 및 기초벽체의 두께는 150mm 이상으로 하여야 한다.
④ 상·하단이 횡구속된 벽체로서 상·하 양단 모두 회전이 구속되지 않은 경우 유효길이계수 k는 1.0이다.

06 콘크리트구조에서 표준갈고리에 대한 설명으로 옳지 않은 것은?

① 주철근의 표준갈고리는 180° 표준갈고리와 90° 표준갈고리로 분류된다.
② 주철근의 90° 표준갈고리는 구부린 끝에서 공칭지름의 12배 이상 더 연장되어야 한다.
③ 스터럽과 띠철근의 표준갈고리는 90° 표준갈고리와 135° 표준갈고리로 분류된다.
④ D19 철근을 사용한 스터럽의 90° 표준갈고리는 구부린 끝에서 공칭지름의 6배 이상 더 연장되어야 한다.

07 벽돌공사에 대한 설명으로 옳지 않은 것은?

① 담당원의 승인 없이 사용할 수 있는 줄눈 모르타르 잔골재의 절건비중은 2.4g/cm^3 이상이어야 한다.

② 벽돌공사의 충전 콘크리트에 사용하는 굵은 골재는 양호한 입도분포를 가진 것으로 하고, 그 최대치수는 충전하는 벽돌공동부 최소 직경의 1/3 이하로 한다.

③ 보강벽돌쌓기에서 철근의 피복 두께는 20mm 이상으로 한다. 다만, 칸막이벽에서 콩자갈 콘크리트 또는 모르타르를 충전하는 경우에 있어서 10mm 이상으로 한다.

④ 보강벽돌쌓기에서 벽돌 공동부의 모르타르 및 콘크리트 1회의 타설높이는 1.5m 이하로 한다.

07 벽돌공사의 충전 콘크리트에 사용하는 굵은 골재는 양호한 입도분포를 가진 것으로 하고, 그 최대치수는 충전하는 벽돌공동부 최소 직경의 1/4 이하로 한다. 📖 ②

---

08 다음 구조물의 지점 A에서 발생하는 수직방향 반력의 크기는? (단, 부재의 자중은 무시한다.)

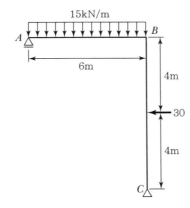

① 65kN (↑) ② 70kN (↑)
③ 75kN (↑) ④ 80kN (↑)

08 $\sum M_C = 0$ 에서,
$(R_A \times 6) - (15 \times 6 \times 3) - (30 \times 4) = 0$
$\therefore R_A = 65\text{kN}(\uparrow)$ 📖 ①

---

09 구조내력상 주요한 부분에 사용하는 막구조의 재료(막재)에 대한 설명으로 옳지 않은 것은?

① 두께는 0.5mm 이상이어야 한다.

② 인장강도는 폭 1cm당 300N 이상이어야 한다.

③ 인장크리프에 따른 신장률은 30% 이하이어야 한다.

④ 파단신율은 35% 이하이어야 한다.

09 인장크리프에 따른 신장률은 15%(합성섬유 직포로 구성된 막재료에 있어서는 25%) 이하이어야 한다. 📖 ③

10 선형시간이력해석에 의한 층전단력, 층전도모멘트, 부재력 등 설계값은 시간이력해석에 의한 결과에 중요도계수를 곱하고 반응수정계수로 나누어 구한다. 🔲 ①

11 축방향 철근인 주근이 기둥의 휨내력을 증가시킨다. 🔲 ②

12 필릿(Fillet) 용접을 부재 양면에 시행한다. 🔲 ①

---

10 건축 구조물의 시간이력해석을 수행하는 경우에 대한 설명으로 옳지 않은 것은?

① 선형시간이력해석에 의한 층전단력, 층전도모멘트, 부재력 등 설계값은 시간이력해석에 의한 결과에 중요도계수와 반응수정계수를 곱하여 구한다.

② 비선형시간이력해석 시 부재의 비탄성 능력 및 특성은 중요도계수를 고려하여 실험이나 충분한 해석결과에 부합하도록 모델링해야 한다.

③ 지반효과를 고려하기 위하여 기반암 상부에 위치한 지반을 모델링하여야 하며, 되도록 넓은 면적의 지반을 모델링하여 구조물로부터 멀리 떨어진 지반의 운동이 구조물과 인접지반의 상호작용에 의하여 영향을 받지 않도록 한다.

④ 3개의 지반운동을 이용하여 해석할 경우에는 최대응답을 사용하여 설계해야 하며, 7개 이상의 지반운동을 이용하여 해석할 경우에는 평균응답을 사용하여 설계할 수 있다.

11 콘크리트구조 기둥에 사용되는 띠철근의 주요한 역할에 대한 설명으로 옳지 않은 것은?

① 축방향 주철근을 정해진 위치에 고정시킨다.

② 기둥의 휨내력을 증가시킨다.

③ 축방향력을 받는 주철근의 좌굴을 억제시킨다.

④ 압축콘크리트의 파괴 시 기둥의 벌어짐을 구속하여 연성을 증가시킨다.

12 다음 용접기호에 대한 설명으로 옳지 않은 것은?

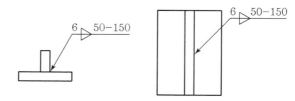

① 그루브(Groove) 용접을 부재 양면에 시행한다.

② 용접사이즈는 6mm이다.

③ 용접길이는 50mm이다.

④ 용접간격은 150mm이다.

13 인장력만을 이용하는 구조 형식은?

① 케이블(Cable) 구조

② 돔(Dome) 구조

③ 볼트(Vault) 구조

④ 아치(Arch) 구조

14 콘크리트구조의 설계강도 산정 시 적용하는 강도감소계수로 옳지 않은 것은?

① 인장지배 단면 : 0.85

② 압축지배 단면(나선철근으로 보강된 철근콘크리트 부재) : 0.70

③ 포스트텐션 정착구역 : 0.85

④ 전단력과 비틀림모멘트 : 0.70

15 콘크리트구조 해석에 대한 설명으로 옳지 않은 것은? (단, ε_t : 공칭축강도에서 최외단 인장철근의 순인장변형률이며, 유효 프리스트레스 힘, 크리프, 건조수축 및 온도에 의한 변형률은 제외한다.)

① 근사해법에 의해 휨모멘트를 계산한 경우를 제외하고, 어떠한 가정의 하중을 적용하여 탄성이론에 의하여 산정한 연속 휨부재 받침부의 부모멘트는 20% 이내에서 $1,000\varepsilon_t$%만큼 증가 또는 감소시킬 수 있다.

② 2경간 이상인 경우, 인접 2경간의 차이가 짧은 경간의 20% 이하인 경우, 등분포하중이 작용하는 경우, 활하중이 고정 하중의 3배를 초과하지 않는 경우 및 부재의 단면크기가 일정한 경우를 모두 만족하는 연속보는 근사해법을 적용할 수 있다.

③ 연속 휨부재의 모멘트 재분배 시, 경간 내의 단면에 대한 휨모멘트의 계산은 수정 전 부모멘트를 사용하여야 하며, 휨모멘트 재분배 이후에도 정적 평형은 유지되어야 한다.

④ 휨모멘트의 재분배는 휨모멘트를 감소시킬 단면에서 최외단 인장철근의 순인장변형률 ε_t가 0.0075 이상인 경우에만 가능하다.

13 케이블 구조는 휨에 저항이 작은 구조로 인장응력만을 받을 목적으로 제작 및 시공되는 부재이다. 　📖 ①

14 콘크리트구조의 설계강도 산정 시 적용하는 전단력과 비틀림모멘트의 강도감소계수는 0.75이다. 　📖 ④

15 연속 휨부재의 모멘트 재분배 시, 경간 내의 단면에 대한 휨모멘트의 계산은 수정 된 부모멘트를 사용하여야 하며, 휨모멘트 재분배 이후에도 정적 평형은 유지되어야 한다. 　📖 ③

16 강축 및 약축에 대하여 동시에 휨을 받을 때 강축과 약축 모두 다 고려한다.

정답 ③

17 충전형 합성부재는 국부좌굴의 영향을 고려해야 하지만, 매입형 합성부재는 국부좌굴을 고려할 필요가 없다.

정답 ③

18 목구조 설계에서는 고정하중, 바닥활하중, 지붕활하중, 적설하중, 풍하중, 지진하중을 적용한 4가지 하중조합을 고려하여 사용하중조합을 결정한다.

정답 ④

---

16 압축력과 휨을 받는 1축 및 2축 대칭단면부재에 적용되는 휨과 압축력의 상관관계식에 대한 설명으로 옳지 않은 것은?

① 소요압축강도와 설계압축강도의 상대적인 비율은 상관관계식의 변수 중 하나이다.

② 보의 공칭휨강도는 항복, 횡비틀림좌굴, 플랜지국부좌굴, 웨브국부좌굴 등 4가지 한계상태강도 가운데 최솟값으로 산정한다.

③ 강축 및 약축에 대하여 동시에 휨을 받을 때 약축에 대한 휨만 고려한다.

④ 소요휨강도는 2차효과가 포함된 모멘트이다.

17 강구조의 합성부재에 대한 설명으로 옳지 않은 것은?

① 합성단면의 공칭강도는 소성응력분포법 또는 변형률적합법에 따라 결정한다.

② 압축력을 받는 충전형 합성부재의 단면은 조밀, 비조밀, 세장으로 분류한다.

③ 매입형 합성부재는 국부좌굴의 영향을 고려해야 하나, 충전형합성부재는 국부좌굴을 고려할 필요가 없다.

④ 합성기둥의 강도를 계산하는 데 사용되는 구조용 강재 및 철근의 설계기준항복강도는 650MPa를 초과할 수 없다.

18 목구조의 구조계획 및 각부구조에 대한 설명으로 옳지 않은 것은?

① 구조해석 시 응력과 변형의 산정은 탄성해석에 의한다. 다만, 경우에 따라 접합부 등에서는 국부적인 탄소성 변형을 고려할 수 있다.

② 기초는 상부구조가 수직 및 수평하중에 대하여 침하, 부상, 전도, 수평이동이 생기지 않고 지반에 안전하게 지지하도록 설계한다.

③ 골조 또는 벽체 등의 수평저항요소에 수평력을 적절히 전달하기 위하여 바닥평면이 일체화된 격막구조가 되도록 한다.

④ 목구조 설계에서는 고정하중, 바닥활하중, 지붕활하중, 적설하중, 풍하중, 지진하중을 적용한 세 가지 하중조합을 고려하여 사용하중조합을 결정한다.

19 목구조에서 맞춤과 이음 접합부에 대한 설명으로 옳지 않은 것은?

① 인장을 받는 부재에 덧댐판을 대고 길이이음을 하는 경우에 덧댐판의 면적은 요구되는 접합면적의 1.3배 이상이어야 한다.

② 맞춤 부위의 보강을 위하여 접합제를 사용할 수 있다.

③ 구조물의 변형으로 인하여 접합부에 2차응력이 발생할 가능성이 있는 경우 이를 설계에서 고려한다.

④ 접합부에서 만나는 모든 부재를 통하여 전달되는 하중의 작용선은 접합부의 중심 또는 도심을 통과하여야 하며 그렇지 않을 경우 편심의 영향을 설계에 고려한다.

20 강구조의 설계기본원칙에 대한 설명으로 옳지 않은 것은?

① 구조해석에서 연속보의 모멘트재분배는 소성해석에 의한다.

② 한계상태설계는 구조물이 모든 하중조합에 대하여 강도 및 사용성한계상태를 초과하지 않는다는 원리에 근거한다.

③ 강구조는 탄성해석, 비탄성해석 또는 소성해석에 의한 설계가 허용된다.

④ 강도한계상태에서 구조물의 설계강도가 소요강도와 동일한 경우는 구조물이 강도한계상태에 도달한 것이다.

---

19 인장을 받는 부재에 덧댐판을 대고 길이이음을 하는 경우에 덧댐판의 면적은 요구되는 접합면적의 1.5배 이상이어야 한다. 📖 ①

20 구조해석에서 연속보의 모멘트재분배에 대한 규정은 탄성해석의 경우에만 허용된다. 📖 ①

□ 1회 풀이 □ 2회 풀이 □ 3회 풀이

01 부재의 영향면적이 $36m^2$ 이상인 경우 기본등분포활하중에 활하중 저감계수를 곱하여 저감할 수 있다. 답 ①

02 기본지상적설하중은 재현기간 100년에 대한 수직 최심적설깊이를 기준으로 한다. 답 ①

03 균열제어를 위한 철근은 필요로 하는 부재 단면의 주변에 분산시켜 배치하여야 하고, 이 경우 철근의 지름과 간격을 가능한 한 작게 하여야 한다. 답 ④

01 지붕활하중을 제외한 등분포활하중의 저감에 대한 설명으로 옳지 않은 것은?

① 부재의 영향면적이 $25m^2$ 이상인 경우 기본등분포활하중에 활하중저감계수를 곱하여 저감할 수 있다.
② 1개 층을 지지하는 부재의 저감계수는 0.5 이상으로 한다.
③ 2개 층 이상을 지지하는 부재의 저감계수는 0.4 이상으로 한다.
④ 활하중 $5kN/m^2$ 이하의 공중집회 용도에 대해서는 활하중을 저감할 수 없다.

02 적설하중에 대한 설명으로 옳지 않은 것은?

① 기본지상적설하중은 재현기간 50년에 대한 수직 최심적설깊이를 기준으로 한다.
② 최소 지상적설하중은 $0.5kN/m^2$로 한다.
③ 평지붕적설하중은 기본지상적설하중에 기본지붕적설하중계수, 노출계수, 온도계수 및 중요도계수를 곱하여 산정한다.
④ 경사지붕적설하중은 평지붕적설하중에 지붕경사도계수를 곱하여 산정한다.

03 콘크리트구조의 사용성 설계기준에 대한 설명으로 옳지 않은 것은?

① 사용성 검토는 균열, 처짐, 피로의 영향 등을 고려하여 이루어져야 한다.
② 특별히 수밀성이 요구되는 구조는 적절한 방법으로 균열에 대한 검토를 하여야 하며, 이 경우 소요수밀성을 갖도록 하기 위한 허용균열폭을 설정하여 검토할 수 있다.
③ 미관이 중요한 구조는 미관상의 허용균열폭을 설정하여 균열을 검토할 수 있다.
④ 균열제어를 위한 철근은 필요로 하는 부재 단면의 주변에 분산시켜 배치하여야 하고, 이 경우 철근의 지름과 간격을 가능한 한 크게 하여야 한다.

04 철근콘크리트 공사에서 각 날짜에 친 각 등급의 콘크리트 강도시험용 시료 채취기준으로 옳지 않은 것은?

① 하루에 1회 이상

② 250m³당 1회 이상

③ 슬래브나 벽체의 표면적 500m²마다 1회 이상

④ 배합이 변경될 때마다 1회 이상

04 KDS 14 20 01 : 100m³당 1회 이상,
KDS 41 30 00 : 120m³당 1회 이상
🔖 ②

05 그림과 같이 내민보에 등변분포하중이 작용하는 경우 B점에서 발생하는 휨모멘트는? (단, 보의 자중은 무시한다.)

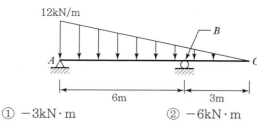

① $-3\text{kN} \cdot \text{m}$

② $-6\text{kN} \cdot \text{m}$

③ $-9\text{kN} \cdot \text{m}$

④ $-12\text{kN} \cdot \text{m}$

05 $M_B = -\left(3 \times 4 \times \dfrac{1}{2}\right) \times 1$

$= -6\text{kN} \cdot \text{m}$ 🔖 ②

06 강구조의 인장재에 대한 설명으로 옳은 것은?

① 순단면적은 전단지연의 영향을 고려하여 산정한 것이다.

② 유효순단면의 파단한계상태에 대한 인장저항계수는 0.80이다.

③ 인장재의 설계인장강도는 총단면의 항복한계상태와 유효순단면의 파단한계상태에 대해 산정된 값 중 큰 값으로 한다.

④ 부재의 총단면적은 부재축의 직각방향으로 측정된 각 요소단면의 합이다.

06 ① 유효순단면적은 전단지연의 영향을 고려하여 산정한 것이다.
② 유효순단면의 파단한계상태에 대한 인장저항계수는 0.75이다.
③ 인장재의 설계인장강도는 총단면의 항복한계상태와 유효순단면의 파단한계상태에 대해 산정된 값 중 작은 값으로 한다. 🔖 ④

07 주전단응력의 크기 공식

$$\sigma = \pm \frac{1}{2}\sqrt{(\sigma_x - \sigma_y)^2 + 4\tau^2}$$

$$\therefore \ \sigma_{max} = \frac{1}{2}\sqrt{(\sigma_x - \sigma_y)^2 + 4\tau^2}$$

$$= \frac{1}{2}\sqrt{400^2 + 4 \times 400^2}$$

$$= 100\sqrt{20} \ \text{MPa} \qquad \text{답 ④}$$

08 부재의 어느 위치에서나 정 또는 부 휨 강도는 양측 접합부의 접합면의 최대 휨강도의 $\frac{1}{5}$ 이상이 되어야 한다.

답 ②

09 사운딩은 원위치 시험이라고 하며, 종 류에는 표준관입시험, 베인테스트, 콘관입시험 등이 있다. 답 ④

07 그림과 같은 응력요소의 평면응력 상태에서 최대 전단응력의 크기는? (단, 양의 최대 전단응력이며, 면내 응력만 고려한다.)

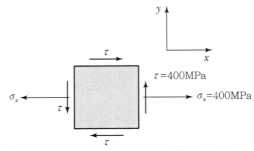

① $\sqrt{5} \times 10^2 \ \text{MPa}$ ② $\sqrt{10} \times 10^2 \ \text{MPa}$

③ $\sqrt{15} \times 10^2 \ \text{MPa}$ ④ $\sqrt{20} \times 10^2 \ \text{MPa}$

08 콘크리트 내진설계기준에서 중간모멘트골조의 보에 대한 요구사항으로 옳지 않은 것은?

① 접합면에서 정 휨강도는 부 휨강도의 $\frac{1}{3}$ 이상이 되어야 한다.

② 부재의 어느 위치에서나 정 또는 부 휨강도는 양측 접합부 의 접합면의 최대 휨강도의 $\frac{1}{6}$ 이상이 되어야 한다.

③ 보부재의 양단에서 지지부재의 내측 면부터 경간 중앙으로 향하여 보 깊이의 2배 길이 구간에는 후프철근을 배치하여 야 한다.

④ 스터럽의 간격은 부재 전 길이에 걸쳐서 $\frac{d}{2}$ 이하이어야 한 다.(d는 단면의 유효깊이이다).

09 로드에 연결한 저항체를 지반 중에 삽입하여 관입, 회전 및 인발 등에 대한 저항으로부터 지반의 성상을 조사하는 방법은?

① 동재하시험 ② 평판재하시험

③ 지반의 개량 ④ 사운딩한다.

10 기존 콘크리트구조물의 안전성 평가기준에 대한 설명으로 옳지 않은 것은?

① 조사 및 시험에서 구조 부재의 치수는 위험단면에서 확인하여야 한다.

② 철근, 용접철망 또는 긴장재의 위치 및 크기는 계측에 의해 위험단면에서 결정하여야 한다. 도면의 내용이 표본조사에 의해 확인된 경우에는 도면에 근거하여 철근의 위치를 결정할 수 있다.

③ 건물에서 부재의 안전성을 재하시험 결과에 근거하여 직접 평가할 경우에는 보, 슬래브 등과 같은 휨부재의 안전성 검토에만 적용할 수 있다.

④ 구조물의 평가를 위한 하중의 크기를 정밀 현장 조사에 의하여 확인하는 경우에는, 구조물의 소요강도를 구하기 위한 하중조합에서 고정하중과 활하중의 하중계수는 25% 만큼 감소시킬 수 있다.

11 강관이나 파이프가 입체적으로 구성된 트러스로 중간에 기둥이 없는 대공간 연출이 가능한 구조는?

① 절판구조

② 케이블구조

③ 막구조

④ 스페이스 프레임구조

12 구조용강재의 명칭에 대한 설명으로 옳지 않은 것은?

① SN: 건축구조용 압연 강재

② SHN: 건축구조용 열간 압연 형강

③ HSA: 건축구조용 탄소강관

④ SMA: 용접구조용 내후성 열간 압연 강재

13 아치구조에서 아치의 추력을 보강하는 방법으로 옳지 않은 것은?

① 버트레스 설치

② 스테이 설치

③ 연속 아치 연결

④ 타이 바(tie bar)로 구속

10 구조물의 평가를 위한 하중의 크기를 정밀 현장 조사에 의하여 확인하는 경우에는, 구조물의 소요강도를 구하기 위한 하중조합에서 고정하중과 활하중의 하중계수는 5% 만큼 감소시킬 수 있다. 📖 ④

11 스페이스 프레임은 선형 부재들을 겹합한 것으로, 힘의 흐름을 전달시킬 수 있도록 구성된 구조 시스템이다. 📖 ④

12 HSA : 건축구조용 고성능 압연강재 📖 ③

13 아치의 추력을 보강하는 방법에는 부축벽(Buttress) 설치, 연속 아치 연결, 아치의 하단을 묶어주는 타이 바(tie bar) 등을 사용하여 해결한다. 📖 ②

14 대린벽은 내력벽을 교차하면서 서로 마주보고 있는 벽을 말한다. 📖 ①

15 바닥덮개에는 두께 18 mm 이상의 구조용 합판을 사용한다. 📖 ④

16
$$\Delta L = \frac{P \times L}{A \times E} = \frac{P \times L}{\frac{A}{2} \times E} + \frac{P \times \frac{L}{2}}{A \times E}$$
$$= \frac{5PL}{2AE}$$
📖 ③

---

14 조적식 구조의 용어에 대한 설명으로 옳지 않은 것은?

① 대린벽은 비내력벽 두께방향의 단위조적개체로 구성된 벽체이다.

② 속빈단위조적개체는 중심공간, 미세공간 또는 깊은 홈을 가진 공간에 평행한 평면의 순단면적이 같은 평면에서 측정한 전단면적의 75%보다 적은 조적단위이다.

③ 유효보강면적은 보강면적에 유효면적방향과 보강면과의 사이각의 코사인값을 곱한 값이다.

④ 환산단면적은 기준 물질과의 탄성비의 비례에 근거한 등가 면적이다.

15 경골목구조 바닥 및 기초에 대한 설명으로 옳지 않은 것은?

① 바닥의 총하중에 의한 최대처짐 허용한계는 경간(L)의 $\frac{1}{240}$ 로 한다.

② 바닥장선 상호 간의 간격은 650mm 이하로 한다.

③ 줄기초 기초벽의 두께는 최하층벽 두께의 1.5배 이상으로서 150mm 이상이어야 한다.

④ 바닥덮개에는 두께 15mm 이상의 구조용 합판을 사용한다.

16 그림과 같이 균질한 재료로 이루어진 강봉에 중심 축하중 P가 작용하는 경우 강봉이 늘어난 길이는? (단, 강봉은 선형탄성적으로 거동하는 단일 부재이며, 강봉의 탄성계수는 E이다.)

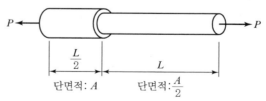

① $\frac{PL}{2AE}$ ② $\frac{3PL}{2AE}$

③ $\frac{5PL}{2AE}$ ④ $\frac{7PL}{2AE}$

17 강축휨을 받는 2축대칭 H형강 콤팩트부재의 설계에 대한 설명으로 옳은 것은?

① 설계 휨강도 산정 시 휨저항계수는 0.85이다.

② 소성휨모멘트는 강재의 인장강도에 소성단면계수를 곱하여 산정할 수 있다.

③ 보의 비지지길이가 소성한계비지지길이보다 큰 경우에는 횡좌굴강도를 고려하여야 한다.

④ 자유단이 지지되지 않은 캔틸레버와 내민 부분의 횡좌굴모멘트 수정계수 C_b는 2이다.

18 유효좌굴길이가 4m이고 직경이 100mm인 원형단면 압축재의 세장비는?

① 100 ② 160

③ 250 ④ 400

19 그림과 같은 철근콘크리트 보 단면에서 극한상태에서의 중립축 위치 c(압축연단으로부터 중립축까지의 거리)에 가장 가까운 값은? (단, 콘크리트의 설계기준압축강도는 20MPa, 철근의 설계기준항복강도는 400MPa로 가정하며, As는 인장철근량이다.)

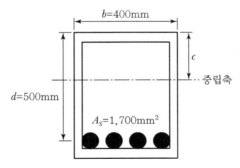

① 109.7mm ② 113.4mm

③ 117.6mm ④ 125.0mm

17 ① 설계 휨강도 산정 시 휨저항계수는 0.90이다.

② 소성휨모멘트는 강재의 항복강도에 소성단면계수를 곱하여 산정할 수 있다.

④ 자유단이 지지되지 않은 캔틸레버와 내민 부분의 횡좌굴모멘트 수정계수 C_b는 1이다. 🔑 ③

18 세장비 $= \dfrac{KL}{r\left(= \dfrac{d}{4}\right)} = \dfrac{4,000}{\dfrac{100}{4}} = 160$

🔑 ②

19 C=T을 이용해서 구한다.

$0.85 f_{ck} \times a \times b = A_s \times f_y$

$(\because a = \beta_1 c$를 대입$)$

$c_b = \dfrac{A_s \times f_y}{0.85 f_{ck} \times \beta_1 \times b}$

$(\beta_1 = 0.80 \leftarrow f_{ck}$가 20MPa이므로$)$

$\therefore c_b = \dfrac{1,700 \times 400}{0.85 \times 20 \times 0.80 \times 400}$

$= 125\text{mm}$ 🔑 ④

20 즉시침하량은 지반을 탄성체로 보고
탄성이론에 기초한 지반의 탄성계수
와 포아송비를 적절히 설정하여 산정
하거나 평판재하시험의 하중과 침하
량의 관계식을 이용하여 추정한다.

答 ①

20 기초지반의 지지력 및 침하에 대한 설명으로 옳지 않은 것은?

① 즉시침하량은 지반을 탄성체로 보고 탄성이론에 기초한 지
반의 탄성계수와 간극비를 적절히 설정하여 산정할 수 있다.

② 과대한 침하를 피할 수 없을 때에는 적당한 개소에 신축조
인트를 두거나 상부구조의 강성을 크게 하여 유해한 부등침
하가 생기지 않도록 하여야 한다.

③ 기초는 접지압이 지반의 허용지지력을 초과하지 않아야 한다.

④ 허용침하량은 지반조건, 기초형식, 상부구조 특성, 주위상
황들을 고려하여 유해한 부등침하가 생기지 않도록 정하여
야 한다.

□ 1회 풀이 □ 2회 풀이 □ 3회 풀이

| 정답 | 및 해설 |

01 철근콘크리트 구조에서 철근의 피복두께에 대한 설명으로 옳지 않은 것은? (단, 특수환경에 노출되지 않은 콘크리트로 한다.)

① 옥외의 공기나 흙에 직접 접하지 않는 프리캐스트콘크리트 기둥의 띠철근에 대한 최소피복두께는 10mm이다.

② 피복두께는 철근을 화재로부터 보호하고, 공기와의 접촉으로 부식되는 것을 방지하는 역할을 한다.

③ 프리스트레스하지 않는 수중타설 현장치기콘크리트 부재의 최소피복두께는 100mm이다.

④ 피복두께는 콘크리트 표면과 그에 가장 가까이 배치된 철근 중심까지의 거리이다.

01 피복두께는 콘크리트 표면과 그에 가장 가까이 배치된 철근 표면까지의 거리이다.　④

02 다음 중 기초구조의 흙막이벽 안전을 저해하는 현상과 가장 연관성이 없는 것은?

① 히빙(Heaving)　② 보일링(Boiling)
③ 파이핑(Piping)　④ 버피팅(Buffeting)

02 흙막이벽 안전을 저해하는 현상의 종류에는 히빙, 보일링, 파이핑이 있으며, 버피팅은 시시각각 변하는 바람의 난류성분이 물체에 닿아 물체를 풍방향으로 불규칙하게 진동시키는 현상을 말한다.　④

03 벽돌 구조에서 창문 등의 개구부 상부를 지지하며 상부에서 오는 하중을 좌우벽으로 전달하는 부재로 옳은 것은?

① 창대　② 코벨
③ 인방보　④ 테두리보

03 인방보는 창·문꼴 위에 가로질러 설치하며, 좌우 벽체에 상부의 수직 및 집중하중을 분산하여 전달하는 보이다.　③

04 건축물의 내진구조 계획에서 고려해야 할 사항으로 옳지 않은 것은?

① 한 층의 유효질량이 인접층의 유효질량과 차이가 클수록 내진에 유리하다.

② 가능하면 대칭적 구조형태를 갖는 것이 내진에 유리하다.

③ 보-기둥 연결부에서 가능한 한 강기둥-약보가 되도록 설

04 한 층의 유효질량이 인접층의 유효질량과 차이가 과도하게 크지 않을수록 내진에 유리하다.　①

계한다.

④ 구조물의 무게는 줄이고, 구조재료는 연성이 좋은 것을 선택한다.

---

05 ① 킬드강은 림드강에 비해 재료의 균질성이 우수하다.
③ 일반구조용 압연강재 SS275의 항복강도는 275MPa이다.
④ 강재의 탄소량이 증가하면 강도는 증가하나 연성 및 용접성은 감소한다. **답 ②**

05 다음 중 강재의 성질에 관련한 설명으로 옳은 것은?

① 림드강은 킬드강에 비해 재료의 균질성이 우수하다.

② 용접구조용 압연강재 SM275C는 SM275A보다 충격흡수 에너지 측면에서 품질이 우수하다.

③ 일반구조용 압연강재 SS275의 인장강도는 275MPa이다.

④ 강재의 탄소량이 증가하면 강도는 감소하나 연성 및 용접성이 증가한다.

---

06 접합부 설계에서 블록전단파단의 경우 한계상태에 대한 설계강도는 전단저항과 인장저항의 합으로 산정한다. **답 ②**

06 강구조 구조설계에 대한 설명으로 옳지 않은 것은?

① 휨재 설계에서 보에 작용하는 모멘트의 분포형태를 반영하기 위해 횡좌굴모멘트수정계수(C_b)를 적용한다.

② 접합부 설계에서 블록전단파단의 경우 한계상태에 대한 설계강도는 전단저항과 압축저항의 합으로 산정한다.

③ 압축재 설계에서 탄성좌굴영역과 비탄성좌굴영역으로 구분하여 휨좌굴에 대한 압축강도를 산정한다.

④ 용접부 설계강도는 모재강도와 용접재강도 중 작은 값으로 한다.

---

07 이중골조방식은 지진력의 25% 이상을 부담하는 연성모멘트골조가 가새골조 또는 전단벽과 조합되어 있는 구조방식이다. **답 ②**

07 건축물 내진설계의 설명으로 옳지 않은 것은?

① 층지진하중은 밑면전단력을 건축물의 각 층별로 분포시킨 하중이다.

② 이중골조방식은 지진력의 25% 이상을 부담하는 보통모멘트골조가 가새골조와 조합되어 있는 구조방식이다.

③ 밑면전단력은 구조물의 밑면에 작용하는 설계용 총전단력이다.

④ 등가정적해석법에서 지진응답계수 산정 시 단주기와 주기 1초에서의 설계스펙트럼가속도가 사용된다.

---

08 철근콘크리트 기초판을 설계할 때 주의해야 할 사항으로 옳지 않은 것은?

① 말뚝기초의 기초판 설계에서 말뚝의 반력은 각 말뚝의 중심에 집중된다고 가정하여 휨모멘트와 전단력을 계산할 수 있다.

② 독립기초의 기초판 밑면적 크기는 허용지내력에 반비례한다.

③ 독립기초의 기초판 전단설계 시 1방향 전단과 2방향 전단을 검토한다.

④ 기초판 밑면적, 말뚝의 개수와 배열 산정에는 1.0을 초과하는 하중계수를 곱한 계수하중이 적용된다.

09 그림과 같이 등분포하중(w)을 받는 철근콘크리트 캔틸레버 보의 설계에서 고려해야 할 사항으로 옳지 않은 것은? (단, EI는 일정하다.)

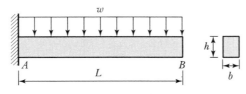

① 등분포하중에 의한 보의 휨 균열은 고정단(A) 위치의 보 상부보다는 하부에서 주로 발생한다.

② 등분포하중에 의한 보의 전단응력은 자유단(B)보다는 고정단(A) 위치에서 더 크게 발생한다.

③ 보의 처짐을 감소시키기 위해서는 단면의 폭(b)보다는 단면의 깊이(h)를 크게 하는 것이 바람직하다.

④ 휨에 저항하기 위한 주인장철근은 보 하부보다는 상부에 배근되어야 한다.

10 (1) $\delta_A = \dfrac{PL^3}{3EI}$

   (2) $\delta_B = \dfrac{ML^2}{2EI} = \dfrac{(PL)L^2}{2EI} = \dfrac{PL^3}{2EI}$

   $\therefore \delta_A : \delta_B = \dfrac{PL^3}{3EI} : \dfrac{PL^3}{2EI} = 1 : 1.5$

   📖 ③

11 풍하중 하중조합
   - $U = 1.2D + 1.6(L_r$ 또는 S 또는 $R) + (1.0L$ 또는 $0.65W)$
   - $U = 1.2D + 1.3W + 1.0L + 0.5(L_r$ 또는 S 또는 $R)$
   - $U = 0.9(D + H_v) + 1.3W + (1.6H_h$ 또는 $0.8H_h)$ 📖 ③

12 단면계수의 단위는 cm^3, mm^3 등이며, 부호는 항상 정$(+)$이다. 📖 ②

---

10 그림과 같이 캔틸레버 보의 자유단에 집중하중(P)과 집중모멘트($M = P \cdot L$)가 작용할 때 보 자유단에서의 처짐비 $\Delta_A : \Delta_B$는? (단, EI는 동일하며, 자중의 영향은 고려하지 않는다.)

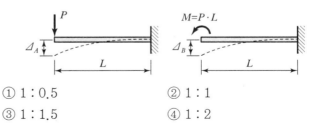

① 1 : 0.5
② 1 : 1
③ 1 : 1.5
④ 1 : 2

11 건축구조기준에 의해 구조물을 강도설계법으로 설계할 경우 소요강도 산정을 위한 하중조합으로 옳지 않은 것은? (여기서 D는 고정하중, L은 활하중, F는 유체압 및 용기내용물하중, E는 지진하중, S는 적설하중, W는 풍하중이다. 단, L에 대한 하중계수 저감은 고려하지 않는다.)

① $1.4(D + F)$
② $1.2D + 1.0E + 1.0L + 0.2S$
③ $0.9D + 1.2W$
④ $0.9D + 1.0E$

12 단면계수의 특성에 대한 설명으로 옳지 않은 것은?

① 단면계수가 큰 단면이 휨에 대한 저항이 크다.
② 단위는 cm^4, mm^4 등이며, 부호는 항상 정$(+)$이다.
③ 동일 단면적일 경우 원형 단면의 강봉에 비하여 중공이 있는 원형강관의 단면계수가 더 크다.
④ 휨 부재 단면의 최대 휨응력 산정에 사용한다.

13 막구조에 대한 설명으로 옳은 것은?

① 막구조의 막재는 인장과 휨에 대한 저항성이 우수하다.

② 습식 구조에 비해 시공 기간이 길지만 내구성이 뛰어나다.

③ 공기막 구조는 내외부의 압력 차에 따라 막면에 강성을 주어 형태를 안정시켜 구성되는 구조물이다.

④ 스페이스 프레임 등으로 구조물의 형태를 만든 뒤 지붕 마감으로 막재를 이용하는 것을 현수막 구조라 한다.

14 철근콘크리트 구조에서 공칭직경이 db인 D16 철근의 표준갈고리 가공에 대한 설명으로 옳지 않은 것은?

① 주철근에 대한 180° 표준갈고리는 구부린 반원 끝에서 4db 이상 더 연장하여야 한다.

② 주철근에 대한 90° 표준갈고리의 구부림 내면 반지름은 2db 이상으로 하여야 한다.

③ 스터럽과 띠철근에 대한 90° 표준갈고리는 구부린 끝에서 6db 이상 더 연장하여야 한다.

④ 스터럽에 대한 90° 표준갈고리의 구부림 내면 반지름은 2db 이상으로 하여야 한다.

15 목구조 절충식 지붕틀의 지붕귀에서 동자기둥이나 대공을 세울 수 있도록 지붕보에서 도리 방향으로 짧게 댄 부재는?

① 서까래
② 우미량
③ 중도리
④ 추녀

16 기초저면의 형상이 장방형인 기초구조 설계 시 탄성이론에 따른 즉시침하량 산정에 필요한 요소로 옳지 않은 것은?

① 기초의 재료강도
② 기초의 장변길이
③ 지반의 탄성계수
④ 지반의 푸아송비

13 ① 막구조의 막재는 자중을 포함하는 외력이 셸구조물의 기본원리인 막응력에 따라서 저항되는 구조물로서, 휨 또는 비틀림에 대한 저항이 작거나 전혀 없는 구조이다.

② 습식 구조에 비해 시공 기간이 짧고 내구성이 뛰어나다.

④ 스페이스 프레임 등으로 구조물의 형태를 만든 뒤 지붕 마감으로 막재를 이용하는 것을 스페이스 프레임 구조라고 한다.　　📖 ③

14 주철근에 대한 90° 표준갈고리의 구부림 내면 반지름은 3db 이상으로 하여야 한다.　　📖 ②

15 우미량은 도리와 도리 사이를 연결하는 보로서 도리의 높이 차이 때문에 직선재가 아닌 곡재를 사용하는데, 이는 역학적인 의미뿐만 아니라 의장적으로도 큰 역할을 한다.　　📖 ②

16 기초저면의 형상이 장방형인 기초구조 설계 시 탄성이론에 따른 즉시침하량 산정에 필요한 요소에는 기초저면의 형상과 강성에 의해 정해지는 계수, 기초에 작용하는 단위면적당의 하중, 기초의 단면길이, 기초의 장변길이, 지반의 탄성계수, 지반의 푸아송비가 있다.　　📖 ①

17 사용성한계상태는 구조체가 즉시 붕괴되지는 않지만, 건물이 피해를 입고 건물 수명이 저하되어 종국에는 건물의 구조 기능 저하로 극한계상태에 이르게 될 가능성이 있는 상태를 말하며, 부재의 과다한 탄성변형, 부재의 과다한 잔류변형, 바닥재의 진동, 균열폭의 증가 등이 해당된다. 📖 ④

18 최대 유효깊이(d)
= 전체 깊이 − 피복두께 − 늑근직경 − 주근직경 − 상하철근 순간격의 1/2
= 700mm − 40mm − 10mm − 25mm − 12.5mm
= 612.5mm 📖 ③

19 • 왼쪽 지점(A라고 가정)의 반력을 구하면,
$\Sigma M_B = 0$에서
$+ R_A \times L - (wL \times \dfrac{L}{2}) + (\dfrac{wL}{2} \times \dfrac{L}{4}) = 0$
$\therefore R_A = \dfrac{3wL}{8}$
• 전단력이 0이 되는 지점
$S_x = \dfrac{3wL}{8} - wx = 0$
$\therefore x = \dfrac{3}{8}L$ 📖 ③

20 매입형 합성기둥의 설계전단강도는 강재단면만의 전단강도 또는 철근콘크리트만의 전단강도 중 한 가지 방법으로 구하며, 적용하는 감소계수는 0.75를 사용한다. 📖 ④

---

17 강구조 건축물의 사용성 설계 시 고려해야 하는 항목과 연관성이 가장 적은 것은?

① 바람에 의한 수평진동 ② 접합부 미끄럼
③ 팽창과 수축 ④ 내화성능

18 폭 400mm와 전체 깊이 700mm를 가지는 직사각형 철근 콘크리트 보에서 인장철근이 2단으로 배근될 때, 최대 유효 깊이에 가장 가까운 값은? (단, 피복두께는 40mm, 스터럽 직경은 10mm, 인장철근 직경은 25mm로 1단과 2단에 배근되는 인장철근량은 동일하며, 모두 항복하는 것으로 한다.)

① 650.0mm ② 637.5mm
③ 612.5mm ④ 587.5mm

19 그림과 같이 등분포하중(w)을 받는 정정보에서 최대 정휨 모멘트가 발생하는 위치 x는?

① $\dfrac{1}{4}L$

② $\dfrac{1}{3}L$

③ $\dfrac{3}{8}L$

④ $\dfrac{1}{2}L$

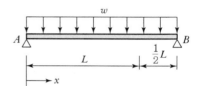

20 합성기둥에 대한 설명으로 옳지 않은 것은?

① 매입형 합성기둥에서 강재코어의 단면적은 합성기둥 총단면적의 1% 이상으로 한다.
② 매입형 합성기둥에서 강재코어를 매입한 콘크리트는 연속된 길이방향철근과 띠철근 또는 나선철근으로 보강되어야 한다.
③ 충전형 합성기둥의 설계전단강도는 강재단면만의 설계전단강도로 산정할 수 있다.
④ 매입형 합성기둥의 설계전단강도는 강재단면의 설계전단강도와 콘크리트의 설계전단강도의 합으로 산정할 수 있다.

☐ 1회 풀이 ☐ 2회 풀이 ☐ 3회 풀이

정답 | 및 해설

01 얇은 평면 슬래브를 굽혀 긴 경간을 지지할 수 있도록 만든 구조는?

① 현수 구조
② 트러스 구조
③ 튜브 구조
④ 절판 구조

01 평판 형태로서 면에 수직으로 면외하중을 받는 슬래브는 휨에 대한 저항 능력이 적으므로 장스팬 구조에서는 사용하기 곤란하며, 면외하중이 면에 평행하게 면 내로 작용하면 벽이 되어 대단히 강한 구조가 되는데, 이들의 중간적인 성격이 절판 구조이다. 답 ④

02 다음은 조적조 아치를 설명한 것이다. (가)에 들어갈 용어는?

아치는 개구부 상부에 작용하는 하중을 아치의 축선을 따라 좌우로 나누어 전달되게 한 것으로, 아치를 이루는 부재 내에는 주로 (가) 이/가 작용하도록 한다.

① 휨모멘트
② 전단력
③ 압축력
④ 인장력

02 조적조 아치는 상부에서 오는 수직 하중이 아치의 중심선을 따라 좌우로 나누어져 압축력만 받게 하고 부재의 하부에 인장력이 생기지 않도록 한 구조이다. 답 ③

03 다음에서 설명하는 목구조 부재는?

상부의 하중을 받아 기초에 전달하며 기둥 하부를 고정하여 일체화하고, 수평 방향의 외력으로 인해 건물의 하부가 벌어지지 않도록 하는 수평재이다.

① 토대
② 깔도리
③ 버팀대
④ 귀잡이

03 토대에 쓰이는 재종은 잘 썩지 않는 낙엽송 · 적송 등이 좋으며, 토대의 크기는 보통 기둥과 같게 하거나 다소 크게 한다. 답 ①

04 그림과 같은 강구조 용접이음 표기에서 S는?

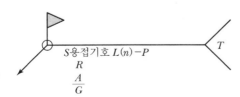

① 개선각
② 용접간격
③ 용접 사이즈
④ 용접부 처리방법

04 S : 용접 사이즈
L : 용접길이
P : 용접간격(피치) 답 ③

05 흙에 접하여 콘크리트를 친 후 영구히
흙에 묻혀 있는 콘크리트의 경우 :
75mm   📖 ③

06 (1) $M_A = \left(\dfrac{1}{2} \times L \times w\right) \times \dfrac{L}{6} = \dfrac{wL^2}{6}$

     (2) $M_B = \left(\dfrac{1}{2} \times L \times w\right) \times \dfrac{2L}{3} = \dfrac{wL^2}{3}$

     $\therefore M_A : M_B = \dfrac{wL^2}{6} : \dfrac{wL^2}{3} = 1 : 2$

                             📖 ①

07 ① 역추형 시스템 : 바닥에 고정된 캔
틸레버 기둥처럼 거동하며 횡력을
지지하는 지진력 저항 시스템
② 내력벽 시스템 : 수직하중과 함께 횡
하중을 벽체가 지지하는 지진력 저
항 시스템으로, 벽체는 지진하중에
대하여 충분한 면 내 횡강성과 횡강
도를 발휘해야 하는 지진력 저항 시
스템
④ 모멘트 저항 골조 시스템 : 수직하
중과 횡하중을 보와 기둥으로 구성
된 모멘트 골조가 저항하는 지진력
저항 시스템   📖 ③

---

05 특수환경에 노출되지 않고 프리스트레스하지 않는 부재에 대한 현장치기 콘크리트의 최소 피복두께로 옳지 않은 것은?

① D19 이상의 철근을 사용한 옥외의 공기에 직접 노출되는 콘크리트의 경우 : 50mm

② D35 이하의 철근을 사용한 옥외의 공기나 흙에 직접 접하지 않는 콘크리트 벽체의 경우 : 20mm

③ 흙에 접하여 콘크리트를 친 후 영구히 흙에 묻혀 있는 콘크리트의 경우 : 60mm

④ 콘크리트 설계기준압축강도가 30MPa인 옥외의 공기나 흙에 직접 접하지 않는 콘크리트 기둥의 경우 : 40mm

06 그림과 같이 삼각형의 등변분포하중을 받는 두 캔틸레버보의 고정단에서 발생되는 모멘트 반력 M_A와 M_B의 비($M_A : M_B$)는? (단, 보의 자중은 무시한다.)

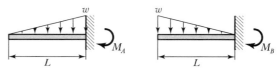

① 1 : 2

② 1 : 3

③ 2 : 1

④ 3 : 1

07 수직하중은 보, 슬래브, 기둥으로 구성된 골조가 저항하고 지진하중은 전단벽이나 가새골조 등이 저항하는 지진력 저항 시스템은?

① 역추형 시스템

② 내력벽 시스템

③ 건물골조 시스템

④ 모멘트 저항 골조 시스템

08 그림과 같은 철근콘크리트 직사각형 기초판에서 2방향 전단에 대한 위험단면의 면적은? (단, c_1, c_2는 기둥의 치수, d는 기초판의 유효깊이, D는 기초판의 전체 춤이다.)

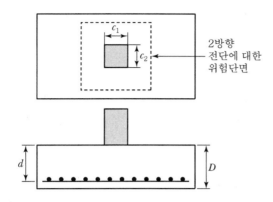

2방향 전단에 대한 위험단면

① $2 \times \left[(c_1 + 2d) + (c_2 + 2d) \right] \times d$

② $2 \times \left[(c_1 + d) + (c_2 + d) \right] \times d$

③ $2 \times \left[(c_1 + 2d) + (c_2 + 2d) \right] \times D$

④ $2 \times \left[(c_1 + d) + (c_2 + d) \right] \times D$

09 막과 케이블 구조에 대한 설명으로 옳지 않은 것은?

① 구조내력상 주요한 부분에 사용하는 막재의 파단신율은 35% 이하이어야 한다.

② 케이블 재료의 단기허용인장력은 장기허용인장력에 1.5를 곱한 값으로 한다.

③ 인열강도는 재료가 접힘 또는 굽힘을 받은 후 견딜 수 있는 최대 인장응력이다.

④ 구조내력상 주요한 부분에 사용하는 막재의 인장강도는 폭 1cm당 300N 이상이어야 한다.

08 직사각형 기초판에서 2방향 전단의 위험단면은 지지체의 표면에서 $0.5d$만큼 떨어진 곳의 둘레길이에 기초판의 유효깊이를 곱한 단면을 말한다. 📖 ②

09 케이블 재료의 단기허용인장력은 장기허용인장력에 1.33을 곱한 값으로 한다. 📖 ②

10 마찰접합되는 고장력볼트는 너트회전법, 토크관리법, 토크쉬어볼트 등을 사용하여 설계볼트장력 이상으로 조여야 한다. **답 ④**

11 콘크리트와 철근은 역학적 성질이 매우 다르다. **답 ①**

12 ③은 띠철근을 갖고 있는 프리스트레스를 가하지 않은 기둥의 최대 설계축강도이다. **답 ④**

---

10 강구조 접합에 대한 설명으로 옳지 않은 것은?

① 일반볼트는 영구적인 구조물에는 사용하지 못하고 가체결용으로만 사용한다.

② 완전용입된 그루브용접의 유효목두께는 접합판 중 얇은 쪽 판두께로 한다.

③ 필릿용접의 유효길이는 필릿용접의 총길이에서 2배의 필릿 사이즈를 공제한 값으로 하여야 한다.

④ 마찰접합되는 고장력볼트는 너트회전법, 토크관리법, 토크쉬어볼트 등을 사용하여 설계볼트장력 이하로 조여야 한다.

11 철근콘크리트구조의 성립요인에 대한 설명으로 옳지 않은 것은?

① 콘크리트와 철근은 역학적 성질이 매우 유사하다.

② 철근과 콘크리트의 열팽창계수가 거의 같다.

③ 콘크리트가 강알칼리성을 띠고 있어 콘크리트 속에 매립된 철근의 부식을 방지한다.

④ 철근과 콘크리트 사이의 부착강도가 크므로 두 재료가 일체화되어 외력에 대해 저항한다.

12 직경 D인 원형 단면을 갖는 철근콘크리트 기둥이 중심축하중을 받는 경우 최대 설계축강도($\phi P_{n(\max)}$)는? (단, 종방향 철근의 전체단면적은 A_{st}, 콘크리트의 설계기준 압축강도는 f_{ck}, 철근의 설계기준 항복강도는 f_y이고, 나선철근을 갖고 있는 프리스트레스를 가하지 않은 기둥이다.)

① $\phi P_{n(\max)} = 0.8\phi\left[0.85f_{ck}(\pi D^2/4 + A_{st}) + f_y A_{st}\right]$

② $\phi P_{n(\max)} = 0.85\phi\left[0.85f_{ck}(\pi D^2/4 + A_{st}) + f_y A_{st}\right]$

③ $\phi P_{n(\max)} = 0.8\phi\left[0.85f_{ck}(\pi D^2/4 - A_{st}) + f_y A_{st}\right]$

④ $\phi P_{n(\max)} = 0.85\phi\left[0.85f_{ck}(\pi D^2/4 - A_{st}) + f_y A_{st}\right]$

13 다음에서 설명하는 흙막이 공법은?

> 중앙부를 먼저 굴삭하여 그 부분의 지하층 구조체를 먼저 시공하고, 이 구조체를 버팀대의 반력지지체로 이용하여 흙막이벽에 버팀대를 가설한다. 이후 주변부의 흙을 굴착하고 중앙부의 기초구조체를 연결하여 기초구조물을 완성시킨다.

① 오픈 컷(Open Cut) 공법
② 아일랜드 컷(Island Cut) 공법
③ 트렌치 컷(Trench Cut) 공법
④ 어스 앵커(Earth Anchor) 공법

14 기초형식 선정 시 고려사항에 대한 설명으로 옳지 않은 것은?

① 기초는 상부구조의 규모, 형상, 구조, 강성 등을 함께 고려하여 선정해야 한다.
② 기초형식 선정 시 부지 주변에 미치는 영향을 충분히 고려하여야 한다.
③ 기초는 대지의 상황 및 지반의 조건에 적합하며, 유해한 장해가 생기지 않아야 한다.
④ 동일 구조물의 기초에서는 가능한 한 이종형식기초를 병용하여 사용하는 것이 바람직하다.

15 강구조의 특징에 대한 설명으로 옳은 것은?

① 고열과 부식에 강하다.
② 단위 면적당 강도가 크다.
③ 재료가 불균질하다.
④ 단면에 비해 부재 길이가 길고 두께가 얇아 좌굴의 영향이 작다.

16 매입형 합성단면이 아닌 합성보의 정모멘트 구간에서, 강재보와 슬래브면 사이의 총수평전단력 산정 시 고려해야 하는 한계상태가 아닌 것은?

① 콘크리트의 압괴
② 강재앵커의 강도
③ 슬래브철근의 항복
④ 강재단면의 인장항복

---

13 아일랜드 컷 공법은 비교적 기초 흙파기의 깊이가 얕고 면적이 넓은 경우에 사용한다. **답 ②**

14 동일 구조물의 기초에서는 가능한 한 이종형식기초의 병용을 피하여야 한다. **답 ④**

15 ① 고열과 부식에 약하다.
③ 재료가 균질하다.
④ 단면에 비해 부재 길이가 길고 두께가 얇아 좌굴의 영향이 크다. **답 ②**

16 정모멘트 구간에서, 강재보와 슬래브면 사이의 총수평전단력은 콘크리트의 압괴, 강재단면의 인장항복, 그리고 강재앵커의 강도인 3가지 한계상태로부터 구한 값 중에서 최솟값으로 산정한다. **답 ③**

17 (1) $I_x = \dfrac{BH^3}{12} - \dfrac{bh^3}{12}$

$= \dfrac{a \times (2a)^3}{12} - \dfrac{0.5a \times a^3}{12}$

$= \dfrac{7.5a^4}{12}$

(2) $I_y = \dfrac{BH^3}{12} - \dfrac{bh^3}{12}$

$= \dfrac{2a \times a^3}{12} - \dfrac{a \times (0.5a)^3}{12}$

$= \dfrac{1.875a^4}{12}$

$\therefore I_x : I_y = \dfrac{7.5a^4}{12} : \dfrac{1.875a^4}{12}$

$= 4 : 1$ 답 ③

18 판별식 계산상 5차 부정정이지만, 구조물 중간 부분 양쪽이 모두 힌지로 되어 있어서 내적 불안정 구조물이 된다.
답 ①

19 인장철근비는 콘크리트의 유효 단면적에 대한 인장철근 단면적의 비이다.
답 ①

17 그림과 같은 중공 박스형 단면의 도심축 x 및 y에 대한 단면2차 모멘트 I_x와 I_y의 비($I_x : I_y$)는?

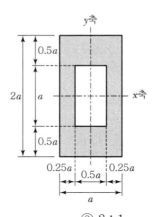

① 2 : 1 ② 3 : 1
③ 4 : 1 ④ 5 : 1

18 그림과 같은 구조물의 판별로 옳은 것은?

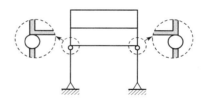

① 불안정 ② 1차 부정정
③ 3차 부정정 ④ 4차 부정정

19 철근콘크리트구조의 용어에 대한 설명으로 옳지 않은 것은?

① 인장철근비는 콘크리트의 전체 단면적에 대한 인장철근 단면적의 비이다.

② 설계강도는 단면 또는 부재의 공칭강도에 강도감소계수를 곱한 강도이다.

③ 계수하중은 사용하중에 설계법에서 요구하는 하중계수를 곱한 하중이다.

④ 균형변형률 상태는 인장철근이 설계기준항복강도 f_y에 대응하는 변형률에 도달하고, 동시에 압축 콘크리트가 가정된 극한변형률에 도달할 때의 단면상태를 말한다.

20 성능기반설계에 대한 설명으로 옳지 않은 것은?

① 2,400년 재현주기 지진에 대한 내진특등급 건축물의 최소 성능목표는 인명보호 수준이어야 한다.

② 구조체 설계에 사용되는 밑면전단력의 크기는 등가정적해석법에 의한 밑면전단력의 75% 이상이어야 한다.

③ 성능기반설계법을 사용하여 설계할 때는 그 절차와 근거를 명확히 제시해야 하며, 전반적인 설계과정 및 결과는 설계자를 제외한 1인 이상의 내진공학 전문가로부터 타당성을 검증받아야 한다.

④ 성능기반설계법은 비선형해석법을 사용하여 구조물의 초과강도와 비탄성변형능력을 보다 정밀하게 구조 모델링에 고려하여 구조물이 주어진 목표성능수준을 정확하게 달성하도록 설계하는 기법이다.

20 성능기반설계법을 사용하여 설계할 때는 그 절차와 근거를 명확히 제시해야 하며, 전반적인 설계과정 및 결과는 설계자를 제외한 2인 이상의 내진공학 전문가로부터 타당성을 검증받아야 한다.

📖 ③

| 정답 | 및 해설 |

01 우리나라에서는 2층 이상인 건축물은 지진하중을 고려한 내진설계를 한다.
답 ⑤

01 최근 자연재해로 인한 건축물의 피해가 증가하고 있다. 건축구조 설계 시 건축물에 작용하는 하중에 대해 설명한 내용으로 옳지 않은 것은?

① 적설하중은 체육관 건물이나 공장건물 등의 지붕구조로 이루어진 건물의 설계 시 지배적인 설계하중이 될 수 있다.
② 적설하중은 지역환경, 지붕의 형상, 재하분포상태 등을 고려하여 산정한다.
③ 풍하중은 건물의 형상, 건물 표면 형태, 가스트 영향계수 등을 고려하여 산정한다.
④ 지진하중은 동적영향을 고려한 등가정적하중으로 환산하여 계산한다.
⑤ 우리나라에서는 5층 이하 저층 건축물은 지진하중을 고려한 내진설계를 하지 않아도 된다.

02 튜브구조는 횡력 저항 구조체가 건물의 주변에 있으므로 내부 구조체는 연직 하중만 지지하면 되므로 설계가 단순해지는 구조이다.
답 ①

02 초고층 건물의 구조형식 중 건물의 외곽 기둥을 밀실하게 배치한 후 횡하중을 건물의 외곽 기둥이 부담하게 하여 건물 전체가 횡력에 대해 캔틸레버 보와 같이 거동할 수 있도록 계획하는 구조형식은?

① 튜브 구조   ② 대각가새 구조
③ 전단벽 구조   ④ 메가칼럼 구조
⑤ 골조-아웃리거 구조

03 휴식각 또는 안식각은 흙막이 없이 흙파기를 하여 쌓을 경우 자연스럽게 형성되는 흙의 경사면과 수평면 사이의 각도를 말하며, 보통 경사각은 안식각의 2배 정도로 한다.
답 ②

03 다음 중 흙막이 없이 흙파기를 하여 쌓을 경우 자연스럽게 형성되는 흙의 경사면과 수평면 사이의 각도를 무엇이라고 하는가?

① 터파기각   ② 안식각
③ 경사각   ④ 수평각
⑤ 내부마찰각

04 다음 중 콘크리트말뚝의 허용지지력을 구하는 방법으로 옳은 것은?

① 재하시험에서 얻은 극한지지력 값의 1/3
② 말뚝선단면적에 콘크리트내력을 곱한 값
③ 말뚝의 원통면적에 지반의 내력을 곱한 값
④ 말뚝의 원통표면적에 마찰력을 곱한 값
⑤ 마찰력과 지반내력을 합한 값

04 콘크리트말뚝의 허용지지력은 재하시험에서 얻은 극한지지력 값의 1/3을 사용하여 구한다. **답 ①**

05 철근콘크리트 구조물의 배근에 대한 기술 중 옳은 것은?

① 보의 장기처짐을 감소시키기 위하여 인장철근을 주로 배치한다.
② 캔틸레버 보의 경우 주근은 하단에 주로 배치한다.
③ 보의 하부근은 주로 중앙부에서 이음한다.
④ 보의 주근은 중앙부 상단에 주로 배치한다.
⑤ 보의 스터럽(Stirrup)은 단부에 주로 배치한다.

05 ① 보의 장기처짐을 감소시키기 위하여 압축철근을 주로 배치한다.
② 캔틸레버 보의 경우 주근은 상단에 주로 배치한다.
③ 보의 하부근은 주로 양단부에서 이음한다.
④ 보의 주근은 중앙부 하단에 주로 배치한다. **답 ⑤**

06 철근콘크리트 균형보의 철근비(ρ_b)를 구하는 공식으로 옳은 것은? (단, f_{ck} = 24MPa 콘크리트강도, f_y = 400MPa 철근항복강도, β_1 = 등가응력블록의 응력중심거리비이다.)

① $\rho_b = 0.85 \dfrac{f_{ck}}{f_y} \dfrac{660}{660 + f_{ck}}$

② $\rho_b = 0.85 \beta_1 \dfrac{f_y}{f_{ck}} \dfrac{660}{660 + f_{ck}}$

③ $\rho_b = 0.85 \beta_1 \dfrac{f_{ck}}{f_y} \dfrac{660}{660 + f_y}$

④ $\rho_b = 0.85 \dfrac{f_y}{f_{ck}} \dfrac{660}{660 + f_y}$

⑤ $\rho_b = 0.85 \beta_1 \dfrac{f_{ck}}{f_y} \dfrac{400}{400 + f_{ck}}$

06 균형철근비(ρ_b)
$$= \frac{0.85 f_{ck}}{f_y} \times \beta_1 \times \frac{660}{660 + f_y}$$
답 ③

07 처짐을 계산하지 않은 경우의 1방향 캔틸레버 슬래브의 최소두께는 슬래브 길이×1/10을 적용한다.

$$\therefore \ t = \frac{l}{10} = \frac{150\text{cm}}{10} = 15\text{cm}$$ 답 ④

08 상재분포하중이 경사균열과 평행한 스트럿을 따라서 받침부에 직접하중 전달이 가능한 경우에는 받침부 내면에서 유효춤 d만큼 떨어진 단면을 전단 위험단면으로 사용한다. 답 ①

07 그림에서 처짐을 계산하지 않는 경우 처짐두께 규정에 의한 캔틸레버 슬래브의 최소두께(t)로 옳은 것은? (단, 보통콘크리트 $f_{ck} = 24\text{MPa}$, $f_y = 400\text{MPa}$이다.)

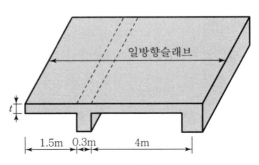

① 10.0cm   ② 12.0cm

③ 13.5cm   ④ 15.0cm

⑤ 18.0cm

08 다음 그림에서 전단 위험단면을 가장 적절하게 표시한 것은? (단, d = 보의 유효높이, t = 기초판 두께이다.)

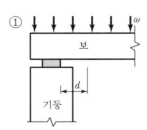 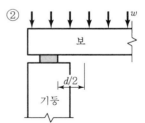

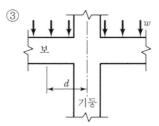 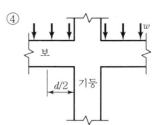

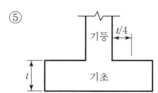

09 다음 중 휨 및 압축을 받는 부재의 설계에 대한 설명으로 옳지 않은 것은? (단, ρ_b는 균형철근비이다.)

① 휨 또는 휨과 축력을 동시에 받는 부재의 콘크리트 압축연단의 극한변형률(ε_u)은 콘크리트 설계기준강도가 40MPa 이하인 경우에는 0.0033으로 가정한다.

② 인장철근이 설계기준항복강도(f_y)에 대응하는 변형률에 도달하고 동시에 압축콘크리트가 극한변형률에 도달할 때를 균형변형률상태로 본다.

③ 압축콘크리트가 가정된 극한변형률(ε_u)에 도달할 때 최외단 인장철근의 순인장변형률(ε_t)이 압축지배변형률한계 이하인 단면을 압축지배단면이라고 한다.

④ 압축콘크리트가 가정된 극한변형률(ε_u)에 도달할 때 최외단 인장철근의 순인장변형률(ε_t)이 인장지배변형률 한계 이상인 단면을 인장지배단면이라고 한다.

⑤ 인장철근비를 최대철근비보다 작게 규정한 이유는 휨재 또는 축력이 크지 않은 휨－압축재가 파괴 이전에 전단파괴에 이르도록 유도하기 위함이다.

10 다음 중 직접설계법을 이용한 슬래브 시스템의 설계 시 제한사항으로 옳지 않은 것은?

① 각 방향으로 3경간 이상이 연속되어야 한다.

② 슬래브판들은 단변경간에 대한 장변경간의 비가 2 이하인 직사각형이어야 한다.

③ 각 방향으로 연속한 받침부 중심 간 경간길이의 차이는 긴 경간의 1/5 이하이어야 한다.

④ 연속한 기둥 중심선으로부터 기둥의 이탈은 이탈방향경간의 최대 10%까지 허용할 수 있다.

⑤ 모든 하중은 연직하중으로 슬래브판 전체에 등분포되어야 하며 활하중은 고정하중의 2배 이하이어야 한다.

09 인장철근비를 최대철근비보다 작게 규정한 이유는 휨재 또는 축력이 크지 않은 휨－압축재가 파괴 이전에 철근의 항복에 의한 연성파괴에 이르도록 유도하기 위함이다. 답 ⑤

10 각 방향으로 연속한 받침부 중심 간 경간길이의 차이는 긴 경간의 1/3 이하이어야 한다. 답 ③

11 전단경간비는 부재의 전단력에 대한 거동을 평가하는 요소이며, 전단보강근의 간격은 전단철근에 의한 전단강도에 따라 달라진다. 📖 ②

11 철근콘크리트 부재의 전단력에 대한 거동을 평가하는 척도로 전단경간비(a/d)가 사용되고 있다. 전단경간비에 대한 설명으로 옳지 않은 것은?

① 전단경간비는 최대휨내력과 최대전단내력의 비를 부재의 유효춤으로 나눈 값으로 표현한다.
② 전단경간비는 전단보강근의 간격을 결정하는 요소이다.
③ 전단경간비가 작을수록 전단파괴가 발생하기 쉽다.
④ 전단경간비가 클수록 휨파괴가 발생하기 쉽다.
⑤ 전단경간비는 부재의 휨파괴와 전단파괴를 구분하는 데 활용된다.

12 띠철근의 최대간격 산정
ㄱ 25 × 16배 = 400mm
ㄴ 10 × 48배 = 480mm
ㄷ 기둥의 최소폭 = 500mm
∴ ㄱ, ㄴ, ㄷ 중 최솟값 400mm
📖 ③

12 강도설계법에서 단면이 500 × 500mm이고 주근이 8 − D25로 배근되어 있는 철근콘크리트 기둥에 띠철근을 D10으로 사용할 경우, 다음 중 띠철근의 수직간격으로 옳은 것은?

① 300mm ② 350mm
③ 400mm ④ 450mm
⑤ 500mm

13 판별식 = 반력 + 부재수 + 강절점수
− (2 × 절점수)
= 6 + 14 + 15 − (2 × 11)
= 13차 부정정 구조물
📖 ②

13 그림과 같은 구조물의 판별 결과는?

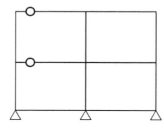

① 15차 부정정 구조물 ② 13차 부정정 구조물
③ 10차 부정정 구조물 ④ 7차 부정정 구조물
⑤ 5차 부정정 구조물

14 철골보의 처짐을 적게 하기 위한 방법으로 옳은 것은?

① 단면 2차 모멘트를 작게 한다.

② 플랜지의 단면적을 크게 한다.

③ 휨강성을 줄인다.

④ 보의 스팬을 늘린다.

⑤ 웨브 단면적을 작게 한다.

15 다음은 철골부재의 접합에서 이음부 설계세칙이다. 옳지 않은 것은?

① 응력을 전달하는 단속필릿용접이음부의 길이는 필릿사이즈의 10배 이상 또한 30mm 이상이다.

② 응력을 전달하는 겹침이음은 2열 이상의 필릿용접을 원칙으로 한다.

③ 필릿용접의 최소 겹침길이는 얇은 쪽 판두께의 5배 이상 또한 25mm 이상 겹치게 한다.

④ 고장력볼트의 구멍중심 간의 거리는 공칭직경의 1.5배 이상으로 한다.

⑤ 고장력볼트의 구멍중심에서 볼트머리 또는 너트가 접하는 재의 연단까지의 최대거리는 판두께의 12배 이하 또한 150mm 이하로 한다.

16 고장력볼트 M22(F10T)의 설계볼트장력 $T_0 = 200\text{kN}$일 때, 표준볼트장력은 얼마인가?

① 180kN
② 200kN
③ 220kN
④ 240kN
⑤ 300kN

14 ① 단면 2차 모멘트를 크게 한다.
③ 휨강성을 늘린다.
④ 보의 스팬을 줄인다.
⑤ 웨브 단면적을 크게 한다.

답 ②

15 고장력볼트의 구멍중심 간의 거리는 공칭직경의 2.5배 이상으로 한다.

답 ④

16 고장력볼트 시공 시 도입하는 표준볼트장력은 설계볼트장력에 최소 10%를 할증하여 시공하므로, 표준볼트장력은 200kN × 1.1 = 220kN이다.

답 ③

17 필릿용접의 유효면적(A)은 유효길이 (l)에 유효목두께(a)를 곱한 것으로 한다.

(1) $A = a \times l = 0.7s \times (L-2s)$
$= (0.7 \times 5) \times (100 - 2 \times 5)$
$= 315\text{mm}^2$

(2) 그림에서 2열용접으로 표시되어 있으므로 1열용접에 2배를 한다.
∴ $A = 315 \times 2 = 630\text{mm}^2$

답 ④

18 철근콘크리트 보에서 균열은 부재의 중앙에서 발생하는 휨에 의한 균열인 휨균열과 사인장 응력에 의해 유발되는 휨−전단균열과 복부에 균열이 시작되는 전단균열로 구분할 수 있다.

답 ④

19 단면계수는 보의 휨응력 산정에 적용된다.

답 ④

---

17 다음과 같은 용접부위의 유효용접면적으로 옳은 것은?
(단, 이음면이 직각인 경우)

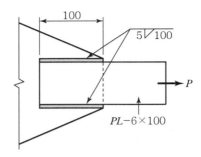

① 235mm² ② 315mm²

③ 410mm² ④ 630mm²

⑤ 725mm²

18 아래 그림과 같은 철근콘크리트 보에서 균열이 발생할 때 A, B, C 구역의 균열양상으로 바르게 짝지어진 것은?

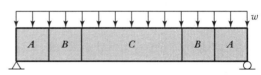

① 전단균열, 휨균열, 휨−전단균열
② 휨균열, 전단균열, 휨−전단균열
③ 휨균열, 휨−전단균열, 전단균열
④ 전단균열, 휨−전단균열, 휨균열
⑤ 휨−전단균열, 휨균열, 전단균열

19 구조부재의 단면성질과 그 용도를 짝지어 놓은 것 중 옳지 않은 것은?

① 단면2차모멘트(I_x) : 보의 처짐 계산에 적용된다.

② 단면2차반경($i_x = \sqrt{I_x / A}$) : 좌굴하중을 검토하는 데 적용한다.

③ 단면극2차모멘트(I_P) : 부재의 비틀림응력을 계산한다.

④ 단면계수(Z_c) : 보의 전단응력 산정에 적용된다.

⑤ 단면상승모멘트(I_{xy}) : 주응력을 계산하는 데 적용한다.

20 그림과 같은 단순보에서 C 점의 최대처짐량은?

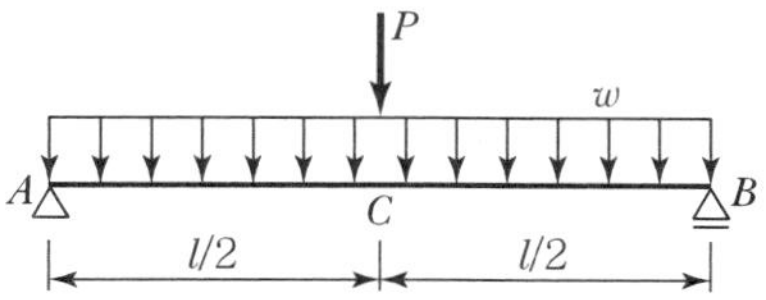

① $\dfrac{16wl^4}{384EI}+\dfrac{8Pl^3}{48EI}$

② $\dfrac{8wl^4}{384EI}+\dfrac{16Pl^3}{48EI}$

③ $\dfrac{7wl^4}{384EI}+\dfrac{5Pl^3}{48EI}$

④ $\dfrac{wl^4}{384EI}+\dfrac{5Pl^3}{48EI}$

⑤ $\dfrac{5wl^4}{384EI}+\dfrac{Pl^3}{48EI}$

20 등분포하중을 받는 단순보의 최대 처짐과 집중하중을 받는 단순보의 최대 처짐의 합

$\therefore \ \delta_{\max}=\dfrac{5wl^4}{384EI}+\dfrac{Pl^3}{48EI}$ 🖹 ⑤

정답 | 및 해설

01 트랜스퍼(Transfer) 구조는 건물 상층부의 골조를 어떤 층의 하부에서 별개의 구조형식으로 전이하는 구조시스템이다. 📖 ③

01 주상복합건물에서 주거공간인 상층부의 벽식구조시스템과 상업시설로 활용되는 저층부의 라멘 골조 시스템이 연결된 부분에 원활한 하중 전달을 위하여 설치하는 구조시스템은?

① 코아
② 아웃리거
③ 전이층
④ 가새 튜브

02 콘크리트의 인장강도는 철근콘크리트 부재 단면의 축강도와 휨강도 계산에서 무시할 수 있다. 📖 ①

02 철근콘크리트 보의 휨 해석과 설계에 관한 설명 중 옳지 않은 것은?

① 콘크리트의 인장강도는 철근콘크리트 부재 단면의 축강도와 휨강도 계산에 반영한다.
② 보에 휨이 작용할 때 발생하는 부재의 곡률은 작용시킨 휨모멘트에 비례하고, 부재의 곡률 반지름은 휨 강성에 비례한다.
③ 콘크리트 압축응력-변형률 곡선은 실험결과에 따라 직사각형, 사다리꼴 또는 포물선 등으로 가정할 수 있다.
④ 평면유지의 가정이 일반적인 보에서는 통용되지만 깊은 보의 경우 비선형 변형률 분포가 고려되어야 한다.

03 M30
• 마찰이음 허용오차 = +1.0(mm)
• 지압이음 = ±0.3(mm)　📖 ④

03 강구조에서 볼트 구멍의 허용오차로 옳지 않은 것은?
(단, M○○은 볼트의 호칭(mm)을 나타냄)

① M22 : 마찰이음 허용오차 = +0.5(mm),
　　　　지압이음 = ±0.3(mm)
② M24 : 마찰이음 허용오차 = +0.5(mm),
　　　　지압이음 = ±0.3(mm)
③ M27 : 마찰이음 허용오차 = +1.0(mm),
　　　　지압이음 = ±0.3(mm)
④ M30 : 마찰이음 허용오차 = +1.0(mm),
　　　　지압이음 = ±0.5(mm)

04 다음과 같이 집중하중 1,000N을 받고 있는 트러스의 부재 *FG*에 걸리는 힘은?

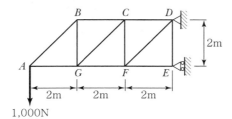

1,000N

① 2,000N(압축)　　　② 2,000N(인장)
③ 4,000N(압축)　　　④ 4,000N(인장)

05 건축구조물의 골조형식 중 횡력의 25% 이상을 부담하는 연성모멘트 골조가 전단벽이나 가새 골조와 조합되어 있는 구조방식은?

① 보통모멘트골조방식
② 모멘트골조방식
③ 이중골조방식
④ 전단벽-골조 상호작용방식

06 건축구조물의 말뚝기초 형식 중 현장타설콘크리트말뚝의 구조세칙에 대한 설명으로 옳지 않은 것은?

① 현장타설콘크리트말뚝의 단면적은 전 길이에 걸쳐 각 부분의 설계단면적 이하여서는 안 된다.
② 현장타설콘크리트말뚝의 선단부는 지지층에 확실히 도달시켜야 한다.
③ 현장타설콘크리트말뚝을 배치할 때 그 중심간격은 말뚝머리지름의 1.5배 이상 또는 말뚝머리지름에 1,500mm를 더한 값 이상으로 한다.
④ 저부의 단면을 확대한 현장타설콘크리트말뚝의 측면경사가 수직면과 이루는 각은 30° 이하로 하고 전단력에 대해 검토하여야 한다.

04 $\Sigma M_c = 0$에서
$-(1,000\text{N} \times 4\text{m}) - (FG \times 2\text{m}) = 0$
$\therefore FG = -2,000\text{N}$(압축)　🖹 ①

05 ② 모멘트골조방식 : 수직하중과 횡력을 보와 기둥으로 구성된 라멘구조가 저항하는 구조방식
④ 전단벽-골조 상호작용방식 : 전단벽과 골조의 상호작용을 고려하여 강성에 비례하여 횡력을 저항하도록 설계되는 전단벽과 골조의 조합구조시스템을 말한다. 횡력을 전단벽과 골조가 동시에 저항하는 방식으로 골조의 변형형태인 전단모드와 전단벽의 변형형태인 휨모드가 적절히 조합된 구조 방식　🖹 ③

06 현장타설콘크리트말뚝을 배치할 때 그 중심간격은 말뚝머리지름의 2.0배 이상 또는 말뚝머리지름에 1,000mm를 더한 값 이상으로 한다.
🖹 ③

07 주철근의 표준갈고리 가공 시 $90°$ 표준갈고리는 $90°$ 구부린 끝에서 $12d_b$ 이상 더 연장되어야 하므로, 갈고리 철근의 자유단 길이는 $12 \times 25mm$ $= 300mm$가 된다. **달** ④

07 철근콘크리트구조에서 철근의 정착길이가 충분하지 않을 경우 표준갈고리로 하여 정착길이를 짧게 할 수 있다. D25 주철근을 $90°$ 표준갈고리로 하여 정착시킬 경우 갈고리 철근의 자유단 길이로 옳은 것은? (단, D25철근의 공칭지름은 25mm로 한다.)

① 150mm ② 200mm

③ 250mm ④ 300mm

08 독립기초 설계 시 기초판에 사용하중을 사용하는 허용응력설계법으로 기초판의 크기를 산정한다. **달** ②

08 독립기초 설계 시 허용응력설계법이 적용되는 경우는?

① 기초 설계용 토압 산정

② 기초 크기 산정

③ 기초의 휨철근 산정

④ 기초 두께 산정

09 인장지배 단면 부재에 적용되는 강도감소계수(0.85)가 압축지배 단면 부재(0.65~0.7)에 적용되는 값보다 크다. **달** ③

09 철근콘크리트 부재설계 시 강도감소계수에 대한 설명 중 옳지 않은 것은?

① 강도감소계수의 크기를 결정하는 기준은 부재의 파괴양상이다.

② 휨모멘트가 크게 작용하는 기둥의 경우, 변형률에 따라 강도감소계수값을 보정한다.

③ 인장지배 단면 부재에 적용되는 강도감소계수가 압축지배 단면 부재에 적용되는 값보다 작다.

④ 보 휨설계 시 적용되는 강도감소계수는 0.85이다.

10 (1) $\Sigma M_A = 0$에서
$-(V_B \times 3) + (30 \times 2) + (15 \times 1) = 0$
$\therefore V_B = 25kN \cdot m$
(2) $M_{max} = 25 \times 1 = 25kN \cdot m$
(3) $Z = \dfrac{bh^2}{6} = \dfrac{200 \times 300^2}{6}$
$= 3,000,000mm^2$
$\therefore \sigma_{max} = \dfrac{M}{Z} = \dfrac{25 \times 10^6}{3 \times 10^6}$
$= 8.3N/mm^2$ **달** ②

10 다음 그림과 같은 단면을 가지는 단순 지지보의 최대 인장응력의 크기는?

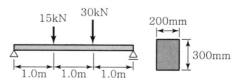

① $4.3N/mm^2$ ② $8.3N/mm^2$

③ $12.3N/mm^2$ ④ $16.3N/mm^2$

11 다음과 같이 C점이 힌지(Hinge)로 연결된 보의 지지점 A의 수직 반력은? (단, B는 고정되었으며 A는 롤러(Roller)지점으로 시공되어 있다.)

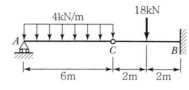

① 6kN
② 8kN
③ 10kN
④ 12kN

12 목공사에 사용되는 구조용 합판의 품질기준에 대한 설명으로 옳지 않은 것은?

① 접착성은 내수 인장 전단 접착력이 $0.7N/mm^2$ 이상인 것이어야 한다.
② 함수율은 20% 이하인 것이어야 한다.
③ 못접합부의 전단내력은 못접합부의 최대 전단내력의 40%에 해당하는 값이 700N 이상인 것이어야 한다.
④ 못뽑기 강도는 못접합부의 최대 못뽑기 강도가 90N 이상인 것이어야 한다.

13 강구조에 사용되는 강재의 탄성영역에서 전단응력의 전단변형도에 대한 비례상수를 전단 탄성계수라 한다. 사용되는 강재의 탄성계수(E)가 $2.0 \times 10^5 N/mm^2$이며 포아송비(ν)가 0.25라 할 때 전단탄성계수(G) 값은 얼마인가?

① $80,000N/mm^2$
② $120,000N/mm^2$
③ $160,000N/mm^2$
④ $200,000N/mm^2$

11 겔버보에서는 AC부재와 CB부재를 나누어 생각하며, C점에서 0이 되도록 한다.

$$\therefore R_A = \frac{(4 \times 6) \times 3}{6} = 12kN(\uparrow)$$

답 ④

12 구조용 합판의 품질기준에서 함수율은 13% 이하인 것이어야 한다.

답 ②

13 전단탄성계수(G)

$$= \frac{E}{2(1+\nu)} = \frac{2.0 \times 10^5}{2 \times (1+0.25)}$$

$$= \frac{2.0 \times 10^5}{2.5} = 80,000N/mm^2$$

답 ①

14 한계상태설계법에는 구조체의 전체 또는 부분이 붕괴되어 하중지지능력을 상실하는 상태를 말하는 극한한계상태와 구조체가 즉시 붕괴되지는 않지만, 건물이 피해를 입고 건물 수명이 저하되어 종국적으로는 건물의 구조 기능 저하로 인하여 극한 한계상태에 이르게 될 가능성이 있는 사용한계상태가 있다.   🖺 ①

15 기둥과 벽체의 유효높이는 부재상단에 횡지지되지 않은 부재의 경우 지지점부터 부재높이의 2배로 한다.   🖺 ④

16 $M_A = 60 + (30 \times 2) = 120 \text{kN} \cdot \text{m}$
   🖺 ②

---

14 다음 ( )에 들어갈 용어들이 순서에 맞게 이루어진 보기는?

> • (㉠)한계상태 : 구조체 전체 또는 부분이 붕괴되어 하중 지지 능력을 잃은 상태   예 (㉡)
> • (㉢)한계상태 : 구조체가 붕괴되지 않았으나 구조기능의 저하로 사용에 매우 부적합하게 되는 상태   예 (㉣)

	㉠	㉡	㉢	㉣
①	극한	성수대교	사용	피사의 사탑
②	사용	성수대교	극한	피사의 사탑
③	극한	피사의 사탑	사용	성수대교
④	사용	피사의 사탑	극한	성수대교

15 조적구조의 설계에 대한 내용으로 옳지 않은 것은?

① 인방보는 조적조가 허용응력도를 초과하지 않도록 최소한 100mm의 지지길이는 확보되어야 한다.

② 전단벽이 다른 벽체와 직각으로 만나는 경우, 전단벽 양쪽에 형성되는 플랜지는 휨강성을 계산할 수 있으며 플랜지 유효폭은 교차되는 벽체두께의 6배를 초과할 수 없다.

③ 수직지점하중의 분산을 위한 별도의 구조부재가 설치되지 않는 경우 수직지점하중이 통줄눈과 같이 연속한 수직모르타르 또는 신축줄눈을 가로질러 분산하지 않는 것으로 가정한다.

④ 기둥과 벽체의 유효높이는 부재상단에 횡지지되지 않은 부재의 경우 지지점부터 부재높이의 1배로 한다.

16 다음 캔틸레버보의 지지점 A에 작용하는 모멘트 반력은?

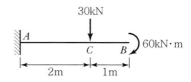

① 90kN · m   ② 120kN · m

③ 150kN · m   ④ 240kN · m

17 철근콘크리트 1방향 슬래브 설계에 대한 설명 중 옳은 것은?

① 2방향 슬래브에 비해 선호되지 않는 시스템이다.

② 1방향 슬래브는 단변방향으로 90% 이상의 슬래브 하중이 전달된다.

③ 전단보강을 위해 최소전단보강근을 배근한다.

④ 장변방향으로는 하중 전달이 미미하므로 철근을 배근할 필요가 없다.

18 조적공사에 사용되는 모르타르의 종류별 용적배합비(잔골재/결합재)로 옳은 것은?

① 치장줄눈용 모르타르 용적배합비 : 0.5~1.5

② 벽용 줄눈 모르타르 용적배합비 : 0.5~1.5

③ 벽용 붙임 모르타르 용적배합비 : 2.5~3.0

④ 바닥용 깔모르타르 용적배합비 : 2.5~3.0

19 건축물 및 공작물이 안전한 구조를 갖기 위해서는 설계단계에서 시공, 감리 및 유지 · 관리단계에 이르기까지 구조안전의 확인이 매우 중요하다. 시공과정에서 구조안전을 확인하기 위하여 책임구조기술자가 수행하여야 할 업무가 아닌 것은?

① 구조물 규격에 관한 검토 · 확인

② 설계변경에 관한 사항의 구조검토 · 확인

③ 시공하자에 대한 구조내력검토 및 보강방안

④ 용도변경을 위한 구조검토

20 철골조에 철근콘크리트 슬래브를 타설할 경우, 철골보와 슬래브 간의 전단력을 적절하게 전달하게 하는 철물은?

① 턴 버클(Turn Buckle)

② 스티프너(Stiffener)

③ 커버 플레이트(Cover Plate)

④ 강재앵커(Shear Connector)

---

17 1방향 슬래브는 마주 보는 2변만 지지되어 있는 슬래브나 장변경간이 단변경간의 2배 이상인 4변이 지지된 직사각형 슬래브로서 슬래브 하중의 90% 이상이 단변 방향으로 전달되므로 하중이 1방향으로만 전달되는 것으로 볼 수 있다. 주근을 단변에 평행한 방향으로 배근하고, 장변방향에는 온도조절철근을 배근하여 건조수축 또는 온도변화에 의하여 콘크리트에 발생하는 균열을 방지한다. **답** ②

18 ② 벽용 줄눈 모르타르 용적배합비
: 2.5~3.0
③ 벽용 붙임 모르타르 용적배합비
: 1.5~2.5
④ 바닥용 깔모르타르 용적배합비
: 3.0~6.0 **답** ①

19 시공 중 구조안전 확인사항
㉠ 구조물 규격에 관한 검토 및 확인
㉡ 사용 구조자재의 적합성 검토 및 확인
㉢ 구조재료에 대한 시험성적표 검토
㉣ 배근의 적정성 및 이음 · 정착 검토
㉤ 설계변경에 관한 사항의 구조검토 및 확인
㉥ 시공하자에 대한 구조내력검토 및 보강방안
㉦ 기타 시공과정에서 구조체의 안전이나 품질에 영향을 줄 수 있는 사항에 대한 검토 **답** ④

20 합성구조에서 콘크리트 부재의 하단은 인장을 받아 늘어나려 하고, 동시에 강재 부재의 상단은 압축을 받아 줄어들려고 하기 때문에 두 부재의 사이에 수평으로 작용하는 수평전단력이 발생하게 되며, 이 수평전단력에 저항하는 것이 강재앵커이다. **답** ④

☐ 1회 풀이 ☐ 2회 풀이 ☐ 3회 풀이

| 정답 | 및 해설

01 양단 단순지지보에 등분포하중이 작용한 경우 최대 처짐은 $\delta = \dfrac{5wL^4}{384EI}$ 이므로, 보 길이가 L에서 2L로 2배 증가하였을 경우, 동일한 처짐량을 갖도록 하려면 등분포하중은 1/16배가 되어야 한다. **답 ④**

02 좌굴하중공식 $P_{cr} = \dfrac{\pi^2 EI}{(KL)^2}$ 을 이용하여 기둥 A, B, C의 탄성좌굴하중의 비를 구한다. 또한, 모든 기둥의 단면은 동일하며, 동일재료로 구성되어 있기 때문에 EI는 같고, 각각의 좌굴하중은 KL의 제곱에 반비례한다고 볼 수 있다.

$P_A = \dfrac{1}{(0.5 \times L)^2}$,

$P_B = \dfrac{1}{(1.0 \times L)^2}$,

$P_C = \dfrac{1}{(2.0 \times L)^2}$

$\therefore P_A : P_B : P_C = 4 : 1 : 1/4$
$\qquad\qquad = 16 : 4 : 1$ **답 ④**

03 변형도에서 콘크리트의 변형률이 최대치에 도달하기 전에 인장철근이 항복하여 인장 파괴되는 경우이며, 이는 곧 연성적인 거동을 의미하며, D 구간에 해당된다. **답 ④**

---

01 양단 단순지지보에 등분포하중이 작용하여 처짐이 발생하였다. 보 길이가 L에서 2L로 2배 증가하였을 경우, 동일한 처짐량을 갖도록 하려면 등분포하중은 몇 배가 되어야 하는가?

① 1/2배   ② 1/4배
③ 1/8배   ④ 1/16배

02 그림과 같이 기둥의 실제 길이(L)와 단면이 동일하고 단부 조건이 서로 다른 (A) : (B) : (C)에 대한 이론적인 탄성좌굴 하중(P_{cr}) 비율은?

① 3 : 2 : 1
② 4 : 2 : 1
③ 9 : 4 : 1
④ 16 : 4 : 1

(A)　　　(B)　　　(C)

03 휨모멘트(M)와 축하중(P)을 동시에 받는 기둥에서 왼쪽 그림과 같은 단면의 변형도 상태는 오른쪽 P−M 상관곡선 상의 어느 부분에 해당하는가? (단, ε_c 는 콘크리트 압축변형도, ε_s 및 ε_y 는 각각 철근의 인장변형도와 철근의 항복변형도를 나타낸다.)

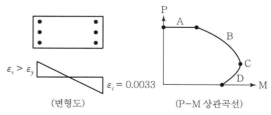

(변형도)　　　　　(P−M 상관곡선)

① A 구간   ② B 구간
③ C 점   ④ D 구간

04 다음 중 보나 지판이 없이 슬래브와 기둥으로만 구성된 가장 간단한 형식의 철근콘크리트 슬래브 방식은?

① 플랫 슬래브
② 플랫플레이트 슬래브
③ 조이스트 슬래브
④ 워플 슬래브

04 플랫플레이트 슬래브는 보와 지판이 없이 기둥만으로 지지하는 무량판 구조로서 하중이 크지 않거나 경간이 짧은 경우에 사용한다.　　**답** ②

05 다음 중 동일구역 내에서 내진설계 시 중요도계수가 가장 높은 건물은?

① 3층의 종합병원
② 5층의 학교
③ 연면적 10,000m²의 백화점
④ 12층의 아파트

05 ① 3층의 종합병원[중요도(특)] : 1.5
② 5층의 학교[중요도(1)] : 1.2
③ 연면적 10,000m²의 백화점
　[중요도(1)] : 1.2
④ 12층의 아파트[중요도(1)] : 1.2
　　답 ①

06 밀폐형 건축물의 주골조설계용 풍하중 산정에 대한 설명 중 옳지 않은 것은?

① 풍하중은 설계풍압에 유효수압면적을 곱하여 산정한다.
② 임의높이에서의 설계속도압은 그 높이에서의 설계풍속의 제곱에 비례한다.
③ 설계풍속은 기본풍속에 풍속고도분포계수, 지형계수, 중요도계수 및 가스트영향계수를 곱하여 산정한다.
④ 풍상벽의 외압계수는 건물의 폭과 깊이에 관계없이 일정하다.

06 설계풍속은 기본풍속에 풍속고도분포계수, 지형계수, 건축물의 중요도계수를 곱하여 산정한다.　　**답** ③

07 그림과 같은 트러스에서 부재력이 0인 부재의 개수로 옳은 것은?

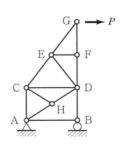

① 1개
② 2개
③ 3개
④ 4개

07 부재력이 0이 되는 부재는 EF부재, ED부재, CH부재, AB부재로 총 4개이다.　　**답** ④

08 ① 온통기초가 그 강성이 충분할 때에는 복합기초와 동일하게 취급하여 접지압을 산정할 수 있다.
② 직접기초의 저면은 온도변화에 의하여 기초지반의 체적변화를 일으키지 않고 또한 우수 등으로 인하여 세굴되지 않는 깊이에 두어야 한다.
④ 지반이 매우 약할수록 하중 – 침하 특성이 크게 다른 타입말뚝과 매입말뚝을 혼용하는 것을 피한다.
답 ③

09 보의 인장철근비를 최대 철근비 이상으로 배근하면 과다철근보가 되기 때문에 압축측 콘크리트가 인장철근보다 먼저 파괴에 이르러 취성 파괴가 발생한다.
답 ③

10 주변에 바람막이가 없이 거센 바람이 부는 지역은 그렇지 않은 지역에 비해 적설하중이 상대적으로 작다.
답 ①

08 다음 중 구조물의 기초에 대한 설명으로 가장 옳은 것은?

① 온통기초가 그 강성이 약할 때에는 복합기초와 동일하게 취급하여 접지압을 산정할 수 있다.
② 직접기초의 저면은 온도변화와 무관하게 일정한 깊이를 확보하면 된다.
③ 동일 구조물에서는 지지말뚝과 마찰말뚝을 혼용하는 것을 피한다.
④ 지반이 매우 약하면 하중 – 침하 특성이 크게 다른 타입말뚝과 매입말뚝을 혼용하는 것을 권장한다.

09 휨모멘트를 받는 철근콘크리트 보의 인장철근비를 최대 철근비 이상으로 배근할 경우 발생할 수 있는 파괴양상으로 옳은 것은?

① 인장철근이 압축측 콘크리트보다 먼저 항복하여 연성파괴가 발생한다.
② 인장철근이 압축측 콘크리트보다 먼저 항복하여 취성파괴가 발생한다.
③ 압축측 콘크리트가 인장철근보다 먼저 파괴에 이르러 취성파괴가 발생한다.
④ 압축측 콘크리트가 인장철근보다 먼저 파괴에 이르러 연성파괴가 발생한다.

10 적설하중 산정에 대한 다음의 설명 중 옳지 않은 것은?

① 주변에 바람막이가 없이 거센 바람이 부는 지역은 그렇지 않은 지역에 비해 적설하중이 상대적으로 크다.
② 지상적설하중의 기본값은 수직 최심적설깊이를 기준으로 한다.
③ 지붕경사도가 70°를 초과하는 경우에는 적설하중이 작용하지 않는 것으로 한다.
④ 건물이 난방구조물인지 여부는 적설하중 산정에 영향을 미친다.

11 그림과 같이 등변분포하중을 받는 캔틸레버보의 고정단에 작용하는 휨모멘트 반력 M_A 와 M_B 의 비율로 옳은 것은?

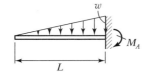 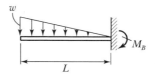

① $1 : \sqrt{2}$

② $1 : 2$

③ $\sqrt{2} : \sqrt{3}$

④ $2 : 3$

11 (1) $M_A = \left(\dfrac{1}{2} \times w \times L\right) \times \dfrac{L}{3} = \dfrac{wL^2}{6}$

(2) $M_B = \left(\dfrac{1}{2} \times w \times L\right) \times \dfrac{2L}{3} = \dfrac{wL^2}{3}$

$\therefore M_A : M_B = \dfrac{wL^2}{6} : \dfrac{wL^2}{3}$

$= 1 : 2$　　📖 ②

12 다음 그림과 같이 집중하중을 받는 내민보에서 정모멘트와 부모멘트의 최댓값을 서로 같게 하기 위한 내민 길이 x의 값은?

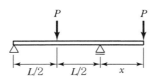

① $\dfrac{L}{2}$

② $\dfrac{L}{3}$

③ $\dfrac{L}{4}$

④ $\dfrac{L}{6}$

12 그림의 왼쪽지점을 A라 하고, 오른쪽 지점을 B라고 가정한다.

(1) $\sum M_B = 0$

$(R_A \times L) - (P \times L/2) + (P \times x) = 0$

$\therefore R_A = \dfrac{P}{2} - \dfrac{Px}{L}$

(2) 왼쪽 하중 P가 작용하는 점에 정모멘트의 최댓값이 나오고, B지점에 부모멘트의 최댓값이 나온다.

$\left(\dfrac{P}{2} - \dfrac{Px}{L}\right) \times \dfrac{L}{2} = P \times x$

$\therefore x = \dfrac{L}{6}$　　📖 ④

13 경험적 설계법에 의해 조적구조물을 설계하고자 할 때, 다음 규정 중 가장 옳지 않은 것은?

① 파라펫벽의 두께는 하부 벽체보다 얇지 않아야 한다.

② 파라펫벽의 높이는 두께의 3배 이상이어야 한다.

③ 2층 이상의 건물에서 조적내력벽의 공칭두께는 200mm 이상이어야 한다.

④ 건축구조기준의 최소두께규정으로 인하여 층간에 두께 변화가 발생한 경우에는 더 큰 두께값을 상층에도 적용 하여야 한다.

13 파라펫벽의 높이는 두께의 3배 이하이어야 한다.　　📖 ②

14 인장재의 설계인장강도는 총단면의 항복한계상태와 유효순단면의 파단 한계상태에 의해 산정된 값 중 작은 값으로 한다. 📖 ②

15 확대머리의 순지압면적(A_{brg})은 $4A_b$ 이상이어야 한다. 📖 ①

16 (1) $\delta_A = \dfrac{PL^3}{3EI}$

(2) $\delta_B = \dfrac{P(2L)^3}{3EI} = \dfrac{8PL^3}{3EI}$

$\therefore \delta_A : \delta_B = \dfrac{PL^3}{3EI} : \dfrac{8PL^3}{3EI}$

$= \dfrac{1}{I} : \dfrac{8}{I} = \dfrac{1}{bh^3} : \dfrac{8}{bh^3}$

$= \dfrac{1}{a^2} : \dfrac{8}{(2a)^2} = 1:2$ 📖 ②

17 탄성단면계수에 대한 소성단면계수의 비는 직사각형 단면인 경우 1.5이고, H형 단면의 경우 1.10~1.18 정도이며 대략 1.12가 평균값이다. 📖 ④

---

14 강재 인장재의 설계인장강도를 결정하는 데 적용하는 한계상태로 옳지 않은 것은?

① 총단면의 항복한계상태
② 유효순단면의 항복한계상태
③ 유효순단면의 파단한계상태
④ 블록전단파단

15 확대머리 이형철근에 대한 설명으로서 옳지 않은 것은?

① 확대머리의 순지압면적(A_{brg})은 $4A_b$ 이하이어야 한다.
② 확대머리 이형철근은 경량콘크리트에 적용할 수 없으며, 보통중량콘크리트에만 사용한다.
③ 정착길이(l_{dt})는 항상 $8d_b$ 또한 150mm 이상이어야 한다.
④ 압축력을 받는 경우에 확대머리의 영향을 고려할 수 없다.

16 그림과 같이 단면의 형상과 스팬 길이가 서로 다른 두 캔틸레버보가 단부에 동일한 집중하중을 받을 때 (A)와 (B)의 단부 처짐 비율로 옳은 것은? (단, 재료는 동일하다.)

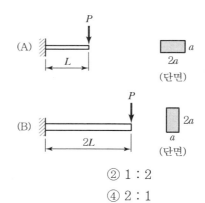

① 1 : 1   ② 1 : 2
③ 1 : 4   ④ 2 : 1

17 폭이 b이고 깊이가 h인 사각형 단면의 탄성단면계수에 대한 소성단면계수의 비로 옳은 것은?

① 1/2   ② 2/3
③ 4/3   ④ 3/2

18 철근콘크리트 휨재 또는 압축재의 강도감소계수에 대한 설명으로 옳지 않은 것은?

① 압축연단 콘크리트가 가정된 극한변형률에 도달할 때 최외단 인장철근의 순인장변형률이 압축지배 변형률한계 이하인 단면을 압축지배 단면이라고 한다.

② 극한상태에서 휨해석에 의해 계산된 단면의 최외단 인장철근변형률이 0.005 이상일 경우 그 단면을 인장지배 단면이라고 한다.

③ 압축지배 단면으로 정의되는 경우 강도감소계수는 띠철근인 경우 0.75를 사용한다.

④ 인장철근의 순인장변형률이 인장지배 한계 이상일 경우 그 단면은 연성적으로 거동하는 것으로 볼 수 있으며 강도감소계수는 0.85를 사용한다.

19 구조물의 고유주기는 진동 등 구조물의 동적응답에 매우 중요한 역할을 한다. 고유주기는 질량과 강성의 함수이다. 다음 중 고유주기가 가장 길 것으로 예상되는 구조시스템은?

① 질량 m, 강성 k인 경우
② 질량 $2m$, 강성 k인 경우
③ 질량 m, 강성 $2k$인 경우
④ 질량 $2m$, 강성 $2k$인 경우

20 플레이트 거더(plate girder)의 스티프너에 대한 설명 중 가장 옳지 않은 것은?

① 중간스티프너는 웨브의 좌굴을 방지하기 위해 보의 재축방향 중간 부분에 수평으로 설치한다.

② 수평스티프너는 웨브의 압축좌굴 내력을 증가시키기 위해 보의 압축측 웨브에 재축방향으로 수평으로 설치한다.

③ 하중점스티프너는 집중하중이 작용하는 곳의 웨브 양쪽에 수직으로 설치한다.

④ 플레이트 거더의 전단강도는 웨브의 판폭두께비 및 중간스티프너의 간격에 의해 좌우된다.

18 압축지배 단면으로 정의되는 경우 강도감소계수는 띠철근인 경우 0.65를 사용한다. 🖺 ③

19 구조물의 고유주기는 질량이 클수록 길고, 강성이 작을수록 길다. 🖺 ②

20 중간스티프너는 웨브의 좌굴을 방지하기 위해 보의 재축에 직각방향으로 수직으로 설치한다. 🖺 ①

정답 | 및 해설

01 전단탄성계수

$$G = \frac{E}{2(1+\nu)} = \frac{3.9}{2(1+0.3)}$$
$$= 1.5\text{GPa} \qquad ②$$

02 하중기간계수
시공하중(1.25) > 적설하중(1.15) >
활하중(1.0) > 고정하중(0.9) ③

03 세장비는 압축재의 유효좌굴길이를
단면2차반경으로 나눈 값이다.

$$\therefore \text{세장비}(\lambda) = \frac{KL}{r\left(=\sqrt{\dfrac{I}{A}}\right)}$$
④

04 ① 인장철근이 설계기준항복강도 f_y
에 대응하는 변형률에 도달하고 동
시에 압축콘크리트가 극한변형률
에 도달할 때, 그 단면이 균형변형
률상태에 있다고 본다.
② 휨모멘트 또는 휨모멘트와 축력을
동시에 받는 부재의 콘크리트 압축
연단의 극한변형률은 콘크리트 설
계기준강도가 40MPa 이하인 경우
에는 0.0033으로 가정하여야 한다.
④ 압축콘크리트가 가정된 극한변형
률에 도달할 때, 최외단 인장철근
의 순인장변형률 ε_t가 압축지배변
형률한계 이하인 단면을 압축지배
단면이라고 한다.
③

---

01 탄성계수 E 값이 3.9GPa이고, 포아송비(Poisson's ratio)
가 0.3인 재료의 전단탄성계수 G 값은 얼마인가?

① 1GPa
② 1.5GPa
③ 2GPa
④ 3GPa

02 다음의 설계하중 중에서 목재의 설계허용응력의 보정계수
중 하중기간계수 C_D가 가장 큰 것은?

① 고정하중
② 활하중
③ 시공하중
④ 적설하중

03 단일 압축재의 세장비를 구할 때 고려하지 않아도 되는 것은?

① 부재 길이
② 단면2차모멘트
③ 지지 조건
④ 탄성계수

04 철근콘크리트구조에서 휨모멘트나 축력 또는 휨모멘트와
축력을 동시에 받는 단면의 설계 시 적용되는 설계가정과 일
반원칙에 대한 설명 중 옳은 것은?

① 압축철근이 설계기준항복강도 f_y에 대응하는 변형률에 도
달하고 동시에 압축콘크리트가 극한 변형률에 도달할 때,
그 단면이 균형변형률 상태에 있다고 본다.
② 휨모멘트 또는 휨모멘트와 축력을 동시에 받는 부재의 콘크리
트 인장연단의 극한 변형률은 0.0033으로 가정하여야 한다.
③ 철근의 응력이 설계기준항복강도 f_y 이하일 때, 철근의 응력은
그 변형률에 철근의 탄성계수(E_s)를 곱한 값으로 하여야 한다.
④ 압축콘크리트가 가정된 극한 변형률에 도달할 때, 최외단
인장철근의 순인장변형률 ε_t가 압축지배변형률 한계 이하
인 단면을 인장지배단면이라고 한다.

05 건축구조기준에서 규정하고 있는 모멘트 – 저항골조시스템 중 내진설계 시 고려되는 반응수정계수가 가장 작은 것은?

① 합성 반강접모멘트골조
② 철골 중간모멘트골조
③ 합성 중간모멘트골조
④ 철근콘크리트 중간모멘트골조

05 ① 합성 반강접모멘트골조 : 6
　② 철골 중간모멘트골조 : 4.5
　③ 합성 중간모멘트골조 : 5
　④ 철근콘크리트 중간모멘트골조 : 5
　　　　　　　　　　　　　답 ②

06 조적식 구조의 강도설계법과 경험적 설계법에 대한 설명으로 옳지 않은 것은?

① 경험적 설계법에서 2층 이상 건물의 조적내력벽 공칭두께는 100mm 이상이어야 한다.
② 경험적 설계법에서 조적벽이 횡력에 저항하는 경우에는 전체높이가 13m, 처마높이가 9m 이하이어야 한다.
③ 강도설계법에 의한 보강조적조 휨강도의 계산에서는 조적조 벽의 인장강도를 무시한다. 단, 처짐을 구할 때는 제외한다.
④ 강도설계법에서 보강조적조 내진설계 시 보의 폭은 150mm 보다 적어서는 안된다.

06 경험적 설계법에서 2층 이상 건물의 조적내력벽 공칭두께는 200mm 이상이어야 한다.　　　답 ①

07 등분포하중을 받는 철근콘크리트 보에서 균열이 발생할 때 A, B, C 구역의 균열양상으로 옳은 것은?

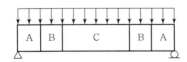

① A : 전단균열　　　B : 휨균열　　　　C : 휨 · 전단균열
② A : 휨균열　　　　B : 전단균열　　　C : 휨 · 전단균열
③ A : 휨균열　　　　B : 휨 · 전단균열　C : 전단균열
④ A : 전단균열　　　B : 휨 · 전단균열　C : 휨균열

07 철근콘크리트 보에서 균열은 부재의 중앙에서 발생하는 휨에 의한 균열인 휨균열과 사인장 응력에 의해 유발되는 휨 · 전단균열과 복부에 균열이 시작되는 전단균열로 구분할 수 있다.
　　　　　　　　　　　　　답 ④

08 강재의 좌굴에 대한 설명으로 옳은 것은?

① 부재의 길이가 길수록 더 쉽게 일어난다.
② 압축과 인장에서 모두 일어난다.
③ 기둥 설계 시에는 고려하지 않아도 된다.
④ 좌굴은 탄성 영역에서만 일어난다.

08 ② 압축에서만 일어난다.
　③ 기둥 설계 시 고려하여야 된다.
　④ 좌굴은 탄성영역 뿐만 아니라 비탄성영역에서도 일어난다.　답 ①

09 과도한 처짐에 의해 손상되기 쉬운 비구조 요소를 지지 또는 부착하지 않은 바닥구조에 대한 최대허용처짐은 활하중에 의한 순간처짐으로 계산하며 처짐한계값은 $\frac{\ell}{360}$ 이다. 📖 ③

09 다음 중 철근콘크리트의 처짐에 대한 설명으로 가장 옳지 않은 것은? (단, ℓ : 골조에서 절점 중심을 기준으로 측정된 부재의 길이)

① 장기처짐은 지속하중의 재하기간, 압축철근비 등에 영향을 받는다.

② 처짐을 계산할 때 하중작용에 의한 순간처짐은 부재강성에 대한 균열과 철근의 영향을 고려하여 탄성처짐공식을 사용하여 산정하여야 한다.

③ 과도한 처짐에 의해 손상되기 쉬운 비구조 요소를 지지 또는 부착하지 않은 바닥구조에 대한 최대허용처짐은 고정하중(Dead load)에 의한 장기처짐으로 계산하며 처짐한계값은 $\frac{\ell}{360}$ 이다.

④ 큰 처짐에 의해 손상되기 쉬운 칸막이벽이나 기타 구조물을 지지 또는 부착하지 않은 단순지지된 보의 최소두께는 $\frac{\ell}{16}$ 이다.

10 (1) $\delta_{(a)} = \dfrac{wL^4}{8EI} = \dfrac{W(2L)^4}{8EI}$

$\qquad = \dfrac{2WL^4}{EI}$

(2) $\delta_{(a)} = \dfrac{WL^4}{8EI}$

$\therefore \delta_{(a)} : \delta_{(b)} = \dfrac{2WL^4}{EI} : \dfrac{WL^4}{8EI}$

$\qquad = \dfrac{2}{d^4} : \dfrac{1}{8d^4}$

$\qquad = \dfrac{16}{(200)^4} : \dfrac{1}{(100)^4}$

$\qquad = 1 : 1$ 📖 ①

10 그림과 같이 등분포하중(W)을 받는 캔틸레버 보의 길이와 단면이 (a) 및 (b)의 두 가지 조건으로 주어졌을 경우 두 보의 최대 처짐비로 옳은 것은?

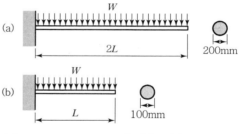

① (a) : (b) = 1 : 1   ② (a) : (b) = 8 : 1

③ (a) : (b) = 1 : 8   ④ (a) : (b) = 16 : 1

11 아웃리거란 내부코어와 외주부 기둥을 연결시켜주는 캔틸레버 형태의 벽보 혹은 트러스보를 말하며, 내부기둥은 전단벽 또는 가새 형식의 수직트러스로 구성되며, 외주부 기둥은 주로 벨트트러스(Belt truss)로 연결되어 있는 구조 방식이다. 📖 ①

11 고층 건물에 적용되는 구조시스템인 아웃리거 구조에서 내부의 코어부와 외곽 기둥을 연결할 때 아웃리거와 함께 많이 사용되는 구조부재는 다음 중 무엇인가?

① 벨트트러스(Belt truss)

② 링크 빔(Link beam)

③ 합성슬래브(Composite slab)

④ 프리스트레스트 빔(Prestressed beam)

12 강구조에 대한 다음 기술 중 옳지 않은 것은?

① 강재의 단면은 폭－두께비에 따라 콤팩트 요소, 비콤팩트 요소, 세장판 요소로 분류한다.

② 보부재에서 완전소성항복과 비탄성좌굴발생의 경계를 나타내는 소성한계비지지거리 L_P는 재료의 항복강도가 높을수록 커진다.

③ 세장한 단면을 갖는 압축부재의 공칭압축강도는 휨좌굴, 비틀림좌굴, 휨－비틀림좌굴한계상태에 기초하여 산정한다.

④ 강재의 탄소당량이 클수록 용접성이 나쁘다.

12 보부재에서 완전소성항복과 비탄성 좌굴발생의 경계를 나타내는 소성한 계비지지거리 L_P는 탄성계수와 비례 이고, 항복강도와는 반비례이므로, 재료의 항복강도가 높을수록 작아진다.

답 ②

13 철근콘크리트 2방향 슬래브 설계에 사용되는 직접설계법의 제한사항 중 옳은 것은?

① 각 방향으로 2경간 이상 연속되어야 한다.

② 모든 하중은 슬래브 판 전체에 걸쳐 등분포된 연직하중이어야 하며, 활하중은 고정하중의 2배 이하이어야 한다.

③ 슬래브 판들은 단변 경간에 대한 장변 경간의 비가 2 이상인 직사각형이어야 한다.

④ 연속한 기둥 중심선으로부터 기둥의 어긋남은 그 방향 경간의 최대 20%까지 허용할 수 있다.

13 ① 각 방향으로 3경간 이상 연속되어야 한다.
③ 슬래브 판들은 단변 경간에 대한 장변 경간의 비가 2 이하인 직사각형이어야 한다.
④ 연속한 기둥 중심선으로부터 기둥의 어긋남은 그 방향 경간의 최대 10%까지 허용할 수 있다.

답 ②

14 등가정적해석법을 사용하여 중량이 동일한 건물의 밑면전단력을 산정할 때, 밑면전단력의 크기가 가장 큰 경우는 다음 중 어떠한 경우인가?

① 강성이 크고 반응수정계수가 큰 구조물

② 강성이 작고 반응수정계수가 큰 구조물

③ 강성이 크고 반응수정계수가 작은 구조물

④ 강성이 작고 반응수정계수가 작은 구조물

14 밑면전단력은 반응수정계수와 건물의 고유주기와 반비례하므로, 반응수 정계수가 작을수록 밑면전단력이 크며, 강성이 크면 건물의 고유주기가 작으므로 밑면전단력은 크게 된다.

답 ③

15

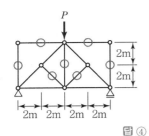

🗒 ④

15 다음과 같은 트러스에서 부재력이 0인 부재는 모두 몇 개 인가?

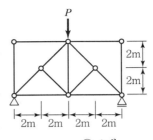

① 0개 　　　　　　② 3개

③ 6개 　　　　　　④ 7개

16 고장력볼트의 구멍중심에서 볼트머리 또는 너트가 접하는 재의 연단까지의 최대거리는 판두께의 12배 이하 또한 150mm 이하로 한다. 　🗒 ②

16 강구조에서 고장력볼트 접합과 이음부 설계에 대한 설명 중 옳지 않은 것은?

① 고장력볼트의 구멍중심간 거리는 공칭직경의 2.5배 이상으로 한다.

② 고장력볼트의 구멍중심에서 볼트머리 또는 너트가 접하는 재의 연단까지의 최대거리는 판두께의 15배 이하 또한 200 mm 이하로 한다.

③ 고장력볼트의 마찰접합은 고장력볼트의 강력한 체결력에 의해 부재간에 발생하는 마찰력을 이용하는 접합형식이다.

④ 고장력볼트의 지압접합은 부재간에 발생하는 마찰력과 볼트축의 전단력 및 부재의 지압력을 동시에 발생시켜 응력을 부담한다.

17 ① 도서관 서고 : 7.5kN/m²
② 옥외 광장 : 12kN/m²
③ 창고형 매장 : 6kN/m²
④ 사무실 문서보관실 : 5kN/m²
　🗒 ④

17 건축구조기준에서 기본등분포활하중의 용도별 최솟값이 가장 작은 것은?

① 도서관 서고 　　　　② 옥외 광장

③ 창고형 매장 　　　　④ 사무실 문서보관실

18 프리스트레스트 콘크리트 구조에 대한 설명으로 옳지 않은 것은?

① 콘크리트의 건조수축 및 크리프는 긴장재에 도입된 프리스트레스를 손실시킨다.

② 시간이 경과됨에 따라 긴장재에 도입된 프리스트레스의 응력이 감소되는 현상을 릴랙세이션(Relaxation)이라 한다.

③ 포스트텐션 방식에서 단부 정착장치가 중요하다.

④ 일반적으로 철근콘크리트 부재에 비하여 처짐 및 진동제어가 유리하다.

18 일반적으로 철근콘크리트 부재에 비하여 처짐은 작지만, 단면이 작기 때문에 진동제어가 불리하다.　🗒 ④

19 단순보의 A, D 지점에서의 수직반력(R_A, R_D)의 크기는 각각 얼마인가?

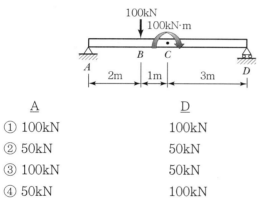

	A	D
①	100kN	100kN
②	50kN	50kN
③	100kN	50kN
④	50kN	100kN

19 (1) $\sum M_D = 0$

$(R_A \times 6) - (100 \times 4) + 100 = 0$

$\therefore R_A = 50 \text{kN}$

(2) $\sum V = 0$

$R_A + R_B - 100 = 0$

($\because R_A = 50$ 대입)

$\therefore R_B = 50 \text{kN}$　🗒 ②

20 압연 H형강 H − 600 × 200 × 11 × 17(SS400) 보의 플랜지의 판폭두께비는 얼마인가? (단, 소수점 셋째 자리에서 반올림한다.)

① 3.88　　　　② 4.88

③ 5.88　　　　④ 6.88

20 $\dfrac{b}{t} = \dfrac{200 \div 2}{17} = \dfrac{100}{17} \fallingdotseq 5.88$

🗒 ③

정답 | 및 해설

01 건축물에 대한 구조의 안전을 확인하는 경우 건축구조기술사의 협력을 받아야 하는 건축물은 6층 이상인 건축물이다.
정답 ②

02 기성 콘크리트 말뚝에 사용하는 콘크리트의 설계기준강도는 35MPa 이상으로 하고 허용지력은 말뚝의 최소 단면에 대하여 구하는 것으로 한다.
정답 ④

03 방부공법 중 방부제처리법은 최소로 하고, 구조법을 우선으로 한다.
정답 ④

01 다음 중 건축물에 대한 구조의 안전을 확인하는 경우 건축구조기술사의 협력을 받아야 하는 건축물로 가장 옳지 않은 것은?

① 판매시설의 용도로 쓰는 바닥면적의 합계가 5,000m²인 건축물

② 5층인 건축물

③ 한쪽 끝은 고정되고 다른 끝은 지지되지 아니한 구조로 된 보가 외벽의 중심선으로부터 3m 돌출된 건축물

④ 기둥과 기둥 사이의 거리가 20m인 건축물

02 「건축구조기준」에서 말뚝기초에 대한 설명 중 가장 옳지 않은 것은?

① 기성콘크리트말뚝을 타설할 때 중심간격은 말뚝머리지름의 2.5배 또한 750mm 이상으로 한다.

② 말뚝기초의 기초판 설계 시 말뚝의 반력을 기초판 저면에 작용하는 집중하중으로 가정한다.

③ 이음말뚝은 이음의 종류와 개수에 따라 말뚝재료의 허용압축응력을 저감한다.

④ 기성콘크리트말뚝 제조 시에 사용하는 콘크리트의 설계기준강도는 27MPa 이상으로 한다.

03 다음 중 목구조의 방부공법에 관련된 설명으로 가장 옳지 않은 것은?

① 기초의 토대에 환기구를 설치한다.

② 맞춤이나 이음 등의 목재가공부위는 방부제로 뿜칠처리를 한다.

③ 지붕처마와 채양은 채광 및 구조상 지장이 없는 한 길게 한다.

④ 방부공법 중 구조법은 최소로 하고, 방부제처리법을 우선으로 한다.

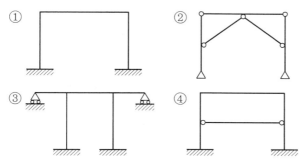

04 다음 그림과 같은 구조물에서 부정정차수가 가장 높은 것은?

05 건축물에 작용하는 다양한 설계하중의 산정에 관련된 설명으로 가장 옳지 않은 것은?

① 고정하중은 건축재료의 밀도나 단위체적중량에 체적을 곱하여 산정한다.

② 활하중은 등분포활하중과 집중활하중으로 분류하며, 그 크기는 구조물의 안전도를 고려한 최솟값으로 규정되어 있다.

③ 설계용 지붕적설하중은 재현기간 100년에 대한 지상적설량의 수직 최심깊이를 기준으로 하며, 최소 지상적설하중은 1kN/m²로 한다.

④ 설계용 풍하중은 구조물의 탄성적 거동을 전제로 하며, 설계풍압에 유효수압면적을 곱하여 산정한다.

06 다음 중 내진설계 중요도 계수가 가장 큰 구조물은?

① 20층 규모의 호텔

② 연면적이 1,000m² 미만인 발전소

③ 응급시설이 있는 종합병원

④ 연면적이 1,000m² 미만인 위험물 저장소

07 「건축구조기준」의 등가정적법에 의한 밑면전단력을 산정할 때, 다음 중 밑면전단력에 대한 설명으로 옳지 않은 것은?

① 반응수정계수와 비례한다.

② 건축물의 고유주기와 반비례한다.

③ 건축물의 중요도계수와 비례한다.

④ 유효 건물중량과 비례한다.

---

04 ① 부정정차수$(n) = r + m + s - 2j$
$= 6 + 3 + 2 - 2 \times 4$
$= 3$차부정정
② 부정정차수$(n) = r + m + s - 2j$
$= 4 + 8 + 3 - 2 \times 7$
$= 1$차부정정
③ 부정정차수$(n) = r + m + s - 2j$
$= 8 + 5 + 4 - 2 \times 6$
$= 5$차부정정
④ 부정정차수$(n) = r + m + s - 2j$
$= 6 + 6 + 4 - 2 \times 6$
$= 4$차부정정
답 ③

05 설계용 지붕적설하중은 재현기간 100년에 대한 지상적설량의 수직 최심깊이를 기준으로 하며, 최소 지상적설하중은 0.5kN/m²로 한다. **답** ③

06 ① 20층 규모의 호텔 : 중요도(1)
② 연면적이 1,000m² 미만인 발전소 : 중요도(1)
③ 응급시설이 있는 종합병원 : 중요도(특)
④ 연면적이 1,000m² 미만인 위험물 저장소 : 중요도(1) **답** ③

07 밑면전단력 산정식
$$V = C_s \times W = \frac{S_{D1}}{\left[\dfrac{R}{I_E}\right]T} \times W$$ 에서

밑면전단력은 건축물의 중요도계수와 유효건물중량과는 비례하고, 반응수정계수와 건축물의 고유주기와는 반비례한다. **답** ①

08 $I_X = I_{X_0} + (A \times y_0{}^2)$

65,000,000
$= \dfrac{60 \times 100^3}{12} + (60 \times 100) \times (50 + ㉠)^2$

65,000,000
$= 5,000,000 + (60 \times 100) \times (50 + ㉠)^2$

$10,000 = (50 + ㉠)^2$

$100 = 50 + ㉠$

∴ ㉠ $= 50$mm **답** ②

09 옥외 공기에 직접 노출되는 콘크리트 기둥에 D22 철근이 사용될 경우 최소 피복두께는 50mm이다. **답** ②

10 ① 단순 지지인 경우
$\dfrac{l}{20} = \dfrac{4,200}{20} = 210$mm

② 1단 연속인 경우
$\dfrac{l}{24} = \dfrac{4,200}{24} = 175$mm

③ 양단 연속인 경우
$\dfrac{l}{28} = \dfrac{4,200}{28} = 150$mm

④ 캔틸레버인 경우
$\dfrac{l}{10} = \dfrac{4,200}{10} = 420$mm **답** ③

08 다음 그림과 같은 단면의 X축에 대한 단면2차모멘트가 65,000,000mm⁴일 때, ㉠의 값으로 옳은 것은?

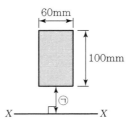

① 0mm ② 50mm
③ 100mm ④ 150mm

09 다음 중 프리스트레스하지 않는 현장치기콘크리트의 최소 피복두께로 가장 옳지 않은 것은?

① 흙에 접하여 콘크리트를 친 후 영구히 흙에 묻혀있는 콘크리트의 최소 피복두께는 75mm이다.
② 옥외 공기에 직접 노출되는 콘크리트 기둥에 D22 철근이 사용될 경우 최소 피복두께는 40mm이다.
③ 옥외의 공기나 흙에 직접 접하지 않은 슬래브에 D13 철근이 사용될 경우 최소 피복두께는 20mm이다.
④ 옥외의 공기나 흙에 직접 접하지 않은 보에 사용된 콘크리트의 강도가 $f_{ck} \geqq 40$MPa일 때 최소 피복두께는 30mm이다.

10 다음 중 처짐 검토를 하지 않아도 되는 1방향 슬래브의 지지조건별 최소두께로 옳은 것은? (단, 슬래브에 리브는 없으며, 경간은 4.2m이다.)

① 단순 지지, 175mm
② 1단 연속, 140mm
③ 양단 연속, 150mm
④ 캔틸레버, 280mm

11 다음 그림과 같은 단면을 가진 철근콘크리트의 압축부재에 횡보강철근으로 D10의 띠철근을 사용하는 경우 띠철근의 최대 수직간격으로 옳은 것은?

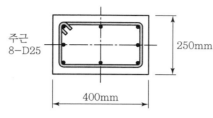

주근
8-D25

250mm

400mm

① 200mm ② 250mm
③ 300mm ④ 350mm

11 띠철근의 최대간격 산정
㉠ 25mm×16배=400mm 이하
㉡ 10mm×48배=480mm 이하
㉢ 기둥의 최소폭=250mm 이하
∴ ㉠, ㉡, ㉢ 중 작은 값=250mm
달 ②

12 철근콘크리트 벽체의 전체 단면적에 대한 최소 수직철근비, 최소 수평철근비의 규정으로 옳은 것은? (단, 사용하는 이형철근은 D13, 설계기준항복강도는 400MPa이다.)

① 최소 수직철근비=0.0012, 최소 수평철근비=0.0020
② 최소 수직철근비=0.0020, 최소 수평철근비=0.0012
③ 최소 수직철근비=0.0015, 최소 수평철근비=0.0025
④ 최소 수직철근비=0.0025, 최소 수평철근비=0.0015

12 벽체의 수직 및 수평 최소철근비

구분	수직 철근비	수평 철근비
$f_y \geq 400\text{MPa}$로서 D16 이하의 이형철근	0.0012	$0.0020 \times \dfrac{400}{f_y}$
기타 이형 철근	0.0015	0.0025

달 ①

13 콘크리트의 크리프는 고층건축물의 기둥축소현상 등 구조적으로 바람직하지 않은 영향을 미친다. 콘크리트 크리프변형률에 대한 설명으로 가장 옳지 않은 것은?

① 물-시멘트비가 클수록 크리프변형률은 증가한다.
② 콘크리트의 압축강도가 클수록 크리프변형률은 감소한다.
③ 단위골재량이 클수록 크리프변형률은 감소한다.
④ 대기 중의 습도가 높을수록 크리프변형률은 증가한다.

13 대기 중의 습도가 높을수록 크리프변형률은 감소한다. **달** ④

14 (1) $\sum M_B = 0$에서
$(R_A = 30\text{kN}$: 전단력도에서),
$R_A(=30\text{kN}) \times 9 - w \times 6 \times 3 = 0$
$\therefore w = 15\text{kN}$

(2) A지점부터 전단력이 0이 되는 곳
(x)까지 전단력을 구한다.
$S_{A-x} = 30 - 15 \times (x-3) = 0$
$\therefore x = 5\text{m}$

(3) A지점부터 5m 떨어진 곳에서 전단력이 0이고, 이때 휨모멘트는 최대가 된다.
$\therefore M_{\max} = (30 \times 5) - (15 \times 2 \times 1)$
$= 120\text{kN} \cdot \text{m}$ 답 ②

15 SN 강재는 Steel for New Structures의 약자로 건축구조용 압연강재이다.
답 ③

16 볼트는 용접과 조합해서 하중을 부담시킬 수 없으며, 이러한 경우 용접에 전체 하중을 부담시키도록 한다. 다만, 전단접합 시에는 용접과 볼트의 병용이 허용된다.
답 ①

14 단순보의 전단력도가 다음 그림과 같을 때 보의 최대휨모멘트로 옳은 것은?

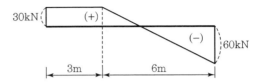

① 90kN · m
② 120kN · m
③ 240kN · m
④ 360kN · m

15 구조용 강재의 명칭과 강종의 관계로 옳지 않은 것은?

① 일반구조용 압연강재 : SS275
② 용접구조용 압연강재 : SM275A
③ 용접구조용 내후성 열간 압연강재 : SN275A
④ 건축구조용 열간압연 형강 : SHN275

16 다음 중 강구조의 접합 및 이음에 관한 설명으로 가장 옳지 않은 것은?

① 전단접합 시 볼트는 용접과 조합해서 하중을 부담시킬 수 없다.
② 연결재, 새그로드 또는 띠장을 제외한 접합부의 설계강도는 45kN 이상으로 한다.
③ 높이가 38m 이상 되는 다층구조물의 기둥이음부에는 용접접합, 마찰접합 또는 전인장조임을 적용해야 한다.
④ 고장력볼트의 구멍중심 간의 거리는 공칭직경의 2.5배 이상으로 한다.

17 다음 중 용접부 설계에 관한 설명으로 가장 옳지 않은 것은?

① 그루브용접의 유효길이는 접합되는 부분의 폭으로 한다.

② 이음면이 직각인 경우, 필릿용접의 유효목두께는 필릿사이즈의 0.7배로 한다.

③ 필릿용접의 유효길이는 필릿용접의 총길이에서 2배의 필릿사이즈를 공제한 값으로 한다.

④ 접합부의 얇은 쪽 모재두께가 14mm인 경우, 필릿용접의 최소 사이즈는 7mm이다.

17 접합부의 얇은 쪽 모재두께가 14mm인 경우, 필릿용접의 최소 사이즈는 6mm이다.

모살용접 최소 사이즈

접합부의 얇은 쪽 판 두께(t)	필릿용접의 최소 사이즈
t ≤ 6	3
6 < t ≤ 13	5
13 < t ≤ 19	6
19 < t	8

📖 ④

18 강구조 설계 시 다음 그림과 같은 압연형강 $H-500\times200\times10\times16(r=20)$에서 웨브의 폭두께비로 옳은 것은?

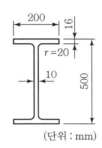

(단위 : mm)

① 42.8

② 44.8

③ 46.8

④ 48.8

18 웨브의 폭두께비 $\left(\dfrac{h}{t_w}\right)$

$= \dfrac{500-(16\times2)-(20\times2)}{10}$

$= \dfrac{428}{10}$

$= 42.8$ 📖 ①

19 다음 그림과 같은 등분포하중을 받는 단순보(a)와 양단 고정보(b)의 경우에, 중앙점($L/2$)에 작용하는 휨모멘트와 발생하는 최대처짐에 대한 각각의 비율(a : b)로 옳은 것은? (단, 탄성계수와 단면2차모멘트는 동일하다.)

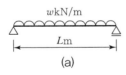

(a)

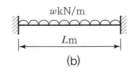

(b)

① 휨모멘트비 3 : 1, 처짐비 4 : 1

② 휨모멘트비 4 : 1, 처짐비 5 : 1

③ 휨모멘트비 4 : 1, 처짐비 4 : 1

④ 휨모멘트비 3 : 1, 처짐비 5 : 1

19 (1) 중앙점의 휨모멘트비

$= M_a : M_b$

$= \dfrac{wl^2}{8} : \dfrac{wl^2}{24} = 3 : 1$

(2) 중앙점의 처짐비

$= \delta_a : \delta_b$

$= \dfrac{5wl^4}{384EI} : \dfrac{wl^4}{384EI} = 5 : 1$

📖 ④

20 (1) 분배율

$$f_{DC} = \frac{k_{DC}}{\Sigma k} = \frac{1}{2+1+1} = \frac{1}{4}$$

(2) 분배모멘트

$$M_{DC} = M_D \times f_{DC}$$

$$= 400\text{kN} \cdot \text{m} \times \frac{1}{4}$$

$$= 100\text{kN} \cdot \text{m}$$

(3) 도달모멘트

$$M_{CD} = M_{DC} \times \frac{1}{2}$$

$$= 100\text{kN} \cdot \text{m} \times \frac{1}{2}$$

$$= 50\text{kN} \cdot \text{m} \qquad \boxed{\text{답}} ①$$

20 다음 그림과 같이 절점 D에 모멘트 $M = 400\text{kN} \cdot \text{m}$이 작용할 때, 고정지점 C점의 모멘트로 옳은 것은? (단, k는 강비이다.)

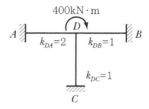

① 50kN · m ② 100kN · m

③ 150kN · m ④ 200kN · m

정답 | 및 해설

01 다음 중 지진하중에 관한 설명으로 가장 옳지 않은 것은?

① 행정구역에 따라 지진위험도를 결정할 때, 지진구역 Ⅰ의 지진구역계수는 0.11g이고, 지진구역 Ⅱ는 0.07g이다.

② 대규모 건물, 경사지에 건설되는 건물, 또는 토사지반의 분포가 일정하지 않은 지반에 건설되는 건물에서 지반조사의 위치는 최소한 2곳 이상을 선정하고 지반조사를 수행한다.

③ 내진설계에서 등가정적해석법으로 지진하중을 산정할 때, 밑면 전단력은 건축물의 중요도계수와 주기 1초에서의 설계스펙트럼가속도 값과 비례하고, 반응수정계수와는 반비례한다.

④ 내진설계범주 'D'에 해당하는 구조물은 시스템의 제한과 상호작용 효과, 변형의 적합성, 건축물 높이의 제한을 만족하여야 한다.

01 대규모 건물, 경사지에 건설되는 건물, 또는 토사지반의 분포가 일정하지 않은 지반에 건설되는 건물에서 지반조사의 위치는 최소한 3곳 이상을 선정하고 지반조사를 수행한다. 답 ②

02 다음 중 「건축구조기준(KDS)」에 따른 건축물 중요도 분류에 관한 설명으로 옳지 않은 것은?

① 연면적 1,000m² 미만인 위험물저장시설은 중요도(1)에 해당한다.

② 연면적 1,000m² 이상인 소방서는 중요도(특)에 해당한다.

③ 연면적 3,000m² 이상인 학교는 중요도(특)에 해당한다.

④ 연면적 5,000m² 이상인 운수시설은 중요도(1)에 해당한다.

02 학교는 면적과 층수에 상관없이 중요도(1)에 해당한다. 답 ③

03 흙에 접하여 콘크리트를 친 후 영구히 흙에 묻혀 있는 콘크리트의 경우는 75mm이다. **답** ②

03 다음 중 프리스트레스하지 않는 부재의 현장치기콘크리트의 최소 피복두께에 관한 설명으로 가장 옳지 않은 것은?

① 흙에 접하거나 옥외의 공기에 직접 노출되는 콘크리트에서 D25 철근일 경우는 50mm이다.

② 흙에 접하여 콘크리트를 친 후 영구히 흙에 묻혀 있는 콘크리트의 경우는 60mm이다.

③ 수중에서 타설하는 콘크리트의 경우는 100mm이다.

④ 옥외의 공기나 흙에 직접 접하지 않는 콘크리트의 보와 기둥은 40mm이다. (콘크리트의 설계기준강도 f_{ck}가 40MPa 이상인 경우 규정된 값에서 10mm 저감시킬 수 있다.)

04 표준갈고리를 갖는 인장이형철근의 기본정착길이 $l_{hb} = \dfrac{0.24\beta d_b f_y}{\lambda \sqrt{f_{ck}}}$ **답** ③

04 「건축구조기준(KDS)」에서 표준갈고리를 갖는 인장이형철근의 기본정착길이로 옳은 것은? (단, d_b : 철근의 공칭지름, f_y : 철근의 설계기준항복강도, λ : 경량 콘크리트계수, f_{ck} : 콘크리트 설계기준압축강도, α : 철근배치 위치계수, β : 철근 도막계수, C : 철근간격 또는 피복두께에 관련된 치수, K_{tr} : 횡방향 철근지수)

① $\dfrac{0.90 d_b f_y}{\lambda \sqrt{f_{ck}}} \dfrac{\alpha\beta\gamma}{\left(\dfrac{C + K_{tr}}{d_b}\right)}$　　② $\dfrac{0.60 d_b f_y}{\lambda \sqrt{f_{ck}}}$

③ $\dfrac{0.24\beta d_b f_y}{\lambda \sqrt{f_{ck}}}$　　④ $\dfrac{0.25 d_b f_y}{\lambda \sqrt{f_{ck}}}$

05 $M_{cr} = \dfrac{I_g \times f_{cr}}{y_t}$

$= \dfrac{\dfrac{bh^3}{12} \times f_{cr}}{\dfrac{b}{2}}$

$= \dfrac{bh^2}{6} f_{cr}$ **답** ④

05 폭 b 및 높이 h인 직사각형 단면($b \times h$)을 갖는 무근콘크리트 보에서, 콘크리트의 인장균열강도가 f_{cr}인 경우 이 보의 최초 휨인장 균열모멘트 M_{cr}의 산정값은?

① $M_{cr} = \dfrac{bh^3}{12} f_{cr}$　　② $M_{cr} = \dfrac{bh^2}{12} f_{cr}$

③ $M_{cr} = \dfrac{bh^3}{6} f_{cr}$　　④ $M_{cr} = \dfrac{bh^2}{6} f_{cr}$

06 「건축구조기준(KDS)」에 따른 철근콘크리트 구조의 기초판 설계에 관한 설명으로 가장 옳지 않은 것은?

① 2방향직사각형 기초판의 장변방향 철근은 단변폭 전체에 균등하게 배치한다.

② 말뚝에 지지되는 기초판의 임의 단면에 있어서, 말뚝의 중심이 임의 단면에서 $d_{pile}/2$ 이상 내측에 있는 말뚝의 반력은 그 단면에 전단력으로 작용하는 것으로 한다.

③ 기초판의 철근 정착 시 각 단면에서 계산된 철근의 인장력 또는 압축력이 발휘될 수 있도록 묻힘길이, 표준갈고리나 기계적 장치 또는 이들의 조합에 의하여 철근을 단면의 양측에 정착하여야 한다.

④ 기초판의 최대 계수휨모멘트 계산 시 위험단면의 경우 조적조 벽체를 지지하는 기초판은 벽체 중심과 단부 사이의 중간이다.

06 말뚝에 지지되는 기초판의 임의 단면에 있어서, 말뚝의 중심이 임의 단면에서 $d_{pile}/2$ 이상 외측에 있는 말뚝의 반력은 그 단면에 전단력으로 작용하는 것으로 하고, 말뚝의 중심이 임의 단면에서 $d_{pile}/2$ 이상 내측에 있는 말뚝의 반력은 전단력으로 작용하지 않는 것으로 보아야 한다. **답 ②**

07 트러스 구조 해석을 위한 가정으로 가장 옳지 않은 것은?

① 트러스의 모든 하중과 반력은 오직 절점에서만 작용한다.

② 절점법에 의한 트러스 부재력은 절점이 아닌 전체 평형조건으로부터 산정한다.

③ 트러스 부재는 인장력 또는 압축력의 축력만을 받는다.

④ 트러스는 유연한 접합부(핀 접합)에 의해 양단이 연결되어 강체로서 거동하는 직선부재의 집합체이다.

07 절점법은 전체의 평형으로부터 반력을 구하고 절점들의 평형을 통하여 부재에 걸리는 힘을 구하는 방법이다. **답 ②**

08 「건축구조기준(KDS)」에 따른 철근콘크리트 구조 부재에 적용되는 강도감소계수로 옳은 것은?

① 나선철근기둥 $\phi = 0.65$

② 포스트 텐션 정착구역 $\phi = 0.70$

③ 인장지배단면 $\phi = 0.75$

④ 전단력과 비틀림모멘트 $\phi = 0.75$

08 ① 나선철근기둥 $\phi = 0.70$
② 포스트 텐션 정착구역 $\phi = 0.85$
③ 인장지배단면 $\phi = 0.85$ **답 ④**

09 ② 서울특별시, 인천광역시, 경기도 지역 중에는 기본풍속 V_0가 30m/s인 지역은 옹진이다.
③ 울릉(독도)만 유일하게 기본풍속 V_0가 40m/s인 지역이다.
④ 풍속자료는 지표면조도구분 C인 지상 10m에서 10분간 평균풍속의 재현기간 100년 값으로 균질화해야 한다.
답 ①

09 「건축구조기준(KDS)」에 따른 100년 재현기간에 대한 지역별 기본풍속 V_0(m/s)에 관한 설명으로 가장 옳은 것은?
① 제주시, 서귀포시의 기본풍속 V_0는 44m/s를 적용한다.
② 서울특별시, 인천광역시, 경기도 지역 중에는 기본풍속 V_0가 30m/s인 지역이 없다.
③ 울릉(독도)만 유일하게 기본풍속 V_0가 45m/s인 지역이다.
④ 풍속자료는 지표면조도구분 C인 지상 15m에서 10분간 평균풍속의 재현기간 100년 값으로 균질화해야 한다.

10 앵커볼트와 평행한 조적조의 연단으로부터 앵커볼트의 표면까지 측정되는 최소 연단거리 l_{be}는 40mm 이상이 되어야 한다.
답 ③

10 「건축구조기준(KDS)」에 따른 조적식 구조의 묻힌 앵커볼트 설치에 관한 설명으로 가장 옳지 않은 것은?
① 앵커볼트 간의 최소 중심간격은 볼트직경의 4배 이상이어야 한다.
② 앵커볼트의 최소 묻힘길이 l_b는 볼트직경의 4배 이상 또는 50mm 이상이어야 한다.
③ 앵커볼트와 평행한 조적조의 연단으로부터 앵커볼트의 표면까지 측정되는 최소 연단거리 l_{be}는 30mm 이상이 되어야 한다.
④ 민머리 앵커볼트, 둥근머리 앵커볼트 및 후크형 앵커볼트의 설치 시 최소한 25mm 이상 조적조와 긴결하되, 6.4mm 직경의 볼트가 두께 13mm 이상인 바닥 가로줄눈에 설치될 때는 예외로 한다.

11 등분포하중에 대하여 배치하는 긴장재의 간격은 최소한 1방향으로는 슬래브 두께의 8배 또는 1.5m 이하로 해야 한다.
답 ③

11 다음 중 프리스트레스트 콘크리트 구조의 슬래브 설계 시 긴장재와 철근의 배치에 관한 설명으로 가장 옳지 않은 것은?
① 긴장재 간격을 결정할 때 슬래브에 작용하는 집중하중이나 개구부를 고려하여야 한다.
② 유효프리스트레스에 의한 콘크리트의 평균 압축응력이 0.9 MPa 이상이 되도록 긴장재의 간격을 정하여야 한다.
③ 등분포하중에 대하여 배치하는 긴장재의 간격은 최소한 1방향으로는 슬래브 두께의 10배 또는 2.0m 이하로 해야 한다.
④ 경간 내에서 단면 두께가 변하는 경우에는 단면 변화 방향이 긴장재 방향과 평행이거나 직각이거나에 관계없이 유효프리스트레스에 의한 콘크리트의 평균 압축응력이 모든 단면에서 0.9MPa 이상 되도록 설계하여야 한다.

12 강구조에서 압축재가 양단 고정이고, 횡좌굴에 대한 비지지길이는 3m이다. 이때의 세장비(λ)는? (단, 단면2차반경은 20mm)

① 75

② 105

③ 150

④ 300

13 「건축구조기준(KDS)」에 따른 합성부재의 구조 제한조건으로 가장 옳지 않은 것은? (단, f_y : 구조용 강재 및 철근의 설계기준 항복강도, f_{ck} : 콘크리트의 설계기준 압축강도, ρ_{sr} : 연속된 길이방향철근의 최소철근비)

① 매입형 합성부재의 강재코어 단면적은 합성기둥 총 단면적의 1% 이상으로 한다.

② $f_y \leq 650$MPa

③ 21MPa $\leq f_{ck} \leq$ 70MPa

④ 매입형 합성부재의 $\rho_{sr} = 0.024$

14 「건축구조기준(KDS)」에 따라 목구조의 벽, 기둥, 바닥, 보, 지붕은 일정 기준 이상의 내화성능을 가진 내화구조로 하여야 한다. 주요구조부재의 내화시간으로 가장 옳은 것은?

① 내력벽의 내화시간 1~3시간

② 보·기둥의 내화시간 1시간 이내

③ 바닥의 내화시간 3시간 이상

④ 지붕틀의 내화시간 1~3시간

15 정정구조와 비교하였을 때 부정정구조의 특징으로 가장 옳지 않은 것은?

① 부정정구조는 부재에 발생하는 응력과 처짐이 작다.

② 부정정구조는 모멘트 재분배 효과로 보다 안전을 확보할 수 있다.

③ 부정정구조는 강성이 작아 사용성능에서 불리하다.

④ 부정정구조는 온도변화 및 제작오차로 인해 추가적 변형이 일어난다.

정답 | 및 해설

12 유효좌굴길이(KL)
$= 0.5 \times 3,000$mm
$= 1,500$mm
∴ 세장비 $= \dfrac{KL}{r} = \dfrac{1,500}{20} = 75$

답 ①

13 매입형 합성부재에서 연속된 길이방향철근의 최소철근비 ρ_{sr}는 0.004로 한다.

답 ④

14 ② 보·기둥의 내화시간 1~3시간
③ 바닥의 내화시간 1~2시간
④ 지붕틀의 내화시간 0.5~1시간

답 ①

15 부정정구조는 강성이 커서 사용성능에서 유리하다.

답 ③

16 수평하중이 작용하지 않아도 기둥에 좌굴이 발생하면 의해 지점에 상태에 따라서 횡이동을 수반한다. 🔖 ④

16 강재기둥의 좌굴거동에 대하여 기술한 내용 중 가장 옳지 않은 것은?

① 횡이동이 있는 기둥의 경우 유효좌굴길이(KL)는 항상 길이 (L) 이상이다.

② 세장비가 한계세장비보다 작은 기둥은 비탄성좌굴에 의해 파괴될 수 있다.

③ 접선탄성계수 이론은 비탄성좌굴에 대한 이론이다.

④ 수평하중이 작용하지 않는 기둥의 좌굴은 횡이동을 수반하지 않는다.

17 인장재는 총단면에 대한 항복, 유효순단면에 대한 파단, 블록전단파단(Block Shear)이라는 한계상태에 대해 검토해야 하며, 웨브 크리플링(Web Crippling)은 집중하중이나 반력이 작용하는 위치 부근의 웨브재에 발생하는 국부적인 파괴를 말한다. 🔖 ①

17 철골구조에서 한계상태 설계법에 의한 인장재의 설계 시 검토할 사항으로 가장 옳지 않은 것은?

① 웨브 크리플링(Web Crippling)

② 전단면적에 대한 항복

③ 유효단면에 대한 파괴

④ 블록시어(Block Shear)

18 판재와 형강 또는 2개의 판재로 구성되어 연속적으로 접촉되어 있는 조립인장재의 재축방향 긴결간격은 대기 중 부식에 노출된 도장되지 않은 내후성 강재의 경우 얇은 판두께의 14배 또는 180mm 이하로 해야 한다. 🔖 ②

18 다음 중 강구조의 조립인장재에 관한 설명으로 가장 옳지 않은 것은?

① 띠판은 조립인장재의 비충복면에 사용할 수 있으며, 띠판에서의 단속용접 또는 파스너의 재축방향 간격은 150mm 이하로 한다.

② 판재와 형강 또는 2개의 판재로 구성되어 연속적으로 접촉되어 있는 조립인장재의 재축방향 긴결간격은 대기 중 부식에 노출된 도장되지 않은 내후성 강재의 경우 얇은 판두께의 16배 또는 180mm 이하로 해야 한다.

③ 판재와 형강 또는 2개의 판재로 구성되어 연속적으로 접촉되어 있는 조립인장재의 재축방향 긴결간격은 도장된 부재 또는 부식의 우려가 없어 도장되지 않은 부재의 경우 얇은 판두께의 24배 또는 300mm 이하로 해야 한다.

④ 끼움판을 사용한 2개 이상의 형강으로 구성된 조립인장재는 개재의 세장비가 가급적 300을 넘지 않도록 한다.

19 「건축구조기준(KDS)」에서 제시하는 철근 배치 간격제한에 관한 설명 중 가장 옳지 않은 것은?

① 동일 평면에서 평행하는 철근 사이의 수평 순간격은 25mm 이상, 철근의 공칭지름 이상으로 하여야 한다.

② 상단과 하단에 2단 이상으로 배치된 경우 상하 철근은 동일 연직면 내에 배치되어야 하고, 이때 상하 철근의 순간격은 25mm 이상으로 하여야 한다.

③ 나선철근 또는 띠철근이 배근된 압축부재에서 축방향철근의 순간격은 40mm 이상, 또한 철근 공칭지름의 1.5배 이상으로 하여야 한다.

④ 2개 이상의 철근을 묶어서 사용하는 다발철근은 이형철근으로, 그 개수는 5개 이하이어야 하며, 이들은 스터럽이나 띠철근으로 둘러싸여져야 한다.

20 수직 등분포하중 w_o를 받는 지간 l인 단순보에서, 좌측지점으로부터 우측지점으로 $l/4$만큼 떨어진 위치에서의 휨모멘트 M 및 전단력 V로 각각 옳은 것은?

① $M = w_o l^2 (1/32)$, $V = w_o l/8$

② $M = w_o l^2 (1/16)$, $V = w_o l/2$

③ $M = w_o l^2 (3/32)$, $V = w_o l/4$

④ $M = w_o l^2 (1/8)$, $V = w_o l/3$

19 2개 이상의 철근을 묶어서 사용하는 다발철근은 이형철근으로, 그 개수는 4개 이하이어야 하며, 이들은 스터럽이나 띠철근으로 둘러싸여져야 한다.

답 ④

20 모든 부재력 계산 시에는 반력을 먼저 구한다. 그리고 왼쪽에서부터 구하고자 하는 지점까지 부재력을 계산한다.

(1) $R_A = \dfrac{w_o l}{2}$, $R_B = \dfrac{w_o l}{2}$

(2) $S = \dfrac{w_o l}{2} - \left(w_o \times \dfrac{l}{4}\right) = \dfrac{w_o l}{4}$

(3) $M = \left(\dfrac{w_o l}{2} \times \dfrac{l}{4}\right)$
$\qquad - \left(w_o \times \dfrac{l}{4} \times \dfrac{l}{8}\right)$
$\quad = \dfrac{3 w_o l^2}{32}$

답 ③

| 정답 | 및 해설

01 구조물에 작용하는 하중의 불확실성에 대한 여유 확보는 하중계수를 사용하는 이유이다. 🔖 ③

02 구조물의 반응수정계수가 클수록 구조물에 작용하는 지진하중은 감소한다. 🔖 ③

03 샌드드레인 공법은 점토지반의 대표적인 탈수공법으로 지름 40~60cm의 철관을 이용하여 모래말뚝을 형성한 후, 지표면에 성토 하중을 가하여 점토질 지반을 압밀 탈수하는 공법이다. 🔖 ②

---

01 철근콘크리트구조의 극한강도설계법에서 강도감소계수를 사용하는 이유로 가장 옳지 않은 것은?

① 부정확한 부재강도 계산식에 대한 여유 확보
② 구조물에서 구조부재가 차지하는 부재의 중요도 반영
③ 구조물에 작용하는 하중의 불확실성에 대한 여유 확보
④ 주어진 하중조건에 대한 부재의 연성능력과 신뢰도 확보

02 건물에 작용하는 하중에 관한 설명으로 가장 옳지 않은 것은?

① 풍하중에서 설계속도압은 공기밀도와 설계풍속의 제곱에 비례한다.
② 기본지상적설하중은 재현기간 100년에 대한 수직 최심적설깊이를 기준으로 한다.
③ 구조물의 반응수정계수가 클수록 구조물에 작용하는 지진하중은 증가한다.
④ 지붕층을 제외한 일반층의 기본등분포활하중은 부재의 영향면적이 $36m^2$ 이상일 경우 저감할 수 있다.

03 기초 및 지반에 관한 설명으로 가장 옳지 않은 것은?

① 점토질 지반은 강한 점착력으로 흙의 이동이 없고 기초주변의 지반반력이 중심부에서의 지반반력보다 크다.
② 샌드드레인 공법은 모래질 지반에 사용하는 지반개량 공법으로, 모래의 압밀침하현상을 이용하여 물을 제거하는 공법이다.
③ 슬러리월 공법은 가설 흙막이벽뿐만 아니라 영구적인 구조벽체로 사용할 수 있다.
④ 평판재하시험은 지름 300mm의 재하판에 지반의 극한지지력 또는 예상장기설계하중의 3배를 최대 재하하중으로 지내력을 측정한다.

04 그림과 같이 동일한 재료로 만들어진 변단면 구조물이 100N의 인장력을 받아 1mm 늘어났을 때, 이 구조물을 이루는 재료의 탄성계수는? (단, 괄호 안의 값은 단면적이다.)

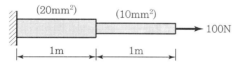

① 5,000N/mm²　　　　　　② 10,000N/mm²

③ 15,000N/mm²　　　　　　④ 20,000N/mm²

05 철근콘크리트 구조물의 철근배근에 관한 설명으로 가장 옳은 것은?

① 기둥에서 철근의 피복 두께는 40mm 이상으로 하며, 주근비는 1% 이상 6% 이하로 한다.

② 보에서 주근의 순간격은 25mm 이상이고 주근 공칭지름의 1.5배 이상이며 굵은 골재 최대치수의 4/3배 이상으로 하여야 한다.

③ 기둥에서 나선철근의 중심간격은 25mm 이상 75mm 이하로 한다.

④ 보에서 깊이 h가 900mm를 초과하는 경우, 보의 양측면에 인장연단으로부터 h/2 위치까지 표피철근을 길이방향으로 배근한다.

06 「건축구조기준(KDS)」에 따른 철골부재의 이음부 설계 세칙에 대한 설명으로 가장 옳지 않은 것은?

① 응력을 전달하는 필릿용접 이음부의 길이는 필릿 사이즈의 10배 이상이며, 또한 30mm 이상이다.

② 겹침길이는 얇은 쪽 판 두께의 5배 이상이며, 또한 25mm 이상 겹치게 한다.

③ 응력을 전달하는 겹침이음은 2열 이상의 필릿용접을 원칙으로 한다.

④ 고장력볼트의 구멍 중심 간 거리는 공칭직경의 1.5배 이상으로 한다.

04 탄성계수

$$E = \frac{P \times L}{A \times \Delta L}$$

$$= \frac{100 \times 1,000}{20 \times 1} + \frac{100 \times 1,000}{10 \times 1}$$

$$= 15,000\text{N/mm}^2 \qquad \text{답 ③}$$

05 ① 기둥에서 철근의 피복 두께는 40mm 이상으로 하며, 주근비는 1% 이상 8% 이하로 한다.

② 보에서 주근의 순간격은 25mm 이상이고 주근 공칭지름 이상이며 굵은 골재 공칭최대치수 규정 이상으로 하여야 한다.

③ 기둥에서 나선철근의 순간격은 25mm 이상 75mm 이하로 한다.

답 ④

06 고장력볼트의 구멍 중심 간 거리는 공칭직경의 2.5배 이상으로 한다.

답 ④

07 연속기초(wall footing)는 상부하중
이 균등하게 작용하는 경우에 적합하
며, 벽 또는 일련의 기둥으로부터의
응력을 띠모양으로 하여 지반 또는 지
정에 전달토록 하는 기초이다.
📖 ①

07 건축구조물의 기초를 선정할 때, 상부 건물의 구조와 지반
상태를 고려하여 적절히 선정하여야 한다. 기초선정과 관련
된 설명으로 가장 옳지 않은 것은?

① 연속기초(wall footing)는 상부하중이 편심되게 작용하는
경우에 적합하다.

② 온통기초(mat footing)는 지반의 지내력이 약한 곳에서 적
합하다.

③ 복합기초(combined footing)는 외부기둥이 대지 경계선에
가까이 있을 때나 기둥이 서로 가까이 있을 때 적합하다.

④ 독립기초(isolated footing)는 지반이 비교적 견고하거나
상부하중이 작을 때 적합하다.

08 긴장재와 덕트(시스) 사이의 마찰에
의한 손실은 포스트텐션에만 해당되
는 손실원인이다. 📖 ①

08 프리스트레스트 콘크리트구조의 프리텐션공법에서 긴장재
의 응력손실 원인이 아닌 것은?

① 긴장재와 덕트(시스) 사이의 마찰

② 콘크리트의 크리프

③ 긴장재 응력의 이완(relaxation)

④ 콘크리트의 탄성수축

09 전단마찰철근의 설계기준항복강도는
500MPa 이하로 한다. 📖 ④

09 철근콘크리트구조에서 전단마찰설계에 대한 설명으로 가장
옳지 않은 것은?

① 전단마찰철근이 전단력 전달면에 수직한 경우 공칭전단강
도 $V_n = A_{vf}f_y\mu$로 산정한다.

② 보통중량콘크리트의 경우 일부러 거칠게 하지 않은 굳은 콘크
리트와 새로 친 콘크리트 사이의 마찰계수는 0.6으로 한다.

③ 전단마찰철근은 굳은 콘크리트와 새로 친 콘크리트 양쪽에
설계기준항복강도를 발휘할 수 있도록 정착시켜야 한다.

④ 전단마찰철근의 설계기준항복강도는 600MPa 이하로 한다.

10 철골구조에서 설계강도를 계산할 때 저항계수의 값이 다른 것은?

① 볼트 구멍의 설계지압강도

② 압축재의 설계압축강도

③ 인장재의 인장파단 시 설계인장강도

④ 인장재의 블록전단강도

11 그림과 같이 양단 단순지지보에서 최대 휨모멘트가 발생하는 지점이 지점 A로부터 x 만큼 떨어진 곳에 있을 때 x의 값은?

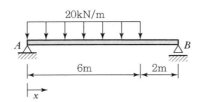

① 1.54m

② 2.65m

③ 3.75m

④ 4.65m

12 강구조 접합에서 용접과 볼트의 병용에 대한 설명으로 가장 옳지 않은 것은?

① 신축 구조물의 경우 인장을 받는 접합에서는 용접이 전체하중을 부담한다.

② 신축 구조물에서 전단접합 시 표준구멍 또는 하중 방향에 수직인 단슬롯구멍이 사용된 경우, 볼트와 하중 방향에 평행한 필릿용접이 하중을 각각 분담할 수 있다.

③ 마찰볼트접합으로 기 시공된 구조물을 개축할 경우 고장력볼트는 기 시공된 하중을 받는 것으로 가정하고 병용되는 용접은 추가된 소요강도를 받는 것으로 용접설계를 병용할 수 있다.

④ 높이가 38m 이상인 다층구조물의 기둥이음부에서는 볼트가 설계하중의 25%까지만 부담할 수 있다.

정답 | 및 해설

10 ① 볼트 구멍의 설계지압강도 : 0.75
② 압축재의 설계압축강도 : 0.90
③ 인장재의 인장파단 시 설계인장강도 : 0.75
④ 인장재의 블록전단강도 : 0.75

📖 ②

11 (1) $\sum M_B = 0 : + V_A \times 8 - (20 \times 6)$
$\times 5 = 0$
$\therefore V_A = +75 \, \text{kN}$

(2) A지점에서 전단력이 0인 위치까지의 거리를 x라고 하면
$S_x = +75 - (20 \times x) = 0$
$\therefore x = 3.75 \, \text{m}$

📖 ③

12 높이가 38m 이상인 다층구조물의 기둥이음부에서는 용접접합, 마찰접합 또는 전인장조임을 적용해야 한다.

📖 ④

13 면진구조는 지진파가 갖고 있는 강한 에너지 대역으로부터 도피하여 지진과 대항하지 않고 지진을 피하고자 하는 수동적인 개념의 구조방식을 말한다. 📖 ①

14 표준갈고리는 압축을 받는 경우 철근 정착에 유효하지 않은 것으로 보기 때문에 압축측에 갈고리를 설치하여도 효과가 없다. 📖 ②

15 M(모멘트) $= P$(축력) $\times e$(편심거리)

$e = \dfrac{M}{N} = \dfrac{20}{50} = 0.4$m

$\therefore e = \dfrac{D}{8} = 0.4$m이므로 $D = 3.2$m

📖 ③

---

13 지진에 저항하는 구조물을 설계할 때, 지반과 구조물을 분리함으로써 지진동이 지반으로부터 구조물에 최소한으로 전달되도록 하여 수평진동을 감소시키는 건축구조기술에 해당하는 것은?

① 면진구조　　　　　② 내진구조
③ 복합구조　　　　　④ 제진구조

14 철근콘크리트구조에서 철근의 정착 및 이음에 관한 설명으로 가장 옳지 않은 것은?

① 보에서 상부철근의 정착길이가 하부철근의 정착길이보다 길다.
② 압축을 받는 철근의 정착길이가 부족할 경우 철근 단부에 표준갈고리를 설치하여 정착길이를 줄일 수 있다.
③ 겹침이음의 경우 철근의 순간격은 겹침이음길이의 1/5 이하이며, 또한 150mm 이하이어야 한다.
④ 연속부재의 반침부에서 부모멘트에 배치된 인장철근 중 1/3 이상은 변곡점을 지나 부재의 유효깊이, 주근 공칭지름의 12배 또는 순경간의 1/16 중 큰 값 이상의 묻힘길이를 확보하여야 한다.

15 그림과 같은 원형 독립기초에 축력 $N = 50$kN, 휨모멘트 $M = 20$kN·m가 작용할 때, 기초바닥과 지반 사이에 접지압으로 압축반력만 생기게 하기 위한 최소 지름(D)은?

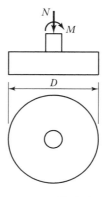

① 1.2m　　　　　② 2.4m
③ 3.2m　　　　　④ 4.0m

16 KDS 구조기준에 따른 두께 16mm SMA275CP 강재에 대한 설명으로 가장 옳지 않은 것은?

① 용접구조용 강재이다.

② 항복강도는 275MPa이다.

③ 일반구조용 강재에 비해 대기 중에서 부식에 대한 저항성이 우수하다.

④ 샤르피 흡수에너지가 가장 낮은 등급이다.

16 C이므로 샤르피 흡수에너지가 가장 높은 등급이다. 📖 ④

17 그림과 같은 단면을 갖는 캔틸레버 보에 작용할 수 있는 최대 등분포하중(W)은? (단, 내민길이 $l = 4\text{m}$, 허용전단응력 $f_s = 2\text{MPa}$이고 휨모멘트에 대해서는 충분히 안전한 것으로 가정한다.)

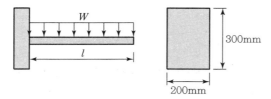

① 20.00kN/m ② 22.50kN/m

③ 25.00kN/m ④ 27.50kN/m

17 (1) 최대허용전단응력($\tau_{\max}$)

$$= \frac{3}{2} \times \frac{S}{A}$$

$$2 = \frac{3}{2} \times \frac{S}{(200 \times 300)}$$

∴ 최대전단력(S) = 80,000N

= 80kN

(2) $S = W \times l$

80kN $= W \times 4\text{m}$

∴ $W = 20\text{kN/m}$ 📖 ①

18 철근콘크리트 구조 설계에서 보의 휨모멘트 계산을 위한 압축응력 등가블록깊이 계산 시 사용되는 설계변수가 아닌 것은?

① 보의 폭

② 콘크리트 탄성계수

③ 인장철근의 설계기준항복강도

④ 인장철근 단면적

18 압축응력 등가블록깊이(a)

$$= \frac{A_s \times f_y}{0.85 f_{ck} \times b} \text{로 계산한다.}$$

여기서, A_s : 인장철근 단면적

f_y : 인장철근의 설계기준항복강도

f_{ck} : 콘크리트 설계기준압축강도

b : 보의 폭 📖 ②

19 합성보의 슬래브 유효폭 산정

(1) 보 스팬의 1/8＝8,000×1/8
　　　　＝1,000mm

(2) 보 중심선에서 인접보 중심선까지
거리의 1/2
＝3,000×1/2
＝1,500mm

∴ 한쪽으로 내민 유효폭은 (1), (2) 중
최솟값이므로 1,000mm이며, 양
쪽의 유효폭이므로 2,000mm가
된다.　　　　　　　　答 ②

19 그림과 같이 스팬이 8,000mm이며 간격이 3,000mm인 합
성보의 슬래브 유효폭은?

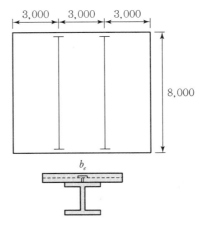

① 1,000mm　　　　　② 2,000mm

③ 3,000mm　　　　　④ 4,000mm

20 스트럿 – 타이 모델을 구성하는 요소
에는 압축요소인 스트럿(strut), 인
장력 전달요소인 타이(tie), 3개 이상
스트럿과 타이의 연결점 또는 스트럿
과 타이 그리고 집중하중의 중심선이
교차하는 점인 절점(node), 절점의
유한영역인 절점영역(nodal zone)
이 있다.　　　　　　　答 ②

20 「건축구조기준(KDS)」에서는 응력교란영역에 해당하는 구
조부재에 스트럿 – 타이 모델(strut – tie model)을 적용하
도록 권장하고 있다. 스트럿 – 타이 모델을 구성하는 요소에
해당하지 않는 것은?

① 절점(node)

② 하중경로(load path)

③ 타이(tie)

④ 스트럿(strut)

정답 | 및 해설

01 「건축물강구조설계기준(KDS 41 31 00)」에 따라 보 플랜지를 완전용입용접으로 접합하고 보의 웨브는 용접으로 접합한 접합부를 적용한 경우, 철골중간모멘트골조 지진하중 저항시스템에 대한 요구사항으로 가장 옳지 않은 것은?

① 내진설계를 위한 철골중간모멘트골조의 반응수정계수는 4.5이다.

② 보-기둥 접합부는 최소 0.02rad의 층간변위각을 발휘할 수 있어야 한다.

③ 보의 춤이 900mm를 초과하지 않으면 실험결과 없이 중간모멘트골조의 접합부로서 인정할 수 있다.

④ 중간모멘트골조의 보 소성힌지영역은 보호영역으로 고려되어야 한다.

01 보의 춤이 750mm를 초과하지 않으면 실험결과 없이 중간모멘트골조의 접합부로서 인정할 수 있다. 📖 ③

02 그림과 같은 단면을 가진 단순보에 등분포하중(w)이 작용하여 처짐이 발생하였다. 단면 높이 h를 2h로 2배 증가하였을 경우, 보에 작용하는 최대 모멘트와 처짐의 변화에 대한 설명으로 가장 옳은 것은?

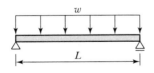

① 최대 모멘트와 처짐이 둘다 8배가 된다.

② 최대 모멘트는 동일하고, 처짐은 8배가 된다.

③ 최대 모멘트는 8배, 처짐은 1/8배가 된다.

④ 최대 모멘트는 동일하고, 처짐은 1/8배가 된다.

02 보의 높이를 증가시키는 것은 최대 모멘트와 관계가 없으므로 최대 모멘트는 동일하고, 처짐은 보의 높이의 세제곱에 반비례하므로 처짐은 1/8배가 된다. 📖 ④

03 주철근의 90도 표준갈고리는 구부린 끝에서 철근지름의 12배 이상 더 연장 되어야 한다. 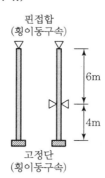 ②

04 (1) 강축의 세장비 =
$$\frac{KL}{r_x} = \frac{0.7 \times 10,000}{100} = 70$$
(2) 약축의 세장비 =
$$\frac{KL}{r_x} = \frac{1 \times 6,000}{50} = 120$$
∴ (1), (2) 중 큰 값인 120 ③

03 콘크리트구조의 철근상세에 대한 설명으로 가장 옳지 않은 것은?

① 주철근의 180도 표준갈고리는 구부린 반원 끝에서 철근지름의 4배 이상, 또한 60mm 이상 더 연장되어야 한다.

② 주철근의 90도 표준갈고리는 구부린 끝에서 철근지름의 6배 이상 더 연장되어야 한다.

③ 스터럽과 띠철근의 90도 표준갈고리의 경우, D16 이하의 철근은 구부린 끝에서 철근지름의 6배 이상 더 연장되어야 한다.

④ 스터럽과 띠철근의 135도 표준갈고리의 경우, D25 이하의 철근은 구부린 끝에서 철근지름의 6배 이상 더 연장되어야 한다.

04 그림과 같이 1단고정, 타단 핀고정이고 절점 횡이동이 없는 중심압축재가 있다. 부재단면은 압연H형강이고, 부재길이는 10m, 부재 중간에 약축 방향으로만 횡지지(핀고정)되어 있다. 이 부재의 휨좌굴강도를 결정하는 세장비로 가장 옳은 것은? (단, 부재단면의 국부좌굴은 발생하지 않으며, 세장비는 유효좌굴길이(이론값)를 단면2차반경으로 나눈 값으로 정의하고, 강축에 대한 단면2차반경 r_x=100mm, 약축에 대한 단면2차반경 r_y=50mm이다.)

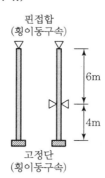

① 70

② 100

③ 120

④ 56

05 「건축물강구조설계기준(KDS 41 31 00)」에서 충전형 합성기둥에 대한 설명으로 가장 옳지 않은 것은?

① 강관의 단면적은 합성기둥 총단면적의 1% 이상으로 한다.

② 압축력을 받는 각형강관 충전형합성부재의 강재요소의 최대폭두께비가 $2.26\sqrt{E/F_y}$ 이하이면 조밀로 분류 한다.

③ 실험 또는 해석으로 검증되지 않을 경우, 합성기둥에 사용되는 구조용 강재의 설계기준항복강도는 700MPa를 초과할 수 없다.

④ 실험 또는 해석으로 검증되지 않을 경우, 합성기둥에 사용되는 콘크리트의 설계기준압축강도는 70MPa를 초과할 수 없다(경량콘크리트 제외).

정답 | 및 해설

05 실험 또는 해석으로 검증되지 않을 경우, 합성기둥에 사용되는 구조용 강재의 설계기준항복강도는 650MPa를 초과할 수 없다. 　답 ③

06 시험실에서 양생한 공시체의 강도평가에 대한 〈보기〉의 설명에서 ㉠~㉢에 들어갈 값을 순서대로 바르게 나열한 것은?

> 콘크리트 각 등급의 강도는 다음의 두 요건이 충족되면 만족할 만한 것으로 간주할 수 있다.
> (가) ㉠번의 연속강도 시험의 결과 그 평균값이 ㉡ 이상 일 때
> (나) 개개의 강도시험값이 f_{ck}가 35MPa 이하인 경우에는 (f_{ck} −3.5)MPa 이상, 또한 f_{ck}가 35MPa 초과인 경우에는 ㉢ 이상인 경우

	㉠	㉡	㉢
①	2	f_{ck}	$0.85f_{ck}$
②	2	$0.9f_{ck}$	$0.9f_{ck}$
③	3	$0.9f_{ck}$	$0.85f_{ck}$
④	3	f_{ck}	$0.9f_{ck}$

06 콘크리트 각 등급의 강도는 3번의 연속강도 시험의 결과 그 평균값이 f_{ck} 이상 일 때와 개개의 강도시험값이 f_{ck}가 35MPa 이하인 경우에는 (f_{ck} −3.5)MPa 이상, 또한 f_{ck}가 35MPa 초과인 경우에는 $0.9f_{ck}$ 이상인 경우, 두 요건이 충족되면 만족할 만한 것으로 간주할 수 있다. 　답 ④

07 1개 층을 지지하는 부재의 저감계수는 0.5보다 작을 수 없다. **답** ④

07 기본등분포 활하중의 저감에 대한 설명으로 가장 옳지 않은 것은?

① 지붕활하중을 제외한 등분포활하중은 부재의 영향 면적이 $36m^2$ 이상인 경우 저감할 수 있다.
② 기둥 및 기초의 영향면적은 부하면적의 4배이다.
③ 부하면적 중 캔틸레버 부분은 영향면적에 단순 합산한다.
④ 1개 층을 지지하는 부재의 저감계수는 0.6보다 작을 수 없다.

08 $I_X = I_{x_0} + (A \times y^2)$

$$= \frac{20 \times 60^3}{12} + (20 \times 60 \times 50^2)$$

$$= 3,360,000cm^4$$ **답** ④

08 그림과 같은 단면의 X−X축에 대한 단면2차모멘트의 값으로 옳은 것은?

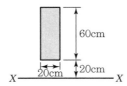

① $360,000cm^4$
② $2,640,000cm^4$
③ $3,000,000cm^4$
④ $3,360,000cm^4$

09 1:1: $\sqrt{2}$ 인 닮은꼴 비를 이용하면, AC부재=10kN(인장력), AB부재=10kN, BC부재=$10\sqrt{2}$ kN(압축력)가 된다. **답** ②

09 그림과 같은 단순트러스 구조물 C점에 수평력 10kN 이 작용하고 있다. 부재 BC에 걸리는 힘의 크기 F_{BC} 값은? (단, 인장력은 (+), 압축력은 (−)이다.)

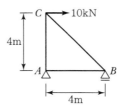

① $10\sqrt{2}$ (인장력)
② $10\sqrt{2}$ (압축력)
③ $\dfrac{10}{\sqrt{2}}$ (인장력)
④ $\dfrac{10}{\sqrt{2}}$ (압축력)

10 그림과 같이 등분포 하중 w를 지지하는 스팬 L인 단순보가 있다. 이 보의 단면의 폭은 b, 춤은 h라고 할 때, 최대 휨모멘트로 인해 이 단면에 발생하는 최대인장응력도의 크기는?

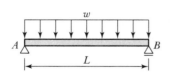

① $\dfrac{wL^2}{2bh^2}$　　　　② $\dfrac{wL^2}{bh^2}$

③ $\dfrac{3wL^2}{4bh^2}$　　　　④ $\dfrac{11wL^2}{12bh^2}$

11 그림과 구조물의 부정정 차수는?

① 0차　　　　② 1차
③ 2차　　　　④ 3차

12 콘크리트 재료에 대한 설명으로 가장 옳은 것은?

① 강도설계법에서 파괴 시 극한 변형률을 0.005로 본다.
② 콘크리트의 탄성계수는 콘크리트의 압축강도에 따라 그 값을 달리한다.
③ 할선탄성계수(secant modulus)는 응력−변형률 곡선에서 초기 선형 상태의 기울기를 뜻한다.
④ 압축강도 실험 시 하중을 가하는 재하속도는 강도 값에 영향을 미치지 않는다.

10 보의 최대휨응력도 =
$\pm\dfrac{M}{I}y = \pm\dfrac{M}{Z}$　(+ : 최대인장응력도, − : 최대압축응력도)

$\therefore \sigma = \dfrac{M}{Z} = \dfrac{\dfrac{wL^2}{8}}{\dfrac{bh^2}{6}} = \dfrac{3wL^2}{4bh^2}$

11 판별식 = 반력수+부재수+강절점수
　　　　+(2×절점수)
　　= 4+4+2+(2×5) = 0차
　　　　　　　　　　📖 ①

12 ① 강도설계법에서 파괴 시 극한 변형률값으로 본다.
③ 초기접선탄성계수는 응력−변형률 곡선에서 초기 선형 상태의 기울기를 뜻한다.
④ 압축강도 실험 시 하중을 가하는 재하속도는 강도 값에 영향을 미친다.
　　　　　　　　　　📖 ②

13 인장철근비

$$\rho = \frac{A_s}{bd} = \frac{600}{300 \times 500} = 0.004$$

답 ①

14 ① 1.2D
② 1.2D+1.6L
③ 1.2D+1.6S+0.65W   답 ④

15 내진등급 I 의 성능목표는 재현주기
2,400인 경우 붕괴방지, 재현주기
1,400인 경우 인명보호의 성능수준
을 만족해야 한다.   답 ②

---

13 그림과 같은 단면을 갖는 직사각형 보의 인장철근비는? (단, D22 철근 3개의 단면적 합은 600mm² 이다.)

① 0.004   ② 0.006

③ 0.008   ④ 0.01

14 강도설계법의 하중조합으로 가장 옳은 것은? (단, D : 고정하중, L : 활하중, S : 적설하중, W : 풍하중, E : 지진하중이다.)

① 1.2D   ② 1.4D+1.6L

③ 1.2D+1.6S+0.5W   ④ 0.9D+1.0E

15 지진력저항시스템을 성능설계법으로 설계하고자 할 때, 내진등급별 최소성능목표를 만족해야 한다. 내진등급 I의 최소성능목표에 대한 설명으로 가장 옳은 것은?

① 재현주기 1,000년인 경우 기능수행의 성능수준을 만족해야 한다.

② 재현주기 1,400년인 경우 인명보호의 성능수준을 만족해야 한다.

③ 재현주기 2,400년인 경우 인명보호의 성능수준을 만족해야 한다.

④ 재현주기 1,400년인 경우 기능수행의 성능수준을 만족해야 한다.

16 콘크리트 인장강도에 대한 설명으로 가장 옳지 않은 것은?

① 휨재의 균열발생, 전단, 부착 등 콘크리트의 인장응력 발생 조건별로 적합한 인장강도 시험방법으로 평가해야 한다.

② f_{ck}값을 이용하여 콘크리트파괴계수 f_r을 산정할 때, 동일한 f_{ck}를 갖는 경량콘크리트와 일반중량콘크리트의 f_r은 동일하다.

③ 시험 없이 계산으로 산정된 콘크리트파괴계수 f_r과 쪼갬인장강도 f_{sp}는 $\sqrt{f_{ck}}$에 비례한다.

④ 쪼갬인장강도 시험 결과는 현장 콘크리트의 적합성 판단기준으로 사용할 수 없다.

17 철근콘크리트구조에서 인장을 받는 SD500 D22 표준갈고리를 갖는 이형철근의 기본 정착길이 l_{hb}는 철근 지름 d_b의 몇 배인가? (단, 일반중량콘크리트로 설계기준압축강도 f_{ck} =25MPa이고, 도막은 없다.)

① 19배　　　　② 24배
③ 25배　　　　④ 40배

18 〈보기〉의 매입형 합성부재 안에 사용하는 스터드 앵커에 관한 표에서 A~E 중 가장 작은 값과 가장 큰 값을 순서대로 바르게 나열한 것은? (단, 표는 각 하중조건에 대한 스터드앵커의 최소 h/d 값을 나타낸 것이다.)

〈보기〉		
하중 조건	**보통콘크리트**	**경량콘크리트**
전단	h/d ≥ (A)	h/d ≥ (B)
인장	h/d ≥ (C)	h/d ≥ (D)
전단과 인장의 조합력	h/d ≥ (E)	*

h/d=스터드앵커의 몸체직경(d)에 대한 전체길이(h) 비
※ 경량콘크리트에 묻힌 앵커에 대한 조합력의 작용효과는 관련 콘크리트 기준을 따른다.

① A, D　　　　② B, E
③ C, A　　　　④ D, B

16 f_{ck}값을 이용하여 콘크리트파괴계수 f_r을 산정할 때, 동일한 f_{ck}를 갖는 경량콘크리트와 일반중량콘크리트의 f_r은 다르다. 🖹 ②

17 기본정착길이
$$\frac{0.24\beta d_b f_y}{\lambda\sqrt{f_{ck}}} = \frac{0.24\times1\times d_b\times500}{1\times\sqrt{25}}$$
$$= 24d_b$$ 🖹 ②

18

하중 조건	보통 콘크리트	경량 콘크리트
전단	h/d ≥ 5	h/d ≥ 7
인장	h/d ≥ 8	h/d ≥ 10
전단과 인장의 조합력	h/d ≥ 8	*

🖹 ①

19 ② 말뚝기초의 설계에 있어서는 하중의 편심에 대하여 검토하여야 한다.
③ 동일 구조물에서 지지말뚝과 마찰말뚝을 혼용할 수 없다.
④ 타입말뚝, 매입말뚝 및 현장타설 콘크리트말뚝의 혼용할 수 없다. 답 ①

20 지압한계상태에 대한 볼트구멍의 지압강도 산정에서 강도감소계수는 0.75이다. 답 ③

19 말뚝기초에 대한 설명으로 가장 옳은 것은?

① 말뚝기초의 허용지지력은 말뚝의 지지력에 따른 것으로만 한다.

② 말뚝기초의 설계에 있어서는 하중의 편심에 대하여 검토하지 않아도 된다.

③ 동일 구조물에서 지지말뚝과 마찰말뚝을 혼용할 수 있다.

④ 타입말뚝, 매입말뚝 및 현장타설콘크리트말뚝의 혼용을 적극 권장하여 경제성을 확보할 수 있다.

20 강구조 볼트 접합에 대한 설명으로 가장 옳지 않은 것은?

① 고장력볼트의 미끄럼 한계상태에 대한 마찰접합의 설계강도 산정에서 볼트 구멍의 종류에 따라 강도감소계수가 다르다.

② 고장력볼트의 마찰접합볼트에 끼움재를 사용할 경우에는 미끄럼에 관련되는 모든 접촉면에서 미끄럼에 저항할 수 있도록 해야 한다.

③ 지압한계상태에 대한 볼트구멍의 지압강도 산정에서 구멍의 종류에 따라 강도감소계수가 다르다.

④ 지압접합에서 전단 또는 인장에 의한 소요응력 f가 설계응력의 20% 이하이면 조합응력의 효과를 무시할 수 있다.

□ 1회 풀이 □ 2회 풀이 □ 3회 풀이

정답 | 및 해설

01 콘크리트 쉘과 절판구조물의 설계 방법으로 가장 옳지 않은 것은? (단, f_{ck}는 콘크리트의 설계기준압축강도이다.)

① 얇은 쉘의 내력을 결정할 때, 탄성거동으로 가정할 수 있다.

② 쉘 재료인 콘크리트 포아송비의 효과는 무시할 수 있다.

③ 수치해석 방법을 사용하기 전, 설계의 안전성 확보를 확인하여야 한다.

④ 막균열이 예상되는 영역에서 균열과 같은 방향에 대한 콘크리트의 공칭압축강도는 $0.5f_{ck}$이어야 한다.

01 막균열이 예상되는 영역에서 균열과 같은 방향에 대한 콘크리트의 공칭압축강도는 $0.4f_{ck}$이어야 한다.

답 ④

02 그림과 같이 높이 h인 옹벽 저면에서의 주동토압 P_A 및 옹벽 전체에 작용하는 주동토압의 합력 H_A의 값은? (단, γ는 흙의 단위중량, K_A는 흙의 주동토압계수이다.)

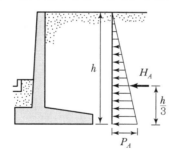

① $P_A = K_A\gamma h^2$, $H_A = \dfrac{1}{3}K_A\gamma h^3$

② $P_A = K_A\gamma h$, $H_A = \dfrac{1}{3}K_A\gamma h^2$

③ $P_A = K_A\gamma h^2$, $H_A = \dfrac{1}{2}K_A\gamma h^3$

④ $P_A = K_A\gamma h$, $H_A = \dfrac{1}{2}K_A\gamma h^2$

02 주동토압은 $P_A = K_A\times\gamma\times h$으로 산정하고, 주동토압의 합력을 산정하면 $H_A = \dfrac{1}{2}\times K_A\times\gamma\times h^2$이 된다.

답 ④

03 현장타설콘크리트말뚝은 특별한 경우를 제외하고 주근은 4개 이상 또는 설계단면적의 0.25% 이상으로 하고 띠철근 또는 나선철근으로 보강하여야 한다. 🗒 ③

04 내력벽의 모서리 및 교차부에 각각 3개의 스터드를 사용하도록 설계한다. 🗒 ②

05
(가) $\delta_{(가)} = \dfrac{Pl^3}{3EI} = \dfrac{6 \times 8^3}{3EI}$

$= \dfrac{2 \times 8^3}{EI}$

(나) $\delta_{(나)} = \dfrac{wl^3}{8EI} = \dfrac{w \times 8^4}{8EI}$

$= \dfrac{w \times 8^3}{EI}$

(가) = (나), $\dfrac{2 \times 8^3}{EI} = \dfrac{w \times 8^3}{EI}$

$\therefore w = 2kN/m$

🗒 ①

---

03 건축물 기초구조에서 현장타설콘크리트말뚝에 대한 설명으로 가장 옳지 않은 것은?

① 현장타설콘크리트말뚝의 단면적은 전 길이에 걸쳐 각 부분의 설계단면적 이하이어서는 안 된다.
② 현장타설콘크리트말뚝의 선단부는 지지층에 확실히 도달시켜야 한다.
③ 현장타설콘크리트말뚝은 특별한 경우를 제외하고 주근은 4개 이상 또는 설계단면적의 0.15% 이상으로 하고 띠철근 또는 나선철근으로 보강하여야 한다.
④ 현장타설콘크리트말뚝을 배치할 때 그 중심 간격은 말뚝머리 지름의 2.0배 이상 또는 말뚝머리 지름에 1,000mm를 더한 값 이상으로 한다.

04 3층 규모의 경골목조건축물의 내력벽 설계에 대한 설명으로 가장 옳지 않은 것은?

① 내력벽 사이의 거리를 10m로 설계한다.
② 내력벽의 모서리 및 교차부에 각각 2개의 스터드를 사용하도록 설계한다.
③ 3층은 전체 벽면적에 대한 내력벽면적의 비율을 25%로 설계한다.
④ 지하층 벽을 조적조로 설계한다.

05 그림과 같은 캔틸레버보 (가)에서 집중하중에 의해 자유단에 처짐이 발생하였다. 캔틸레버보 (나)에서 보 (가)와 동일한 처짐을 발생시키기 위한 등분포하중(w)은? (단, 캔틸레버 보 (가)와 (나)의 재료와 단면은 동일하다.)

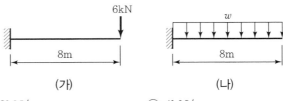

(가)   (나)

① 2kN/m   ② 4kN/m
③ 8kN/m   ④ 16kN/m

06 활하중의 저감에 대한 설명으로 가장 옳지 않은 것은?

① 지붕활하중을 제외한 등분포활하중은 부재의 영향 면적이 $36m^2$ 이상인 경우 기본등분포활하중에 활하중 저감계수 (C)를 곱하여 저감할 수 있다.

② 활하중 $12kN/m^2$ 이하의 공중집회 용도에 대해서는 활하중을 저감할 수 없다.

③ 영향면적은 기둥 및 기초에서는 부하면적의 4배, 보 또는 벽체에서는 부하면적의 2배, 슬래브에서는 부하 면적을 적용한다.

④ 1방향 슬래브의 영향면적은 슬래브 경간에 슬래브 폭을 곱하여 산정한다. 이때 슬래브 폭은 슬래브 경간의 1.5배 이하로 한다.

06 활하중 $5kN/m^2$ 이하의 공중집회 용도에 대해서는 활하중을 저감할 수 없다. 🖹 ②

07 내진설계범주 및 중요도에 따른 건축물의 내진설계에 대한 설명으로 가장 옳지 않은 것은?

① 산정된 설계스펙트럼가속도 값에 의하여 내진설계 범주를 결정한다.

② 종합병원의 중요도계수(I_E)는 1.5를 사용한다.

③ 소규모 창고의 허용층간변위(Δ_a)는 해당 층고의 2.0%이다.

④ 내진설계범주 'C'에 해당하는 25층의 정형 구조물은 등가정적해석법을 사용하여야 한다.

07 내진설계범주 'C'에 해당하는 구조물의 해석은 등가정적해석법에 의하여 설계할 수 있다. 단, 높이 70m 이상 또는 21층 이상의 정형구조물(높이 20m 이상 또는 6층 이상의 비정형구조물)에 해당하는 경우에는 동적해석법을 사용하여야 한다. 🖹 ④

08 처짐, 회전각, 변형률, 미끄러짐, 균
열폭 등 측정값의 기준이 되는 영점 확
인은 실험하중의 재하 직전 1시간 이
내에 최초 읽기를 시행하여야 한다.

                           답 ③

08 현장재하실험 중 콘크리트구조의 재하실험에 대한 설명으로 가장 옳지 않은 것은?

① 하나의 하중배열로 구조물의 적합성을 나타내는 데 필요한 효과(처짐, 비틀림, 응력 등)들의 최댓값을 나타내지 못한다면 2종류 이상의 실험하중의 배열을 사용하여야 한다.

② 재하할 실험하중은 해당 구조부분에 작용하고 있는 고정하중을 포함하여 설계하중의 85%, 즉 $0.85(1.2D+1.6L)$ 이상이어야 한다.

③ 처짐, 회전각, 변형률, 미끄러짐, 균열폭 등 측정값의 기준이 되는 영점 확인은 실험하중의 재하 직전 2시간 이내에 최초 읽기를 시행하여야 한다.

④ 전체 실험하중은 최종 단계의 모든 측정값을 얻은 직후에 제거하며 최종 잔류측정값은 실험하중이 제거된 후 24시간이 경과하였을 때 읽어야 한다.

09 (1) $M_A = 5 \times 8 = 40 \text{kN} \cdot \text{m}$

   (2) $M_D = 3 \times 6 = 18 \text{kN} \cdot \text{m}$

                           답 ④

09 그림과 같이 경간 사이에 두 개의 힌지가 있으며, 8kN의 집중하중을 받는 양단 고정보가 있다. 이 보의 A, D지점에 발생하는 휨모멘트는?

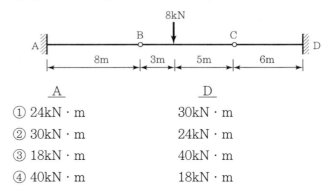

	A	D
①	24kN · m	30kN · m
②	30kN · m	24kN · m
③	18kN · m	40kN · m
④	40kN · m	18kN · m

10 그림과 같이 직사각형 변단면을 갖는 보에서, A지점의 단면에 발생하는 최대 휨응력은? (단, 보의 폭은 20mm로 일정하다.)

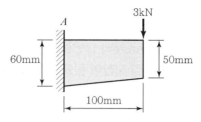

① 25N/mm^2

② 36N/mm^2

③ 48N/mm^2

④ 50N/mm^2

10
$$\sigma_A = \frac{M}{Z} = \frac{3,000 \times 100}{\frac{bh^2}{6}}$$

$$= \frac{300,000}{\frac{20 \times 60^2}{6}} = 25\text{N/mm}^2$$

답 ①

11 지진력에 저항하는 철근콘크리트 구조물의 재료에 대한 설명으로 가장 옳지 않은 것은?

① 콘크리트의 설계기준압축강도는 21MPa 이상이어야 한다.

② 지진력에 의한 휨모멘트 및 축력을 받는 중간모멘트골조와 특수모멘트골조, 그리고 특수철근콘크리트 구조벽체 소성영역과 연결보에 사용하는 철근은 설계기준항복강도(f_y)가 600MPa 이하이어야 한다.

③ 일반구조용 철근이 실제 항복강도가 공칭항복강도를 120MPa 이상 초과한 경우, 골조, 구조벽체의 소성영역 및 연결보의 주철근으로 사용할 수 있다.

④ 일반구조용 철근이 실제 항복강도에 대한 실제 인장강도의 비가 1.25 이상인 경우, 골조, 구조벽체의 소성영역 및 연결보의 주철근으로 사용할 수 있다.

11 일반구조용 철근이 실제 항복강도가 공칭항복강도를 120MPa 이상 초과하지 않을 경우, 골조, 구조벽체의 소성영역 및 연결보의 주철근으로 사용할 수 있다. 답 ③

12 콘크리트구조에서 사용하는 강재에 대한 설명으로 가장 옳지 않은 것은? (단, d_b는 철근, 철선 또는 프리스트레싱 강연선의 공칭지름이다.)

① 확대머리의 순지압면적(A_b)은 철근단면적의 4배 이상이어야 한다.

② 철근, 철선 및 용접철망의 설계기준항복강도(f_y)가 400MPa를 초과하여 뚜렷한 항복점이 없는 경우 f_y을 변형률 0.003에 상응하는 응력값으로 사용하여야 한다.

12 철근, 철선 및 용접철망의 설계기준항복강도(f_y)가 400MPa를 초과하여 뚜렷한 항복점이 없는 경우에는 0.2% 오프셋법을 적용하여, 0.002의 변형률에서 강재의 탄성계수와 같은 기울기로 직선을 그은 후 응력-변형률 곡선과 만나는 점의 응력을 항복강도로 결정하여야 한다. 답 ②

③ 확대머리이형철근은 경량콘크리트에 적용할 수 없으며, 보통 중량콘크리트에만 사용한다.

④ 철근은 아연도금 또는 에폭시수지 피복이 가능하다.

13 (가) $\dfrac{l}{10} = \dfrac{1,600}{10} = 160\text{mm}$

(나) $\dfrac{l}{28} = \dfrac{4,100}{28} = 146.4\text{mm}$

(다) $\dfrac{l}{28} = \dfrac{5,000}{28} = 178.6\text{mm}$

(라) $\dfrac{l}{24} = \dfrac{3,200}{24} = 133.3\text{mm}$

∴ (가)와 (다)의 조건에서는 슬래브 두께보다 크게 나왔으므로 처짐계산이 필요하다. 🗒 ③

14 대각선 철근을 감싸주는 횡철근 간격은 철근 지름의 6배를 초과할 수 없다. 🗒 ③

13 그림은 3경간 구조물의 단면을 나타낸 것이다. 1방향 슬래브 (가)~(라) 중 처짐 계산이 필요한 것을 모두 고른 것은? (단, 리브가 없는 슬래브이며, 두께는 150mm이고, 콘크리트의 설계기준압축강도는 21MPa이며, 철근의 설계기준항복강도는 400MPa이다.)

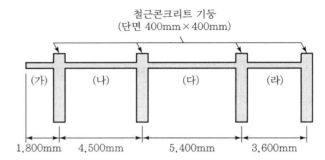

철근콘크리트 기둥
(단면 400mm×400mm)

(가)　　(나)　　　(다)　　　(라)

1,800mm　4,500mm　　5,400mm　　3,600mm

① (가)

② (가), (나)

③ (가), (다)

④ (나), (라)

14 특수철근콘크리트 구조벽체를 연결하는 연결보의 설계에 대한 설명으로 가장 옳지 않은 것은?

① 세장비(l_n/h)가 3인 연결보는 경간 중앙에 대칭인 대각선 다발철근으로 보강할 수 있다.

② 대각선 다발철근은 최소한 4개의 철근으로 이루어져야 한다.

③ 대각선 철근을 감싸주는 횡철근 간격은 철근 지름의 8배를 초과할 수 없다.

④ 대각선 다발철근이 연결보의 공칭휨강도에 기여하는 것으로 볼 수 있다.

15 〈보기〉는 건축물의 각 구조 부재별 피복두께를 나타낸 것이다. ㉠~㉢ 중 올바르게 제시된 값들을 모두 고른 것은? [단, 프리스트레스하지 않는 부재의 현장치기 콘크리트이며, 콘크리트의 설계기준압축강도(f_{ck})는 40MPa이다.]

- D16 철근이 배근된 외벽 : ㉠ 40mm
- D22 철근이 배근된 내부 슬래브 : ㉡ 20mm
- D25 철근이 배근된 내부 기둥 : ㉢ 30mm

---

① ㉠, ㉡

② ㉠, ㉢

③ ㉡, ㉢

④ ㉠, ㉡, ㉢

15 D25 철근이 배근된 내부 기둥의 최소피복두께는 40mm이지만, 콘크리트 설계기준압축강도가 40MPa이므로 규정된 값에서 10mm 저감시킨 30mm로 할 수 있다. **정답** ④

16 보통중량콘크리트 파괴계수를 고려할 때, 단면 폭 b 및 단면 높이 h인 직사각형 콘크리트 단면의 휨균열 모멘트 M_{cr}의 값은? (단, f_{ck}는 콘크리트의 설계기준 압축강도이며, 처짐은 단면 높이 방향으로 발생하는 것으로 가정한다.)

① $M_{cr} = 0.105bh^2\sqrt{f_{ck}}$

② $M_{cr} = 0.205bh^2\sqrt{f_{ck}}$

③ $M_{cr} = 0.305bh^2\sqrt{f_{ck}}$

④ $M_{cr} = 0.405bh^2\sqrt{f_{ck}}$

16 $M_{cr} = Z \times f_r = \dfrac{bh^2}{6} \times 0.63\lambda\sqrt{f_{ck}}$
$= 0.105bh^2\sqrt{f_{ck}}$

정답 ①

17 강구조의 인장재 설계에 대한 설명으로 가장 옳지 않은 것은?

① 총단면의 항복한계상태를 계산할 때의 인장저항 계수(ϕ_t)는 0.9이다.

② 인장재의 설계인장강도는 총단면의 항복한계상태와 유효순단면의 파단한계상태에 대해 산정된 값 중 큰 값으로 한다.

③ 유효순단면의 파단한계상태를 계산할 때의 인장저항 계수(ϕ_t)는 0.75이다.

④ 유효 순단면적을 계산할 때 단일ㄱ형강, 쌍ㄱ형강, T형강 부재의 접합부는 전단지연계수가 0.6 이상이어야 한다. 다만, 편심효과를 고려하여 설계하는 경우 0.6보다 작은 값을 사용할 수 있다.

17 인장재의 설계인장강도는 총단면의 항복한계상태와 유효순단면의 파단한계상태에 대해 산정된 값 중 작은 값으로 한다. **정답** ②

18 접합부의 설계강도를 45kN으로 한다.   **답** ①

19 횡방향 철근의 최대 간격은 강재코어의 설계기준 공칭항복강도가 450MPa 이하인 경우에는 부재단면 에서 최소 크기의 0.5배를 초과할 수 없다.   **답** ③

20 (1) 아래지점 $\Sigma M = 0$,
$(-R \times 4) + (20 \times 4) + (20 \times 8) = 0$
위쪽지점 수평반력 $R = 60$kN
∴ 위쪽지점의 수평반력이 60kN 이므로 A부재력과 같으므로 60kN
(2) 위쪽지점 $\Sigma M = 0$,
$R - 20 - 20 = 0$
위쪽지점 수직반력 $R = 40$kN
∴ 위쪽지점의 수직반력이 40kN 이므로 B부재력과 같으므로 40kN   **답** ④

---

18 강구조 접합부 설계에 대한 설명으로 가장 옳지 않은 것은?

① 접합부의 설계강도를 35kN으로 한다.
② 높이 50m인 다층구조물의 기둥이음부에 마찰접합을 사용한다.
③ 응력 전달 부위의 겹침이음 시 2열로 필릿용접한다.
④ 고장력 볼트(M22)의 구멍중심 간 거리를 60mm로 한다.

19 강구조 매입형 합성부재의 구조제한에 대한 설명으로 가장 옳지 않은 것은?

① 강재코어의 단면적은 합성기둥 총단면적의 1% 이상으로 한다.
② 횡방향 철근의 중심 간 간격은 직경 D10의 철근을 사용할 경우에는 300mm 이하, 직경 D13 이상의 철근을 사용할 경우에는 400mm 이하로 한다.
③ 횡방향 철근의 최대 간격은 강재코어의 설계기준 공칭항복강도가 450MPa 이하인 경우에는 부재단면 에서 최소크기의 0.25배를 초과할 수 없다.
④ 연속된 길이방향철근의 최소철근비(ρ_{sr})는 0.004로 한다.

20 그림과 같은 정정트러스에 집중하중이 작용할 때 A부재와 B부재에 발생하는 부재력은? (단, 모든 부재의 단면적은 동일하며, 좌측 상단부 지점은 회전단이고, 좌측 하단부 지점은 이동단이다.)

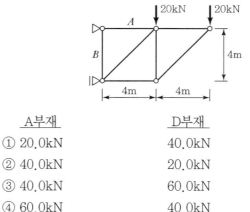

	A부재	D부재
①	20.0kN	40.0kN
②	40.0kN	20.0kN
③	40.0kN	60.0kN
④	60.0kN	40.0kN

☐ 1회 풀이 ☐ 2회 풀이 ☐ 3회 풀이

정답 | 및 해설

01 목구조에 대한 설명으로 옳지 않은 것은?

① 경골구조는 벽체 속에 사재를 넣어 수평력에 대응한다.

② 판식구조는 공장에서 벽·바닥·지붕용으로 제작한 규격 판(Panel)을 현장에서 볼트 등을 써서 조립한 것이다.

③ 가구식 구조의 심벽은 수평력에 대한 내력이 부족한 결점이 있다.

④ 가구식 구조의 평벽은 벽 속에 습기가 생겨 목재가 썩기 쉬우므로 방부처리를 해야 한다.

⑤ 집성목재구조는 단면 2″×4″ 되는 목재를 주로 써서 가구식 구법으로 뼈대를 짠 것을 말한다.

01 경골목구조는 단면 2″×4″ 되는 목재를 주로 써서 가구식 구법으로 뼈대를 짠 것을 말한다. 답 ⑤

02 조적조에 관한 설명 중 옳지 않은 것은?

① 보강콘크리트 블록 구조를 제외한 내력벽의 조적재는 막힌 줄눈으로 시공하고, 내력벽의 길이는 10m를 넘을 수 없다.

② 단위재의 강도와 모르타르의 접착력에 의해 구조체의 강도가 결정된다.

③ 돌구조의 내력벽의 두께는 해당 벽높이의 1/15 이상으로 한다.

④ 조적조의 간격으로서 그 높이가 2m 이하인 벽일 때 쌓기용 모르타르의 결합재와 세골재의 용적 배합비는 1 : 7로 할 수 있다.

⑤ 내력벽의 두께는 벽돌벽인 경우는 해당 벽높이의 1/20 이상, 블록벽인 경우는 1/16 이상으로 한다.

02 벽체 쌓기용 줄눈 모르타르의 결합재와 세골재의 용적 배합비는 1 : (2.5~3)이다. 답 ④

03 공력진동실험은 모형을 바람에 의해 진동시켜 건물의 응답을 직접 측정 및 예측하는 방법으로, 공력 불안정 진동의 예측에도 적용할 수 있다. **정답** ④

03 풍동실험 중 건축물의 진동특성을 모형화한 탄성모형을 이용하여 풍동 내의 모형에 풍에 의한 건축물의 거동을 재현하는 실험은?

① 풍환경실험

② 풍력실험

③ 가시화실험

④ 공력진동실험

⑤ 풍압실험

04 산의 능선, 언덕, 경사지, 절벽 등에서는 국지적인 지형의 영향으로 풍속이 증가한다. **정답** ⑤

04 다음의 풍하중에 대한 설명으로 옳지 않은 것은?

① 지표면 부근의 바람은 지표면과의 마찰 때문에 수직방향으로 풍속이 변한다.

② 산, 언덕 및 경사지의 영향을 받지 않는 평탄한 지역에 대한 지형계수는 1.0이다.

③ 풍속은 지상으로부터의 높이가 높아짐에 따라 증가하지만 어느 정도 이상의 높이에 도달하면 일정한 속도를 갖는다.

④ 풍하중의 지형계수는 지형의 영향을 받은 풍속과 평탄지에서 풍속의 비율을 말한다.

⑤ 산의 능선, 언덕, 경사지, 절벽 등에서는 국지적인 지형의 영향으로 풍속이 감소한다.

05 내진설계에서 건물의 밑면전단력 산정 시 단주기 설계스펙트럼 가속도, 건축물의 중요도계수, 유효건물중량과는 비례하고, 건축물의 고유주기, 반응수정계수와는 반비례 관계를 가진다. **정답** ③

05 내진설계에서 등가정적해석법으로 지진하중을 산정할 때, 밑면전단력을 산정하는 데 관계가 없는 것은?

① 건축물의 고유주기(T)

② 반응수정계수(R)

③ 지진동의 작용시간(T_D)

④ 건축물의 중요도계수(I_E)

⑤ 유효건물중량(W)

06 내진설계 시 내진등급 "특"에 적용되는 허용층간변위(Δ_a) 식으로 옳은 것은? (단, h_{sx}는 x층 층고임)

① $0.010h_{sx}$　　　　② $0.012h_{sx}$

③ $0.015h_{sx}$　　　　④ $0.017h_{sx}$

⑤ $0.020h_{sx}$

07 다음 중 초고층의 하중과 횡력에 저항하기 위해 대형 슈퍼기둥과 전달보형식의 트러스를 사용하는 구조시스템은?

① 스파인구조(Spine Structure)

② 다이어그리드구조(Diagrid Structure)

③ 메가구조(Mega Structure)

④ 하이브리드구조(Hybrid Structure)

⑤ 아웃리거 – 벨트트러스 구조(Outrigger – Belttruss Structure)

08 다음 그림의 단근장방형보에서 인장철근비로 옳은 것은? (단, 인장철근량 $A_s = 10\text{cm}^2$임)

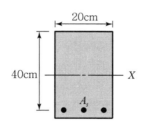

① 0.0102　　　　② 0.0125

③ 0.0215　　　　④ 0.0252

⑤ 0.0352

---

06 허용층간변위(Δ_a)

구 분	내진등급 (h_{sx} : x층 층고)		
	특	I	II
허용층간 변위	0.010 h_{sx}	0.015 h_{sx}	0.020 h_{sx}

답 ①

07 메가스트럭처는 초고층 건축에 있어서 층별로 다양한 용도가 필요한 경우나 평면계획의 자유도를 높이기 위해 큰 스팬이 필요한 경우 기둥이 없는 공간을 실현하는 시스템으로 채용된다.

답 ③

08 인장철근비(ρ)

$= \dfrac{A_s}{bd} = \dfrac{10}{20} \times 40 = 0.0125$　답 ②

09 철근의 탄성계수는 강도의 증감에 관계없이 일정한 값을 갖는 데 비해 일반적으로 콘크리트의 탄성계수는 강도가 증가함에 따라 상승한다. **정답 ⑤**

09 철근콘크리트 구조의 재료 및 특성에 관한 설명으로 옳지 않은 것은?

① 콘크리트의 인장강도는 압축강도에 비해 매우 작기 때문에 철근콘크리트 단면 설계 시 고려하지 않는다.

② 콘크리트 압축강도는 지름 15cm, 높이 30cm의 원통형 표준 공시체를 사용하여 재령 28일 기준으로 측정한 값이다.

③ 철근의 종류로는 단면이 원형인 원형철근과 부착력을 증대시키기 위해 표면에 돌기를 붙인 이형철근이 있다.

④ 철근의 역학적 특성은 인장시험, 굽힘시험 등의 재료시험을 통해서 파악한다.

⑤ 콘크리트와 철근의 탄성계수는 강도의 증가에 따라 상승한다.

10 소요강도 ≤ 설계강도(= 강도감소계수 × 공칭강도) **정답 ①**

10 콘크리트구조물의 설계에서 강도설계법의 강도 관계식으로 옳은 것은? (단, M_d 는 설계강도, M_n 은 공칭강도, M_u 는 소요강도, ϕ 는 강도감소계수이다.)

① $M_u \leq M_d = \phi \cdot M_n$

② $M_d = M_u \leq \phi \cdot M_n$

③ $M_d \leq \phi \cdot M_n = M_u$

④ $M_n = \phi \cdot M_d \geq M_u$

⑤ $M_u \geq M_d = \phi \cdot M_n$

11 구조물에 작용하는 하중의 불확실성에 대한 여유 확보는 하중계수를 사용하는 이유이다. **정답 ④**

11 철근콘크리트구조의 강도설계법에서 강도감소계수를 사용하는 이유를 설명한 것으로 부적절한 것은?

① 부정확한 설계 방정식에 대한 여유 확보

② 주어진 하중조건에 대한 부재의 연성능력과 신뢰도 확보

③ 구조물에서 차지하는 구조부재의 중요도 반영

④ 구조물에 작용하는 하중의 불확실성에 대한 여유 확보

⑤ 시공 시 재료의 강도와 부재치수의 변동 가능성 고려

12 최근의 철근콘크리트설계기준상 응력교란영역에 해당하는 구조부재에는 스트럿 – 타이 모델(Strut – Tie Model)을 적용할 수 있도록 권장하고 있다. 그림과 같은 깊은 보는 스트럿 – 타이 모델을 적용한 예이다. 일반적인 스트럿 – 타이 모델에서 사용되는 절점의 종류로 옳지 않은 것은? (단, 여기서 C는 압축, T는 인장을 나타낸다.)

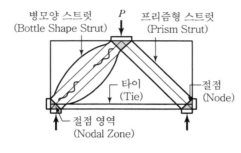

병모양 스트럿
(Bottle Shape Strut)　　P　　프리즘형 스트럿
(Prism Strut)

타이
(Tie)

절점
(Node)

절점 영역
(Nodal Zone)

 ①

 ②

 ③

 ④

 ⑤

13 다음 중 응력 – 변형도곡선에서 나타나는 강재의 기계적 성질에 대한 설명으로 옳지 않은 것은?

① 항복점 : 응력의 증가없이 변형도가 크게 증가하기 시작하는 지점의 응력

② 비례한도 : 응력과 변형도가 비례하여 선형관계를 유지하는 한계의 응력

③ 항복비 : 인장강도에 대한 휨강도의 비

④ 전단탄성계수 : 비례한도 내에서의 전단변형도에 대한 전단응력의 비

⑤ 연성 : 재료가 하중을 받아 항복 후 파괴에 이르기까지 소성변형을 할 수 있는 능력

12 한 절점에는 3개 또는 그 이상의 힘들이 모여서 반드시 평형을 이루어야 하므로, 절점에서 평형방정식을 만족하여야 한다.($\Sigma H = 0$, $\Sigma V = 0$, $\Sigma M = 0$) 📖 ①

13 항복비는 인장강도에 대한 항복강도의 비를 말한다. 📖 ③

14 구조용강재는 건축, 토목, 선박 등의 구조재로서 이용되는 강재로서 탄소 함유량이 0.15% 이상의 탄소강이다.
閏 ⑤

14 다음은 강재의 성질에 관한 기술이다. 이 중 옳지 않은 것은?

① 고성능강은 일반강에 비하여 강도, 내진성능, 내후성능 등에 있어서 1개 이상의 성능이 향상된 강을 통칭한다.

② SN강재는 용접성, 냉간가공성, 인장강도, 연성 등이 우수한 강재이다.

③ 내후성강은 적절히 조치된 고강도, 저합금강으로서 부식방지를 위한 도막 없이 대기에 노출되어 사용되는 강재이다.

④ 인장강도는 재료가 견딜 수 있는 최대인장응력도이다.

⑤ 구조용강재는 건축, 토목, 선박 등의 구조재로서 이용되는 강재로서 탄소함유량이 0.6% 이상의 탄소강이다.

15 고장력볼트 시공 시 도입하는 표준볼트장력은 설계볼트장력에 최소 10%를 할증하여 시공한다.
閏 ②

15 고장력볼트 및 볼트구멍에 대한 설명으로 옳지 않은 것은?

① 고장력볼트의 직경은 M16, M20, M22, M24 등으로 표기한다.

② 고장력볼트 시공 시 도입하는 표준볼트장력은 설계볼트장력에 최소 20%를 할증하여 시공한다.

③ 고장력볼트는 볼트·너트·와셔를 한 조로 하는데 KS B 1010의 규정에 맞는 품질과 규격이 되어야 한다.

④ 고장력볼트는 강재의 기계적 성질에 따라 F8T, F10T, F13T 등으로 구분된다.

⑤ 고장력볼트의 조임은 임팩트 렌치 또는 토크 렌치를 사용하는 것을 원칙으로 한다.

16 포아송비 $= \dfrac{\beta}{\varepsilon} = \dfrac{\dfrac{\Delta d}{d}}{\dfrac{\Delta l}{l}}$

∴ 포아송비 $= \dfrac{l \times \Delta d}{d \times \Delta l} = \dfrac{100 \times 0.2}{20 \times 2}$

$\qquad = \dfrac{1}{2} = 0.5$ 　閏 ④

16 직경이 20cm이고 길이가 1m인 원형봉에 인장력 P를 가하였더니, 봉의 길이가 20mm 증가하고 직경이 2mm 감소하였다. 이 봉의 포아송비(Poisson's ratio)는 얼마인가?

① 0.01
② 0.2
③ 0.4
④ 0.5
⑤ 1.0

17 그림과 같은 양단고정보의 중앙부와 단부의 휨모멘트 비율 $M_C : M_A$는?

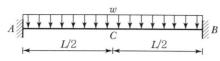

① 1 : 1

② 1 : 2

③ 1 : 3

④ 2 : 1

⑤ 3 : 1

18 목재 단면의 크기가 b(가로) $\times$ h(세로) $= 100 \times 200$mm인 캔틸레버보의 끝에 3kN의 하중을 가할 때 지탱할 수 있는 캔틸레버보의 최대 길이는? (단, 허용 휨응력은 9MPa)

① 1.5m

② 2.0m

③ 2.5m

④ 3.0m

⑤ 3.5m

19 다음 비대칭 혹은 대칭 단면 중 전단중심(Shear Center ; SC)의 위치가 잘못 표시된 것은?

①

②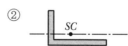

③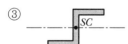

④

⑤

---

17 ∴ 중앙과 단부의 휨모멘트 비율

$$\frac{wl^2}{24} : \frac{wl^2}{12} = 1 : 2 \qquad \text{답 } ②$$

18 $f_b = \dfrac{M}{Z} \rightarrow M = Z \cdot f_b,$

$3,000\text{N} \times l = \dfrac{100 \times 200^2}{6} \times 9$

∴ $l = 2,000\text{mm} = 2\text{m}$

답 ②

19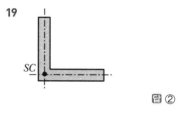

답 ②

20 (1) $\sum M_B = 0$에서

$R_A \times 4\text{m} - 40\text{kN} \times 2\text{m} = 0$

$\therefore R_A = 20\text{kN}$

(지점에서 전단력 최대)

(2) $\tau_{\max} = k\dfrac{S}{A}$

$\quad = \dfrac{3}{2} \times \dfrac{20 \times 10^3}{200 \times 100}$

$\quad = 1.5\text{MPa}$　　目 ③

20 폭 100mm, 높이 200mm인 직사각형 단면의 단순보가 그림과 같이 10kN/m의 등분포하중을 받을 때, 이 보의 단면에 생기는 최대 전단응력은?

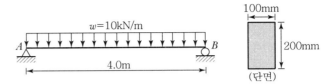

① 1.00MPa
② 1.25MPa
③ 1.50MPa
④ 2.00MPa
⑤ 2.50MPa

□ 1회 풀이 □ 2회 풀이 □ 3회 풀이

정답 | 및 해설

01 다음 그림 (a)와 같은 골조가 그림 (b)와 같이 각 부재의 길이가 2배로 늘어나는 경우, 그림 (b)의 A점 수평변위는 그림(a)의 A점 수평변위의 몇 배가 되는가? (단, 부재의 EI는 일정하다.)

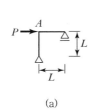
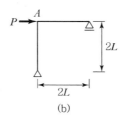

(a) (b)

① 2배
② 4배
③ 8배
④ 16배

01 (a) $\delta_A = \dfrac{PL^3}{EI}$

(b) $\delta_A = \dfrac{P(2L)^3}{EI} = \dfrac{8PL^3}{EI}$

∴ (b)의 A점 수평변위는 (a)의 A점 수평변위의 8배가 된다. 답 ③

02 다음 중 구조물에 작용하는 하중에 대한 설명으로 가장 옳지 않은 것은?

① 반복하중 작용 시 피로응력에 대한 검토가 필요하다.
② 가새(Brace)는 횡하중 저항력 강화에 도움이 된다.
③ 전단벽은 횡하중 저항에 효과적이다.
④ 동적하중에는 지진하중, 활하중이 있다.

02 고정하중과 활하중은 정적하중이며, 지진하중과 풍하중은 동적하중에 속한다. 답 ④

03 물에 포화된 느슨한 모래가 진동에 의하여 간극수압이 급격히 상승함에 따라 전단저항을 잃어버리는 현상은?

① 액상화
② 사운딩
③ 분사현상
④ 슬라임

03 액상화 현상은 흙이 유효 응력을 상실할 때 발생하며 부등침하, 지반이동, 작은 건축물의 부상 등이 발생한다. 답 ①

04 철근콘크리트 구조에서 모멘트골조의 분류에는 보통모멘트골조, 중간모멘트골조, 특수모멘트골조가 있으며, 강접모멘트골조는 합성구조에서 적용하는 방식이다. 🔖 ③

04 철근콘크리트 구조에서 부재와 접합부가 휨모멘트, 전단력, 축력에 저항하는 모멘트골조의 분류에 해당하지 않는 것은?

① 보통모멘트골조

② 중간모멘트골조

③ 강접모멘트골조

④ 특수모멘트골조

05 왼쪽 힌지지점을 A점, 고정단을 B점, 가운데 힌지를 C점이라고 한다.

(1) 단순보 구간

$$\sum M_C = 0$$

$$V_A \times L - P \times \frac{L}{2} = 0,$$

$$\therefore V_A = \frac{P}{2}, \ V_C = \frac{P}{2}$$

A~C구간의 정(+)모멘트

$$= \frac{P}{2} \times \frac{L}{2} = \frac{PL}{4}$$

(2) 캔틸레버 구간 $V_C = \frac{P}{2}$ 하중으로 작용

고정단 B점의 부(−)모멘트

$$= -\frac{P}{2} \times L = -\frac{PL}{2}$$

∴ 정모멘트 : 부모멘트

$$= \frac{PL}{4} : \frac{PL}{2} = 1 : 2$$ 🔖 ②

05 그림과 같이 집중하중을 받는 겔버보(Gerber Beam)에서 정(+)모멘트와 부(−)모멘트의 최대치의 비율로 옳은 것은?

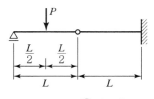

① 1 : 1 　　　　② 1 : 2

③ 2 : 1 　　　　④ 2 : 3

06 공칭(호칭)치수는 목재의 치수를 실제치수보다 큰 25의 배수로 올려서 부르기 편하게 사용하는 치수를 말하며, 제재치수 50mm의 목재를 가공하여 실제치수 38mm의 목재를 얻게 되면, 이 제품의 공칭(호칭)치수는 25의 2배인 50mm로서 실제치수인 38mm보다 큰 치수이다. 🔖 ③

06 다음 중 목재의 치수를 실제치수보다 큰 25의 배수로 올려서 부르기 편하게 사용하는 치수는?

① 제재치수 　　　　② 건조재치수

③ 공칭치수 　　　　④ 생재치수

07 다음 중 조적조에 사용되는 재료의 요구조건으로 옳지 않은 것은?

① 그라우트는 재료의 분리가 없을 정도의 유동성을 갖도록 물을 첨가한다.

② 그라우트의 압축강도는 조적개체 강도의 0.8배 이상으로 한다.

③ 벽체용 줄눈모르타르의 세골재/결합재의 용적배합비는 2.5 ~3.0으로 한다.

④ 단층벽돌 조적조의 충전모르타르는 시멘트 1과 세골재 3.0의 용적비로 배합한다.

07 그라우트의 압축강도는 조적개체 강도의 1.3배 이상으로 한다. 🔲 ②

08 그림과 같은 사다리꼴 형태 단면의 보가 정(+)모멘트를 받을 때 단면 상부의 압축응력과 단면 하부의 인장응력의 비율로 옳은 것은?

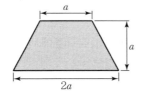

① 2 : 1
② 3 : 2
③ 4 : 3
④ 5 : 4

08 (1) 사다리꼴의 도심은
$$\left(y_1 : y_2 = \frac{a}{3} \cdot \frac{a+2b}{a+b} : \frac{a}{3} \cdot \frac{2a+b}{a+b}\right)$$

(2) 상부 압축응력 : 하부 인장응력
$$= \sigma_c = \frac{M}{I} y_1 : \sigma_t = \frac{M}{I} y_2$$

∴ 상부 압축응력 : 하부 인장응력
$$= y_1 : y_2$$
$$= \frac{a+2b}{a+b} : \frac{2a+b}{a+b}$$
$$= (a+4a) : (2a+2a)$$
$$= 5 : 4$$ 🔲 ④

09 다음 중 철근콘크리트 부재설계에서 계수하중이 적용되지 않는 경우는?

① 2방향 슬래브의 휨설계
② 보의 전단설계
③ 기둥의 주근설계
④ 기초판의 크기설계

09 철근콘크리트 부재설계 시 기초판의 크기설계에서는 사용하중을 적용한다. 🔲 ④

10 보의 최소두께는 단순지지의 경우(l/16)가 양단연속의 경우(l/21)보다 더 크게 설정된다. 📖 ②

11 브래킷과 내민받침의 주요 파괴현상에서 블록전단파괴는 관계가 없으며, 재하 지압과 하부의 지압 또는 전단파괴를 고려하여야 한다. 📖 ③

12 철근콘크리트구조에서 콘크리트의 압축강도가 증가할수록 인장철근의 정착길이 산정 값은 감소한다. 📖 ③

13 휨모멘트를 받는 콘크리트부재의 압축연단의 극한변형률은 콘크리트 설계기준강도가 40MPa 이하인 경우에는 0.0033으로 가정한다. 📖 ①

10 다음 중 철근콘크리트 보 부재의 처짐설계에 대한 설명으로 옳지 않은 것은?

① 1단연속 1방향 슬래브의 최소두께는 스팬길이의 1/24이다.
② 보의 최소두께는 양단연속의 경우가 단순지지의 경우보다 더 크게 설정된다.
③ 보의 장기처짐을 줄이기 위해 압축철근비를 증가시킨다.
④ 탄성계수 및 단면이차모멘트가 클수록 보의 탄성처짐은 감소한다.

11 다음 중 철근콘크리트구조에서 브래킷과 내민받침의 주요 파괴현상으로 옳지 않은 것은?

① 인장철근의 항복에 의한 파괴
② 인장철근의 단부 정착파괴
③ 블록전단파괴
④ 콘크리트 압축대의 전단파괴 또는 압괴

12 다음 중 철근콘크리트구조에서 인장철근의 정착길이 산정 값이 감소하는 경우는?

① 철근의 직경 증가
② 철근의 항복강도 증가
③ 콘크리트의 압축강도 증가
④ 경량콘크리트 사용

13 다음 중 휨모멘트와 축력을 동시에 받는 콘크리트부재의 설계에 사용되는 가정으로 옳지 않은 것은?

① 휨모멘트를 받는 콘크리트부재의 압축연단의 극한변형률은 콘크리트 설계기준강도가 40MPa 이하인 경우에는 0.002로 가정한다.
② 철근과 콘크리트의 변형률은 중립축으로부터의 거리에 비례한다.
③ 고강도콘크리트의 경우 압축강도 이후 응력이 급속히 감소한다.
④ 콘크리트의 인장강도는 철근콘크리트부재 단면의 축강도와 휨강도계산에서 무시할 수 있다.

14 다음 철근콘크리트 독립기초의 전단설계에 대한 설명 중 옳지 않은 것은?

① 강도감소계수는 0.75이며 하중계수가 적용된다.

② 1방향 전단검토의 위험단면은 기둥면에서 기초판의 유효깊이만큼 떨어진 곳이다.

③ 2방향 전단검토의 위험단면은 기둥면에서 기초판의 유효깊이의 0.5만큼 떨어진 곳이다.

④ 전단설계를 통해 기초판의 넓이 및 철근량이 산정된다.

15 아래 트러스의 부재력이 0인 부재는 몇 개인가? (단, 부재의 자중은 무시한다.)

① 0
② 1
③ 2
④ 3

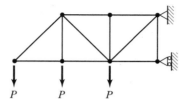

16 다음 철골구조의 특징에 관한 설명으로 옳지 않은 것은?

① 소성변형 능력이 커서 안전성이 높다.

② 재료가 고강도이므로 고층건물이나 장스팬 구조에 적합하다.

③ 부재가 세장하므로 좌굴의 위험성이 높다.

④ 재료가 불에 타지 않기 때문에 내화력이 크다.

17 다음 용접기호에 대한 설명으로 옳지 않은 것은?

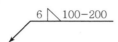

① 화살표 반대편에 용접한다.

② 쐐기형 용접으로 한다.

③ 용접의 치수는 6mm로 한다.

④ 용접길이는 100mm로 한다.

14 전단설계를 통해 기초판의 두께가 결정되고, 휨설계를 통해 기초판의 넓이 및 철근량이 산정된다. 🖉 ④

15 0부재는 가운데 수직부재와 지점에 있는 수직부재로 총 2개이다. 🖉 ③

16 강재의 내력은 고온에 대하여 취약성을 갖고 있어 500~600℃에서는 상온강도의 약 1/2, 800℃에서는 거의 0이 되어 내화력이 작기 때문에 반드시 내화설계에 의한 내화피복이 필요하다. 🖉 ④

17 용접기호 지시선은 단속 필릿용접으로 필릿사이즈 6mm, 용접길이 100mm, 용접간격(피치) 200mm을 나타낸다. 🖉 ②

18 전단에 대한 안전성 확보를 위해 플랜지보다 웨브면적을 증대시켜준다.

답 ②

19 메탈터치(Metal Touch)는 기둥의 이음부에 적용되는 접합방법으로 소요 압축강도 및 소요휨강도의 1/2이 소요강도로 전달된다고 가정하여 설계할 수 있다.

답 ①

20 왼쪽 부재를 (A), 오른쪽 부재를 (B)라고 하면,

(1) $\delta_A = \dfrac{PL^3}{3EI}$, $\delta_B = \dfrac{ML^2}{2EI}$

(2) $\delta_A = \delta_B$, $\dfrac{PL^3}{3EI} = \dfrac{ML^2}{2EI}$

$\therefore M = \dfrac{2}{3}PL$

답 ②

18 다음 중 철골구조의 보 부재설계에 대한 설명으로 옳지 않은 것은?

① 횡좌굴에 대한 안전성 확보를 위해 강축보다는 약축방향의 횡지지구간 길이를 줄여준다.

② 전단에 대한 안전성 확보를 위해 웨브보다 플랜지면적을 증대시켜준다.

③ 휨 및 전단검토에는 계수하중이 적용되고 처짐검토에는 사용하중이 적용된다.

④ 스티프너 종류에는 하중점스티프너, 중간스티프너, 수평스티프너가 있다.

19 다음 중 철골구조의 접합부설계에 대한 설명으로 옳지 않은 것은?

① 메탈터치(Metal Touch)는 보의 이음부에 적용된다.

② 패널존(Panel Zone)은 기둥과 보의 접합부에 적용된다.

③ 베이스플레이트(Base Plate)는 주각부에 적용된다.

④ 스캘롭(Scallop)은 기둥과 보의 이음부에서 플랜지의 그루브용접을 완전하게 하기 위해 설치한다.

20 다음과 같이 캔틸레버보의 끝단에 집중하중(P)과 집중모멘트(M)가 작용할 때 보 끝단에서의 처짐 Δ가 같기 위한 모멘트의 크기로 옳은 것은? (단, EI는 동일하다.)

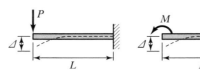

① $\dfrac{1}{2}PL$

② $\dfrac{2}{3}PL$

③ PL

④ $\dfrac{3}{2}PL$

정답 | 및 해설

01 건축구조기준에 따른 철근의 정착 및 이음에 대한 설명으로 옳지 않은 것은?

① 표준갈고리를 갖는 인장이형철근의 기본정착길이는 철근의 설계기준항복강도에 비례한다.

② 4개의 철근으로 구성된 다발철근 내에 있는 개개 철근의 정착길이는 다발철근이 아닌 경우의 각 철근 정착길이보다 20% 증가시켜야 한다.

③ 압축이형철근의 기본정착길이는 콘크리트 설계기준압축강도의 제곱근에 반비례한다.

④ 휨부재에서 서로 직접 접촉되지 않게 겹침이음된 철근은 횡방향으로 소요 겹침이음 길이의 1/5 또는 150mm 중 작은 값 이상 떨어지지 않아야 한다.

01 4개의 철근으로 구성된 다발철근 내에 있는 개개 철근의 정착길이는 다발철근이 아닌 경우의 각 철근 정착길이보다 33% 증가시켜야 한다. 🔖 ②

02 활하중에 대한 설명으로 적절하지 않은 것은?

① 활하중은 점유·사용에 의하여 발생할 것으로 예상되는 최소의 하중이어야 한다.

② 활하중은 등분포 활하중과 집중 활하중으로 분류된다.

③ 지붕을 정원 및 집회 용도로 사용할 경우 기본등분포 활하중은 최소 $5.0kN/m^2$를 적용한다.

④ 진동, 충격 등이 있어 건축구조기준에서 제시한 값을 적용하기에 적합하지 않은 경우 구조물의 실제 상황에 따라 활하중의 크기를 증가시켜 산정한다.

02 활하중은 점유·사용에 의하여 발생할 것으로 예상되는 최대의 하중이어야 한다. 🔖 ①

03 ①: 압축재
②: 압축재
③: 인장재
④: 인장재
⑤: 인장재 답④

04 벽체나 벽체 골조의 공동 안에는 최대 2개까지 보강근이 허용된다. 답④

05 ① 지판이 없는 내부슬래브의 경우 $l_n/33$
② 지판이 있는 내부슬래브의 경우 $l_n/36$
④ 지판이 있는 외부슬래브에 테두리보가 없는 경우 $l_n/33$ 답③

---

03 다음 그림의 하중을 받는 정정 트러스 구조물에서 부재 ①, ②, ③, ④, ⑤에는 인장력 또는 압축력이 작용한다. 다음 중 같은 종류의 부재력이 작용하는 부재끼리만 나열한 것은?

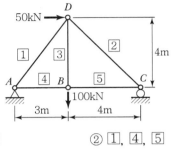

① ①, ②, ③
② ①, ④, ⑤
③ ②, ③, ④
④ ③, ④, ⑤

04 다음 중 강도설계법에 의한 보강조적조에 관한 설명으로 옳지 않은 것은?

① 보강근의 최대 지름은 29mm이다.
② 모든 보강근은 40mm 또는 철근 공칭지름의 2.5배 이상의 피복을 유지해야 한다.
③ 보강근의 지름은 공동 최소 크기의 1/4을 초과하지 않아야 한다.
④ 벽체나 벽체 골조의 공동 안에는 최대 3개까지 보강근이 허용된다.

05 다음 중 무량판 2방향 슬래브에서 테두리보를 제외하고 슬래브 주변에 보가 없거나 보의 강성비 α_m이 0.2 이하일 경우 철근콘크리트 슬래브의 최소 두께에 대한 설명으로 옳은 것은? (단, 철근의 설계기준항복강도 $f_y = 400$MPa, l_n은 부재의 순경간이다.)

① 지판이 없는 내부슬래브의 경우 $l_n/34$
② 지판이 있는 내부슬래브의 경우 $l_n/37.5$
③ 지판이 없는 외부슬래브에 테두리보가 있는 경우 $l_n/33$
④ 지판이 있는 외부슬래브에 테두리보가 없는 경우 $l_n/36$

06 다음 중 건축물의 중요도 분류에서 중요도(특)에 해당하는 건축물은?

① 종합병원, 수술시설이나 응급시설이 있는 병원

② 연면적 1,000m² 미만인 위험물 저장 및 처리시설

③ 연면적 5,000m² 이상인 공연장, 집회장, 관람장

④ 5층 이상인 숙박시설, 오피스텔, 기숙사, 아파트

06 ②, ③, ④는 모두 건축물의 중요도 분류 중 중요도(1)에 속한다. 답 ①

07 다음 중 장선구조에 대한 설명으로 옳지 않은 것은?

① 장선구조는 일정한 간격의 장선과 그 위의 슬래브가 일체로 되어 있는 구조형태를 말한다.

② 장선은 그 폭이 100mm 이상이어야 하고, 그 높이는 장선의 최소 폭의 4.5배 이하이어야 한다.

③ 장선 사이의 순간격은 750mm를 초과하지 않아야 한다.

④ 장선은 1방향 또는 서로 직각을 이루는 2방향으로 구성될 수 있다.

07 장선은 그 폭이 100mm 이상이어야 하고, 그 높이는 장선의 최소 폭의 3.5배 이하이어야 한다. 답 ②

08 철근콘크리트 2방향 슬래브를 직접설계법을 사용하여 설계하려고 할 때 만족시켜야 할 규정으로 옳지 않은 것은?

① 각 방향으로 3경간 이상 연속되어야 한다.

② 슬래브 판들은 단변 경간에 대한 장변 경간의 비가 2 이하인 직사각형이어야 한다.

③ 각 방향으로 연속한 받침부 중심 간 경간 차이는 긴 경간의 1/3 이하이어야 한다.

④ 연속한 기둥 중심선을 기준으로 기둥의 어긋남은 그 방향 경간의 최대 15%까지 허용할 수 있다.

08 연속한 기둥 중심선을 기준으로 기둥의 어긋남은 그 방향 경간의 최대 10%까지 허용할 수 있다. 답 ④

09 ① 전단력, 휨모멘트, 축방향력 모두 존재한다.
② 지지단에서는 축방향력은 $-\dfrac{P}{2}$, 전단력은 0이다.
④ 축방향력은 A와 B지점에서 최대이고, C점에서는 0이다. **답** ③

10 높이 70m 이상 또는 21층 이상의 정형구조물, 높이 20m 이상 또는 6층 이상의 비정형 구조물의 경우에 동적해석법을 사용하여야 한다. **답** ②

11 ① 활동에 대한 저항력은 옹벽에 작용하는 수평력의 1.5배 이상이어야 한다.
② 전도에 대한 저항모멘트는 횡토압에 의한 전도휨모멘트의 2.0배 이상이어야 한다.
③ 뒷부벽은 T형보로 설계하여야 하며, 앞부벽은 직사각형보로 설계하여야 한다. **답** ④

---

09 다음 그림과 같은 단순보 반원 아치 구조의 단면력에 대한 설명으로 옳은 것은? (단, 아치의 반지름 길이 $= L$)

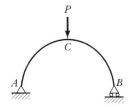

① 전단력이나 휨모멘트는 발생하지 않으며 축방향력만 존재한다.
② 지지단에서는 축방향력과 전단력이 0이다.
③ 휨모멘트가 최대인 곳은 C 지점이며, 휨모멘트의 크기는 $PL/2$이다.
④ 축방향력은 A 지점에서 최대이고, 이동단인 B 지점에서는 0이다.

10 다음 중 내진설계에 대한 설명으로 옳지 않은 것은?

① 2개 이상의 건물에 공유된 부분이나 하나의 구조물이 동일한 중요도에 속하지 않는 2개 혹은 그 이상의 용도로 사용될 때는 가장 높은 중요도를 사용하여야 한다.
② 높이 20m 이상 또는 6층 이상의 비정형 구조물의 경우에 정적해석법을 사용하여야 한다.
③ 수평비틀림모멘트는 구조물의 중심과 강심 간의 편심에 의한 비틀림모멘트와 우발비틀림모멘트의 합으로 한다.
④ 횡력저항 시스템의 수평치수가 인접층치수의 130%를 초과할 경우에는 기하학적 비정형이 존재하는 것으로 간주한다.

11 다음 중 옹벽의 구조기준에 대한 설명으로 옳은 것은?

① 활동에 대한 저항력은 옹벽에 작용하는 수평력의 2.0배 이상이어야 한다.
② 전도에 대한 저항모멘트는 횡토압에 의한 전도휨모멘트의 1.5배 이상이어야 한다.
③ 뒷부벽은 T형보로 설계하여야 하며, 앞부벽은 직사각형 슬래브로 설계하여야 한다.
④ 저판의 뒷굽판은 정확한 방법이 사용되지 않는 한, 뒷굽판 상부에 재하되는 모든 하중을 지지하도록 설계하여야 한다.

12 다음은 등가정적 해석법 중 밑면전단력 산정에 대한 설명이다. 빈칸에 들어갈 사항으로 옳은 것은?

> 밑면전단력 V는 다음 식에 따라 구한다.
>
> $$C_s W$$
>
> 여기서, C_s : 지진응답계수
>
> W : 고정하중과 아래에 기술한 하중을 포함한 유효 건물 중량
>
> 가. 창고로 쓰이는 공간에서는 활하중의 최소 (㉠)(공용차고와 개방된 주차장 건물의 경우에 활하중은 포함시킬 필요가 없음)
>
> 나. 바닥하중에 칸막이벽 하중이 포함될 경우에 칸막이의 실제 중량과 (㉡) 중 큰 값
>
> 다. 영구설비의 총하중
>
> 라. 적설하중이 (㉢)을 넘는 평지붕의 경우에는 평지붕 적설하중의 (㉣)

	㉠	㉡	㉢	㉣
①	25%	0.5kN/m^2	1.5kN/m^2	20%
②	25%	1.5kN/m^2	0.5kN/m^2	20%
③	20%	0.5kN/m^2	1.5kN/m^2	25%
④	20%	1.5kN/m^2	0.5kN/m^2	25%

12 밑면전단력은 구조물의 밑면 지반운동에 의한 수평지진력이 작용하는 기준면에 작용하는 설계용 총전단력을 말한다.　📖 ①

13 그림과 같은 정정라멘에서 E점에서의 휨모멘트(M_E)와 F점에서의 전단력(V_F)의 크기는 각각 얼마인가?

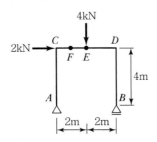

① $M_E = 4\text{kN} \cdot \text{m}, \ V_F = 2\text{kN}$

② $M_E = 8\text{kN} \cdot \text{m}, \ V_F = 2\text{kN}$

③ $M_E = 4\text{kN} \cdot \text{m}, \ V_F = 0\text{kN}$

④ $M_E = 8\text{kN} \cdot \text{m}, \ V_F = 0\text{kN}$

13 (1) $\sum H = 0, \ H_A = 2kN(\leftarrow)$

(2) $\sum M_B = 0, \ (R_A \times 4) + (2 \times 4) - (4 \times 2) = 0$

$\therefore \ R_A = 0$

(3) $M_E = 2 \times 4 = 8kN \cdot m$

(4) $V_F = 0kN$　📖 ④

14 인장재의 설계인장강도는 총단면의 항복한계상태와 유효순단면의 파단 한계상태에 의해 산정된 값 중 작은 값으로 한다.

(1) 총단면의 항복한계상태
= 인장저항계수값 × ($F_y \times A_g$)
= 0.9 × (240 × 2,800)
= 604.8kN

(2) 유효순단면의 파단한계상태
= 인장저항계수값 × ($F_u \times A_e$)
= 0.75 × (400 × 2,500)
= 750kN

∴ (1)과 (2) 중 작은 값인 605kN을 인장재의 설계인장강도로 한다.

답 ②

15 ① 한계상태설계법 : 한계상태를 명확히 정의하여 하중 및 내력의 평가에 준해서 한계상태에 도달하지 않는 것을 확률통계적계수를 이용하여 설정하는 설계법

② 비선형해석 : 실제 구조물에 큰 변형이 예상되거나 변형률의 변화가 큰 경우 또는 사용재료의 응력 – 변형률 관계가 비선형인 경우에 이를 고려하여 실제 거동에 가장 가깝게 부재력과 변위가 산출되도록 하는 해석

④ 탄성해석 : 구조물이 탄성체라는 가정 아래 응력과 변형률의 관계를 1차 함수관계로 보고 구조부재의 부재력과 변위를 산출하는 해석

답 ③

16 줄기초와 마찰말뚝기초를 병용하면 오히려 부등침하가 더 많이 발생하므로 동일한 지반에서는 동일기초를 시공하여야 한다.

답 ①

---

14 다음과 같은 강구조 인장부재의 설계인장강도를 건축구조 기준 한계상태설계법으로 산정하면? (단, 소수점 아래 첫째자리에서 반올림한다.)

- 총단면적 : 2,800mm^2
- 유효순단면적 : 2,500mm^2
- 항복강도 : 240N/mm^2
- 인장강도 : 400N/mm^2
- 블록전단에 의한 파단은 없는 것으로 가정한다.

① 504kN
② 605kN
③ 672kN
④ 750kN

15 다음 중 건축구조기준 용어와 그 정의가 옳은 것은?

① 한계상태설계법 : 실제 구조물에 큰 변형이 예상되거나 변형률의 변화가 큰 경우 또는 사용재료의 응력 – 변형률 관계가 비선형인 경우에 이를 고려하여 실제 거동에 가장 가깝게 부재력과 변위가 산출되도록 하는 설계법

② 비선형해석 : 구조물이 탄성체라는 가정 아래 응력과 변형률의 관계를 1차 함수관계로 보고 구조부재의 부재력과 변위를 산출하는 해석

③ 허용응력설계법 : 탄성이론에 의한 구조해석으로 산정한 부재단면의 응력이 허용응력(안전율을 감안한 한계응력)을 초과하지 아니하도록 구조부재를 설계하는 방법

④ 탄성해석 : 한계상태를 명확히 정의하여 하중 및 내력의 평가에 준해서 한계상태에 도달하지 않는 것을 확률통계적계수를 이용하여 설정하는 해석

16 다음 중 연약지반에서 부등침하를 방지하는 대책으로 옳지 않은 것은?

① 줄기초와 마찰말뚝기초를 병용한다.
② 지하실 바닥 구조의 강성을 높인다.
③ 건물의 중량을 최소화시킨다.
④ 건물의 평면길이를 짧게 한다.

17 두께 150mm인 1방향 철근콘크리트 슬래브에 수축 · 온도 철근을 배근하고자 한다. 단위 폭(1m)에 필요한 최소철근량을 계산하면 얼마인가? (단, 철근의 설계기준항복강도 $f_y =$ 400MPa)

① 150mm²

② 225mm²

③ 300mm²

④ 450mm²

18 다음 중 철근콘크리트 구조물의 내진설계 시, 특수모멘트골조의 휨부재에 사용하는 횡방향철근에 대한 설명으로 옳지 않은 것은?

① 휨부재 양단의 반침부 면에서 경간의 중앙방향으로 잰 휨부재 깊이의 2배 구간에는 후프철근을 배치하여야 한다.

② 후프철근이 필요한 곳에서 후프철근으로 감싸인 축방향 철근은 횡방향으로 지지되어야 한다.

③ 첫 번째 후프철근은 지지부재의 면으로부터 100mm 이내에 위치하여야 한다.

④ 휨부재의 후프철근은 2개의 철근으로 구성할 수 있다.

19 그림과 같은 두 개의 캔틸레버 보 (A), (B)에서 자유단의 처짐이 같아지기 위한 (A)보 단면의 폭 b값은 얼마인가? (단, 두 보의 탄성계수는 같다.)

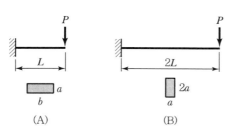

(A)

(B)

① a

② 2a

③ 3a

④ 4a

정답 | 및 해설

17 최소철근량 $= \rho \times b \times d$
$= 0.002 \times 1,000 \times 150$
$= 300$mm²　　답 ③

18 첫 번째 후프철근은 지지부재의 면으로부터 50mm 이내에 위치하여야 한다.　　답 ③

19 캔틸레버 자유단의 처짐$(\delta) = \dfrac{PL^3}{3EI}$

$\delta_A = \delta_B$, $\dfrac{L^3}{ba^3} = \dfrac{(2L)^3}{a(2a)^3}$,

$\dfrac{L^3}{ba^3} = \dfrac{8L^3}{8a^4}$

$\therefore$ b = a　　답 ①

20 마지막의 A는 충격흡수에너지에 의한 강재의 품질을 의미하며, A · B · C순으로 A보다는 C가 성능이 가장 우수한 등급이다. 📖 ④

20 다음 강재 기호에 대한 설명으로 옳지 않은 것은?

SMA 325A

① 내후성이 우수한 강재이다.

② 최소 항복강도가 325MPa이다.

③ 용접이 가능한 강재이다.

④ 충격흡수에너지 성능이 가장 우수한 등급이다.

정답 | 및 해설

01 지붕의 적설하중에 대한 설명으로 가장 옳은 것은?

① 지상적설하중이 $1.0kN/m^2$보다 작은 지역에서는 눈의 퇴적량에 의한 추가하중을 고려하지 않아도 무방하다.

② 다른 조건이 동일한 경우 바람의 영향이 거의 없는 숲 지역 평지붕에서의 적설하중이 바람막이가 없는 거센 바람이 부는 지역의 적설하중보다 작다.

③ 수직최심적설깊이가 0.5m인 경우보다 1.0m인 경우에 눈의 평균단위중량을 큰 값으로 적용한다.

④ 적설제거작업 등으로 인하여 내민보 형태에서 내민부분 적설하중의 반을 제거하면 지지부재의 응력을 항상 감소시킨다.

01 ① 지상적설하중이 $0.5kN/m^2$보다 작은 지역에서는 눈의 퇴적량에 의한 추가하중을 고려하지 않아도 무방하다.
② 다른 조건이 동일한 경우 바람의 영향이 거의 없는 숲 지역 평지붕에서의 적설하중이 바람막이가 없는 거센 바람이 부는 지역의 적설하중보다 크다.
④ 적설제거작업 등으로 인하여 내민보 형태에서 내민부분 적설하중의 반을 제거하면 지지부재의 응력은 더 큰 응력을 유발시킬 수 있다.
答 ③

02 「건축구조기준(KDS)」의 하중에 대한 설명으로 가장 옳지 않은 것은?

① 일반사무실의 기본등분포 활하중은 $2.0kN/m^2$로 한다.

② 최소 지상적설하중은 $0.5kN/m^2$로 한다.

③ 지진구역 Ⅰ에서의 지진구역계수는 0.11g으로 한다.

④ 주골조설계용 설계풍압은 $500N/m^2$보다 작아서는 안 된다.

02 일반사무실의 기본등분포 활하중은 $2.5kN/m^2$로 한다.
答 ①

03 용접철망에 대한 설명으로 가장 옳지 않은 것은?

① 가공조립의 인력이 저감되고 고도의 기술을 필요로 하지 않는다.

② 치수가 정확하고 배근이 용이하다.

③ 절단 등에 의한 손실이 크다.

④ 연신율이 커서 가공이 용이하다.

03 용접철망은 항복강도가 큰 철선을 사용하기 때문에 연신율이 작다.
答 ④

04 필릿용접의 유효면적(A)은 유효길이(l)에 유효목두께(a)를 곱한 것으로 한다.

(1) $A = a \times l = 0.7s \times (L - 2s)$
$= (0.7 \times 10) \times (400 - 2 \times 10)$
$= 2,660\text{mm}^2$

(2) 그림에서 양면용접으로 표시되어 있으므로 한 면 용접에 2배를 한다.

∴ $A = 2,660 \times 2 = 5,320\text{mm}^2$

답 ③

05 ② 단면 폐쇄율이 적을수록 풍동실험이 설계건물의 실제 상황을 잘 고려할 수 있다.
③ 외장재의 풍하중 평가를 위하여 풍압실험을 한다.
④ 공력진동실험은 일반적으로 탄성모형을 사용한다.

답 ①

06 비틀림에 대한 설계는 중공튜브(Thin-walled Tube)의 입체트러스모델에 근거를 두고 있다.

답 ①

---

04 그림과 같이 H-형강과 브라켓의 이음부를 양면 필렛용접으로 할 때, 용접길이가 400mm, 필릿치수가 10mm인 경우 유효용접면적(A_w)은? (단, 이음면이 직각인 경우)

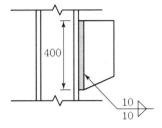

① 2,660mm²   ② 2,702mm²

③ 5,320mm²   ④ 5,404mm²

05 건축물 내풍설계 시 풍동실험에 대한 설명으로 가장 옳은 것은?

① 일반적으로 풍동 내의 압력분포는 일정하게 하여야 한다.
② 단면 폐쇄율이 클수록 풍동실험이 설계건물의 실제 상황을 잘 고려할 수 있다.
③ 외장재의 풍하중 평가를 위하여 풍력실험을 한다.
④ 공력진동실험은 일반적으로 비탄성 모형을 사용한다.

06 「건축구조기준(KDS)」에 따른 철근콘크리트 구조부재의 비틀림 설계에 대한 설명으로 가장 옳지 않은 것은?

① 비틀림에 대한 설계는 속이 찬 부재의 입체트러스모델을 근거로 하고 있다.
② 일정한 조건을 만족하면 비틀림을 고려하지 않아도 된다.
③ 비틀림에 의한 전단응력과 순수전단응력의 평균값은 순수전단응력의 허용최대응력 값을 초과하지 않아야 한다.
④ 비틀림철근은 계산상으로 필요한 위치에서 일정 값 이상의 거리까지 연장시켜 배치한다.

07 축하중과 2축 휨모멘트를 받는 단주의 설계방법으로 가장 옳지 않은 것은?

① 브레슬러의 상반하중법

② 확대모멘트법

③ 엄밀해석법

④ PCA등하중선법

07 축하중과 2축 휨모멘트를 받는 단주의 설계방법에는 브레슬러의 상반하중법, 브레슬러의 등하중선법, 엄밀해석법, PCA 등하중선법이 있으며, 확대모멘트법은 장주 설계방법에 속한다. 답 ②

08 조적식 구조의 모르타르와 그라우트에 대한 설명으로 가장 옳은 것은?

① 벽체용 줄눈 모르타르의 용적배합비(세골재/결합재)는 바닥용 붙임 모르타르의 용적배합비보다 작게 사용한다.

② 모르타르의 결합재는 주로 시멘트를 사용하며, 보수성 향상을 위하여 석회를 약간 혼합할 때도 있다.

③ 치장용 모르타르의 용적배합비(세골재/결합재)는 사춤용 모르타르의 용적배합비보다 크게 사용한다.

④ 동결방지용액이나 염화물 등의 성분은 일반적으로 모르타르에 사용할 수 있다.

08 ① 벽체용 줄눈 모르타르의 용적배합비(=2.5~3.0)는 바닥용 붙임 모르타르의 용적배합비(=0.5~1.5)보다 크게 사용한다.

③ 치장용 모르타르의 용적배합비(=1:1)는 사춤용 모르타르의 용적배합비(=1:3)보다 작게 사용한다.

④ 동결방지용액이나 염화물 등의 성분은 일반적으로 모르타르에 사용할 수 없다. 답 ②

09 콘크리트 재료에 관한 설명으로 가장 옳은 것은?

① 일반적으로 물-시멘트비와 시멘트양이 감소할수록 크리프가 감소한다.

② 일반적으로 건조수축은 하중이 증가할 때, 콘크리트의 부피가 줄어드는 현상이다.

③ 압축강도용 공시체는 $\phi 150 \times 300mm$를 기준으로 하며, 200mm 입방체 공시체의 경우에는 1.0보다 큰 보정계수를 사용하여 압축강도를 산정한다.

④ 5mm 체에 거의 다 남는 골재를 잔골재라 한다.

09 ② 건조수축은 습기가 증발함에 따라 콘크리트가 수축하는 현상을 말한다.

③ 압축강도용 공시체는 $\phi 150 \times 300$ mm를 기준으로 하며, 200mm 입방체 공시체의 경우에는 0.83의 보정계수를 사용하여 압축강도를 산정한다.

④ 5mm 체를 통과하고 0.08mm 체에 남는 골재를 잔골재라 한다. 답 ①

10 내풍구조검사는 기본풍속 35m/sec를 초과하는 지역에 위치한 건축물 중 높이가 22m 이상인 경우와 구조설계자가 요청한 경우에 한다. 📝 ④

11 (1) 균형모멘트
$$M_E = 2 \times 3 = 6\text{kN} \cdot \text{m}$$
(2) 분배율
$$f_{EC} = \frac{K_3}{\sum K} = \frac{3}{1+2+3} = \frac{1}{2}$$
(3) 분배모멘트
$$M_{EC} = M_E \times f_{EC}$$
$$= 6 \times \frac{1}{2} = 3\text{kN} \cdot \text{m}$$
∴ 재단모멘트
$$M_{CE} = M_{EC} \times \text{도달률}$$
$$= 3 \times \frac{1}{2} = 1.5\text{kN} \cdot \text{m}$$
📝 ②

12 푸아송비
$$\nu = \frac{\text{가로변형도}(\beta)}{\text{세로변형도}(\varepsilon)}$$
$$= \frac{\frac{\Delta d}{d}}{\frac{\Delta l}{l}} = \frac{\frac{0.006}{20}}{\frac{0.8}{1,000}} = 0.375$$
📝 ④

10 「건축구조기준(KDS)」에서는 구조재료의 품질확보, 제작물의 성능검증, 시공과 유지관리 등에 관련된 검사를 하기 위한 규정을 두고 있다. 다음 중 구조검사에 대한 설명으로 가장 옳지 않은 것은?

① 중요도(특) 또는 (1)에 해당하는 건축물은 내진구조검사 대상이다.

② 특별검사는 부품이나 연결 부위의 제작·가설·설치 시 적절성을 확보하기 위하여 책임구조기술자의 확인이 필요한 검사를 말한다.

③ 특별검사 중 용접부 검사는 강구조 용접부 비파괴검사기준을 따른다.

④ 내풍구조검사는 기본풍속 35m/sec를 초과하는 지역에 위치한 건축물 중 높이가 20m 이상인 경우와 구조설계자가 요청한 경우에 한다.

11 그림과 같은 부정정구조물의 단부 C의 재단모멘트(M_{CE})는? (단, 부재의 강비는 $K_1 = 1.0$, $K_2 = 2.0$, $K_3 = 3.0$이다.)

① 1.0kN · m
② 1.5kN · m
③ 2.0kN · m
④ 3.0kN · m

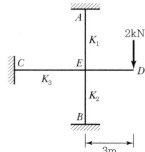

12 그림과 같이 직경(D)이 20mm, 길이가 1m인 강봉이 축방향 인장력 65kN을 받을 경우 길이는 0.8mm 늘어나고 직경은 0.006mm 줄어들었다고 할 때, 이 재료의 푸아송비는?

① 0.300　　　　② 0.325
③ 0.350　　　　④ 0.375

13 「건축구조기준(KDS)」에 따른 건축물 구조설계에 대한 설명으로 가장 옳은 것은?

① 강도설계법은 구조부재의 계수하중에 따른 설계용 부재력이 그 부재단면의 공칭강도에 강도감소계수를 나눈 설계용 강도를 초과하지 않도록 한다.
② 강도설계법에서 구조부재의 부재력은 하중계수를 곱하여 조합한 하중조합값 중 가장 불리한 값으로 설계한다.
③ 연면적 5,000m² 이상인 공연장은 중요도(특)으로 분류한다.
④ 구조설계도는 설계의 진척도에 따라 실시설계, 계획설계, 기본설계의 3단계로 작성한다.

13 ① 강도설계법은 구조부재의 계수하중에 따른 설계용 부재력이 그 부재단면의 공칭강도에 강도감소계수를 곱한 설계용 강도를 초과하지 않도록 한다.
③ 연면적 5,000m² 이상인 공연장은 중요도(1)로 분류한다.
④ 구조설계도는 설계의 진척도에 따라 계획설계, 기본설계, 실시설계의 3단계로 작성한다. 📖 ②

14 건축물에 적용하는 기본 등분포활하중의 크기 순서에 대한 설명으로 가장 옳은 것은?

① 학교교실 < 옥외광장 < 도서관 서고 < 기계실
② 학교교실 < 기계실 < 도서관 서고 < 옥외광장
③ 학교교실 < 도서관 서고 < 기계실 < 옥외광장
④ 옥외광장 < 학교교실 < 기계실 < 도서관 서고

14 학교교실(3.0kN/m²) < 기계실(5.0kN/m²) < 도서관 서고(7.5kN/m²) < 옥외광장(12.0kN/m²) 📖 ②

15 콘크리트 응력 – 변형률 곡선에 대한 설명으로 가장 옳지 않은 것은?

① 응력이 낮은 범위에서는 비선형이지만 선형으로 볼 수 있다.
② 허용응력 범위에서 콘크리트는 탄성재료이다.
③ 최대응력에서 변형률은 0.002~0.003 범위에 있다.
④ 저강도 콘크리트는 고강도 콘크리트보다 더 작은 변형률에서 파괴된다.

15 저강도 콘크리트는 고강도 콘크리트보다 더 큰 변형률에서 파괴된다. 📖 ④

16 대칭 도형일 때 단면2차모멘트 $I_x = \dfrac{BH^3}{12} - \dfrac{bh^3}{12}$ 으로 산정하면 ①, ②, ④는 모두 값이 동일하고, ③은 $b/2$을 b로 고쳐서 구해야 같은 단면2차모멘트 값이 나온다.   **답 ③**

16 다음 단면 중에서 X축에 대한 단면2차모멘트 값이 다른 것은?

① 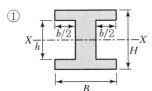 ②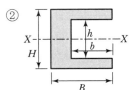

③ 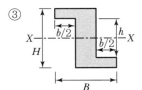 ④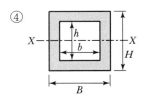

17 (1) 중앙부

정$(+)$모멘트 $M = \dfrac{wl^2}{24}$

(2) 단부(고정단)

부$(-)$모멘트 $M = \dfrac{wl^2}{12}$

$\therefore\ M = \dfrac{wl^2}{12}$

$\quad = \dfrac{8 \times 6^2}{12} = -24\text{kN} \cdot \text{m}$

  답 ③

17 그림과 같은 양단고정단 보의 고정단에서 부모멘트 값은?

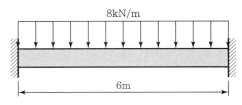

① $-12\text{kN} \cdot \text{m}$ ② $-18\text{kN} \cdot \text{m}$

③ $-24\text{kN} \cdot \text{m}$ ④ $-30\text{kN} \cdot \text{m}$

18 설계미끄럼강도$(\phi R_n) = \phi \times (\mu \times h_f \times T_o \times N_s)$으로 구멍의 종류에 따른 미끄럼저감계수$(\phi)$, 미끄럼계수$(\mu)$, 필러계수$(h_f)$, 설계볼트장력$(T_o)$, 전단면의 수$(N_s)$를 고려하여 산정한다.   **답 ③**

18 고장력볼트 접합에서 설계미끄럼강도식과 가장 관련이 없는 것은?

① 전단면의 수
② 설계볼트장력
③ 고장력볼트의 공칭단면적
④ 구멍의 종류에 따른 계수

19 휨모멘트의 작용 여부에 상관없이 축력을 받는 건축구조물의 벽체 설계에 대한 설명으로 가장 옳은 것은?

① 수직 및 수평철근의 간격은 벽두께의 3배 이하, 또한 450mm 이하로 하여야 한다.

② 두께 200mm 이상의 벽체는 수직 및 수평철근을 벽면을 따라 양면으로 배치하여야 한다.

③ 설계기준항복강도 400MPa 이상으로서 D16 이하의 이형철근을 사용하는 경우 최소 수직철근비는 0.0025로 한다.

④ 설계기준항복강도 400MPa 이상으로서 D16 이하의 이형철근을 사용하는 경우 최소 수평철근비는 0.0012로 한다.

20 다음 내진설계 대상 구조물에 있어서 「건축구조기준(KDS)」에 따라 등가정적해석법으로 설계할 수 있는 구조물은?

① 높이 70m 이상 또는 21층 이상의 정형구조물

② 높이 20m 이상 또는 9층 이상의 비정형구조물

③ 평면 및 수직 비정형성을 가지는 기타 구조물

④ 주기 1초에서 설계스펙트럼가속도(S_{D1})가 0.07 미만의 내진등급 특급 구조물

19 ② 두께 250mm 이상의 벽체는 수직 및 수평철근을 벽면을 따라 양면으로 배치하여야 한다.
③ 설계기준항복강도 400MPa 이상으로서 D16 이하의 이형철근을 사용하는 경우 최소 수직철근비는 0.0012로 한다.
④ 설계기준항복강도 400MPa 이상으로서 D16 이하의 이형철근을 사용하는 경우 최소 수평철근비는 $0.0020 \times \dfrac{400}{f_y}$ 으로 한다. **답 ①**

20 ①, ②, ③은 모두 동적해석법을 사용하여야 하는 구조물이다. **답 ④**

| 정답 | 및 해설

01 (1) $\Sigma M_B = 0$,

$(R_A \times 12) - (3 \times 12 \times \frac{1}{2} \times 4) = 0$

$\therefore R_A = 6kN$

(2) M_C

$= (6 \times 6) - (1.5 \times 6 \times \frac{1}{2} \times 2)$

$= 27kN \cdot m$　　　 ᠍ ③

02 ② 수축 · 온도철근량은 수축 및 온도 변화에 대한 변형이 심하게 구속된 부재에 대해서는 하중계수와 하중조합을 고려하여 최소철근량을 증가시켜야 한다.

③ 슬래브에서 휨철근이 1방향으로 만 배치되는 경우 이 휨철근에 직각방향으로 수축 · 온도철근을 배치하여야 한다.

④ 1방향 철근콘크리트 슬래브의 수축 · 온도철근은 설계기준항복강도까지 발휘할 수 있도록 정착되어야 한다.　　 ᠍ ①

01 그림과 같이 보가 삼각형모양의 분포하중을 받고 있을 때, 중앙부 C점에서의 휨모멘트 값은?

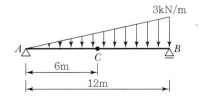

① 9kN · m

② 12kN · m

③ 27kN · m

④ 36kN · m

02 철근콘크리트 구조물에서 수축 · 온도철근에 대한 설명으로 가장 옳은 것은?

① 1방향 철근콘크리트 슬래브에 수축 · 온도철근으로 배치되는 이형철근 및 용접철망의 철근비는 0.0014 이상이어야 한다.

② 수축 · 온도철근량은 수축 및 온도변화에 대한 변형이 심하게 구속된 부재에 대해서는 하중계수와 하중조합을 고려하여 최대철근량을 증가시켜야 한다.

③ 슬래브에서 휨철근이 1방향으로만 배치되는 경우 이 휨철근에 평행한 방향으로 수축 · 온도철근을 배치하여야 한다.

④ 1방향 철근콘크리트 슬래브의 수축 · 온도철근은 설계기준항복강도까지 발휘할 수 있도록 정착할 필요는 없다.

03 매입형 합성부재의 구조제한 사항에 대한 설명으로 가장 옳은 것은?

① 연속된 길이방향철근의 최소철근비(ρ_{sr})는 0.005로 한다.

② 플랜지에 대한 콘크리트 순피복두께는 플랜지폭의 1/8 이상으로 한다.

③ 강재코어의 단면적은 합성기둥의 총단면적의 1% 이상으로 한다.

④ 횡방향철근의 중심 간 간격은 직경 D10의 철근을 사용할 경우에는 200mm 이하로 한다.

04 콘크리트 구조설계에 대한 설명으로 가장 옳은 것은?

① 콘크리트보에서 사용하중상태에서의 균열폭을 줄이기 위해서는 대구경 철근을 사용하는 것이 바람직하다.

② 건축구조기준에서는 고강도철근을 무량판슬래브에 사용하는 경우, 더 큰 슬래브 두께를 요구하고 있다.

③ 건축구조기준에서 슬래브의 뚫림전단 보강철근의 최대항복강도는 500MPa 이다.

④ 콘크리트 기둥에서 압축력이 증가할수록 휨강도가 감소한다.

05 그림과 같이 독립기초에 중심하중 N=50kN, 휨모멘트 M=30kN · m가 작용할 때, 기초 슬래브와 지반과의 사이에 접지압이 압축응력만 생기게 하기 위한 최소 기초 길이(l)는? (단, 기초판은 직사각형으로 한다.)

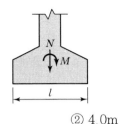

① 3.6m　　② 4.0m
③ 4.4m　　④ 4.8m

---

03 ① 연속된 길이방향철근의 최소철근비(ρ_{sr})는 0.004로 한다.

② 플랜지에 대한 콘크리트 순피복두께는 플랜지폭의 1/6 이상으로 한다.

④ 횡방향철근의 중심 간 간격은 직경 D10의 철근을 사용할 경우에는 300mm 이하, 직경 D13 이상의 철근을 사용할 경우에는 400mm 이하로 한다.　　[정답] ③

04 ① 콘크리트보에서 사용하중상태에서의 균열폭을 줄이기 위해서는 가는 철근을 여러 개 사용하는 것이 바람직하다.

③ 건축구조기준에서 슬래브의 뚫림전단 보강철근의 최대항복강도는 400MPa 이다.

④ 콘크리트 기둥에서 압축력이 증가할수록 휨강도가 증가한다.　　[정답] ②

05 M(모멘트) = P(힘) × e(편심거리)

$$e = \frac{M}{N} = \frac{30}{50} = 0.6m$$

$$\therefore \ e = \frac{l}{6} = 0.6m \ \text{이므로} \ l = 3.6m$$

[정답] ①

06 플레이트보는 보의 깊이가 깊어서 휨모멘트와 전단력이 큰 곳에 사용하며, 웨브(web)플레이트와 플랜지(flange)플레이트의 접합재는 전단력에 의해 결정한다.　**답** ①

07 ② 콤팩트단면(Compact section) : 완전소성 응력분포가 발생할 수 있고 국부좌굴이 발생하기 전에 약 3의 곡률연성비(회전능력)을 발휘할 수 있는 능력을 가진 단면
③ 크리플링(Crippling) : 집중하중이나 반력이 작용하는 위치에서 발생하는 국부적인 파괴
④ 패널 존(Panel zone) : 접합부를 관통하는 보와 기둥의 플랜지의 연장에 의해 구성되는 보-기둥접합부의 웨브 영역으로, 전단패널을 통하여 모멘트를 전달하는 영역　**답** ①

06 플레이트보(Plate girder, 판보)에 대한 설명으로 가장 옳지 않은 것은? (단, h : 필릿 또는 코너반경을 제외한 플랜지 간의 순거리, t_w : 웨브 두께, E : 강재의 탄성계수, F_{yf} : 플랜지의 항복응력이다.)

① 플레이트보는 보의 깊이가 깊어서 휨모멘트와 전단력이 큰 곳에 사용하며, 웨브(web)플레이트와 플랜지(flange)플레이트의 접합재는 휨모멘트에 의해 결정한다.
② 스티프너(stiffener)는 웨브(web)플레이트의 좌굴을 방지하기 위한 것이다.
③ 커버플레이트(cover plate)는 플랜지 보강용으로 휨내력 부족을 보강하기 위한 것이다.
④ 웨브(web)의 폭두께비(h/t_w)가 $5.7\sqrt{E/F_{yf}}$ 보다 큰 경우에 적용한다.

07 구조용 강재를 사용한 건축물에 대한 용어의 설명으로 가장 옳은 것은?

① 비구속판요소(Unstiffened element) : 하중의 방향과 평행하게 한쪽 끝단이 직각방향의 판요소에 의해 연접된 평판요소
② 비콤팩트단면(Noncompact section) : 완전소성 응력분포가 발생할 수 있고 국부좌굴이 발생하기 전에 약 3의 곡률연성비(회전능력)을 발휘할 수 있는 능력을 가진 단면
③ 크리플링(Crippling) : 집중하중이나 반력이 작용하는 위치에서 발생하는 전체적인 파괴
④ 패널 존(Panel zone) : 접합부를 관통하는 보와 기둥의 웨브의 연장에 의해 구성되는 보-기둥접합부의 플랜지 영역으로, 전단패널을 통하여 모멘트를 전달하는 영역

08 그림에서 보의 중앙에 집중하중 P를 받는 단순보에서 단면 Y–Y의 중립축의 위치 Ⓐ에서 일어나는 전단응력도를 τ, 그 아래 Ⓑ에서 일어나는 인장응력도를 σ로 할 때, $\dfrac{\sigma}{\tau}$의 값이 4로 되는 x의 값은?

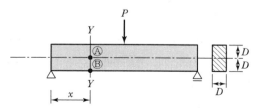

① D

② $\dfrac{5}{3}D$

③ $\dfrac{4}{3}D$

④ $2D$

09 기성콘크리트말뚝과 현장타설콘크리트말뚝에 대한 설명으로 가장 옳지 않은 것은?

① 기성콘크리트말뚝의 주근은 6개 이상 또한 그 단면적의 합은 말뚝 실면적의 0.8% 이상으로 하고, 띠철근 또는 나선철근으로 상호 연결한다.

② 기성콘크리트말뚝을 타설할 때 그 중심 간격은 말뚝머리 지름의 2.5배 이상 또한 750mm 이상으로 한다.

③ 현장타설콘크리트말뚝은 특별한 경우를 제외하고, 주근은 6개 이상 또한 설계단면적의 0.4% 이상으로 하고 띠철근 또는 나선철근으로 보강하여야 한다.

④ 현장타설콘크리트말뚝을 배치할 때 그 중심간격은 말뚝머리 지름의 2.0배 이상 또한 말뚝머리 지름에 1,000mm를 더한 값 이상으로 한다.

---

08 (1) Ⓑ 인장응력도

$$\sigma = \frac{M}{Z} = \frac{\dfrac{P \times x}{2}}{\dfrac{D \times (2D)^2}{6}} = \frac{3Px}{4D^3}$$

(2) Ⓐ 전단응력도

$$\tau = k \times \frac{S}{A} = \frac{3}{2} \times \frac{\dfrac{P}{2}}{D \times 2D} = \frac{3P}{8D^2}$$

(3) $\dfrac{\sigma}{\tau} = \dfrac{\dfrac{3Px}{4D^3}}{\dfrac{3P}{8D^2}} = \dfrac{2x}{D} = 4$

∴ $x = 2D$　　　답 ④

09 현장타설콘크리트말뚝은 특별한 경우를 제외하고, 주근은 4개 이상 또한 설계단면적의 0.25% 이상으로 하고 띠철근 또는 나선철근으로 보강하여야 한다.　　답 ③

10 구조체의 설계에 사용되는 밑면전단력의 크기는 등가 정적해석법에 의한 밑면전단력의 75% 이상이어야 한다.

📖 ④

11 방부공법으로 방부제처리법을 최소로 하고 구조법을 우선으로 한다.

📖 ③

10 성능설계법에 대한 설명으로 가장 옳지 않은 것은?

① 동적해석을 위한 설계지진파의 결정에서 시간이력해석은 지반 조건에 상응하는 지반운동 기록을 최소한 3개 이상 사용하여 수행한다.

② 비탄성정적해석을 사용하는 경우에는 구조물의 비탄성 변형능력 또는 에너지소산능력에 따라서 탄성응답 스펙트럼가속도를 저감시켜서 비탄성응답스펙트럼을 정의할 수 있다.

③ 지진력저항시스템을 성능설계법으로 설계하고자 할 때, 내진등급이 I이고, 성능수준이 인명보호인 경우, 재현주기는 1,400년이다.

④ 구조체의 설계에 사용되는 밑면전단력의 크기는 등가 정적해석법에 의한 밑면전단력의 60% 이상이어야 한다.

11 목구조의 내구계획 및 공법으로 가장 옳지 않은 것은?

① 내구성을 고려한 계획·설계는 목표사용연수를 설정 하여 실시한다.

② 사용연수는 건축물 전체와 각 부위, 부품, 기구마다 추정하고, 성능저하에 따른 추정치와 썩음에 의한 추정치 중 작은 추정치를 구한다.

③ 방부공법으로 구조법을 최소로 하고 방부제처리법을 우선으로 한다.

④ 흰개미방지를 위하여 구조법, 방지제처리법, 토양처리법을 통하여 개미가 침입하는 것을 막는다.

12 그림에서 보의 최대 처짐이 큰 것에서 작은 것 순서대로 바르게 연결된 것은? (단, P : 집중하중, w : 등분포 하중, EI는 동일하고, $P = wl$이다.)

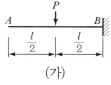

(가)

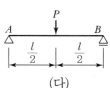

(나)

(다)

(라)

① (가) → (다) → (나) → (라)
② (나) → (가) → (라) → (다)
③ (다) → (가) → (나) → (라)
④ (라) → (나) → (가) → (다)

13 풍하중 기준에 대한 설명으로 가장 옳은 것은?

① 지표면조도구분 D인 지역에서의 기준경도풍높이(Z_g) 값이 지표면조도구분 A, B, C 지역의 기준경도풍높이(Z_g)값보다 크다.

② 지표면조도구분 D인 지역에서의 대기경계층 시작 높이(z_b) 값이 지표면조도구분 A, B, C 지역의 대기 경계층 시작높이(z_b)값보다 크다.

③ 대도시 중심부에서 고층건축물(10층 이상)이 밀집해 있는 지역의 지표면조도구분은 D이다.

④ 기준경도풍높이란 풍속이 일정한 값을 가지는 지상으로부터의 높이를 말한다.

12 (가)

$$\delta = \frac{Pl^3}{3EI} + \frac{Pl^2}{2EI} \times \frac{l}{2}$$

$$= \frac{P(l/2)^3}{3EI} + \frac{P(l/2)^2}{2EI} \times \frac{l}{2}$$

$$= \frac{5Pl^3}{48EI} = \frac{5wl^4}{48EI}$$

(나)

$$\delta = \frac{wl^4}{8EI} + \frac{wl^3}{6EI} \times \frac{l}{2}$$

$$= \frac{w(l/2)^4}{8EI} + \frac{w(l/2)^3}{6EI} \times \frac{l}{2}$$

$$= \frac{7wl^4}{384EI}$$

(다) $\delta = \dfrac{Pl^3}{48EI} = \dfrac{wl^4}{48EI}$

(라) $\delta = \dfrac{5wl^4}{384EI}$ 📖 ①

13 ① 지표면조도구분 D인 지역에서의 기준경도풍높이(Z_g) 값이 지표면조도구분 A, B, C 지역의 기준경도풍높이(Z_g)값보다 작다.

② 지표면조도구분 D인 지역에서의 대기경계층 시작 높이(z_b)값이 지표면조도구분 A, B, C 지역의 대기경계층 시작높이(z_b)값보다 작다.

③ 대도시 중심부에서 고층건축물(10층 이상)이 밀집해 있는 지역의 지표면조도구분은 A이다.

     📖 ④

14 단순보의 접합부는 충분한 단부의 회전 능력이 있어야 하며, 이를 위해서는 소정의 비탄성변형은 허용할 수 있다.

답 ②

14 강구조의 접합에 대한 설명으로 가장 옳지 않은 것은?

① 모멘트접합의 경우 단부가 구속된 작은보, 큰보 및 트러스의 접합은 접합강성에 의하여 유발되는 모멘트와 전단의 조합력에 따라 설계하여야 한다.

② 단순보의 접합부는 충분한 단부의 회전 능력이 있어야 하며, 이를 위해서는 소정의 비탄성변형은 허용될 수 없다.

③ 접합부의 설계강도는 45kN 이상이어야 한다.

④ 기둥이음부의 고장력볼트 및 용접이음은 이음부의 응력을 전달함과 동시에 이들 인장내력은 피접합재 압축강도의 1/2 이상이 되도록 한다.

15 (1) 좌우대칭이므로 R_A와 R_B는 각각 13kN이다.

(2) U_1 부재 계산은 절단법으로 하며, $\Sigma M_C = 0$에서

$(13 \times 4) - (4 \times 4) + (U_1 \times 3) = 0$

$\therefore U_1 = -12\text{kN}$

답 ②

15 그림에서 트러스의 U_1 부재력[kN]은? (단, 인장력은 (+), 압축력은 (−)이다.)

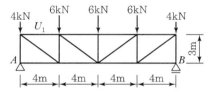

① 12.0kN

② −12.0kN

③ 10.5kN

④ −10.5kN

16 압축철근을 배치하면 콘크리트의 취성파괴를 억제시키는 역할을 한다.

답 ③

16 철근콘크리트 보에서 압축철근을 배치하는 이유로 가장 옳지 않은 것은?

① 지속하중에 의한 처짐의 감소

② 연성의 증가

③ 파괴모드를 인장파괴에서 압축파괴로 전환

④ 철근의 배치용이

17 다발철근에 대한 설명으로 가장 옳지 않은 것은? (단, d_b : 철근의 공칭 지름이다.)

① 2개 이상의 철근을 묶어서 사용하는 다발철근은 원형 철근과 이형철근으로 그 개수는 4개 이하이어야 하며, 스터럽이나 띠철근으로 둘러싸여야 한다.

② 휨 부재의 경간 내에서 끝나는 한 다발철근 내의 개개 철근은 $40d_b$ 이상 서로 엇갈리게 끝나야 한다.

③ 다발철근의 간격과 최소피복두께를 철근지름으로 나타낼 경우, 다발철근의 지름은 등가단면적으로 환산된 1개의 철근지름으로 보아야 한다.

④ 보에서 D35를 초과하는 철근은 다발로 사용할 수 없다.

18 다음의 지진력저항시스템 중 반응수정계수(R)값이 가장 큰 시스템은?

① 모멘트 – 저항골조 시스템 중 합성 중간모멘트골조

② 모멘트 – 저항골조 시스템 중 합성 보통모멘트골조

③ 모멘트 – 저항골조 시스템 중 철골 중간모멘트골조

④ 모멘트 – 저항골조 시스템 중 철골 보통모멘트골조

19 길이, 단면 및 재질이 동일한 두 개의 기둥이 그림과 같이 지지점의 조건만 다를 때, 두 기둥에 작용하는 좌굴하중 P_1과 P_2의 이론적인 비율은?

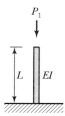
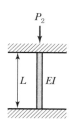

① $P_2/P_1 = 2.0$

② $P_2/P_1 = 4.0$

③ $P_2/P_1 = 8.0$

④ $P_2/P_1 = 16.0$

---

17 2개 이상의 철근을 묶어서 사용하는 다발철근은 이형철근으로, 그 개수는 4개 이하이어야 하며, 이들은 스터럽이나 띠철근으로 둘러싸여야 한다.

답 ①

18 ① 모멘트 – 저항골조 시스템 중 합성 중간모멘트골조 : 5

② 모멘트 – 저항골조 시스템 중 합성 보통모멘트골조 : 3

③ 모멘트 – 저항골조 시스템 중 철골 중간모멘트골조 : 4.5

④ 모멘트 – 저항골조 시스템 중 철골 보통모멘트골조 : 3.5

답 ①

19 (1)
$$P_1 = \frac{\pi^2 EI}{(KL)^2} = \frac{\pi^2 EI}{(2 \times L)^2} = \frac{\pi^2 EI}{4L^2}$$

(2)
$$P_2 = \frac{\pi^2 EI}{(KL)^2} = \frac{\pi^2 EI}{(0.5 \times L)^2} = \frac{4\pi^2 EI}{L^2}$$

$$\therefore P_2/P_1 = \frac{\dfrac{4\pi^2 EI}{L^2}}{\dfrac{\pi^2 EI}{4L^2}} = 16$$

답 ④

20 전단응력도 $\tau = 1.5 \times \dfrac{V}{A(=b \times h)}$

① 단면1차모멘트 Q와 관계없다.
② 보의 폭 b에 반비례한다.
③ 전단력 V에 비례한다.   🖩 ④

20 폭이 b이고 높이가 h인 직사각형 단면보에 전단력 V가 작용할 때, 전단응력도 τ에 대한 설명으로 가장 옳은 것은?

① 단면1차모멘트 Q에 반비례한다.
② 보의 폭 b에 비례한다.
③ 전단력 V에 반비례한다.
④ 직사각형 보 단면의 중앙부에서 최대이다.

정답 | 및 해설

01 건축물 상층부는 내력벽이나 가새골조 등 강성과 강도가 매우 큰 구조로 구성되어 있으나, 하층부는 개방형 건축공간을 위하여 대부분의 수직재가 기둥으로 구성되어 내진성능이 크게 저하될 수 있는 구조는?

① 편심가새골조
② 특수모멘트골조
③ 내력벽 방식
④ 필로티구조

01 필로티 등과 같이 전체 구조물의 불안정성으로 붕괴를 일으키거나 지진하중의 흐름을 급격히 변화시키는 주요 부재와 이를 지지하는 해당 위치의 수직부재 설계 시에는 지진하중을 포함한 하중조합에 지진하중 대신 특별지진하중을 사용하여야 한다.   **탑** ④

02 등분포하중 w가 작용하고 있는 길이 l을 갖는 캔틸레버의 최대처짐을 d라고 할 때, 길이 $2l$을 갖는 캔틸레버의 최대처짐이 $2d$가 되기 위해 작용해야 하는 등분포하중의 크기는? (단, E, I는 동일하고, 등분포하중 w는 전체 길이에 작용한다.)

① $w/16$ ② $w/8$
③ $w/32$ ④ $w/4$

02 (1) $d = \dfrac{wl^4}{8EI}$

(2) $2d = \dfrac{w_x (2l)^4}{8EI} = \dfrac{16 w_x l^4}{8EI}$

$\therefore 2 \times \left(\dfrac{wl^4}{8EI} \right) = \dfrac{16 w_x l^4}{8EI}$, $w_x = \dfrac{w}{8}$

탑 ②

03 건축물의 내진등급별 성능목표를 옳지 않게 짝지은 것은?

	내진등급	재현주기	성능수준
①	특	2,400년	인명보호
②	특	1,000년	기능수행
③	Ⅰ	1,400년	붕괴방지
④	Ⅱ	1,000년	인명보호

03

내진 등급	성능목표	
	재현주기	성능수준
특	2,400년	인명보호
	1,000년	기능수행
Ⅰ	2,400년	붕괴방지
	1,400년	인명보호
Ⅱ	2,400년	붕괴방지
	1,000년	인명보호

탑 ③

04 흙에 접하여 콘크리트를 친 후 영구히 흙에 묻혀 있는 콘크리트의 최소 피복두께는 75mm 이상으로 한다.

답 ②

04 **프리스트레스하지 않는 구조부재의 현장치기 콘크리트와 최소 피복두께를 옳지 않게 짝지은 것은? (단, 콘크리트 설계기준압축강도는 28MPa이다.)**

① 수중에서 치는 콘크리트 – 100mm

② 흙에 접하여 콘크리트를 친 후 영구히 흙에 묻혀 있는 콘크리트 – 60mm

③ 옥외의 공기나 흙에 직접 접하지 않는 보나 기둥 – 40mm

④ D35 이하의 철근을 사용한 옥외의 공기나 흙에 직접 접하지 않는 슬래브 – 20mm

05 성능설계법은 KDS에서 규정한 목표성능을 만족하면서 건축구조물을 건축주가 선택한 성능지표(안전성능, 사용성능, 내구성능 및 친환경성능 등)에 만족하도록 설계하는 방법을 말한다.

답 ②

05 **구조설계법에 대한 설명으로 가장 옳지 않은 것은?**

① 강도설계법에서 구조부재의 계수하중에 따른 설계용 부재력이 그 부재단면의 공칭강도에 강도감소계수를 곱한 설계용 강도를 초과하지 않도록 한다.

② 성능설계법은 비선형 해석이나 실물실험 등을 통하여 성능을 검증하는 설계법으로 KDS 등의 기준에서 주어지는 설계방법을 준수하여야 한다.

③ 성능설계법에서 구조부재의 설계는 의도하는 성능 수준에 적합한 하중조합에 근거하여야 하며, 재료 및 구조물 치수에 대한 적절한 설곗값을 선택한 후 합리적인 거동이론을 적용하여 구한 구조성능이 요구되는 한계기준을 만족한다는 것을 검증한다.

④ 한계상태설계법에서 구조부재는 건축구조기준에 규정된 설계하중에 따른 하중 및 외력을 사용하여 산정한 부재력에 한계상태설계법에 따른 하중계수를 곱하여 조합한 값 중 가장 불리한 값으로 설계한다.

06 풍하중에 관한 용어에 대한 설명으로 가장 옳지 않은 것은?

① 와류방출 : 시시각각 변하는 바람의 난류성분으로 인해 물체가 풍방향으로 불규칙하게 진동하는 현상

② 가스트영향계수 : 바람의 난류로 인해 발생되는 구조물의 동적 거동 성분을 나타내는 것으로 평균변위에 대한 최대변위의 비를 통계적인 값으로 나타낸 계수

③ 인접효과 : 건축물의 일정거리 풍상측에 장애물이 있는 경우, 건축물은 장애물의 영향을 받아 진동이 증가하고 이로 인하여 건축물 전체에 가해지는 풍응답이 증가하며, 외장재에 작용하는 국부풍압도 크게 증가하는 현상

④ 공기력불안정진동 : 건축물 자신의 진동에 의해 발생하는 부가적인 공기력이 건축물의 감쇠력을 감소시키도록 작용함으로써 진동이 증대되거나 발산하는 현상

06 와류방출은 물체의 양측에서 박리한 흐름이 후류에 말려 들어 가 물체의 후면에서 교대로 서로 반대방향으로 회전하여 후류로 방출되는 현상을 말하며, 시시각각 변하는 바람의 난류성분으로 인해 물체가 풍방향으로 불규칙하게 진동하는 현상은 버피팅에 대한 설명이다. 　답 ①

07 볼트 F8T − M20 3개의 인장파단 한계 상태에 대한 설계 인장강도(ϕR_n)의 크기(kN)는?

① 45π ② 90π

③ 135π ④ 180π

07 볼트의 인장강도(ϕR_n)
$$= \phi \times (F_n \times A_b) \times 3$$
$$= 0.75 \times \left(600 \times \frac{\pi \times (20)^2}{4} \right) \times 3$$
$$= 135\pi \, \text{kN} \qquad 답 ③$$

08 이형철근의 정착길이에 대한 설명으로 가장 옳지 않은 것은?

① 직선 모양 인장철근의 정착길이는 철근의 위치, 도막, 지름의 영향을 받는다.

② 직선 모양 압축철근의 정착길이는 철근 위치의 영향을 받지 않는다.

③ 표준갈고리 인장철근의 정착길이는 철근 도막의 영향을 받지 않는다.

④ 직선 모양 인장철근의 정착길이는 횡방향 철근의 영향을 고려하면 줄어들 수 있다.

08 표준갈고리 인장철근의 정착길이는 철근 도막의 영향을 받는다. 　답 ③

09 (1) 플랜지 판폭두께비

$$\frac{b}{t} = \frac{500 \div 2}{20} = 12.5$$

(2) 웨브 판폭두께비

$$\frac{h}{t} = \frac{500 - (20 \times 2)}{16} = 28.75$$

답 ①

10 압축부재의 축방향 주철근의 최소 개수는 사각형이나 원형 띠철근으로 둘러싸인 경우 4개, 삼각형 띠철근으로 둘러싸인 경우 3개, 나선철근으로 둘러싸인 경우 6개로 하여야 한다.

답 ②

11 핀구멍의 연단으로부터 힘의 방향에 수직으로 측정한 플레이트의 연단까지의 폭은 아이바 몸체폭의 2/3보다 커야 하고, 3/4보다 커서는 안 된다.

답 ④

09 2축 대칭인 용접 H형강 H−500×500×16×20의 플랜지 및 웨브 각각의 판폭두께비로 옳은 것은?

플랜지	웨브
① 12.50	28.75
② 12.50	25.75
③ 13.75	23.50
④ 13.75	27.50

10 철근콘크리트 구조 압축부재의 철근량 제한 조건 중 사각형이나 원형 띠철근으로 둘러싸인 압축부재의 축방향 주철근의 최소 개수는?

① 6개 　　　　　　② 4개
③ 3개 　　　　　　④ 2개

11 건축물 강구조를 포함한 일반 강구조 아이바의 구조 제한에 대한 설명으로 가장 옳지 않은 것은?

① 아이바의 원형 머리 부분과 몸체 사이 부분의 반지름은 아이바 머리의 직경보다 커야 한다.

② 항복강도 F_y가 485MPa을 초과하는 강재의 구멍직경은 플레이트 두께의 5배를 초과할 수 없다.

③ 플레이트 두께는 핀 플레이트와 필러 플레이트를 조임하기 위해 외부 너트를 사용하는 경우에만 13mm 이하의 두께 사용이 허용된다.

④ 핀구멍의 연단으로부터 힘의 방향에 수직으로 측정한 플레이트의 연단까지의 폭은 아이바 몸체폭의 2/3보다 커서는 안 된다.

12 그림과 같이 경간 $L=6\text{m}$인 단순보의 가운데 지점에 하중 P가 수직방향으로 작용하고 있다. 보는 균질의 재료로 이루어진 직사각형 단면을 가지고 있으며 단면의 항복모멘트강도가 $60\text{kN} \cdot \text{m}$일 때, 항복 이후 완전소성상태까지 최대로 가할 수 있는 하중의 크기[kN]는? (단, 항복 이후 완전소성상태까지 좌굴은 발생하지 않는 것으로 가정한다.)

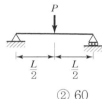

① 40

② 60

③ 120

④ 180

13 조적식 구조에 대한 설명으로 가장 옳은 것은?

① 조적식 구조인 건축물 중 2층 건축물에 있어서 2층 내력벽의 높이는 9m를 넘을 수 없다.

② 조적식 구조인 내력벽의 길이는 15m를 넘을 수 없다.

③ 조적식 구조인 내력벽으로 둘러싸인 부분의 바닥면적은 100m²를 넘을 수 없다.

④ 조적식 구조인 내력벽의 기초(최하층의 바닥면 이하에 해당하는 부분을 말한다)는 연속기초로 하여야 한다.

14 다음의 ㉠, ㉡에 들어갈 내용으로 옳은 것은? (단, d_b는 철근의 공칭지름이다.)

> 스터럽으로 사용되는 D13 철근의 135° 표준갈고리의 구부림 내면 반지름은 (㉠) 이상으로 하여야 하며 구부린 끝에서 (㉡) 이상 더 연장하여야 한다.

	㉠	㉡		㉠	㉡
①	$2d_b$	$6d_b$	②	$2d_b$	$12d_b$
③	$3d_b$	$6d_b$	④	$3d_b$	$12d_b$

12 항복모멘트강도$(M_y) = \dfrac{P \times L}{4}$

$\therefore P = \dfrac{4M_y}{L} \times$ 단면형상비

$= \dfrac{4 \times 60}{6} \times 1.5$

$= 60\text{kN}$　　　답 ②

13 ① 조적식 구조인 건축물 중 2층 건축물에 있어서 2층 내력벽의 높이는 4m를 넘을 수 없다.

② 조적식 구조인 내력벽의 길이는 10m를 넘을 수 없다.

③ 조적식 구조인 내력벽으로 둘러싸인 부분의 바닥면적은 80m²를 넘을 수 없다.　　　답 ④

14 스터럽으로 사용되는 D13 철근의 135° 표준갈고리의 구부림 내면 반지름은 $2d_b$ 이상으로 하여야 하며 구부린 끝에서 $6d_b$ 이상 더 연장하여야 한다.

답 ①

15 철근콘크리트 비합성 압축부재의 축
방향 주철근 단면적은 전체 단면적
A_g의 0.01배 이상, 0.08배 이하로
하여야 한다. 답 ③

16 (1) $\sum M_C = 0$
$(R_B \times 6) - (6 \times 2) = 0$
$\therefore R_B = 2\text{kN}$
(2) $M_A = 2 \times 4 = 8\text{kN} \cdot \text{m}$
답 ①

17 ① 단순지지 1방향 슬래브 : $L/20$
② 1단연속 1방향 슬래브 : $L/24$
③ 양단연속 1방향 슬래브 : $L/28$
답 ④

18 강재의 인장재는 총단면에 대한 항복
과 유효순단면에 대한 파단이라는 두
가지 한계상태와 블록전단파단이라
는 한계상태에 대해 검토해야 한다.
답 ④

---

15 다음의 ㉠, ㉡에 들어갈 내용으로 옳은 것은?

> 철근콘크리트 비합성 압축부재의 축방향 주철근 단면적은 전체
> 단면적 A_g의 (㉠)배 이상, (㉡)배 이하로 하여야 한다.

	㉠	㉡		㉠	㉡
①	0.01	0.06	②	0.02	0.06
③	0.01	0.08	④	0.02	0.08

16 그림과 같은 단순보에서 A 지점의 단면에 걸리는 휨모멘트
값[kN · m]은?

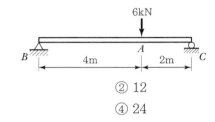

① 8   ② 12
③ 18   ④ 24

17 강도설계법에서 처짐을 계산하지 않는 경우, 길이가 L인
철근콘크리트 리브가 없는 1방향 슬래브 또는 보의 최소두
께 규정으로 옳게 짝지은 것은? (단, 보통중량콘크리트와 설계
기준항복강도 400MPa인 철근을 사용한 부재이다.)

① 단순지지 1방향 슬래브 – $L/24$
② 1단연속 1방향 슬래브 – $L/20$
③ 양단연속 1방향 슬래브 – $L/10$
④ 단순지지보 – $L/16$

18 강재의 인장재 접합부 설계를 포함한 인장재 설계 시 검토할
사항으로 가장 옳지 않은 것은?

① 총단면항복   ② 유효순단면파단
③ 블록전단파단   ④ 휨–좌굴강도

19 목구조에 대한 설명으로 가장 옳지 않은 것은?

① 구조용 목재의 재종은 육안등급구조재와 기계등급 구조재의 2가지로 구분된다. 육안등급구조재는 다시 1종 구조재(규격재), 2종 구조재(보재) 및 3종 구조재(기둥재)로 구분된다.

② 인장부재는 섬유직각방향으로 인장응력이 발생하지 않도록 설계한다. 섬유직각방향 인장응력이 발생하는 인장부재는 모든 응력에 저항하도록 충분히 보강한다.

③ 경골목구조에서 구조내력상 중요한 부분에 사용하는 바닥, 벽 또는 지붕의 덮개에는 KS F 등 규정에 적합한 구조용 OSB가 사용되어야 한다.

④ 부재의 공칭강도에 강도감소계수 ϕ를 곱한 강도가 하중조합에 근거하여 산정된 소요강도보다 크도록 설계되며 목재의 강도는 습윤계수, 온도계수, 보안정계수, 형상계수 등 다양한 계수가 고려된다.

20 철근콘크리트 부재의 휨 해석과 설계를 위한 가정 사항으로 가장 옳지 않은 것은?

① 변형 전에 부재축에 수직한 평면은 변형 후에도 부재축에 수직한다.

② 콘크리트는 인장변형률이 0.003에 도달했을 때 파괴된다.

③ 철근의 변형률은 같은 위치의 콘크리트에 생기는 변형률과 같다.

④ 콘크리트의 압축응력−변형률 관계는 시험 결과에 따라 직사각형, 사다리꼴 또는 포물선 등으로 가정할 수 있다.

---

19 목구조 설계를 위해서는 사용되는 구조용재의 수종과 등급 등에 따른 기준허용응력을 찾은 다음에 구조용재의 사용 조건에 따라 적용 가능한 모든 보정계수를 곱하여 최종 용도에 적합한 설계허용응력을 구하여야 한다.

답 ④

20 휨모멘트 또는 휨모멘트와 축력을 동시에 받는 부재의 콘크리트 압축연단의 극한변형률은 콘크리트의 설계기준압축강도가 40MPa 이하인 경우에는 0.0033으로 가정하며, 40MPa을 초과할 경우에는 매 10MPa의 강도 증가에 대하여 0.0001씩 감소시킨다.

답 ②

김창훈 건축구조

13개년 기출문제집

발행일 | 2019. 3. 20 초판발행
2020. 1. 20 개정1판1쇄
2021. 1. 20 개정2판1쇄
2022. 2. 20 개정3판1쇄

저 자 | 김창훈
발행인 | 정용수
발행처 |  예문사

주 소 | 경기도 파주시 직지길 460(출판도시) 도서출판 예문사
T E L | 031) 955 – 0550
F A X | 031) 955 – 0660
등록번호 | 11 – 76호

정가 : 24,000원

ISBN 978–89–274–4412–1 13540